W0268129

HANDBUCH DER ANALYTISCHEN CHEMIE

HERAUSGEGEBEN
VON
W. FRESENIUS UND G. JANDER
WIESBADEN BERLIN

DRITTER TEIL
QUANTITATIVE BESTIMMUNGS- UND TRENNUNGSMETHODEN

BAND VI a α
ELEMENTE DER SECHSTEN HAUPTGRUPPE
I

SPRINGER-VERLAG BERLIN HEIDELBERG GMBH
1953

ELEMENTE DER SECHSTEN HAUPTGRUPPE

I

SAUERSTOFF (EINSCHL. OZON UND WASSERSTOFFPEROXYD)

BEARBEITET

VON

O. LIEBKNECHT † · W. KATZ · S. KAHAN

F. TÖDT

MIT 133 ABBILDUNGEN

SPRINGER-VERLAG BERLIN HEIDELBERG GMBH

1953

ISBN 978-3-662-27300-5 ISBN 978-3-662-28787-3 (eBook)
DOI 10.1007/978-3-662-28787-3

Inhaltsverzeichnis.

Verzeichnis der Zeitschriften und ihrer Abkürzungen.

Abkürzung	Zeitschrift
A.	LIEBIGS Annalen der Chemie; bis **172** (1874): Annalen der Chemie und Pharmacie.
Acc. Sci. med. Ferrara	Accademia delle scienze mediche di Ferrara.
A. Ch.	Annales de Chimie; vor **1914**: Annales de Chimie et de Physique.
Acta Comment. Univ. Tartu	Acta et Commentationes Universitatis Tartuensis (Dorpatensis).
Acta med. Scand.	Acta Medica Scandinavica.
Agricultura	Agricultura.
Am. Chem. J. (Am. Ch.)	American Chemical Journal; seit 1917 vereinigt mit Am. Soc.
Am. Fertilizer	The American Fertilizer.
Am. J. Physiol.	American Journal of Physiology.
Am. J. Sci.	American Journal of Science.
Am. Soc.	Journal of the American Chemical Society.
Am. Soc. Test. Mater. (Am. Soc. Testing Materials)	American Society of Testing Materials.
Anal. Chem.	Analytical Chemistry, früher Ind. Eng. Chem. Anal. Edit.
Anal. chim. Acta	Analytica chimica acta.
Analyst	The Analyst.
An. Argentina	Anales de la asociación química Argentina.
An. Españ.	Anales de la sociedad española de física y química; seit **1941**: Anales de fisica y quimica (Madrid).
An. Farm. Bioquim.	Anales de farmacia y bioquímica (Buenos Aires).
Angew. Ch.	Angewandte Chemie, vor 1932: Zeitschrift für angewandte Chemie.
Ann. Acad. Sci. Fenn.	Annales academiae scientiarum fennicae.
Ann. agronom.	Annales agronomiques.
Ann. Chim. anal.	Annales de Chimie analytique et de Chimie appliquée.
Ann. Chim. appl(ic).	Annali di chimica applicata.
Ann. Falsific.	Annales des Falsifications et des Fraudes.
Ann. Office nat. Combustibles liquides	Annales de l'Office National des Combustibles Liquides.
Ann. Phys.	Annalen der Physik (GRÜNEISEN und PLANCK).
Ann. Sci. agronom. Franç.	Annales de la Science agronomique française et étrangère; nach 1930: Annales agronomiques.
Ann. Soc. Sci. Bruxelles	Annales de la société scientifique de Bruxelles, Série A: Sciences mathématiques; Série B: Sciences physiques et naturelles.
Anz. Akad. Wiss. Wien, math.-naturwiss. Kl.	Anzeiger der Akademie der Wissenschaften in Wien, Mathematische-Naturwissenschaftliche Klasse.
Anz. Krakau. Akad.	Anzeiger der Akademie der Wissenschaften, Krakau.
Apoth.-Z.	Apotheker-Zeitung.
Ar.	Archiv der Pharmazie.
Arch. Eisenhüttenw.	Archiv für das Eisenhüttenwesen.
Arch. exp. Pathol.	Archiv für experimentelle Pathologie und Pharmakologie (NAUNYN-SCHMIEDEBERG).
Arch. Math. Naturvidensk (Arch. F. Mathem. og Naturvid.)	Archiv for Mathematik og Naturvidenskab.
Arch. Néerland. Physiol.	Archives Néerlandaises de Physiologie de l'Homme et des Animaux.
Arch. Phys. biol.	Archives de Physique biologique et de Chimie-Physique des Corps organisés.
Arch. Physiol.	Archiv für die gesamte Physiologie des Menschen und der Tiere (PFLÜGER).
Arch. Sci. biol.	Archivio di scienze biologiche (Italy).
Arch. Sci. phys. nat. Genève	Archives des Sciences physiques et naturelles, Genève.

Abkürzung	Zeitschrift
Atti Accad. Lincei	Atti della Reale Accademia nazionale dei Lincei.
Atti Accad. Sci. Torino	Atti della Reale Accademia delle Scienze di Torino.
Atti Congr. naz. Chim. pura applic.	Atti del congresso nazionale di chimica pura ed applicata.
Atti X Congr. int. Chim., Roma (Atti Congr. int. Chim. Roma)	Atti del X Congresso Internazionale di Chimica (Roma).
Austr. J. exp. Biol. med. Sci.	Australian Journal of Experimental Biology and Medical Science.
B.	Berichte der Deutschen Chemischen Gesellschaft.
Ber. dtsch. keram. Ges.	Berichte der Deutschen Keramischen Gesellschaft.
Ber. dtsch. pharm. Ges.	Berichte der Deutschen Pharmazeutischen Gesellschaft.
Ber. oberhess. Ges. Naturk.	Bericht der oberhessischen Gesellschaft für Natur- und Heilkunde.
Ber. Wien. Akad.	Sitzungsberichte der Akademie der Wissenschaften, Wien.
Betriebslab.	Betriebslaboratorium; russ.: Sawodskaja Laboratorija.
Biochem. J.	Biochemical Journal.
Biol. Bl.	Biological Bulletin of the Marine Biological Laboratory; seit 1930: Biological Bulletin.
Bio. Z.	Biochemische Zeitschrift.
Bl.	Bulletin de la Société chimique de France; vor 1907: Bulletin de la Société chimique de Paris.
Bl. Acad. Roum.	Bulletin de la section scientifique de l'Académie Roumaine.
Bl. Acad. Russie	Bulletin de l'Academie des Sciences de Russie; seit 1925: Bl. Acad. URSS.
Bl. Acad. Sci. Pétersb.	Bulletin de l'Académie impériale des Sciences, Pétersbourg; seit 1917: Bl. Acad. Russie.
Bl. Acad. URSS.	Bulletin de l'Académie des Sciences de l'U[nion des] R[épubliques] S[oviétiques] S[ocialistes].
Bl. Acad. URSS., Sér. chim.	Bulletin de l'Académie des Sciences de l'U[nion des] R[épubliques] S[oviétiques] S[ocialistes], Sér. chimique.
Bl. agric. chem. Soc. Japan	Bulletin of the Agricultural Chemical Society of Japan.
Bl. Am. phys. Soc.	Bulletin of the American Physical Society.
Bl. Assoc. techn. Fonderie (Bull. [Ass.] techn. Fonderie)	Bulletin de l'Association Technique de Fonderie.
Bl. Biol. pharm.	Bulletin des Biologistes pharmaciens.
Bl. Bur. Mines Washington	Bulletin, Bureau of Mines, Washington
Bl. chem. Soc. Japan	Bulletin of the Chemical Society of Japan.
Bl. Chim. pura apl. Bukarest (B. Chim. pura aplicata Bukarest)	Buletinul de Chimie Pură si Aplicată (al Societătii Române de Chimie) Bukarest.
Bl. Inst. physic. chem. Res. (Abstr.) Tôkyô	Bulletin of the Institute of Physical and Chemical Research, Abstracts, Tôkyô.
Bl. Sci. pharmacol.	Bulletin des Sciences pharmacologiques.
Bl. Soc. chim. Belg.	Bulletin de la Société chimique de Belgique.
Bl. Soc. Chim. biol.	Bulletin de la Société de Chimie biologique.
Bl. Soc. chim. Paris	Vgl. Bl.
Bl. Soc. Min.	Bulletin de la Société française de Minéralogie.
Bl. Soc. Mulhouse	Bulletin de la Société industrielle de Mulhouse.
Bl. Soc. Pharm. Bordeaux	Bulletin des Travaux de la Société de Pharmacie de Bordeaux.
Bl. Soc. România	Buletinul societatii de chimie din România.
Bodenkunde Pflanzenernähr.	Bodenkunde und Pflanzenernährung: 1. Folge (Band **1** bis **45**) heißt: Zeitschrift für Pflanzenernährung, Düngung und Bodenkunde.
Boll. chim. farm.	Bolletino chimico-farmaceutico.
Branntwein-Ind. (russ.)	Branntwein-Industrie (russisch).
Brit. chem. Abstr.	British Chemical Abstracts.
Bur. Stand. J. Res.	Bureau of Standards Journal of Research.
C.	Chemisches Zentralblatt.
Canad. Chem. Metallurgy (Can. Chem. Met.)	Canadian Chemistry and Metallurgy; ab Bd. **22** (1938): Canadian Chemistry and Process Industries.
Canadian J. Res.	Canadian Journal of Research.
Časopis českoslov. Lékárn.	Časopis československého, Lékárnictva.

Abkürzung	Zeitschrift
Cereal Chem.	Cereal Chemistry.
Chem. Abstr.	Chemical Abstracts.
Chem. Age	Chemical Age.
Chem. Apparatur	Chemische Apparatur.
Chem. eng. min. Rev.	Chemical Engineering and Mining Review.
Chem. Ind.	Chemistry and Industry.
Chemisat. soc. Agric. (Chemisat. socialist. Agr.) (russ.)	Chemisation of Socialistic Agriculture (russisch).
Chemist-Analyst	The Chemist-Analyst.
Chem. J. Ser. A	Chemisches Journal Serie A, Journal für allgemeine Chemie; russ.: Chimitscheski Shurnal Sser. A, Shurnal obschtschei Chimii.
Chem. J. Ser. B	Chemisches Journal Serie B, Journal für angewandte Chemie; russ.: Chimitscheski Shurnal Sser. B, Shurnal prikladnoi Chimii.
Chem. Listy	Chemické Listy pro vědu a průmysl.
Chem. Metallurg. Eng. (Chem. Met. Engin.)	Chemical and Metallurgical Engineering.
Chem. N.	Chemical News.
Chem. Obzor	Chemický Obzor.
Chem. Reviews	Chemical Reviews.
Chem. social. Agric.	Chemisation of socialistic Agriculture; russ.: Chimisazia ssozialistitscheskogo Semledelija.
Chem. Trade J. chem. Engr. (Chem. Trade J.)	Chemical Trade Journal and Chemical Engineer.
Chem. Weekbl.	Chemisch Weekblad.
Ch. Fabr.	Die chemische Fabrik.
Chim. e Ind. (Milano)	Chimica e Industria (Milano).
Chim. Ind.	Chimie & Industrie.
Chim. Ind. 17. Congr. Paris	Chimie & Industrie, 17. Congrès, Paris.
Ch. Ind.	Die chemische Industrie.
Ch. Z.	Chemiker-Zeitung.
Ch. Z. Chem. techn. Übersicht	Chemiker-Zeitung, Chemisch-technische Übersicht.
Ch. Z. Repert.	Chemiker-Zeitung, Repertorium.
Coll. Trav. chim. Tchécosl.	Collection des Travaux chimiques de Tchécoslovaquie
C. r.	Comptes rendus de l'Académie des Sciences.
C. r. Acad. URSS.	Comptes rendus (Doklady) de l'académie des sciences de l'U[nion des] R[épubliques] S[oviétiques] S[ocialistes].
C. r. Carlsberg	Comptes rendus des Travaux du Laboratoire de Carlsberg.
C. r. Soc. Biol.	Comptes rendus de la Société de Biologie.
Current Sci.	Current Science.
Dansk Tidsskr. Farm.	Dansk Tidsskrift for Farmaci.
Dingl. J.	DINGLERS Polytechnisches Journal.
Dtsch. med. Wschr.	Deutsche medizinische Wochenschrift.
Dtsch. tierärztl. Wschr.	Deutsche tierärztliche Wochenschrift.
Eng. Min. Journ.	Engineering and Mining Journal.
E. P.	Englisches Patent.
Erzmetall	Zeitschrift für Erzbergbau und Metallhüttenwesen; neue Folge von „Metall und Erz".
Fenno-Chem.	Fenno-Chemica.
Finska Kemistsamfundets Medd.	Finska Kemistsamfundets Meddelanden; fortgesetzt unter der Bezeichnung: Fenno-Chemica.
Fortschr. Chem. Physik physik. Chem.	Fortschritte der Chemie, Physik und physikalischen Chemie.
Fr.	Zeitschrift für analytische Chemie (FRESENIUS).
G.	Gazzetta chimica italiana.
Gas- und Wasserfach	Das Gas- und Wasserfach; vor 1922: Journal für Gasbeleuchtung sowie für Wasserversorgung.
Gen. electr. Rev. (General Electric Rev.)	General Electric Review.
Giorn. Biol. appl. Ind. chim. aliment. (G. Biol. appl. Ind. chim.)	Giornale di Biologia Applicata alla Industria Chimica ed Alimentare; ab Bd. 5 (1935): Giornale di Biologia Industriale Agraria ed Alimentare.

Abkürzung	Zeitschrift
Giorn. Chim. ind. ed applic. (Giorn. Chim. ind. appl.)	Giornale di Chimica Industriale ed Applicata.
Glastechn. Ber.	Glastechnische Berichte.
Glückauf	Glückauf, berg- und hüttenmännische Zeitschrift.
H.	Zeitschrift für physiologische Chemie (HOPPE-SEYLER).
Helv.	Helvetica chimica acta.
Ind. Chemist (chem. Manufacturer) (Ind. Chemist a. Chemical Manufacturer)	Industrial Chemist and Chemical Manufacturer.
Ind. chimica	L'Industria chimica, mineraria e metallurgica.
Ind. eng. Chem.	Industrial and Engineering Chemistry.
Ind. eng. Chem. Anal. Edit.	Industrial and Engineering Chemistry, Analytical Edition.
Ing. Chimiste (Bruxelles)	Ingénieur Chimiste (Bruxelles).
Internat. Sugar J.	International Sugar Journal.
J. agric. Sci.	Journal of Agricultural Science.
J. Am. ceram. Soc.	Journal of the American Ceramic Society.
J. Am. Leather Chem.	Journal of the American Leather Chemists' Association.
J. Am. med. Assoc.	Journal of the American Medical Association.
J. Am. pharm. Assoc.	Journal of the American Pharmaceutical Association.
J. Am. Soc. Agron.	Journal of the American Society of Agronomy.
J. Am. Water Works Assoc.	Journal of the American Water Works Association.
J. anal. appl. Chem.	Journal of Analytical and Applied Chemistry.
J. Assoc. offic. agric. Chem.	Journal of the Association of Official Agricultural Chemists.
J. Biochem.	Journal of Biochemistry (Japan).
J. biol. Chem.	Journal of Biological Chemistry.
Jbr.	Jahresberichte über die Fortschritte der Chemie (LIEBIG und KOPP), 1847—1910.
Jb. Radioakt.	Jahrbuch der Radioaktivität und Elektronik.
J. chem. Educat.	Journal of Chemical Education.
J. chem. Ind.	Journal der chemischen Industrie; russ.: Shurnal Chimitscheskoi Promyschlennosti.
J. chem. Physics (J. chem. Phys.)	Journal of Chemical Physics.
J. chem. Soc.	Journal of the Chemical Society of London.
J. chem. Soc. Japan	Journal of the Chemical Society of Japan.
J. Chim. appl. (J. chem. applic.) (russ.)	Journal de Chimie Appliquée (russisch).
J. Chim. phys.	Journal de Chimie physique; seit 1931: ... et Revue générale des Colloides.
J. chos. med. Assoc.	Journal of the Chosen Medical Association (Japan).
Jernkont. Ann.	Jernkontorets Annaler.
J. ind. eng. Chem.	Journal of Industrial and Engineering Chemistry; seit 1923: Ind. eng. Chem.
J. Indian chem. Soc.	Journal of the Indian Chemical Society.
J. Indian Inst. Sci.	Journal of the Indian Institute of Science.
J. Inst. Brew.	Journal of the Institute of Brewing.
J. Inst. Petrol. Tech.	Journal of the Institution of Petroleum Technologists.
J. Iron Steel Inst.	Journal of the Iron and Steel Institute.
J. Labor clin. Med.	Journal of Laboratory and Clinical Medicine.
J. Landwirtsch.	Journal für Landwirtschaft.
J. of Hyg. (Brit.)	Journal of Hygiene (britisch).
J. opt. Soc. Am.	Journal of the Optical Society of America.
J. Pharm. Belg.	Journal de Pharmacie de Belgique.
J. Pharm. Chim.	Journal de Pharmacie et de Chimie.
J. pharm. Soc. Japan	Journal of the Pharmaceutical Society of Japan.
J. physic. Chem.	Journal of Physical Chemistry.
J. Physiol.	Journal of Physiology.
J. pr.	Journal für praktische Chemie.
J. Pr. Austr. chem. Inst.	Journal and Proceedings of the Australian Chemical Institute.
J. Res. Nat. Bureau of Standards	Journal of Research of the National Bureau of Standards, früher: Bur. Stand. J. Res.
J. Russ. phys.-chem. Ges.	Journal der russischen physikalisch-chemischen Gesellschaft.
J. S. African chem. Inst.	Journal of the South African Chemical Institute.

Abkürzung	Zeitschrift
J. Sci. Soil Manure	Journal of the Sciences of Soil and Manure (Japan).
J. Soc. chem. Ind.	Journal of the Society of Chemical Industrie (Chemistry and Industry).
J. Soc. chem. Ind. Japan (Suppl.)	Journal of the Society of Chemical Industry, Japan. Supplement.
J. Soc. Dyers Colourists	Journal of the Society of Dyers and Colourists.
J. Washington Acad. Sci.	Journal of the Washington Academy of Sciences.
J. Zucker-Ind.	Journal der Zuckerindustrie; russ.: Shurnal Sakharnoi Promyschlennosti.
Keem. Teated	Keemia Teated (Tartu).
Kem. Maanedsbl. nord. Handelsbl. kem. Ind.	Kemisk Maanedsblad og Nordisk Handelsblad for Kemisk Industri.
Klin. Wschr.	Klinische Wochenschrift.
Koks u. Chem. (russ.)	Koks und Chemie (russisch).
Kolloidchem. Beih.	Kolloidchemische Beihefte.
Kolloid-Z.	Kolloid-Zeitschrift.
Lantbruks-Akad. Handl. Tidskr.	Kungl. Lantbruks-Akademiens Handlingar och Tidskrift.
Lantbruks-Högskol. Ann.	Lantbruks-Högskolans Annaler.
L. V. St.	Landwirtschaftliche Versuchsstationen.
M.	Monatshefte für Chemie.
Magyar Chem. Folyóirat	Magyar Chemiai Folyóirat (Ungarische chemische Zeitschrift).
Malayan agric. J.	Malayan Agricultural Journal.
Medd. Centralanst. Försöksväs. jordbruks., landwirtsch.-chem. Abt.	Meddelande från Centralanstalten för Försöksväsendet på Jordbruksområdet, landbrukskemi.
Medd. Nobelinst.	Meddelanden från K. Vetenskapsakademiens Nobelinstitut.
Med. Doswiadczalna i Spoleczna	Medycyna Doswiadczalna i Spoleczna.
Mem. Sci. Kyoto Univ.	Memoirs of the College of Science, Kyoto Imperial University
Metal Ind. (London)	Metal Industry (London).
Metallurgia ital. (Metallurg. Ital.)	Metallurgia Italiana.
Metallwirtschaft (Metallwirtsch., Metallwiss., Metalltechn.)	Metallwirtschaft, Metallwissenschaft, Metalltechnik.
Met. Erz	Metall und Erz.
Mikrochemie (Mikrochem.)	Mikrochemie, vereinigt mit Mikrochimica acta.
Mikrochim. A.	Mikrochimica acta.
Milchw. Forsch.	Milchwirtschaftliche Forschungen.
Mitt. berg- u. hüttenmänn. Abt. kgl. ung. Palatin-Joseph-Universität Sopron	Mitteilungen der berg- und hüttenmännischen Abteilung der königlich ungarischen Palatin-Joseph-Universität, Sopron.
Mitt. Forsch.-Anst. G.H. Hütte (Gutehoffnungshütte-Konzerns)	Mitteilungen aus den Forschungsanstalten des Gutehoffnungshütte-Konzerns.
Mitt. Geb. Lebensmitteluntersuch. Hyg.	Mitteilungen auf dem Gebiet der Lebensmitteluntersuchung und Hygiene.
Mitt. Kali-Forsch.-Anst.	Mitteilungen der Kali-Forschungsanstalt.
Mitt. K.W.I. Eisenforschg. (Düsseldorf)	Mitteilungen aus dem Kaiser-Wilhelm-Institut für Eisenforschung zu Düsseldorf.
Nachr. Götting. Ges.	Nachrichten der Kgl. Gesellschaft der Wissenschaften, Göttingen; seit 1923 fällt „Kgl." fort.
Nature	Nature (London).
Naturwiss.	Naturwissenschaften.
Natuurwetensch. Tijdschr.	Natuurwetenschappelijk Tijdschrift.
Nederl. Tijdschr. Geneesk.	Nederlandsch Tijdschrift voor Geneeskunde.
Neues Jahrb. Mineral. Geol.	Neues Jahrbuch für Mineralogie, Geologie und Paläontologie.
New Zealand J. Sci. Tech.	New Zealand Journal of Science and Technology.
Öst. Ch. Z.	Österreichische Chemiker-Zeitung.
Onderstepoort J. Vet. Sci.	Onderstepoort Journal of Veterinary Science and Animal Industry.
P. C. H.	Pharmazeutische Zentralhalle.

Abkürzung	Zeitschrift
Ph. Ch.	Zeitschrift für physikalische Chemie.
Pharm. Weekbl.	Pharmaceutisch Weekblad.
Pharm. Z.	Pharmazeutische Zeitung.
Phil. Mag.	Philosophical Magazine and Journal of Science.
Phil. Trans.	Philosophical Transactions of the Royal Society of London.
Phys. Rev.	Physical Review.
Phys. Z.	Physikalische Zeitschrift.
Plant Physiol.	Plant Physiology.
Pogg. Ann.	Annalen der Physik und Chemie, herausgegeben von POGGENDORFF (1824—1877); dann Wied. Ann. (1877—1899); seit 1900: Ann. Phys.
Pr. Am. Acad.	Proceedings of the American Academy of Arts and Sciences, Boston.
Pr. Am. Soc. Test. Mater. (Pr. Am. Soc. for testing Materials)	Proceedings of the American Society for Testing Materials.
Pr. (chem. Soc.)	Proceedings of the Chemical Society (London).
Pr. Indian Acad. Sci.	Proceedings of the Indian Academy of Sciences.
Pr. internat. Soc. Soil Sci.	Proceedings of the International Society of Soil Science.
Pr. Leningrad Dept. Inst. Fert.	Proceedings of the Leningrad Departmental Institute of Fertilizers.
Pr. Roy. Soc. Edinburgh	Proceedings of the Royal Society of Edinburgh.
Pr. Roy. Soc. London Ser. A	Proceedings of the Royal Society (London). Serie A: Mathematical and Physical Sciences.
Pr. Roy. Soc. New South Wales	Proceedings of the Royal Society of New South Wales.
Pr. Soc. Cambridge	Proceedings of the Cambridge Philosophical Society.
Problems Nutrit.	Problems of Nutrition; russ.: Woprossy Pitanija.
Pr. Oklahoma Acad. Sci.	Proceedings of the Oklahoma Academy of Science.
Pr. Soc. exp. Biol. Med.	Proceedings of the Society for Experimental Biology and Medicine.
Pr. Utah Acad. Sci.	Proceedings of the Utah Academy of Sciences.
Przemysl Chem.	Przemysl Chemiczny.
Publ. Health Rep.	Public Health Reports.
R.	Recueil des Travaux chimiques des Pays-Bas.
Radium	Le Radium, seit 1920: Journal de Physique et Le Radium.
Rep. Connecticut agric. Exp. Stat.	Report of the Connecticut Agricultural Experiment Station.
Repert. anal. Chem.	Repertorium der analytischen Chemie (1881—1887).
Répert. Chim. appl	Répertoire de Chimie pure et appliquée (von 1864 ab: Bulletin de la Société chimique de France).
Rep. Invest. (Rep. Investig.)	United States Department Interior, Bureau of Mines, Report of Investigation.
Rev. brasil. chim. (Revista brasileira de chimica)	Revista Brasileira de Chimica (São Paulo).
Rev. Centro Estud. Farm. Bioquim.	Revista del centro estudiantes de farmacia y bioquímica.
Rev. Mét.	Revue de Métallurgie.
Rev. univ. des Min.	Revue universelle des Mines.
Roczniki Chem.	Roczniki Chemji.
Schweiz. Apoth. Z.	Schweizerische Apotheker-Zeitung.
Schweiz. med. Wschr.	Schweizerische medizinische Wochenschrift.
Schw. J.	SCHWEIGGERS Journal für Chemie und Physik (Nürnberg, Berlin 1811—1833, 68 Bde.).
Science	Science (New York).
Sci. Pap. Inst. Tôkyô	Scientific Papers of the Institute of Physical and Chemical Research Tôkyô.
Sci. quart. nat. Univ. Peking	Science Quarterly of the National University of Peking.
Sci. Rep. Tôhoku (Imp. Univ.)	Science Reports of the Tôhoku Imperial University.
Skand. Arch. Physiol.	Skandinavisches Archiv für Physiologie.
Soc.	Journal of the Chemical Society of London.

Abkürzung	Zeitschrift
Soc. chem. Ind. Victoria (Proc.)	Society of Chemical Industry of Viktoria, Proceedings.
Soil Sci.	Soil Science.
Spectrochim. Acta	Spectrochimica Acta.
Sprechsaal	Sprechsaal für Keramik-Glas-Email.
Stahl Eisen	Stahl und Eisen.
Svensk Tekn. Tidskr.	Svensk Teknisk Tidskrift.
Sv. V.A.H. (Sv VAH, Sv. Vet. Akad. Handl.)	Svenska Vetenskaps-Akademiens-Handlingar.
Techn. Mitt. Krupp	Technische Mitteilungen KRUPP.
Tôhoku J. exp. Med.	Tôhoku Journal of Experimental Medicine.
Trans. Am. electrochem. Soc.	Transactions of the American Electrochemical Society.
Trans. Am. Inst. min. metalling. Eng. (Trans. Am. Inst. Min. Eng.)	Transactions of the American Institute of Mining and Metallurgical Engineers.
Trans. Butlerov Inst. chem. Technol. Kazan	Transactions of the BUTLEROV Institute; (seit 1935: KIROV Institute) for Chemical Technology of Kazan.
Trans. ceram. Soc. England	Transactions of the Ceramic Society, England; ab Bd. 38 (1939): Transactions of the British Ceramic Society.
Trans. Dublin Soc.	Scientific Transactions of the Royal Dublin Society.
Trans. Faraday Soc.	Transactions of the FARADAY Society.
Trans. Roy. Soc. Edinburgh	Transactions of the Royal Society of Edinburgh.
Trans. sci. Inst. Fert.	Transactions of the Scientific Institute of Fertilizers and Insectofungicides (USSR.).
Trans. Sci. Soc. China	Transactions of the Science Society of China.
Trav. Inst. Etat Radium (russ.)	Travaux de l'Institut d'Etat de Radium (russisch).
Trav. Lab. biogéochim. Acad. Sci. URSS.	Travaux du laboratoire biogéochimique de l'académie des sciences de l'U[nion des] R[épubliques] S[oviétiques] S[ocialistes].
Uchen. Zapiski Kazan. Gosud. Univ.	Uchenye Zapiski Kazanskogo Gosudarstvennogo Universiteta (USSR.).
Ukrain. chem. J.	Ukrainian Chemical Journal (Journal chimique de l'Ukraine).
Union pharm.	Union pharmaceutique.
Union S. Africa Dept. Agric.	Union of South Africa. Department of Agriculture.
Univ. Illinois Bl.	University of Illinois, Bulletin.
U.S. Dep. Commerce Bur. Mines Bl. (U.S. Bur. Min. B.)	U.S. Department of Commerce, Bureau of Mines, Bulletin.
U.S. Dep. Interior Bur. (U.S. Mines Bull.)	United States Department of the Interior, Bureau of Mines, Bulletin.
U.S. Dept. Agric. Bl.	United States Department of Agriculture, Bulletins.
U.S. Geol. Surv. Bl.	United States Geological Survey Bulletin.
Verh. phys. Ges.	Verhandlungen der Deutschen physikalischen Gesellschaft.
Vorratspflege u. Lebensmittelforsch.	Vorratspflege und Lebensmittelforschung.
Washington Acad. Science	Journal of the Washington Academy of Sciences.
Wschr. Brauerei	Wochenschrift für Brauerei.
Wied. Ann.	Annalen der Physik und Chemie, herausgegeben von WIEDEMANN; s. Pogg. Ann.
Wien. klin. Wschr.	Wiener klinische Wochenschrift.
Wien. med. Wschr.	Wiener medizinische Wochenschrift.
Wiss. Nachr. Zucker-Ind.	Wissenschaftliche Nachrichten der Zuckerindustrie (ukrain.).
Wiss. Veröffentl. Siemens-Konzern	Wissenschaftliche Veröffentlichungen aus dem SIEMENS-Konzern (seit 1935: aus den SIEMENS-Werken).
Z. anorg. Ch.	Zeitschrift für anorganische und allgemeine Chemie.
Zbl. Min. Geol. Paläont. Abt. A	Zentralblatt für Mineralogie, Geologie und Paläontologie, Abt. A: Mineralogie und Petrographie.
Z. Chem. Ind. Kolloide	Zeitschrift für Chemie und Industrie der Kolloide; seit 1913: Kolloid-Zeitschrift.
Z. Deutsch. Öl- u. Fettind.	Zeitschrift für Deutsche Öl- und Fettindustrie.
Z. El. Ch.	Zeitschrift für Elektrochemie.

Abkürzung	Zeitschrift
Zentr. wiss. Forsch.-Inst. Leder-Ind.	Zentrales wissenschaftliches Forschungsinstitut für die Lederindustrie; russ.: Zentralny nautschno-issledowatelski Institut koshewennoi Promyschlennosti, Sbornik Rabot.
Z. ges. Brauw.	Zeitschrift für das gesamte Brauwesen.
Z. ges. Kältetechnik (-Industrie)	Zeitschrift für die gesamte Kältetechnik (-Industrie).
Z. Hygiene	Zeitschrift für Hygiene und Infektionskrankheiten.
Z. klin. Med.	Zeitschrift für klinische Medizin.
Z. Krist.	Zeitschrift für Kristallographie und Mineralogie.
Z. landw. Vers.-Wes. Österr.	Zeitschrift für das landwirtschaftliche Versuchswesen in Deutsch-Österreich; 1925—1933 genannt: Fortschritte der Landwirtschaft.
Z. Lebensm.	Zeitschrift für Untersuchung der Lebensmittel; bis 1925: Zeitschrift für Untersuchung der Nahrungs- und Genußmittel sowie der Gebrauchsgegenstände.
Z. Metallkunde	Zeitschrift für Metallkunde.
Z. Naturforschg.	Zeitschrift für Naturforschung.
Z. Oberschl. Berg- u. Hüttenmänn. Verb.	Zeitschrift des Oberschlesischen Berg- und Hüttenmännischen Verbandes.
Z. öffentl. Ch.	Zeitschrift für öffentliche Chemie.
Z. Pflanzenernähr. Düng. Bodenkunde	Vgl. Bodenkunde Pflanzenernähr.
Z. Phys.	Zeitschrift für Physik.
Z. pr. Geol.	Zeitschrift für praktische Geologie.
Zprávy česk. keram. společnosti	Zprávy československé keramické společnosti.
Z. techn. Phys. (russ.)	Zeitschrift für technische Physik (russ.).
Z. VDI (Z. Ver. dtsch. Ing.)	Zeitschrift des Vereins Deutscher Ingenieure.

Abkürzungen oft benutzter Sammelwerke.

Abkürzung	Sammelwerk
Berl-Lunge	Berl-Lunge: Chemisch-technische Untersuchungsmethoden, 8. Aufl. Berlin 1931—1934. Bis zur 7. Aufl. „Lunge-Berl" genannt.
Gm.	Gmelins Handbuch der anorganischen Chemie, 8. Aufl. Berlin.
Handb. Pflanzenanal.	Handbuch der Pflanzenanalyse (Klein).
Lunge-Berl	Vgl. Berl-Lunge.
Schiedsverfahren	Analyse der Metalle. Erster Band: Schiedsverfahren. 2. Aufl. Berlin-Göttingen-Heidelberg 1949.

Sauerstoff.

O_2, Atomgewicht 16,0000, Ordnungszahl 8.

Von O. LIEBKNECHT †, Berlin, F. TÖDT, Berlin, und S. KAHAN, Berlin.

Mit 52 Abbildungen.

Inhaltsübersicht.

Bestimmungsmöglichkeiten.

I. Bestimmung des gelösten Sauerstoffs. (Löslichkeit bei Zimmertemperatur in luftgesättigter Lösung etwa 8 mg/l.)

Die chemischen Verfahren beruhen meist auf der Oxydation anorganischer Verbindungen, wobei die Oxydation von Mn(II)- zu Mn(III)-salzen in alkalischer Lösung (nach WINKLER) und ihre maßanalytische Bestimmung die am häufigsten angewandte Methode ist. Daneben wird die Oxydation von Eisensalzen in alkalischer Lösung,

Kupfer(I)- zum Kupfer(II)-salz, NO zu NO_2 u. a. zur Bestimmung des gelösten Sauerstoffs benutzt.

Zur Steigerung der Empfindlichkeit der Bestimmung des gelösten Sauerstoffs werden meist colorimetrische Methoden angewandt. So wird z. B. in Abwandlung der WINKLER-Methode das Oxydationspotential der oxydierten Manganionen oder die Oxydation organischer und anorganischer Substanzen ausgewertet, häufig in Verbindung mit geeigneten Redox-Indicatoren — um Farbreaktionen zu erzeugen.

Für besondere Zwecke werden rein physikalische Verfahren vorgeschlagen, die meist volumetrische Bestimmungen sind, die auf Absorption oder thermischer Austreibung, gegebenenfalls im Vakuum, beruhen.

Sehr empfindlich sind die elektrischen Methoden, wie z. B. die Reststrommessung und die Polarographie.

II. Bestimmung des gasförmigen Sauerstoffs.

Hierfür werden die zahlreichen Methoden der allgemeinen Gasanalyse angewandt. So vor allem die volumetrische bzw. manometrische Methode. Diesen beiden Methoden geht meist ein chemisches Verfahren voran, wie z. B. die Verbrennung mittels Wasserstoff oder Absorption durch Pyrogallol oder andere Absorptionsmittel. Es gibt leider kein Absorptionsmittel, das spezifisch Sauerstoff allein absorbiert. Es ist dann nötig, gewisse Gase, wie Kohlensäure u. a., vorher zu entfernen.

Häufig kann man dieselben maßanalytischen und colorimetrischen Methoden, wie sie für den gelösten Sauerstoff Verwendung finden, auch für die gasanalytische Sauerstoffbestimmung mit entsprechend abgewandelten Apparaturen benutzen.

Besonders für kontinuierliche Bestimmungen haben große Bedeutung die physikalischen Verfahren:

Unter bestimmten Voraussetzungen eignen sich zur Sauerstoffbestimmung die Methode der Bestimmung der Wärmeleitfähigkeit, optische Methoden und elektrische Methoden, die mit anderen für Sauerstoff spezifischen Eigenschaften gekoppelt zu sehr empfindlichen Verfahren besonders von der Industrie technisch ausgearbeitet worden sind. So wird als eine spezifische Eigenschaft des Sauerstoffs sein Paramagnetismus ausgenutzt.

Noch empfindlicher ist die thermoelektrische Messung der Absorptionswärme. Anstatt der Reaktionswärme wird auch die Änderung der elektrischen Leitfähigkeit bei der Absorption gemessen, eine sehr empfindliche Methode. Fast alle für gelösten Sauerstoff ausgearbeiteten elektrischen Verfahren können auch für gasförmigen Sauerstoff benutzt werden.

III. Für die Bestimmung des gebundenen Sauerstoffs in organischen Substanzen finden die Verfahren der Elementaranalyse hauptsächlich Verwendung, für die Sauerstoffbestimmung in anorganischen Verbindungen werden meist folgende Verfahren benutzt:

1. Heißextraktionsverfahren im Röhren-Vakuumofen,
2. Heißextraktionsverfahren im Kohlespiral-Vakuumofen,
3. Chlorverfahren,
4. Jodverfahren und
5. elektrolytisches Verfahren.

§ 1. Die Bestimmung des im Wasser gelösten Sauerstoffs.

A. Die WINKLER-Methode und ihre Abwandlungen.

Gewöhnlich wird für die quantitative Bestimmung des Sauerstoffgehaltes im Wasser die Methode von WINKLER angewandt. Durch Zugabe von Mangan(II)-salzen und Natronlauge zu der auf Sauerstoff zu untersuchenden Wasserprobe wird ein Niederschlag von Mangan(II)-hydroxyd erzeugt, der von dem im Wasser gelösten Sauerstoff aufoxydiert wird. Nach dem Ansäuern werden die dem ursprünglichen Sauerstoffgehalt äquivalent aufoxydierten Mangan(III)-ionen jodometrisch titriert.

Die Genauigkeit der Bestimmung kann, wenn keine Störungen durch die Beschaffenheit des Wassers auftreten, bis auf 0,02 mg Sauerstoff im Liter im günstigsten Fall getrieben werden; jedoch ist es dann notwendig, den in den Reagenzien gelösten Sauerstoff zu berücksichtigen (s. Sauerstoffgehalt der Reagenzien S. 5).

1. Sauerstoffbestimmung nach WINKLER.

Eine Flasche mit gut eingeschliffenem, abgeschrägtem Glasstopfen, deren Inhalt durch Eichung oder Auswägen mit Wasser genau bekannt ist, wird mit dem zu untersuchenden Wasser mit Hilfe eines bis zum Boden reichenden Glasrohres bis zum Überlaufen gefüllt. Wenn genügend Wasser zur Probenahme vorhanden ist, läßt man das Wasser so lange überfließen, bis der Flascheninhalt ungefähr 10mal erneuert worden ist. Nachdem keine Luftblasen mehr mit dem Wasser mitgerissen werden, zieht man das Rohr vorsichtig heraus und gibt mit je einer mit langem, engem Rohr versehenen Pipette je 1 cm^3 Mangan(II)-chlorid [40 g kristallisiertes eisenfreies Mangan(II)-chlorid werden in 100 cm^3 ausgekochtem destilliertem Wasser gelöst] und 1 cm^3 jodkaliumhaltige Natronlauge (33 g reines Ätznatron werden in 100 cm^3 destilliertem Wasser gelöst und mit 10 g Kaliumjodid versetzt) zu, wobei die Pipetten in die Flasche eintauchen. Die durch die Reagenzienzugabe verdrängten 2 cm^3 Wasser werden später in Rechnung gesetzt.

(Bei sauerstoffreichem Wasser gibt man entsprechend mehr Reagenslösung zu, je 2 bis 3 cm^3.)

Die Flasche wird mit dem Stopfen dicht geschlossen, so daß keine Luftblase in der Flasche verbleibt, und geschüttelt. Man läßt den Niederschlag absitzen. Ist kein Sauerstoff vorhanden, so entsteht ein bläulichweißer Niederschlag:

$$MnCl_2 + 2\,NaOH = Mn(OH)_2 + 2\,NaCl.$$

Bei Anwesenheit von Sauerstoff wird das Mangan(II)-hydroxyd zu einem höherwertigen Manganhydroxyd oxydiert.

Es wird häufig hierfür folgende Formulierung gegeben, die allerdings nicht exakt den tatsächlichen Verlauf der Oxydation wiedergibt:

$$4\,Mn(OH)_2 + O_2 + H_2O = 4\,Mn(OH)_3.$$

Nach Absetzen des Niederschlages gibt man 5 cm^3 85%ige Phosphorsäure (Art und Menge der Säure können je nach Größe der Probeflasche und der Zusammensetzung der zu untersuchenden Lösung verschieden sein) hinzu, schüttelt um, so daß sich der Niederschlag auflöst.

Das Mangansalz oxydiert jetzt eine dem Sauerstoff äquivalente Menge Jodid, das mit der Natronlauge zugegeben wurde, zu Jod.

Man spült den Inhalt der Flasche in ein anderes Gefäß und titriert nach Zusatz einiger Tropfen 1%iger Stärkelösung mit n/100 Thiosulfatlösung bis zur Farblosigkeit. Einfacher ist es, vor dem Ansäuern eine ausreichende Flüssigkeitsmenge abzusaugen und in der Flasche direkt zu titrieren.

1 cm^3 n/100 Natriumthiosulfat = 0,08 mg Sauerstoff = 0,05598 cm^3 Sauerstoff (0°, 760 mm).

Wenn V der Inhalt der Flasche ist und x cm^3 Thiosulfat verbraucht wurden, dann ist unter Berücksichtigung, daß 2 cm^3 Reagenslösung zugesetzt wurden, um die die Wasserprobe verringert wurde, der Sauerstoffgehalt:

$$\frac{x \cdot 0{,}08 \cdot 1000}{V - 2} = \text{mg } O_2/\text{l}.$$

2. Korrektionsmethoden der Sauerstoffbestimmung nach WINKLER.

Bei der Durchführung der üblichen Sauerstoffbestimmung nach WINKLER können folgende Fehlerquellen auftreten:

Die Reagenzien selbst können Sauerstoff enthalten und dadurch einen größeren Sauerstoffgehalt der ursprünglichen Lösung vortäuschen.

Außerdem können das zu untersuchende Wasser und auch die Reagenzien reduzierende und oxydierende Stoffe enthalten, die bei der üblichen jodometrischen Titration einen größeren bzw. geringeren Jodverbrauch verursachen und dadurch ein falsches Resultat geben.

Schließlich muß noch der Fehler berücksichtigt werden, der durch Stärke, die als Indicator zugesetzt wird, entsteht (sog. Stärkefehler).

Endlich muß Vorsorge dafür getroffen werden, daß die Probenahme unter Luftabschluß durchgeführt wird.

Es sind deshalb zahlreiche Korrektionsverfahren der Sauerstoffbestimmung nach WINKLER vorgeschlagen worden, die diese Fehlerquellen berücksichtigen und möglichst auszuschalten suchen.

I. Berücksichtigung des Sauerstoffgehaltes der Reagenslösung. Über den Sauerstoffgehalt der Reagenzien, die zur Durchführung der WINKLER-Methode benutzt werden, liegen Arbeiten von OHLE, SEYB, RICHTER, TÖLLER und WICKERT vor.

Während OHLE und WINKLER einen durchschnittlichen Wert von 0,004 mg Sauerstoff pro Kubikzentimeter Reagenslösung angeben, beträgt er nach SEYB 0,006 mg Sauerstoff pro Kubikzentimeter Reagenslösung.

RICHTER gibt für die beim ALSTERBERG-Verfahren verwendeten Reagenslösungen folgenden Gehalt an Sauerstoff an:

11,2 gew.-%ige Natriumsalicylatlösung . . . . 0,0024 mg O_2/cm^3
28,3 gew.-%ige Mangan(II)-chloridlösung . . . . 0,0014 mg O_2/cm^3
45,5 gew.-%ige Natronlauge-Kaliumjodidlösung (27,8% NaOH, 16,7% KJ) 0,001 mg O_2/cm^3

In Übereinstimmung mit den von RICHTER gefundenen Werten findet TÖLLER für eine

25 gew.-%ige Mangan(II)-chloridlösung . . . . 0,001—0,0013 mg O_2/cm^3,

für eine

33 gew.-%ige Natronlaugelösung . . . . 0,0014 mg O_2/cm^3.

Der durchschnittliche Sauerstoffgehalt nach den beiden letztgenannten Autoren ist also nur halb so groß, etwa 0,0015 mg O_2/cm^3.

Nach WICKERT wird durch einen Reagenszusatz von 0,1 cm^3 gesättigter Mangan(II)-chloridlösung und 0,2 cm^3 50%iger Natronlauge der zu untersuchenden Wasserprobe ein Sauerstoffgehalt von 0,0024 mg O_2/l zugeführt, für 4 cm^3 Reagenszugabe werden 0,024 mg O_2/l angegeben.

II. Sauerstoffbestimmung in Gegenwart reduzierender und oxydierender Stoffe. *Bromsalicylsäureverfahren nach* ALSTERBERG. Die Wasserprobe, die einer Sauerstoffanalyse unterworfen werden soll, wird zunächst mit freiem Brom oxydiert. Brom ist ein recht starkes Oxydationsmittel, das die meisten reduzierenden Stoffe, welche die WINKLERsche Analyse stören, angreift. Ferner kann freies Brom quantitativ salpetrige Säure zur Salpetersäure oxydieren. Der Bromüberschuß wird durch einen Zusatz von Salicylsäure reduziert. Dieser gegenüber sowie gegenüber den Phenolen und Phenolderivaten wirkt das Brom substituierend, indem es z. B. mit Salicylsäure, wenn diese im Überschuß vorhanden ist, Tribromsalicylsäure bildet:

$$C_6H_4(OH) \cdot COOH + 3\,Br_2 = C_6HBr_3(OH) \cdot COOH + 3\,HBr.$$

Tribromsalicylsäure wirkt auf KJ nicht oxydierend, weshalb eine so behandelte Probe nachher nach der WINKLER-Methode auf Sauerstoff analysiert werden kann. Verwendet man statt Salicylsäure Phenol oder andere Phenolderivate, so treten große Sauerstoffverluste ein.

Auch die Salicylsäure ist nicht ganz ohne Einfluß auf die folgenden Stadien der Sauerstoffanalyse, aber diese Einwirkung ist durch einen genügenden Zusatz von KJ leicht zu beseitigen. Auf freies Jod in saurer Lösung ist reine Salicylsäure ohne Wirkung, wogegen diese Substanz in alkalischer Lösung stark substituierend wirkt.

Die zur Voroxydation nötigen Reagenzien.

1. Bromlösung. 9 g freies Brom werden mit 6 g KBr in wenig Wasser gelöst. Man gibt 10 cm³ 25%ige HCl hinzu und füllt auf 100 cm³. Die Lösung ist dann etwa 1 n. Sie ist in brauner Flasche mit Glasstöpsel haltbar, nimmt jedoch nach und nach an Stärke ab, wobei sich freier Sauerstoff und Bromwasserstoff bilden.

2. Natriumsalicylat. 10 g Salicylsäure werden in 10 bis 20 cm³ Wasser und 20 cm³ 15%iger NaOH gelöst und mit Wasser auf 100 cm³ aufgefüllt. Die Lösung ist lange haltbar und nimmt mit der Zeit eine gelbe bis gelbbraune Farbe an, die aber ohne Bedeutung ist. Erst wenn die Farbe sepiabraun wird, bereitet man zweckmäßigerweise eine neue Lösung.

Als Lösungsmittel für die Fällung dient 85%ige Phosphorsäure.

Behandlung der Analysenprobe bei Anwendung der Voroxydationsmethode mit Brom.

Man gibt zu der Probe sofort nach Entnahme 0,5 cm³ Bromlösung zu, schüttelt gut durch und läßt sie 24 Std. stehen. Unmittelbar vor der Analyse erfolgt die weitere Behandlung der Probe. Man gibt 0,5 cm³ Natriumsalicylatlösung zu und schüttelt. Die Probe muß sich nun sogleich vollständig klären oder kann durch die ausgeschiedene bromierte Salicylsäure höchstens etwas trübe sein. Wichtig ist, daß man die Probe unmittelbar nach dem Salicylsäurezusatz schüttelt, denn sonst wird die bromierte Salicylsäure in großen Flocken ausgeschieden. In diesem Fall wird der oxydierende Bromzusatz nicht ganz reduziert, sondern es bleiben Spuren davon zurück. Nachdem die Probe 15 Min. gestanden hat, öffnet man die Flasche wieder und gibt die WINKLERschen Reagenzien zu [1 cm³ Mangan(II)-chlorid + 1 cm³ KJ-haltige NaOH], verschließt die Flasche und schüttelt. Das Schließen der Flasche muß natürlich jedesmal unter Ausschluß von Luft vor sich gehen. Die entstehende Fällung ist sehr voluminös und sinkt nie vollständig in sich zusammen, was wahrscheinlich auf der Anwesenheit der Salicylsäure beruht. Nach dem Zusatz der Reagenzien wartet man 15 Min. und gibt dann die Säure zu. Bei Anwesenheit von Eisen hat sich schon vorher die Salicylsäure lila gefärbt, ein Zeichen, daß man zur Lösung des Niederschlages Phosphorsäure verwenden muß. Dann folgt die Titration.

Wichtig ist das Vorhandensein einer genügenden Menge KJ, da sonst die Salicylsäure bei der Lösung der Fällung leicht von der oxydierten Manganfällung angegriffen wird. Auch bei hohem Sauerstoffgehalt wird dann die Salicylsäure nicht von den höherwertigen Mangansalzen angegriffen.

Bemerkungen. Eine Verringerung der durch Eisen infolge von Jodausscheidung verursachten Fehler läßt sich nach BRUHNS dadurch erreichen, daß man zum Ansäuern nach der Fällung der Manganoxyde nicht Salzsäure, sondern Schwefelsäure verwendet. Bei geringen Mengen aufgeschwämmten Eisenoxyds genügt dies zur technisch genauen Sauerstoffbestimmung, da auch die Auflösung des Eisenoxyds dann weit langsamer vor sich geht als mit HCl. Natürlich muß man dann mit der Ausführung der Messung nach dem Ansäuern nicht zögern. Empfehlenswert ist es, in diesem Falle auch nicht Mangan(II)-chlorid, sondern Mangan(II)-sulfat zur Fällung zu verwenden. Eine bei der Titration störende Nachbläuung läßt sich fast ganz verhindern, wenn man außer Schwefelsäure noch Natriumsulfat zusetzt oder eine Auflösung von saurem Natriumsulfat. Es bildet sich Eisenalaun, dessen Eisengehalt schwerer reduziert wird als der einfacher Eisen(III)-salze. An Hand von Beleganalysen wird festgestellt, daß

1. HCl viel stärker wirkt als H_2SO_4,

2. die $KHCO_3$-Fällung (siehe S. 10) selbst gegen längere Berührung mit der Luft nicht empfindlich ist,

3. $NaHSO_4$ ein richtiges Ergebnis liefert, da die Nachbläuung nur sehr langsam, auch im Vergleich zu Schwefelsäure, eintritt, so daß sie die Messung nicht stört.

Auch die Verwendung von Phosphorsäure zur Ausschaltung des schädlichen Einflusses des Eisens liefert gute Ergebnisse und kann ohne Bedenken angewandt werden.

Ungesättigte Verbindungen werden nach BOGDANOW durch Bromzusätze gebunden. BUSWELL und GALAHER berichten über die Beseitigung von Fehlern, die durch Eisensalze und organische Verbindungen entstehen.

SEYB läßt die Proben nur 1 Std. im Dunkeln mit Brom reagieren. Dadurch wird einerseits die Bildung von Sauerstoff über HBr bedeutungslos, andererseits genügt diese Zeit zur Absättigung bzw. Oxydation der jodverbrauchenden Stoffe.

Eine ausführliche Besprechung der bei der Anwendung des ALSTERBERG-Verfahrens möglichen Fehlerquellen gibt OHLE. Auf vier mögliche Fehlerquellen weist er besonders hin.

1. Hoher Gehalt an organischen Stoffen,
2. Mangangehalt des Wassers,
3. Nebenumsetzung $Br_2 + H_2O = 2\,HBr + O$,
4. Sauerstoffgehalt, der durch die Reagenzien mitgeführt wird.

III. Chlordifferenzverfahren. ***Arbeitsvorschrift nach*** **OHLE.** Bei Wässern, die stark mit reduzierend wirkenden Stoffen beladen sind, empfiehlt sich die Anwendung des Chlordifferenzverfahrens. Zwei Parallelproben des Wassers werden in tarierten Glasstöpselflaschen von etwa 100 ml Fassungsvermögen mit je 1,0 ml Hypochloritlösung und 0,5 ml 50%iger Schwefelsäure versetzt und für eine halbe Stunde oder länger verschlossen in feuchten, dicken Tüchern aufbewahrt, so daß eine Zersetzung des Hypochlorits durch das Sonnenlicht sowie eine Verdunstung des Probewassers durch die Glasschliffe hindurch ausgeschlossen ist. Sodann erhalten beide Proben je 0,5 ml Rhodanidlösung, um anschließend für eine halbe Stunde wiederum geschlossen in den Tüchern aufbewahrt zu werden.

Schließlich wird beiden Proben je 1,5 ml kaliumjodidhaltige Natronlauge zugefügt, und die eine der beiden, die Hauptprobe, erhält außerdem 0,5 ml Mangan(II)-chloridlösung. Nach dem Absetzen des Niederschlages verabreicht man beiden Proben je 2 ml 25%ige Salzsäure. Bei Gegenwart von Stärke als Indicator wird das in Freiheit gesetzte Jod vermittels einer Natriumthiosulfatlösung titriert; bei sehr geringen Sauerstoffkonzentrationen verwendet man zweckmäßigerweise schwache Lösungen, die z. B. 0,05 mg O_2/ml entsprechen.

Für beide Proben ist auf Grund der Titrationsergebnisse unter Berücksichtigung der Flaschenvolumina sowie der zugefügten Reagenzienmengen von 3,5 bzw. 4,0 ml der O_2-Gehalt in mg/l zu berechnen. Aus der Differenz des so für die Parallelprobe erhaltenen Wertes von dem der Hauptprobe ergibt sich nach Abzug von 0,03 mg O_2/l als Korrektur für den Sauerstoffgehalt der zugefügten Reagenzien der tatsächliche Gehalt des Wassers an molekular gelöstem Sauerstoff.

Herstellung der Reagenzien:

1. Hypochloritlösung: 1 g gewöhnlicher, für sanitäre Zwecke im Handel befindlicher Chlorkalk wird mit konzentrierter Glaubersalzlösung im Achatmörser zerrieben und insgesamt mit 100 ml abgekochtem Aqua dest. + 25 bis 30 g $Na_2SO_4 \cdot 10\,H_2O$ bereitet; schließlich wird durch Watte filtriert.

2. Rhodanidlösung: 4 g KCNS in 100 ml abgekochtem Aqua dest. + 25 bis 30 g $Na_2SO_4 \cdot 10\,H_2O$ gelöst.

3. Kaliumjodidhaltige Natronlauge: 50 g nitritfreies NaOH in 100 ml abgekochtem Aqua dest. + 30 KJ gelöst.

4. Mangan(II)-chloridlösung: 50 g $MnCl_2 \cdot 4\,H_2O$ in 100 ml abgekochtem Aqua dest. gelöst.

IV. Sonstige Methoden zur Ausschaltung reduzierender und oxydierender Stoffe. *Bestimmung der reduzierenden Stoffe durch Jodzugabe.* Nach HAASE: Falls die zu untersuchende Flüssigkeit Sulfite in irgendeiner Form enthält, so wird in saurer Lösung einerseits das freigewordene Jod ganz oder teilweise zu Oxydation der Sulfite zu Sulfaten verbraucht und die Bestimmung täuscht einen zu geringen Sauerstoffgehalt vor; denn Sulfit reagiert mit Jod:

$$J_2 + H_2SO_3 + H_2O = H_2SO_4 + 2\,HJ.$$

Sulfite vermögen aber andererseits auch die bereits gebildete manganige Säure unter bestimmten Bedingungen allmählich wieder zu reduzieren. Der anfangs braune Niederschlag wird also wieder mehr oder weniger entfärbt, wodurch gleichfalls zu wenig Sauerstoff gefunden wird.

Da es sich bei den hier vorzunehmenden Sauerstoffbestimmungen um die Untersuchungen begrenzter Flüssigkeitsmengen in geeichten Flaschen und um Lösungen verschieden hoher Temperaturen handelt, ist es nötig, durch Zusatz eines die spätere Sauerstoffbestimmung nicht störenden Mittels den etwaigen Sulfitüberschuß vor Einleiten der eigentlichen Sauerstoffuntersuchung zu zerstören. Das Sulfit wird durch eine bekannte Menge eingestellter Jodlösung zerstört und der Überschuß an Jod durch eine gleichfalls genau bemessene Menge gleich konzentrierter Thiosulfatlösung beseitigt und die Sauerstoffbestimmung dann in der üblichen Weise vorgenommen.

Der Zusatz von Thiosulfat zur Beseitigung des Jodüberschusses ist bedenklich, weil das Tetrathionat sich in alkalischer Lösung zersetzt und dabei entfärbend, also reduzierend, auf das Mangandioxydhydrat einwirkt. Wenn hier dies Verfahren dennoch als brauchbar empfohlen wird, so liegt das an der Feststellung, daß die Umsetzung des Tetrathionats in alkalischer Lösung mit Mangandioxydhydrat eine Zeitreaktion ist. Man kann jedweden Fehler durch möglichste Abkürzung der Einwirkungsdauer vermeiden, indem man den Manganniederschlag sofort nach seiner Bildung mit Säure wieder auflöst. Man ist hierzu nach den Untersuchungen von THERIAULT und McNAMEE berechtigt, die feststellten, daß die Sauerstoffbindung bereits innerhalb 15 Sek. vollständig ist.

Ausführung. Es werden die mit sulfithaltigem Wasser gefüllten Flaschen bekannten Inhalts für die Sauerstoffbestimmung nacheinander mit je 1 cm^3 0,1 n Jodlösung, 1 cm^3 0,1 n Thiosulfatlösung, 1 cm^3 KJ-haltiger 30%iger NaOH, 1 cm^3 40%iger Mangan(II)-chloridlösung und 5 cm^3 reiner 25%iger HCl versetzt. Nach jedem Zusatz wird der Glasstopfen unter Vermeidung einer Luftblase aufgesetzt und die Flasche mehrfach kurz umgeschüttelt. Titriert wird nach dem Erkalten bei geringen Sauerstoffgehalten mit 0,01 n Jodlösung bis zum Auftreten, bei größeren mit 0,01 n Thiosulfatlösung bis zum Verschwinden der Stärkereaktion, je nachdem, ob Jod oder Thiosulfat im Überschuß vorhanden war.

Zur Berechnung des Sauerstoffgehaltes ist in einer Parallelprobe der Sulfitgehalt zu ermitteln, was durch Zusatz von 1 cm^3 oder mehr 0,1 n Jodlösung und Titration (nach dem Erkalten) mit 0,01 n Thiosulfatlösung geschieht. Den Sauerstoffgehalt berechnet man nach der Formel:

$$\frac{x \cdot 80}{(V-4)-(V-4)\,d} = \text{mg/l Sauerstoff},$$

x bedeutet hierbei die in Kubikzentimetern 0,01 n Thiosulfatlösung umgerechnete Menge Titrationsflüssigkeit,
V das Volumen der Versuchsflasche,
d ist der Faktor für die Volumenkorrektur bei erhöhter Temperatur.

d bei 30°	0,00192	*d* bei 70°	0,02066
40°	0,00628	80°	0,02665
50°	0,01052	90°	0,03304

Bemerkung. Die durch Sulfit bedingten Fehler beschreibt ebenfalls HOFER. Um mit der WINKLER-Methode in Gegenwart von Sulfitablauge, Hypochloriten und organischen Substanzen richtige Werte zu erhalten, lassen THERIAULT und NAMEE zur Vermeidung der Zersetzung organischer Stoffe die Natronlauge nur 20 bis 25 Sek. einwirken, da die Sauerstoffaufnahme sofort erfolgt.

Den Einfluß des Hydrazins beschreibt WICKERT.

Acidmethode nach ALSTERBERG. Über Methoden zur Bestimmung von elementarem Sauerstoff, der in Wasser gelöst ist, bei Gegenwart von salpetriger Säure. Hierzu macht ALSTERBERG die folgenden Angaben.

Voraussetzung für die fehlerfreie Anwendung der WINKLERschen Sauerstoffbestimmung ist ein von reduzierenden und oxydierenden Substanzen völlig reines Wasser. Besonders störend wirkt salpetrige Säure, die gleichzeitig anwesendes HJ zu Jod oxydiert:

$$N_2O_3 + 2\,HJ = J_2 + 2\,NO + H_2O.$$

Da nun das entstandene NO mit O_2, der stets etwas in Reagenzien enthalten ist, sofort wieder reagiert unter Rückbildung von N_2O_3:

$$4\,NO + O_2 = 2\,N_2O_3,$$

so entsteht hier ein Kreislauf, der naturgemäß den Fehler bei der Sauerstoffbestimmung wesentlich vergrößert. Die Wirkung des N_2O_3 beruht also mehr auf einer katalytischen, wenngleich auch mit der Zeit die salpetrige Säure allmählich zu Salpetersäure oxydiert wird.

Zur Zerstörung bzw. Unschädlichmachung der salpetrigen Säure eignet sich weder das Verfahren von LEHMANN und NOLL, welche mit Harnstoff die salpetrige Säure zerstören wollten, da diese Reaktion viel zu langsam verläuft:

$$CO(NH_2)_2 + N_2O_3 = CO_2 + 2\,H_2O + 2\,N_2,$$

noch kann man die Chlorierungsmethode von WINKLER verwenden, die so arbeitet, daß mit Chlor die salpetrige Säure zu Salpetersäure oxydiert und das überschüssige Chlor durch überschüssiges KSCN reduziert wird, da bei ihr im Verlauf der Rhodanreaktion Stoffe auftreten, die die spätere Sauerstoffbestimmung stören. Auch die von WINKLER und NOLL vorgeschlagenen Korrektionsmethoden sind unbrauchbar.

Wenn man das Wasser, das salpetrige Säure enthält, mit Stickstoffwasserstoffsäure oder deren Salzen behandelt, so wird die salpetrige Säure nach der Gleichung:

$$N_2O_3 + 2\,N_3H = 2\,N_2O + 2\,N_2 + H_2O$$

zerstört. Gegenüber schwächeren Oxydationsmitteln sind die Stickstoffwasserstoffsäure und ihre Abbauprodukte, die bei der Reaktion mit N_2O_3 entstehen, indifferent. Die Reaktion mit salpetriger Säure und Stickstoffwasserstoffsäure verläuft so schnell, daß selbst bei Gegenwart von KJ kein Jod ausgeschieden wird, d. h. daß, noch ehe N_2O_3 mit KJ reagieren kann, die Reaktion mit N_3H quantitativ verläuft.

Man kann nun das Acid einfach in den ERLENMEYER-Kolben tun, in dem der Sauerstoff nach WINKLER titriert werden soll. Es handelt sich in diesem Fall um die sogenannte „Acidnachbehandlung". Diese hat den Nachteil, daß die vorhandene salpetrige Säure zuerst doch mit HJ reagieren kann und nur die Rückbildung des NO zu N_2O_3, also seine katalytische Wirkung, verhindert wird. Die gefundenen Sauerstoffwerte liegen also etwas zu hoch, je nach dem Gehalt an salpetriger Säure.

Gute und genaue Werte erhält man dagegen mit der sogenannten „Acidvorbehandlungsmethode".

Ausführung. Man setzt das Acid am besten der KJ-haltigen NaOH-Lösung zu und gibt es mit dieser zusammen zur Probe. Dabei reagiert das Acid nicht nur eher und rascher mit der salpetrigen Säure als diese mit KJ, sondern es unterbleibt auch eine Oxydation des Acids durch das Mangan(III)-salz. Eine Menge von 5 mg Acid auf 125 cm^3 Wasserprobe wirkt unter keinen Umständen störend auf die Analyse.

Man gibt deswegen das Acid der KJ-haltigen NaOH zu, da alkalische Acidlösungen lange und gut haltbar sind. Die NaOH hat dann folgende Zusammensetzung:

36 g NaOH, 20 g KJ, 0,5 g NaN_3 auf 100 cm³. Von dieser Lösung verwendet man 1 cm³.

10 mg NaN_3 auf 125 cm³ Probe stören nicht. Damit kann man etwa 25 mg Nitrit pro Liter (berechnet auf $NaNO_2$) entfernen. Bei höheren Werten muß eine andere Methode angewandt werden. (Voroxydationsmethode mit Brom.)

Bemerkung. Die von WINKLER vorgeschlagene Oxydation mit Mangan(III)-chlorid hält ALSTERBERG für umständlich und falsch. Der Vorschlag von WINKLER, die salpetrige Säure durch freies Chlor oder durch Chlorkalk zu zerstören, leidet nach ALSTERBERG ebenfalls an verschiedenen Mängeln. WINKLER geht davon aus, daß der Sauerstoffverlust erst bei der Auflösung der Fällung eintritt, d. h. wenn die Probe angesäuert wird. Das Defizit entsteht aber bereits im alkalischen Stadium, und zwar durch einen Prozeß, der um so mehr störend einwirkt, je länger man die Probe ohne Säurezusatz stehenläßt. Die Korrektionsmethode arbeitet in saurer Lösung und die erhaltenen Resultate müssen notwendigerweise ganz anders werden, da die meisten Oxydations- und Reduktionsprozesse in alkalischem und saurem Medium in völlig verschiedener Weise verlaufen.

Die Vorzüge der Natriumacidmethode zur Zerstörung von Nitriten betonen RUCHHOFT, MOORE und PLACAK. Zu der Wasserprobe gibt man in einem 300 cm³-Kolben 0,7 cm³ konzentrierte Schwefelsäure und 0,8 cm³ 2%ige Natriumacidlösung. Die Lösung wird gut durchgeschüttelt und 10 Min. stehengelassen, um alles Nitrit zu zerstören. Dann fügt man 1 cm³ Mangan(II)-sulfatlösung und 3 cm³ alkalische Kaliumjodidlösung hinzu und schüttelt die Lösung 20 Sek. lang. Man läßt den Niederschlag absitzen und säuert mit 2 cm³ konzentrierter Schwefelsäure an. Das freigewordene Jod wird in einem Lösungsvoulmen, das 200 cm³ der ursprünglichen Probe entspricht, mit 0,025 n Natriumthiosulfatlösung und Stärke als Indicator titriert.

Weitere Angaben über die Verwendung von Natriumacid liefert BARNETT, über die Bestimmung von Sauerstoff in Gegenwart großer Mengen Nitrit SCHAPIRO.

Mangan-Carbonat-Verfahren nach WINKLER-BRUHNS. Nach einem Vorschlag von WINKLER-BRUHNS wird die Fällung, welche in der nach der WINKLER-Methode behandelten Probe entsteht, entweder mit CO_2 oder Bicarbonat behandelt. Die Fällung wird sandig und verliert die Fähigkeit, weiterhin Sauerstoff zu absorbieren, worauf man sie durch Waschen von den die Analyse störenden Verunreinigungen befreien kann. Mit Rücksicht auf Nitrite und ähnliche Verunreinigungen ist nach ALSTERBERG die Methode sehr gut, aber in vielen anderen Fällen, z. B. bei Gegenwart von SO_2, H_2S, Polythionsäuren usw., nützt sie nichts, da ja die störenden Reaktionen schon im alkalischen Zustand zustande kommen.

HALE und MELIA schlagen Zusatz von Kalium- oder Natriumacetat zur salzsauren, salpetrigen Säure enthaltenden Lösung vor.

Diese Methode schließt zwar Nitrite als katalytisch wirkende Substanzen aus; doch besteht eine Fehlerquelle im Analysenresultat darin, daß es durch den Sauerstoff erhöht wird, den die Nitrite bei ihrem Übergang in Stickstoffoxyd abgeben.

GOLDINA wäscht die mit Kaliumcarbonat hergestellte Sauerstoffüllung so lange aus, bis kein Sulfit mehr nachweisbar ist. Nach demselben Prinzip untersucht WESLY das Kesselspeisewasser.

Sauerstoffbestimmung nach WINKLER *nach dem Einheitsverfahren der physikalischen und chemischen Wasseruntersuchung* (Verlag Chemie). Vorprüfung und Vorbereitung der Probe. Störend wirken 2- und 3wertige Eisenverbindungen, Sulfite und organische Stoffe.

2wertige Eisenverbindungen müssen zuvor bestimmt und bei der Berechnung berücksichtigt werden.

3wertige Eisenverbindungen sind nach der Fällung bei der nachfolgenden Bestimmung durch Zusatz von Phosphorsäure unwirksam zu machen.

Nitrite sind nach der Fällung bei der nachfolgenden Bestimmung durch Zusatz von 1,0 cm^3 5%iger Natriumacidlösung zu zerstören.

Sulfite, Hydrazin sind in einer getrennten Probe zu bestimmen und bei der Berechnung zu berücksichtigen (s. Korrektionsmethoden).

Organische Stoffe in größerer Menge, die nachträglich bei der Bestimmung stören, können durch Umwandlung des Manganhydroxydniederschlages in Mangancarbonat und Waschen desselben entfernt oder müssen durch eine Korrektionsmethode nach WINKLER bestimmt werden.

Erforderliche Reagenzien.

1. Gesättigte Mangan(II)-chloridlösung, die etwa 40%ig ist.
2. Natronlauge 33%ig.
3. Kaliumbicarbonat, gepulvert.
4. Kaliumjodid, kristallisiert.
5. Salzsäure, 25%ig, eisenfrei.
6. Phosphorsäure, 85%ig.
7. Natriumacidlösung, 5%ig.
8. Stärkelösung, 1%ig.
9. n/100 Natriumthiosulfatlösung.

Ausführung. Von dem zu untersuchenden Wasser ist eine etwa 300 cm^3 fassende, mit Glasstopfen versehene, auf Inhalt genau geeichte Flasche bis zum Überlaufen zu füllen. Sofort nach der Entnahme sind 3 cm^3 Mangan(II)-chloridlösung und 3 cm^3 Natronlauge zuzusetzen, mit dem Glasstopfen ist nunmehr unter Vermeidung einer Luftblase zu verschließen und gut umzuschütteln. Nach kurzem, etwa 10 Min. langem Stehenlassen setzt man etwa 5 g Kaliumhydrogencarbonat hinzu, schließt wieder und löst das Salz unter Umschütteln auf. Der entstehende, sandige Niederschlag aus Mangan(II)- bzw. Mangan(III)-carbonat ist gegen Sauerstoff unempfindlich und kann jetzt, wenn nötig, zur Entfernung der organischen Stoffe auf einem Papierfilter ausgewaschen werden.

Zur Bestimmung wird der Niederschlag in der Flasche, gegebenenfalls nebst Filter, mit 1,0 g Kaliumjodid, 0,5 cm^3 Natriumacidlösung und 5 cm^3 Salzsäure [bei Anwesenheit größerer Mengen von Eisen(III) gibt man statt Salzsäure 5 cm^3 Phosphorsäure hinzu] versetzt und bei verschlossener Flasche 10 Min. lang stehengelassen.

Das in Freiheit gesetzte Jod wird mit n/100 Natriumthiosulfatlösung unter Anwendung von 1 cm^3 Stärkelösung als Indicator titriert.

Bei Anwendung von 1000 cm^3 Wasser entspricht 1,0 cm^3 n/100 Natriumthiosulfatlösung 0,08 mg/l O_2.

Bei der Berechnung ist der Inhalt der benutzten Flasche und die Menge der zugesetzten Reagenzien zu berücksichtigen.

$$\text{mg } O_2/\text{l} = \frac{x \text{ cm}^3 \text{ verbrauchte n/100 } Na_2S_2O_3 \cdot 0{,}08 \cdot 1000}{\text{Inhalt der Flasche} - 6 \text{ cm}^3}.$$

Angabe der Ergebnisse. Es werden auf $^1/_{10}$ mg/l abgerundete Zahlen angegeben.

Beispiel. Sauerstoff (O_2): 7,8 mg/l. Bei Millimolangabe entspricht 1 Millimol Sauerstoff 16 mg.

V. Differenzverfahren. Das Verfahren von SCHWARTZ und GURNEY, das auf der WINKLER-Methode beruht, ist eine sehr genaue Methode zur Bestimmung von geringen Mengen Sauerstoff im entgasten Kesselspeisewasser. Durch parallele Titration einer Blindprobe und Subtraktion der Titrationswerte kommt man zu genaueren Ergebnissen als mit der einfachen WINKLER-Methode. Es werden dadurch sowohl die im Wasser anwesenden oxydierenden und reduzierenden Stoffe als auch der Sauerstoff, der in den Reagenzien enthalten ist, eleminiert.

Ausführung. Es werden zu je 4 Proben von je 500 cm³ folgende Reagenzien zugesetzt:

Probe T_1	*Probe T_2*
1 cm³ $MnCl_2$	2 cm³ $MnCl_2$
1 cm³ alkalische KJ	2 cm³ alkalische KJ
1 cm³ H_2SO_4	2 cm³ H_2SO_4
1 cm³ $KH(JO_3)_2$	1 cm³ $KH(JO_3)_2$

Probe B_1	*Probe B_2*
1 cm³ alkalische KJ	2 cm³ alkalische KJ
1 cm³ H_2SO_4	2 cm³ H_2SO_4
1 cm³ $MnCl_2$	2 cm³ $MnCl_2$
1 cm³ $KH(JO_3)_2$	1 cm³ $KH(JO_3)_2$

Zu den Proben T werden die Reagenzien in der normalen Reihenfolge zugefügt, wodurch der Sauerstoff im Wasser gebunden wird. In der Probe T_2 ist der Sauerstoff, der durch die Reagenzien hineingebracht wird, doppelt so groß wie in der Probe T_1.

Zu den Blindproben B wird das Mangan(II)-chlorid erst nach dem Zusatz der Säure zugegeben, wodurch nur der Sauerstoff erfaßt wird, der von den im Wasser vorhandenen oxydierenden und reduzierenden Stoffen stammt.

Durch Subtraktion der Werte der verbrauchten Thiosulfatlösung der Proben B von denen der Probe T ergibt sich der Gehalt an Sauerstoff aus dem Wasser.

Die Differenz der Proben 1 und 2 ergibt den Gehalt an Sauerstoff, der aus den Reagenzien stammt.

Der gesuchte Sauerstoffgehalt des Wassers läßt sich aus folgender Formulierung finden:

$$\text{mg } O_2/l = [2(T_1 - B_1) - (T_2 - B_2)] \frac{x \cdot 0{,}08 \cdot 1000}{V - b},$$

wobei:

T_1 = Verbrauch an Kubikzentimetern Thiosulfat bei der Probe T_1,
T_2 = Verbrauch an Kubikzentimetern Thiosulfat bei der Probe T_2,
B_1 = Verbrauch an Kubikzentimetern Thiosulfat bei der Probe B_1,
B_2 = Verbrauch an Kubikzentimetern Thiosulfat bei der Probe B_2,
x = die verbrauchte Kubikzentimeterzahl an n/100 Thiosulfat,
V = der Inhalt der Flasche,
b = die Anzahl der Kubikzentimeter der zugesetzten Reagenzien.

Bemerkung. Dieses Verfahren vereinfacht sich insofern, als nur noch 2 Proben notwendig werden, wenn der Sauerstoffgehalt der Reagenzien erst einmal bestimmt worden ist und als konstant vorausgesetzt werden kann.

Dann vereinfacht sich die Formel:

$$\text{mg } O_2/l = (T - B) \frac{x \cdot 0{,}08 \cdot 1000}{V - b} - C,$$

wobei:

T = Verbrauch an Kubikzentimetern Thiosulfat bei der Probe T,
B = Verbrauch an Kubikzentimetern Thiosulfat bei der Probe B,
V = Inhalt der Flasche,
x = Verbrauch an Kubikzentimetern der n/100 Thiosulfatlösung,
b = die Anzahl Kubikzentimeter der zugesetzten Reagenzien,
C = konstanter Wert des Sauerstoffgehaltes der zugegebenen Reagenzien.

Auf der Grundlage des von SCHWARTZ und GURNEY vorgeschriebenen Verfahrens gibt DAUGHERTY eine ähnliche modifizierte Arbeitsvorschrift.

VI. WINKLER-Ferroin-Differenzmethode nach TÖLLER. Dieses von TÖLLER angegebene Verfahren erlaubt eine sehr genaue Bestimmung des gelösten Sauerstoffs. Man verfährt wie nach der WINKLER-Methode; nur werden die dem ursprünglich im Wasser gelösten Sauerstoff äquivalenten Mangan(III)-ionen mit Eisen(II)-sulfatlösung unter Benutzung von Tri-ortho-Phenanthrolin-Eisen(II)-sulfat als Redoxindicator titriert. Dieser Indicator ist ein Metallkomplex des Tri-o-Phenanthrolin mit Ferrosulfat und ist im Handel in 0,025 molarer Lösung unter dem Namen Ferroinlösung erhältlich. Der Indicator zeigt folgenden Umschlag:

$$\underset{\text{tief gelblichrot}}{[Fe(C_{12}H_8N_2)_3]^{++}} \rightleftarrows \underset{\text{schwach blau}}{[Fe(C_{12}H_8N_2)_3]^{+++}} + F\,.$$

Der Umschlag ist so scharf, daß er selbst durch einen Tropfen (0,03 cm^3) n/1000 Ferrosulfat deutlich wahrnehmbar ist. Das molare Redoxpotential ist ungefähr 1,14 V, bezogen auf die Wasserstoffelektrode. Infolgedessen rufen nur starke Oxydationsmittel einen Umschlag hervor. Eisen(III)-ionen beeinflussen den Umschlag des Indicators in mäßiger Konzentration nicht. Unter den Bedingungen der nachfolgend beschriebenen Titration ist ein Einfluß von 280 mg/l Fe(III)-ionen nur durch eine Erschwerung des Erkennens des Umschlages nachzuweisen. (Hervorgerufen durch die gelbe Farbe des Fe(III)-ions.) Der Indicator ist selbst ein Reduktionsmittel und verbraucht entsprechend der angewendeten Menge einen bestimmten Teil des zu bestimmenden Oxydationsmittels zum Umschlag, der bei genauen Untersuchungen nicht vernachlässigt werden kann und als Indicatorberichtigung eingesetzt werden muß. Bei Anwendung von einem Tropfen Indicator (gleich 0,03 cm^3) ist eine Berichtigung von 0,75 cm^3 n/1000 Eisen(II)-sulfatlösung erforderlich. Da Eisen(III)-ionen den Umschlag des Indicators nicht beeinflussen, ist die Zugabe von Phosphorsäure unnötig, ja sogar nachteilig, da Phosphorsäure den Umschlag verzögert. Der Grund für diese Erscheinung ist in der Bildung eines komplexen Mangan(III)-phosphates zu suchen. In der Nähe des Umschlagpunktes ist ein langsames tropfenweises Titrieren erforderlich.

Das Tri-ortho-Phenanthrolin-Eisen(II)-salz ist als Redoxindicator ziemlich beständig, so daß ein mehrmaliges Hin- und Hertitrieren bei diesem Indicator ohne Nachlassen der Schärfe des Umschlages möglich ist. In Gegenwart größerer Mengen Mineralsäure wird der Indicator im Laufe mehrerer Stunden zersetzt. Trotzdem ist bei Ausführung der Sauerstoffbestimmung zum Lösen des Niederschlages eine nicht zu geringe Menge Säure zu verwenden, um zu vermeiden, daß die Mangan(III)-salze unter Abscheidung von Manganhydroxyden hydrolysieren.

***Ausführungsvorschrift* zur Sauerstoffbestimmung nach dem Differenzverfahren mittels Ferroin (Stand Mai 1952).**

Erforderliche Lösungen:

Lösung A: 80 g $Mn(II)Cl_2 \cdot 4\,H_2O$ + 0,1 g $Fe(III)Cl_3 \cdot 6\,H_2O$ im Wasser lösen und auf 100 ml auffüllen.

Lösung B: 33 g NaOH im Wasser lösen und auf 100 ml auffüllen.

Lösung C: 80 g $Mn(II)Cl_2 \cdot 4\,H_2O$ + 0,1 g $Fe(III)Cl_3 \cdot 6\,H_2O$ + 120 ml H_2O + 280 ml konzentrierte HCl (D = 1,19).

Lösung D: 1,4742 g $FeSO_4(NH_4)_2SO_4 \cdot 6\,H_2O$ (Mohrsches Salz) + 50 ml H_2SO_4 (75 ml H_2O + 25 ml konzentrierte H_2SO_4) auf 1000 ml auffüllen = *n*/267.

Lösung E: 3 ml Ferroin-Lösung $^1/_{40}$ molar (Merck) auf 100 ml Wasser auffüllen.

Lösung F: 2 g Cersulfat $Ce(SO_4)_2 \cdot 4\,H_2O$ in Wasser lösen + 24 ml konzentrierte H_2SO_4 auf 1000 ml auffüllen.

Probenehmen. Zur Probenahme werden 2 Flaschen mit eingeschliffenem, unten abgeschrägtem Glasstopfen mit 300 ml Inhalt und 1 Flasche gleicher Art mit 600 ml

Inhalt benötigt. In jeder Flasche soll sich mindestens ein Glasstab befinden, der dazu dient, die Mischung der zugesetzten Chemikalienmengen in der gefüllten Flasche zu erleichtern. Außerdem soll der nutzbare Inhalt der beiden 300-ml-Flaschen möglichst genau gleich sein und die Summe der Inhalte dieser beiden Flaschen möglichst gleich dem Inhalt der 600 ml-Flasche. Dies kann ausprobiert werden und ausgeglichen durch Zugabe weiterer Glasstäbchen in die einzelnen Flaschen.

Das zu untersuchende Wasser muß auf mindestens 20° C herabgekühlt werden. Ferner ist die Einschaltung eines keramischen oder Glasfilters (z. B. Schott & Genossen 44 G 1) erforderlich, um zu verhindern, daß kleinste Eisenoxydteilchen in die Probeflasche gelangen. Zweckmäßig werden die Probeflaschen gleichzeitig gefüllt, indem man einen dreiarmigen Verteiler anbringt, wobei darauf zu achten ist, daß der Querschnitt der Zuführungsleitung größer ist als die Summe der Querschnitte der einzelnen Verteilerarme, um eine ständig gleiche Beaufschlagung der Flaschen zu gewährleisten. Der Gesamtdurchfluß soll nicht weniger als 0,8 bis 1 l je Minute betragen. Das Wasser ist in der üblichen Weise mit einem Schlauch, der bis auf den Boden der Probeflasche reicht, einzuführen, und die Probeflaschen sind mindestens 15 Min. mit der angegebenen Geschwindigkeit überlaufen zu lassen. Nach dem Herausziehen der Schläuche sind die Probeflaschen sofort mittels gut sitzender eingeschliffener Glasstopfen zu verschließen. Die Proben werden in einem Behälter, der mit dem Probewasser gefüllt ist, unter Wasser in den Untersuchungsraum transportiert.

Hier wird die 600 ml-Flasche mit langstieligen Pipetten unter Vermeidung des Eindringens von Luftblasen mit 4 ml der Lösung A und 4 ml der Lösung B (Reihenfolge beachten) versetzt, mit dem Glasstopfen verschlossen, umgeschüttelt und der Niederschlag absitzen gelassen, wobei die Flasche wiederum unter Wasser aufbewahrt wird. Eine der 300 ml-Flaschen wird in der gleichen Weise mit 4 ml der Lösung A und 4 ml der Lösung B versetzt. Nachdem sich der Niederschlag abgesetzt hat, wird die 600 ml-Flasche mit 40 ml der Lösung C versetzt und die beiden 300 ml-Flaschen mit je 20 ml der Lösung C. Danach wird die Flasche sofort wieder mit dem Glasstopfen verschlossen und umgeschüttelt, bis der Niederschlag gelöst ist.

Der Inhalt der 600 ml-Flasche wird in einen 1000 ml-ERLENMEYER-Kolben übergeführt und der Inhalt der beiden 300 ml-Probeflaschen in einen zweiten 1000 ml-ERLENMEYER-Kolben zusammengegossen. Beide ERLENMEYER-Kolben werden bis auf 90° C erhitzt und in jeden der ERLENMEYER-Kolben aus einer Bürette genau 10 ml der Lösung F zugegeben[1], dann wird sofort in fließendes Wasser zum Abkühlen gestellt. Nach dem Erkalten wird der ERLENMEYER-Kolben, der den Inhalt der beiden 300 ml-Flaschen enthält, mit 4 ml der Lösung E versetzt und mittels Lösung D, aus einer Mikrobürette, bis zum Umschlag auf rot titriert (T_2). Sodann wird der andere ERLENMEYER-Kolben, der den Inhalt der 600 ml-Flasche enthält, ebenfalls mit 4 ml der Lösung E versetzt und mit Lösung D bis zur Rotfärbung titriert (T_1).

Die Differenz der beiden Titrationen multipliziert mit 100 ergibt den Gehalt an gelöstem Sauerstoff im Wasser in Mikro-g/l an.

Beispiel:

$$\begin{array}{l} T_1 = 4{,}05 \text{ ml} \\ \underline{T_2 = 3{,}90 \text{ ml}} \\ 0{,}15 \text{ ml} = 15 \text{ Mikro-g/l } O_2. \end{array}$$

VII. Mikrobestimmung. Zur Bestimmung des Sauerstoffgehaltes in kleinen Wassermengen wird von RISCH die in der Abb. 1 dargestellte Pipette verwandt.

Ausführung. Diese wird, einschließlich des kugelförmig erweiterten Teiles, mit

[1] Bei Anwesenheit größerer Mengen reduzierender Stoffe, z. B. über 5 mg/l SO_2, werden 25 ml zugesetzt.

Wasser gefüllt. Damit gelangt das mit Luft in Berührung gewesene Wasser in den oberen Teil der Pipette und wird für die Untersuchung ausgeschaltet. Das zu untersuchende Wasser selbst wird durch Schließen der beiden Hähne abgesperrt. Der Raum zwischen beiden Hähnen, ausschließlich der Menge, die in den Hahndurchlässen eingeschlossen ist, ist genau bestimmt und ein für allemal auf dem Rohr anzugeben. Nach Entfernung der Gummischläuche öffnet man den oberen Hahn und führt hintereinander mittels geeichter, capillarartig ausgezogener Pipetten 0,15 cm³ KJ-haltige 33,3%ige NaOH, darauf, ebensoviel 33,3%ige Mangan(II)-chloridlösung hinzu, indem man die Pipette jedesmal möglichst weit durch den Kanal des Hahnes hindurchführt. Nun wird der obere Hahn geschlossen, es wird umgeschwenkt und 1 Std. im Dunkeln in senkrechter Haltung beiseite gestellt. Nach dieser Zeit öffnet man wieder den oberen Hahn, führt 0,25 cm³ konzentrierte HCl ebenfalls mit einer Capillarpipette ein, schließt den Hahn und löst den Niederschlag durch Umschwenken. Das Reaktionsgemisch läßt man dann in ein Becherglas fließen, spült gut nach und titriert mit n/100 Thiosulfatlösung aus einer Mikrobürette.

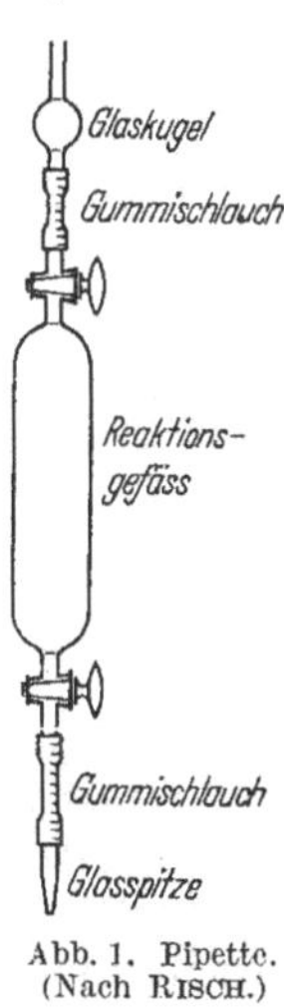

Abb. 1. Pipette. (Nach RISCH.)

Die Berechnung geschieht in derselben Weise wie bei der WINKLER-Sauerstoffflasche. Von dem angegebenen Rauminhalt der Pipette werden 0,3 cm³ für die hinzugefügten Reagenzien in Abzug gebracht. Im übrigen entspricht 1 cm³ n/100 Thiosulfatlösung 0,08 mg Sauerstoff. Es gilt also folgende Formel, wenn V der Rauminhalt der Reaktionspipette, n die Anzahl der verbrauchten cm³ n/100 Thiosulfatlösung ist:

$$\text{mg } O_2 \text{ im Liter} = \frac{80 \cdot n}{V - 0{,}3}.$$

Ausführung nach **VAN DAM.** Eine weitere von VAN DAM angegebene Mikro-WINKLER-Methode zur Bestimmung in Wasser gelösten Sauerstoffs eignet sich besonders, wenn sehr geringe Wassermengen zur Verfügung stehen, $^1/_2$ bis 1 cm³ genügt für die Analyse, selbst, wenn ein sehr niedriger Sauerstoffgehalt zu bestimmen ist. Während der Probenahme und der Zugabe der Reagenzien kommt das Wasser nicht in Berührung mit Luft.

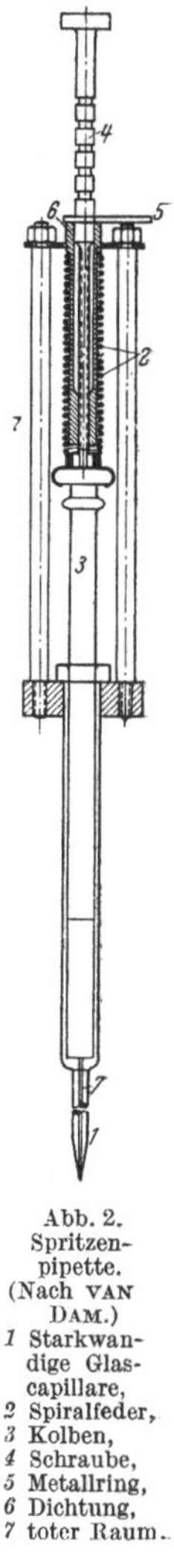

Abb. 2. Spritzenpipette. (Nach VAN DAM.) *1* Starkwandige Glascapillare, *2* Spiralfeder, *3* Kolben, *4* Schraube, *5* Metallring, *6* Dichtung, *7* toter Raum.

Die Spritzenpipette, in die die Probe gefüllt wird, und in der auch die Reagenzien zugesetzt werden, zeigt die Abb. 2. *1* ist eine starkwandige Glascapillare von ungefähr 5 cm Länge und 0,15 bis 0,20 mm innerem Durchmesser. Die Spiralfeder *2* zieht den Kolben *3* gegen die Schraube *4*. *5* ist ein Metallring, den man entfernen kann (*2* in Abb. 3), so daß der Kolben *3* mit Hilfe der Schraube vollständig hineingepreßt werden kann. Mit Hilfe der Schraube *4* wird eine Wasserprobe hereingesaugt, und zwar etwas mehr als das nötige Volumen. Dann setzt man den Ring *5* in seine ursprüngliche Stelle ein und drückt den Überschuß Wasser hinaus. Dadurch wird ein genaues Volumen luftfrei eingeführt. Dieses Volumen ($^1/_4$ bis 1 cm³) wird dadurch gemessen, daß man das Wasser wägt, das herausläuft, wenn man den Kolben hinunterdrückt. Der tote Raum *7* und der Raum zwischen dem Kolben *3* und dem Glasrohr wird mit destilliertem Wasser gefüllt, 3- bis 4mal mit geringen Mengen des zu analysierenden Wassers ausgespült und dann endgültig gefüllt. Da der tote Raum sehr klein ist, werden dazu höchstens 0,2 cm³ Wasser gebraucht. Dann wird dadurch,

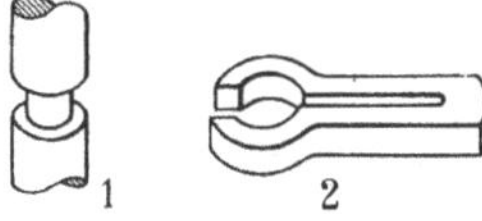

Abb. 3. *1* Achse der Schraube, *2* Metallring.

daß man die Schraube um einen bestimmten Winkel dreht, $MnCl_2$-Lösung eingesaugt. Man schüttelt nun, indem man die Pipette vorsichtig um eine Achse senkrecht zu ihrer Länge hin und her dreht. Dann saugt man auf dieselbe Weise die KOH–KJ-Lösung ein und schüttelt einige Minuten. Nun saugt man H_2SO_4 ein, indem man die Schraube um einen 1½mal größeren Winkel dreht als bei den früheren Reagenzien. Man schüttelt nun, bis aller Niederschlag gelöst ist, läßt die Lösung in ein Titrationsgefäß ausfließen und titriert aus einer Mikrobürette mit 0,02 n Thiosulfat.

***Ausführung nach* THOMPSON *und* MILLER.** Eine in der Abb. 4 dargestellte Apparatur mit einem Fassungsvermögen von 3 bis 5 cm³ zur Mikrobestimmung von Sauerstoff, der im Wasser gelöst ist, beschreiben THOMPSON und MILLER. Die Messung geschieht folgendermaßen:

Man verbindet *A* durch einen Gummischlauch mit dem Reservoir, das das zu untersuchende Wasser enthält. Die Hähne *D* und *H* sind geschlossen, und *E* und *I* geöffnet, so daß das Wasser durch *F* und *J* laufen kann. Wenn *J* gefüllt ist, werden *E* und *I* geschlossen. Man kann auch, während *A* in das zu untersuchende Wasser eintaucht, den Apparat durch leichtes Ansaugen bei *J* füllen.

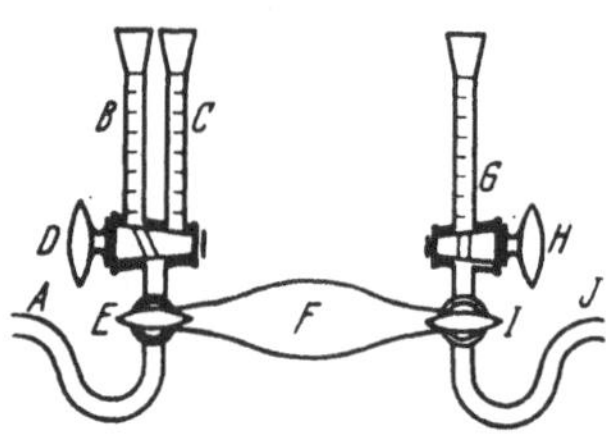

Abb. 4. Apparat. (Nach THOMPSON u. MILLER.) *A* Zufluß, *B*, *C*, *G* Capillare, *D*, *E*, *H*, *I* Hähne, *F* Reaktionsraum, *J* Abfluß.

Zugabe der Reagenzien: Die Reagenzien werden in der für die WINKLER-Methode üblichen Weise bereitet. Die graduierte Capillare *B* wird mit der $MnSO_4$-Lösung gefüllt, *C* mit H_2SO_4 und *G* mit KOH–KJ-Lösung. Dann wird durch Umstellen des Hahns *I* *F* mit *J* verbunden. Die Hähne *D* und *E* werden so gestellt, daß die Lösung aus *B* in das Wasser in *A* laufen kann, und zwar läßt man so viel herauslaufen, daß die Capillare des Hahns *E* gefüllt wird. Dann läßt man durch Umstellen von *E* 0,02 cm³ $MnSO_4$-Lösung von *B* in *F* fließen, dadurch fließen 0,02 cm³ Wasser von *F* nach *J*. Man schließt nun *I*, *E* und *D*. Dann öffnet man *E*, so daß *F* und *A* verbunden sind, verbindet mit Hilfe von *I* *G* mit *J*, so daß die Capillare des Hahns *I* von der Lösung aus *G* gefüllt wird, und läßt durch Umstellen von *I* 0,02 cm³ der KOH–KJ-Lösung von *G* nach *F* fließen, dadurch werden 0,02 cm³ Lösung aus *F* in *A* getrieben. *E*, *I* und *H* werden sofort geschlossen. Der Apparat wird nun vorsichtig in aufrechter Stellung geschüttelt, bis die Oxydation des Mangans beendet ist. Man verbindet *F* und *J* mit Hilfe von *I*. Dann füllt man die Capillare von *E* mit der H_2SO_4 aus *C*, und läßt durch Umstellen von *E* 0,02 cm³ H_2SO_4 nach *F* fließen. *D*, *E* und *I* werden geschlossen, dann wird der Apparat vorsichtig geschüttelt, bis sich der Niederschlag in *F* gelöst hat. Man öffnet *H* und *I* so, daß sie mit *J* verbunden sind, und wäscht das Rohr *G* mehrere Male mit Wasser und dann mit verdünnter H_2SO_4 aus, bis alles KOH in *J* neutralisiert ist. Dann stellt man *E*, *I* und *H* so, daß die Lösung in *F* durch *A* in eine Porzellanschale läuft, *F* und *A* werden mit Wasser, das man durch *G* hineinlaufen läßt, ausgespült.

Das frei gewordene Jod wird mit 0,002 n Thiosulfatlösung aus einer Mikrobürette titriert. Die Beständigkeit der Thiosulfatlösung wird durch Zugabe einiger Tropfen CS_2 und dadurch, daß man es unter Luftabschluß aufbewahrt, bedeutend erhöht. Falls der O_2-Gehalt sehr gering ist, arbeitet man besser nach einer colorimetrischen Methode.

Bemerkung. Über weitere Mikrobestimmungen gelösten Sauerstoffs berichten ALLISON und CHANEY (biegsamer Gummischlauch mit Glasrohr zur Entnahme von Sauerstoffproben aus seichten Flüssen), FONTANE, FOX (tragbare Apparatur zur Messung von 1 bis 2 cm³ Wasser mit 2%iger Genauigkeit), TOMIYAMA sowie JOHNSON und WHITNEY (Spritzenpipette zur raschen und genauen Bestimmung von Sauerstoff im Freien).

VIII. Sonstiges. Wird gefälltes Mangan(II)-hydroxyd in alkalischer Flüssigkeit mit Luftsauerstoff behandelt, so bildet sich nach den Untersuchungen von HERICS-TOTH als Endprodukt $MnO \cdot 4\, MnO_2$. 24 Jahre später hat dann auch GRÜNHUT darauf hingewiesen, daß die Oxydation unter den erwähnten Umständen bis zur Bildung von fast reinem MnO_2 führt. Bei diesen Untersuchungen war aber der Luftsauerstoff im Überschuß, bei der Sauerstoffbestimmung dagegen ist eben das Entgegengesetzte der Fall: Dort ist das Mangan(II)-hydroxyd im Überschuß. Eben deshalb sollte man im allgemeinen nach Ansicht von WINKLER nur so viel sagen, daß sich bei der Sauerstoffbestimmung höhere Oxyde des Mangans bilden. Störungen, die bei der Sauerstoffbestimmung in Wasser nach WINKLER auf die Anwesenheit der Mg-Salze zurückzuführen sind, äußern sich nach VAN ECK derart, daß erstens zu wenig Sauerstoff gefunden wird und zweitens die Endtitration durch „Nachbläuen" der Flüssigkeit ungenau ist. Wenn man den gelösten O_2 in Lösungen, die 1/2 molare und größere Konzentrationen NH_4Cl enthalten, nach der WINKLER-Methode bestimmen will, so finden COSTE und ANDREWS, daß das Ausfallen von $Mn(OH)_2$ und seine darauffolgende Oxydation sehr verzögert wird. Der Grund dafür ist derselbe, der es ermöglicht, in qualitativen Analysen $Fe^{\cdot\cdot\cdot}$, $Al^{\cdot\cdot\cdot}$ und $Cr^{\cdot\cdot\cdot}$ von $Mn^{\cdot\cdot\cdot}$ zu trennen.

Um Stärkelösungen beständiger zu machen, d. h. um die zerstörende Wirkung der Bakterien auszuschließen, wurden bisher folgende Verfahren vorgeschlagen: Die Standard Methods of the American Public Health Association (1925) schreiben vor, der Stärkelösung einige Tropfen Chloroform zuzusetzen. Jedoch flockt bei diesem Verfahren das Kolloid nach einiger Zeit aus. Nach einer anderen Vorschrift setzt man Kochsalz bis fast zur Sättigung zu. Die Bakterientätigkeit wird allerdings unterbunden, aber auch hierbei setzt sich das Kolloid ab. Bei einem neuen Verfahren von NICHOLS wird Salicylsäure zur Konservierung zugesetzt. Man verfährt folgendermaßen: 50 g Kartoffelstärke werden mit 250 cm^3 kaltem Wasser zu einem feinen Brei verrührt und allmählich unter ständigem Rühren in 20 l kochendes destilliertes Wasser gegossen. Dann läßt man 15 Min. unter ständigem Rühren kochen, läßt etwas abkühlen und gibt 25 g Salicylsäure dazu und rührt, bis die Salicylsäure gelöst ist. Das Reagens hält sich fast unbegrenzt, auch an der Luft, bleibt kolloid und ist sehr empfindlich. Man nimmt zum Titrieren 2 cm^3 auf 200 cm^3 Lösung. Nach TREADWELL und HALL ist Stärkelösung bedeutend empfindlicher bei Gegenwart von Alkalijodiden, weil diese die Dissoziation der blauen Jodstärkefarbe verhindern. CULLIOMA beschäftigt sich ebenfalls mit der Herstellung von Stärkelösungen. 1 g Stärke, mit wenig Wasser zu einem Brei verrührt, gibt mit 100 cm^3 siedendem Wasser eine klare drei Monate haltbare Lösung, die durch zwei Tropfen konzentrierte HCl oder 1 g $ZnCl_2$ noch verbessert werden kann. Das Verfahren von DRESHER, welches eine Modifikation der WINKLER-Methode ist, beruht auf einer genauen Beziehung zwischen dem O_2-Gehalt und der Temperatur, bei der die Blaufärbung bei der jodometrischen Stärketitration auftritt. Diese Beziehung ist konstant für jede Stärkeart. Man kann aus einer Eichkurve, die man mit Lösungen bekannten O_2-Gehaltes erhält, und aus der Temperatur, bei der die Blaufärbung auftritt, den O_2-Gehalt ablesen. Gelösten Sauerstoff in Gegenwart von Belebtschlamm bestimmt KONSTANTINOWA. Die Probe wird mit 0,10 bis 0,15 cm^3 einer 5%igen $HgCl_2$-Lösung je cm^3 Schlamm in 100 cm^3 zur Unterbrechung des biologischen Prozesses versetzt. Nach Absetzen des Schlammes bestimmt man O_2 nach der von RIDEAL-STEWART modifizierten Methode von WINKLER. In Schlammabwassergemischen bestimmen THERIAULT und MCNAMEE den gelösten Sauerstoff, welcher im Vakuum rasch extrahiert, in $Mn(OH)_2$ Suspension aufgenommen und wie üblich bestimmt wird. Den Sauerstoff im entgasten Speisewasser stellt LEWIS fest. Über vergleichende Messungen in See- und Süßwasser berichtet PILWAT.

Die Verwendung von Methylenblau als Indicator bei der WINKLER-Bestimmung beschreibt G. MARSH. Die WINKLER-Titration von O_2 mit Methylenblau als Indicator könnte durch Reduktion des Methylenblaus und folgende Rückoxydation der Leucoverbindung Fehler bedingen. $MnCl_2$ wird in alkalischer Lösung und bei Gegenwart von KJ und Methylenblau durch den zu bestimmenden Luftsauerstoff in MnO_2 übergeführt, nach dem Ansäuern wird das Jod mit Thiosulfat titriert. Durch das anfangs gebildete $Mn(OH)_2$ wird der Farbstoff sofort reduziert, während das langsam entstehende MnO_2 ihn wieder oxydiert. Indessen werden bei verschiedenen Methylenblaukonzentrationen stets richtige Werte erhalten. Am besten ist eine Konzentration des Methylenblaus 0,00005 m. Belichtung hat keinen Einfluß.

Literatur.

ALLISON, R. V., u. J. W. SHIVE: Soil Sci. **15**, 489 (1923); durch C. **95**, **II**, 736 (1924). — ALSTERBERG, G.: Bio. Z. **170**, 30 (1926); Bio. Z. **159**, 36 (1925).

BARNETT, G. R.: Sewage Works J. **11**, 781 (1939); durch C. **111**, **I**, 3971 (1940). — BOGDANOW, K. A.: Betriebslab. **9**, 164 (1940); durch C. **112**, **II**, 92 (1941). — BRUHNS, G.: Ch. Z. **39**, 845 (1915); Ch. Z. **40**, 45 (1916); Ch. Z. **40**, 985 (1916). — BUSWELL u. GALLAHER: Ind. eng. Chem. **15**, 1185 (1923).

CHANEY, H. E.: J. Am. Water Works Assoc. **92**, 982 (1939); durch C. **110**, **II**, 3164 (1939). — COSTE, J. H., u. E. R. ANDREWS: Analyst **48**, 543 (1923); durch C. **95**, **I**, 1418 (1924). — CULLIOMA: Chem. Ind. **60**, 146 (1941); durch C. **114**, **I**, 2616 (1943).

VAN DAM, L.: J. exp. biol. Chem. **12**, 80 (1935). — DAUGHERTY, T. H.: Pr. Am. Soc. Test Mater. **37**, 615 (1937). — DRESHER, A.: Combustion New York **7** Nr 11, 33 (1936); durch C. **107**, **II**, 1590 (1936).

VAN ECK, J. J.: Fr. **52**, 753 (1913); Chem. Weekbl. **10**, 455; durch C. **84**, **II**, 304 (1913).

FONTANE, D.: Calore **13**, 212 (1940). — FOX, H. M., u. C. A. WINGFIELD: J. exp. biol. Chem. **15**, 437 (1938); durch C. **110**, **I**, 3606 (1939).

GOLDINA, R. B.: Ber. allruss. wärmetechn. Institut Nr 6, 43 (1934); durch C. **106**, **II**, 2102 (1935).

HAASE, L. W.: Fr. **90**, 241 (1932). — HALE, F., u. TH. MELIA: Ind. eng. Chem. **5**, 976 (1913). — HOFER: Wärme **64**, 274 (1941).

JOHNSON, M. L., u. R. J. WHITNEY: J. exp. biol. Chem. **16**, 56 (1939); durch C. **110**, **II**, 190 (1939).

KONSTANTINOWA, E. F.: Trav. Comm. Recherches sur l'Epuration Eaux d'Egout Moscou (russ.) Nr 12, 110 (1930); durch C. **101**, **II**, 2683 (1930).

LEHMANN u. NOLL: ÖHLMÜLLER-SPITTA, S. 47 (1929). — LEWIS, H. S.: Power **78**, 510 (1934); durch C. **105**, **II**, 3660 (1934).

MARSH, G.: J. biol. Chem. **95**, 25 (1932).

NICHOLS, M.: Ind. eng. Chem. Anal. Edit. **1**, 215 (1929).

OHLE, W.: Angew. Ch. **49**, 778 (1936). — OHLE, W.: Arch. Hydrobiologie **46**, 153—285 (1952).

PILWAT, H.: Angew. Ch. **48**, 338 (1935).

RICHTER, A.: Mitt. Ver. Großkesselbes. H. 71, 41 (1939). — RISCH, C.: Bio. Z. **161**, 465. — RUCHHOFT, C. C., W. A. MOORE u. O. R. PLACAK: Ind. eng. Chem. Anal. Edit. **10**, 701 (1938); durch C. **110**, **I**, 3433 (1939).

SCHAPIRO, M. J., u. M. J. RUD: Lab.-Prax. Nr 11, 29; durch C. **109**, **II**, 374 (1938). — SCHWARTZ, M. C., u. W. B. GURNEY: Pr. Am. Soc. Test Mater. **37**, 615 (1937). — SEYB, E.: Mitt. Ver. Großkesselbes. H. 71, 43 (1939).

THERIAULT, E., u. P. D. MCNAMEE: Sewage Works J. **6**, 413 (1934); durch C. **105**, **II**, 1508 (1934); Ind. eng. Chem. Anal. Edit. **4**, 59 (1932); durch C. **103**, **II**, 2700 (1932). — THOMPSON, TH., u. R. MILLER: Ind. eng. Chem. **20**, 774. — TÖLLER, W.: Mitt. Ver. Großkesselbes. H. 78, 80 (1940). — TOMIYAMA, T.: Bl. agric. chem. Soc. Japan **13**, 98 (1937); durch C. **109**, **II**, 140 (1938).

WESLEY, W.: Fr. **90**, 246 (1932). — WICKERT, K.: Jb. v. Wasser **1951**. — WINKLER, L. W.: Angew. Ch. **24**, 341, 831 (1911); B. **21**, 2843 (1888). — WINKLER u. NOLL: ÖHLMÜLLER-SPITTA, S. 46 (1926).

B. Weitere maßanalytische Methoden zur Bestimmung des im Wasser gelösten Sauerstoffs.

1. Bestimmung des im Wasser gelösten Sauerstoffs mit Eisensalzen.

Die Methode von MOHR beruht darauf, das Wasser mit einer gemessenen Menge von Eisen(II)-salz zu versetzen und durch Zufügen von überschüssigem KOH das Fe(II)-hydroxyd abzuscheiden. Letzteres oxydiert sich durch den im Wasser gelösten Sauerstoff teilweise zu Fe(III)-hydroxyd. Nachdem man durch starkes Ansäuern der Flüssigkeit den Eisen(III)-Eisen(II)-hydroxydniederschlag wieder in Lösung gebracht hat, titriert man das nicht oxydierte Eisen(II)-hydroxyd mit Permanganat zurück.

Zur einfacheren Handhabung der Methode wurde von LEVY folgende in Abb. 5 dargestellte Anordnung benutzt.

Ausführung. Die Pipette C, deren Inhalt (100 bis 110 cm³) genau bekannt ist, wird mit dem zu untersuchenden Wasser gefüllt. Danach befestigt man sie in einem Stativ und taucht die untere Öffnung in ein Gefäß mit verdünnter Schwefelsäure. Dann gießt man in den Trichter A genau 2 cm³ KOH (1:10), öffnet den unteren Hahn D und darauf den oberen Hahn B und schließt die Hähne so zeitig, daß keine Luft in die Pipette eindringen kann. Dasselbe wiederholt man mit genau 4 cm³ Eisen(II)-ammoniumsulfat (25 g im Liter). Bei dieser Operation kann leicht etwas Eisenlösung mit dem ausfließenden Wasser entweichen. Um hierbei keinen Verlust an Eisen zu erleiden, fängt man das ausfließende Wasser in der untergestellten Säure E auf, so daß man dasselbe, da in der stark sauren Lösung keine Oxydation stattfindet, später mit der zu titrierenden Hauptlösung vereinigen kann. Die Reaktion verläuft augenblicklich. Jetzt gibt man 4 cm³ Schwefelsäure (1:1) in den Trichter A, öffnet nur den oberen Hahn B und läßt die Säure langsam in die Pipette laufen, was wegen der verschiedenen Dichten der Lösungen schnell vor sich geht. Nach Lösung der Niederschläge spült man den Inhalt der Pipette heraus und titriert wie oben. 1 cm³ n/50 Permanganat entspricht 0,00016 g oder 0,112 cm³ Sauerstoff.

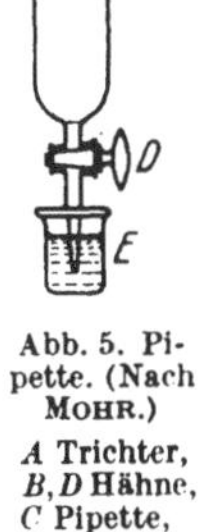

Abb. 5. Pipette. (Nach MOHR.) A Trichter, B, D Hähne, C Pipette, E Raum m. Säure.

I. Differenzmethode mit Eisensalzen. Vergleichende Bestimmungen von BUSWELL und GALLAHER ergaben, daß die WINKLERsche Methode in Gegenwart von Eisensalzen falsche Werte gibt. Die Eisensalze stören vor allem deshalb, weil 3wertiges Eisen den Jodwasserstoff zu Jod oxydiert und man dadurch zu hohe O_2-Werte erhält. Dagegen liefert die von LETTS und BLAKE modifizierte LEVYsche Methode der gesamten O_2-Bestimmung auch in Gegenwart von Eisensalzen und organischen Substanzen einwandfreie Resultate. Die Methode beruht darauf, daß Eisen(II) in alkalischer Lösung von dem gelösten Sauerstoff zu Eisen(III) oxydiert wird.

Ausführung. Man nimmt zwei gleich große Proben der zu untersuchenden Lösung. Zu der einen gibt man eine Standard-Eisen(II)-salzlösung, macht mit Soda alkalisch und dann sauer. Die andere Probe macht man sofort sauer und fügt Standard-Eisen(II)-lösung dazu. Dann werden beide Proben mit Standardpermanganatlösung titriert. Der Unterschied der beiden Titrationen entspricht dem Sauerstoffgehalt der untersuchten Flüssigkeit. Da das ursprünglich in der Probe enthaltene Eisen durch Subtraktion wegfällt, werden die Ergebnisse einwandfrei.

Bemerkung. Mit der Bestimmung des gelösten Sauerstoffs durch Eisenhydroxyd beschäftigt sich ebenfalls MOUNIER unter Benutzung einer Flasche von 30 cm³ Inhalt, deren eingeschliffener Stopfen eine gefeilte Längsnut hat. Durch diese Längsnut kann das überflüssige Wasser heraustreten, wenn man die gefüllte Flasche zustöpselt.

II. Sauerstoffbestimmung mit Eisen(II)-salz und Phenosafranin als Indicator. Dieses Verfahren wurde erstmals von LINOSSIER in Vorschlag gebracht, später von MILLER und BACH vereinfacht. Es beruht darauf, daß zum untersuchenden Wasser, das möglichst wenig gefärbt sein soll, Alkalitartratlösung gegeben und in Gegenwart von Phenosafranin als Indicator mit Eisen(II)-salzlösung bis zur Entfärbung titriert wird.

Ausführung. Man gibt zu 50 cm³ des möglichst klaren Wassers 5 cm³ der Alkalitartratlösung, 2 bis 3 Tropfen Phenosafranin und mischt das Ganze gut durch, ohne daß Luft in die Flüssigkeit kommt. Dann titriert man mit der Eisen(II)-ammoniumsulfatlösung, und zwar so, daß die Bürettenspitze unter die Oberfläche des Wassers taucht bis zur Entfärbung des Wassers.

Anfangs gibt man bei der Titration je 1 cm³ der Titrationslösung zu, bis die Färbung verblaßt, dann je 0,5 cm³ bis zur Entfärbung.

Bei Anwendung von 50 cm³ zu untersuchendem Wasser gibt die Anzahl der Kubikzentimeter der titrierten Eisenlösung multipliziert mit dem Faktor der eingestellten Eisenlösung direkt den Sauerstoffgehalt in mg pro Liter an.

Reagenzien. 1. Alkalitartratlösung: 350 g Seignettesalz + 100 g festes reines NaOH auf 1000 cm³ destilliertes Wasser.

2. Eisen(II)-ammoniumsulfatlösung: 2,45 g reines MOHRsches Salz, gelöst in ausgekochtem, sauerstofffreiem destilliertem Wasser + 10 cm³ reiner konzentrierter Schwefelsäure auf 1000 cm³ Wasser.

Je 1 cm³ der Lösung entspricht theoretisch 0,05 mg gelösten Sauerstoffs. Man bewahrt diese Lösung in einer braunen Flasche auf und bestimmt nach zwei Tagen den Titer.

3. Phonosafraninlösung: 0,5 g Phenosafranin, gelöst in 1000 cm³ Wasser.

Bemerkung. Das Verfahren eignet sich nur für farblose oder wenig gefärbte Wässer.

III. Maßanalytische Sauerstoffbestimmung nach LEITHE mit Diphenylschwefelsäure als Redoxindicator. Bei diesem Verfahren werden abgemessene Mengen einer n/10 Eisen(II)-sulfatlösung vorgelegt, die im alkalischen Medium durch Sauerstoff äquivalent aufoxydiert werden. Durch Titration mit n/50 Kaliumdichromatlösung wird die durch Sauerstoff verbrauchte Eisen(II)-lösung bestimmt.

Zur größeren Genauigkeit wird daneben eine Blindprobe titriert. Als Redoxindicator zur Bestimmung der Eisen(II)-ionen wird Diphenylamin benutzt, der sich bekanntlich über grüne Zwischenstufen hinweg violett färbt.

Ausführung. Zwei Glasstopfenflaschen mit genau bekanntem, gleichem Inhalt (etwa 100 cm³) werden mit dem zu untersuchenden Wasser gefüllt. Man gibt 3 cm³ n/10 mit Calciumsulfat gesättigte Eisen(II)-sulfatlösung hinzu, macht alkalisch und schließt die Flasche sorgfältig, schüttelt um und läßt sie einige Minuten stehen. Nach Absetzen des sich bildenden Niederschlages gibt man mit einer Pipette 10 cm³ etwa 50%ige Schwefelsäure zu und löst den Niederschlag.

Der Flascheninhalt wird dann in ein größeres Becherglas umgefüllt. Man spült mit destilliertem Wasser nach, gibt noch etwas Säure sowie einige Tropfen Diphenylaminschwefelsäure (0,2 g Diphenylamin in 20 cm³ Schwefelsäure gelöst) zu und titriert mit einer n/50 Kaliumdichromatlösung, bis ein violetter Farbton beim Umschütteln auch nach 10 Sek. nicht mehr verschwindet. Zur Blindprobe gibt man zur gleichen Wassermenge 20 cm³ Säure und gleichfalls genau 3 cm³ n/10 Eisensulfatlösung zu. Nach Zusatz von ebenfalls 4 Tropfen des Indicators titriert man in gleicher Weise.

Berechnung.

$$\text{mg } O_2/\text{l} = \frac{B - P \cdot 160}{V - a},$$

wobei:

B = cm³ Verbrauch n/50 Dichromat bei der Blindprobe,
P = cm³ Verbrauch n/50 Dichromat bei der Probe,
V = Inhalt der Flasche,
a = cm³ der zugefügten Reagenzien (wobei nur der Zusatz von Natronlauge und Eisen(II)-lösung zu berücksichtigen sind).

Bemerkung. Es empfiehlt sich, kurz vor Ende der Titration, bei der die entstehenden Eisen(III)-ionen in saurer Lösung schon eine grüne bis blaugrüne Färbung des Diphenylamins bewirken, 5 cm³ 25%ige Phosphorsäure hinzuzufügen, um die Eisen-

(III)-ionen komplex zu binden. Bei weiterer Titration schlägt dann die Farbe schnell in blauviolett um.

2. Bestimmung des im Wasser gelösten Sauerstoffs mittels Kaliumjodid und Kaliumnitrit.

Das hier beschriebene Verfahren ist eine Modifikation der THRESHschen Methode zur Bestimmung von Sauerstoff, der in Wasser gelöst ist: Die THRESHsche Methode beruht darauf, daß Stickoxyd, auch wenn es in Spuren zugegen ist, katalytisch wirkt auf die Oxydation von HJ durch den im Wasser gelösten O_2 zu freiem Jod. In einem Raum, der durch Durchleiten eines Stromes von Leuchtgas luftfrei gemacht worden ist, bringt man einen Überschuß KJ bei Gegenwart von wenig Alkalinitrit mit einem bekannten Volumen des zu untersuchenden Wassers zusammen. Das frei gewordene Jod wird mit Thiosulfat titriert.

Die Reaktionen werden durch folgende Gleichungen dargestellt:

$$2\,ONOH + 2\,HJ \longrightarrow 2\,NO + J_2 + 2\,H_2O, \tag{1}$$

$$NO + \tfrac{1}{2}\,O_2 \longrightarrow NO_2 \text{ (löst sich)}, \tag{2}$$

$$NO_2 + 2\,HJ \longrightarrow NO + J_2 + H_2O. \tag{3}$$

Aus Gleichung (1) ist ersichtlich, daß das zugefügte Nitrit auch Jod frei macht. Wenn man diese Tatsache und den in den Reagenzien enthaltenen O_2 als Korrektion berücksichtigt, kann man aus dem Jod den im Wasser gelösten Sauerstoff ermitteln.

Durch zahlreiche Untersuchungen fand SUBRAMANYAN, daß die Methode von THRESH unrichtige Ergebnisse liefert, weil ein Teil des Jods, das sich entsprechend dem Gleichgewicht zwischen flüssiger und Dampfphase in gasförmigem Zustand über der Lösung befindet, der Reaktion entzogen wird. Diesen Fehler kann man nur ausschalten, wenn man auf folgende, allerdings etwas umständliche Weise verfährt: Wenn während der Titration kein Gas durchgeleitet wird, löst sich nach dem scheinbaren Endpunkt der Titration das darüber befindliche gasförmige Jod, und die Lösung wird wieder blau. Wenn man jedesmal, sobald die blaue Farbe erscheint, wieder Thiosulfat zugibt, wird das Jod in der Dampfphase zu einem Minimum reduziert.

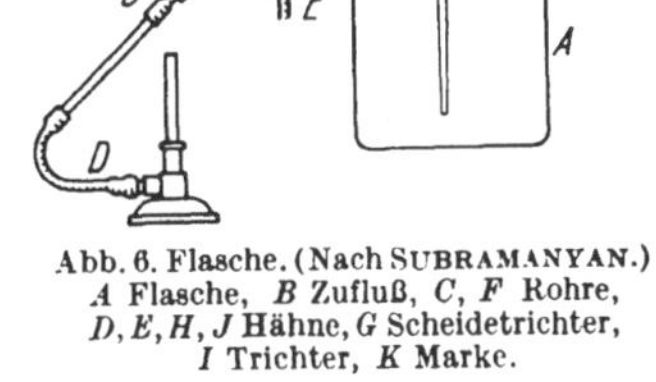

Abb. 6. Flasche. (Nach SUBRAMANYAN.) A Flasche, B Zufluß, C, F Rohre, D, E, H, J Hähne, G Scheidetrichter, I Trichter, K Marke.

Ausführung. Den hierfür entwickelten Apparat zeigt die Abb. 6. Die Flasche A hat ein Fassungsvermögen von $1\tfrac{1}{2}$ Litern. Das zum Vertreiben der Luft benutzte Leuchtgas strömt durch das Rohr B, das direkt mit einem Gashahn verbunden ist, durch die Flasche A und durch das Rohr C zu einem Bunsenbrenner, wo es verbrannt wird, oder durch den Gummischlauch E. G ist ein großer Scheidetrichter von einem Fassungsvermögen von 750 bis 1000 cm³, der die Wasserprobe enthält und in dem das Jod frei gemacht wird. Der Stiel von G endigt in einem engen Glasrohr im unteren Teil von A. Durch H wird die Flüssigkeit eingeführt. I ist ein kleiner Trichter mit einem Hahn oder einer Klemmschraube.

Reagenzien. 1. Nitritlösung, die 5% Nitrit und 20% KJ enthält. 2. H_2SO_4 (1:3) und n/10 oder n/20 $Na_2S_2O_3$.

Ausführung der Analyse. Bevor man den Stopfen auf A aufsetzt, füllt man 1 cm³ 5%ige Stärkelösung in A. Dann schließt man alle Verbindungen. Der Hahn von G wird geschlossen, die Klemme E geöffnet und ein ziemlich schneller Gasstrom durch A geleitet. Sobald die Luft aus A ausgetrieben ist, wird E geschlossen, das Gas durch D geleitet und im Brenner verbrannt. Währenddessen füllt man die

Probe in *G* ein. Man entfernt den Stopfen in *G* einen Augenblick, um 2 cm³ der Nitrit-Jodidlösung einzuführen. Nun schließt man *I*, öffnet *H* und *J*, schließt an *H* einen Gummischlauch an, der in das zu untersuchende Wasser taucht, und verbindet *J* mit einer Pumpe. Durch leichtes Saugen füllt man *G* vorsichtig, daß keine Luftblasen mitkommen, bis zur Marke *K* und schließt die Hähne *H* und *J*. Der leere Raum über *K* soll möglichst klein, und die Verbindungsröhren müssen halbcapillar sein, damit sich darin möglichst wenig des gebildeten Stickoxyds und Jods hält. Man läßt nun, ohne Luft mitkommen zu lassen, genau 2 cm³ Schwefelsäure aus dem Trichter *I* nach *G* fließen. Der Apparat wird gut geschüttelt. Nach einer Viertelstunde wird der Gasstrom unterbrochen und die Verbindung *B* und *D* geschlossen. Nun wird das Rohr *E* mit dem Rohr *J* verbunden, und die Klemmschrauben von *E* und *J* werden geöffnet. Man öffnet den Hahn von *G*, so daß die ganze Flüssigkeit nach *A* fließt. Darauf wird *E* und *G* geschlossen und man beginnt die Titration.

Das Thiosulfat wird tropfenweise unter gutem Schütteln aus der Bürette *F* zugegeben, bis der scheinbare Endpunkt erreicht ist. Dann wartet man einige Minuten, während deren die Lösung wieder blau wird von gelöstem Jod. Man titriert wieder bis zur Entfärbung. Das wiederholt man so lange, bis nur noch 2 Tropfen Thiosulfat nötig sind, um die Lösung zu entfärben. Die Spur Jod, die jetzt noch in Gasphase ist, wird dadurch korrigiert, daß man den verbrauchten Kubikzentimetern Thiosulfatlösung 0,5 cm³ zuzählt.

3. Oxalsäure-Kaliumpermanganat-Methode.

Bei diesem von SIEGERT entwickelten Verfahren wird die ursprüngliche WINKLER-Methode dadurch abgewandelt, daß der gebildete Mangan(III)-hydroxydniederschlag nach Auflösen in Schwefelsäure durch eine gemessene Menge Oxalsäure reduziert und die überschüssige Oxalsäure mit Kaliumpermanganat nach dem Verfahren von FRESENIUS-WILL-MOHR zurücktitriert wird.

Ausführung. Von dem zu untersuchenden Wasser ist eine etwa 200 cm³ fassende Flasche in der bekannten Weise durch Überlaufenlassen bzw. bei Flußwasser durch Entnahmeapparate usw. zu füllen. Darauf setzt man 3 cm³ $MnCl_2$-Lösung (40%ig) und 3 cm³ NaOH (33%ig) zu, läßt ungefähr 10 Min. absitzen, gibt 3 g $KHCO_3$ hinzu und schüttelt abermals gut um. [Diese von BRUHNS eingeführte Abänderung des WINKLER-Verfahrens hat den Vorzug, daß das durch Zusatz von $KHCO_3$ ausgefällte Mangan(II)- und Mangan(III)-bicarbonat unempfindlich gegen Sauerstoff ist.] Man läßt absitzen, bis die überstehende Flüssigkeit ziemlich klar abgegossen werden kann. Zu dem Niederschlag in der Flasche gibt man zuerst 0,01 n Oxalsäure in einer dem vorhandenen Sauerstoff entsprechenden (kenntlich an der Farbe des Manganniederschlags) Menge von 10, 20 bis 50 cm³. Dann säuert man mit 10 cm³ 33 vol.-%iger Schwefelsäure an und verdünnt mit gegen Kaliumpermanganat indifferentem Wasser. (Dieses bereitet man, indem man destilliertes Wasser mit Schwefelsäure ansäuert und einige Minuten nach Zugabe von 2 bis 3 cm³ 0,1 n Kaliumpermanganatlösung kocht, darauf mit 0,1 n Oxalsäure wieder entfärbt und schließlich mit 0,01 n Kaliumpermanganatlösung auf ganz schwach rosa titriert.) Darauf wird auf schwach rosa titriert und in der austitrierten Lösung durch nochmalige Zugabe von 10 cm³ 0,01 n Oxalsäure und Titrieren mit 0,01 n Kaliumpermanganatlösung deren Faktor bestimmt. Bei Anwendung von 1000 cm³ Wasser entspricht 1 cm³ 0,01 n Oxalsäure 0,08 mg O_2/l. Bei der Berechnung muß der Inhalt der Flasche abzüglich der Mangan(II)-chloridlösung und der Natronlauge berücksichtigt werden:

$$\text{mg } O_2/\text{l} = \frac{(\text{gemessene Menge } 0{,}01 \text{ n Oxalsäure} - x \text{ cm}^3\ 0{,}01 \text{ n } KMnO_4) \cdot 0{,}08 \cdot 1000}{\text{Inhalt der Flasche} - 6}.$$

Bemerkung. Bei Wasser mit höherem Gehalt an organischen Substanzen muß der Niederschlag, bevor man ihn in Schwefelsäure löst, absitzen und das Wasser davon abgegossen werden, da sonst das Wasser selbst noch $KMnO_4$ verbraucht und die Sauerstoffwerte zu niedrig werden.

Weitere Angaben über die Oxalsäure-Kaliumpermanganatmethode macht SZABO.

Die Methode ist auf ihre Brauchbarkeit bis zu einem Sauerstoffgehalt von 0,3 mg O_2/l geprüft worden.

4. Sonstiges.

Von MÜLLER-NEUGLÜCK wurden vergleichende Bestimmungen nach dem WINKLER-Verfahren und nach anderen Verfahren, die ohne KJ arbeiten, durchgeführt und dabei die Brauchbarkeit des Verfahrens von SIEGERT und des Verfahrens nach HELLIGE festgestellt. Das HELLIGE-Verfahren beruht auf der durch o-Tolidin und Mangan(III)-chlorid gebildeten Färbung. Nach SCHÜTZENBERGER und RISLER gießt man unter Luftabschluß in einen Überschuß von Indigoweißlösung ein abgemessenes Volumen des sauerstoffhaltigen Wassers, wodurch eine dem Sauerstoffgehalt entsprechende Menge Indigoweiß in Indigoblau umgewandelt wird. Die blaue Lösung wird dann so lange mit einer Lösung von Thiosulfat aus einer Bürette versetzt, bis die blaue Farbe verschwunden ist. Aus dem Verbrauch an Thiosulfat läßt sich der Sauerstoffgehalt berechnen.

Die Rotfärbung von Tribrenzcatechineisen(III)-säure aus Eisen(III)-salzen, Alkalien und Brenzcatechin benutzen BINDER und WEINLAND. Die mit Eisen(II)-salz entstehende Brenzcatechineisen(II)-säure ist farblos, färbt sich aber sofort bei Gegenwart von O_2. Die Eisen(II)-säure wird unter sorgfältigster Ausschaltung von O_2 hergestellt und kann zum Nachweis von O_2 dienen, sowohl in Gasen als auch Flüssigkeiten, z. B. natürlichem Wasser.

Literatur.

BACH, H.: Gesundh.-Ing. **52**, 36 (1929). — BINDER, K., u. R. F. WEINLAND: B. **46**, 255 (1913). — BUSWELL, M., u. W. GALLAHER: Ind. eng. Chem. **15**, 1186 (1923); durch C. **95**, **I**, 943 (1924).

FRESENIUS, WILL u. MOHR: BERL-LUNGE, 8. Aufl., II. Bd., 1. Teil, S. 784.

Hellige, F., u. Co. (Freiburg): Werbeschrift 1034 D/a—IX 36, S. 24.

LEITHE: Ch. **57**, 74 (1944). — LÉVY, A.: Annuaire de l'observ. de Montsouris, S. 310 (1894). — LINOSSIER: J. Soc. chem. Ind. **10**, 726 (1891).

MILLER, J.: J. Soc. chem. Ind. **33**, 185; durch C. **85**, **I**, 1849 (1914). — MOHR, F.: durch A. CLASSEN: Ausgewählte Methoden der analytischen Chemie, Bd. II, S. 32. Braunschweig 1903. — MOUNIER, M.: Ann. Chim. anal. [2] **6**, 235; durch C. **95**, **I**, 2358 (1924). — MÜLLER-NEUGLÜCK, H. H.: Wärme **63**, 347 (1940).

SCHÜTZENBERGER u. RISLER: durch A. CLASSEN, Bd. II, S. 35 (1903). — SIEGERT, CH.: Angew. Ch. **53**, 234 (1940). — SUBRAMANYAN, V.: J. agric. Sci. **17**, 468 (1927). — SZABO, Z.: Fr. **127**, 192 (1944).

THRESH, J. G.: Chem. N. **61**, 57 (1890).

C. Elektrische Methoden.

1. Messung der Wärmeleitfähigkeit.

Für die besonders im Speisewasser von Hochdruckkesseln wichtige laufende Kontrolle des Sauerstoffgehaltes sind verschiedene Verfahren entwickelt worden. Nach Mitteilung von SPLITTGERBER kann diese Aufgabe als theoretisch völlig gelöst bezeichnet werden. Schon das in England ziemlich verbreitete Cambridge-Verfahren und die in Deutschland angebotenen Sauerstoffmeßgeräte der „Gesellschaft für Meßtechnik m.b.H." in Bochum sowie der Bochumer Firma H. Wösthoff scheinen brauchbar zu sein, wenn auch die Genauigkeit selbst infolge der Ausdehnung der Meßskala von 0 bis 1,5 mg Sauerstoff pro 1 l bei diesen Apparaten für genaueste Messungen noch zu gering sein dürfte.

Bei diesen Verfahren treibt man den Sauerstoff durch Erwärmen und Ausspülen mit Hilfe eines Wasserstoffstromes aus. Jedoch entzieht sich ein ganz geringer Teil stets der Messung, da das Gleichgewicht zwischen Sauerstoff im Wasser und

Sauerstoff im Gasraum für die Gasphase sehr ungünstig liegt und da außerdem der technische Wasserstoff noch geringe Mengen Sauerstoff und Stickstoff, welch letzterer gleichfalls störend wirkt, zu enthalten pflegt.

Die Arbeitsweise dieses auf Wärmeleitfähigkeitsmessung beruhenden Verfahrens beschreibt HOFER. Das zur Untersuchung entnommene Kesselspeisewasser durchläuft eine Filtereinrichtung, in der möglicherweise vorhandene Schwebestoffe zurückgehalten werden. In einem Entspannungs- und Abkühlungsgefäß erfolgt eine Abkühlung des Probewassers auf 20 bis 35° C. Mit einem von den Betriebsverhältnissen abhängigen Druck läuft das Wasser nunmehr einem Zerstäuber zu. In dem Zerstäubergefäß reichert sich das zu prüfende Wasser mit Wasserstoff bzw. einem Gemisch Wasserstoff-Luft an. Der hierzu benötigte Wasserstoff wird in einer elektrolytischen Zelle erzeugt und gelangt von dort aus in eine Kammer des ersten Meßgefäßes. Nach dem Durchfluß wird er mit einem Anteil Luft, der automatisch je nach dem im Kesselwasser enthaltenen Sauerstoffgehalt zugesetzt wird, durchmischt und gelangt dann in das zweite Meßgefäß. Während also in dem ersten Meßgefäß reiner Wasserstoff vorhanden ist, ist in dem zweiten ein Gasgemisch, das aus Wasserstoff und Luft besteht, anwesend. Infolge der verschiedenen Leitfähigkeit der in beiden Meßgefäßen vorhandenen Gase wird den elektrisch beheizten und den in beiden Meßgefäßen ausgespannten Drähten eine verschieden große Wärmemenge entzogen. Daraus ergibt sich ein verschieden großer Widerstand der Pt-Drähte. Die Abweichung der Widerstandswerte voneinander ist ein Maß für den im Wasserstoff enthaltenen Luftanteil und somit auch ein Maß für den im Kesselspeisewasser enthaltenen Sauerstoff. Die Anzeige- und Registrierinstrumente sind in eine Wheatstonesche Brücke eingebaut. Weitere Angaben über dieses Verfahren werden von BROWNLIE gemacht.

2. Reststrommessung.

Der elektrochemischen Sauerstoffbestimmung nach der Reststrommethode liegt folgendes Prinzip zugrunde:

Durch Elektrolyse des zu untersuchenden Mediums, in dem der Sauerstoff gelöst ist, hält man an einer Elektrode ein Potential aufrecht, das im Diffusionsstromgebiet der Stromspannungskurve liegt. Es ist dabei von untergeordneter Bedeutung, ob das Potential dieser Elektrode gegeben ist durch eine von außen angelegte Spannung oder durch eine passende Gegenelektrode, die praktisch unpolarisierbar sein muß und ein bestimmtes Potential aufrechterhält. Wichtig ist allein, den Vorgang so zu lenken, daß eine Proportionalität zwischen Stromfluß und Konzentration des zu untersuchenden, diffundierenden Depolarisators — in diesem Falle Sauerstoff — gegeben ist. Diese Bedingung läßt sich für Sauerstoff in vielen Fällen realisieren.

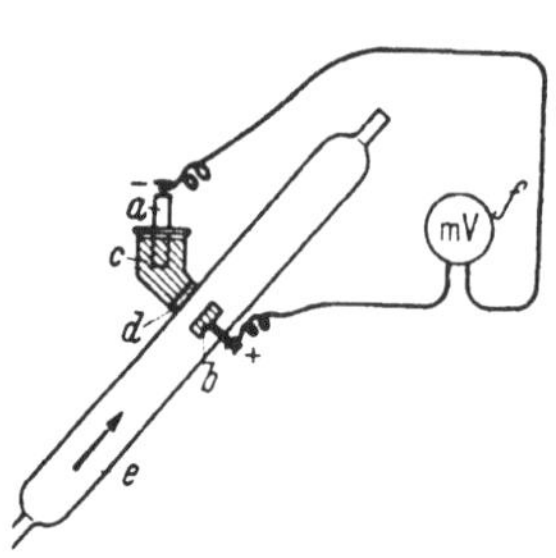

Abb. 7. Schematische Darstellung der Versuchsanordnung zur elektrochemischen Sauerstoffbestimmung. *a* Anode, Bezugselektrode, *b* Kathode, Meßelektrode, *c* gesättigte Salzlösung, *d* poröse Trennwand, *e* Meßrohr, *f* Galvanometer.

So ist nach Vorarbeiten von TÖDT und HAASE von der Firma Chlorator eine Apparatur zur laufenden Sauerstoffkontrolle von Kesselspeisewasser entwickelt worden. Die Wirkungsweise geht aus der Abb. 7 hervor. Die durch ein Diaphragma abgetrennte Anode polarisiert die Meßelektrode im Durchflußrohr. Der Sauerstoff des durchfließenden Wassers liefert entsprechend seiner Konzentration einen Depolarisationsstrom, den man im Galvanometer direkt ablesen kann. Durch eine Belüftungsvorrichtung kann zur Kontrolle der Apparatur eine bestimmte Sauerstoffmenge zugesetzt werden. Über eine Prüfung dieses Verfahrens äußert SPLITTGERBER, daß die Empfindlichkeit des Instrumentes für die Zwecke eines neuzeitlich eingerichteten

Kraftwerkes als durchaus befriedigend angesehen werden kann. Über eine Verbesserung der Apparatur und Steigerung der Empfindlichkeit für die laufende Sauerstoffkontrolle eines modernen Hochdruckkessels berichten FREIER, TÖDT und WICKERT (Abb. 8 und 9).

Nach einem Hinweis auf die Bedeutung kontinuierlicher Sauerstoffregistrierungen in den Betriebswässern von Hochdruckkraftwerken wird eine neue elektrische Sauerstoffmeßanlage beschrieben, die sich im Kraftwerksbetrieb bei Sauerstoffgehalten zwischen 5 und 60 γ/l bereits bewährt hat. Die Umeichung der elektrischen Werte auf γ O_2/l wird mit der Tolidin-Rhodanid-Methode vorgenommen.

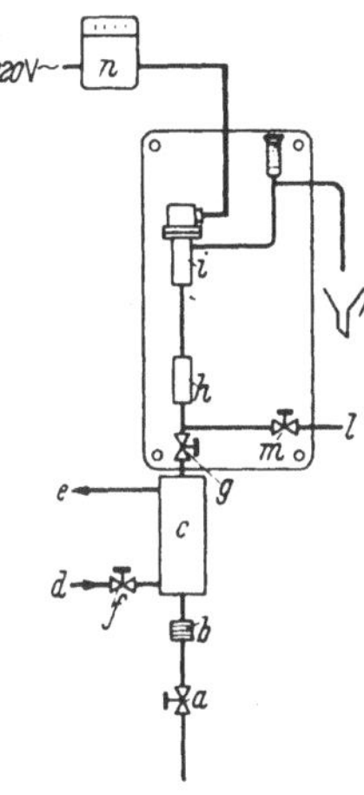

Abb. 8. Schema der Sauerstoffmeßanlage. *a* Absperrventil, *b* Drosselstrecke, *c* Kühler, *d*, *e* Kühlwasserein- und -austritt, *f*, *g* Absperrventil, *h* Mischrohr, *i* Meßzelle, *k* Ablauf, *l* Anschluß zum Nadelventil *m*, *n* Anzeigegerät.

Beschreibung der Meßanlage. Die hinter dem Speisewasserbehälter angeschlossene Sauerstoffmeßanlage System TF (Lieferfirma Hartmann & Braun, Frankfurt a. M.) ist gemäß Abbildung 8 aufgebaut.

Das Speisewasserdestillat tritt über ein Absperrventil *a* und die Drosselstrecke *b* in den Kühler *c* ein, wo das Meßgut auf 30° C abgekühlt wird. Hinter dem Kühler befindet sich der Meßgeräteteil auf einem Montagebrett. Über das Absperrventil *g* fließt das Meßgut durch ein Mischrohr *h* und den Stromgeber (Meßzelle) *i* in den Ablauf *k*. Bei *l* wird ein senkrecht stehendes Glasgefäß mit sauerstoffgesättigtem Speisewasser an ein Nadelventil *m* angeschlossen, um zur Eichung und Überwachung definierte Sauerstoffmengen dem Destillat zuzugeben. Das Mischrohr *h* sorgt dabei für innige Vermischung. Der Stromgeber (Meßzelle) liefert an das registrierende Anzeigegerät *n* einen dem jeweiligen Sauerstoffgehalt des Meßgutes proportionalen elektrischen Strom, welcher durch den elektrochemischen Sauerstoffumsatz an der Meßelektrode selbst erzeugt wird. Das eigentliche Meßgerät — Stromgeber — ist in Abb. 10 dargestellt.

Die durchlaufende Wassermenge beträgt rd. 50 l/h. Sie kann in den Hochdruckkreislauf zurückgeführt werden. Dies ist möglich, da kein Elektrolytzusatz erforderlich ist und die Anlage mit dem Salzgehalt des Speisewassers von rd. 0,5 mg/l und einem NH_3-Gehalt von 3 bis 4 mg/l genau genug arbeitet. Die technische Ausführung des Stromgebers beruht auf Erkenntnissen, welche im Laufe der letzten Jahre auf Grund von Experimentalarbeiten im Kaiser Wilhelm-Institut für physikalische Chemie und Elektrochemie, Berlin-Dahlem, gewonnen wurden. Der Meßbereich der vorliegenden Ausführung beträgt 0 bis 70 γ O_2/l, die Meßgenauigkeit $\pm$ 1 γ/l im unteren Meßbereich. Eine wesentliche Steigerung der Empfindlichkeit ist erreichbar (Meßbereich 0 bis 20 γ).

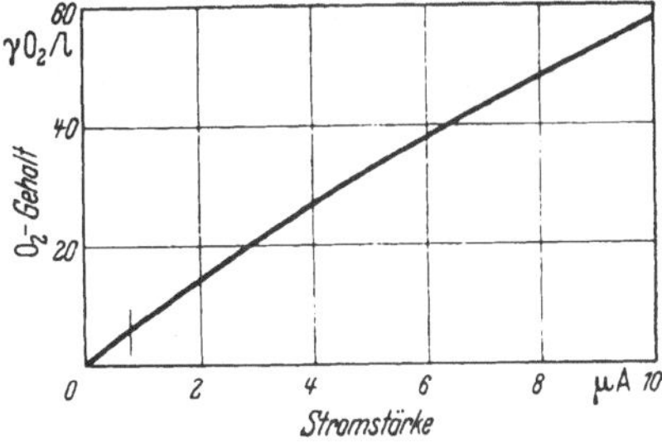

Abb. 9. Eichkurve zur Sauerstoffmeßanalyse durch Vergleich mit der Tolidinmethode.

Eine ähnliche galvanische Elementanordnung, vorzugsweise Pt gegen Cd, benutzt TÖDT in seinem sogenannten Sauerstofflot zur allgemeinen Sauerstoffanzeige, das von KOLKWITZ beschrieben wird. Es gestattet unmittelbar den Nachweis von Sauerstoff in biologischem Material, auch in Gewässern, Nährböden u. a. Für schnell durchführbare Kontrollen, z. B. im Ruderboot, und für die sofortige Auffindung von Stellen mit verschiedenem Sauerstoffgehalt kann diese elektrochemische Methode mit Vorteil benutzt werden. Die Genauigkeit dürfte für diese Zwecke ausreichend sein.

Voraussetzung für die Anwendbarkeit dieser Methode ist die Abwesenheit von kathodisch abscheidbaren Metallen sowie von oxydierenden Substanzen, die ebenso wie der gelöste Sauerstoff an der Pt-Elektrode depolarisierend wirken können.

Durch Wahl geeigneter Anoden kann man es erreichen, daß für Wasser verschiedenen p_H-Wertes die Kathode jeweils möglichst im Diffusionsgrenzstromgebiet liegt, so daß eine lineare Proportionalität zwischen Sauerstoffkonzentration und Strom gegeben ist, andernfalls ist eine Eichkurve aufzustellen. Nach Angaben von KOCH ist die Methode zur Sauerstoffmessung in Bier und Brauereiprodukten geeignet. Weiterhin wurde auf diesem Wege der Sauerstoffverbrauch bzw. die Atmung verschiedener biologischer Systeme untersucht. Bei Hefe, gesunder und krebskranker Rattenleber sowie bei Bakterienkulturen ergaben sich hierbei diejenigen Sauerstoffabnahmen, welche auf Grund bekannter Ergebnisse durch die Atmung zu erwarten waren. Damit ist zugleich der Beweis geführt, daß die Meßelektrode die richtigen Sauerstoffwerte geliefert hat, also in verschiedenen Nährböden und Aufschlämmungen lebender Substanzen eine einwandfreie Messung und Registrierung von Änderungen des Sauerstoffgehaltes gestattet. Es ist besonders wichtig, daß durch die neue Methode eine zeitlich lückenlose Erfassung der biologischen Sauerstoffumsätze ohne Probenahme auch im Gebiet kleinster Sauerstoffkonzentrationen gelungen ist. Damit ist eine Reihe medizinisch und biologisch wichtiger Probleme, welche bisher nur unvollkommen oder gar nicht untersucht werden konnten, dem Experiment zugänglich geworden.

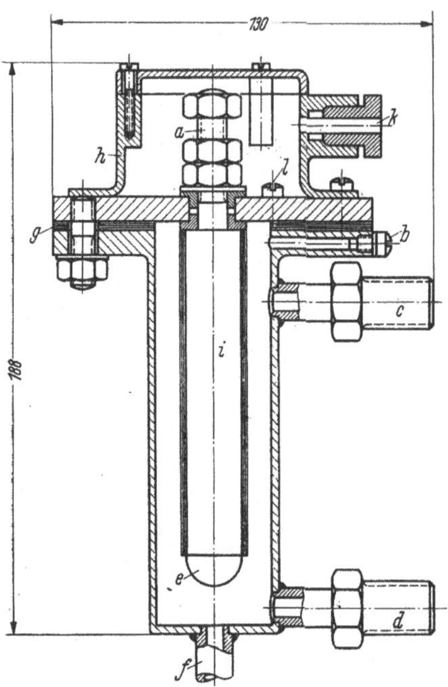

Abb. 10. Stromgeber. *a* Kabelanschluß der Meßelektrode, *b* Entlüftungsschraube, *c* Wasseraustritt, *d, f* Wassereintritt, *e* Meßelektrode, *g* Flanschdichtung, *h* Verteilerkappe, *i* Isolierschlauch, *k* Stopfbuchse für Kabeleinführung, *l* Masseanschluß.

KOLTHOFF und LAITINEN benutzen zur elektrochemischen Sauerstoffbestimmung eine ähnliche Methode. Sie nennen dieses Verfahren „voltametry". Eine Pt-Drahtspitze (0,5 mm Durchmesser und 4 mm lang) dient als Kathode. Als Gegenelektrode werden Elektroden zweiter Art benutzt (Ag, AgCl, bzw. ges. Kalomel-Elektrode). Mittels einer äußeren Spannungsquelle wird die Kathode polarisiert. Für einige luftgesättigte Lösungen, deren p_H-Werte zwischen 3 und 12 liegen, werden die Stromspannungskurven angegeben. Der Diffusionsstrom ist stark temperaturabhängig (4% Änderung pro Grad). Zur Erzielung stärkerer Ströme, so daß auch Spuren von Sauerstoff bestimmt werden können, sowie zur schnelleren Erreichung eines konstanten Stromes ist mit konstant rotierender Elektrode zu arbeiten. Unterhalb p_H 6 wird kein ausgeprägter Grenzstrom gefunden, so daß der Diffusionsstrom durch Wasserstoffentwicklung gestört wird.

Abb. 11 zeigt Stromspannungskurven für die Sauerstoffreduktion in 0,1 n KCl-Lösung für verschiedene Sauerstoffgehalte. Kurve *I* gilt für luftgesättigte Lösung mit einer konstant rotierenden Mikroelektrode. Die Werte sind etwa 20mal größer, als eine stationäre Mikroelektrode sie liefert. Kurve *II* wurde erhalten, nachdem 10 Min. lang ungereinigter Stickstoff durch den Elektrolyten geleitet worden war.

Kurve *III* wurde nach Zugabe von Na_2SO_3 (Natriumsulfit) (0,1 g auf 100 cm³) erhalten.

Nach LIENEWEG kann man anstatt einer Reststromkette aus einem edleren und unedleren Metall auch zwei gleiche Metalle verwenden, an die eine Gleichspannung angelegt wird, die unterhalb der Zersetzungsspannung liegt.

3. Leitfähigkeits- und p_H-Änderung der aus Stickoxyd gebildeten salpetrigen Säure.

Eine von MAKRAY beschriebene Methode zur Bestimmung des in Wasser gelösten Sauerstoffs besteht in der Messung der durch eine chemische Umsetzung des Sauerstoffs mit einem zugesetzten chemischen Reagens hervorgerufenen Änderung der Wasserstoffionenkonzentration. Man setzt dem Wasser Stickoxydgas (NO) zu und bestimmt die Änderung der Wasserstoffionenkonzentration. Das Stickoxydgas löst sich in reinem Wasser nur physikalisch und hat daher auf die Leitfähigkeit des Wassers praktisch keinen Einfluß. Im Falle der Gegenwart absorbierten Sauerstoffs tritt aber folgende Reaktion ein:

$$4\,NO + 2\,H_2O + O_2 \rightleftarrows 4\,HNO_2,$$

$$3\,HNO_2 \rightleftarrows HNO_3 + H_2O + 2\,NO.$$

Bei konstanter Temperatur und konstantem Druck tritt zwischen den beiden Reaktionen ein gewisser Gleichgewichtszustand ein. Die sich bildende Salpetersäuremenge ist demnach der im Wasser gelösten Sauerstoffmenge proportional. Die Salpetersäure verändert die Wasserstoffionenkonzentration und damit auch die Leitfähigkeit des Wassers. Man mißt diese Änderung und kann hieraus auf die Menge des gelösten Sauerstoffs im Wasser schließen. Da die Salpetersäure im hohen Maß dissoziiert, verursacht sie bereits in geringen Mengen große Unterschiede in der Leitfähigkeit, so daß selbst bei kleinem Sauerstoffgehalt sehr genaue Meßdaten erzielbar sind.

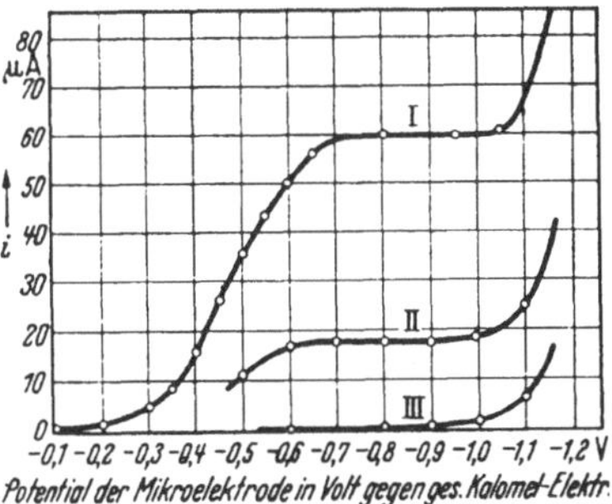

Abb. 11. Sauerstoffreduktion. (Nach KOLTHOFF.) Ordinate: i in μA. Abszisse: Potential der Mikroelektrode in Volt gegen ges. Kalomel-Elektrode.

Das Verfahren kann auch in kontinuierlicher Weise zur Bestimmung des Gasgehaltes von strömenden Flüssigkeiten durchgeführt werden. Zu diesem Zweck wird der Flüssigkeitsstrom in zwei Zweige geteilt, dem einen Stromzweig das NO-Gas ständig zugeführt und gleichzeitig die elektrische Leitfähigkeit beider Flüssigkeitsstromzweige gemessen. Die unter gleichen Bedingungen erzielten Meßdaten werden miteinander verglichen. Die Differenz dieser ermittelten Leitfähigkeitsdaten ist der in der Flüssigkeit absorbierten zu ermittelnden Gasmenge proportional.

Nebenstehende Zeichnung erläutert Apparatur und Meßverfahren zur Sauerstoffbestimmung im Kesselspeisewasser.

Aus der Kesselspeisewasserleitung *S* (Abb. 12) führt das Rohr *1* durch das Reduktionsventil *12* das zu prüfende Wasser zur Vorrichtung. Das Rohr *1* teilt sich in die Zweige *2* und *3*. Das Wasser fließt durch die Hähne *4* und *5* in die Zellen C_r und C_v, in welchen voneinander in gleichen Entfernungen befindliche, aus gleichem Stoff und mit gleichen Abmessungen ausgebildete Elektroden *6* und *7*, z. B. Pt-Elektroden, vorgesehen sind. Die Elektrolytzellen C_r und C_v werden derart ausgebildet, daß sie gleiche Volumenwiderstandskapazitäten besitzen, d. h. daß durch sie unter gleichen Bedingungen gleiche Strommengen hindurchfließen. Aus dem Gasbehälter *G* strömt aus dem Reduktionsventil *13* der Rohrleitung *8* reines Stickoxyd in den Reaktionszylinder *9*. Der letztere ist zum Zweck der Vergrößerung der Berührungsfläche zwischen Flüssigkeit und Reagensgas mit Glasperlen *10* gefüllt.

Abb. 13 veranschaulicht das Meßschema. Der Strom des Bleiakkumulators *Ac* wird durch den Induktor *I* in Wechselstrom umgewandelt. In den Stromkreis des Induktors sind die Elektroden der Zellen C_r und C_v sowie die Kohlrauschtrommel *Kd* und als Nullinstrument der Telephonhörer *T* eingeschaltet. Mit Hilfe des regelbaren Widerstandes *R* kann man die Empfindlichkeit der Messung in bekannter Weise beeinflussen. Gemäß diesem Schaltschema sind die beiden Meßzellen C_v und C_r in Wheatstonescher Brückenschaltung in entgegengesetztem Sinn geschaltet, so daß an der Kohlrauschtrommel nach Einstellen des Kontaktes mit Hilfe des Telephonhörers in die Nullage nur die Differenz der Widerstände der beiden Zellen, also die Änderung des Widerstandes gemessen wird.

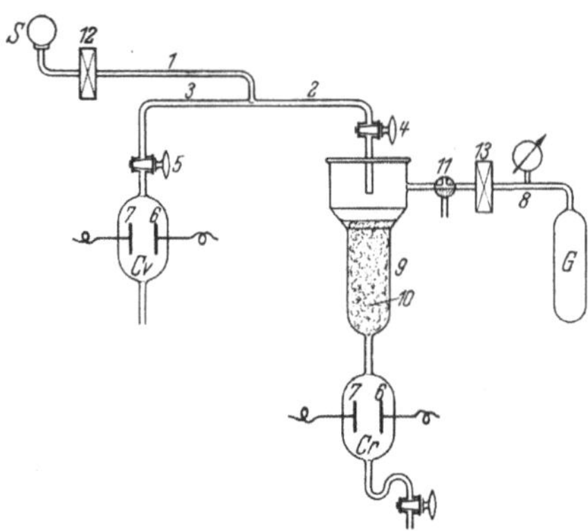

Abb. 12. Sauerstoffbestimmung. (Nach v. MAKRAY.) *1*, *2*, *3* Rohr mit Abzweigungen, *4*, *5* Hähne, *6*, *7* Elektroden, *8* Rohrleitung, *9* Reaktionszylinder, *10* Glasperlen, *11* Drei-Wege-Hahn, *12*, *13* Reduzierventile, *S* Kesselspeisewasserleitung, *G* Gasbehälter, *Cr* Elektrolytzelle.

In Abb. 12 ist mit *12* ein Druckreduktor bezeichnet, welcher dazu dient, das Wasser in die Rohrleitung *1* mit beständig gleichem Druck fließen zu lassen. Demzufolge werden in der Zeiteinheit beständig gleiche Flüssigkeitsmengen durch die Elektrolytzellen fließen. Es wurde gefunden, daß die Menge des während der Zeiteinheit durch die Zellen fließenden Wassers die Meßdaten in nur geringem Maße beeinflußt. Demgegenüber ist es viel wichtiger, den Druck des Reagensgases NO beständig auf gleichem Wert zu halten. Da mit der Druckänderung des NO-Gases auch die im Wasser gelöste NO-Menge und damit der Gleichgewichtszustand der Reaktion Änderungen erfahren. Die Konstanthaltung des Gasdruckes kann durch irgendwelche bekannte Druckregelvorrichtung (Abb. 12) gesichert werden.

Da das Reaktionsgleichgewicht sich mit der Temperatur ändert, muß man dafür Sorge tragen, daß die Messungen bei beständig gleichen Temperaturen erfolgen, was man dadurch erreichen kann, daß man die ganze Apparatur in einen Thermostaten einbaut.

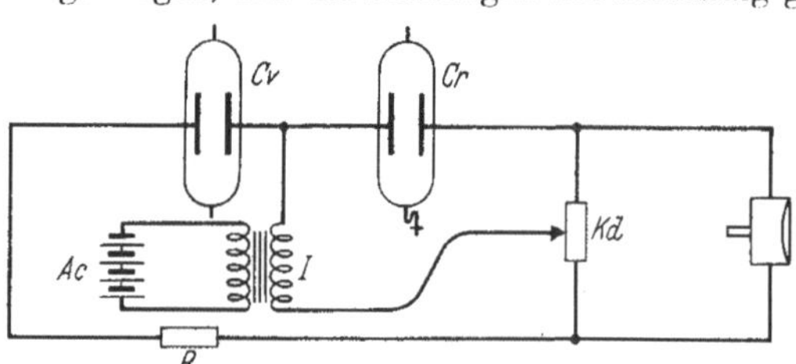

Abb. 13. Meßschema. (Nach v. MAKRAY.) *Ac* Akkumulator, *Cv*, *Cr* Elektrodenzellen, *I* Induktor, *Kd* Kohlrauschtrommel, *R* Widerstand.

Bemerkung. Dieses Verfahren von MAKRAY ist durch Versuche von JANSSEN und SEYB auf seine Anwendbarkeit für Kesselspeisewasser geprüft worden. Die Verfasser halten es für geeignet, wenn die Leitfähigkeit des zu überwachenden Wassers unveränderlich bleibt. — Geringen Schwankungen kann Rechnung getragen werden, wenn sie sich über größere Zeiträume erstrecken. Diese Voraussetzungen sind aber im Betriebe nur bei Kondensat gegeben.

4. Potentiometrische und elektrometrische Titration.

Der Stärkefehler, der bei der jodometrischen Endpunktbestimmung der WINKLER-Methode entsteht, kann durch eine potentiometrische oder elektrometrische Titration ausgeschlossen werden. ADAMS, BARNETT und KELLER arbeiteten nach dieser Methode, wobei die Störungen, die durch oxydierende und reduzierende Stoffe nach der WINKLER-Methode auftreten können, durch Blindprobe und Zugabe der Reagenzien in wechselnder Reihenfolge ausgeschaltet wurden.

Die Proben, die nach dem Ansäuern bereits freies Jod enthalten, werden mit genau abgemessener Menge Thiosulfatlösung versetzt (bei entsprechend geringen Sauerstoffgehalten) und mit n/5000 Jodlösung potentiometrisch titriert. Für diese Methode wird in der Literatur eine Genauigkeit von 0,001 bis 0,0001 mg O_2/l angegeben (JANSSEN).

Sie hat allerdings den Nachteil, daß jeweils nach Zugabe der Titrationsmenge eine längere Zeit gewartet werden muß, bis sich die Spannung einstellt, denn man benötigt für den Umschlagspunkt der Titrationskurve bekanntlich eng aneinander liegende Punkte zur genauen Bestimmung.

Einen Vorteil bietet dagegen die elektrometrische Endtitration, die nach FOULK und BAWDEN Dead-stop-Methode genannt wurde. Sie bietet für die jodometrische Maßanalyse eine empfindliche und schnelle Endpunktbestimmung.

Ausführung (elektrometrische Titration). Das Prinzip der Titration besteht darin, daß an 2 Platinelektroden, die in die zu titrierende Flüssigkeit gebracht werden, eine kleine Spannung von etwa 10 bis 20 mV angelegt wird. Im Falle der jodometrischen Titration ist bei Thiosulfatüberschuß die Kathode polarisiert, es fließt praktisch kein Strom; während geringe Spuren von Jod die Kathode depolarisieren, so daß an einem empfindlichen Galvanometer der Depolarisationsstrom angezeigt wird.

HEWSON und REES haben zur Sauerstoffbestimmung nach WINKLER diese Methode angewandt.

Die jodhaltige Probe von etwa 250 cm^3 wurde in ein mit Rührer versehenes Becherglas gebracht, an 2 eintauchende Platinelektroden von je 1 cm^2 Fläche und 0,5 cm Abstand wurde eine Spannung von 15 mV angelegt und in kleinen Anteilen n/2000 Thiosulfatlösung zugegeben, bis bei geringstem Überschuß das in einen Zweig eingeschaltete Galvanometer (Empfindlichkeit 1 cm je Mikroamp.) infolge Polarisation stromlos wurde. Dann ist mittels n/2000 Jodlösung die besser erkennbare erste Ablenkung des Galvanometers aus der Nullstellung ermittelt worden. Es wurden noch einmal die gleiche Anzahl Kubikzentimeter verbrauchte Thiosulfatmenge zugegeben und dann wiederum mit Jodlösung bis zum Auftreten eines Ausschlages titriert.

Die Differenz der Titration entspricht der gesuchten freien Jodmenge.

Empfindlichkeitsgrenze: 0,001 cm^3 O_2/l.

Bemerkung. Die elektrometrische Titration für die Sauerstoffbestimmung nach WINKLER wurde ebenfalls von PERLEY benutzt.

5. Polarographische Messungen.

Die Bestimmung von gelöstem Sauerstoff auf polarographischem Wege wurde von PETERING und DANIELS beschrieben. Die Kathode besteht aus einer Quecksilbertropfelektrode, die den Vorteil hat, daß die Elektrodenoberfläche ständig erneuert wird. Der durch die Flüssigkeit geleitete Strom und die gleichmäßig gesteigerte Spannung werden gemessen und das Stromstärkespannungsdiagramm wird ausgewertet. Die Kurve verläuft folgendermaßen: Bei niedriger Spannung fließt ein schwacher Reststrom. Wenn die Spannung anwächst über die Spannung, bei der der Sauerstoff an der Kathode reduziert wird, steigt die Kurve an gemäß dem OHMschen Gesetz. Bei weiterer Vergrößerung der Spannung steigt die Stromstärke nicht mehr an, sondern die Kurve verläuft im Idealfall flach, bis die Spannung so hoch wird, daß eine andere Reaktion an der Elektrode einsetzt. Die Höhe der Kurve, das heißt die Stromstärke bei flachem Kurvenverlauf, ist direkt proportional der Sauerstoffkonzentration. Man beobachtet bei manchen Flüssigkeiten, daß die Kurve, bevor sie dem Sauerstoffgehalt entsprechend flach wird, zu einem Maximum ansteigt (Abb. 14). Dieses Maximum erklärt sich daraus, daß die reduzierbaren Moleküle von der Kathodenoberfläche adsorbiert werden, so daß ein zusätzlicher Strom fließt.

Diese Adsorption kann verhindert werden durch Zugabe von Kolloiden, wie Proteinen, Kohlehydraten, Seifen, Farbstoffen und Alkaloiden. In den meisten natürlichen oder biologischen Flüssigkeitsproben ist jedoch eine genügende Menge solcher Kolloide enthalten. Die Kurve verläuft dann ohne Maximum (Abb. 14).

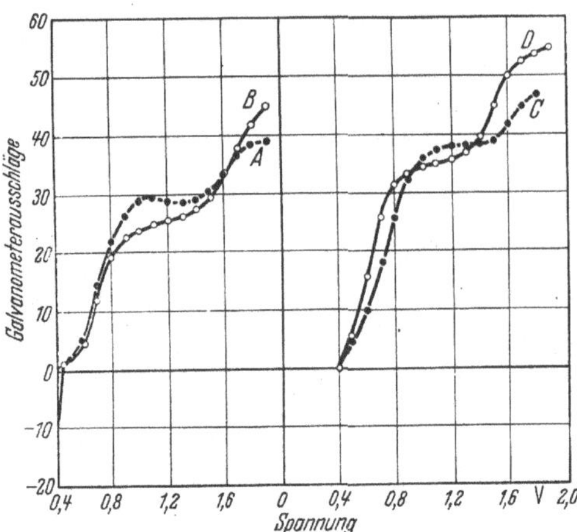

Abb. 14. Polarographische Sauerstoffbestimmung (Kurvenverlauf.)

Das hier entwickelte Verfahren kann insofern vereinfacht werden, als man nicht die Stromstärke bei sich ständig ändernder Spannung verfolgt, sondern 2 Spannungen herausgreift, eine kurz unterhalb und eine kurz oberhalb der Zersetzungsspannung, und die zugehörigen Stromstärken mißt.

Beschreibung des Apparates (Abb. 15): Das Quecksilber, das als Kathode wirkt, tropft aus einem Scheidetrichter (ungefähr 1 Tropfen in der Sekunde) in eine die Lösung enthaltende Flasche. Das Quecksilber auf dem Boden der Flasche ist die Anode. In den Stromkreis sind eine Batterie, ein veränderlicher Widerstand, durch den die Spannung reguliert werden kann, und ein Galvanometer eingeschaltet. Das Galvanometer braucht nicht besonders groß zu sein, muß jedoch eine Empfindlichkeit von 10^{-7} Amp. pro Skalenteil haben. Da nur 2 Spannungen betrachtet werden, genügen zur Messung der Spannung zwischen den Elektroden 2 Standardzellen, Abb. 15. Diese bestehen aus 2 mit Gummistopfen verschlossenen Flaschen, die durch eine Salzbrücke verbunden sind. Zu dem Quecksilber oder Amalgam auf dem Boden der Flasche führt ein an einen Kupferdraht angeschmolzener Platindraht. Der Draht ist oben in ein Glasrohr eingeschmolzen, durch das er durch den Stopfen geführt wird.

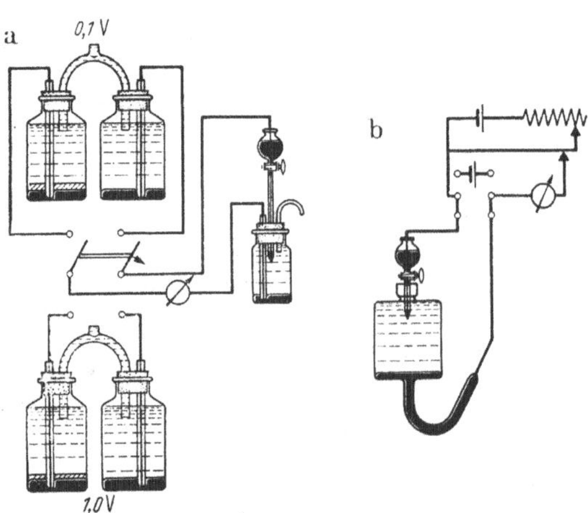

Abb. 15. Polarographische Sauerstoffbestimmung (Apparatur).

In der 1,0 Voltzelle enthält eine Flasche 100 g 13%iges Cd–Hg-Amalgam. (Das Cd löst sich schneller, wenn seine Oberfläche dadurch vergrößert wird, daß man das geschmolzene Metall in Wasser gießt.) Die andere Flasche enthält dieselbe Menge reines Quecksilber, darüber eine sehr konzentrierte Lösung von Quecksilber(I)-sulfat und Cadmiumsulfat. Beide Flaschen werden mit annähernd 2 mol $CdSO_4$ bis zur Öffnung oben in der Mitte der Brücke gefüllt und diese Öffnung geschlossen. Die Zelle behält lange Zeit ein konstantes Potential von 1,04 Volt. Die 0,1 Voltzelle ist eine Cd–Pb-Zelle in einer gleichen Flasche. Eine Elektrode enthält 10% Pb in 90% Hg, darüber ist eine Lösung von ungefähr

1 mol CdJ_2 gesättigt mit Bleijodid. Die andere Elektrode enthält 11% Pb, 9% Cd und 80% Hg in einer Lösung von ungefähr 1 mol CdJ_2. Wie Abb. 15 zeigt, wird durch einen doppelten Zweipolschalter zuerst die 1,0 Voltzelle und dann die 0,1 Voltzelle eingeschaltet. Der Unterschied der Galvanometerablesungen bei den zwei verschiedenen Spannungen ist proportional der gelösten Sauerstoffmenge.

Als Zelle für die Quecksilbertropfelektrode sind verschiedene Modelle ausgearbeitet worden. Die Zellen werden vollständig mit Flüssigkeit gefüllt, so daß kein Gas eingeschlossen wird. Entweder (Abb. 15a) läuft die Flüssigkeit über, wenn das Hg dazutropft, oder (Abb. 15b) das Hg am Boden behält eine konstante Höhe dadurch, daß das Hg durch ein seitliches Rohr überlaufen kann. Bei einer dritten Art nimmt man als Anode eine Kalomel-Elektrode, verbunden durch eine Brücke von gelöstem KCl.

Eichung des Apparates. Wenn man auch für die späteren Bestimmungen nur die Stromstärke bei zwei Spannungen zu kennen braucht, so muß man doch, um die richtigen Spannungen zu wählen, Stromstärkespannungskurven für verschiedene bekannte Sauerstoffkonzentrationen aufstellen. Wenn man in einem Diagramm, mit den Galvanometerausschlägen als Abszisse und der Sauerstoffkonzentration (Mol $\cdot 10^{-4}$ je Liter) als Ordinate, die bei einer und derselben Spannung beobachteten Galvanometerausschläge in Abhängigkeit von der Konzentration aufträgt, so erhält man eine Gerade. Man kann nun einfach durch Interpolieren zu jedem Galvanometerausschlag die zugehörige Sauerstoffkonzentration ablesen. Voraussetzung ist, daß man für jede Flüssigkeitsart, Temperatur und Zelle eine besondere Eichkurve aufstellt. Das Verfahren wurde bisher mit Erfolg angewandt zur Bestimmung des Sauerstoffs in Flüssigkeiten, die Algen- und Hefekulturen enthalten, sowie in tierischen Geweben und Blut.

Genauigkeit der polarographischen Sauerstoffbestimmung.

Die quantitative Sauerstoffbestimmung auf polarographischem Wege ist nach Vitek sowohl für den im Wasser gelösten Sauerstoff als auch für gasförmigen Sauerstoff durchführbar. Man kann nach einer weiteren Veröffentlichung von Vitek Sauerstoff in einer Lösung bestimmen, die 0,04 mg bis 40 mg und mehr im Liter enthält, und in Gasen, die 100% bis 0,5% enthalten. So hat man den Sauerstoff in Wasserstoff, in Stickstoff und in der Luft bestimmt, und man kann ihn selbst in Kohlensäure bestimmen, in Kohlenwasserstoffen, in trägen Gasen und in Rauchgasen. Wenn die Wässer davon weniger als 0,04 g im Liter enthalten, wie z. B. das gekochte Dampfkesselwasser, kann man die Sauerstoffmenge bis zu einem Gehalt von 0,01 mg/l annähernd bestimmen, je nach der Größe der Galvanometerschwingungen, die durch die in die Lösung mit diesen niedrigsten Spuren Sauerstoff fallenden Quecksilbertropfen erzeugt werden. Auch diese Bestimmung wird polarographisch aufgezeichnet.

Über vergleichende polarographische und photocolorimetrische Sauerstoffmessungen berichtet Sanko. Die Vergleiche der verschiedenen Methoden geben bis 1 mg/l Übereinstimmung der polarographisch und photocolorimetrisch (mit Cu–NH_3-Komplex) erhaltenen Werte. Darunter begegnet die polarographische Methode erheblichen Schwierigkeiten. Nach Stackelberg sind $40\,\gamma\, O_2$/l annähernd bestimmbar. Jedoch ist bei weniger als 1 mg O_2/l die Messung ungenau. Für O_2-Gehalte von 1 mg/l bis 0,01 mg/l wird die Reaktion mit o-Tolidin nach Kuhlberg und Lirzmann empfohlen. (Siehe Colorimetrische Methoden.) Weitere Anwendungen der polarographischen Methode der Sauerstoffbestimmung geben Ingols über Belebtschlammanlagen, Hartmann und Garret über Sauerstoffgehalt der Milch, Beecher et al. Sauerstoff in Körperflüssigkeiten. Giguère und Lauzier berichten über Sauerstoff im Seewasser. Dirschel untersucht O_2 bei der Gewebeatmung. Laitinen und

HIGUDI berichten über Messung von Sauerstoff bis auf etwa 4 γ O_2/l. Es wird der Anstieg des „Nullstrompotentials" der Quecksilbertropfelektrode mit zunehmendem Sauerstoffgehalt gemessen, der bis auf 0,4 mg O_2/l eine lineare Funktion darstellt.

Literatur.

ADAMS, R. C., R. E. BARNETT u. D. E. KELLER: Pr. Am. Soc. Test. Mater. **43**, 1240 (1943).

BEECHER, H. K., et al.: J. biol. Chem. **146**, 197 (1942). — BROWNLIE, D.: Steam Eng. **4**, 100 (1935); durch C. **107**, **I**, 2164 (1936).

Cambridge-Verfahren: Eng. Min. J. **122**, 610 (1926); Arch. Wärmew. **9**, 154 (1928).

DIRSCHEL, W.: Angew. Ch. **60**, 49 (1948).

FREIER, TÖDT u. WICKERT: Chemie-Ingenieur-Technik **13**, 325 (1951). — FOULK u. BAWDEN: Am. Soc. **48**, 2045 (1926).

Gesellschaft für Meßtechnik, Bochum: DRP. 584767 (1929). — GIGUÈRE, P. A., u. L. LAUZIER: Canadian J. Res. **23** B, 76 u. 223 (1945).

HAASE, L. W.: Gesundh.-Ing. **53**, 289 (1930). — HARTMANN, G. H., u. O. F. GARRET: Ind. eng. Chem. Anal. Edit. **14**, 641 (1942). — HEWSON, G., u. R. REES: J. Soc. chem. Ind. **54**, 254. — HOFER, K.: Wärme **54**, 236 (1931).

INGOLS, R. S.: Ind. eng. Chem. Anal. Edit. **14**, 256 (1942); durch C. **114**, **II**, 1903 (1943).

JANSSEN, H.: Mitt. Ver. Großkesselbes. H. 71, 45 (1939). — JANSSEN, C.: Anal. Chim. Acta **2**, 622 (1948).

KOCH, R.: Die Brauerei, Exportausgabe **5**, 305 (1951). — KOLKWITZ, R.: Ber. Dtsch. bot. Ges. **60**, 306 (1943). — KOLTHOFF, I. M., u. H. A. LAITINEN: Science **92**, 152 (1940). — KUHLBERG, L., u. R. LIRZMANN: J. allg. Chem. (russ.) **6**, 1251 (1936); durch C. **108**, **I**, 3679 (1937).

LAITINEN, H. A., u. T. HIGUDI: Am. Soc. **70**, 551 (1948). — LIENWEG, F.: DRP. 661585 (1936).

v. MAKRAY, I.: DRP. 648381 (1934).

PERLEY, G. A.: Ind. eng. Chem. Anal. Edit. **11**, 240 (1939). — PETERING, H. G., u. F. DANIELS: Am. Soc. **60**, 2796 (1938). — PETERSEN, A.: Arch. Wärmew. **18**, 165 (1937).

SANKO, A. M., F. A. MANUSSOWA u. A. D. NIKITIN: Betriebslab. (russ.) **6**, 1251 (1939); durch C. **112**, **II**, 388 (1941). — SEYB, E.: Mitt. Ver. Großkesselbes. H. 71, 47 (1939). — SPLITTGERBER: Vom Wasser VIII, 182; Vom Wasser XII, 173. Berlin: Chemie G.m.b.H. 1934 und 1937. — STACKELBERG, M. v.: Polarographische Arbeitsmethoden, S. 173. Berlin W 35: Walter de Gruyter 1950.

TÖDT, F.: DRP. 663080 (1933). Z. Ver. dtsch. Zuckerind. **79**, 600 (1929); Gesundh.-Ing. **1942**, 76; Dtsch. Wasserw. **78** (1942).

D. Colorimetrische Methoden.

Zur colorimetrischen Bestimmung des Sauerstoffs sind zahlreiche Methoden ausgearbeitet worden; sie bieten die Möglichkeit, Analysen schnell durchzuführen, sind meist sehr empfindlich und benötigen zu ihrer Durchführung nur geringe Mengen der zu untersuchenden Substanz.

Die colorimetrische Sauerstoffbestimmung erfolgt meist über Farbreaktionen mit Redoxindicatoren. So wird in mehreren Verfahren in Abwandlung der Sauerstoffbestimmung nach WINKLER meist das Oxydationspotential der entstehenden höherwertigen Manganionen ausgenutzt, um mit geeigneten Indicatoren Farbreaktionen zu erzeugen.

1. Bestimmung des Sauerstoffs mit o-Tolidin.

CRUMB und KENNY benutzten bei ihren Untersuchungen o-Tolidin bei einer Modifikation der Sauerstoffbestimmung nach WINKLER für sehr geringe Sauerstoffkonzentrationen im Wasser.

Prinzip: Man verfährt wie bei der WINKLER-Methode, ohne jedoch Kaliumjodid zuzusetzen. Man löst den Manganniederschlag mit Säure auf, fügt o-Tolidin hinzu und vergleicht die entstehende Farbe in einem Colorimeter mit Farbstandardlösungen, die aus Dichromat- und Kupferlösungen hergestellt werden.

Eine Verbesserung dieser Methode liefern HASLAM und MOSES. Die Zusammensetzung ihrer Vergleichslösungen ist folgende, ohne exakte Angabe ihrer Herstellung.

Standardlösung nach HASLAM und MOSES:

I. 3,75 g $CuSO_4 \cdot 5\,H_2O$ + 2,5 cm³ konzentrierte Schwefelsäure auf 250 cm³ verdünnt.

II. 0,625 g $K_2Cr_2O_7$ + 2,5 cm³ konzentrierte Schwefelsäure auf 250 cm³ verdünnt.

Farbskala nach HASLAM und MOSES.

Farbstufe	Auf 100 cm³ zu verdünnen		Sauerstoff	
	Kaliumdichromatlösung cm³	Kupfersulfatlösung cm³	mg/l	cm³/l
1	0,05	0	0,0014	0,001
2	0,34	0	0,007	0,005
3	0,69	0,95	0,014	0,01
4	1,27	1,83	0,029	0,02
5	1,90	1,89	0,043	0,03
6	2,54	1,90	0,057	0,04
7	3,14	1,92	0,072	0,05

Die von HASLAM und MOSES angegebene Farbskala entspricht in ihren Werten der Farbskala, wie sie für den Chlornachweis mit o-Tolidin auch gegeben wird, nur auf Sauerstoff bezogen. Für genauere Sauerstoffbestimmungen muß man allerdings berücksichtigen, daß die entstehenden Tolidinfarblösungen durch die anwesenden Mangan(II)-ionen in ihrer Intensität beeinflußt werden. Nicht stören Fe(III)-ionen, die durch Phosphorsäure komplex gebunden werden können.

Herstellung der Vergleichslösungen: Die Vergleichslösungen können zweckmäßig so hergestellt werden, daß man Mangan(II)-salzlösungen herstellt, sie alkalisch macht, an der Luft leicht oxydieren läßt, dann ansäuert, auf ein bestimmtes Volumen auffüllt und den Oxydationswert gegen eine genau eingestellte Thiosulfatlösung bestimmt.

1 cm³ n/100 Thiosulfatlösungsverbrauch entspricht einem Äquivalent von 0,08 mg Sauerstoff.

Man hat nun entsprechend der Vorschrift der Herstellung der Vergleichslösungen äquivalente Teile unter Zusatz von o-Tolidin und Herstellung eines entsprechenden p_H-Wertes (der p_H-Wert bei der Tolidinreaktion soll mindestens 2 sein) zu verfahren, um jeweils für bestimmte Sauerstoffäquivalente die entsprechenden Farbtöne zu erhalten in der vorgeschriebenen Lösungsmenge. Bei Benutzung einer Permanganatnormallösung vereinfacht sich dieses Verfahren noch wesentlich. Man muß für genaueste Messungen noch den Eigenverbrauch des Wassers berücksichtigen.

Nachgeprüft und verbessert wurde dieses Verfahren von MÜLLER, später von SPLITTGERBER und Mitarbeitern sowie von MEYER und BRACK, wobei die Farbskala von HASLAM und MOSES benutzt wurde. Über die Eichung der Tolidinmethode mit Kaliumpermanganat berichtet FREIER.

ZIMMERMANN gab neue Vorschriften mit anderen Vergleichslösungen und benutzte für seine Messungen ein Spektralphotometer. WICKERT hat für die Sauerstoffbestimmung im Wasser von Hochdruckkesseln die o-Tolidin-Methode kombiniert mit einer Sauerstoffbestimmung mittels Eisen(II)-salzlösungen. Die Methoden wurden kritisch bearbeitet und Abänderungen dieser Methode vorgenommen. Die Herstellung der Standardstammlösungen entspricht denen von ZIMMERMANN, jedoch bestehen Unterschiede in den Werten der Eichlösungen, die aus den Standardstammlösungen sich zusammensetzen und jeweils einem bestimmten Sauerstoffgehalt zugeordnet werden.

Methode nach ZIMMERMANN.

Die durch Reaktion mit o-Tolidin eintretende Gelbfärbung wird in einem Spektralphotometer (PULFRICH-Photometer: Leifo) oder zur angenäherten Bestimmung gegen eine Chromatlösung bestimmt.

Die Empfindlichkeit dieser Arbeitsweise bis herunter auf 0,001 mg O_2/l bei dem Farbvergleich ermöglicht eine einwandfreie Überwachung der Entgasungsanlagen auch in Hochdruckkesseln.

Erforderliche Chemikalien. **1. Mangan(II)-chloridlösung,** etwa 800 g $MnCl_2$ 4 H_2O werden mit destilliertem Wasser (Kondensat), eisenfrei, auf 1 Liter aufgefüllt.

2. Natronlauge, 400 g NaOH werden mit destilliertem Wasser (Kondensat) gelöst und auf 1 Liter aufgefüllt.

3. Phosphorsäure, 85%ig, chemisch rein.

3a. Phosphorsäure, 25 cm³ 85%iger Säure mit über Permanganat destilliertem Wasser auf 400 cm³ verdünnt.

4. Tolidinlösung, 0,2 g in 2 cm³ n/1 HCl gelöst auf 100 cm³ aufgefüllt.

5. Kaliumchromatlösung, 1600 mg K_2CrO_4 in 1000 cm³ n/10 H_2SO_4 gelöst, 1 cm³ auf 40 cm³ verdünnt, entspricht einer Färbung von 0,01 mg O_2/l bei Anwendung von 100 cm³ Wasser zur Analyse.

6. Kupfersulfatlösung, 1,5 g $CuSO_4$ + 1 cm³ H_2SO_4 auf 100 cm³.

Ausführung. Zunächst wird in einem mit einem eingeschliffenen Glasstöpsel versehenen Meßzylinder mit 100 cm³-Einteilung und etwa 150 cm³ Gesamtfüllung — — handelsüblicher Meßzylinder — ein Gummischlauch bis zum Boden geführt. Das zu untersuchende Wasser wird etwa 5 Min. lang hindurchgeführt und dann der Schlauch langsam herausgezogen. Mit einer Mikrobürette mit $^1/_{100}$-Teilung — Spitze eintauchen lassen — werden 0,1 cm³ Manganchloridlösung und darauf (Reihenfolge beachten!) 0,2 cm³ Natronlauge zugegeben. Der Meßzylinder wird nach Verschließen umgeschüttelt. Den Niederschlag läßt man am besten im Dunkeln vollkommen absetzen. Danach zieht man die klare, überstehende Flüssigkeit möglichst weitgehend ab unter peinlichster Vermeidung eines Aufrührens des Niederschlages. Darauf gibt man 2,5 cm³ Phosphorsäure (3) zu und füllt mit Wasser, das über Permanganat destilliert wurde, auf 40 cm³ auf. Davon werden 20 cm³ in einem kleinen ERLENMEYER-Kolben überführt (bei höheren Sauerstoffgehalten entsprechend weniger, x cm³, die auf 20 cm³ gebracht werden), dazu gibt man 0,5 cm³ Manganchloridlösung (1) und 0,5 cm³ Tolidinlösung (4). Gleichzeitig stellt man sich eine Vergleichslösung aus 20 cm³ Phosphorsäure (3a) mit den gleichen Zusätzen (1) und (4) her. Dann wird im Spektralbereich des Filters mit der Quecksilber- oder Photolampe in 10- oder bei schwächerer Färbung in 50 mm-Schicht gemessen. Aus den gemessenen Extinktionswerten E_{10} oder E_{50} errechnet sich bei Messung mit

Quecksilberlampe: mg $O_2 = E_{10} \cdot 0{,}00568$ bzw. $= E_{50} \cdot 0{,}001136$.

Photometerlampe: mg $O_2 = E_{10} \cdot 0{,}00624$ bzw. $= E_{50} \cdot 0{,}001248$.

Beträgt das gesamte Fassungsvermögen des zur Probenahme benutzten Meßzylinders a cm³ und sind von der Auffüllung auf 40 cm³ x cm³ abgenommen worden, so errechnet sich der Sauerstoffgehalt je Liter des Ausgangswassers z. B. bei der Messung mit Hg-Licht und 10 mm Schicht zu

$$\text{mg } O_2/\text{l} = \frac{E_{10} \cdot 0{,}00568 \cdot 40 \cdot 100}{x - a}.$$

Unter den anderen Bedingungen sind die entsprechenden oben genannten Zahlenwerte einzusetzen.

Für die Messung mit einer Vergleichslösung stellt man sich aus Lösung (5) Verdünnungen her, z. B. 0,5; 1,0; 2,0; 4,0; 6,0; 8,0 und 10,0 + 2 cm³.

Lösung (6) auf 40 cm³ verdünnt, die in ihrer Farbstärke 0,005; 0,01 bis 0,02; 0,04; 0,06; 0,08 und 0,1 mg O_2/l entsprechen, wenn 100 cm³ Wasser zur Probe genommen wurden.

Diese Lösung füllt man in Reagensgläser von gleicher Weite. Für die Probe selbst wird genau so verfahren wie für die photometrische Untersuchung. Man läßt den

Niederschlag am Boden sitzen und zieht danach die überstehende Flüssigkeit weitestgehend ab.

Dann wird der Niederschlag in 2,5 cm³ Phosphorsäure gelöst, 1 cm³ des Reagenses zugefügt und die Lösung auf 40 cm³ aufgefüllt. Von dieser Lösung wird dann ein Teil in ein Reagensglas gefüllt, und durch Zwischenstellen der so erhaltenen Probe in die Reihe der Vergleichslösungen kann man den Sauerstoffgehalt ziemlich genau abschätzen; an dem so gefundenen Wert muß dann noch eine Korrektur angebracht werden, falls bei der Probenahme nicht genau 100 cm³ gebraucht wurden. Die normalen 100 cm³-Meßzylinder werden etwa 150 cm³ Gesamtinhalt besitzen, was jeweils durch Auswägen festgestellt werden muß. Bei einem Inhalt von 150 cm³ müßte demnach der abgeschätzte Wert für den Sauerstoffgehalt noch durch 1,5 geteilt werden. Es lassen sich so Gehalte bis 0,1 mg O_2/l bestimmen. Bei höheren Gehalten, die aber hier kaum interessieren, müßte entsprechend verdünnt werden.

Tolidin-Rhodanid-Methode nach WICKERT.

Verbesserungen in der praktischen Durchführung der Sauerstoffanalyse bestehen nach WICKERT in folgender Arbeitsweise:

Man läßt das Wasser, das bei der Entnahme aus dem Probegefäß überläuft, in ein äußeres, größeres Gefäß fließen, so daß sich der Wasserspiegel im äußeren Gefäß mehrere Zentimeter über dem Auslauf des Probenahmegefäßes befindet. Die Reagenszugabe geschieht durch den Wasserspiegel hindurch. Nach Absetzen des Niederschlages wird das Wasser nicht, wie bei ZIMMERMANN, bis auf ein bestimmtes Volumen abgesaugt, sondern mit Hilfe eines KIPPschen Apparates wird das Wasser mit CO_2 bis zu einem bestimmten Volumen (36,5 cm³) aus dem Probenahmegefäß herausgedrückt. Diese Maßnahme ist dem Absaugen bei Luftzutritt vorzuziehen, weil in diesem Falle Luft in das Wasser hineindiffundieren kann und auch bei nachfolgender Säurezugabe eine Aufwirbelung des Niederschlages erfolgt, so daß Teile des noch nicht gelösten Niederschlages an der Oberfläche mit Luft in Berührung kommen können und Sauerstoff aufnehmen. Anschließend werden unter Beibehalten des CO_2-Schutzgases 2,5 cm³ 85%ige Phosphorsäure zugegeben und 1 cm³ o-Tolidinlösung.

Die Auswertung erfolgt nach der ZIMMERMANNschen Vorschrift.

Eichwerte für die Tolidinmethode nach WICKERT.

Sauerstoff γ/l	cm³ Chromat-Stammlösung auf 40 cm³ zu verdünnen	cm³ Cu-Lösung zu 40 cm³ Stammlösung
1	0,1	0
2	0,25	0
4	0,55	0,43
5	0,7	0,63
10	1,5	1,26
20	3,2	1,82
30	4,7	2,0
40	6,2	2,0
50	7,65	2,0
60	9,2	2,0
80	12,3	2,0
100	15,35	2,0
120	18,3	2,0

Wesentlich zur Verbesserung der Tolidinmethode für die Sauerstoffbestimmung ist der Hinweis von WICKERT, daß neben anderen vor allem Eisen(II)-ionen, die meist im Hochdruckkesselwasser enthalten sind, die Tolidinmethode stören.

Diese Tatsache ergibt sich daraus, daß der von Eisen(II)-ionen äquivalent aufgenommene Sauerstoff einen geringeren Sauerstoffgehalt nachher vortäuscht, da das Oxydationspotential des Eisen(III)-ions nicht ausreicht, um mit Tolidin als Indicator in Reaktion zu treten.

WICKERT hat deshalb zur Erfassung des an Eisen(II) gebundenen Sauerstoffs die Tolidinmethode kombiniert mit der üblichen colorimetrischen Sauerstoffbestimmung mit Eisen und Rhodanid.

Ausführung der Tolidin-Rhodanid-Methode nach WICKERT:

A. Sauerstoff wird nach der Tolidinmethode bestimmt

$$= A \text{ mg/l } O_2 .$$

B. Die Tolidinmethode wird wie üblich ausgeführt, nur daß die Zugabe von Tolidin unterbleibt. Das Fe(III) wird mit KSCN bestimmt

$$= B \text{ mg/l Fe(III)} .$$

C. Die Tolidinmethode wird wie üblich ausgeführt, nur daß die Zugabe von Natronlauge und Tolidin unterbleibt. Das Fe(III) wird mit KSCN bestimmt

$$= C \text{ mg/l Fe(III)} .$$

$$A + (B - C) \cdot 0{,}143 = \text{mg } O_2/\text{l} .$$

Im Betriebe ist es notwendig, sowohl bei Ausführung der Tolidin- als auch der Tolidin-Rhodanid-Methode in das Probenahmerohr ein Glaswollefilter einzuschalten, um mitgerissene Fe_3O_4-Partikel festzuhalten. Dabei ist darauf zu achten, daß die Probe erst dann entnommen werden darf, wenn der Glaswollefilter längere Zeit vom Wasser durchlaufen war, damit alle an der Glaswolle adsorbierte Luft entfernt ist.

Bestimmung des Fe(III) mit Rhodanid.

Diese Bestimmung wird nach der üblichen Methode ausgeführt. 100 cm^3 Wasser der Proben B und C werden in ein Colorimeter gefüllt. In einem Vergleichsrohr werden 98 cm^3 Wasser und 2 cm^3 derselben konzentrierten Säure zugegeben, wie sie bei B und C verwandt wurde. In beide Colorimeterrohre werden dann 6 cm^3 einer KSCN-Lösung gegeben (10 g KSCN auf 100 cm^3 Wasser). Dann wird in das Vergleichsrohr eine eingestellte Lösung von Fe(III) so lange in kleinen Anteilen gegeben, bis nach dem Durchschütteln Farbgleichheit vorhanden ist. Die Eisenlösung enthält in 1 cm^3 0,1 mg/l Fe(III).

2. Bestimmung von gelöstem Sauerstoff mit Kupfer(I)-chlorid nach LANGE.

Kupfer(I)-chlorid in ammoniakalischer Lösung ist farblos, während Kupfer(II)-chlorid eine tiefblaue Farbe zeigt. Dieser Farbunterschied der Kupferchloride kann zur colorimetrischen Bestimmung von Sauerstoff herangezogen werden; man gibt Kupfer(I)-chlorid zu der sauerstoffhaltigen Probelösung und erzeugt so eine Blaufärbung, deren Intensität dem Sauerstoffgehalt proportional ist.

Enthält die Probelösung viel Calcium, so würde bei Zusatz des Ammoniaks eine Trübung entstehen; man gibt deshalb 2 bis 3 cm^3 einer heißen gesättigten Ammoniumchloridlösung zur Probe und Standardlösung, ehe die anderen Reagenzien zugesetzt werden. Enthält die Probelösung Verunreinigungen, die eine schwache Gelbfärbung bewirken, so wird zu dem Standard ein gelber Farbstoff in alkalischer Lösung zugesetzt, z. B. Paranitrophenol; die durch eine schwache Gelbfärbung bedingten Fehler sind nur gering.

Verfahren. Bei jeder Sauerstoffbestimmung müssen die Reagenzien sorgfältigst vor Einwirkung der Luft geschützt werden, man verwendet daher Apparate, die möglichst vollständig aus Glas zusammengeblasen sind. Ein für diese Methode geeigneter Apparat ist in Abb. 16 dargestellt. Die Bürette A ist über den Hahn B mit dem Gefäß C verbunden, in dem die Kupfer(I)-chloridlösung hergestellt und aufbewahrt wird. Eine zweite Bürette E dient zum Zusatz des Ammoniumhydroxyds; sie steht durch einen Drei-Wege-Hahn D mit den Gefäßen C und F in Verbindung, F ist ein Mischgefäß für die Herstellung von reinem Kupfer(I)-ammoniumchlorid.

Der Drei-Wege-Hahn *G* verbindet *F* über eine Capillare mit dem zylindrischen Colorimetergefäß *K*. *H* ist eine Vorratsflasche für die zu untersuchende Lösung; durch das Rohr *N* kann man aus einem KIPPschen Apparat Wasserstoff einleiten. Das Colorimetergefäß *K* ist mit einem Hahn *I* versehen, es trägt in seinem Stopfen ein gebogenes Rohr *M*, das als Auslaß für Luft und Flüssigkeit dient, und ein Beobachtungsrohr *L*, in das man von oben hineinblickt. Das untere Ende von *K* ist durch eine fest aufgekittete Scheibe verschlossen.

Zur Herstellung des Reagenses wird Kupfer(II)-chloridlösung mit etwas granuliertem Kupfer erwärmt und in Wasser gegossen, der dabei gebildete weiße Niederschlag wird abfiltriert, zuerst mit heißem Wasser, dann mit Alkohol, zuletzt mit Äther gewaschen und getrocknet. Das Pulver muß rein weiß sein. Eine Hauptschwierigkeit der Methode besteht darin, das Kupfer(I)-chlorid von Kupfer(II)-ionen frei zu halten.

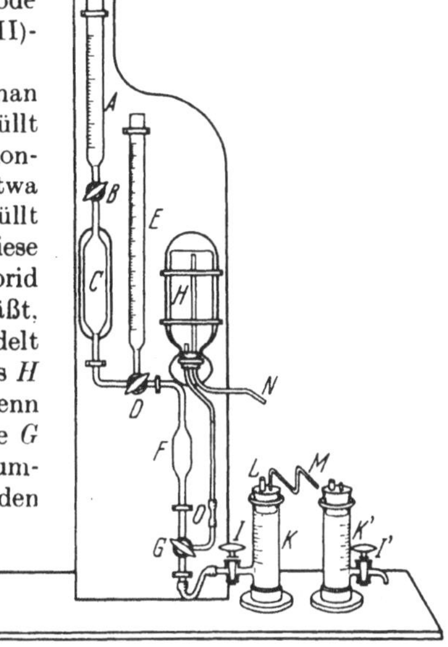

Abb. 16. Sauerstoffbestimmung. (Nach LANGE.) *A, E* Büretten, *B, I, G* Hähne, *C, F* Gefäße, *D, H* Drei-Wege-Hähne, *H* Vorratsflasche, *K* Colorimetergefäß, *L* Beobachtungsrohr, *M, N* Rohre.

Zur Beschickung des Apparates bringt man Kupferdraht durch *A* und *B* in das Gefäß *C*, füllt *C* mit gesättigter Kupfer(I)-chloridlösung in konzentrierter Salzsäure und läßt stehen, bis alles etwa vorhandene Kupfer(II)-chlorid reduziert ist. Man füllt die Bürette *A* mit konzentrierter Salzsäure; diese wird zugegeben, wenn man das Kupfer(I)-chlorid durch den Hahn *D* in das Mischgefäß *F* fließen läßt, wo es in Kupfer(I)-ammoniumchlorid umgewandelt wird. Man füllt *F* mit sauerstofffreiem Wasser aus *H* durch Öffnen der Drei-Wege-Hähne *G* und *D*. Wenn das Wasser *D* erreicht, schließt man die Hähne *G* und *D* und füllt die Bürette *E* mit Ammoniumhydroxyd. Man verbindet *C* mit *F* und öffnet den Hahn *B* vorsichtig, dann fließt Kupfer(I)-chlorid in das Mischgefäß *F*, sobald die Hähne *G* und *I* geöffnet werden. Aus der Höhe des Säurestandes in *A* kann die Menge des in *F* eingefüllten gesättigten Kupfer(I)-chlorids bestimmt werden. Das Volumen von *F* beträgt etwa 10 cm³, da hinein gibt man 2 cm³ Kupfer(I)-chlorid und 8 cm³ Ammoniumhydroxyd; das gesamte Chlorid wird in das Doppelsalz umgewandelt.

Zur Messung wird die Flasche *H* mit der Probelösung gefüllt, auf ihren Halter gebracht und bei *O* mit dem Apparat verbunden; das Rohr *N* verbindet man mit dem Wasserstoffapparat. Man öffnet *I*, verbindet *H* mit *K* mit Hilfe des Drei-Wege-Hahnes *G* und füllt das Colorimetergefäß *K* völlig mit der Probelösung; dabei ist darauf zu achten, daß alle kleinen Luftblasen entfernt werden. Das Volumen von *K* beträgt genau 102 cm². Nachdem *K* mit der Probelösung gefüllt ist, werden 2 cm³ Kupfer(I)-ammoniumchlorid aus *F* hineingeleitet; man verbindet dazu *F* mit *K*, öffnet den Hahn *B* und vorsichtig den Hahn *D*. Wenn 0,5 cm³ Reagens nach *K* eingeführt sind, schließt man den Hahn *B*, dreht den Hahn *D* so, daß die mit Ammoniumhydroxyd gefüllte Bürette *E* mit *K* verbunden ist und läßt weitere 1,5 cm³ Reagens nach *K* gelangen. Geschieht dies schnell genug, so fließt nichts von dem Reagens bei *M* hinaus, und das Colorimeter enthält genau 100 cm³ der Probe + 2 cm³ Reagens. Man schließt nun die Hähne *G* und *I*. Die blaue Farbe erscheint sofort, wenn das Kupfer(I)-salz mit dem Sauerstoff der Probe in Berührung kommt. Das Colorimetergefäß *K* kann für die Messung von dem Apparat getrennt werden.

Zum Vergleich bringt man ein bekanntes Volumen einer Standard-Kupfer(II)-chloridlösung in das zweite Colorimetergefäß K, gibt genügend Ammoniumhydroxyd hinzu, um das Kupfer(II)-chlorid in das Doppelsalz überzuführen, und verdünnt auf 100 cm³. Das Volumen der Standard-Kupfer(II)-chloridlösung wird so gewählt, daß die Farbe in 100 cm³ dunkler ist als bei der Probelösung; dann öffnet man den Hahn I' und läßt so viel Flüssigkeit ausfließen, bis bei vertikaler Durchsicht gleiche Farbintensität erreicht wird.

Standard. Man löst 1,1364 g reinen Kupferdraht in Königswasser, verdampft die überschüssige Säure, bringt den Rückstand in Wasser und verdünnt auf 1 l. Jedes Kubikzentimeter entspricht 0,1 cm³ Sauerstoff. Bei 100 cm³ Probelösung entspricht die Anzahl der Kubikzentimeter des für den colorimetrischen Vergleich verwendeten Kupfer(II)-chlorids direkt der Anzahl der Kubikzentimeter Sauerstoff in 1 l der Probelösung.

3. Bestimmung von Sauerstoff mit Indigocarmin nach Lange.

Bei Einwirkung von Sauerstoff auf die gelbe Leukobase von Indigocarmin entsteht eine *blaue* Farbe, die zur colorimetrischen Bestimmung von gelöstem Sauerstoff herangezogen werden kann. Für die Bestimmung sind nur sehr geringe Mengen der zu untersuchenden Lösung erforderlich, doch verringert sich der Meßfehler erheblich, wenn etwas größere Mengen zur Verfügung stehen. Die Ausführung der Messung erfordert nur wenige Minuten, die Methode ist bei Untersuchungen von Protozoenkulturen erprobt worden.

Verfahren. Zur Herstellung des Reagenses gibt man in eine 1%ige Lösung von Indigocarmin 1% Glucose und 1% Kaliumcarbonat. Man schließt die Flasche, so daß keine Luftblasen unter dem Stopfen entstehen, und stellt sie 24 Std. ins Dunkle, oder man erwärmt sie auf einem Wasserbade; es entwickelt sich zuerst eine rote Färbung, dann die gelbe Farbe der Leukobase. Man gießt eine kleine Menge des Reagenses ab und bringt dafür eine Schutzschicht aus Paraffinöl auf die Oberfläche. Durch Einwirkung des im Öl gelösten Sauerstoffs entwickelt sich unmittelbar unter dem Öl eine blaue Schicht, die jedoch beim Stehen wieder verschwindet.

Beim Gebrauch des Reagenses saugt man schnell 2 bis 3 Tropfen Öl aus der Schutzschicht in die Pipette, dann die Leukobase und zuletzt wieder einen Tropfen Öl, der die Spitze der Pipette verschließt und das Reagens vor Einwirkung der Luft schützt. Die Überführung des Reagenses aus der Vorratsflasche in die Probe muß möglichst schnell erfolgen. Falls sich beim Leeren der Pipette eine farbige Oberflächenschicht bildet, so darf diese nicht in die Probe gelangen, man nimmt daher in die Pipette etwas mehr von dem Reagens, als für den Versuch erforderlich ist.

In ein Rohr von 0,3 bis 0,5 cm Durchmesser und 5 cm Höhe gibt man 1 cm³ der Probelösung, die man vom Boden des Rohres ohne Schütteln aufsteigen läßt, und bedeckt die Oberfläche mit einer Ölschicht, die frei von Sauerstoff ist. Dann bringt man schnell mit einer schmalen Pipette 0,3 cm³ der Leukobase unter die Ölschicht, mischt sorgfältig mit einem dünnen Glasrührer und colorimetriert. Bei visuell colorimetrischem Vergleich beobachtet man gegen einen rotgelben Hintergrund.

Standard. Man löst 0,1 g Indigocarmin in 100 cm³ Wasser, aus dieser Lösung werden durch Verdünnen Standardreihen hergestellt. Zur Eichung verwendet man Lösungen, deren Färbung durch Einwirkung genau bestimmter Sauerstoffmengen erzeugt wurde. Dasselbe Verfahren wurde zur Bestimmung des in Bier gelösten Sauerstoffs von Rotschild und Stone angewandt.

4. Colorimetrische Bestimmung des in Wasser gelösten Sauerstoffs mit Amidol.

Amidol (Diaminophenolhydrochlorid) ist eine farblose Substanz, die nach Isaacs von freiem Sauerstoff leicht oxydiert wird unter Bildung von einem oder mehreren gefärbten Bestandteilen.

Je alkalischer das Medium ist, desto schneller geht die Oxydation vor sich, aber desto veränderlicher ist die Farbtiefe und -tönung. In saurem Medium entsteht die Färbung langsamer, ist aber beständiger. Man wählt deshalb als Kompromiß einen p_H-Wert von 5,1. Diesen erhält man, wenn man mit der Säure des Amidols und Kaliumcitrat arbeitet. Diese Kombination hat eine gute Pufferwirkung. Nach ungefähr 30 Min. bleibt die Farbe 2 Std. lang konstant. Die Farbtönung kann auf verschiedene Weise colorimetrisch ausgewertet werden, entweder durch Vergleich mit einem Satz permanenter Standardlösungen oder durch Verdünnen eines gegebenen Volumens einer Standardlösung, bis diese den gleichen Farbton wie die zu untersuchende Probe hat.

Reagenslösungen. **1. Amidol.** Entweder in Tablettenform oder kristallisiertes Amidol, oder Amidollösung. (1,3 g Amidol in 10 cm^3 Wasser gelöst. Die Lösung muß immer frisch bereitet werden.)

2. Kaliumcitrat. (72 g zu 100 cm^3 gelöst.)

3. Permanente Standardlösung.

a) Kobaltchlorid. (1-molare Lösung = 238,0 g $CoCl_2 \cdot 6\,H_2O$ im Liter.)

b) Kaliumdichromat. ($^1/_{20}$-molare Lösung = 14,7 g im Liter.) Man fügt 1,3 cm^3 Kaliumdichromatlösung zu 50,0 cm^3 Kobaltchloridlösung und verdünnt zu 100 cm^3. Diese Lösung hat einen Farbton, der 15 Sauerstoffteilen pro Million entspricht.

Ausführung der Analyse. Ein Reagensglas von ungefähr 14 mm innerem Durchmesser und 150 mm Länge mit Glasstopfen füllt man vollständig mit der zu untersuchenden Flüssigkeit, fügt 0,5 cm^3 der Citratlösung und 0,13 g Amidol bzw. 1 cm^3 Amidollösung dazu, setzt den Stopfen ein, ohne Luft einzuschließen, schüttelt gut durch und läßt die Lösung ½ Std. lang stehen. Dann vergleicht man mit den Standardlösungen. Dazu dient ein Walpole-Vergleichsblock. Dieser hat einen Hintergrund von mattiertem Glas und einen gelben Schirm. Der Schirm kann durch 2 Lagen von gelbem Cellophan oder von einer 3 cm dicken Schicht einer 2%igen Kaliumdichromatlösung gebildet werden. Für manches Auge ist eine Lage grünes und eine Lage gelbes Cellophan günstiger. Wenn man nicht mit permanenten Standardlösungen, sondern mit einer zu verdünnenden starken Standardlösung vergleicht, füllt man eine entsprechende Menge der oben angegebenen Standardlösung in ein Reagensglas (14 mm innerer Durchmesser), das von 1 bis 20 cm^3 graduiert ist, mit 0,5 cm^3-Unterteilung. Man verdünnt mit Wasser, bis die Farbe gleich der der Probe ist. Nach der folgenden Formel ist, wenn x gleich Sauerstoffteile pro Million der untersuchten Lösung ist,

$$x = 15\,\frac{\text{Ursprüngliches Volumen des permanenten Standards}}{\text{Volumen nach der Verdünnung}}$$

Die verwandten Reagenzien enthalten praktisch keinen gelösten Sauerstoff, so daß dadurch keine Korrektion nötig ist. Temperaturen zwischen 0 und 30° haben keinen Einfluß auf die Färbung. Oxydierende und reduzierende Substanzen, die im Wasser zugegen sind, können die Ergebnisse beeinflussen. Die folgenden Zahlen geben die Höchstgrenzen an, bis zu denen die Verunreinigungen die Methode nicht stören. Oxydierende Substanzen: Nitrat 2 Anteile pro Million, Eisen(III) 10 Teile pro Million, Chlor 2 Teile pro Million. Reduzierende Substanzen: Natriumsulfit 5 Teile pro Million, Schwefelwasserstoff 2 Teile pro Million. Bei einem Gehalt von NaCl über 0,5% werden die Ergebnisse zu hoch. Die Methode ist deshalb unbrauchbar für Untersuchungen von Meerwasser. Das Verfahren eignet sich gut für kleine Laboratorien und zum Arbeiten im Freien.

5. Colorimetrische Bestimmung mit Eisensalzen.

Methode nach Gad. Die Methode von Gad beruht darauf, daß man durch Zugabe von Eisen(II)-salz in alkalischer Lösung dieses oxydiert und nach dem Ansäuern die mit KSCN hervorgerufene Rotfärbung colorimetrisch bestimmt.

Ausführung. Man füllt eine Flasche von 50 cm³ mit eingeschliffenem Glasstopfen unter den üblichen Bedingungen bis fast an den Hals mit dem zu untersuchenden Wasser. Dann gibt man etwas MOHRsches Salz (0,05 g) und ein Plätzchen NaOH zu, schließt die Flasche schnell unter Vermeidung von Luftblasen und schüttelt, bis alles gelöst ist. Dann läßt man den Niederschlag absetzen und läßt mit einer Pipette, die fast bis auf den Boden der Flasche reicht, 3 cm³ konzentrierten HCl zufließen, verschließt wieder und schüttelt, bis sich alles gelöst hat. In dieser stark sauren Lösung kann jetzt keine Oxydation mehr eintreten. Mit einer Pipette entnimmt man 2,0 cm³, gibt 3,0 cm³ HCl und 90,0 cm³ Wasser zu und nach gründlicher Mischung der Flüssigkeiten 5,0 cm³ 10%ige KSCN-Lösung. Die entstehende Eisen(III)-rhodanidlösung wird wie üblich mit einer Reihe von Vergleichslösungen bekannten Eisengehaltes verglichen unter Verwendung von Hehnerzylindern oder einem Colorimeter.

Bemerkung. Diese Methode ist auf ihre Brauchbarkeit zur Analyse geringer Sauerstoffmengen im Wasser durch mehrere Untersuchungen überprüft worden. Ausführliche Referate geben SEYB, RICHTER, SIEGERT, MÜLLER, BAADER und DÖRSAM. Eine Vorschrift zur praktischen Durchführung und genaue Bestimmung gibt WICKERT.

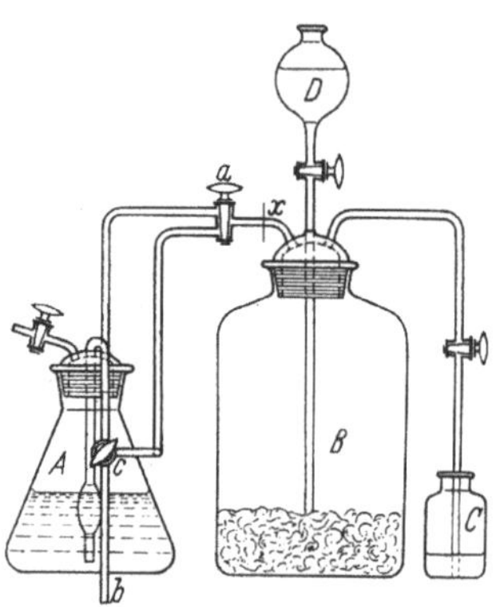

Abb. 17. Dosierungsgefäß für die Fe(II)-salzlösung. *A, B, C, D* Gefäße, *a* Drei-Wege-Hahn, *b* Pipette, *c, x* Hähne.

Ausführung nach WICKERT. Herstellung und Gebrauch der Lösungen. Natronlauge 50%ig; $FeCl_3$-Lösung, in 1 cm³ sind 0,1 mg $Fe(III)^+$ enthalten; Schwefel- oder Salzsäure 30%ig; KSCN-Lösung 10%ig; Fe(II)-sulfatlösung, 50 g kristallisiertes Eisen(II)-sulfat werden in 200 cm³ Wasser gelöst, das vorher mit durchperlender Kohlensäure gut entgast worden ist. Anschließend werden 3 g Eisenpulver (Merck, Eisen reduziert reinst) hinzugegeben und 3 cm³ 30%ige Schwefel- oder Salzsäure. Die Kohlensäure perlt während dieses Lösungsvorganges ununterbrochen durch die Lösung.

Die so hergestellte Fe(II)-salzlösung wird in das Gefäß *A* gegeben (s. Abb. 17), in dem sich Kohlensäuregas befindet. Das Gefäß *A* wird wieder verschlossen und der Drei-Wege-Hahn *a* so gestellt, daß ein Druckausgleich nach dem Gefäß *C* hergestellt ist. In dem Gefäß *C* befindet sich eine Quecksilberschicht, im Gefäß *B* Marmor und in *D* konzentrierte Salzsäure bzw. 30%ige Schwefelsäure. Ehe die gesamte Apparatur in Betrieb genommen wird, wurde aus allen Gefäßen und Rohrwegen durch eine starke CO_2-Entwicklung die Luft verdrängt. Im Gefäß *A* befindet sich ein Glaswollefilter, durch das die Fe(II)-salzlösung bei entsprechender Hahnstellung in die Pipette *b* gedrückt wird. Die Pipette *b* füllt sich mit der Lösung und läuft einige Zeit aus. Dann wird der Hahn *c* nach *a* hin geöffnet und durch vorsichtiges Umstellen von *a* werden nun mit Kohlensäure 0,3 cm³ der Fe(II)-salzlösung in das Probenahmegefäß gegeben.

In das gefüllte Probenahmegefäß werden durch die Pipette gerade 0,3 cm³ der Lösung gegeben. Diese Zuführung erfolgt durch die überstehende Wasserschicht, indem die Pipette gerade in das Probenahmegefäß eintaucht. Anschließend werden 0,2 cm³ der 50%igen Natronlauge durch das überstehende Wasser mit gerade in das Probenahmegefäß eintauchender Pipette zugegeben.

Nach Absetzen des Niederschlages wird das Probenahmegefäß aus dem Wasser herausgenommen, und es werden 5 cm³ der 30%igen Schwefel- oder Salzsäure mit einer Pipette zugegeben. Das Probenahmegefäß wird wieder verschlossen und umgeschüttelt.

Nun werden 5 cm³ einer 10%igen KSCN-Lösung hinzugegeben. Die entstandene Eisenrhodanidfärbung wird mit Lösungen von bekanntem Eisengehalt verglichen. Zum Vergleich wird eisenfreies destilliertes Wasser benutzt, das sich in einem ähnlichen Probenahmegefäß befindet, wie es vorher benutzt wurde. Zu diesem Wasser werden 3 cm³ der 30%igen Schwefel- oder Salzsäure hinzugegeben. Nun wird die eingestellte Fe(III)-lösung tropfenweise zugegeben, bis in beiden Probenahmegefäßen die gleiche Eisenrhodanidfärbung vorhanden ist.

Beispiel. Das 3wertige Eisen in dem zu untersuchenden Wasser betrug 0,02 mg/l. Das 3wertige Eisen betrug im Probenahmegefäß der Sauerstoffbestimmung 0,12 mg/l. 0,10 mg/l Fe ist durch den anwesenden Sauerstoff vom Fe(II) zu Fe(III) oxydiert worden. Der Sauerstoffgehalt ergibt sich zu $0{,}10 \cdot 0{,}143 =$ mg/l Sauerstoff.

Bemerkungen. Mit der Ferromethode erhält man dieselbe Sauerstoffmenge wie nach der Tolidin-Rhodanid-Methode.

Die Chemikalien der Ferromethode müssen sämtlich frei von 3wertigem Eisen sein. Sind sie es nicht, so muß der Eisen(III)-gehalt bestimmt und in Rechnung gesetzt werden. Außerdem müssen sie sauerstofffrei sein, bzw. muß ihr Sauerstoffgehalt bekannt sein, damit er in Rechnung gestellt werden kann. Zur Probenahme ist noch zu bemerken, daß das Wasser geringe Menge Fe_3O_4 mit sich führen kann. Man kann diese Mengen bestimmen und in Rechnung setzen als Fe(III). Wenn die Fe_3O_4-Menge nicht konstant ist, empfiehlt es sich, in die Rohrführung zum Probenahmegefäß ein mit Glaswolle gefülltes Glasrohr einzuschalten, das als Filter wirkt.

Wickert findet, daß diese Durchführung exakte Werte liefert.

Colorimetrische Sauerstoffbestimmung mit Eisen für magnesiumhaltige Salzlösungen.

Ausführung nach Katz. Die normale Winkler-Methode ist zur Bestimmung von O_2 in magnesiumhaltigen Lösungen — besonders $MgCl_2$ enthaltenden Lösungen der Kaliindustrie — nicht anwendbar, weil das Mg bei Zugabe der alkalischen Mangan(II)-chloridlösung als schleimiges Magnesiumhydroxydhydrat mit ausfällt und den Gang der analytischen Umsetzung stört. Außerdem ist bei den Mg-Salzlösungen im Gegensatz zu den üblichen Wasseruntersuchungen zu beachten, daß die für den Vorgang der Sauerstoffbindung durch Manganhydroxyd erforderliche hohe p_H-Zahl bei Lösungen mit hohem Salzgehalt infolge Komplexbildung nur schwer erreicht werden kann. $MgCl_2$-Lösungen haben gegen Alkali eine ausgesprochene Pufferwirkung, die nicht beliebig hohe p_H-Werte, sondern nur einen vom Salzgehalt abhängigen maximalen p_H-Wert erreichen läßt. Die p_H-Werte übersteigen 7 nicht wesentlich, wodurch die für den glatten Verlauf der Oxydation von Manganhydroxyd erforderlichen p_H-Werte vielfach nicht erreicht werden.

Bei p_H-Werten von etwas über 6,5 wird die benutzte Eisen(II)-lösung über tiefgefärbte, grün-schwarze Zwischenphasen zu Eisen(III)-hydroxyd oxydiert. Nach vollendeter Oxydation wird angesäuert und das gebildete Eisen(III) colorimetrisch als Rhodanid bestimmt. Die in Frage kommenden Sauerstoffmengen sind meist so klein, daß eine Titration z. B. mit Permanganat nicht durchführbar ist.

Vorhandene Eisen(III)-salze, die einen höheren O_2-Gehalt vortäuschen würden, müssen gesondert bestimmt und in Abzug gebracht werden. Bei Trübungen durch Rost schaltet man bei der Probenahme ein Wattefilter vor. Bei größeren gelösten Kupfermengen findet man zu hohe O_2-Werte, da Eisen(II)-salz von Kupfer(II)-salz zu Eisen(III)-salz oxydiert wird. Dann muß Kupfer getrennt bestimmt und auch in Abzug gebracht werden.

Vorschrift der Analyse. Probeflaschen mit genau bekanntem Inhalt (etwa 150 cm³) werden mit der Probelösung vollständig gefüllt. Dazu gibt man etwa 0,1 g festes Mohrsches Salz und etwa 0,2 g MgO und verschließt unter Vermeidung von Luftblasen. Nach öfterem Umschütteln während zwei Stunden wird der entstandene grüne Niederschlag mit 10 cm³ 2 n HCl gelöst. Wird der Niederschlag gelb oder rostrot, so ist mehr MOHRsches Salz zuzusetzen. Zur colorimetrischen Fe(III)-Bestimmung werden 25 cm³ im trocknen 50 cm³-Meßkolben mit 10 cm³ 2 n HCl versetzt, und die Lösung wird mit 40%iger KSCN-Lösung bis zur Marke aufgefüllt. Gleichzeitig wird eine Vergleichslösung mit bekanntem Fe(III)-gehalt [Eisen(III)-ammonsulfat] mit der gleichen Menge HCl und KSCN ebenfalls in einem Eintauchcolorimeter hergestellt. Überschlägige Messungen können in Reagensgläsern durch Betrachten von oben her erfolgen. 1 mg Fe(III) entspricht 0,143 mg O_2. Zur Korrektur für die HCl-Zugabe ist der Faktor $(a+b)/a$ anzubringen, worin a = Volumen der Probeflasche und b = Volumen der zugegebenen HCl ist.

6. Weitere colorimetrische Methoden.

Sauerstoffbestimmung in Cyanidlösungen. Von TROMP und SCHILZ wird die einer alkalischen Pyrogallollösung von Sauerstoff erteilte Färbung colorimetrisch ausgewertet.

PFEIFFER, der die Methode zuerst angewandt hat, nahm als Vergleichsstandardlösungen solche von J_2 in KJ, WHITE arbeitete mit Lösungen von „diamond brown". Durch Anwesenheit von Calcium, KCN, Na_2SO_3 und Nickelsalzen entstehen Fehler, welche durch Verwendung der Hydrosulfitmethode von WEINIG und BOWEN, bei der jedoch Kupfer- und Mangansalze stören, vermieden werden. Um bei Cyanidlösungen völlig fehlerfrei zu arbeiten, wird der Sauerstoff durch Evakuieren abgetrennt.

Herstellung der Standardlösungen. Bei den sonst üblichen Methoden zur Bestimmung des Sauerstoffs in Cyanidlösungen wird die von alkalischer Pyrogallollösung hervorgerufene Färbung dadurch ausgewertet, daß man als Standardlösung destilliertes Wasser nimmt, in dem eine bekannte Menge O_2 gelöst, und das durch Zusatz von alkalischer Pyrogallollösung entsprechend gefärbt ist.

Bessere Ergebnisse erzielt man nach HAMILTON, wenn man als Standardlösung Caramellösung verwendet. Um die Standardlösung herzustellen, verfährt man folgendermaßen: Man füllt eine mit O_2 gesättigte Cyanidlösung in einen 250 cm³-Kolben so hoch, daß der Stopfen keine Luftblasen einschließen kann. Dann fügt man 100 mg kristallisiertes Pyrogallol und 1 cm³ 2 n NaOH dazu. Nun wird der Stopfen eingesetzt und die Flüssigkeit geschüttelt, bis alles Pyrogallol gelöst ist. Man läßt stehen und vergleicht nach genau 6 Min. mit einer Caramellösung, die man so bereiten muß, daß sie genau dieselbe Farbe hat. Man beobachtet dabei, daß die Cyanidlösung, wenn das Pyrogallol und die NaOH zugefügt werden, zuerst intensiv dunkel wird, sich nach einigen Minuten aber wieder heller färbt. Wenn man die Lösung einige Stunden stehenläßt, setzt sich ein dicker ockerfarbener Niederschlag ab, und die überstehende Flüssigkeit wird farblos. Dieser Niederschlag ist noch nicht näher untersucht worden, doch scheint er unter Einwirkung der geringen Spuren Silber, die ja immer in den Cyanidlaugen sind, auszufallen. Es ist deshalb nötig, die Einwirkungszeit von 6 Min. bei jeder Bestimmung genau einzuhalten. Weitere Standardlösungen stellt man her, indem man in Cyanidlaugen immer geringere bekannte Mengen O_2 löst und durch Verdünnen der ursprünglichen Caramellösung entsprechende Standardlösungen herstellt. Die Caramellösungen halten sich gut 3 bis 4 Wochen lang. Die manchmal nach 10 bis 11 Tagen einsetzende Pilzbildung kann durch Konservierungsmittel, wie Formaldehyd, verhindert werden. Das Verfahren ist sicher und schnell. Veränderungen von 1 mg O_2 im Liter können leicht festgestellt werden.

Sauerstoffbestimmung im Blut. Sauerstoffgehalt und Hämoglobinkonzentration in Hämoglobinlösungen und hämolysiertem Blut wurden von KRAMER auf lichtelektrischem Wege bestimmt, wobei die Selen-Halbleiterphotozelle von LANGE wegen ihrer hohen Empfindlichkeit im langwelligen Spektralbereich sich als vorteilhaft erwies.

O_2 im Blut kann nach ISSEKUTZ mit dem Colorimeter nach HAVEMANN nach 2 Methoden bestimmt werden, die unabhängig vom Hämoglobingehalt sind.

I. Oxydation des reduzierten Hämoglobins, Extinktionsänderung.

II. Reduktion des O_2-Hämoglobins durch $Na_2C_2O_4$ und Bestimmung der Steigerung der durch die Reduktion hervorgerufenen Lichtabsorption.

Sonstiges. BRINKMANN und VAN SCHREVEN benutzten zur Bestimmung des Sauerstoffgehaltes in wäßriger Lösung die Blaufärbung von Diaminophenol in alkalischer Lösung. Es wird eine Arbeitsvorschrift für 0,2 cm^3 angegeben. WINKLER schätzt den gelösten Sauerstoff durch die Färbung von Chlorhydrochinon in ammoniakalischer Lösung.

In einem durchsichtigen Gefäß werden von PATTINGILL und BARLOW dem Wasser Reagenzien, wie Pyrogallussäure und Soda, zugesetzt. Durch Einwirkung des im Wasser gelösten Sauerstoffs auf das Pyrogallol wird eine Änderung der Lichtabsorption bedingt, die beim Durchleiten des Wassers durch ein anderes lichtdurchlässiges Gefäß, das mit einer Selenzelle verbunden ist, gemessen wird. Die Photozelle kontrolliert regelmäßig die Lichtabsorption des Wassers.

WERNER und SPLITTGERBER berichten über ein Verfahren von MEYER-SCHALLER. Das Verfahren geht davon aus, daß gewisse Metalle von verdünnten Säuren nur in Gegenwart von Sauerstoff gelöst werden. Wenn man also das zu untersuchende Wasser ansäuert und über Kupferspäne leitet, so wird eine dem vorhandenen Sauerstoff äquivalente Menge Kupfer in Lösung gehen, die colorimetrisch bestimmt werden kann.

Literatur.

BAADER, A., u. B. DÖRSAM: Mitt. Ver. Großkesselbes. H. 78, 76 (1940). — BRINKMANN, R., u. A. VAN SCHREVEN: Acta brevia neerl. Physiol., Pharmacol., Microbiol. E. A. **11**, 77 (1941).

CRUMB, F. R., u. W. R. KENNY: J. Am. Water Works Assoc. **21**, 400 (1929).

FREIER, R.: Ch. Z. **76**, 340 (1952).

GAD, G.: Gas- und Wasserfach **81**, 59 (1938).

HAMILTON, E. M.: Eng. Min. J. **110**, 116; durch C. **91**, **IV**, 550 (1920). — HASLAM, J., u. G. MOSES: J. Soc. chem. Ind. **57**, 344 (1938).

ISAACS, M. L.: Sewage Works J. **7**, 435 (1935); durch C. **107**, **I**, 1283 (1936). — ISSEKUTZ, B.: Naunyn-Schmiedebergs Arch. exp. Pathol. **197**, 332 (1941).

KATZ, W.: Kali, verw. Salze, Erdöl **35**, 27 (1941). — KRAMER, K.: Bio. Z. **95**, 126 (1936).

LANGE, B.: Kolorimetrische Analyse. Berlin: Chemie G.m.b.H. 1944.

MEYER, H. J., u. CH. BRACK: Chemie-Ingenieur-Technik **22**, 545 (1950). — MÜLLER, R.: Mitt. Ver. Großkesselbes. H. 78, 69 (1940).

PATTINGILL, C., u. E. J. BARLOW: Canad. P. 367993 (1936); durch Fr. **116**, 190 (1939). — PFEIFFER: J. Gasbeleucht. **40**, 354.

RICHTER, A.: Mitt. Ver. Großkesselbes. H. 78, 64 (1940). — ROTSCHILD, B., u. I. STONE: J. Inst. Brew. **44**, 425 (1938).

SEYB, E.: Mitt. Ver. Großkesselbes. H. 78, 60 (1940). — SIEGERT, CH.: Angew. Ch. **53**, 235 (1940).

TROMP, F., u. W. SCHILZ: J. chem. metallurg. min. Soc. South Africa **35**, 301 (1935); durch C. **106**, **II**, 1947 (1935).

WEINIG, A., u. M. BOWEN: Trans. Am. Inst. min. metallurg. Engrs. Nr 1361, S. 1 (1924). — WERNER, M., u. A. SPLITTGERBER: Mitt. Ver. Großkesselbes. H. 93, 156 (1943). — WICKERT, K.: Jb. v. Wasser 1951.

ZIMMERMANN, M.: Mitt. Ver. Großkesselbes. H. 93, 156 (1943).

E. Sonstige physikalische Methoden.

Im Wasser gelöste Gase, z. B. O_2, N_2 und CO_2, können nach Angaben von SWANSON und HULETT auf Grund ihrer Löslichkeit quantitativ bestimmt werden. Das zu untersuchende Wasser wird in ein Vakuum gebracht und durch Schütteln Gleichgewicht zwischen der flüssigen und gasförmigen Phase hergestellt. Die Gasphase wird nach einer gasometrischen Methode analysiert, und da man Temperatur, die Volumina und die Löslichkeitskoeffizienten kennt, kann man genau die Konzentration des Gases in beiden Phasen berechnen.

Die Bestimmung des Sauerstoffs kann ferner in der Weise vorgenommen werden, daß man den in Wasser gelösten Sauerstoff durch Kochen austreibt und zusammen mit den Dämpfen in einem Gefäß unter KOH auffängt. Es muß natürlich darauf geachtet werden, daß die Apparatur und das verwendete KOH völlig luftleer sind. Nach dem Abkühlen überführt man das Gas in eine Bürette und bestimmt den Sauerstoff mittels eines Absorptionsmittels gasvolumetrisch.

Die von HOATHER beschriebene Schnellmethode zur Bestimmung von im Wasser gelösten Gasen beruht darauf, daß das Gas durch kochendes Wasser unter schwach reduziertem Druck ausgetrieben wird. Das Gasvolumen wird gemessen und mit Absorptionsmitteln behandelt. Eisensalze und andere Verunreinigungen stören die Analyse nicht. Vergleichende Analysen zeigten mit der WINKLER-Methode eine Übereinstimmung innerhalb von 1%.

Zur Ausführung der Bestimmung wurde der in Abb. 18 dargestellte Apparat benutzt. Ein 500 cm³-Rundkolben aus feuerfestem Glas, der direkt von einer Bunsenflamme erwärmt werden kann, ist mit einem Gummistopfen versehen, durch den 3 Röhren führen. Die Röhre *B* ist mit einer Klemme auf einer Gummischlauchverbindung versehen. Das Rohr *C* führt über eine Druckschlauchverbindung zu der zweiteiligen Pipette *D*, die die Wasserprobe enthält. (Jeder Teil hat ein Fassungsvermögen von 70 cm³.) Das Rohr *A* (45 cm lang) führt in einen Trog, der mit Hg und darüber mit Wasser gefüllt ist, und leitet das Gas in eine mit einem Hahn versehene Mikrobürette *E* (Fassungsvermögen 2,5 cm³). Man füllt in den Rundkolben ein nicht poröses Material, das das Stoßen der Flüssigkeit beim Kochen verhindert und das Austreiben des Gases beschleunigt. Der Verfasser nahm dazu Messingschrauben.

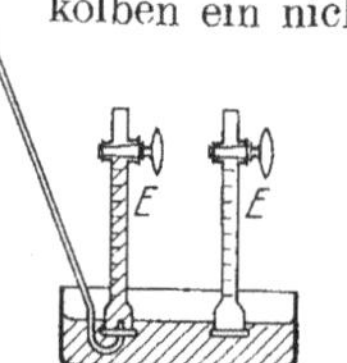

Abb. 18. Schnellmethode. (Nach HOATHER.) *A*, *B*, *C* Rohre, *D* Pipette, *E* Mikrobüretten, *F* Hahn, *M* Marke.

Ausführung der Analyse. Man füllt durch das Rohr *B* den Rundkolben mit Wasser und kocht dieses 15 Min. lang. Dann wird so viel Wasser durch *B* herausgesaugt, daß das Wasser im Kolben nur noch bis zur Marke *M* steht, und die Klemme geschlossen. Man fügt die Pipette *D*, die die Probe enthält, während der Dampf strömt, in den Stopfen ein. Um sicher zu gehen, daß alle Luft aus dem Apparat ausgetrieben ist, fängt man etwas kondensierten Dampf in der Mikrobürette *E* auf, die vorher mit Hg gefüllt worden war, dadurch daß man über dem Hahn der Bürette ein Vakuum anlegte. Man öffnet nun den Hahn *F* und läßt die Wasserprobe, deren Volumen durch 2 Marken bezeichnet ist, in den Kolben fließen. Man läßt die Probe nicht zu schnell hineinlaufen, weil sonst durch plötzliche Abkühlung das Hg durch *A* in den Kolben steigt. (Das langsame Einfließenlassen wird durch die Einschnürung der Pipette erleichtert.) Dann wird die Bunsenflamme gesenkt, und wenn die Temperatur 100° erreicht hat, werden die Gase zusammen mit kondensiertem Dampf übergetrieben. Nach ungefähr 2 Min. wird stärker erhitzt, bis durch den unteren Teil des Rohres *A* unkondensierter Dampf strömt.

E wird aus dem Hg-Trog entfernt und das Gasvolumen in *E*, nachdem es abgekühlt ist, abgelesen.

Dann führt man durch den Hahn ein Absorptionsmittel ein, z. B. Pyrogallol für Sauerstoff.

Wenn Sulfite oder Eisensalze in dem zu untersuchenden Wasser enthalten sind, kann man der Wasserprobe eine Lösung von J_2 in KJ oder Br_2 in KBr zusetzen, damit der Sauerstoff nicht damit reagiert. Wenn CO_2 zugegen ist, kann man NaOH zusetzen, so daß das CO_2 nicht in die Mikrobürette übergeht.

Gewisse Verunreinigungen, die im Kesselspeisewasser enthalten sind, verursachen bei der WINKLER-Methode Fehler. Da die meisten dieser Verunreinigungen nicht flüchtig sind, schlagen WHITE, LELAND und BUTTON vor, den O_2 durch Destillation in einer H_2-Atmosphäre unter vermindertem Druck abzutrennen und dann nach der WINKLER-Methode zu bestimmen.

Die Destillation wird in dem in Abb. 19 abgebildeten Apparat ausgeführt. Der Kolben A wird vollständig mit dem Kesselspeisewasser gefüllt und durch ein Gummischlauchstück mit dem Kühler B verbunden. B und C und die Verbindungsröhren werden mit gereinigtem H_2 gefüllt. Nun wird ein Teil des Wassers aus A durch den unteren Hahn herausgelassen, damit das Wasser Platz zum Kochen hat, das Wasser in A unter schwach reduziertem Druck gekocht und dadurch der O_2 zusammen mit Wasserdampf nach C getrieben. Wenn $^1/_{10}$ des Wasservolumens von A verdampft ist, ist im allgemeinen aller O_2 ausgetrieben. Die nicht flüchtigen Bestandteile bleiben in A zurück. Wenn SO_2 zugegen ist, kann man dieses auch in A zurückhalten, dadurch daß man die Lösung in A schwach alkalisch macht. In C wird der O_2 wie üblich nach der WINKLER-Methode bestimmt.

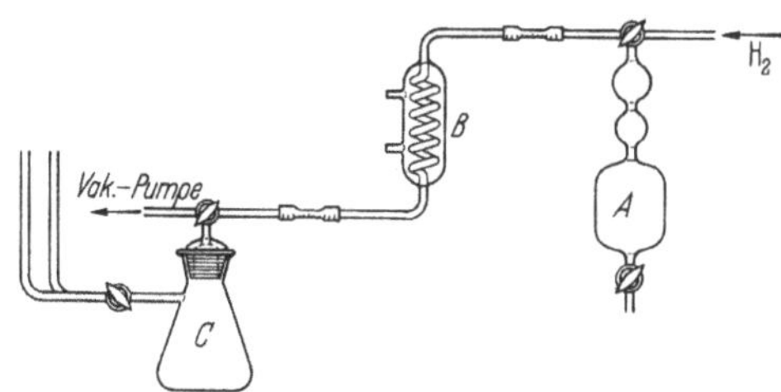

Abb. 19. Sauerstoffbestimmung. (Nach WHITE, LELAND u. BUTTON.) A, C Kolben, B Kühler.

Falls man das frei gewordene Jod nicht durch Titration mit Stärke, sondern durch elektrometrische Titration bestimmt, ist darauf zu achten, daß man nicht in zu stark saurer Lösung arbeitet, da man sonst zu viel Thiosulfat verbraucht. Diese Erscheinung wird wahrscheinlich dadurch verursacht, daß die H-Ionen mit dem KJ HJ geben, der sich bei Gegenwart von Luft oxydiert und freies Jod gibt. Man setzt deshalb nur so viel Säure zu, daß der Mn-Niederschlag eben gelöst wird. Die Titration ist ohne längere Berührung mit der Luft zu Ende zu führen.

Literatur.

HOATHER, R.: J. Soc. chem. Ind. **52**, 689 (1933); durch C. **104**, **II**, 2562 (1933).

SWANSON, A. A., u. G. HULETT: J. Am. chem. Soc. **37**, 2490 (1915); durch C. **87**, **I**, 385 (1916).

WHITE, A., C. LELAND u. D. BUTTON: Pr. Am. Soc. Test. Mater. **36**, **II**, 697 (1936); durch C. **108**, **II**, 3930 (1937).

§ 2. Die Bestimmung des freien gasförmigen Sauerstoffs.

A. Allgemeines über gasvolumetrische Bestimmungsmethoden.

Die klassische Methode der quantitativen Bestimmung des freien, gasförmigen Sauerstoffs ist durch die „Gasanalyse" gegeben. Sie ist eine volumetrische Differenzbestimmung. Man mißt eine bestimmte Gasmenge in einer Bürette oder Pipette ab und entfernt den Sauerstoffanteil des vorgegebenen Volumens dadurch, daß man das Gas mit einem geeigneten Absorptionsmittel behandelt oder einer Verbrennungsmethode unterwirft, so daß der Sauerstoffanteil in eine flüssige Verbindung übergeführt und so aus der Gasphase herausgenommen wird.

Aus der Volumenabnahme berechnet man den Sauerstoffanteil. Die Ergebnisse werden in Volumenprozent ausgedrückt.

Bei der sogenannten technischen Gasanalyse mißt man das Volumen des Gases, das mit Wasserdampf gesättigt ist, ohne es auf Normalbedingungen zu reduzieren. Im Gegensatz zur exakten Analyse verwendet man bei der technischen Gasanalyse als Sperrflüssigkeit auch nur Wasser, selten Quecksilber oder gesättigte Kochsalzlösung.

Die üblichen Geräte zur technischen Gasanalyse sind der HEMPELsche Apparat (Abb. 21) sowie die BUNTE-Bürette (Abb. 22). Das in Abb. 20 wiedergegebene Absorptionsgefäß ist für Lösungen, die an der Luft Veränderungen erleiden, wie die alkalische Pyrogallollösung oder die ammoniakalische Kupferchloridlösung, geeignet. Die Messung wird in der Weise durchgeführt, daß man zunächst eine genau abgemessene Gasmenge, z. B. 100 cm³, in die Meßröhre einläßt. Dann läßt man den Sauerstoff durch die Absorptionsflüssigkeit absorbieren und liest die absorbierte Menge an der Meßröhre ab. Die in Abb. 22 dargestellte BUNTE-Bürette unterscheidet sich vom HEMPELschen Apparat dadurch, daß die Absorption in dem Meßgefäß selbst ausgeführt wird, während sie bei dem HEMPELschen Apparat außerhalb desselben vorgenommen wird.

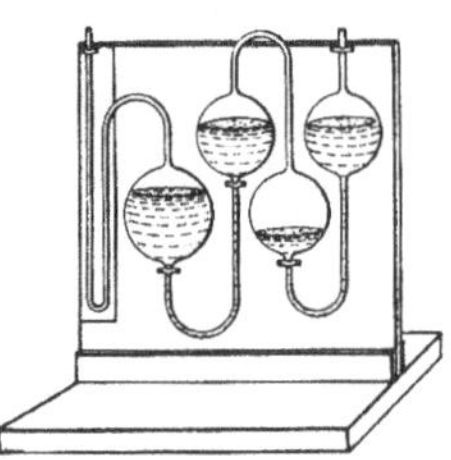

Abb. 20. Absorptionspipette. (Nach HEMPEL.)

Die BUNTE-Bürette faßt von Hahn a bis b etwa 110 bis 115 cm³. Hahn a ist ein Drei-Wege-Hahn, Hahn b ist einfach durchbohrt.

Handhabung. Man verbindet die Bürette, wie in der Abbildung ersichtlich, mit der Niveauflasche N, öffnet a und b, füllt die Bürette ganz mit Wasser an und läßt dabei das Wasser in den oberhalb a angebrachten Trichter bis zur Marke steigen. Nun verbindet man den Schwanz von Hahn a mit der Gasquelle und senkt N, wodurch bei passender Stellung von a Gas in die Bürette nachgezogen wird. Befinden sich etwa 102 bis 103 cm³ Gas in der Bürette, so schließt man a. Nun stellt man N hoch, dreht a so, daß der Trichter mit der Bürette kommuniziert, und läßt Gas sorgfältig aus a austreten, bis die Flüssigkeit in der Bürette die Marke 100,4 cm³ erreicht, und schließt hierauf a. Nun wartet man 3 bis 4 Min., bis das Wasser abgeflossen ist, und liest ab. Das Volumen wird genau 100 cm³ betragen und steht jetzt unter dem Drucke der in dem Trichter befindlichen Wassersäule, und alle weiteren Messungen werden unter diesem Drucke vorgenommen.

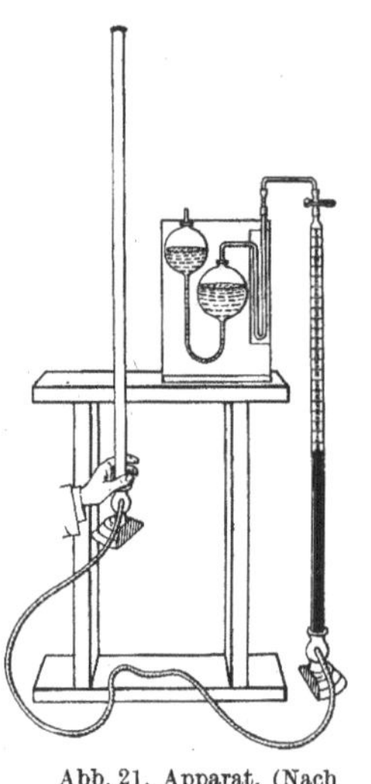

Abb. 21. Apparat. (Nach HEMPEL.)

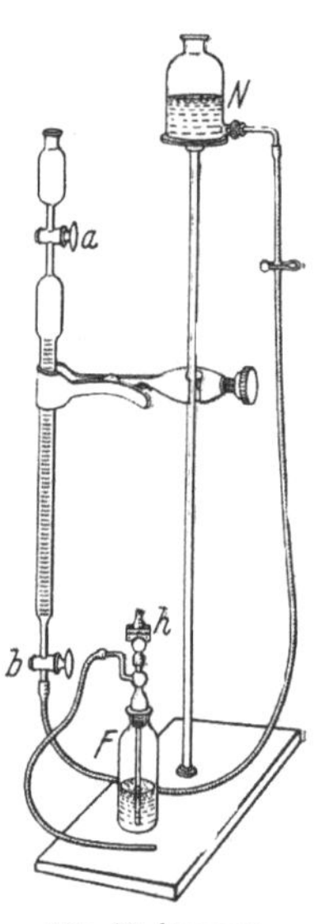

Abb. 22. Apparat. (Nach BUNTE.)

Absorptionen.

Um die Absorptionslösungen in die Bürette einzuführen, verbindet man das untere Ende der Bürette durch den Schlauch h mit der etwas Wasser enthaltenden Flasche F, nachdem man durch Hineinblasen Wasser bis oben in den Schlauch getrieben hat. Man öffnet Hahn b und den am Schlauche von F befindlichen Quetschhahn, saugt das in der Bürette befindliche Wasser genau bis zu Hahn b ab und schließt diesen. Dann bringt man das Absorptionsmittel in eine kleine Schale, taucht die untere Spitze der Bürette hinein und öffnet b, wobei, da im Innern der Bürette Minderdruck herrscht, das Absorptionsmittel in diese emporsteigt. Hierauf schließt man b, faßt die Bürette oberhalb von a und unterhalb von b (um sie nicht zu erwärmen) und schüttelt, taucht die Bürette wieder in die Absorptionsflüssigkeit und öffnet b, wobei noch mehr von der letzteren in die Bürette emporsteigt. Das

Schütteln und Eintauchen in das Absorptionsmittel wird so lange wiederholt, bis von diesem nichts mehr in die Bürette tritt. Jetzt abzulesen, wäre falsch, denn das Gas befindet sich in der Bürette unter einem ganz anderen Drucke als zu Anfang, nämlich unter dem Drucke der Atmosphäre weniger dem Drucke der in der Bürette bei offenem Hahn (*b*) gehaltenen Flüssigkeitssäule. Es ist ferner die Tension des Dampfes in der Bürette nicht mehr die des Wassers wie zu Anfang. Um den Anfangszustand herzustellen, saugt man mit Hilfe der Flasche *F*, die jetzt nur Wasser genug enthält, um die eintauchende Röhre und den Schlauch zu füllen, das Absorptionsmittel bis zu Hahn *b* ab, taucht die Spitze in eine Schale mit Wasser und läßt dieses in die Bürette emporsteigen, schließt *b*, läßt aus dem Trichter Wasser von oben nachfließen, bis der ursprüngliche Druck hergestellt ist, und liest nach dem Abfließen des Wassers ab. Die Differenz gibt sofort die Prozente des absorbierten Gases an.

Nach dieser eleganten Methode lassen sich Kohlendioxyd durch Kalilauge, schwere Kohlenwasserstoffe durch Bromwasser, Sauerstoff durch alkalische Pyrogallollösung oder Natriumhydrosulfit und Kohlenoxyd durch Kupferchlorür genau messen, sofern die absorbierbaren Gase reichlich mit indifferentem Gase verdünnt sind.

Zur Analyse von Rauchgasen hat ORSAT den in Abb. 23 abgebildeten Apparat konstruiert. Derselbe besteht aus der in einem Zylinder mit Wasser befindlichen 100 cm³ fassenden Meßröhre *B*, welche einerseits mittels der Hähne *I*, *II* und *III* mit drei ORSAT-Röhren, anderseits durch den Hahn *h* mit der äußeren Luft in Verbindung steht. Die ORSAT-Röhre *III* enthält Kalilauge, *II* alkalische Pyrogallollösung und *I* ammoniakalische Kupfer(I)-chloridlösung.

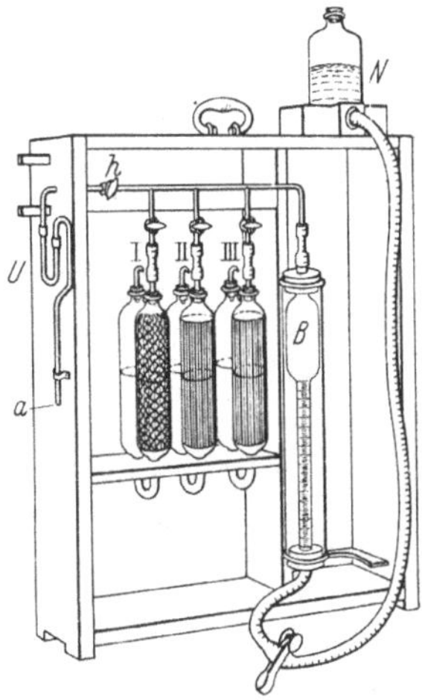

Abb. 23. Apparat. (Nach ORSAT.) *a* Gaseinleitung, *B* Meßröhre, *h* Hahn, *N* Niveaugefäß, *U* U-Rohr, *I*, *II*, *III* Hähne.

Handhabung. Man füllt durch Heben der Niveauflasche *N* und Öffnen des Hahnes *h* die Meßröhre *B* mit Wasser. Sobald das Wasser die oberhalb des erweiterten Teiles der Meßröhre befindliche Marke erreicht, schließt man den am Schlauche der Niveauflasche befindlichen Quetschhahn, verbindet *a* mit der Gasquelle und saugt durch Senken der Niveauflasche und Öffnen des Quetschhahnes Gas in die Bürette hinein. Die außen angebrachte U-Röhre *U* ist mit Glaswolle gefüllt und dient als Filter; etwa mitgeführter Ruß wird hier entfernt. Die so erhaltene Probe ist natürlich mit Luft aus dem Schlauche der U-Röhre und Capillare verunreinigt, die entfernt werden muß. Zu diesem Zweck dient Hahn *h*, der mit einer T-Bohrung versehen ist. Man dreht ihn so, daß die Bürette mittels des kleinen, innerhalb des Kastens angebrachten Ansatzrohres mit der äußeren Luft kommuniziert (in der Zeichnung ist das Ansatzrohr nicht sichtbar) und treibt durch Heben von *N* das Gas aus der Bürette hinaus. Dieses Ein- und Auspumpen des Gases wird dreimal wiederholt, und erst die vierte Füllung ist endgültig. Man bringt nun das Gas auf Null und gleicht einen etwa vorhandenen Überdruck durch schnelles Öffnen von Hahn *h* aus. Hierauf treibt man das Gas in die Kaliröhre, dann, nachdem man es in die Meßröhre zurückgeführt und das Volumen abgelesen hat, in die Pyrogallolröhre und schließlich in die Kupfer(I)-chloridröhre und ermittelt so den Gehalt an CO_2, O_2 und CO.

Ein gutes Absorptionsgefäß muß folgende Anforderungen erfüllen: 1. Es soll einfach sein. 2. Es darf nicht teuer sein. 3. Es muß eine große Berührungsfläche zwischen Gas und Absorptionsmittel geben. 4. Es muß ermöglichen, daß auch viel Absorptionsflüssigkeit mit dem Gas in Berührung kommt. 5. Es soll in kürzester

Zeit die Absorption ermöglichen. Die älteren Pipetten sind mit Glasröhren gefüllt, um die Oberfläche zu vergrößern. Man muß hier darauf achten, daß die Glasröhrchen nicht unmittelbar auf dem Boden der Pipette aufsitzen, sondern durch eine Drahteinlage in geringer Höhe über dem Verbindungsrohr gehalten werden. Es kommt sonst bei schnellem Arbeiten leicht vor, daß beim Hinüberdrücken des Gases aus der Meßbürette in die Pipette der Flüssigkeitsspiegel in den Röhrchen nicht gleichmäßig sinkt und durch die mittleren Röhrchen Gasblasen in das Ausgleichsgefäß hinübergedrückt werden. Allgemein muß man alle schädlichen Räume so klein wie möglich halten, wenn auch enge Capillaren die Zeitdauer einer Analyse etwas vergrößern. Man muß unbedingt an den Anschlüssen Glas auf Glas haben. Die Flüssigkeit soll stets unter der Gummiverbindung bleiben.

Bei der besprochenen Anordnung der Absorptionspipette kommt das in dieselbe eingeführte Gas nur mit der Oberfläche der Absorptionsflüssigkeit und den an den Wandungen des Gefäßes und der Glasröhrchen haftengebliebenen Mengen derselben in Berührung. Da die Absorption bei dieser Art der Berührung häufig sehr träge ist, sind Pipetten anderer Bauart hergestellt worden, bei denen das in die Pipette eingeführte Gas gezwungen wird, die Absorptionsflüssigkeit zu durchdringen. Man erreicht dieses bei den Absorptionsgefäßen von KLEINE (Abb. 24) oder HANKUS (Abb. 25) dadurch, daß das zu untersuchende Gas unten in die Absorptionsflüssigkeit eindringt und durch diese dann hindurchperlt. Diese Apparate sind im Hinblick auf Absorption gut, erfordern aber Geschicklichkeit und Übung bei der Handhabung. Sie sind schwer rein zu halten bzw. von Verstopfung durch Absätze und Salzausscheidungen aus den Absorptionsflüssigkeiten zu reinigen.

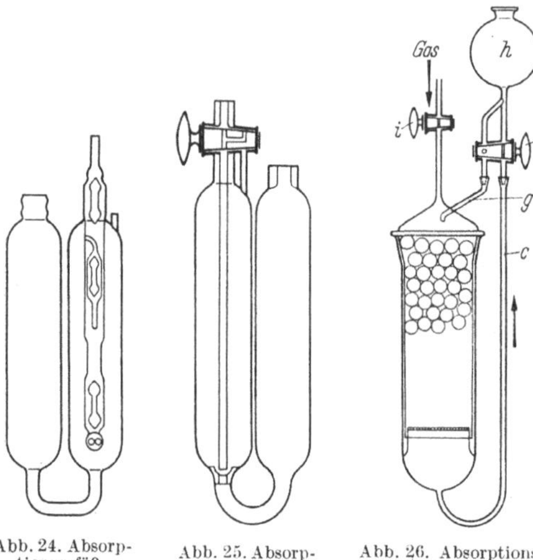

Abb. 24. Absorptionsgefäß. (Nach KLEINE.)

Abb. 25. Absorptionsgefäß. (Nach HANKUS.)

Abb. 26. Absorptionsgefäß. (Nach BAYER.) *c*, *g* Rohre, *h* Behälter, *i*, *k* Hähne.

Von den weiterhin verbesserten Geräten sei das in der Abb. 26 gezeigte Absorptionsgefäß nach BAYER herausgegriffen, bei dem die Absorption im Gegenstrom eines Rieselturmes vor sich geht. Die Pipette (Abb. 26) ist mit großen Glaskugeln gefüllt, um eine gute Verteilung der Absorptionsflüssigkeit zu bewirken. Das Gas strömt durch den einfach gebohrten Hahn *i* in die Pipette und verdrängt die Flüssigkeit in den Behälter *h*. Bei diesem Vorgang ist das Rohr gesperrt. Wenn alles Gas in der Pipette ist, dann dreht man den Hahn *k* um 90°. Der Gasweg bei *i* bleibt offen. Rohr *g* ist jetzt offen, aber *c* ist geschlossen, so daß die Flüssigkeit nur durch das Rohr *g* abfließen kann, sich über die Glaskugeln verteilt und das Gas verdrängt. Während die Flüssigkeit über die Glaskugeln fließt, strömt das Gas von unten durch die fortwährend frisch benetzten Kugeln nach oben. Man achte nur darauf, daß die Schliffverbindungen gut gefettet sind, weil man sie nicht durch Drehen dichten kann.

Der Apparat von HALDANE, der in vielen Laboratorien zur Bestimmung von Sauerstoff in Luftproben benützt wird, hat nach MARGARIA die Unannehmlichkeit, daß die Absorption des Gases durch Pyrogallollösung sehr langsam vor sich geht. Bei dem hier beschriebenen Apparat, der eine verbesserte Form des Apparates von HALDANE ist, zirkuliert das Gas in der Pipette und perlt in Blasen durch die Absorptionsflüssigkeit. Dadurch geht die Absorption bedeutend schneller vor sich, 1. weil die Oberfläche zwischen Gas- und Flüssigkeitsphase vergrößert ist und 2. weil eine größere Menge des Absorptionsmittels in direkte Berührung mit dem Gas kommt.

Man arbeitet auf folgende Weise mit dem in Abb. 27 dargestellten Apparat. Wenn man das Gas mit Hilfe der Hg-Pipette nach *V* hineinströmen läßt, ist das Ventil *V* geschlossen und das Gas muß durch die Capillare des Ventils in den unteren Teil der Pipette strömen. Von da perlt es durch die Absorptionsflüssigkeit, mit der die Pipette gefüllt ist, hoch. Dann wird das Gas in die kalibrierte Bürette gesaugt, dabei öffnet sich das Ventil *V*, und das Gas strömt zwischen dem Ventil und der Wand der Pipette durch. Während das Gas noch hineingesaugt wird, kann die Flüssigkeit nicht durch die Capillare nach *C* strömen, weil der Widerstand der Flüssigkeit, wenn sie durch die Capillare strömen würde, viel größer wäre als der Widerstand der Luft, die durch die Pipette strömt. Außerdem kann die Flüssigkeit auch wegen des hydrostatischen Druckes nicht durch. Das Glasventil *V* ist sehr leicht.

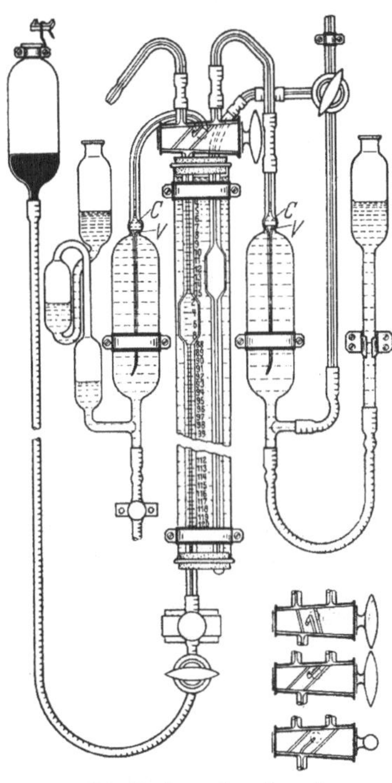

Abb. 27. Apparat, verbessert. (Nach HALDANE.)
C Absorptionsflüssigkeit, *V* Ventil.

Der Apparat von HALDANE ist weiterhin auf folgende Weise abgeändert worden. Die Gasbürette schließt oben mit einem Vier-Wege-Hahn ab, der bei Drehung um 90° jedesmal eine andere Verbindung schafft: 1. Die Bürette mit der Außenluft, 2. alle Wege geschlossen, 3. die Bürette mit der CO_2-Absorptionspipette, 4. die Bürette mit der O_2-Absorptionspipette. Auf diese Weise werden alle Operationen mit diesem Hahn und mit dem Drei-Wege-Hahn, der mit der Kompensationsbürette verbunden ist, ausgeführt.

Die Feineinstellung des Hg-Meniskus erfolgt nicht wie bei HALDANE durch Veränderung der Höhe der Hg-Pipette, sondern durch eine Klemmschraube auf einem Gummischlauch am unteren Ende der Bürette. Die graduierte Bürette hat ein Gesamtfassungsvermögen von 12 cm^3. Von 0 bis 1,5 cm^3 und von 8,8 bis 12 cm^3 ist sie in hundertstel Kubikzentimeter unterteilt. Das Volumen dazwischen ist in Kubikzentimeter unterteilt. Als Absorptionsmittel wird Oxyhydrochinon genommen, das beständig ist und bedeutend schneller absorbiert als Pyrogallol. Man bereitet das Reagens, indem man 20 g Triacetyloxyhydrochinon und 27 g KOH in 200 cm^3 Wasser löst. In alkalischer Lösung wird das Triacetyloxyhydrochinon zu Oxyhydrochinon hydrolysiert.

Mit der hier beschriebenen Versuchsanordnung geht die Sauerstoffabsorption zweimal so schnell vor sich, als wenn man mit dem Apparat von HALDANE und mit Pyrogallol arbeitet.

Das Meßrohr des üblichen HALDANE-Apparates zur Bestimmung von O_2 bzw. CO_2 gestattet nur eine Bestimmung des O_2-Gehalts, wenn dieser bis zu 40% des Gesamtvolumens beträgt. Für die Analyse sauerstoffreicherer Gasgemische wird im allgemeinen empfohlen, das ursprüngliche Gas mit dem gleichen Volumen N_2 zu vermischen. Jedoch leidet darunter die Meßgenauigkeit, und der Arbeitsgang wird verlängert.

Um auch Gasgemische mit über 40% O_2 schnell und genau analysieren zu können, führten BECKER-FREYSING und CLAMANN ein Meßrohr mit durchgehender Ablesbarkeit in $^1/_{100}$ cm^3 von 0 bis 10 cm^3 ein. (Diesen Apparat stellt die Firma Bleckmann und Burger, Berlin, her.)

Zur schnelleren O_2-Absorption und zum Zweck der längeren Absorptionsfähigkeit der Absorptionslösung ist der Apparat mit einer STRIECKschen Pipette versehen (Abb. 28). Da bei Ende der Analyse eines sehr O_2-reichen Gemisches das zwischen Meßrohr und Absorptionspipette hin- und hergetriebene Gasvolumen sehr klein ist, besteht leicht die Gefahr, durch Hochreißen kleiner Flüssigkeitspfröpfe oder durch Überlaufen des Quecksilbers den Apparat zu verunreinigen und die laufende Analyse unbrauchbar zu machen. Zum Abfangen derartiger Verunreinigungen wurden in dem Rohrsystem an drei Stellen olivenförmige Erweiterungen angebracht, je eine in das obere Drittel der Capillaren über den beiden Absorptionspipetten, die dritte in das Verbindungsstück zwischen Meßrohr und CO_2-Absorptionspipette (Abb. 28, Nr. 1, 2 und 3). Dieses Verbindungsstück (Abb. 28, Nr. 4) muß dann schräg aufwärts verlaufen, weil bei horizontaler Lage auf dem Boden der Erweiterung Quecksilber zurückbleiben würde. Dadurch, daß das Quecksilber in diese Erweiterung getrieben werden kann, ist es möglich, auch Gemische zu untersuchen, die zu 100% aus analysierbaren Gasen (O_2 und CO_2) bestehen.

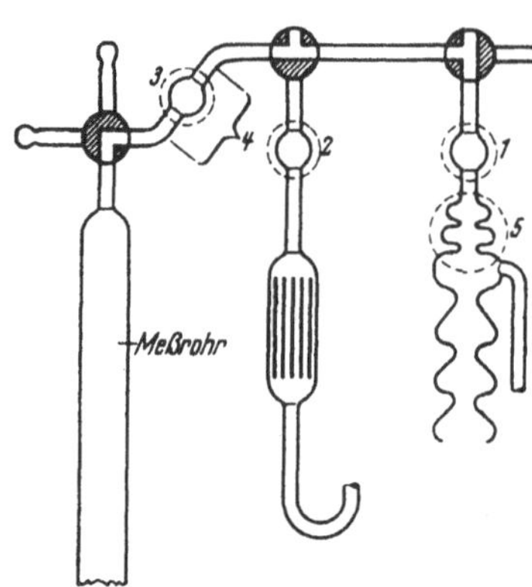

Abb. 28. Apparat. (Nach BECKER, FREYSING u. CLAMANN.)
1, 2, 3 olivenförmige Erweiterungen, 4 Verbindungsstück, 5 Wandeinstülpungen.
(Bei der gezeichneten Hahnstellung ist das Meßrohr mit der STRIECKschen Pipette verbunden.)

Am Ende der Analyse eines sehr O_2-reichen Gemisches wird das Gasvolumen sich nur im obersten kuppelförmigen Bereich der STRIECKschen Pipette, dicht unter der Einmündung der Capillare, bewegen. Um zu vermeiden, daß bei Senkung der Hg-Niveaukugel Flüssigkeit in die Capillare gerissen wird, muß die Kuppel möglichst weit sein. Durch einige Wandeinstülpungen (Abb. 28, Nr. 5) kann andererseits die der absorbierenden Flüssigkeit zur Verfügung stehende Innenfläche der Kuppel so weit vergrößert werden, daß die Absorption der letzten O_2-Anteile wesentlich beschleunigt wird.

Während für das Forschungslaboratorium in erster Linie die Gasanalysenapparate von HEMPEL sowie die vielen Neuerungen in Frage kommen, verlangt die Industrie und speziell das Betriebslaboratorium fertige Apparate, die dem gewünschten Zweck entsprechen. Fast alle diese zusammengesetzten Apparate sind, soweit sie nicht mechanisch-automatisch funktionieren, Abänderungen und Verbesserungen des in der Abb. 23 dargestellten ORSAT-Apparates. Sehr gute Beschreibungen und Abbildungen der automatischen Apparate zur Gasanalyse (ORSATscher Apparat und ADOS-Apparat) finden sich bereits im HEMPELschen Lehrbuch über Gasanalyse. Eine Verbesserung des ORSAT-Apparates beschreibt COOK sowie GETZ und MOODY, ebenfalls WOLF und KRAUSE. Eine für den Kesselbetrieb geeignete Form beschreibt SCHARFF, ein ORSAT-Modell als bequemen Reiseapparat die Wärmestelle des Gasinstituts. Eine gute Übersicht über die Gasanalyse gibt SCHUSTER.

Literatur.

BAYER, F.: Gasanalyse, XXXIX, 2. Stuttgart 1938. — BECKER-FREYSING, H., u. H. G. CLAMANN: Klin. Wschr. **18**, 1274 (1940).

COOK, F.: Ind. eng. Chem. Anal. Edit. **11**, 551 (1939); durch C. **111**, **I**, 2989 (1940).

Wärmestelle des *Gasinstituts*: Gas- u. Wasserfach **72**, 59 (1929). – GETZ, I. F.: Betriebslab. **5**, 284.

HALDANE: J. Soc. chem. Ind. 27, 10 (1908). — HEMPEL, W.: Gasanalytische Methoden. Braunschweig: Vieweg 1933.
MAGARIA, R.: J. sci. Instrum. 10, 242. — MOODY, A. H., u. G. E. STEVENS: Chemist-Analyst 17, Nr 4, 15 (1928); durch C. 100, I, 1071 (1929).
SCHARFF, H.: Techn.-Ind. schweiz. Ch. Z. 1932, 83. — SCHUSTER: Laboratoriumsbücher für die chemische und verwandte Industrien, XXXIII, 2. Teil. Halle: Knapp 1949.
WOLF, O., u. A. KRAUSE: Arch. Wärmew. 10, 19 (1929).

B. Absorptionsmittel und ihre Verwendung zur volumetrischen bzw. manometrischen Sauerstoffbestimmung.

1. Pyrogallol.

Die alkalische Pyrogallollösung wird bereitet, indem man Pyrogallussäure in wäßriger Alkalilauge löst. Bei Ausschluß von Sauerstoff gibt es eine klare Lösung, die etwas gelblich ist.

Die Angaben in der Literatur über das Molverhältnis von Pyrogallol zu Alkali gehen sehr weit auseinander, ebenso die Angaben über die Konzentration der Lösung.

Pyrogallol entwickelt bei der Absorption von Sauerstoff etwas Kohlenoxyd, und diese Kohlenoxydentwicklung nimmt zu mit der Sauerstoffkonzentration in dem zu untersuchenden Gemisch, weiterhin mit der Erschöpfung des Absorptionsmittels und endlich bei langsamer Absorption. Klein wird die Kohlenoxydentwicklung bei Sauerstoffgehalten unter 25% und bei rascher Absorption. Demnach darf man diese Absorption nur anwenden bei sauerstoffhaltigen Gasen, die weniger als 25% Sauerstoff enthalten. Die Absorptionsgeschwindigkeit ist abhängig von der Temperatur, vom Molverhältnis des Pyrogallols zu Alkali und vom Alkaligehalt. Unter 15° C nimmt die Absorptionsgeschwindigkeit schon merklich ab. Am größten ist sie, wenn man auf 1 Mol Pyrogallol 4,8 Mol Kaliumhydroxyd nimmt, und sie nimmt wieder ab, wenn man mehr oder weniger Kaliumhydroxyd nimmt oder wenn man das Kaliumhydroxyd gegen Natriumhydroxyd austauscht. Das Gesamtaufnahmevermögen der Pyrogallollösungen für Sauerstoff nimmt ebenfalls ab, wenn man mehr als die vorgeschriebene Menge Alkali nimmt. Bis zu einer bestimmten Gesamtkonzentration nimmt das absolute Aufnahmevermögen für Sauerstoff zu. Die helle Lösung wird nach BRÜCKNER hergestellt aus 1 g Pyrogallol + 1,5 g Kaliumhydroxyd + 5 g Wasser. Diese Lösung absorbiert 264 normal-ml Sauerstoff je Gramm Pyrogallol. Nach HOFFMANN kann man die Kaliumhydroxydmenge herabsetzen, um noch immer das Maximum der Absorption zu erreichen, also: 1 g Pyrogallol + 0,9 g Kaliumhydroxyd + 2,3 g Wasser. Allerdings ist die Gesamtkonzentration dieser Lösung etwas stärker. Ein Mehr an Kaliumhydroxyd schadet nicht, und es sind die Absorptionsfähigkeiten dieser Lösung praktisch wenig verschieden. Die Konzentration könnte man noch steigern bis zu 1 g Pyrogallol + 0,7 g Kaliumhydroxyd + 1,7 g Wasser, und diese Lösung soll theoretisch die beste sein, wird aber wegen ihrer Dickflüssigkeit nicht angewandt.

Die Bestimmung nach Angaben von CLASSEN geschieht in einer zusammengesetzten Absorptionspipette, in der auch die Mischung des Absorptionsmittels erfolgt. HEMPEL empfiehlt, hierzu kein durch Alkohol gereinigtes Kaliumhydroxyd zu verwenden, da solches zu fehlerhaften Analysen führt. Das Sperrwasser der Bürette, in der das Gasvolumen abgemessen wird, muß vorher mit dem zu untersuchenden Gas gesättigt werden, indem man dieses Gas eine Zeitlang durch das Wasser hindurchperlen läßt. Zur Vermeidung von Fehlern, die durch verschiedene Temperatur des Raumes und der Absorptionsflüssigkeit hervorgerufen werden, muß man unbedingt darauf achten, daß die Absorptionsflüssigkeit Zimmertemperatur hat. Nach Überleiten des Gases genügt ein 3 Min. langes Schütteln zur völligen Absorption des Gases. Man muß aber dabei darauf achten, daß die Temperatur nicht unter 15° C sinkt, da bei Temperaturen unter 15° C die Absorption wesentlich länger dauert und unter Umständen sogar ganz aussetzen kann.

Die Kohlenoxydbildung, die bei verdünntem Sauerstoff (Luft) innerhalb der Fehlergrenze der Ablesung liegt, kann erheblich eingeschränkt werden, wenn man das Reagens stark alkalisch macht und in solcher Menge anwendet, daß dasselbe genügen würde, um die vier- bis fünffache Menge des zu absorbierenden Sauerstoffs aufzunehmen. Mit zunehmender Alterung der Lösung steigt die Bildung von Kohlenoxyd, und außerdem wird der Sauerstoff zwar immer noch stark, aber nicht mehr vollständig absorbiert.

Pyrogallol kann nicht zur direkten Behandlung solcher Gasgemenge benutzt werden, welche durch KOH absorbierbare Gase, wie Kohlensäure oder Schwefelwasserstoff, enthalten.

Beiträge zur Sauerstoffabsorption lieferten BERTHELOT, HARRIES sowie v. KOVACS-ZOKORKOCZY, der feststellte, daß im Mittel für 2 Mol Pyrogallol fast genau 5 Atome Sauerstoff absorbiert werden.

Weitere Untersuchungen wurden von ANDERSON, SHIPLEY sowie HENRICH durchgeführt, die feststellten, daß alkalische Pyrogallollösung mit KOH rascher absorbiert als eine mit NaOH, wobei ein hinreichend hoher Alkaligehalt vorhanden sein soll, um Kohlenoxydbildung zu vermeiden.

HALDANE und MAKGILL beschäftigen sich ebenfalls mit der Kohlenoxydbildung bei der Sauerstoffabsorption mit Pyrogallol. Am besten bewährt sich nach Angabe der Verfasser folgende Zusammensetzung: 10 g Pyrogallol in 100 cm^3 gesättigter Kalilauge (80 g KOH auf 100 cm^3 Wasser). Bei künstlicher Alterung, d. h. einstündigem Erwärmen im Wasserbad auf 100° C, soll kein Kohlenoxyd mehr abgegeben werden, bei geringerer Konzentration der Lösung soll sich dagegen noch Kohlenoxyd bilden. Wird die konzentrierte Lösung nicht erwärmt, so gibt sie erst nach 3 Tagen kein Kohlenoxyd mehr ab.

DRAKELY und NICOL sowie NEUMANN und STEUER finden bei Sauerstoffkonzentrationen über 20% eine Kohlenoxydbildung. Richtige Werte erhält man, wenn man das Kohlenoxyd vor der Endablesung aus dem Restgas entfernt. Zur Sauerstoffanalyse von Gasen, die mehr als 20% Sauerstoff haben, ersetzt man zweckmäßig Pyrogallol durch Oxyhydrochinon oder verdünnt mit einem inerten Gas.

QUIGGLE schlägt vor, zur Beschleunigung der Absorption und Vergrößerung des Gesamtaufnahmevermögens Lösungen zu verwenden, die neben einem in größerer Konzentration vorliegenden, oxydierbaren Stoff (z. B. Sulfide usw.) einen Sauerstoffüberträger enthalten. Ferner soll die Pipette mit feinen Metallspänen, wie Stahlwolle, gefüllt werden. Zu einer Lösung von 90 g Natriumpolysulfid und 38,4 g Kaliumhydroxyd in 375 cm^3 Wasser wurden auf je 80 cm^3 2 g des Sauerstoffüberträgers zugesetzt und dabei folgende Ergebnisse erzielt:

Sauerstoffüberträger	Beim ersten Durchgang aus Luft absorbiert cm^3	Dauer bis zur vollständigen Absorption Min.
1-Mercapto-anthrachinon-2-Carbonsäure	12,5—13	$^1/_4$—$^1/_2$
1 Chlor-anthrachinon-2-Carbonsäure	13—15	$^1/_4$—$^1/_2$
Pyrogallol	16	$^1/_4$—$^1/_2$
Pyrogallol (doppelte Menge)	19	$^1/_4$
Brenzcatechin	6—7	$1^1/_2$
α-Naphtholchinon	19	$^1/_8$—$^1/_4$

Etwaige Schaumbildung wird durch Zusatz von wasserlöslichen Alkoholen behoben.

Die Bestimmung von freiem Sauerstoff in Luftkompressorölen wird nach HOLDE folgendermaßen durchgeführt: Über das in einem Kolben befindliche Öl wird so lange aus einem KIPPschen Apparat CO_2 geleitet, bis die ganze Luft vertrieben ist. Darauf leitet man die CO_2 durch das Öl, erhitzt dieses auf 100 bis 120° C, und zwar so lange, bis aller Sauerstoff aus dem Öl ausgetrieben ist, was man leicht feststellen kann, wenn man das Gasgemisch in einer Bürette über KOH auffängt. Man leitet so lange durch, bis sich das Volumen nicht mehr vergrößert. Das aufgefangene Gas wird in bekannter Weise mit Pyrogallol oder einem anderen Absorptionsmittel für Sauerstoff quantitativ auf Sauerstoff untersucht.

Zum quantitativen Nachweis von Sauerstoff in Lungen und Darmgasen von Leichen wird von DYRENFURTH der nebenstehende Apparat (Abb. 29) benutzt. Er besitzt prinzipielle Verschiedenheit zu den sonstigen Apparaten. Das Absorptionsmittel, alkalisches Pyrogallol, entsteht erst mit dem Beginn der Analyse. Dies wird dadurch erreicht, daß die Kalilauge und das Pyrogallol sich in zwei übereinander befindlichen Hohlkugeln befinden, die durch einen breiten Hahn miteinander verbunden sind. Eine Hohlkugel wird vollständig mit KOH, die andere mit Pyrogallol gefüllt. Im Verbindungshahn ist destilliertes Wasser, mit dem am Anfang der Untersuchung beide Hohlkugeln gefüllt werden müssen. In die Hohlkugel, die KOH enthält, wird das gewonnene Gas eingesaugt, wobei sofort etwa vorhandenes CO_2 absorbiert wird. Auf einen der Seitenarme der KOH-Hohlkugel wird eine kalibrierte Bürette montiert, die ebenfalls mit KOH gefüllt ist. Der Abschluß des mit KOH gefüllten Systems geschieht in der Bürette mit einem Öltropfen zum Schutz gegen den Sauerstoff der Luft.

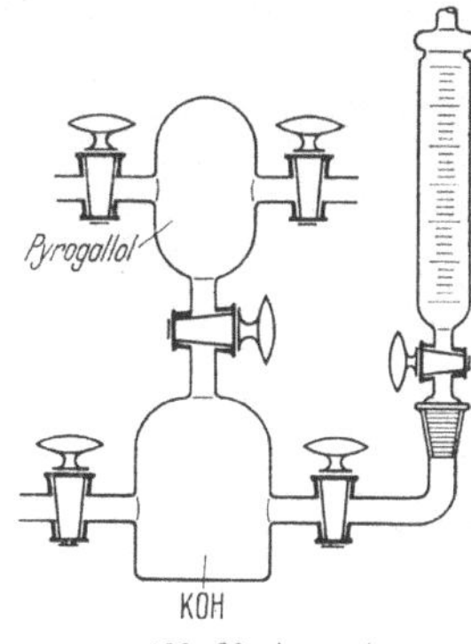

Abb. 29. Apparat. (Nach DYRENFURTH.)

Nachdem das zu untersuchende Gas eingesaugt ist, wird der Verbindungshahn geöffnet, so daß sich KOH und Pyrogallol mischen können, wobei natürlich das Gas von der unteren Hohlkugel in die obere steigt. Die Absorption geht dabei vonstatten und kann in der Seitenbürette abgelesen werden, da mit steigender Absorption die Flüssigkeitssäule sinkt. Die Absorption geht bei Zimmertemperatur vonstatten. Bei der Ablesung des Sauerstoffgehaltes an der Bürette muß man den Barometerstand und die Temperatur berücksichtigen. Die beschriebene Apparatur eignet sich auch zur Bestimmung des Sauerstoffs mit Natriumhydrosulfit und anderer Gase, wenn zusammengesetzte Absorptionsflüssigkeiten verwendet werden, deren Vereinigung analog vor sich gehen kann.

Die Methode zur Sauerstoffbestimmung im Leuchtgas von FUNK bedient sich der in der Abb. 30 wiedergegebenen Bürette. Sie wurde entwickelt, da bei den allgemeinen Sauerstoffbestimmungen fast durchweg Wasser statt Quecksilber als Sperrflüssigkeit verwandt wird und bei diesen Methoden stets Fehler durch Gasabsorption in der Sperrflüssigkeit auftreten. Auch die Titration des im Leuchtgas enthaltenen Sauerstoffs nach der Methode von LUBBERGER liefert stets zu niedrige Werte. Der Apparat hat ein Fassungsvermögen von 250 cm^3 und besteht aus einem Meßgefäß, das von einem gläsernen Kühlmantel umgeben wird. An dieses schließt sich unten ein Meßrohr von etwa 10 mm Weite, dessen Skala direkt Prozente abzulesen gestattet. Der Meßbereich beträgt etwa 7% und die Teilung ist in 0,05% ausgeführt. Auf dem Meßgefäß sitzt oben ein Trichteransatz wie bei der BUNTE-Bürette und unten ein Glashahn. Zur Sauerstoffbestimmung wurden zwei Methoden entwickelt. Die eine arbeitet mit Pyrogallol als Absorptionsflüssigkeit, die andere benutzt Chrom(II)-acetat.

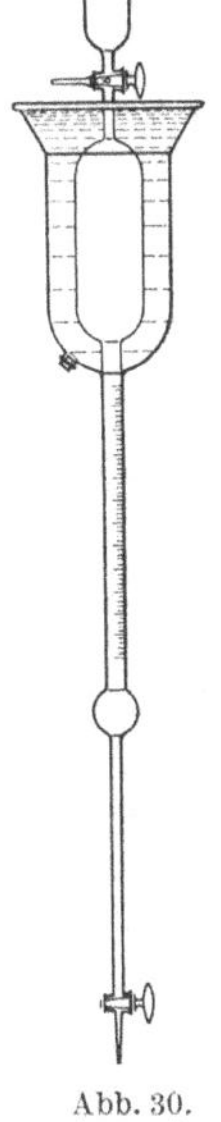
Abb. 30. Apparat. (Nach FUNK.)

1. Methode. Das Gas wird über mit Gas gesättigter Schwefelsäure (18,6%ig) abgemessen und die Temperatur des Kühlmantels auf 0,1° C gemessen. Nach 5 Min. wird die Säure vollständig unten abgesaugt, und man läßt durch den Trichter-

ansatz etwa 12 cm³ KOH (14,8%ig), die mit dem Gas gesättigt ist, einfließen. Zur Absorption der Kohlensäure schüttelt man 3 Min. und verwendet jetzt statt der Niveauflasche mit H_2SO_4 eine solche mit KOH obiger Konzentration. Nach 5 Min. langem Warten und genauer Einstellung der Kühlwassertemperatur auf die ursprüngliche Höhe wird das Volumen abgelesen. Abweichungen von 0,1° C der Anfangstemperatur bedingen einen Fehler von $\pm 0{,}37$. Man hat die Konzentration beider Lösungen so gewählt, daß sie eine gleiche Tension haben, damit bei der 1. und 2. Ablesung keine Verschiedenheiten auftreten können. Nach Beendigung der CO_2-Bestimmung läßt man etwa 2 cm³ Pyrogallollösung durch den Trichter einfließen, schüttelt 5 Min. und liest nach Einstellen der Kühlwassertemperatur ab.

2. Methode. Das Chrom(II)-acetat wird entweder nach HEMPEL aus Chromsäure oder aus Chromhydroxyd hergestellt. Als scharf abgenutschte Paste ist es in gut schließender Büchse haltbar. Nach Zusatz von HCl oder H_2SO_4 nimmt es gierig O_2 auf. Da in saurer Lösung gearbeitet wird, stört CO_2 nicht. Es braucht nicht erst vorher absorbiert zu werden. Die Methode ist deshalb einfacher und schneller. Das Gas wird vorher (wie oben) über H_2SO_4 abgemessen. Dann gibt man etwa 2 cm³ der etwas mit Wasser verdünnten Chrom(II)-acetatpaste durch den Trichter zu und schüttelt 5 Min. Es bildet sich schwefelsaures Chrom(II)-oxyd, das den Sauerstoff absorbiert. Die Kontraktion entspricht der Sauerstoffmenge. Da eine Abweichung der Kühlwassertemperatur von 0,1° C einen Fehler von 0,37 verursacht, muß die Temperatur genau eingehalten werden. Beide Methoden vermeiden den hauptsächlichsten Fehler der technischen Gasanalyse, nämlich unbeabsichtigte Absorption in der Sperrflüssigkeit und in den Reagenzien, da vor einer Absorption alle Flüssigkeiten mit Gas gesättigt werden.

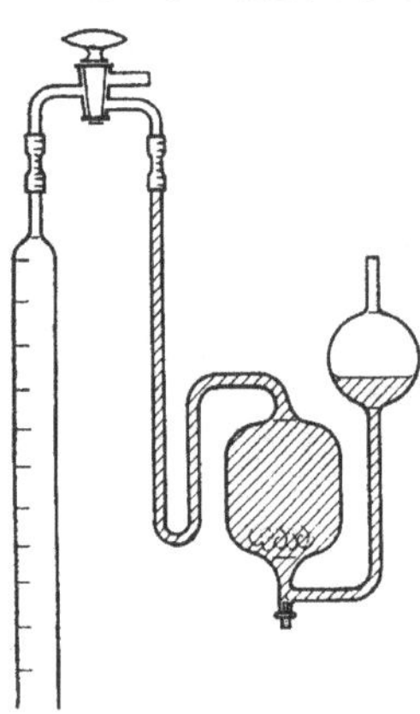

Abb. 31. Apparat. (Nach LINCOLN u. KLUG.)

2. Ammoniakalische Kupfer(I)-salzlösung.

Nach Feststellungen von NEUMANN und STEUER stimmen die Sauerstoffbestimmungen mit ammoniakalischer Kupferlösung, Natriumhydrosulfit und Phosphor überein, während Pyrogallol stets zu hohe Werte liefert. Das HEMPELsche Reagens zur Bestimmung von Sauerstoff besteht aus Cu-Spiralen in einer Lösung, die aus gleichen Teilen gesättigter Ammoncarbonatlösung und Ammoniak (d = 0,93) besteht. Dieses Reagens absorbiert das 24fache seines Volumens an Sauerstoff. Durch den Dampfdruck des Ammoniaks und des Ammoncarbonats werden die Bestimmungen jedoch nicht sehr genau. Bessere Resultate erhält man bei folgender Zusammensetzung des Reagenses: 1 Teil konzentriertes Ammoniak und 1 Teil Wasser werden mit Ammonchlorid gesättigt und über Kupferspiralen gegossen. Das Reagens absorbiert das 55- bis 60fache seines Volumens an Sauerstoff. Nach der Absorption einer gewissen Menge Sauerstoffs bildet sich ein Niederschlag von Cu_2O. Dieser Niederschlag macht das Reagens erst unbrauchbar, wenn er durch immer stärkere Konzentration die Capillaren verstopft und Sauerstoffblasen einschließt. Das Reagens ist nicht anwendbar bei Gegenwart von Kohlenoxyd und Acetylen. Wenn es frisch bereitet ist, gibt es NH_3 an das Gasgemisch ab, was durch Ansäuern der vorgeschalteten Wasserpipette behoben werden kann.

Die Arbeitsweise wird nach Angaben von LINCOLN und KLUG vereinfacht, wenn man einen Drei-Wege-Hahn benützt (Abb. 31), der mit der Pipette, der Bürette und der Atmosphäre verbunden werden kann. Das Absorptionsmittel besteht aus dünnen Kupferfolien und einer 14%-Ammoniaklösung, die mit Ammonchlorid gesättigt ist. Es absorbiert den Sauerstoff schnell und vollständig.

Bei keinen sehr großen Anforderungen an die Genauigkeit spielt der Ammoniakpartialdruck, der sich bei der Berührung des zu analysierenden Gases mit der Absorptionsflüssigkeit in dem Gas einstellt, vielfach keine erhebliche Rolle. Er wird aber nach Mitteilungen von HAEHNEL und MUGDAN bei Präzisionsanalysen von Bedeutung. Die Verwendung von angesäuertem Wasser als Sperrflüssigkeit genügt erfahrungsgemäß nicht zu einer quantitativen und hinreichend schnellen Beseitigung des Ammoniakpartialdruckes. Man ist deshalb genötigt, den nach der Absorption des Sauerstoffs verbleibenden Gasrest in eine Absorptionspipette mit verdünnter Schwefelsäure überzuführen, um das Ammoniak zu binden. Aber auch bei Anwendung dieser Maßnahme fällt das Resultat in vielen Fällen falsch aus. Es läßt sich nämlich, namentlich bei rasch und oft auszuführenden Betriebsanalysen, kaum vermeiden, daß beim Überführen des Gasrestes aus der Sauerstoffabsorptionspipette in die Meßbürette etwas von der ammoniumcarbonathaltigen Absorptionsflüssigkeit in die letztere mit übergeht und daß dann beim Übertreiben des Gasrestes in die Säurepipette eine gewisse Menge Carbonatlösung in die Schwefelsäure gelangt. Es entsteht dann in der Schwefelsäurepipette etwas CO_2, das jetzt durch ein abermaliges Übertreiben des Gasrestes in eine Kalipipette beseitigt werden muß. Die Erzielung eines genauen O_2-Wertes hat also eine dreimalige Behandlung des Gases in drei verschiedenen Pipetten zur Voraussetzung.

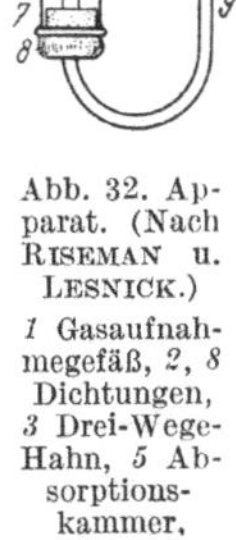

Abb. 32. Apparat. (Nach RISEMAN u. LESNICK.) *1* Gasaufnahmegefäß, *2*, *8* Dichtungen, *3* Drei-Wege-Hahn, *5* Absorptionskammer, *7* Gummistopfen, *9* Glasrohr

Diese Komplikation der Analyse läßt sich dadurch vermeiden, daß man in der Absorptionsflüssigkeit für den Sauerstoff die kalt gesättigte Ammoniumcarbonatlösung durch eine kalt gesättigte Ammoniumchloridlösung, die mit dem gleichen Volumen Ammoniaklösung vom spezifischen Gewicht 0,93 vermischt wird, ersetzt. Der Verlauf und die Geschwindigkeit der Reaktion werden durch diese Modifikation in keiner Weise beeinflußt.

Vor dem Pyrogallol hat nach CLASSEN metallisches Kupfer in einer Lösung von Ammoniumcarbonat den Vorzug viel größerer Absorptionsfähigkeit sowie der ungeschwächten Wirksamkeit bei niedrigeren Temperaturen. In letzterer Hinsicht übertrifft es auch den Phosphor. Da aber die ammoniakalische Kupferlösung auch CO absorbiert, so können die häufig vorkommenden Gasgemenge, welche letzteres Gas enthalten, nicht mit diesem Reagens auf Sauerstoff untersucht werden. Dasselbe gilt von Gemengen, welche Äthylen, Acetylen oder CO_2 enthalten. Die Kupferröllchen müssen aber vor Einfüllung durch Eintauchen in Salpetersäure von Unreinigkeiten, vor allem von Fett, befreit werden. Nach 5 Min. wird eine vollständige Absorption des Sauerstoffs erreicht, wobei man die Pipette wegen der großen Oberfläche, welche die auf dem Drahtnetz verteilte Lösung bietet, nicht zu schütteln braucht.

Bei einer Sauerstoffbehandlung eines Patienten ist es nötig, den Sauerstoffgehalt der Sauerstoffzelle zu kontrollieren. Die Analyse muß in Krankenhäusern schnell und einfach von ungeschulten Hilfskräften ausgeführt werden können. Diesen Anforderungen entspricht der von RISEMAN und LESNICK beschriebene Apparat (Abb. 32).

Die Methode beruht darauf, daß der Sauerstoff von einem Kupferdrahtnetz in ammoniakalischer Lösung absorbiert wird und das Restgas gemessen wird. Die Flüssigkeit in einem mit dem Absorptionsgefäß verbundenen kalibrierten Rohr sinkt in dem Maß, wie Sauerstoff absorbiert wird. Die Flüssigkeitshöhe im Rohr gibt den Sauerstoffgehalt an.

Der ganze Apparat ist in einen Holzkasten eingebaut. Ein Pflock, der innen auf dem Deckel des Holzkastens sitzt, verhindert, daß sich der Stempelkolben des Gasaufnahmegefäßes *1* weiter nach oben verschiebt, als zur Aufnahme von genau

10 cm³ Gas nötig ist. *2* und *8* sind „De Khotinsky cement"-Dichtungen. *3* ist ein Drei-Wege-Hahn aus Messing oder rostfreiem Stahl. Er kann entweder so gestellt werden, daß er das Gasaufnahmegefäß durch einen Schlauch mit der Sauerstoffzelle verbindet, oder so, daß das Gas aus dem Gasaufnahmegefäß in die Absorptionskammer *5* strömt, oder drittens so, daß der Apparat für eine neue Analyse bereit wird. Die Absorptionskammer *5* enthält das eng gerollte Kupferdrahtnetz (ungefähr 3¼ Zoll breit und 30 Zoll lang, 30 bis 40 Maschen pro Zoll) und die ammoniakalische Lösung. Man bereitet diese, indem man 65 g NH_4NO_3 in 45 cm³ Wasser löst und 15 cm³ konzentrierte Ammoniaklösung hinzufügt. Mit diesem Reagens absorbiert der Apparat ungefähr 400 cm³ Sauerstoff. Für Sauerstoffgehalte über 90% eignet sich besser ein Gemisch aus gleichen Teilen Wasser und konzentriertem Ammoniak, das mit NH_4Cl gesättigt ist. Diese Lösung absorbiert 650 cm³ Sauerstoff, eignet sich jedoch nicht für niedrigere Sauerstoffkonzentrationen. Wenn sich nach längerem Gebrauch ein Niederschlag bildet, müssen die Lösungen ergänzt werden. *7* ist ein Gummistopfen. Das Glasrohr *9* wird dadurch kalibriert, daß man das Absorptionsgefäß mit Wasser füllt und die Höhe, in der das Wasser im Rohr steht, mit 100 bezeichnet. Dann füllt man das Absorptionsgefäß mit Luft und bezeichnet die Wasserhöhe im Rohr mit 0. Der Raum zwischen 0 und 100 wird weiter unterteilt. Die Genauigkeit der Methode beträgt etwa 2%.

Ebenfalls Gross berichtet über die Sauerstoffabsorption von Kupferspänen in einer NH_4OH- und NH_4Cl-Lösung.

3. Alkalische Natriumdithionitlösung.

$$Na_2S_2O_4 + 2\,NaOH + O_2 = Na_2SO_3 + Na_2SO_4 + H_2O\,.$$

Das Molverhältnis ist demnach theoretisch 1 Dithionit zu 2 Ätznatron. Man löst 1 g Natriumdithionit, 0,64 g Ätzkali oder 0,46 g Ätznatron in 6 g Wasser. Die Absorptionsgeschwindigkeit ist bei schwächerer Alkalisierung größer. Praktisch kann man aber solche Lösungen nicht verwenden, weil eine Abspaltung von Schwefeldioxyd eintreten würde, wenn die Lösung schon länger gebraucht wurde. Die Absorptionsgeschwindigkeit dieser Natriumdithionitlösung ist wesentlich geringer als die von Pyrogallol, sie hat aber den Vorteil, daß sie bei tieferen Temperaturen immer noch gut absorbiert, wo Pyrogallol schon sehr träge reagiert. Ein weiterer Vorteil ist die Billigkeit des Reagenses. Wenn man zum Dithionit noch anthrachinonsulfosaures Natrium hinzugibt, erhöht sich die Absorptionsgeschwindigkeit, erreicht aber immer noch nicht den Wert für Pyrogallol.

Natriumdithionit bietet nach Angaben von Franzen gegenüber Pyrogallol folgende Vorteile: Es ist bedeutend billiger als Pyrogallol. Mit der schwach alkalischen Natriumdithionitlösung läßt sich, namentlich bei Arbeiten mit der Bunte-Bürette, viel leichter hantieren als mit der stark alkalischen, tief dunkelgefärbten Pyrogallollösung. Der am meisten ins Gewicht fallende Vorzug ist wohl der, daß die Absorption auch bei niederer Temperatur ebenso rasch verläuft wie bei höherer. Die Absorptionsfähigkeit der alkalischen Pyrogallollösung sinkt bekanntlich bedeutend bei niedriger Temperatur.

Vor dem Kupfer(I)-oxydammoniak hat das Natriumdithionit den Vorteil, daß man mit seiner Hilfe auch CO-haltige Gase analysieren kann. Vor Phosphor hat es den Vorzug, daß seine Absorptionsfähigkeit, wie schon vorhin gesagt, nicht durch niedere Temperatur herabgesetzt wird, und daß die Substanzen, welche eine Oxydation des Phosphors verhindern, auf Natriumhyposulfit keinen Einfluß haben.

Nach Henrich absorbiert eine mit der doppelten äquivalenten Menge KOH angesetzte Natriumdithionitlösung wesentlich schneller. Henrich und Kuhn stellten fest, daß eine Lösung von Natriumdithionit, die mit KOH statt NaOH bereitet war, den Sauerstoff viel schneller absorbierte. An Hand einer langen Versuchsreihe fanden sie, daß die zur Sauerstoffabsorption am besten geeignete Lösung

2 Mole Alkali auf 1 Mol Natriumdithionit enthält. Sie empfehlen folgende Lösung: 31 g Natriumdithionit, mit 23 g KOH in 180 cm³ Wasser gelöst.

Die Absorptionsfähigkeit von $Na_2S_2O_4$-Lösung (16 g $Na_2S_2O_4$, 13,3 g NaOH und 4 g Anthrachinon-β-sulfosäure in 100 cm³ Wasser) wurde von QUIGGLE geprüft. Die Absorption wurde sowohl in einer ORSAT- als auch in einer FRANCIS-Bürette (in der das Gas durch die Absorptionsflüssigkeit perlt) vorgenommen. Nach 3 bis 4 Tagen wurde die Lösung unbrauchbar, da sie nicht mehr genug Sauerstoff aufnahm. Diese Erscheinung kommt wahrscheinlich dadurch zustande, daß sich das $Na_2S_2O_4$ mit der Zeit zersetzt und so die katalytisch wirkende Anthrachinon-β-sulfosäure, wenn sie durch den Sauerstoff zu ihrer unlöslichen Form oxydiert wird, nicht mehr von dem $Na_2S_2O_4$ zurückreduziert werden kann.

Es gelang nicht, das $Na_2S_2O_4$ durch irgendeine Änderung der Zusammensetzung beständiger zu machen. Je alkalischer die Lösung ist, desto langsamer geht die Zersetzung vor sich. Wärme und Tageslicht fördern die Zersetzung. Wenn man jedoch bei der Bestimmung der Anthrachinon-β-sulfosäure Zeit läßt, sich zu regenerieren, und wenn man die Absorptionslösung alle paar Tage frisch bereitet, liefert die Methode befriedigende Ergebnisse.

Dithionit in einer speziellen Bürette verwendet MURCHHAUSER.

BAZETT verwendet zur Sauerstoffabsorption 3 g Anthrachinon + 14 g KOH + 16 g Natriumdithionit. Über eine Vorrichtung zur O_2-Untersuchung mit alkalischer Natriumdithionitlösung berichtet ebenfalls GLÜCKAUF. Die Vorteile von Natriumdithionit gegenüber Pyrogallol in Gegenwart von CO betont TSCHERNYAJOVA. TSCHERNJAK und SALDOWITSCH verwenden einen halbautomatischen Gasanalysator für Sauerstoff mit Adsorption von O_2 durch $Na_2S_2O_4$, Glasfritten als Gaszerteiler und einen Gasdurchgang durch die Absorptionsschicht in 3 Min. SZABO und Soos verwenden 50 g $Na_2S_2O_4$ + 40 cm³ KOH (500 g/700 Wasser) in 250 cm³. Es wird die Druckabnahme in einem vorher evakuierten 3-Liter-Kolben gemessen. Das Gas wird bis zu einem Druck von 60 bis 70 mm eingelassen, dann 30 cm³ Reagenslösung zugefügt und 10 bis 15 Min. lebhaft geschüttelt.

4. Phosphor.

Die Reaktion des Sauerstoffs mit Phosphor ist von CENTNERZWER studiert worden. Reaktionshemmend wirkt die Feuchtigkeit auf dem Phosphor. Hochprozentiger Sauerstoff wirkt auffallenderweise nicht auf Phosphor ein, und dieser muß erst verdünnt oder bei Unterdruck zur Absorption gebracht werden. In solchem Falle muß man vorsichtig vorgehen, da die Verbrennung nach Einleitung der Reaktion explosionsartig verläuft.

Durch Phosphor wird ein Rest von etwa 0,2% Sauerstoff nicht absorbiert. Wenn Wasserstoff zugegen ist, wird etwa 0,5% des Wasserstoffs oxydiert, und zwar mehr, wenn weniger Sauerstoff zugegen ist. Da Kohlenwasserstoffe den Phosphor vergiften können, ist es ratsam, Phosphor in diesem Fall nicht zu verwenden. Insbesondere sind die höheren Homologen der Äthylene starke Katalysatorgifte. Um völlige Absorption des Sauerstoffs zu erhalten, sind im Gasgemisch zulässig:

CH_4 beliebig viel, C_2H_6 50%, C_3H_8 14%, C_4H_{10} 5%, C_2H_4 0,2%, C_3H_6 0,01%, C_4H_8 0,007%.

Kleine Mengen Benzol vergiften den Phosphor nicht.

HETZLER schlägt vor, zur Absorption statt Pyrogallol weißen Phosphor zu verwenden, wobei folgendes beachtet werden muß:

1. Der Phosphor muß vor Sonne und hellem Licht geschützt werden. Auch schon beim Umschmelzen und Einbringen in die Pipette muß darauf geachtet werden.

2. Es dürfen nur gut gefärbte, saubere und hellgelb aussehende Stangen verwendet werden, rötlich verfärbte Stangen haben bereits durch Licht gelitten und müssen umgeschmolzen werden.

3. Das Sperrwasser in der Pipette muß häufig erneuert werden. Mangelhafte Absorption des Sauerstoffs wird meist durch stark verunreinigtes Sperrwasser in der Pipette hervorgerufen.

4. Die Sperrwassertemperatur muß stets zwischen 16 und 22° C gehalten werden. Bei kaltem Wetter muß deshalb öfter mit warmem Wasser nachgespült, bei heißem Wetter mit kaltem Wasser gekühlt werden, da der Schmelzpunkt des Phosphors sehr niedrig liegt.

Die Fehlerquellen der Sauerstoffbestimmung durch Absorption mit Phosphor wurden von AMBLER untersucht. Es zeigte sich, daß bei Einhaltung der richtigen Bedingungen diese Methode als Präzisionsmethode angewandt werden kann. Der feste Phosphor hat gegenüber flüssigen Absorptionsmitteln den Vorteil, daß die Gegenwart von leichtlöslichen Substanzen, wie z. B. Stickoxyden, die Analyse nicht stört. Es wurde mit Phosphor in Stangenform von etwa 4 mm Durchmesser gearbeitet. Um Fehler durch physikalische Lösung auszuschließen, wurde der Phosphor in Quecksilber, nicht in Wasser, in einer oben mit einem Hahn versehenen Pipette aufbewahrt. Die Stangen wurden mit Wasser feucht gehalten, wodurch das gebildete Phosphor(V)-oxyd absorbiert wurde.

Das Verfahren wurde zuerst geprüft, indem der O_2-Gehalt der Luft untersucht wurde. Es zeigte sich, daß die Absorption schnell vor sich ging, bei Temperaturen von 18 bis 27° C wurde nach etwa 4 Min. ein konstantes Volumen erhalten, jedoch waren die Ergebnisse in fast allen Fällen zu niedrig, statt 20,9 bis 21,0% O_2 erhielt man 20,5 bis 20,8%. Als das Restgas untersucht wurde, stellte sich heraus, daß die zu niedrigen Werte nicht durch etwa gebildete gasförmige Nebenprodukte verursacht waren, sondern durch nichtabsorbierten Sauerstoff. Der nichtabsorbierte Sauerstoff wurde nach 3 Methoden bestimmt. 1. Durch Absorption mit Pyrogallol, 2. durch Verbrennung mit H_2 bei Gegenwart von erhitztem Platinblech und 3. durch die colorimetrische Pyrogallolmethode. Als man den so bestimmten Restsauerstoff zu dem durch die Absorption mit P_4 erhaltenen O_2-Wert addierte, erhielt man richtige Werte.

Der Verfasser untersuchte, warum der Phosphor den Sauerstoff nicht vollständig absorbiert. Gasgemische von sehr geringem O_2-Gehalt wurden analysiert. Erst bei einem Gehalt von 0,2% Sauerstoff setzte überhaupt die Reaktion zwischen P_4 und O_2 ein (was durch die auftretenden weißen Nebel angezeigt wurde), aber auch nach Beendigung der Reaktion ließen sich noch durch colorimetrische Analyse 0,05% O_2 im Restgas nachweisen.

Der Grund für die Unvollständigkeit der Reaktion zwischen P_4 und O_2 ist der, daß sich bei der Reaktion ein Produkt bildet, das die Absorption verhindert. Nach Absorption des Sauerstoffs aus einem Gasgemisch durch P_4 wurden das Restgas und der Phosphor getrennt mit Wasser gewaschen, wodurch das reaktionshemmende Produkt ausgewaschen wurde. Dieses Produkt ist noch nicht näher identifiziert. Als man das Restgas wieder über den Phosphor brachte, wurden auch die restlichen O_2-Mengen absorbiert. Für Präzisionsanalysen ist es deshalb nötig, den Sauerstoff im Restgas auch noch auf eine der vorhin beschriebenen Weisen zu absorbieren.

Weitere Angaben über die Sauerstoffbestimmung durch Absorption mittels weißen Phosphors macht CLASSEN. KRAFT verwendet Phosphor im ORSAT-Apparat. Um bei O_2-reichen Gasen Entzündungsgefahr zu vermeiden, bleiben nach Angaben von SÒLYOM die P_4-Stäbchen während der Überführung des Gases in der Pipette unter Wasser und werden langsam in den Gasraum vor- bzw. wenn nötig unter Wasser zurückgeschoben.

5. Alkalische Oxyhydrochinonlösung.

Diese Lösung wurde von HENRICH vorgeschlagen und ist zur Absorption von Sauerstoff sehr gut geeignet. Sie hat den großen Vorteil, daß sie auch bei Absorption von reinem Sauerstoff kein Kohlenoxyd entwickelt und ebenso schnell absorbiert wie die besten Pyrogallollösungen. Da das Oxyhydrochinon im Handel noch zu teuer ist, stellt man es sich einfach selbst her und geht am besten vom billigen Hydrochinon aus:

250 g Hydrochinon werden in einem Gemisch von 250 g konzentrierter Schwefelsäure und 1 l Wasser suspendiert; unter fortwährendem kräftigem Rühren bei gleichzeitiger Kühlung werden langsam 225 g feingepulvertes Kaliumdichromat zugegeben, und gleichzeitig wird allmählich die Lösung auf ein Volumen von 3 l verdünnt. Während der Oxydation soll die Temperatur der Suspension, die über Schwarzfärbung in Bräunlichgrün übergeht, $+10°$ nicht überschreiten. Nach der Zugabe des Oxydationsmittels wird das Rühren eine weitere Stunde fortgesetzt, das Rohchinon abfiltriert und der restlich gelöste Anteil durch Ausschütteln mit Äther gewonnen. Die Ausbeute ist nahezu quantitativ. Das Chinon wird nach einer von THIELE angegebenen Arbeitsvorschrift in Triacetyloxyhydrochinon übergeführt.

Bei gasanalytischen Arbeiten kann man für das Ansetzen der Absorptionslösung direkt das Triacetylprodukt verwenden: 110 g Kaliumhydroxyd werden in wenig Wasser gelöst, auf 200 cm³ aufgefüllt und unter Ausschluß von Luftsauerstoff 40 g Triacetyloxyhydrochinon zugegeben, die sich nach kurzem Umschütteln klar auflösen. 100 cm³ Sauerstoff werden in 1 bis 2 Min. vollständig absorbiert, ohne Bildung irgendwelcher Spuren von Kohlenoxyd. Die Absorptionsfähigkeit der Lösung bleibt Monate hindurch unverändert, auch schäumt die Lösung nicht. Bei dieser Lösung macht es in bezug auf Reaktionsgeschwindigkeit gar keinen Unterschied, ob man zur Bereitung Kali- oder Natronlauge verwendet. Kohlenoxyd nimmt sie ebensowenig wie Wasserstoff und Methan auf.

6. Eisen in alkalischer Lösung.

Um eine klare, alkalische Lösung von Eisen(II)-salz zu erhalten, welche eine viel größere Absorptionsfähigkeit hat als neutrale oder saure Lösungen, verfährt man nach DE KONINCK in folgender Weise: Man löst

a) 40 g kristallisiertes Eisenvitriol,
b) 30 g Seignettesalz,
c) 60 g KOH,

jede Substanz gesondert in 100 cm³ Wasser. Dann gießt man ein Volumen a in fünf Volumina b, wobei sich ein weißlicher Niederschlag von Eisen(II)-tartrat bildet, welcher auf Zusatz von einem Volumen c sofort verschwindet. Die erhaltene Lösung ist gelblich und wird an der Luft rasch grün infolge von Eisen(II)-Eisen(III)-salz. Die Absorption geschieht wie mit Pyrogallol. Ein 4 Min. langes Umschwenken genügt, um den Sauerstoff vollständig zu absorbieren. Die Wirksamkeit dieser Lösung wird nicht wie bei Pyrogallol durch niedrige Temperatur beeinflußt und eine Bildung von Kohlenoxyd ist natürlich unmöglich. CO_2 muß aus jedem Gasgemisch vorher entfernt werden.

Die O_2-Absorption saurer und neutraler $FeSO_4$- und $FeCl_2$-Lösungen ist nach PANASSJUK schlechter als von Mischungen von Eisensalz mit Ammoniak sowie mit Weinsäure. Nach WIERCINSKI verläuft die Reaktion zwischen O_2 und $Fe(OH)_2$ schneller als mit $Mn(OH)_2$. Für Bestimmung geringer Mengen $Fe(OH)_3$ neben Fe(II) ist die Permanganatmethode der jodometrischen vorzuziehen. Benutzt wird eine große 2000 cm³-Pipette, die evakuiert oder besser mit luftfreiem Wasser gefüllt wird.

Um kleine Sauerstoffpartialdrucke bis herab zu $^1/_{10000}$ Atm. zu messen, hat sich nach Angaben von WARBURG und KUBOWITZ folgende Methode bewährt, die geeignet ist, über den Sauerstoffgehalt der von der Technik dargestellten Gase

(N_2, H_2 usw.) Aufschluß zu geben: Der Hauptraum *HR* des Meßgefäßes (Abb. 33) enthält 2 cm³ m/5 eisenfreier Natriumpyrophosphatlösung, der Einsatz *E* 0,2 cm³ 5%ige Kalilauge, der Anhang *A* 0,2 cm³ m/2 Eisen(II)-sulfatlösung, gelöst in n/500 Schwefelsäure.

Das Meßgefäß wird mit einem Wassermanometer verbunden und von der Manometercapillare aus mit dem Gas gefüllt, dessen Sauerstoffpartialdruck gemessen werden soll. Dann wird im Thermostaten bis zum Ausgleich der Drucke und der Temperatur geschüttelt. Da saure Eisen(II)-sulfatlösung unter den Bedingungen der Anordnung keinen Sauerstoff absorbiert, bleibt der Sauerstoffdruck während der Ausgleichszeit in dem Meßgefäß konstant. Ist der Ausgleich erreicht, so gibt man den Inhalt von *A* in den Hauptraum *HR*, wobei sich das Sauerstoffabsorptionsmittel Eisen(II)-pyrophosphat bildet. Dieses absorbiert Sauerstoff selbst bei sehr kleinem Partialdruck schnell. Deshalb tritt bei der Mischung des Eisen(II)-sulfats mit dem Pyrophosphat ein negativer Druck auf, der schnell konstant wird. Nennt man den konstanten Endwert dieses Druckes P_e und ist der Gesamtdruck (minus Wasserdampftension) in dem Meßgefäß vor Einkippen des Eisen(II)-sulfats P, so enthält das Gas

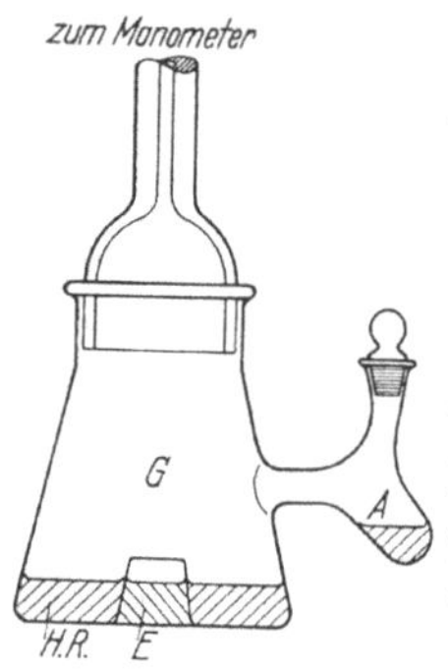

Abb. 33. Meßapparat. (Von WARBURG u. KUBOWITZ.) *A* Anhang, *E* Einsatz, *G* Meßgefäß, *H*, *R* Hauptraum.

$$\frac{P_e}{P} \cdot 100 \text{ Vol.-\% Sauerstoff.}$$

Prüfung der Methode. Um die Methode zu prüfen, bringt man an der Verbindungsstelle zwischen Meßgefäß und Manometercapillare einen Schwanzhahn an (Abb. 34). Schließt man den Schwanzhahn nach erfolgtem Ausgleich nach allen Seiten und füllt die Manometercapillare mit Sauerstoff, so kann man beliebige Mengen in das Meßgefäß eindrücken, indem man den Schwanzhahn unter Überdruck schnell öffnet und wieder schließt. Man spült dann den Sauerstoff aus der Capillare mit Stickstoff heraus, öffnet den Schwanzhahn gegen die Capillare und mißt den Partialdruck des eingedrückten Sauerstoffs. Man gibt das Eisen(II)-sulfat aus dem Anhang *A* in den Hauptraum *HR* und mißt den nach einer Weile konstant gewordenen negativen Druck, dessen Endwert P_e' zum Unterschied von P_e sei, der auftritt, wenn kein Sauerstoff eingedrückt wird. War der Partialdruck des eingedrückten Sauerstoffs ΔP, so fand man

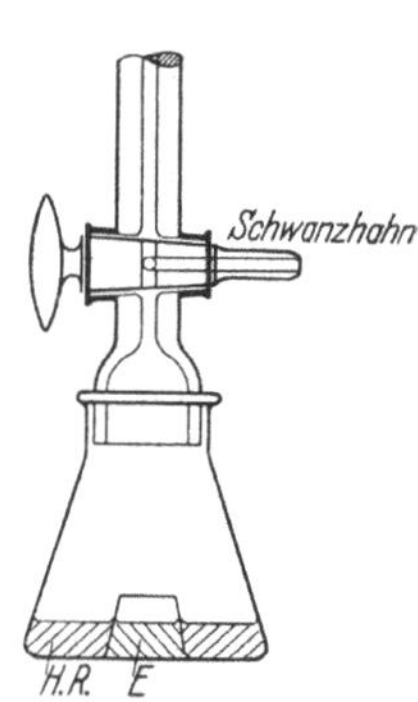

Abb. 34. Prüfapparat. (Nach WARBURG u. KUBOWITZ.) *E* Einsatz, *H*, *R* Hauptraum.

$$P_e' = P_e - \Delta P,$$

womit die Brauchbarkeit der Methode erwiesen war.

7. Chrom(II)-salz.

Bei gasvolumetrischen Sauerstoffbestimmungen von Gasgemischen, die Sauerstoff und Stickstoff enthalten, ist es für genaues Arbeiten nötig, Sauerstoff in einem Reagens zu absorbieren, das mit Stickstoff gesättigt ist. Der augenscheinliche Prozentgehalt an Sauerstoff der Probe wird nicht nur abhängen von dem Sauerstoffvolumen, welches reagiert, sondern auch von dem Volumen Stickstoff oder anderer Gase, welche durch das Reagens absorbiert oder abgegeben werden während der Analyse.

Es wurden unter diesen Gesichtspunkten von BRANHAM Lösungen von Chrom(II)-sulfat und -chlorid untersucht mit besonderer Berücksichtigung:

1. Der Vollständigkeit der Reaktion mit Sauerstoff,
2. der Bildung und späteren Infreiheitsetzung von Wasserstoff,
3. der Bildung und späteren Infreiheitsetzung von Schwefelwasserstoff,
4. der physikalischen Lösung und Verdrängung des Stickstoffs von diesen Reagenzien während der chemischen Absorption des Sauerstoffs.

Günstige Resultate erzielten ANDERSON und RIFFE mit einer durch direkte Reduktion von violettem Chromchlorid erhaltenen Lösung. Diese absorbiert den Sauerstoff rasch, jedoch nie ganz vollständig. Chrom(II)-chlorid ist deshalb nur in solchen Fällen zu verwenden, wo wegen gleichzeitiger Anwesenheit von CO_2 und H_2S keines der anderen Absorptionsmittel in Betracht kommt.

Eine grüne Lösung von Chrom(III)-chlorid, erhalten durch Erhitzen von Chromsäure mit konzentrierter HCl, wird nach dem Verjagen des freien Chlors mit Zink und HCl zu Chrom(II)-chlorid reduziert, wobei die grüne Farbe der Lösung in Blau übergeht (CLASSEN). Um diese Lösung von dem unlöslichen Rückstand des Zinks unter Luftabschluß filtrieren zu können, bewirkt man die Reduktion in einem Kolben, dessen Stopfen mit 2 Röhren nach Art einer Spritzflasche versehen ist, mit dem Unterschied, daß an den äußeren, aufwärtsgebogenen Schenkel des Steigerohrs ein kleines Asbestfilterrohr angesetzt ist. Beim Beginn der Reduktion läßt man das Wasserstoffgas durch das aus der Flüssigkeit herausgezogene Steigrohr entweichen, verschließt alsdann die äußere Öffnung des letzteren und drückt das Rohr in die Flüssigkeit hinein, so daß das Gas nun durch das kurze, mit einem Kautschukventil versehene Rohr entweichen muß. Nach beendigter Reduktion drückt man die Lösung mittels eines Kohlendioxydstromes durch das Asbestfilter in eine gesättigte Lösung von Natriumacetat, wobei sich Chrom(II)-acetat als roter, kristalliner Niederschlag abscheidet, den man mit CO_2-haltigem Wasser auswäscht. Dem Waschwasser setzt man zuerst etwas Essigsäure zu, um das Salz frei von basischem Zinkcarbonat zu halten. Das Chrom(II)-acetat läßt sich in feuchtem Zustand in mit CO_2 gefüllten Flaschen unverändert aufbewahren. Zur Bereitung des Absorptionsmittels zersetzt man das Acetat unter Luftabschluß mit HCl unter Vermeidung eines Überschusses an Säure. Die Absorption des Sauerstoffs geschieht in derselben Weise wie mit Pyrogallol.

ANGUS sowie HARTSHORNE und SPENCER wenden mit Erfolg ein Gemisch von Chrom(II)-chlorid und Zinkamalgan zur Bestimmung von O_2 neben CO_2, CO und N_2 an. Den quantitativen Verlauf der Reaktion zwischen sauren und neutralen Lösungen von $CrCl_2$ und $CrSO_4$ mit O_2 betont BRANHAM.

8. Sonstige Absorptionsmittel.

Über eine gasanalytische Methode zur Bestimmung des Sauerstoffs berichten BAUDISCH und KLINGER. Leitet man zu NO, welches mit festem Kaliumhydroxyd in Verbindung steht, das auf O_2 zu untersuchende Gasgemisch, so bildet sich N_2O_3, welches von dem anwesenden KOH momentan in KNO_2 verwandelt wird und damit außerordentlich rasch absorbiert wird. Der Prozeß verläuft nach folgender Gleichung:

$$4\,NO + O_2 = 2\,N_2O_3 \text{ und } 2\,N_2O_3 + 4\,KOH = 4\,KNO_2 + 2\,H_2O$$

oder

$$4\,NO + O_2 + 4\,KOH = 4\,KNO_2 + 2\,H_2O$$
$$4 \text{ Vol.} + 1 \text{ Vol.}$$

Es verbrauchen somit 4 Vol. NO 1 Vol. O_2, wodurch eine Kontraktion von 5 Vol. verursacht wird, d. h. mit anderen Worten, $^4/_5$ Tl. der Kontraktion entsprechen dem Vol. von NO und $^1/_5$ Tl. dem Vol. von O_2.

Bei dieser Reaktion entsteht kein NO_2. Schon RASCHIG hat gezeigt, daß die Bildung von NO_2 aus NO und O_2 in zwei Phasen verläuft, die ganz verschiedene Reaktionsgeschwindigkeiten aufweisen.

Die erste Phase entspricht der Bildung eines Gemenges von NO und NO_2, also N_2O_3:

$$4\,NO + O_2 = 2\,NO_2 + 2\,NO = 2\,N_2O_3,$$

und sie verläuft außerordentlich schnell. Die zweite Phase entspricht der Bildung von NO_2 aus diesem Gemenge und verläuft verhältnismäßig sehr langsam.

$$2\,NO_2 + 2\,NO + O_2 = 4\,NO_2.$$

RASCHIG hat NO mit fünf- bis zehnfachen Mengen Luft (also 4- bis 8mal so viel O_2, als die Theorie zur Bildung von NO_2 verlangt) gemengt, diese Gase in $^1/_{10}$ n NaOH aufgefangen und titriert. Geschah die Absorption in NaOH wenige Sekunden nach der Vereinigung von NO und O_2, so enthielt das Gemenge ausschließlich N_2O_3. Wurde das Gemenge der Gase erst nach 15 Min. langem Stehen in NaOH absorbiert, so enthielt diese den Stickstoff nur in Form von NO_2. Nach KLINGER wird die NO_2-Bildung durch die Feuchtigkeit verursacht.

Die Gasanalyse wird folgendermaßen ausgeführt: Man leitet zu NO, welches mit festem KOH in Verbindung steht, das auf O_2 zu untersuchende Gasgemisch (NO muß dabei immer im Überschuß vorhanden sein). Es bildet sich dann aus NO momentan N_2O_3, welches von dem Kali augenblicklich gebunden wird.

In einer Pipette befindet sich vollständig trockenes, festes Stangenkali; sowohl die Pipette als auch das darin befindliche Kali werden mit Quecksilber absolut luftleer gemacht. Zuerst leitet man die abgemessene Menge (G) NO in die Pipette, so daß dieses mit dem KOH in Berührung steht. Nun treibt man das abgemessene Volumen (L) des zu untersuchenden Gases in die Pipette über, worauf die oben erwähnte Reaktion vor sich geht. Dann saugt man das zurückgebliebene Gas wieder zurück und mißt dessen Volumen V:

$$G + L - V = K$$

Man erhält auf diese Weise die Kontraktion K, wovon $^4/_5$ dem vorher anwesenden Stickoxyd, $^1/_5$ dem Sauerstoff entspricht. Da KOH CO_2 absorbiert, muß man das Gasgemisch vorher auf CO_2 untersuchen und nötigenfalls das Kohlendioxyd vorher bestimmen.

Diese Methode hat gegenüber anderen mehrere Vorteile. Sie ist absolut genau, dabei leicht und schnell ausführbar. In 12 Min. ist eine Bestimmung vollkommen beendet. Besonders wichtig ist die Tatsache, daß man mit dieser Methode den O_2-Gehalt eines Gases bestimmen kann, ohne die qualitative Zusammensetzung der anderen gleichzeitig mit anwesenden Gase ermitteln zu müssen. Es hat gar nichts zu sagen, wenn neben O_2 noch N_2O oder H_2 anwesend sind.

Ganz andere Resultate erhält man, wenn man die Versuchsanordnung umkehrt, d. h. wenn man NO nachträglich in die Pipette einführt, in der sich KOH und das auf O_2 zu untersuchende Gas befinden. O_2 ist jetzt im Überschuß vorhanden, es ist somit die Gelegenheit da, daß sich das intermediär gebildete N_2O_3 weiter zu NO_2 oxydiert. Das ist in der Tat der Fall, denn man erhält zum Schluß ein Gemisch von NO_2 und N_2O_3.

Wenn man zu einer Lösung von Brenzcatechin und Eisen(III)-salz Alkali zugibt, entsteht nach BINDER und WEINLAND eine tiefrote Lösung eines Alkalisalzes der Tribenzcatechineisen(III)-säure von der Formel

$$[Fe(C_6H_4O_2)_3]H_3.$$

Verwendet man zu derselben Reaktion statt Eisen(III)- ein Eisen(II)-salz, so entsteht gleichfalls die tiefrote Lösung, wobei der zur Oxydation des Eisen(II)-salzes nötige Sauerstoff mit großer Geschwindigkeit aus der Luft aufgenommen wird:

$$2\,FeSO_4 + 6\,C_6H_4(OH)_2 + 10\,KOH + O = 2[Fe(C_6H_4O_2)_3]K_3 + 2\,K_2SO_4 + 11\,H_2O.$$

Arbeitet man in einer möglichst sauerstofffreien Atmosphäre, so tritt bei Zusatz der KOH nur eine ganz blaßrote Färbung auf. Bringt man diese blaßrote Lösung an die Luft, so färbt sie sich rasch von oben her tief dunkelrot.

Diese Lösung läßt sich auch zur quantitativen Bestimmung von Sauerstoff benützen. Man füllt hierzu in eine zusammengesetzte HEMPELsche Absorptionspipette zuerst eine Lösung von 14,0 g reinem Eisen(II)-sulfat und 18 g Brenzcatechin in 75 g mit 10 Tropfen verdünnter Schwefelsäure angesäuertem Wasser und hierauf eine mit Eis abgekühlte Lösung von 33 g KOH in 75 g Wasser. Hierbei scheidet sich vorübergehend ein farbloses Salz aus. An den Wandungen der Pipette setzen sich Kristalle von Kaliumsulfat an. Als Sperrflüssigkeit dient destilliertes Wasser. Zur quantitativen Absorption des Sauerstoffs muß man 5 Min. kräftig schütteln.

Die Störungen dieser Methode sind dieselben wie bei der Sauerstoffabsorption mit Pyrogallol.

Bemerkung. Diese Absorptionslösung ist für colorimetrische Bestimmungen geeignet.

Natürliche oder eben neutralisierte Tannine geben nach Feststellungen von FAGER und REYNOLDS keine Absorption. Im alkalischen Gebiet findet man zunächst starke Zunahme der Absorption bis zu einem Höchstwerte, der konstant bleibt und dem die alkalische Pyrogallollösung fast gleichkommt. Bei höheren Temperaturen und Drucken scheint die O_2-Aufnahme größer zu sein. Sulfit-Celluloseablauge hat geringere Absorptionsfähigkeit als die Tannine.

Literatur.

AMBLER, H. R.: Analyst **59**, 593 (1934). — ANDERSON, R. P.: Ind. eng. Chem. **8**, 133 (1916); durch C. **87**, **II**, 363 (1916). — ANDERSON, R. P., u. J. RIFFE: Ind. eng. Chem. **8**, 24 (1916); durch C. **87**, **I**, 635 (1916). — ANGUS, T. H.: J. Soc. chem. Ind. **46**, 218 (1927); durch C. **98**, **II**, 856 (1927).

BAUDISCH, O., u. G. KLINGER: B. **54**, 3231 (1912). — BAZETT, H. C.: J. Physiol. **86**, 556 (1928); durch C. **100**, **I**, 416 (1929). — BERTHELOT: C.r. hebd. Séances Acad. Sci. **126**, 1066 u. 1459 (1898). — BINDER u. WEINLAND: B. **46**, 255 (1913). — BRANHAM, J.: J. Res. Nat. Bureau of Standards **21**, 45 (1938); durch C. **109**, **II**, 2797 (1938). — BRÜCKNER, H., u. A. BLOCH: Gas- und Wasserfach **78**, 645 (1935).

CENTNERSWER, L.: Ph. Ch. **26**, 1 (1898). — CLASSEN, A.: Ausgewählte Methoden der Analytischen Chemie, Bd. II.

DRAKELEY, T. J., u. H. NICOL: J. Soc. chem. Ind. **44**, 457 (1926); durch C. **97**, **II**, 2091 (1926). — DYRENFURTH, F.: Dtsch. Z. ges. gerichtl. Med. **12**, 23 (1928).

FAGER, E. P., u. A. H. REYNOLDS: Ind. eng. Chem. **21**, 357 (1920). — FRANZEN, H.: B. **39**, 2069 (1906). — FUNK, V.: Gas- und Wasserfach **71**, 443 (1928).

GROSS, F. B.: Acetylen J. **26**, 550 (1925); durch C. **96**, **II**, 330 (1925).

HAEHNEL, W., u. M. MUGDAN: Angew. Ch. **33**, 35 (1920). — HALDANE, J.: J. Physiol. **42**, 467 (1898). — HALDANE, J. S., u. R. H. MAKGILL: Analyst **58**, 378 (1933); durch C. **104**, **II**, 1897 (1933). — HARRIES, C.: B. **35**, 2954 (1902). — HARTSHORNE, N. H., u. J. F. SPENCER: J. Soc. chem. Ind. **45**, 474 (1926); durch C. **98**, **I**, 1201 (1927). — HENRICH, I.: B. **48**, 2006 (1915). — HETZLER, P.: Ber. Ges. Kohlentechnik **1**, 83. — HOFFMANN: Angew. Ch. **35**, 325 (1922). — HOLDE: Mitt. Materialprüfungsamt Groß-Lichterfelde-West **23**, 55. Abtlg., 6 (1905).

DE KONINCK: Angew. Ch. **3**, 727 (1890). — v. KOVÁCS-ZÓRKOCZY, E.: Bio. Z. **162**, 161. — KRAFT, J.: Bányászati Kohsázati Lapok (ungar.) **75**, 113 (1942); durch C. **113**, **I**, 3277 (1942).

LINCOLN, A., u. H. KLUG: J. chem. Educat. **12**, 375 (1935); durch C. **107**, **I**, 1463 (1936).

MURCHHAUSER, H.: Angew. Ch. **21**, 2503 (1908).

NEUMANN, B., u. W. STEUER: Ch. Z. **49**, 585 (1925); durch C. **96**, **II**, 1616 (1925).

PANASSJUK, W. I.: Ukrain. chem. J. (Ukrain. 7. wissensch.) Teil 94—97.

QUIGGLE, D.: Ind. eng. Chem. Anal. Edit. **8**, 363 (1936).

RISEMAN, J., u. G. LESNICK: New England J. Med. **215**, 65 (1936).

SHIPLEY, J. W.: Am. Soc. **38**, 1687 (1916); durch C. **87**, **II**, 1071 (1916). — SÓLYOM, Z. B.: Magyar Chem. Folyóirat **41**, 94 (1935); durch C. **107**, **I**, 385 (1936). — SZABÓ, Z., u. J. SOOS: Fr. **127**, 181 (1944); Fr. **126**, 246 (1943).

THIELE, J.: B. **31**, 1247 (1898). — TSCHERNJAJEVA, J.: Betriebslab. **8**, 1092 (1939); durch C. **112**, **I**, 1070 (1941). — TSCHERNJAK u. A. G. SALDOWITSCH: Betriebslab. **10**, 468 (1941); durch C. **114**, **I**, 1802 (1943).

WARBURG, O., u. F. KUBOWITZ: Bio. Z. **202**, 387 (1928). — WIERCINSKI, J.: Przemysl Chem. **15**, 188 (1931); durch C. **102**, **II**, 277 (1931).

C. Verbrennungsmethoden.

Die Verbrennung des Wasserstoffs mit Sauerstoff zu Wasser erfolgt nach dem GAY-LUSSACschen Gesetz im konstanten Volumenverhältnis.

Entsprechend der Gleichung: $2\,H_2 + O_2 \rightarrow 2\,H_2O$.

2 Volumen Wasserstoff verbinden sich mit 1 Volumen Sauerstoff zu 2 Volumen Wasserdampf. Der bei der Verbrennung entstehende Wasserdampf geht in flüssiges Wasser über, sein Volumen verschwindet praktisch.

Die gemessene Volumenverminderung entspricht also dem dreifachen Volumen der vorhandenen Sauerstoffmenge.

$V_{O_2} = \frac{V_g}{3}$, worin V_g die gemessene Gesamtvolumenverminderung bedeutet.

Prinzipiell werden 2 Methoden angewandt.

1. Verbrennung durch Explosion in der Explosionspipette, in der das Knallgasgemisch durch den elektrischen Funken entzündet wird.
2. Verbrennung durch Katalysatoren, wie z. B. fein verteilte Metalle, über die das zu verbrennende Gas geleitet wird.

1. Explosionsmethode.

Die Explosionsmethode ist die älteste aller Gasverbrennungsmethoden und bildet die Grundlage der von VOLTA begründeten Eudiometrie. Die an sich elegante und früher oft benutzte Methode ist nicht ganz frei von Mängeln, da nicht jedes Gasgemisch durch Verpuffung zur völligen Umsetzung fähig ist. Auch ist in stickstoffhaltigen Gasen eine Oxydation des Stickstoffs zu berücksichtigen. Nach GAUTIER kann die Menge des gebildeten Stickoxyds einen Fehler bis zu 2% verursachen. Dies ist besonders der Fall in Gasgemischen, in denen der Sauerstoffgehalt größer als im Sauerstoff-Stickstoffgemisch der Luft ist. In diesem Fall erreicht die Explosionstemperatur zu hohe Werte. Außerdem erfordert die Explosionsmethode die Anwendung von Quecksilber als Sperrflüssigkeit.

Bestimmung nach WINKLER-BRUNCK. Nach Angaben von WINKLER-BRUNCK wird das von CO_2 befreite Gasgemisch bei Anwesenheit großer Sauerstoffmengen mit dem 3- bis 10fachen, bei Anwesenheit geringer Sauerstoffmengen mit dem gleichen Volumen Wasserstoff gemischt und durch elektrische Zündung entweder in einer Explosionspipette oder in langen von BUNSEN angegebenen Eudiometern verpufft. Zu CO_2-freier Exspirationsluft setzt man 60 bis 80% des Volumens Wasserstoff hinzu. Im Gemisch ist dann 30% Knallgas. Als Stromquelle dient ein BUNSEN-Element nebst einem Funkeninduktor. Da zuweilen die Explosion zu intensiv verläuft und das Rohr zertrümmert, empfiehlt es sich, sich durch eine Scheibe od. dgl. zu schützen, wenn man nicht die Rohre in einen Wassermantel eingebracht hat.

Das Wasserstoffgas entwickelt man am besten durch Elektrolyse des Wassers in einem kleinen Röhrchen unter Verwendung eines in Hg schwimmenden Zinkpols. Ist zuviel Wasserstoff zugesetzt und damit die Entzündlichkeit aufgehoben oder das Gas nur teilweise verbrannt, so muß man reines Knallgas zusetzen, das wiederum elektrolytisch gewonnen wird. Dabei muß man, wenn es auf genaues Arbeiten ankommt, ein zweites Eudiometerrohr mit dem gleichen Knallgas füllen, um durch Explosion die Verunreinigungen des Knallgases zu ermitteln. Man verlangt in der Regel, daß bei einer richtig geleiteten Explosion zwecks Sauerstoffbestimmung Verpuffung ohne Flamme oder mit bläulicher Flamme auftritt. Eine gelbe Flamme zeigt an, daß Spuren von Stickstoff unter Bildung von NO, auch N_2O_4 oder N_2O_5, verbrannt sind. Die Sauerstoffanalyse wird dadurch natürlich falsch. Die Fehlergrenze schwankt je nach der verwendeten Gasmenge zwischen 0,1 und 0,5% Sauerstoff.

2. Verbrennung unter Vermittlung von Katalysatoren.

Dieses Verfahren erscheint vorteilhafter als die Explosionsmethode. Es beruht im Prinzip darauf, daß die Verbrennungspartner erst am Katalysator (z. B. an der glühenden Platinspirale) in Berührung kommen, also nicht bereits vorher im ganzen vermischt werden. Außerdem wird immer einer der Partner im großen Überschuß gehalten, solange noch merkliche Gasmengen zur Umsetzung gelangen.

Für diese Bestimmung eignet sich die von BAYER verbesserte AUGUSTIN-Pipette, die Abb. 35 zeigt. *G* ist die Glascapillare, an deren Ende eine Platincapillare *P* von 8 bis 10 mm Länge angeschmolzen ist. *K* ist eine wasser- und feuerfeste Masse, die den toten Raum um *P* ausfüllt. Bei *a* ist die Öffnung, durch die das Verbrennungsgas auf die glühende Platinspirale *Pt* geblasen wird. Der Vorgang der Verbrennung wird am besten folgendermaßen geleitet: Man gibt in die Pipette eine abgemessene Menge Sauerstoff vor (nicht das Gas), bringt die Platinspirale sehr schwach zum Glühen und läßt dann das Gas langsam einströmen. Es bildet aich bei *a* eine kleine Stichflamme nach innen, deren Länge so reguliert wird, daß der Platindraht nicht durchschmilzt. Ist einmal die Stichflamme da, dann geht man am besten mit dem Strom zurück, solange die Verbrennung noch im Gang ist. Ohne die Platincapillare *P* würde durch die Flamme die Pipette zerspringen. und ohne Flamme würde die Verbrennung viel langsamer zu Ende kommen. Ein Nachglühen ist in dem Fall, daß eine sichtbare Flamme bis zuletzt da ist, nicht nötig im Gegensatz zur Verbrennung bei kleinen Konzentrationen.

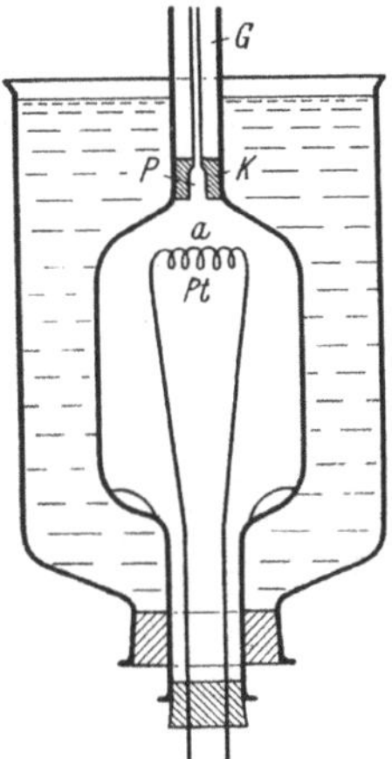

Abb. 35. Augustin-Pipette. (Nach BAYER.) *G* Glascapillare, *P* Platincapillare. *K* feuerfeste Masse, *Pt* Platinspirale, *a* Öffnung.

Handelt es sich um sehr genaue Sauerstoffbestimmungen in Gasgemengen, welche keine brennbaren Gase enthalten, so bietet nach Mitteilungen von CLASSEN die manometrische Sauerstoffbestimmung nach v. JOLLY, ausgeführt in der von KREUSLER verbesserten Apparatur, die höchste Gewähr für überhaupt zu erreichende Genauigkeit. Man führt das Gasgemenge, z. B. Luft, in ein vorher luftleer gemachtes Glasgefäß, in welchem sich eine Kupferspirale befindet, welche, durch einen elektrischen Strom zum Glühen gebracht, den Sauerstoff bindet. Die eigentliche Messung besteht darin, daß nicht die verschiedenen Volumina der angewandten Luft und des nach der Verbrennung zurückbleibenden Gasrestes unter konstantem Druck, sondern die verschiedenen Drucke des vor und nach der Verbrennung im Glasgefäß enthaltenen Gases bei konstantem Volumen bestimmt werden.

Der von GREENWOOD und ZEALLY beschriebene Apparat dient zur selbsttätigen Bestimmung von Sauerstoff in brennbaren Gasgemischen. Er eignet sich besonders zur Bestimmung des Sauerstoffgehalts im Wasserstoffgas für die Ammoniaksynthese, im Elektrolytwasserstoff oder in den z. B. methanhaltigen Abgasen von Benzoldestillationsfabriken oder Bergwerken. Das *Verfahren* beruht darauf, daß mit Hilfe eines periodisch erhitzten Platindrahtes durch Verbrennung Volumenverringerung eintritt. Dadurch wird automatisch der Sauerstoffgehalt aufgezeichnet oder bei zu hoher Konzentration ein Warnsignal ausgelöst. Der Apparat läuft vollständig automatisch. Er kann mit einem Blick überprüft werden, da er, abgesehen von der Überlaufanlage. in einen Holzkasten mit Glasscheibe eingebaut werden kann.

Von STEUER wird ebenfalls eine sehr gute Methode zur Bestimmung des Sauerstoffs im Wasserstoff angegeben. Man benutzt zwei HEMPEL- oder WINKLER-Büretten, die durch eine durchsichtige Quarzcapillare von etwa 1 mm lichter Weite und etwa 10 cm Länge verbunden werden. In dieser Quarzcapillare befindet sich ein Platindraht von etwa 3 cm Länge und 0,8 mm Dicke. Man füllt nun eine Bürette durch die Quarzcapillare mit 100 cm³ Wasserstoff, füllt die andere bis nach oben mit Sperrwasser und verbindet mit dem Quarzrohr. Nun erhitzt man den Platindraht mit einer BUNSEN-Flamme zum Glühen und leitet das Gas von einer Bürette in die andere und wieder zurück. Nach zweimaligem Hin- und Herleiten ist aller Sauerstoff verbrannt, man läßt das Sperrwasser 1 bis 2 Min. (gemessen mit einer kleinen Sanduhr) abfließen und liest ab. $^2/_3$ der Kontraktion K_1 ist verbrannter Wasserstoff und $^1/_3$ ist Sauerstoff. Die Ablesung soll immer in der gleichen Bürette geschehen, da selten zwei Büretten gleich sind.

Zur Bestimmung des Stickstoffs bzw. des Wasserstoffs klemmt man eine Bürette ab und füllt in die andere etwa 60 cm³ Sauerstoff, verbindet wieder und verbrennt vorsichtig den Rest des Wasserstoffs durch Hin- und Herleiten der Gase. Der Wasserstoffgehalt wird aus der Kontraktion K_2 berechnet, indem mit $^2/_3$ multipliziert wird. Um allen Wasserstoff zu erfassen, muß man den bei der Sauerstoffbestimmung verbrauchten Wasserstoff hinzuzählen, also $(K_1 + K_2) \cdot {}^2/_3$. Man kann nach dieser Methode auch den Wasserstoffgehalt im Elektrolyt-Sauerstoff bestimmen. Nimmt man Wasser als Sperrflüssigkeit, dann ist es notwendig, die Zeiten bis zum Ablesen immer gleich zu nehmen, aber nicht unter 2 Min. Eine Bildung von Ammoniak aus dem Stickstoff und Wasserstoff konnte in Übereinstimmung mit den Versuchen von AMBLER nicht festgestellt werden.

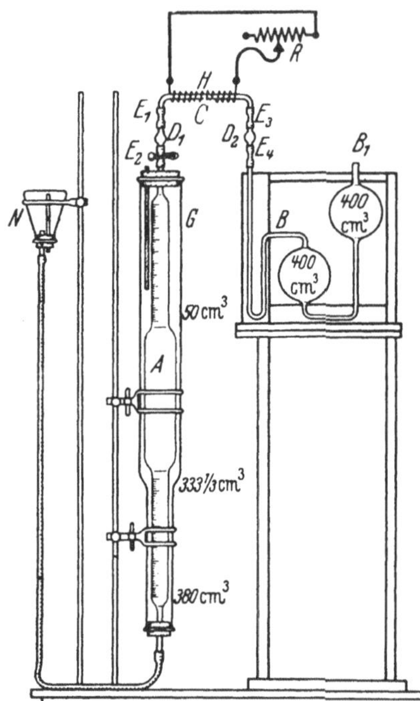

Abb. 36. Apparat. (Nach GEISSLER.) A HEMPELsche Gasbürette, B, B_1 HEMPELsche CO_2-Adsorptionspipetten, C Quarzcapillare, D_1, D_2 Glascapillarstücke, E_1 bis E_4 Gummicapillarschläuche, G Thermostat, H Heizdraht, R Regulierwiderstand, N Aufnahmegefäß.

Eine apparative Anordnung zur gasvolumetrischen Bestimmung von geringen Mengen Sauerstoff in indifferenten Gasen (Abb. 36) beschreibt GEISSLER: Die Apparatur besteht 1. aus einer in den Wassermantel G eingesetzten HEMPEL-Gasbürette A von ursprünglich 100 cm³ Inhalt, an welche nach Zerteilung in der Mitte eine Erweiterung von 280 cm³ Inhalt eingefügt ist, mit einer deutlichen Marke an derjenigen durch die Erweiterung sich ergebenden Stelle, wo die Bürette 333,3 cm³ Inhalt faßt; 2. aus zwei HEMPELschen CO_2-Absorptionspipetten mit der Abänderung, daß sie zur Aufnahme von 400 statt 100 cm³ Gas eingerichtet sind, B bzw. B_1; 3. aus einer an den Ecken rechtwinklig umgebogenen Pt-Capillare oder Quarzcapillare C mit eingelegtem Pt-Drähtchen zur Verbindung der unter 1. und 2. genannten Apparate nebst den zur Verbindung dienenden zwei Glascapillaren D_1 und D_2, deren jede eine kugelförmige Erweiterung trägt, und vier Gummicapillarschläuchen E_1 bis E_4, einem ebensolchen Gummischlauch E_5, einem Quetschhahn E_5, einer Heizvorrichtung (Gasbrenner oder elektrisch geheizte Drahtspirale H), womit die Pt- oder Quarzcapillare C zur Gelbglut erhitzt werden kann, und einem nicht gezeichneten Schirm, der die Wärmestrahlung von der Bürette abhält.

Die Untersuchung auf Sauerstoff findet in der Weise statt, daß zunächst die Bürette A, aus welcher jeder Gasrest herausgelassen ist, mit dem Gummischlauch E_2 und einem Quetschhahn verschlossen wird. Auf die bisher nicht benutzte Pipette B_1 wird mittels Gummischlauch E_4 das Glascapillarstück D_2, an dieses ebenso mit E_3

die Quarz- oder Pt-Capillare C, an diese mit E_1 das Glascapillarstück D_1 angeschlossen, und zwar so, daß möglichst Glas an Glas kommt. Nun füllt man die Pipette B_1 durch die eben beschriebenen, ihr vorgeschalteten Röhrchen mit etwa 70 cm³ Wasserstoff, der z. B. aus einem Kippschen Apparat entnommen wird. Nach Trennung der Verbindung mit dem Füllapparat verschließt man, um das Wiederausströmen des Wasserstoffs zu verhindern, das freie Ende des Glascapillarstücks D_1 mit dem Finger, transportiert so die Pipette B_1 zur Bürette A und stellt die Verbindung mit der Pipette B_1 durch Einschieben des freien Endes der Glascapillare D_1 in den auf der Bürette A befindlichen Gummischlauch E_2 her, wobei der Verlust an etwas ausströmendem Wasserstoff unberücksichtigt bleibt. Die Capillare C wird jetzt auf Gelbglut erhitzt und der Wasserstoff zweimal durch sie hin- und hergeleitet. Er ist hierdurch in der Regel völlig von Sauerstoff befreit worden und wird in die Pipette B_1 zurückgegeben. Die zuletzt hergestellte Verbindung zwischen der Bürette A und der Glascapillare D_1 wird wieder unterbrochen, wobei wieder etwas Wasserstoff entweicht. Man verschließt das freie Ende der Glascapillare D_1 wieder erst mit dem Finger und dann mit einem kurzen Stück Gummischlauch E_5, welches an dem anderen Ende mit einem Glasstopfen verschlossen ist und dort Luft enthält, die man vor endgültiger Herstellung des Verschlusses durch ausströmenden Wasserstoff wegspült.

Hierauf werden von dem zu untersuchenden Gas aus der erstgenannten Pipette B 333,3 cm³ in der Bürette A aufgenommen. Man stellt nun die zuvor unterbrochene Verbindung zwischen der Wasserstoff enthaltenden Pipette B_1 und der Bürette A in der Weise wieder her, daß man nach Entfernung des am freien Ende der Glascapillare D_2 befindlichen Verschlusses abermals ausströmenden Wasserstoff zum Ausspülen der Luft benutzt, welche in dem an der Bürette befindlichen Gummischlauch E_2, oberhalb des Quetschhahnes, vorhanden ist. Man schließt diesen Gummischlauch erst in dem Augenblick an die Glascapillare fest an, in welchem das Volumen des Wasserstoffs bis auf etwa 20 cm³ entwichen ist (für diesen Zweck hat man sich auf der Pipette B_1 eine Marke für den entsprechenden Flüssigkeitsstand angebracht).

Nachdem auf diese Weise die Verbindung hergestellt ist, nimmt man den Wasserstoff in die Bürette A herüber und liest nun das entstandene Gasvolumen ab. Man erhitzt die Capillare C auf Gelbglut und treibt das gesamte Gas zweimal durch sie hin und her. Hierbei verbrennt der in dem zu untersuchenden Gas befindliche Sauerstoff mit dem Wasserstoff zu Wasser. Nach Abkühlen der Capillare durch ein in destilliertes Wasser getauchtes Tuch oder Abspritzen mit destilliertem Wasser bestimmt man den eingetretenen Volumenverlust. Es entsprechen 10 verschwundenen Kubikzentimetern 1% Sauerstoff.

Bei den beschriebenen Maßnahmen ist besonders zu beachten: Da durch zu schnelle Herstellung der Gummischlauchverbindungen die Entfernung aller Reste Luft unvollkommen sein würde, nimmt man sich zu dieser Herstellung die nötige Zeit. Dagegen führt man das zweimalige Überleiten des Gaswasserstoffgemisches möglichst schnell aus, da die Methode so empfindlich ist, daß sich bei ihr bereits die Fehler bemerkbar machen, die durch Sauerstoffabgabe der Gummischläuche und der Absperrflüssigkeit entstehen. Die Analyse auf Sauerstoff soll höchstens 5 Min. dauern, übrigens auch aus dem Grunde, da sich sonst infolge der Erwärmung der Bürette durch die Wärmestrahlung der ihr benachbarten Heizflammen oder Spirale eine Temperaturänderung geltend machen könnte. Anwendung von gewöhnlichem Wasser zur Abkühlung der Quarzcapillare ist zu vermeiden, da es Alkalien enthält, die mit dem Quarz Gase bilden, die infolge des ihnen eigenen Wärmeausdehnungskoeffizienten ein Zerspringen der Quarzcapillare beim Gebrauch be wirken. Aus diesem Grunde ist stets destilliertes Wasser zum Abkühlen zu verwenden.

Weitere volumetrische bzw. manometrische Sauerstoffbestimmungen, teils mit modifizierten Apparaturen, führten TRAUTZ, LEONHARDT und KIPPHAN (Sauerstoffbestimmung im Bombenwasserstoff) und TRAUTZ, LEONHARDT und SCHEUERMANN (Sauerstoff in Flaschenkohlensäure) durch.

Literatur.

AMBLER: Analyst **55**, 677 (1930); durch C. **102**, I, 318 (1931).
BAYER, E.: Ch. Fabr. **7**, 28 (1934).
GAUTIER, A.: Ch. Z. **586** (1900). — GEISSLER, J.: Angew. Ch. **38**, 948 (1925). — GREENWOOD, H. C., u. A. ZEALLEY: J. Soc. chem. Ind. **38**, 87 (1919); durch C. **91**, II, 26 (1920).
KREUSLER: Landwirtsch. Jb. **14**, 33 (1889).
STEUER, W.: Ch. Z. **49**, 713 (1925).
TRAUTZ, M., E. LEONHARDT u. K. KIPPHAN: Fr. **78**, 360 (1929). — TRAUTZ, M., E. LEONHARDT u. H. SCHEUERMANN: Fr. **78**, 341 (1929).
WINKLER-BRUNCK: Gasanalyse, S. 160.

D. Colorimetrische Methoden.

Die im vorhergehenden Kapitel genannten Methoden der sogenannten technischen Gasanalyse, die auf Volumenmessung von Gasen vor und nach der Absorption beruht, verlangen meist nur eine Empfindlichkeit von 0,5 Vol.-%. Die exakte Gasanalyse ist schwierig auszuführen und oft für Betriebsprüfungen nicht geeignet, besonders nicht für kontinuierliche.

Hierfür eignen sich besser colorimetrische Methoden, die empfindlich für kleine Sauerstoffmengen sind. Die benutzten Reagenzien sind vielfach die gleichen, wie sie die volumetrische Methode benutzt.

1. Colorimetrische Sauerstoffbestimmung mit Indigocarmin.

Zur colorimetrischen Bestimmung des Sauerstoffs in strömenden Gasen benutzen HOFER und v. WARTENBERG eine alkalische Natriumdithionitlösung, der eine bestimmte Menge Indigocarmin (5,5-Indigo-disulfonsäure) zugesetzt ist. Der Farbstoff wird in dieser Lösung verküpt und der durchperlende O_2-haltige Gasstrom oxydiert die Leukoverbindung wieder zum Farbstoff, wobei die Farbe von Gelb in Blaugrün übergeht. Diese beiden Farben sind durch zwei empirische Vergleichsfarben — Guineaechtgelb und Kolumbiagrün — festgelegt. Der Verlauf der Farbvertiefung zwischen den beiden Eichtönen wird beobachtet und die dazu erforderliche Gasmenge mit dem Gasmesser bestimmt.

Dieses Verfahren, das für die Betriebskontrolle gedacht war, wurde von MACURA und WERNER in folgender Weise zu einer Präzisionsbestimmung ausgebaut und in einigen wesentlichen Punkten abgeändert. Die Farbänderung der verküpten Indigocarminlösung hängt stark vom Alkalizusatz ab. In bicarbonatalkalischer Lösung geht die Farbänderung von Gelb zu Blau, ohne rote Nuancen zu durchlaufen, In stark alkalischer Lösung bildet sich das Na-Salz der 5,5-Indigo-disulfonsäure, das eine unreine gelbe Färbung gibt und nicht verküpbar ist. In 0,15 n Natronlauge gibt Indigocarmin eine blaugrüne Lösung, deren Farbe beim Verküpen rein gelb wird und bei der Oxydation die Farbtöne Orange, Rot, Violett durchläuft und bei Blaugrün endet. Diese Farbskala gestattet einen sehr genauen Farbvergleich, weil sie viel differenzierter ist als der Farbumschlag von Gelb zu Blau. Die Vergleichsfarben Guineaechtgelb und Kolumbiagrün sind für diese Farbskala unbrauchbar, weil sie deren Enden zu nahe liegen. Durch Naphtholorange und Indigocarmin wird ein genauer Farbvergleich möglich.

Die Apparatur (Abb. 37) besteht aus einem Kasten, in den durch eine Milchglasscheibe das Licht einer Soffittenlampe (40 bis 60 Watt) fällt, in welchem sich zwei Flaschen und ein Absorptionsgefäß mit gleichem Durchmesser befinden. Das Absorptionsgefäß wird mit 300 cm^3 destilliertem Wasser, 5 cm^3 kalt ges. Indigocarminlösung und 1 cm³ 4 n NaOH und der Tropftrichter bis zum Ende des Auslaufs mit 10%iger Natriumdithionitlösung gefüllt. Damit während der Messung kein Dithionit nachtropft, wird an einem Draht ein Stückchen Filterpapier befestigt und unter den Tropftrichter gebracht. Hierauf wird der Gasstrom auf 0,5 l/Min. eingestellt und durch einen Strömungsmesser am Gasaustrittsrohr kontrolliert. Gegen Schwankungen ist das Verfahren wenig empfindlich. Als Gaseinleitungsrohr dient eine Jenaer Fritte G. 1. Das Absorptionsrohr wird dann 1 Min. mit dem Gasstrom gespült, Dithionit zugegeben, bis eben reine Gelbfärbung auftritt, und die Zeit bestimmt, in der sich die Farbe von Orange bis zum blauen Eichton entwickelt. Da die Ablesegenauigkeit eines Gasmessers in keinem Verhältnis zur Schärfe steht, mit der die Farbgleichheit in Reaktions- und Vergleichslösung zu erfassen ist, wurde mit konstanter Strömungsgeschwindigkeit (0,5 l/Min.) gearbeitet und die Dauer der Farbänderung mit der Stoppuhr auf volle Sekunden bestimmt. Der O_2-Wert wird einem Konzentrationszeitdiagramm entnommen.

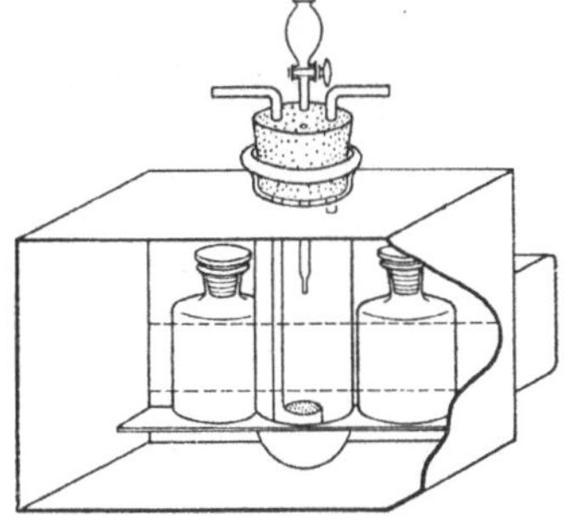

Abb. 37. Apparat.
(Von MACURA u. WERNER.)

Tabelle 1 enthält die Daten, welche der Eichkurve (Abb. 38) zugrunde liegen.

Die Streuung der Analysenwerte ist für einen Fehler von ± 2 Sek. bei der Zeitmessung berechnet. Diese Genauigkeit ist leicht einzuhalten. Damit der Meßfehler gegenüber dem Meßergebnis klein bleibt, ist für höhere O_2-Konzentration die Dauer der Farbentwicklung zu verlängern, für niedere zu verkürzen. Dies geschieht durch Erhöhung bzw. Senkung des Farbstoffzusatzes im Absorptionsrohr. Meßfehler von ± 5 Sek. zeigen einen apparativen oder methodischen Fehler an. Der quantitative Nachweis von etwa 0,2% O_2 dauert insgesamt ungefähr 10 Min., dabei werden 5 l Gas verbraucht; zum Nachweis, daß ein Gasstrom weniger als 0,05% O_2 enthält, sind 10 l notwendig, für die Doppelbestimmung also 20 l. Störend sind Gase mit saurer Reaktion, wie CO_2, H_2S, SO_2, und zwar schon in Konzentrationen von 1%, weil sie die Alkalität der Reaktionslösung ändern und der Farbumschlag an einen verhältnismäßig schmalen p_H-Bereich gebunden ist. Außerdem stören ungesättigte Kohlenwasserstoffe von etwa 10% ab, weil auch sie durch alkalische $Na_2S_2O_4$-Lösung langsam oxydiert werden.

Tabelle 1.

% O_2	t Sek.	Streuung der Analysenwerte für Meßfehler = ±2 Sek. Δt	
1,0	67	9	0,07
0,9	76	12	0,05
0,8	88	18	0,03
0,7	106	23	0,03
0,6	129	30	0,02
0,5	159	33	0,02
0,4	192	48	0,02
0,3	240	80	0,01
0,2	320	180	0,01
0,1	500	—	0,005

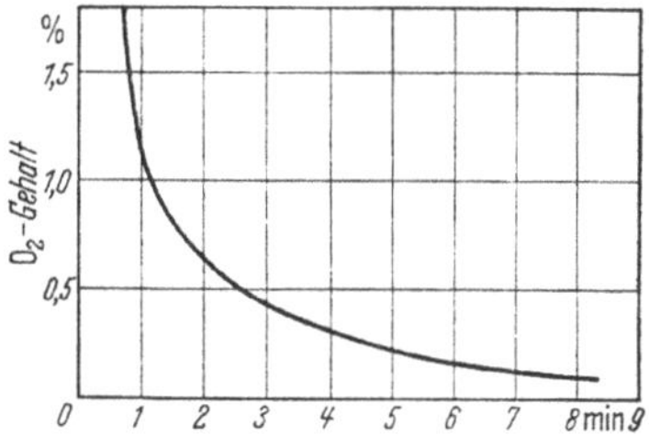

Abb. 38. Eichkurve.

Reagenzien. Die Lösung von Natriumdithionit ist nur sehr begrenzt haltbar und deshalb jeden Tag frisch anzusetzen. Zur Bestimmung kleiner O_2-Konzentrationen ist die 10%ige Lösung vorteilhaft noch weiter zu verdünnen. Zur Bereitung der Indigocarminlösung werden 4 bis 5 g „Indigocarmin optimum, teigförmig, Merck“ in 1 l Wasser durch kurzes Aufkochen möglichst vollständig gelöst, die Lösung wird auf Zimmertemperatur abgekühlt und filtriert. Zum Zeichen der Sättigung soll auf der Nutsche ein kleiner Rückstand Indigocarmin hinterbleiben.

Die Vergleichsfarben werden folgendermaßen hergestellt: Für den Eichton Orange werden 50 Tropfen einer kalt gesättigten Lösung von Naphtholorange in 200 cm³ Wasser eingetropft. Die Lösung ist lichtbeständig und ändert ihre Nuance auch in mehreren Monaten nicht merklich. Für den Eichton Blau werden 3 cm³ der kalt gesättigten Indigocarminlösung, die auch im Absorptionsrohr verwandt wird, mit 200 cm³ Wasser verdünnt. Die Lösung bleicht im Hellen wie im Dunklen langsam aus. Für die Vergleichslösung ist dies aber ohne Bedeutung, denn man wählt als Schlußpunkt der Messung nicht die Farbgleichheit in Absorptionsgefäß und Vergleichslösung, sondern den Augenblick, in dem die Rotkomponente im Farbton der Meßlösung eben verschwindet und der Farbton in ein reines Blau übergeht. Es kommt also weniger auf die immer gleichbleibende Stärke der blauen Vergleichslösung an, sondern darauf, daß sie den charakteristischen Rotstich zeigt.

Dagegen darf diese Unbeständigkeit nicht vernachlässigt werden bei der Indigocarminlösung, die zur Füllung des Absorptionsrohres dient. Dieser Bedingung wird auf folgende Weise Rechnung getragen: Die Bestimmung wird mit einem Gas bekannten O_2-Gehaltes durchgeführt. Der Eichkurve ist die Zeitdauer *t* Sek. für den Farbumschlag zu entnehmen. In mehreren Versuchen wird die Menge der Farbstofflösung bestimmt, die der Reaktionslösung im Absorptionsrohr zugesetzt werden muß, damit der Sauerstoffkonzentration die Zeit *t* Sek. entspricht.

Zur Eichung dienten Gase aus Stahlflaschen, und zwar N_2, H_2, CO, CH_4, die geringe Mengen O_2 enthielten, außerdem Mischungen dieser Gase mit vollkommen O_2-freiem Stickstoff, der in einer von MEYER und RONGE beschriebenen Anordnung hergestellt wurde. Zur Mischung der Gase dienten *genau* durchgeeichte Strömungsmesser. Sehr elegant ist der Vorschlag von HOFER und v. WARTENBERG, den Sauerstoffzusatz elektrolytisch zu erzeugen und durch Regelung der Stromstärke zu dosieren.

2. Colorimetrische Sauerstoffbestimmung mit Pyrogallol.

Dieses Verfahren ist von PFEIFER, SCHMALFUSS und WERNER sowie von AMBLER ausgearbeitet worden.

Prinzip. Eine frisch hergestellte alkalische Pyrogallollösung wird braun gefärbt, sobald sie mit Sauerstoff in Berührung kommt. Die Farbtiefe ist ein Maß für die Sauerstoffmenge.

Als Vergleichslösung dient Jodlösung. Es entsprechen:

% O_2	Jodlösung
0,01	0,01 normal
0,02	0,025 ,,
0,03	0,04 ,,
0,04	0,055 ,,
0,05	0,065 ,,
0,06	0,080 ,,
0,07	0,095 ,,

Ausführung. Zur Bestimmung wird eine BUNTE-Bürette von 20 cm³ Inhalt verwandt. Als Reagenzien werden 40%ige Kaliumhydroxyd- und 25%ige wäßrige Pyrogallollösung benötigt. Durch den Trichter werden 0,3 cm³ der Pyrogallollösung einfließen gelassen, der Trichter frei von Pyrogallol gewaschen und 0,5 cm³ Alkali auf gleiche Weise zugegeben. Sodann wird die Gasleitung angeschlossen, Gas zunächst nach dem Trichter geblasen und dann auf die Bürette geschaltet. Es wird eine bestimmte Menge, z. B. 20 cm³ Gas, eingeführt, 2 Min. geschüttelt und mit verschiedenen n Jodlösungen verglichen. Der Prozentgehalt Sauerstoff geht aus obiger Tabelle hervor.

Empfindlichkeit. Mengen von 0,01 bis 0,02 Vol.-% Sauerstoff können noch bestimmt werden.

3. Colorimetrische Sauerstoffbestimmung mit ammoniakalischer Kupfer(I)-salzlösung nach MUGDAN und SIXT.

Prinzip. Eine bestimmte Gasmenge wird auf ammoniakalische Kupfer(I)-lösung wirken gelassen und die Blaufärbung mit einer Kupfer(II)-ammonlösung bekannten Gehaltes bestimmt. Die Apparatur besteht aus einem Absorptionsgefäß *I*, Abb. 39, dessen unterer Teil bis zu h_3 500 cm³ faßt. Das Gefäß ist ausgewogen. Der obere Teil besteht aus einem zylindrischen Teil *a* von etwa 25 cm³ Inhalt. Er steht mit dem unteren Raum durch einen mit weiter Bohrung versehenen Hahn h_3 in Verbindung. Nach oben schließt ein ebensolcher Hahn ab.

Die Kupferlösung erhält man aus 10 g Kupfer(I)-chlorid, 30 g Ammonchlorid und 120 cm³ Ammonaik vom spezifischen Gewicht 0,93 durch Auflösen auf ein Liter. Die Lösung bringt man in den Vorratsbehälter *II*, überschichtet mit Paraffinöl und bringt Kupferdrahtnetze hinein, soweit diese reicht. Eventuell erwärmt man auf 70°, um eine gewisse Blaufärbung wegzubringen. Auch bei längerem Stehen auftretende Blaufärbung bringt man durch Erwärmen weg.

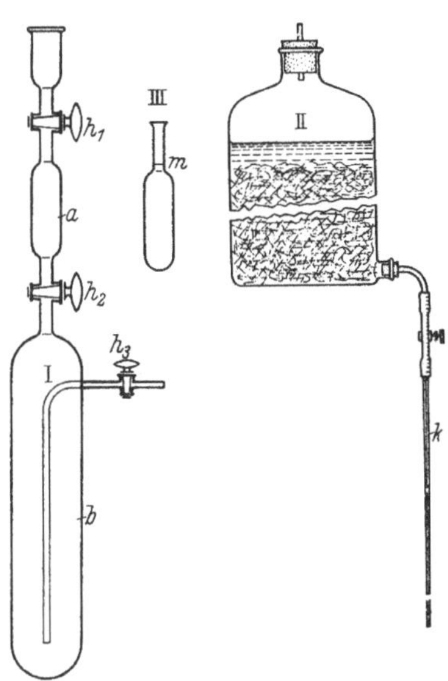

Abb. 39. Apparat. (Nach MUGDAN u. SIXT.) *a* zylindrischer Teil, *b* Wandung, h_1, h_2, h_3 Hähne, *k* Auslauf, *m* Marke, *II* Vorratsgefäß.

Die Bestimmung erfolgt so, daß man alle Hähne öffnet und so lange das zu untersuchende Gas bei h_3 einleitet, bis alle Luft verdrängt ist. Nun wird h_3 und h_2 geschlossen, die Kupferlösung wird vermittels *k* dicht über h_2 so lange in *a* einfließen gelassen, bis sie im Trichter über h_1 farblos austritt. *k* wird rasch herausgenommen, h_1 geschlossen und die Kupferlösung im Trichter weggegossen. *a* ist vollgefüllt mit ammoniakalischer Kupferlösung. Man öffnet h_2, schüttelt Gas und Lösung so lange, bis keine Vertiefung des gebildeten Blautones mehr auftritt, füllt in *a* zurück und schließt h_2. Das Vergleichsgefäß *III* hat bis zur Marke *m* den gleichen Inhalt wie *a*. Es wird zu drei Viertel mit verdünnter Ammoniaklösung gefüllt und tropfenweise 0,05-molare Kupfersulfatlösung zufließen gelassen, bis der Farbton bei der Auffüllung bis zur Marke *m* gleich dem in *a* ist. Ist die Farbtönung zu tief, so verdünnt man auf das Doppelte und bestimmt genau so.

Da 1 cm³ 0,1-molare $CuSO_4$-Lösung 0,8 mg O_2 entspricht (= 0,56 Ncm³), so ist

$$\% \; O_2 \text{ des Gases} = \frac{x \cdot 0{,}56 \cdot 100}{v},$$

v = Inhalt von b in cm³ auf 0° 760 bezogen,
x = cm³ $CuSO_4$-Lösung verbraucht.

Die Genauigkeit ist 5%; die Empfindlichkeit 0,005 Vol.-%. Bei der Bestimmung müssen selbstredend alle mit Kupfersulfatlösung reagierenden Gase, wie Acetylen, Schwefelwasserstoff, Chlor und andere, abwesend sein.

Dieses Verfahren wird mit wenigen Abänderungen zur kontinuierlichen Messung von geringen Sauerstoffspuren von BARY beschrieben.

Eine weitere Modifikation dieser Methode geben HOFFMANN sowie HATTIE und MACONACHIE.

4. Colorimetrische Sauerstoffbestimmung mit Eisensalzen und Methylenblau.

Eisen(II)-salzlösungen bestimmten Gehaltes sind, wenn man sie durch Ansäuern mit Weinsäure sauer gemacht hat, Luft gegegenüber relativ wenig empfindlich, und mit einiger Vorsicht kann ihr Reduktionsvermögen ziemlich konstant gehalten werden. Wenn man sie dagegen alkalisch macht, wächst ihre Oxydationsfähigkeit beträchtlich. Sie stellen also Lösungen dar, deren Gehalt man konstant halten kann, solange sie sauer reagieren, die aber sehr gut den Sauerstoff binden können, wenn man sie alkalisch macht.

Dadurch kann man sie nach Angaben von KLING und CLARAZ zur Sauerstoffbestimmung von Gasgemischen verwenden, welche Sauerstoff enthalten. Wenn man beispielsweise durch eine Eisen(II)-tartratlösung ein sauerstoffhaltiges Gasgemisch perlen läßt, hängt die Oxydation des Eisens von gewissen Umständen ab: Von der Konzentration des Gasgemisches an Sauerstoff, der Durchgangsgeschwindigkeit des Gases durch das Reagens, der Konzentration des letzteren an Reduktionsmittel usw. Am Anfang ist die Konzentration an Reduktionsmittel und ebenso die Sauerstoffbindung am größten, und in diesem Moment (unter sonst gleichen Bedingungen) hat der Sauerstoffanteil, der von dem durchströmenden Gas an das Absorptionsmittel abgegeben wird, den größten Wert. In dem Maße, wie das Absorptionsmittel an Eisen(II)-salz ärmer wird, sinkt der Wert dieses Anteils ab. Um mit einer genügenden Genauigkeit das durch das Reagens gebundene Sauerstoffvolumen abschätzen zu können, ist es nötig, Lösungen zu verwenden, deren Konzentration an Eisen(II)-salz dem Gehalt an Sauerstoff der zu analysierenden Mischung angepaßt ist. Es ist gleichermaßen wichtig, diese Messung vorzunehmen, bevor das Reagens an Eisen(II)-salz zu sehr verarmt ist, d. h. bevor das Verhältnis an Eisen(II) zu Eisen(III) einen zu kleinen Wert angenommen hat.

Die Bestimmung dieses Verhältnisses kann ebensogut verwendet werden, um die vom Absorptionsmittel gebundene Sauerstoffmenge zu messen und folglich auch die Sauerstoffmenge in dem Gasgemisch abzuschätzen. Das Eisen(II)-tartrat ist ein Redox-System, dessen Oxydations-Reduktionspotential (r_H) das Verhältnis von Eisen(II) zu Eisen(III) angibt. Im vorliegenden Falle schwanken die Werte dieses Verhältnisses von Null [reines Eisen(II)-salz] bis 28 [reines Eisen(III)-salz]. Aber unter diesen Werten, die r_H annehmen kann, existiert ein Wert von nahezu 14,2 (bei $p_H = 7$), bei dem das Methylenblau, das noch farblos ist, solange r_H niedriger ist als 14,2, blau wird, ein Ergebnis, das man erreicht, wenn ungefähr die Hälfte des Eisen(II)-salzes in Eisen(III)-salz übergegangen ist.

Zur Sauerstoffbestimmung mit Eisen(II)-tartrat braucht man folgende Lösungen:

1. Eine Eisenlösung A, die im Liter enthält: 2 g MOHRsches Salz, 20 g Weinsäure und etwas Methylenblau.
2. Eine normale Sodalösung B.

In eine gewöhnliche Gaswaschflasche bringt man genau 5 cm³ der Lösung A und 5 cm³ Sodalösung. Man läßt das Gasgemisch durch das Reagens mit einer Geschwindigkeit von 3 bis 4 Perlen je Sek. durchgehen. Mit Hilfe einer Gasuhr wird der Gasstrom auf einem festen Wert gehalten. Man läßt das Gas bis zum Auftreten der Blaufärbung durchgehen. In diesem Augenblick notiert man das Gasvolumen. Zur Berechnung des Prozentgehaltes des Sauerstoffs im Gas benutzt man eine Eichkurve, die man vorher mit Hilfe von Gasgemischen bekannten Sauerstoffgehaltes aufgestellt hat. Unter Verwendung von Gasgemischen von Luft und Stickstoff, in denen der Gehalt an Sauerstoff zwischen 13 und 21% lag, wurde die Genauigkeit der Methode zu 0,5% bestimmt.

5. Weitere colorimetrische Methoden.

In mehreren Veröffentlichungen wird zur colorimetrischen Bestimmung des Sauerstoffs in Gasen die Reaktion des Stickoxyds mit Sauerstoff zu Stickstoffdioxyd und anschließende Bildung zum Azofarbstoff mit Sulfanilsäure und α-Naphthylamin beschrieben.

So berichten KLINGER, SHEAFF, SCHMALFUSS und WERNER (Reaktion mit Diphenylamin-Schwefelsäure) sowie BAARS über sehr empfindliche Messungen, jedoch erfordert diese Methode eine nicht ganz einfache Apparatur. Die Empfindlichkeit wird mit $3 \cdot 10^{-4}$ Vol.-% Sauerstoff angegeben.

HAND beschreibt die Bestimmung des Sauerstoffs in Gasen nach der WINKLER-Methode, wobei der entstehende Jod-Stärke-Komplex colorimetrisch bestimmt wird.

Mit dem von WEINLAND und BINDER angegebenen Reagens, Tribrenzcatechinferrosaures Natrium, können colorimetrisch Sauerstoffspuren in Argon mit einer Empfindlichkeit von $1{,}4 \cdot 10^{-3}$% nachgewiesen werden. Bei dieser Farbreaktion stören Wasserdampf, Kohlensäure und Wasserstoff in größeren Mengen nicht.

Literatur.

AMBLER: Techn. Gasan. **210**.

BAARS: S.-B. Ges. Beförd. ges. Naturwiss. Marburg **63**, 246 (1928). — BAARS u. KAYSER: Z. El. Ch. **434** (1930). — BARY: Congr. Chim. ind. Bruxelles **15**, **I**, 561; durch C. **107**, **II**, 1765 (1936).

HAND: J. chem. Soc. **123**, 2573 (1923). — HATTIE u. J. E. MACONACHIE: Ind. eng. Chem. Anal. Edit. **9**, 364 (1937); durch C. **109**, **II**, 3429 (1938). — HOFER u. v. WARTENBERG: Angew. Ch. **38**, 9 (1925). — HOFFMANN: Angew. Ch. **35**, 325 (1922).

KLING, A., u. M. CLARAZ: C.r. hebd. Séances Acad. Sci. **203**, 319 (1936). — KLINGER, G.: B. **46**, 1744.

MACURA, H., u. G. WERNER: Chemie **56**, Nr 13/14, 90 (1943). — MEYER u. RONGE: Chemie **52**, 637 (1939). — MUGDAN, M., u. J. SIXT: Angew. Ch. **46**, 90 (1933).

PFEIFER: Gas- und Wasserfach **40**, 354 (1897).

SCHMALFUSS u. WERNER: B. **58**, 71 (1925). — SHEAFF: J. biol. Chem. **52**, 35; durch C. **93**, **IV**, 302 (1922).

WEINLAND u. BINDER: B. **46**, 255 (1913).

E. Maßanalytische Bestimmung des freien gasförmigen Sauerstoffs.

1. WINKLER-Methode.

Man kann zur Bestimmung des gasförmigen Sauerstoffs auch die Methode von WINKLER (Sauerstoffbestimmung in Wasser) anwenden.

***Ausführung nach* LUBBERGER *und* BROCHE. Reagenzien:** Mangan(II)-chloridlösung: 10 g $MnCl_2$ werden in 100 cm³ Wasser gelöst und mit einem Tropfen HCl angesäuert. Auf 1 l Gas kommen 10 cm³ Lösung.

Jodkaliumlösung: 10 g Natronlauge, 35 g Seignettesalz, 8,5 g Jodkalium auf 300 cm³ Wasser. In die Vorratsflasche wird etwas Silberblech gegeben, damit kein Jodat gebildet wird. 1 l Gas braucht etwa 300 cm³ Lösung.

n/10 Natriumthiosulfatlösung; Stärke.

Konzentrierte Salzsäure (für 1 l Gas 10 cm³).

Zur Durchführung der Bestimmung wurden die verschiedensten Apparate konstruiert. Ein sehr praktisches Gerät ist in Abb. 40 skizziert. Der Inhalt der Flasche ist bekannt (1 l oder mehr). Der Glasstopfen mit den beiden Rohren und dem Thermometer wird aufgesetzt und bei geöffneten Drei-Wege-Hähnen a_1 und b_1 das Gas durch die Flasche geleitet, so daß das durch a eintretende Gas die Luft verdrängt. Bei Rohgasen muß ein Teerfilter vorgeschaltet werden und eine Waschflasche mit Bleiacetatlösung zur Entfernung von Schwefelwasserstoff.

Man läßt das zu prüfende Gas etwa 5 bis 10 Min. durchströmen und verbrennt es zweckmäßig in einem am Ausgangsstutzen b angeschlossenen Bunsenbrenner. Nach Ablauf der Probenahmezeit wird zuerst Hahn b_1 durch Rechtsdrehung, dann Hahn a_1 durch Linksdrehung geschlossen, wodurch ein Überdruck in der Flasche erreicht wird. Nun wird Hahn b_1 durch eine weitere Rechtsdrehung geöffnet, so daß durch Ausströmung durch den bis zur Marke mit Sperrwasser gefüllten Trichteraufsatzes *D* Druckausgleich hergestellt wird. Zur Reduktion des Gasvolumens wird die Temperatur am Thermometer *A*, der Luftdruck an einem Barometer abgelesen.

Nach erfolgter Probenahne werden in den Trichteraufsatz *C* je 1 l Flascheninhalt 10 cm³ Mangan(II)-chloridlösung gefüllt, die man durch den Drei-Wege-Hahn a_1 in die Flasche laufen läßt, wobei auf rechtzeitiges Schließen des Hahnes durch Linksdrehung zu achten ist. Dann wird der Trichteraufsatz *C* über den Hahn a_1 nach dem Gaseintrittsstutzen *a* einige Male mit Wasser durchspült. Durch Absaugen oder Druckblasen entfernt man das Wasser wieder. In gleicher Weise werden je 1 l Flascheninhalt 50 cm³ Jodkaliumlösung zugegeben. Der entstehende Überdruck wird durch den Hahn b_1 und den Trichteraufsatz *D* ausgeglichen.

Nunmehr wird mindestens 30 bis 40 Min kräftig geschüttelt, am besten mit Hilfe einer Schüttelmaschine. Der quantitative Ablauf der Reaktion hängt weitgehend von der Intensität des Schüttelns ab. So wurde gefunden, daß bei einer Geschwindigkeit der Schüttelmaschine von 200 Touren/min die Reaktion in 30 Min. praktisch beendet war, während bei 100 Touren/min 50 Min. gebraucht wurden. Intensivstes Durchschütteln ist also Voraussetzung für schnelles und genaues Arbeiten.

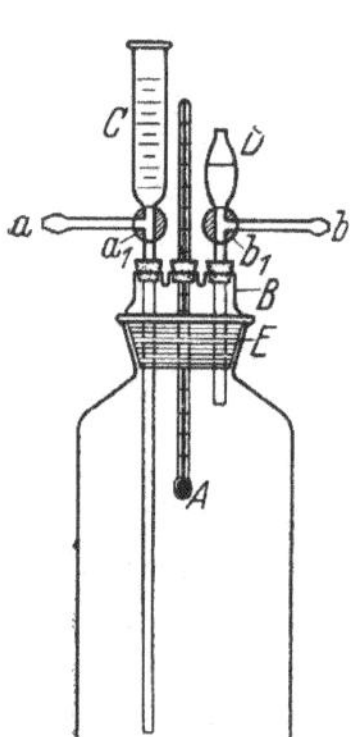

Abb. 40. Flasche. (Nach SCHMID.) *A* Thermometer, *B* Glasstopfen, *C*, *D* Trichteraufsätze, *E* Flaschenhals, a_1, b_1 Hähne, *b* Ausgangsstutzen.

Nach dem Schütteln gibt man durch den Trichteraufsatz *C* etwa 10 cm³ Salzsäure je Liter Flascheninhalt hinzu und schüttelt nochmals kurz durch. Dann wird der Apparat geöffnet und die Flüssigkeit mit n/10 Natriumthiosulfatlösung mit Stärkelösung als Indicator titriert. 1,00 cm³ $Na_2S_2O_3$-Lösung entspricht 0,56 cm³ Sauerstoff von 0°, 760 Torr, trocken.

Beispiel[1]:

Inhalt des Apparates	3600 cm³
Volumen der Mangan- und Jodkalilösung	180 cm³
Angewandtes Gasvolumen	3420 cm³
Barometerstand	772 Torr
Gastemperatur	16°
Reduktionsfaktor	0,947
Angewandtes Gasvolumen reduziert 3420 · 0,947	3239 cm³
Titerverbrauch an n/10 Natriumthiosulfatlösung	32,00 cm³
Sauerstoffmenge in der Gasprobe 32,00 · 0,56	17,92 cm³
Sauerstoffgehalt des Gases (17,92 · 100) : 3239	0,553%

Die Methode mit Mangan(II)-chlorid liefert leicht etwas zu niedere Werte, weil bei hohem Gehalt des Stadtgases an schweren Kohlenwasserstoffen diese Jod binden. Andererseits enthalten die Absorptionslösungen etwas Sauerstoff, der die Ergebnisse erhöht; doch scheinen in der Regel die erniedrigenden Einflüsse zu überwiegen. DEMSKI gibt die möglichen Ungenauigkeiten mit ± 0,02 bis 0,03 Vol.-% an.

Ein sehr guter Apparat ist der Multi-Rapid der Union-Apparatebaugesellschaft, der absolute Werte liefert.

Bei Verwendung von kleinen Mengen Gas bedient man sich einer BUNTE-Bürette und arbeitet analog der obigen Beschreibung. Diese Bestimmung kann in 15 Min. gemacht werden. Bei sorgfältigstem Arbeiten steht die Bestimmung in der Bürette der in der Flasche nichts nach.

Die WINKLER-Methode ist gleichfalls von CHLOPIN, STEINKAMP sowie WINSLOW und LIEBHAFSKY benutzt worden.

Die Methode von SCHULEK zum Nachweis geringer Sauerstoffmengen in Wasserstoff, Stickstoff, Kohlenoxyd und Methan wurde von MEYER und GHIJSEN folgendermaßen abgeändert: Die Bestimmung wird in einem Absorptionsgefäß durchgeführt, das

[1] Entnommen aus: Labor.-Buch f. Gaswerke. Halle: W. Knapp 1949.

nebenstehende Abb. 41 wiedergibt. Dieses besteht zunächst aus einem Gefäß *A* von bekanntem Volumen und Schliff *B*, in den der Ansatz *C* eingesetzt werden kann. Dieses Rohr *C* mündet bei *D* in eine umgebogene Capillare. An diese wird mit einem Platindraht das Röhrchen *E* angehängt, das 5 cm³ alkalische Jodkaliumlösung (2 Gewichtsteile KOH, 1 Teil KJ, 4 Teile Wasser) enthält. In *A* werden 5 cm³ Mangan(II)-chloridlösung nach WINKLER und 100 cm³ Wasser eingefüllt. Nunmehr pumpt man das Gerät unter Erwärmen auf 50° C vollkommen luftleer, läßt auf Raumtemperatur abkühlen, öffnet den Hahn, so daß das zu untersuchende Gas einströmt, schließt den Hahn, bestimmt Druck und Temperatur, kippt das Gerät zwecks Vermischung der beiden Lösungen, schüttelt kräftig durch, läßt von *C* aus 10 cm³ HCl (D 1,16) zulaufen und titriert das frei gewordene Jod nach Öffnen des Schliffes *B* mit Thiosulfat.

STEINKAMP benutzt ebenfalls die WINKLER-Methode zur Gasanalyse. WINSLOW und LIEBHAFSKY wenden die WINKLER-Methode für O_2 im Gas oberhalb von 0,0001 Vol.-% in 1 Liter Gas an. Bei der Endjodbestimmung sind besondere Vorsichtsmaßnahmen gegen Luftzutritt nötig.

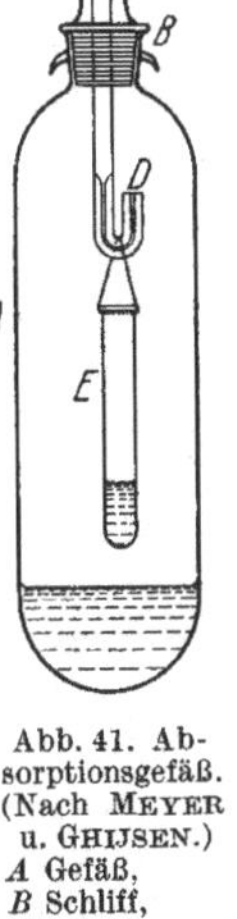

Abb. 41. Absorptionsgefäß. (Nach MEYER u. GHIJSEN.) *A* Gefäß, *B* Schliff, *C* Ansatz, *D* Capillare, *E* Röhrchen.

2. Maßanalytische Bestimmung des Sauerstoffs in Gasen nach LEITHE.

Das von LEITHE beschriebene Verfahren zur Bestimmung gelösten Sauerstoffs in Wasser, das auf der Bindung des Sauerstoffs mit Eisen(II)-sulfat und Lauge und Rücktitration des unveränderten Eisen(II)-ions mit $KMnO_4$ beruht, ist auch zur Sauerstoffbestimmung in Gasen verwendbar. Diese Methode leistet dasselbe wie die bisher übliche jodometrische Bestimmung und erspart somit auch hier den Verbrauch an jodhaltigen Chemikalien.

Die Übertragung der Arbeitsweise auf die Bestimmung in Gasen ergab anfänglich einige Schwierigkeiten. Der bei Zusatz von Kalilauge zur Eisen(II)-sulfatlösung ausfallende Niederschlag geht nach Aufnahme größerer O_2-Mengen in eine in Säure nur schwer lösliche Form über. Fügt man aber vor dem Zusatz der Kalilauge ein Calciumsalz zu, so löst sich der Niederschlag, der nun durch O_2-Aufnahme graugrün und nicht rotbraun wird, in kalter verdünnter Schwefelsäure glatt auf. Ferner nimmt eine alkalische Suspension von Eisen(II)-hydroxyd den Sauerstoff etwas langsamer auf, als dieses beim jodometrischen Verfahren der Fall ist. Ein Zusatz von Weinsäure, der auch hier das Reduktionsmittel in Lösung halten würde, verbot sich wegen der anschließenden $KMnO_4$-Titration. Die O_2-Aufnahme konnte aber durch einen schaumbildenden Zusatz erheblich beschleunigt werden, wobei sich Sulfonate gesättigter Fettalkohole bewährt haben.

Die Menge des zur Analyse abzumessenden Gases sowie die Art des Schüttelgefäßes richten sich nach dem zu erwartenden O_2-Gehalt sowie nach der erforderlichen Genauigkeit. Beträgt der O_2-Gehalt über 3% und sind Fehler von etwa 0,05 Einheiten (z. B. 3,05 statt 3,00% O_2) noch zulässig, so werden in eine 100 cm³-BUNTE-Bürette 80 bis 90 cm³ Gas eingemessen. Liegt dagegen der O_2-Gehalt unter 3% und soll auch die zweite Dezimale noch möglichst genau sein, so hat sich die Verwendung einer 500 cm³-BUNTE-Bürette als zweckmäßig erwiesen, in welche 500 cm³ Gas eingefüllt werden. Die Eisen(II)-sulfatlösung muß mindestens in doppeltem Überschuß zugesetzt werden, so daß mehr als die Hälfte mit $KMnO_4$ zurücktitriert wird (1 cm³ n/10 $FeSO_4$-Lösung entspricht 0,56 cm³ Sauerstoff). Die Verwendung größerer Gefäße ist kaum jemals nötig und nicht zu empfehlen, da die Schüttelzeit dann wesentlich erhöht werden müßte.

Arbeitsvorschrift. In eine 100 cm³-BUNTE-Bürette werden 80 bis 90 cm³ des zu untersuchenden Gases unter Berücksichtigung von Temperatur und Barometerstand eingemessen. Hierauf saugt man das Sperrwasser ab und pipettiert durch den Trichter 10 cm³ n/10 $FeSO_4$-Lösung (bei O_2-Gehalten von über 10% 20 cm³ und mehr n/5 $FeSO_4$-Lösung) hinzu.

Man fügt ferner 1 bis 2 cm³ einer 30%igen $CaCl_2$Lösung sowie etwa 2 cm³ einer 1%igen wäßrigen Lösung eines Schaummittels zu, spült mit wenig Wasser nach und setzt hierauf 3 bis 4 cm³ 25%iger Kalilauge zu. Man schüttelt 10 Min. in der Längsrichtung, wobei die Flüssigkeit unter starkem Schäumen kräftig hin- und hergeschleudert werden muß, was bei Anwendung einer Schüttelmaschine zu beachten ist. Hierauf werden durch den Trichter 10 cm³ 30%iger Schwefelsäure zugesetzt, die Lösung aus der Bürette gespült, mit 5 cm³ einer etwa 60%igen Phosphorsäure und 5 cm³ 10%iger Mangan(II)-sulfatlösung versetzt und mit n/10 $KMnO_4$-Lösung bis zur schwachen, einige Sekunden beständigen Rosafärbung titriert.

Zur Herstellung einer n/10 $FeSO_4$-Lösung werden 28 g $FeSO_4 \cdot 7\,H_2O$ mit einigen Kubikzentimetern verdünnter H_2SO_4 versetzt und zum Liter aufgefüllt, zur n/5 Lösung 56 g. Der Titer muß täglich frisch hergestellt werden.

Das zu verwendende Schaummittel muß kalk- und säurebeständig sein. Ferner dürfen 5 cm³ der 1%igen Lösung nach dem Ansäuern mit H_2SO_4 einen Tropfen n/10 $KMnO_4$ nicht sofort, sondern erst nach längerem Stehen entfärben; beim kräftigen Umschütteln der Absorptionsmischung muß ein ausgiebiger und ziemlich beständiger Schaum entstehen. Gut geeignet sind die als Feinwaschmittel im Handel befindlichen Sulfonate gesättigter Fettalkohole.

Zur Titerstellung wird die $FeSO_4$-Lösung mit $CaCl_2$ und Schaummittel versetzt, etwas verdünnt, mit H_2SO_4 angesäuert und nach Zusatz von H_3PO_4 wie oben titriert. Beim Arbeiten mit der 500 cm³-BUNTE-Bürette wird auf gleiche Weise verfahren. Nur wird zur Steigerung der Schüttelwirkung die Absorptionsflüssigkeit mit ausgekochtem Wasser auf insgesamt etwa 50 cm³ verdünnt, die Bürette zunächst kurze Zeit kräftig bis zur starken und beständigen Schaum- und Emulsionsbildung und hierauf etwa 30 Min. mäßiger von Hand oder auf einer wirksamen Schüttelmaschine in der Längsrichtung geschüttelt.

An Stelle von O_2-freiem Wasser kann auch mit gewöhnlichem Wasser gearbeitet werden, wenn man den O_2-Gehalt beim Blindversuch auf folgende Weise berücksichtigt: Die bei der Analyse verwendete Menge Eisen(II)-sulfatlösung sowie die $CaCl_2$- und Schaummittellösung werden in einem Kölbchen mit der bei der Analyse angewandten Menge Wasser versetzt, hierauf die Luft aus dem Kölbchen durch Aufblasen eines luftfreien Gases (H_2 oder N_2) verdrängt, die Flüssigkeit mit der entsprechenden Menge KOH versetzt, das Kölbchen verschlossen und etwa ½ Min. gelinde geschüttelt. Hierauf säuert man mit H_2SO_4 an und titriert die nunmehr luftbeständige Lösung nach Zusatz von H_3PO_4 und $MnSO_4$ mit Permanganat. Dieses Verfahren hat den Vorteil, daß damit auch der in den Reagenzien erhaltene Sauerstoff berücksichtigt wird.

Berechnung.

$$\text{Vol.-\% } O_2 = 56 \cdot \frac{\text{cm}^3\ 0{,}1\ \text{n}\ KMnO_4\ \text{(Blindversuch)} - \text{cm}^3\ 0{,}1\ \text{n}\ KMnO_4\ \text{(Hauptversuch)}}{\text{cm}^3\ \text{Gasvol. } (0^\circ,\ 760\ \text{mm})}.$$

Ein Titrationsfehler von 0,1 cm³ n/10-Lösung entspricht bei 90 cm³ Probengas einem Fehler von $\pm$ 0,06, bei 500 cm³ Gas von $\pm$ 0,01 Einheiten der O_2-Prozente. Gase, die in Wasser löslich sind und $KMnO_4$-Lösung entfärben, müssen vor der Analyse entfernt werden, z. B. H_2S. Ebenso müssen größere Mengen CO_2 vorher mit Lauge ausgewaschen werden, da sie KOH als Fällungsmittel verbrauchen (beides gilt naturgemäß auch für das jodometrische Verfahren). Olefine stören auch in größerer Menge nicht, wenn man vor dem Zusatz der $KMnO_4$-Lösung das Zerplatzen des Schaumes abwartet und das Olefin durch Belüften des Kölbchens entfernt.

Tabelle 2. Vol.-% Sauerstoff.

Untersuchungsgas	100 cm³-Bürette %	500 cm³-Bürette %	Jodometrisches Verfahren %
Wasserstoff	—	0,013	0,010
500 cm³ H_2 + 5,2 cm³ Luft (ber. 0,27% O_2)	—	0,233	—
Generatorgas	—	0,056	—
500 cm³ Generatorgas + 5 cm³ Luft (ber. 0,262% O_2)	—	0,24	—
Kokereigas	—	0,08	0,09
Stickstoff, techn.	2,24	2,26 2,25	2,27
Propylen, techn.	0,10	—	—
Luft	20,9 20,9 20,8	—	—

Die an verschiedenen technischen Gasen ausgeführten Analysenbeispiele (Tabelle 2) lassen erkennen, daß die erzielbare Genauigkeit der des jodometrischen Verfahrens nicht nachsteht.

Literatur.

CHLOPIN, G. W.: A. CLASSEN: Analytische Chemie, S. 46.
DEMSKI: Gas- und Wasserfach **86**, 58 (1943).
LEITHE, W.: Chemie **56**, Nr 33/34, 235 (1943). — LUBBERGER-BROCHE: Gas- und Wasserfach **41**, 695 (1898).
MEYER, G., u. W. L. GHIJSEN: Chem. Weekbl. **32**, 373 (1935); durch C. **106**, **II**, 2407 (1935).
STEINKAMP, J. H.: Gas **57**, 414 (1937); durch C. **109**, **I**, 1714 (1938).
WINSLOW, E. H., u. H. A. LIEBHAFSKY: Ind. eng. Chem. Anal. Edit. **18**, 565 (1946); durch C. **118**, **I**, 1013 (1947).

F. Physikalische und physikalisch-chemische Methoden.

1. Magnetische Suszeptibilität.

Eine Sauerstoffbestimmung auf physikalischem Wege, die die Suszeptibilität benutzt, wurde erstmals von REIN beschrieben und speziell zur Kontrolle des Sauerstoffteildruckes in Höhenkabinen entwickelt. Gleichzeitig wurde diese Methode zur Messung des Sauerstoffgehaltes der Lungen bzw. der Atmungsluft sowie zur Untersuchung von Sauerstoff verbrauchenden chemischen Prozessen und zur Analyse von Auspuffgasen vorgeschlagen.

Bereits vorher hatte SENFTLEBEN gefunden, daß Luft in einem Feld von 1500 bis 2000 Gauß die Wärmeleitfähigkeit um rd. 1% verkleinert.

KLAUER, TUROWSKI und v. WOLFF, z. T. in Zusammenarbeit mit REIN, arbeiteten später in einem inhomogenen Magnetfeld.

Prinzip der Methode: In einem inhomogenen Magnetfeld und einem Temperaturgefälle, das durch den Hitzdraht erzeugt wird, entsteht zusätzlich zur Wärmekonvektion durch die paramagnetischen Sauerstoffmoleküle eine Gasströmung, der sogenannte magnetische Wind.

Das kalte Gas wird infolge seiner höheren Dichte und der dadurch größeren Suszeptibilität stärker in das Gebiet höherer Feldstärke, wo sich der Hitzdraht befindet, hineingezogen, als das erwärmte Gas, dessen Suszeptibilität mit dem Quadrat der Temperatur abnimmt. (Gesetz von CURIE.)

Die Stärke des magnetischen Windes und die durch ihn auftretende Abkühlung des Hitzdrahtes ist proportional dem Sauerstoffgehalt. Die auftretende Widerstandsänderung des Hitzdrahtes wird in einem Zweig einer WHEATSTONEschen Brücke gemessen.

Technische Sauerstoffmeßapparate auf dieser Grundlage sind u. a. von den Firmen Auergesellschaft, Hartmann & Braun und Siemens entwickelt worden.

Abb. 42 zeigt das Schema eines solchen Sauerstoffschreibers, der von ENGELHARDT beschrieben wird (nach dem Prinzip der Ringkammer nach LEHRER und ERBINGHAUS). Das zu untersuchende Gas wird mit einer Geschwindigkeit zwischen 60 und 200 cm³/min durch eine sogenannte Ringkammer geleitet, d. i. ein metallener Hohlring, der in der Mitte zwischen Gas-Ein- und Gas-Ausgangsstutzen eine diametrale Querverbindung in Gestalt eines sehr dünnwandigen Röhrchens aus Isolierstoff, z. B. Glas, besitzt. Dieses Röhrchen befindet sich im Feldraum eines sehr starken Permanentmagneten aus Örstit 400 und trägt eine Heizwicklung aus Pt, die den rechten Teil des Feldraumes aufheizt. Der Raum zwischen den Polschuhen ist mit einem wärmeisolierenden Stoff aufgefüllt, um Störungen durch Konvektion der das Röhrchen umgebenden Luft zu verhindern. Steht dieses Verbindungsröhrchen genau horizontal, so wird es vom Gas nicht durchströmt, außer wenn dieses O_2-haltig ist. In diesem Fall nämlich werden die O_2-Moleküle vom linken ungeheizten Feld stärker angezogen als vom rechten geheizten, und es tritt eine Druckdifferenz (von der Größenordnung 10^{-3} mm WS) zwischen links und rechts und damit eine (schwache) Strömung in Pfeilrichtung ein. Die Stärke dieses „magnetischen Windes", die offenbar ein Maß für den Sauerstoffgehalt des Meßgases ist, wird eleganterweise über die durch ihn verursachte Abkühlung der Heizentwicklung gemessen. Zu diesem Zweck ist diese in der Mitte angezapft und durch Kombination mit zwei konstanten Widerständen zur WHEATSTONEschen Brücke vervollständigt. Der magnetische Wind kühlt die linke Hälfte des Heizwiderstandes stärker als die rechte und verstimmt auf diese Weise die Brücke. Das Galvanometer schlägt also aus, und bei geeigneter Dimensionierung von Feldstärke und Heizstromstärke ist dieser Ausschlag proportional dem Sauerstoffgehalt, kann also direkt in Vol.-% O_2 geeicht werden.

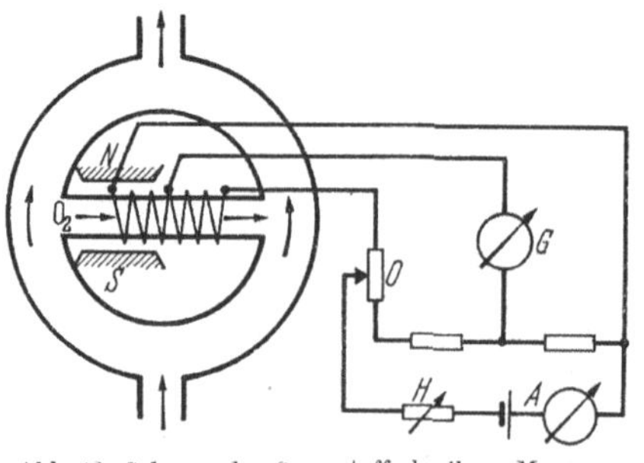

Abb. 42. Schema des Sauerstoffschreibers Magnos. (Hartmann u. Braun.) A Amperemeter, G Nullinstrument, H Reguliervorrichtung, O Vorwiderstand, N Magnet.

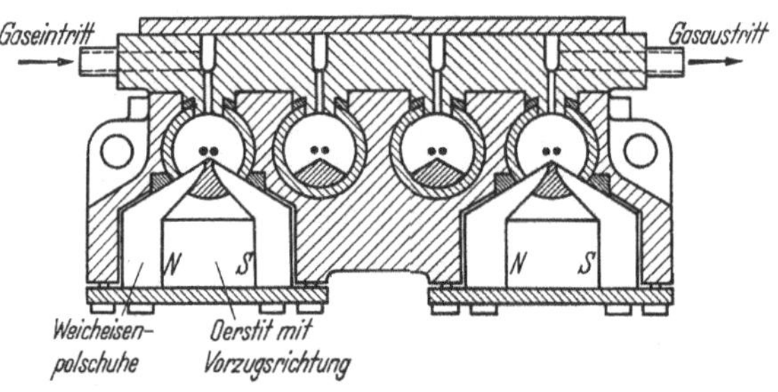

Abb. 43. Magnetischer Sauerstoffmesser. Schnitt durch die Kammer. N, S Magnet.

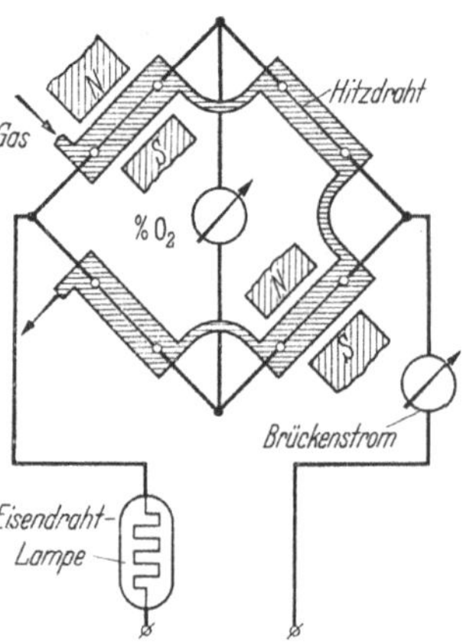

Abb. 44. Magnetischer Sauerstoffmesser. Schaltung und Gasfluß. N, S Magnet, i Amperemeter.

Bemerkungen. Außer O_2 zeigen noch NO, NO_2, ClO_2 und ClO_3 nennenswerte paramagnetische Suszeptibilität, stören also. Die Empfindlichkeit würde bei dem angegebenen kleinsten Meßbereich von 1% bei einem Skalenbereich von 50 Skalenteilen 0,02% betragen.

Nach gleichem Prinzip, jedoch mit anderer apparativer Anordnung, arbeitet das von NAUMANN bei der Siemens & Halske AG ausgearbeitete Gerät, Abb. 43 und 44.

Vier Hitzdrähte sind zu einer WHEATSTONEschen Brücke zusammengeschaltet, deren elektrische Verstimmung ein elektrisches Maß für die Sauerstoffkonzentration ergibt. Zwei gegenüberliegende Hitzdrähte sind magnetisiert und ergeben den Meßeffekt, die beiden anderen sind feldfrei und liefern die konstante Bezugsgröße. Alle vier Kammern werden vom gleichen Gas durchflossen. Diese Tatsache ist wesentlich für die guten Meßeigenschaften des Gerätes.

In Abb. 43 ist ein Schnitt durch die Kammer gezeigt, rechts und links die beiden Magnetkammern, in der Mitte die beiden Vergleichskammern. Zu bemerken ist, daß alle vier Kammern völlig identisch sind und daß die Hitzdrähte somit unter gleichen geometrischen Bedingungen arbeiten. Dies ist ein weiterer Grund für die guten Meßeigenschaften des Gerätes.

Das Gerät gibt bei 1% Sauerstoff eine Leistung von 0,12 μW ab, d. h. bei 200 Ohm Instrumentenwiderstand 5 mV. Technische Schreibgeräte benötigen für Vollausschlag etwa 0,1 μW, so daß also mit noch technischen Mitteln ein kleinster Meßbereich von 0 bis 1% Sauerstoff möglich ist. Darüber hinaus sind beliebige größere Meßbereiche bis zu 100% Sauerstoff möglich.

Die Genauigkeit kann mit etwa 2% vom Meßbereichumfang angegeben werden. Für die ganz kleinen Meßbereiche allerdings ist diese Zahl noch nicht verbindlich, da noch nicht genügend Erfahrungen vorliegen.

2. Messung der Wärmeleitfähigkeit.

Bei dem von LIENEWEG mitgeteilten Verfahren der Wärmeleitfähigkeitsmessung zur Sauerstoffbestimmung wird die Temperatur gemessen, die ein mit konstanter Stromstärke geheizter Pt-Draht in dem zu analysierenden Gas annimmt. Die Drahttemperatur und damit der Widerstand des Drahtes wird um so größer, je kleiner die Wärmeleitfähigkeit des Gases ist. Die Anordnung wird zweckmäßig so getroffen, daß in einem Metallklotz vier Pt-Drähte ausgespannt werden, von denen zwei mit einem Vergleichsgas bekannter Wärmeleitfähigkeit, die beiden anderen von dem zu untersuchenden Gas umgeben sind. Werden die Drähte zu einer WHEATSTONEschen Brücke (Abb. 45) vereinigt, so ist die Widerstandsdifferenz zwischen den Vergleichs- und den Meßdrähten, an denen sich das Gas befindet, ein relatives Maß für die Wärmeleitfähigkeit des zu untersuchenden Gases, bezogen auf das Vergleichsgas. Hält man die Stromstärke konstant und benutzt man einen der beiden Gasbestandteile als Vergleichsgas, so ist der Strom im Diagonalzweig der Brücke abhängig von dem Gehalt an dem zweiten Bestandteil des zu untersuchenden Gases. Die Abhängigkeit des Galvanometerausschlages von der Stromstärke ist (für CO_2-Luftgemisch mit Luft als Vergleichsgas) in Abb. 46 wiedergegeben. Es ist daraus zu ersehen, daß mit steigender Stromstärke die Empfindlichkeit der Methode steigt. Erst bei höheren Stromstärken (Temperaturen) sinkt diese, weil sich die Wärmeleitfähigkeit des Kohlendioxyds mit steigender Temperatur der der Luft nähert. Statt Luft können unter Umständen auch andere Gase oder Gasgemische als Vergleichsgas Verwendung finden. Als geheizte Meßorgane werden auch die für die Temperaturmessung bekannten elektrischen Widerstandsthermometer verwendet.

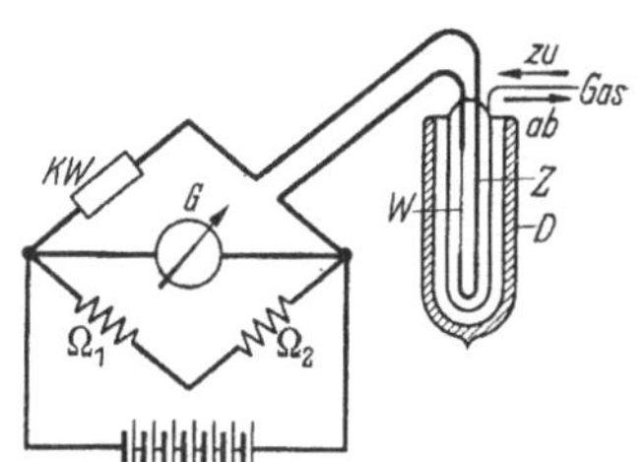

Abb. 45. Wärmeleitfähigkeitszelle. *KW* Kurbelwiderstand in der WHEATSTONE-Anordnung, *G* Galvanometer, *W* Widerstandsdraht, *D* DEWAR-Gefäß, Ω_1, Ω_2 bekannte Widerstände.

Empfindlichkeit der Messung. Grundsätzlich ist die Analyse immer möglich, wenn die Wärmeleitfähigkeit des zu untersuchenden Gases von der des gewählten Vergleichsgases verschieden ist. Die Wärmeleitfähigkeit ist unabhängig von der Größe des Gasdruckes. Die meist geringe Temperaturabhängigkeit der Wärmeleitung kann leicht durch elektrische Kompensationsverfahren ausgeschaltet werden. Dadurch ist dieses Gasanalysenverfahren besonders einfach und auch für die Technik wertvoll. Der Unterschied der Wärmeleitfähigkeit des zu untersuchenden Gases gegenüber dem Vergleichsgas muß mindestens 5% betragen, um noch einen Ausschlag über die ganze Skala eines empfindlichen technischen Galvanometers zu erhalten. Die Meßgenauigkeit beträgt etwa $\pm 1\%$ vom Skalenumfang. Bei Verwendung von technischen Galvanometern entspricht bei einer Temperatur des Meßdrahtes von 100° einer Leitfähigkeitsänderung von 5% eine Temperaturänderung von etwa 5°, die demnach auf 0,05° genau gemessen werden kann.

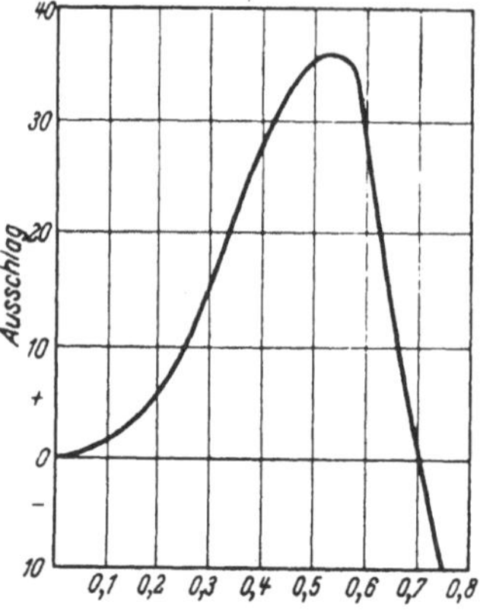

Abb. 46. Galvanometerausschlag eines Kohlensäure-Luftgemisches in Abhängigkeit von der Stromstärke der Brücke.

Messung binärer und ternärer Gasgemische. Für die Analyse von Gasgemischen kommen vor allem binäre Gasgemische in Frage. Im allgemeinen ändert sich die Wärmeleitfähigkeit nach der Mischungsregel linear mit der Konzentration des zu untersuchenden Gases, doch treten beim Zusammentreffen von Dipolmolekülen mit homöopolaren Molekülen erhebliche Abweichungen von der Mischungsregel auf. In der Wärmeleitfähigkeitskonzentrationskurve zeigen sich Maxima, so daß die Analyse nicht mehr über den ganzen Meßbereich eindeutig ist. Es können dann nur begrenzte Meßbereiche ausgeführt werden (Abb. 47). Hat man im Gemisch mehr als zwei Gase, deren Konzentrationen sich beliebig verändern, und deren Wärmeleitfähigkeiten untereinander verschieden sind, so ist die Analyse von einem der Bestandteile nicht ohne weiteres durchzuführen. Eine Messung von Gasgemischen von mehr als zwei Komponenten ist jedoch möglich, wenn die zu bestimmende Komponente so große Unterschiede in der Leitfähigkeit gegenüber den übrigen Bestandteilen aufweist, daß die Einflüsse der anderen Beimengungen vernachlässigt werden können. Auch wenn die Teildrucke der beiden nicht zu ermittelnden Bestandteile in einem bestimmten Verhältnis untereinander bleiben, kann die Analyse immer durchgeführt werden. In diesem Sinne ist Luft als einheitliches Gas aufzufassen. Eine Analyse eines Bestandteiles in Gasen mit drei Komponenten kann außerdem dann erfolgen, wenn eine funktionelle Beziehung zwischen der zu bestimmenden Gaskomponente und der Konzentration eines der beiden anderen Bestandteile besteht. In der Schwefligsäurefabrikation ist bei Verbrennung eines bestimmten Ausgangsmaterials der Sauerstoffgehalt des Röstgases durch die Beziehung

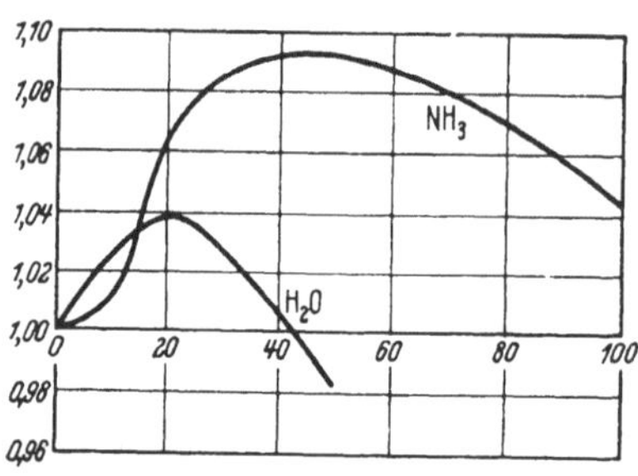

Abb. 47. Wärmeleitfähigkeitskonzentrationskurven für Luft-Ammoniak und Luft-Wasserdampf.

$$\% \; O_2 = 20{,}9 - \frac{a \cdot 20{,}9}{a'}$$

gegeben, in der a die vorhandene SO_2-Konzentration und a' die maximal mögliche SO_2-Konzentration bedeutet, die durch die Kiesart bestimmt ist. Infolgedessen kann die SO_2-Bestimmung trotz der Änderung des Stickstoff-Sauerstoff-Verhältnisses exakt vorgenommen werden.

Differenzmeßverfahren. In solchen Fällen, in denen die Wärmeleitfähigkeit des zu untersuchenden Gasgemisches stark von der Luft abweicht, benutzt man im allgemeinen ein Vergleichsgas, das etwa die Konzentration des Meßgases besitzt und leicht mit konstanter Zusammensetzung hergestellt werden kann. Man kann aber auch nach Durchleiten des Gases durch die Meßkammer einen oder mehrere Bestandteile durch Absorption oder Verbrennung entfernen und das Restgas durch die Vergleichskammer schicken. Da bei diesem Verfahren der Unterschied der Wärmeleitfähigkeit von zwei Zuständen des Untersuchungsgases festgestellt wird, nennt man dieses Verfahren auch Differenzmeßverfahren. Die Analyse durch Absorption oder Verbrennung von Gas zwischen der Meß- oder Vergleichskammer ist immer möglich, wenn durch die Reaktion eine Änderung der Wärmeleitfähigkeit bedingt ist. In einem Stickstoff-Wasserstoff-Sauerstoff-Gemisch kann so der Sauerstoff durch Verbrennung mit dem vorhandenen Wasserstoff ermittelt werden. Das durch Kühlen vom entstandenen Wasser befreite Gas wird durch die Vergleichskammer geschickt. Die Messung ist aber nicht bei allen Konzentrationsverhältnissen in dieser Form ausführbar. Soll der Sauerstoff in einem Gemisch von 75% Wasserstoff, Rest Stickstoff mit Spuren von Sauerstoff bestimmt werden, eine Analyse, die in der Stickstoffindustrie von besonderem Interesse ist, so zeigt sich, daß nach der Verbrennung infolge der Konzentrationsverschiebung des Stickstoff-Wasserstoff-Verhältnisses durch die Entfernung des gebildeten Wasserdampfes aus dem Gas der Wasserstoffgehalt gegenüber dem des Ausgangsgases sich nicht verändert hat. Die Analyse wird hier deshalb so durchgeführt, daß der entstehende Wasserdampf nicht kondensiert, sondern als Dampf mit durch die Vergleichskammer geleitet wird.

Die Messungen sind mit Zweistoffsystemen genau durchzuführen. Schon sehr kleine Änderungen in der Zusammensetzung kann man in entsprechend ausgearbeiteten Vorrichtungen bestimmen. In einer Mischung Ortho-Para-Wasserstoff ist die Zusammensetzung auf etwa $\pm 1^0/_{00}$ ermittelbar. In einer nur 1,3 mm^3 betragenden Mischung von Wasserstoff und Kohlenoxyd läßt sich die Zusammensetzung auf $\pm 1\%$ sicher bestimmen. Die Messungen werden sich um so schärfer ausführen lassen, je verschiedener die Wärmeleitfähigkeiten der Bestandteile in der Gasmischung sind. Der hohe Wert, der dieser Meßmethode in der wissenschaftlichen Untersuchung zukommt, liegt neben ihrer großen Empfindlichkeit auch darin, daß sich mit ihrer Hilfe mit den minimalsten Gasmengen (Drucke um 0,05 mm Hg) schon genaue Messungen ausführen lassen und keine Gasverluste damit verbunden sind.

Das für die Untersuchung von Rauchgasen auf CO_2 verbreitete Verfahren der Wärmeleitfähigkeitsmessung läßt sich nach GRÜSS und LIENEWEG für die Sauerstoffbestimmung nicht ohne weiteres anwenden, weil die Wärmeleitfähigkeit des Sauerstoffs (101) sich nur sehr wenig von Luft (100) unterscheidet. Man mißt daher die Wärmeleitfähigkeit vor und nach einer chemischen Reaktion, welcher der zu messende Bestandteil ausgesetzt ist, im Differenzverfahren. Man verwendet die Verbrennungsreaktion des Wasserstoffs zur Sauerstoffbestimmung. Man setzt dem Rauchgas Wasserstoff im Überschuß zu und benutzt als Meßgröße gemäß der Verbrennungsgleichung

$$2\,H_2 + O_2 = 2\,H_2O$$

den Wasserstoffgehalt vor und nach der Verbrennung. Mißt man demnach die Wärmeleitfähigkeit eines mit Wasserstoff beladenen Rauchgases an einem elektrisch geheizten Meßdraht und leitet das in einem Verbrennungsofen von Sauerstoff befreite, noch wasserstoffhaltige Restgas über einen gleichen Meßdraht, so ist der Temperatur- und damit der Widerstandsunterschied der beiden Drähte nur durch die Wasserabnahme und damit durch den Sauerstoffgehalt bestimmt.

Infolge des großen Unterschiedes der Wärmeleitfähigkeit zwischen Wasserstoff (700) und den anderen Rauchgasbestandteilen (59 bis 101) ist die Empfindlichkeit des Meßverfahrens sehr hoch, so daß sehr kleine Meßbereiche (z. B. 0 bis 0,5% O_2) benutzt werden können. Das Verfahren hat den Vorteil, daß die Anzeige unabhängig von anderen Bestandteilen in Gasen und deren Konzentrationsänderung ist, weil diese in die Differenzmessung nicht eingehen. Da mit steigendem Wasserstoffüberschuß die Meßgenauigkeit immer mehr abnimmt, mischt man dem Rauchgas nur so viel Wasserstoff zu, daß annähernd der gesamte Wasserstoff verbrennt, wenn im Rauchgas der dem Meßbereich entsprechende Sauerstoffgehalt auftritt. Die Zumischung des Wasserstoffs zum Rauchgas hat prinzipiell so zu erfolgen, daß das Verhältnis von Wasserstoff zu Rauchgas etwa konstant bleibt. Kohlenoxyd hat praktisch keinen Einfluß, obwohl natürlich eine Umsetzung $2\,CO + O_2 = 2\,CO_2$ eintritt. Aber der Anteil, der sich umsetzt, ist höchstens gleich dem Verhältnis der Konzentration von Kohlenoxyd zu Wasserstoff.

Meßanordnung. Der Apparat besteht aus einer Ansaugevorrichtung, welche die zur Messung konstante Gaszufuhr ermöglicht, und dem Analysengeber, der die Wärmeleitkammern, den Verbrennungsofen und den Wasserstoffentwickler enthält. Das Ansaugegerät ist eine Tropfenpumpe, die einen konstanten Gasstrom erzeugt und in der das Gas gleichzeitig etwa $^3/_4$ seines Gehaltes an Schwefeldioxyd abgibt.

Das Rauchgas wird in den Analysengeber gesaugt und in die erste Meßkammer geleitet. Dann wird es mit Wasserstoff gemischt und in den Verbrennungsofen geleitet. Dort erfolgt eine katalytische Verbrennung über mit Platin-Ruthenium überzogenen Tonkontaktkörpern. Der Katalysator hat die Eigenschaft, auch bei sehr geringem Sauerstoffgehalt mit großem Wasserstoffüberschuß bei verhältnismäßig niederer Temperatur (300 bis 400° C) allen Sauerstoff zu reduzieren. Der größte Teil des Wasserdampfes scheidet sich in einem Kondensationsgefäß ab, der Rest stört nicht weiter. Aus dem Verbrennungsofen gelangt das Gas in die zweite Meßkammer und von da aus dem Apparat.

Der Wasserstoffentwickler ist ein Elektrolytentwickler, gefüllt mit wäßriger Pottaschelösung. Als Elektroden dienen Nickelstäbe. Die relativ geringe Widerstandsänderung, welche die elektrische Messung des Wärmeleitvermögens ergibt, macht die Anwendung der WHEATSTONEschen Brücke nötig.

Über die automatische Gasanalyse auf Grund der Wärmeleitfähigkeit, praktische Messungen und die Anwendung technisch wichtiger Fälle berichtet THIEDE. Weitere Angaben machen HERAEUS und HOWE.

3. Änderung der Leitfähigkeit der Absorptionslösung.

Die Bestimmung von Sauerstoff in Gasgemischen, die meistens dadurch ausgeführt wird, daß der Sauerstoff zu Wasser verbrannt wird, gestaltet sich schwieriger, wenn das Gasgemisch keinen Wasserstoff enthält. In diesem Fall muß man zu dem Gasgemisch Wasserstoff zufügen. Da dieses Verfahren jedoch umständlich ist, wurde nach Mitteilungen von MILLET und DE LANDSBERG eine neue Methode ausgearbeitet, die darauf beruht, daß der Sauerstoff mit amorpher Kohle zu Kohlendioxyd verbrannt wird, das in eine mit verdünntem Barytwasser gefüllte Leitfähigkeitszelle geleitet wird. Dadurch wird die Leitfähigkeit vermindert, die auf einer KOHLRAUSCHschen Brücke abgelesen wird und durch ein Galvanometer registriert werden kann. Zur richtigen Ausführung der Analyse sind folgende Bedingungen einzuhalten:

1. Die Temperatur muß hoch sein, damit die Reaktionsgeschwindigkeit groß genug ist. Andererseits muß sie niedrig genug sein, um die Reaktion

$$CO_2 + C = 2\,CO$$

möglichst hintanzuhalten. Die günstigste Temperatur ist 500°. Bei dieser Temperatur liegt das Gleichgewicht allerdings schon so, daß 5% CO und 95% CO_2 vorliegen. Da jedoch Eichbestimmungen nötig sind, erwächst daraus kein Fehler. Die Temperatur muß genau konstant gehalten werden.

2. Behandlung der amorphen Kohle: Man nimmt Tierkohle, die frei von flüchtigen Verunreinigungen sein muß. Man behandelt sie mit heißer konzentrierter Salzsäure, trochnet sie und glüht sie 10 Std. lang in einem trockenen Stickstoffstrom auf 800 bis 900°. Eine so vorbereitete Kohle kann man in fest verschlossenen Flaschen

ein Jahr lang aufbewahren, ohne daß ihre Wirksamkeit leidet. Es ist ratsam, sie durch ein Sieb zu sortieren, um einen gleichmäßigen Durchgang des Gases zu sichern.

3. Strömungsgeschwindigkeit des Gases: Der Prozentgehalt an CO hängt auch von der Geschwindigkeit des Gasstroms ab. Man muß deshalb die Geschwindigkeit genau konstant halten. Am günstigsten ist ein Gasstrom von 3 bis 6 l/Std.

Die Apparatur besteht aus einem Druckregler, einem Filter, das die festen oder öligen Bestandteile, die das Gas enthalten könnte, zurückhält, und Waschflaschen, um chemische Verunreinigungen zurückzuhalten. Dann wird das Gas mit konzentrierter Schwefelsäure und P_2O_5 getrocknet, strömt über 30 bis 40 g Kohle und dann in die Leitfähigkeitszelle. Die Kohle wird durch eine an das Lichtnetz angeschlossene elektrische Heizvorrichtung auf 500° erwärmt. Um die Spannungsänderungen des Lichtnetzes, die die Temperatur zu sehr variieren würden, auszuschließen, schaltet man als Regulierwiderstand einen Eisenwasserstoffwiderstand ein.

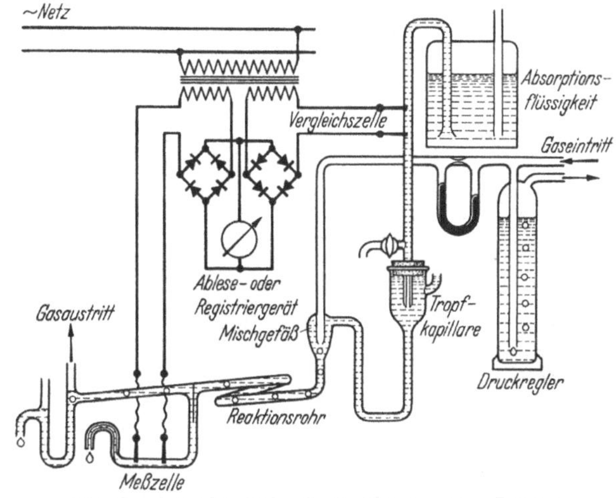

Abb. 48. Schema des „Elektroflux". (Hartmann u. Braun.)

Eichung und Kontrolle: Zur Eichung der Trommel des Konduktometers führt man ein bekanntes Volumen O_2 bzw. CO_2 ein. Wenn sich bei der Reaktion kein CO bilden würde, würde ein gleiches Volumen O_2 und CO_2 die gleiche Leitfähigkeitsverminderung verursachen. Aus der Abweichung der beiden Werte kann man die CO-Konzentration ermitteln.

Das Verfahren wurde besonders angewandt zur Bestimmung des Sauerstoffgehalts von Stickstoff, der durch fraktionierte Destillation von flüssiger Luft gewonnen wurde. Dieser Stickstoff enthält weniger als 0,2 Vol.-% Sauerstoff.

Genauigkeit der Analyse. In Stickstoff, der 0,1% Sauerstoff enthält, konnte dieser mit 10% Genauigkeit ermittelt werden. Diese Genauigkeit genügt für die meisten industriellen Kontrollen.

Ein sehr empfindliches Gerät, „Elektroflux", zur kontinuierlichen Messung von Sauerstoffspuren liefert die Firma Hartmann & Braun, Frankfurt, dessen Prinzip auf der Änderung der Leitfähigkeit der Absorptionslösung beruht. Der schematische Aufbau, den Abb. 48 zeigt, wird folgendermaßen beschrieben:

Das konstant strömende Gas wird in einem „Mischgefäß" mit der aus einer Mariotteschen Flasche konstant zufließenden Absorptionslösung zusammengebracht. Innerhalb des anschließenden (gewundenen) „Reaktionsrohres" läuft die Reaktion quantitativ ab. Danach wird das Gasflüssigkeitsgemisch in zwei Zweige aufgeteilt. Der eine Zweig bleibt gasfrei und enthält die Meßzelle. Durch den zweiten Zweig werden die nicht absorbierten Gasteile ins Freie befördert. In den Zulauf der Absorptionsflüssigkeit zum Mischgefäß ist eine der Meßzelle genau gleiche „Vergleichszelle" eingebaut. Mittels dieser beiden Leitfähigkeitszellen wird die Leitfähigkeit der Flüssigkeit nach der Reaktion mit der vor der Reaktion durch eine in der Abb. 48 angedeuteten Differenzschaltung verglichen. Das den Differenzstrom registrierende Mikroamperemeter ist im Konzentrationsmaß (Vol.-% oder mg/m³) geeicht.

Neben Sauerstoff können gleichzeitig H_2S, SO_2, NH_3, CO_2 und H_2O gemessen werden. Der kleinste Meßbereich für Sauerstoff beträgt 0 bis $5 \cdot 10^{-3}$ Vol.-%.

4. Thermische Verfahren.

Die thermischen Verfahren beruhen meist darauf, daß ein zu untersuchendes Gasgemisch an einem Katalysator zur Reaktion gebracht und die auftretende Reaktionswärme gemessen wird. Der Katalysator selbst wird dabei zuerst auf eine genau gemessene Temperatur erhitzt und die durch die Reaktion bedingte Temperaturerhöhung durch ein Thermoelement oder aus der Widerstandserhöhung eines Platindrahtes gemessen.

Neben der Messung der Reaktionswärme zwischen Festkörper und Gas läßt sich auch die Reaktion zwischen Gas und Flüssigkeit als Absorptionswärme mit einer Thermobatterie messen.

I. Messung der Absorptionswärme. Diese Methode ist von ACKERMANN von der Badischen Anilin- und Sodafabrik zu einem kontinuierlichen Meßverfahren ausgearbeitet worden. Ein nach diesem Prinzip von der Meßinstrumentenfirma Hartmann & Braun gebautes Gerät beschreibt ENGELHARDT.

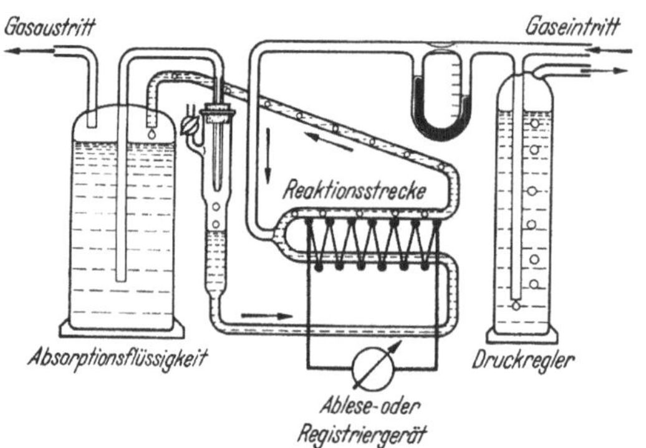

Abb. 49. Schema des „Thermoflux". (Hartmann u. Braun.)

Das Prinzip ist aus dem Schema der Abb. 49 zu ersehen. Aus einem etwa 1 l fassenden Vorratsgefäß tropft die Absorptionsflüssigkeit über einen Capillarheber in ein Trichterrohr und gelangt auf ihrem weiteren Wege im Scheitel eines U-förmigen Rohres in Berührung mit dem zu messenden Gas, dessen Strömungsgeschwindigkeit konstant gehalten und am Strömungsmesser kontrolliert wird. Bereits in der Rohrkrümmung läuft die Reaktion zwischen Gas und Flüssigkeit weitgehend ab. Die daraus resultierende Temperaturerhöhung des Gas-Flüssigkeitsgemisches wirkt sich längs des sehr dünnwandigen oberen Schenkels des U-Rohres aus. Zwischen diesem und dem der Reaktionsstrecke hinsichtlich des Laufes der Absorptionslösung vorgelagerten unteren Schenkel des U-Rohres ist eine Thermokette angebracht. Die in ihr durch den Temperaturunterschied der Reaktionslösung vor und nach der Absorption hervorgerufene EMK wird mit einem schreibenden Millivoltmeter registriert. Seine Teilung läßt sich wegen der Proportionalität zwischen EMK, Temperaturdifferenz und Gaskonzentration unmittelbar in Volumenprozent des zu messenden Gasbestandteils ausführen.

Die nur zum Teil verbrauchte Absorptionslösung wird in die Vorratsflasche zurückgeleitet und läuft so oft um, bis ihr Absorptionsvermögen erschöpft ist. Um die Übersicht nicht zu gefährden, sind Einzelheiten bei dieser schematischen Anordnung weggelassen worden. Eine Innenansicht eines solchen Gerätes zeigt Abb. 50.

II. Messung der Reaktionswärme. Das von Y LEON mitgeteilte Verfahren zur Sauerstoffbestimmung beruht auf einem Verbrennungsprozeß. Die während des Prozesses erreichte Temperatur hängt von dem Sauerstoff in der Luft ab. Der höchste Wert wird bei der Verbrennung in reinem Sauerstoff erreicht. Das Verfahren geht davon aus, daß, je höher die Temperatur des Verbrennungsprozesses, desto höher der Prozentgehalt des Sauerstoffs ist, und daß die Temperatur bei Verbrennung eines Stoffes in einem geschlossenen Raum und in sauerstoffarmer Luft geringer ist, als wenn dieser Prozeß mit demselben Stoff in reiner Luft vorgenommen wird. Wenn die Luft den äußersten Grad an Sauerstoffarmut erreicht hat, wird der Verbrennungsprozeß aufhören, weil die erreichte Temperatur nicht genügt, um denselben aufrechtzuerhalten.

Der Apparat besteht aus einem Hitzeerzeuger von konstanter Temperatur und einem Pyrometer, welches die Temperaturschwankungen des Hitzeerzeugers und damit den Sauerstoffgehalt der Luft angibt. Als Brennstoff ist theoretisch jeder beliebige anwendbar, obgleich Methylalkohol, Äthylalkohol, Wasserstoffgas und Leuchtgas vorzuziehen sind. Zur Entflammung dieses Brennstoffes können glühende Metalle oder die Eigenart des Platins oder Palladiums benutzt werden, welche durch Absorption von wasserstoffhaltigen Gasen zum Glühen kommen.

Abb. 50. Thermoflux-Sauerstoffschreiber. (Hartmann u. Braun.)

Thermoelektrische Methode nach Larson *und* White. Das von Larson und White mitgeteilte Verfahren dient zur Bestimmung von Spuren von Sauerstoff im Wasserstoff-Stickstoff-Gemisch für das Haber-Bosch-Verfahren. Da es sich hierbei um sehr geringe Mengen Sauerstoff handelt, sind die üblichen Methoden, bei denen der Sauerstoff als Wasser ausgewogen oder colorimetrisch bestimmt wird, zu ungenau. Bei dem hier entwickelten Verfahren kann man Sauerstoffmengen bis herab zu 0,001% mit einem wahrscheinlichen Fehler von 3% ermitteln. Es beruht darauf, daß durch einen Platinkatalysator der Sauerstoff mit dem Wasserstoff reagiert und die durch die Reaktion hervorgerufene Temperaturerhöhung mit einem Thermoelement gemessen wird.

Der Apparat (Abb. 51) arbeitet folgendermaßen: Der Wasserstoff-Stickstoff-Strom geht direkt durch den Strömungsmesser *C* oder über den erhitzten Palladiumasbest (350°) in *B*. Vor dem Strömungsmesser zweigt zur Regulierung des Gasstroms ein Rohr ab, das in einen beweglichen Zylinder mit *Petroleum* führt. Bei *D* ist eine elektrolytische Zelle *E* angeschlossen, die konzentrierte Kalilauge enthält. Durch Verändern des Widerstandes *F* kann der von der Batterie *G* kommende Strom der gegebenen Sauerstoffmenge entsprechend reguliert werden. Durch einen Drei Wege-Hahn kann das Gas durch eine Phosphorpentoxydröhre geführt werden, bevor es in das Katalysatorrohr kommt. Mit *L*, einer abgedichteten Glasverbindung, ist das darauf folgende Rohr aus hitzebeständigem Glas angeschlossen. Das Gas strömt nun in die vorgewärmte Glasschlange *M*. Bei *N* tritt das Gas in die äußere Röhre *O*, strömt in deren unteren Teil und dann hinauf durch das innere Rohr *P*, das das platinierte Platinnetz *Q* und die Anschlüsse *R* und *S* des Thermoelements enthält. Der „kalte" Anschluß *R* und seine Kupferleitung sind mit einer dünnwandigen Glascapillare, die die Form des Buchstaben „J" hat, isoliert. Diese Isolierung ist notwendig, um eine vorzeitige Katalyse an der Oberfläche des Kupferdrahtes oder am „kalten" Anschluß zu verhindern. Der „heiße" Anschluß liegt nahe am Platinkatalysator.

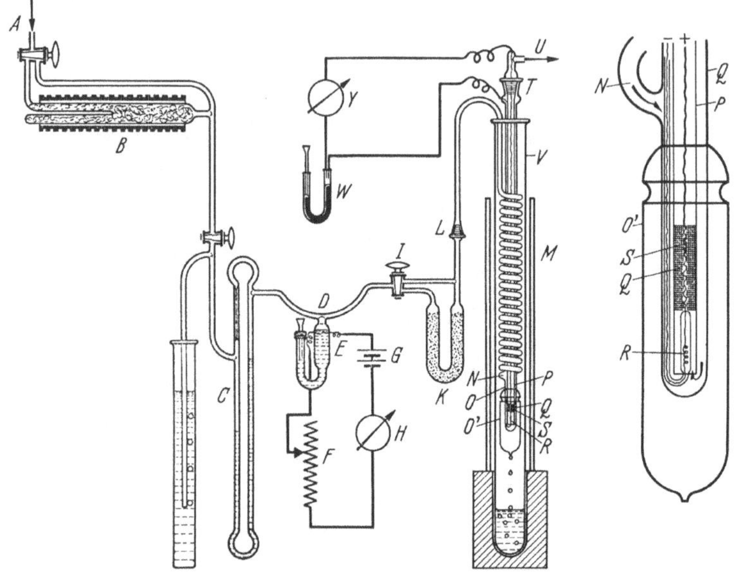

Abb. 51. Apparat. (Nach LARSON u. WHITE.)

Um den BECQUEREL-Effekt zu verringern, wurde der Kupferdraht zuerst sorgfältig geglüht und so behandelt, daß unnötige Spannungen vermieden wurden. *O'* ist ein an *O* angeschmolzener Glasmantel, der die Temperatur konstant hält und den ganzen Apparateteil schützt. Durch die Löcher, die im oberen Teil dieses Mantels angebracht sind, kann der Dampf frei zirkulieren, während die Verengung am unteren Ende keinen überhitzten Dampf durchläßt. Bei *T* ist das innere Rohr *P* erweitert und so in das äußere Rohr eingepaßt. Diese Verbindung und die Löcher, durch die die Kupferdrähte führen, werden mit Siegellack luftdicht gemacht. Das Gas tritt durch den Seitenarm *U* aus. *V* ist eine hitzebeständige weite Röhre, die als Temperaturbad dient. Durch die Luftschicht, die zwischen *V* und einer mit Asbestpapier umwickelten äußeren Röhre ist, wird *V* isoliert. 10 cm von *V*, die die Reaktionszone unmittelbar umgeben, sind mit Metallblech umwickelt. Das Temperaturbad wird durch einen elektrischen Ofen auf eine Temperatur erhitzt, die gerade genügt, um die Kondensationszone wenige Zentimeter unter dem oberen Rand von *V* zu halten. Als Flüssigkeit für das Wärmebad nimmt man Diphenylamin, das bei 305° siedet. *Y* ist ein hochempfindliches LEEDS- und NORTHRUP-Galvanometer, das einen Ausschlag von 11,0 mm pro Mikrovolt ergibt, wenn kein äußerer Widerstand eingeschaltet ist. Es befindet sich auf einer festen Unterlage in einem

Holzgehäuse, um die Temperatur an den Kontaktstellen konstant zu halten. Um Ablesungen durchführen zu können, schließt man den thermoelektrischen Strom dadurch, daß man die Quecksilbersäule im Rohr *IV*, in welche die Enden der zwei Drähte eingefügt sind, hebt.

Der Apparat muß geeicht werden dadurch, daß man die von Gasgemischen bekannter Konzentration hervorgerufenen Galvanometerausschläge auswertet. Da Halogene und Schwefel den Platinkatalysator vergiften, müssen diese Stoffe vorher entfernt werden.

Ein weiteres Verfahren, das die Reaktionswärme ausnutzt, beschreiben die Imperial Chemical Industries Ltd.

Man leitet die Gase zuerst an einem Thermometer zwecks Bestimmung der Temperatur vorbei und dann an einem zweiten Thermometer, das mit einer Pt-Spirale umgeben ist und mit geringen Mengen konzentrierter Schwefelsäure berieselt wird. Gemessen wird die Temperaturerhöhung an diesem Thermometer durch die Lösung der Gase, wie NH_3 und H_2O Dampf, in H_2SO_4. Diese Gase werden noch in Mengen von 0,001% NH_3 und 0,25% H_2O Dampf vollständig erfaßt. Auch O_2, z. B. in H_2, läßt sich bestimmen, indem man O_2 zunächst katalytisch verbrennt und dann den H_2O-Dampf bestimmt. Sind gleichzeitig NH_3 und H_2O-Dampf vorhanden, so bestimmt man zunächst ihre Summe, trocknet dann das Gas mit P_2O_5, verbrennt den Sauerstoff katalytisch und leitet das Gas erneut durch die Meßapparatur. 0,001% O_2 werden noch sicher erfaßt.

Messung der Reaktionswärme nach Cohn. Cohn beschreibt eine Apparatur, mit deren Hilfe man Konzentrationen von 0,0002 bis 0,1% Sauerstoff in Wasserstoff bestimmen kann. In einem besonders gebauten Calorimeter wird bei Zimmertemperatur der Sauerstoff mit dem Wasserstoff katalytisch zur Reaktion gebracht, die dabei sich entwickelnde Reaktionswärme (0,164° je 0,001% Sauerstoff) wird durch eingebaute Thermoelemente gemessen. Als Kontakt dient Platin oder Palladium oder Gemische von beiden auf aktiviertem Aluminium-, Zirkonium- oder Thoriumoxyd. Die das Calorimeter durchströmende Gasmenge wird bestimmt. Die Genauigkeit der Messung beträgt bei Konzentrationen bis 0,001% Sauerstoff $\pm 15\%$ und darüber hinaus $\pm 2\%$. Durch Zusatz von Wasserstoff zum untersuchten Gas ist es auch möglich, geringe Konzentration von Sauerstoff in anderen Gasen (N_2, CO_2, CH_4, C_3H_8) zu bestimmen. Für Sauerstoff in Acetylen ist die Methode nicht brauchbar. Kontaktgifte (z. B. CCl_4-Spuren) sind zu vermeiden.

Die von Hamilton beschriebene Methode beruht ebenfalls auf der relativen thermischen Leitfähigkeit von Gasen, wobei als Heizspirale und als Temperaturmeßelement quarzgeschützte Platinspiralen verwendet werden. Eine Temperaturdifferenz von 0,002° C gibt noch einen beachtlichen Ausschlag auf dem Galvanometer. Der günstigste Strom für die Brücke betrug 0,24 Ampere.

Rein benutzt bei der Untersuchung des Luftwechsels bei Menschen und Tieren ebenfalls den Wärmeübergang zwischen Hitzdraht und strömendem Gas. Meßdraht und Vergleichsdraht sind in einem gemeinsamen Kupferblock angebracht. Auf den Vorteil der Sauerstoffregistrierung wird hingewiesen.

Von John und Sullivan wird ein Apparat zur Gasanalyse, bestehend aus einigen Verbrennungskammern, die mit je einer Wheatstoneschen Brücke verbunden sind, beschrieben. Die Brücke enthält einen katalytischen und einen nichtkatalytischen Arm von etwa gleicher elektrischer Leitfähigkeit, welche in die Verbrennungskammern verlegt sind. Zur Sauerstoffbestimmung wird als katalytischer Arm Platin- und als nichtkatalytischer Arm eine Pt–Rh-Legierung mit Nickelüberzug benutzt.

Literatur.

COHN, S.: Anal. Chem. **832** (1947).
ENGELHARDT, H.: Vortrag auf der Dechema-Hauptversammlung in Frankfurt a. M. (1950).
GRÜSS, H., u. F. LIENEWEG: Arch. techn. Messen **3**, 18 (1934).
HAMILTON, W. F.: Ind. eng. Chem. Anal. Edit. **2**, 233 (1930); durch C. **101**, **II**, 2413 (1930).
Imperial Chemical Industries Ltd., London: N.P. 60714 (1937); durch C. **110**, **II**, 4291 (1939).
JOHN, D., u. A. SULLIVAN: Canad. P. 374753 (1937); durch C. **109**, **II**, 3961 (1938).
KLAUER, F., E. TUROWSKI u. T. v. WOLF: Angew. Ch. **54**, 494 (1941).
LARSON, A. T., u. E. C. WHITE: Am. Soc. **44**, 20 (1922); durch C. **93**, **IV**, 525 (1922). — Y LEON, J. C.: DRP. 267493 (1913); durch C. **85**, **I**, 208 (1914). — LIENEWEG, F.: Angew. Ch. **45**, 531 (1932).
MILLET, R., u. V. DE LANDSBERG: Ind. Chim. Belg. [2] **3**, 448 (1932); durch C. **104**, **I**, 900 (1933).
REIN, H.: Schr. dtsch. Akad. Luftfahrtforschung, S. 1 (1939); ABDERHALDEN: Handbuch der biologischen Arbeitsmethoden IV, Teil 13, S. 795.

G. Elektrochemische Verfahren.

Zur Bestimmung des Sauerstoffs werden verschiedene elektrochemische Verfahren vorgeschlagen, die verhältnismäßig einfach durchzuführen sind.

1. Polarographische Methode (siehe Bestimmung des gelösten Sauerstoffs).

Man leitet das sauerstoffhaltige Gas durch eine Elektrolytlösung bis zur Sättigung. Nach dem HENRYschen Gesetz ist dann die Sauerstoffkonzentration in der Lösung proportional der im Gas. Die Löslichkeit wird polarographisch in der Flüssigkeit ermittelt. Die Höhe des Diffusionsgrenzstromes ist proportional dem Gasgehalt.

Bemerkung. Stören können Gase wie SO_2, NO, NO_2 und andere, die in der Lösung depolarisierend wirken können. Man muß deshalb eventuell vor der polarographischen Aufnahme einige Tropfen einer etwa 2 n NaOH-Lösung, die Coffein, Gelatine oder Tylose enthält, zugeben, um die Lösung schwach alkalisch zu machen. Man kann so Sauerstoff von 100 bis 0,1 Vol.-% in Gasgemischen bestimmen. Als Elektrolytlösung genügen wenige Kubikzentimeter. VITEK benutzte eine 0,01 n $Ca(NO_3)_2$-Lösung.

Für sehr geringe Sauerstoffgehalte wird empfohlen, das Gasgemisch durch eine wasserfreie Methanollösung zu leiten, in der Sauerstoff eine 8mal so große Löslichkeit wie in Wasser besitzt. Man verwendet $CaCl_2$ als Elektrolyt, um eine wasserfreie Methanollösung zu erhalten. Der Diffusionsstrom ist entsprechend etwa 8mal so groß, wie er in einer wäßrigen Lösung erhalten wird.

2. Reststrommessung (Messung von Sauerstoffdiffusionsströmen).

Diese Messung entspricht im Prinzip der polarographischen Methode, nur werden hierbei statt der Quecksilbertropfelektrode starre Elektroden benutzt. Dadurch wird die Messung empfindlicher, es fallen die störenden Kapazitätsströme fort, die bei der polarographischen Methode auftreten (siehe Bestimmung des gelösten Sauerstoffs).

Das von KORDESCH und MARKO angegebene Verfahren verwendet ein aktiviertes Kohlerohr, durch welches das zu messende Gas durchgeleitet wird. Das Kohlerohr ist von 30%iger Kalilauge umgeben und bildet mit einer in dieselbe Lauge tauchenden Zinkanode ein galvanisches Element. Die Stromlieferung dieses Elementes ist ein Maß für den Sauerstoffgehalt des durch das Kohlerohr geleiteten Gases.

3. Messung der EMK galvanischer Ketten.

Statt der Messung der Diffusionsströme wird in einigen Verfahren die Spannung der Gaskette gemessen, die zwischen der von sauerstoffhaltigem Gas umspülten Meßelektrode und einer Vergleichselektrode auftritt.

So wird von der Mine Safety Appliances Co. ein Verfahren angegeben, das eine Kupferelektrode benutzt, die teilweise in eine wäßrige Lösung einer NH_4-Verbindung eintaucht. Das Gas wird mit dem herausragenden Teil, der gleichzeitig mit dem Elektrolyten befeuchtet wird, in Berührung gebracht. Es tritt Gleichgewicht zwischen der Einwirkung des Sauerstoffs auf die Elektrode und der Entfernung der Oxydationsprodukte von der Elektrode durch den Elektrolyten ein. Dabei wird die EMK zwischen dieser Kupferelektrode und einer anderen ganz in den Elektrolyten eintauchenden gemessen.

Moissejew und Brikmann bestimmen den Sauerstoffgehalt in Luft- und Gasgemischen durch die depolarisierende Wirkung, die Sauerstoff im Zn–C-Element an Stelle des üblichen Mangan(IV)-oxyds ausübt. Die Messung erfolgt in 2 bis 3 Min. durch die Spannung des Zn–C-Elements. Die Zn-Elektrode liegt horizontal am Boden, darüber senkrecht ein C-Stab von 5 mm ∅. Elektrolyt ist angefeuchtetes, festes Ammoniumchlorid. Die Empfindlichkeit hängt vom Sauerstoffgehalt ab. Bei 0 bis 5% ist 0,05% O_2 ablesbar; bei 10 bis 20% ist 0,15% O_2 ablesbar.

Paris beschreibt eine selbsttätige und fortlaufende Sauerstoffbestimmung in technischen Gasen mit Hilfe von Gaszellen, welche mit konzentrierter Ammonchloridlösung beschickt sind.

M. Böhme G.m.b.H., Berlin, teilt mit, daß Sauerstoff in Gas-Luftgemischen mittels eines Gaselementes in Kompensationsschaltung mit Elektroden aus aktiviertem Platin gemessen wird, deren eine Elektrode von einem konstanten Strom elektrolytisch erzeugten Wasserstoffs und dessen andere Elektrode vom Gasgemisch umspült wird.

Literatur.

Kordesch, K. u. Marko, A.: Mikrochemie **36**, 420 (1951).

Mine-Safety-Appliances Co.: Canad. Pat. 375057 (1937); durch C. **109**, **II**, 3843 (1938). — Moissejew, A. S., u. N. M. Brikmann: J. Chim. appl. (russ.) **12**, 620 (1939); durch C. **111**, **I**, 1235 (1940).

Paris, M. A.: Ind. chimica **20**, 807 (1933); durch C. **105**, **I**, 1677 (1934).

Vitek: Coll. Trav. chim. Tchécosl. **7**, 537 (1935); durch C. **108**, **I**, 3926 (1937).

H. Optische Methoden.

1. Interferometrische Methode.

Unter den physikalischen Meßmethoden, welche die analytische Chemie sich zunutze macht, steht die Refraktometrie, die Bestimmung des Lichtbrechungsvermögens mit an erster Stelle. Refraktometrische Messungen kann man nicht nur mit dem Refraktometer, sondern auch mit Hilfe der Interferenz des Lichtes ausführen. Die Instrumente, die zu solchen Messungen benutzt werden, sind die sogenannten Interferometer. Diese sind sowohl zur Untersuchung von Flüssigkeiten als auch von Gasen geeignet.

Der Brechungsexponent chemisch nicht aufeinander wirkender Gase in einer Gasmischung ist gleich der Summe ihrer partiellen Brechungsexponenten (Biot-Aragosches Gesetz). Es gilt also:

$$B = \frac{x\, b_1}{100} + \frac{y\, b_2}{100} + \frac{z\, b_3}{100} + \cdots, \tag{1}$$

wo x, y, z die prozentualen Anteile der Gase mit den Brechungen b_1, b_2, b_3 sind.

Alle Gase, Dämpfe und Gemische solcher unterscheiden sich optisch durch ihren Brechungsexponenten n_0^D, d. h. den absoluten Brechungsexponenten bei 0° und 760 mm für die D-Linie (Natriumlicht), der sich für reine Gase und Dämpfe in weiten Grenzen zwischen 1,000035 und 1,001800 bewegt. Gase und ebenso ihre Gemische unterscheiden sich also durch die Größe ihrer Brechungsexponenten oder, nach Haber, ihrer „brechenden Kräfte“. Bezeichnet man nun die Einheit der brechenden Kraft mit $n = 1{,}000001$ und setzt, um mit bequemen Rechengrößen arbeiten zu können, den um 1 verminderten und mit 10^6 multiplizierten Brechungsexponenten, also: $(n - 1) \cdot 10^6 = \beta$, so entspricht $1\,\beta$ der Einheit der brechenden Kraft, Wasserstoff mit $n_0^D = 1{,}0001383$ hat demnach $138{,}3\,\beta$ oder kurz eine „Brechung" $b_{H_2} = 138{,}3\,\beta$ oder eine Brechungszahl $BZ_{H_2} = 138{,}3\,\beta$.

Berücksichtigt man, daß die Bestimmung der Brechung eines Gases oder Gasgemisches unter Anwendung interferometrischer Meßmethoden mit einer Genauigkeit von $0{,}02\,\beta$, d. h. bis zur 8. Dezimale von n_0 erfolgen kann, so ist der Wert der Brechungsbestimmung von Gasen wie Gasgemischen einleuchtend, zumal diese Methode unter Benutzung geeigneter Absorptionsmittel nicht nur für Sonderfälle, sondern allgemein anwendbar ist. Die bisherigen Grenzen der volumetrischen klassischen Methoden können qualitativ wie quantitativ durch Hinzunahme der Brechung erweitert werden.

Zunächst ermöglicht die Bestimmung der Brechung, gekoppelt mit absorptionsvolumetrischen Bestimmungen, zu erkennen, ob der absorbierbare Gasanteil ein „Einzelgas" ist oder ob er einer „Gasgruppe" angehört. Unter Gasgruppen sind solche Gase zu verstehen, welche das gleiche Absorptionsmittel oder dergleichen haben, die also bei der Absorption oder Verbrennung zusammen anfallen, wie z. B. CO_2 und H_2S und SO_2, Stickoxyd + Stickdioxyd, Äthylenhomologe und Benzol, oder die Methanhomologen. Die Größe der Brechung läßt dann erkennen, ob nur Kohlensäure oder nur Methan vorhanden ist, oder ob noch andere, der gleichen Gruppe angehörige Gase mit anwesend sind. Ferner lassen sich aber auch die Einzelanteile der Gruppe auswerten, und zwar bei Zweistoffgemischen genau, bei Drei- und Mehrstoffgemischen angenähert. Das bedeutet insofern einen Fortschritt, als die bisherigen Methoden eine Trennung der Gruppen gar nicht (Äthylenhomologe, Edelgase) oder nur in Sonderbestimmungen auf Umwegen erlaubten, sofern die Anwesenheit von Gruppenanteilen bekannt oder zu vermuten war. Eine Gasgruppe von besonderer Bedeutung ist der „Gasrest", der gemeinhin als Stickstoff angenommen und in Rechnung gesetzt wird. Im Gasrest finden sich alle die Anteile, die nicht absorbierbar oder nicht absorbiert worden sind. Bestimmt man die Brechung eines Gasrestes, so muß diese für Luftstickstoff, der argonhaltig ist, zu $297{,}5\,\beta$, für reinen Stickstoff zu $297{,}7\,\beta$ gefunden werden. Weicht die gefundene Zahl von diesen Werten ab, so sind entweder noch Gasanteile vorhanden, die unvollkommen bestimmt wurden, und auf die bei der Analyse keine Rücksicht genommen wurde, oder die nicht bestimmbar sind (Edelgase, höhere Kohlenwasserstoffe). Man hat daher in der Brechung ein wertvolles Hilfsmittel zur Kontrolle der Gasanalyse in qualitativer wie quantitativer Hinsicht, zumal, da die Brechungsbestimmung in den Gang einer volumetrischen Gasanalyse eingeschoben werden kann.

2. Spektroskopische Bestimmung.

Um die Spektren bestimmter Mischungen von CO- und O_2-Hämoglobin zu messen, wurden zwei ineinandergestellte prismatische Tröge benutzt. Durch Verschieben dieser Prismen vor dem Spalt eines Spektroskops kann man nach Angaben von KROGH das Bild jeder beliebigen Mischung erhalten und zugleich auch, wenn der Trog in hundert gleiche Teile eingeteilt ist, den prozentischen Gehalt einer der beiden Komponenten bestimmen. Wenn man nun ein Spektroskop mit zwei Vergleichsprismen wählt und von einem unbekannten Gemenge von CO- und O_2-Hämoglobin das Spektrum beobachtet, zugleich aber einen Doppelprismentrog, mit den beiden Blutarten gefüllt, so lange vor dem Schlitz des Instrumentes bewegt, bis beide Spektren genau übereinstimmen, so kann der Prozentgehalt an CO- bzw. O_2-Hämoglobin in der unbekannten Mischung direkt abgelesen werden.

Weitere Angaben über die spektroskopische Sauerstoffbestimmung macht DE LA ROCHE.

3. Photometrische Bestimmung.

Das von WEIDNER bei der Badischen Anilin- und Sodafabrik entwickelte Gerät zum Nachweis von Sauerstoff in Äthylen beruht auf der Umsetzung des als Hilfsgas verwendeten Stickoxyds mit Sauerstoff zu rotbraunem Stickstoffdioxyd, das optisch nachgewiesen wird.

Wie Abb. 52 schematisch zeigt, besteht das Gerät aus: Lichtquelle, Absorptionsrohr *A* mit Meßphotozelle *Pm*, Vergleichsphotozelle *Pv*, KIPPschem Apparat zur Darstellung des NO, Anzeige- bzw. Registriergerät.

Die Lichtquelle ist eine wechselstromgespeiste AEG-Klein-Kinolampe für 10 Volt, 7,5 Amp., deren Helligkeit durch Widerstandsänderung in dem zugehörigen *U*-Kasten weitgehend geändert werden kann. Die Betriebsspannung der Lampe liegt je nach Meßempfindlichkeit zwischen 7,5 und 8,5 Volt.

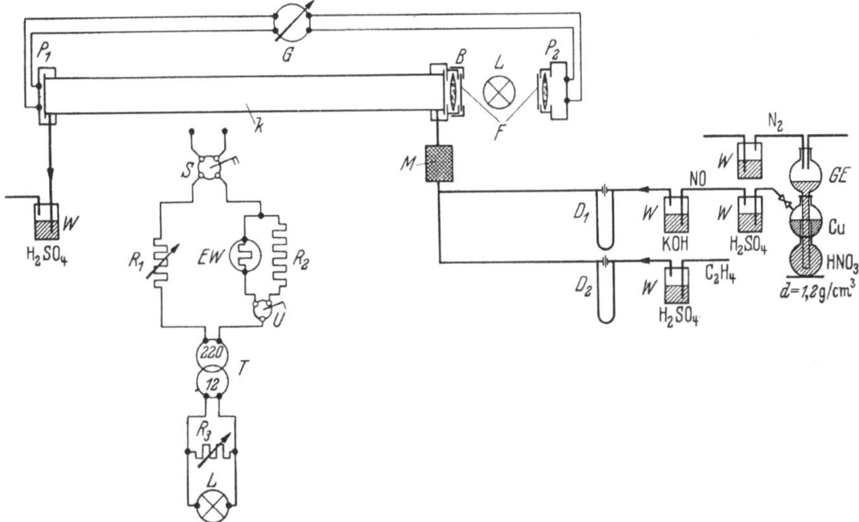

Abb. 52. Gerät zum Nachweis von Sauerstoff in Äthylen.

S zweipoliger Schalter, *EW* Eisenwasserstofflampe, R_1 variabler Ohmscher Widerstand, R_2 fester Ohmsche Widerstand, *U* einpoliger Umschalter, *T* Trafo 220/12 Volt, 100 UA, R_3 variabler Ohmscher Widerstand, *L* Lampe 10 Volt, 75 Amp., P_1, P_2 Selenphotoelemente, *G* Schreibgerät mit Doppelwicklung, *K* Meßküvette, 1 bis 2 m lang *B* Irisblende, *F* Blaufilter BG 3, *M* Mischgefäß, D_1 Drossel mit Diff.-Man. für NO, D_2 Drossel mit Diff.-Man. fur C_2H_4 *W* Waschflaschen mit KOH und H_2SO_4, *GE* KIPPscher Gasentwicklungsapparat.

Das Absorptionsrohr ist ein 2 m langes, außen versilbertes Glasrohr, an dessen Enden, durch Rohrschellen gehalten, die mit Gaszu- bzw. -abgang versehenen Verschlußkappen montiert sind. Die Rohrverschlüsse dienen gleichzeitig als Halterung für Photozelle, Linse und Blaufilter. Die benutzte Photozelle ist ein Selenphotoelement der SAF Nürnberg, das zum Schutze gegen aggressive Gase und Dämpfe in einer Hartgummidose gasdicht gekapselt ist. Als Blaufilter wird das unter der Bezeichnung BG 12 in den Handel gekommene Zeißfilter von 1 mm Stärke benutzt.

Die Vergleichsphotozelle ist auf einem Stativ rechts neben der Lampe montiert.

Die Darstellung des als Hilfsgas verwendeten Stickoxyds erfolgt in einem KIPP-Apparat mit Hilfe von Kupferspänen und Salpetersäure von der Dichte 1,2. Vor der Inbetriebnahme wird der ganze Apparat zur Vermeidung von NO_2-Bildung durch Luftsauerstoff gut mit Stickstoff gespült. Auch während des Arbeitens des KIPP-Apparates soll dauernd Stickstoff in den oberen Teil des Apparates geleitet werden, um die Oxydation des in der Säure gelösten Stickoxyds zu verhindern. Den dem Stickoxyd ausgesetzten Gummistopfen überzieht man zweckmäßig mit einer dünnen Paraffinschicht oder ersetzt ihn durch einen Glasstopfen, der mit Picein eingekittet wird.

Das gebildete Stickoxyd passiert das erste der drei Perlgefäße und wird mit dem zu messenden, das Perlgefäß 2 passierenden Äthylen gemischt, wobei folgende Reaktion stattfindet:

$$2\,NO + O_2 = 2\,NO_2\,.$$

Um den gesamten im Äthylen vorhandenen Sauerstoff zur Reaktion zu bringen, arbeitet man mit einem Überschuß an Stickoxyd. Eine Fälschung der Meßergebnisse tritt dadurch nicht ein. Mit Hilfe des dritten Perlgefäßes dosiert man den für den KIPP-Apparat bestimmten Stickstoff. Als Flüssigkeit für die Perlgefäße verwendet man Paraffinöl.

Die Empfindlichkeit der Anzeige ist unabhängig von der Gasgeschwindigkeit. Letztere soll jedoch, um starke Anzeigeverzögerungen zu vermeiden, nicht zu klein bemessen werden. Zweckmäßig läßt man das Abgas zur Aufrechterhaltung eines gewissen Überdrucks im Meßsystem über eine Flüssigkeitstauchung ins Freie abströmen.

Die beiden Photozellen sind in Differenzschaltung an ein Drehspulinstrument angeschlossen. Abb. 52 gibt die Schaltung. Der Pluspol der Vergleichszelle *Pv* ist mit dem Pluspol der Instrumentenleitung und der Pluspol der Meßzelle mit dem Minuspol der Instrumentenleitung zu verbinden. Die beiden Minuspole der Zellen werden kurzgeschlossen. Den beiden Zellen können im Bedarfsfalle die Widerstände *PW* nach Schema parallelgeschaltet werden.

Die Verwendung einer zweiten Zelle als Vergleichszelle bringt den Vorteil der steigenden Kurvencharakteristik. Zur Inbetriebnahme des Gerätes schließt man die Meßzelle so an die beiden Instrumentenpole an, daß der Zeiger nach rechts ausschlägt, und verschiebt die Lampe, bis der Glühfaden in der Mitte des Gesichtsfeldes erscheint. Bei richtiger Einstellung der Lampenhelligkeit und guter Zentrierung muß der Zeiger bis zum Anschlag nach rechts laufen. Nun verklemmt man die beiden Zellen wie oben angegeben und verschiebt die Vergleichszelle, bis der Zeiger auf Null einspielt. Die beiden Zellen sind damit auf gleiche Helligkeit eingestellt.

Die **Empfindlichkeit** für dieses Gerät wurde zu 2 bis $3 \cdot 10^{-3}$% Sauerstoff im Gasgemisch angegeben.

4. Sonstige Methoden.

Mit einem von FULTON beschriebenen Apparat wurden genaue Bestimmungen von Sauerstoff in natürlichen Gasen (Erdgasen) durchgeführt, in denen er nur in Spuren vorkommt (0,1 bis 0,5% O_2). Der Apparat besteht aus zwei Glasröhren, die Aceton enthalten. Mit dem einen Rohr, dem Reaktionsrohr, ist eine Bürette verbunden, mit der die Gasprobe abgemessen wird, und aus der die Gasprobe mit Hilfe von Quecksilber in das Reaktionsrohr getrieben werden kann. Das andere Rohr wird mit einer Vakuumpumpe ausgepumpt, so daß es nur Acetondampf, aber keine anderen Gase enthält. Die Röhren werden in einem elektrisch erhitzten Wasserbad beim Siedepunkt von Aceton 10 Min. lang auf Temperaturgleichgewicht gehalten. Die Röhren befinden sich in einem schwarzen Kasten. Die Strahlen einer ultravioletten Lampe (Hg-Bogen) fallen durch ein purpurrotes „Corex-Filter" Nr. 986 auf die Röhren. Durch einen oben auf dem Kasten befindlichen geneigten Spiegel sind die Röhren von oben als zwei grüne Scheiben sichtbar.

Zur Ausführung einer Analyse wird das Reaktionsrohr evakuiert. Eine Gasprobe wird mit Hilfe eines Quecksilberniveaugefäßes in die Bürette gebracht, abgemessen und in das Reaktionsrohr getrieben. Die Röhren werden auf Temperatur gebracht (135° F[1]), die Lampe angeschaltet und gleichzeitig eine Stoppuhr in Gang

[1] Entsprechend 57° C.

gesetzt. Die Zeit in Minuten, die vergeht, bis das Reaktionsrohr von Blau auf Grün umschlägt, wird gestoppt. Durch Versuche mit bekannten Sauerstoffmengen wurde festgestellt, daß es bei einem Sauerstoffgehalt von 0,01% 1 Min. dauert, bis die blaue Scheibe grün wird.

Nachweis von Sauerstoff mittels Phosphor. Bei Berührung mit sauerstoffhaltigen Gasen bildet feuchter weißer Phosphor Nebel und leuchtet. Diese Reaktion ist bei 10^{-5} Vol.-% Sauerstoff noch wirksam. Sie wird durch CO, Äthylen u. a. organische Verbindungen gestört. Auch bleibt sie bei einem Sauerstoffgehalt über 60% aus.

Nach dem DRP. 1089220 kann die Messung der Nebelintensität beim Überleiten von Sauerstoff über P_4 zur fortlaufenden Kontrolle benutzt werden.

Literatur.

FULTON, W. F.: Nat. Petrol. News **29**, Nr 21, 50 (1937); durch C. **108**, **II**, 1622 (1937).

HABER, F.: Angew. Ch. **19**, 1418 (1906). — HABER, F., u. K. LÖWE: Angew. Ch. **23**, 1393 (1910). — HIRSCH, P.: ABDERHALDEN: Handbuch der biologischen Arbeitsmethoden, II, 1, S. 737.

KLEMENC, A.: Die Behandlung und Reindarstellung von Gasen, S. 83. Leipzig: Akademische Verlagsbuchhandlung 1938. — KROGH, A.: J. Physiol. **52**, 281 (1919); durch C. **90**, **IV**, 210 (1919).

RASSFELD, P.: Angew. Ch. **40**, 669 (1927). — DE LA ROCHE, B.: Bl. [4] **47**, 1326 (1930) [4] **47**, 660 (1930); [4] **45**, 922 (1929); durch Fr. **87**, 360 (1932).

STRUTT: Phys. Z. **14**, 215 (1913).

WEIDNER: Unveröffentlichter Bericht der Badischen Anilin- und Sodafabrik.

§ 3. Die Bestimmung des gebundenen Sauerstoffs in organischen Verbindungen und in Metallen.

A. Die Bestimmung des Sauerstoffs in organischen Verbindungen.

Bekanntlich wird der Sauerstoffgehalt in organischen Verbindungen im allgemeinen indirekt dadurch erfaßt, daß alle anderen Elemente bestimmt werden und der Rest als Sauerstoff berechnet wird. Über direkte Sauerstoffbestimmungen in organischen Verbindungen gibt AFANASSJEW einen kritischen Überblick. Nach BOWEN, BOURLAND und DEGERING wird die Substanz verflüchtigt und die Dämpfe über glühende Holzkohle geleitet. Das gebildete Kohlendioxyd wird durch Einleiten in $Ba(OH)_2$ nachgewiesen. Eine Übersicht über die in den letzten 20 Jahren entwickelten direkten Verfahren zur mikroanalytischen Bestimmung des Sauerstoffs in organischen Verbindungen gibt BÜRGER.

Über eine nasse Verbrennungsmethode zur Bestimmung von C und O in organischen Substanzen berichten CHRISTENSEN und FACER. Man läßt 10 bis 20 mg mit KJO_3 (100% Überschuß) und einigen Tropfen konzentrierter H_2SO_4 bei 190° $\pm$ 5° 20 bis 40 Min. reagieren. Das hierbei gebildete Kohlendioxyd wird mit CO_2-freier Luft in $Ba(OH)_2$ (0,025 n) aufgefangen und in Gegenwart von Thymolblau mit HCl (0,05 n) bestimmt. Der O_2-Verbrauch ergibt sich aus dem Überschuß an KJO_3 im Reaktionsgefäß nach Zufügen von KJ und Titration mit $Na_2S_2O_3$. Für Oxydationen oberhalb 200° ist Chromat zu verwenden. Gleichungen, aus denen die anfängliche Zusammensetzung aus dem CO_2- und O_2-Verbrauch berechnet werden kann, werden mitgeteilt.

Die Methode der O_2-Bestimmung in organischen Substanzen als Differenz ist nach DOLCH und WILL, besonders bei Brennstoffen, unzulänglich. Die von TER MEULEN und HARLINGA (Leipzig 1927) vorgeschlagene Methode gibt oft wegen der unvollständigen Umsetzung des Kohlenoxyds unbrauchbare Werte (vgl. SCHUSTER). Die Bestimmung aus dem Kohlendioxyd der Verbrennungsgase bei Verbrennung mit O ist, falls C und H bekannt sind, ein Maß für den O-Gehalt, der sich daraus berechnen läßt. Da die theoretische Luftmenge für eine vollständige Verbrennung nicht ausreicht, muß noch der O-Gehalt der Gase bestimmt werden. Verbrennungen an

Porzellanscherben sind ohne Katalysator möglich. Fehler infolge der Rechnungen werden zu groß, falls nicht CO_2 bis auf die 2. Dezimale genau ist. Eine weitere von DOLCH und WILL vorgeschlagene Methode wird folgendermaßen durchgeführt: In reinem Sauerstoff findet man bei der Verbrennung einen bestimmten O_2-Verbrauch, der gemessen werden kann. Enthält der Körper keinen Sauerstoff, dann muß $A = B$ sein, wenn A der Sauerstoffverbrauch und B gebundener Sauerstoff im Verbrennungsprodukt ist. Es wird im geschlossenen System gearbeitet, in dem O_2 und Verbrennungsgase ständig umgepumpt werden. Enthält der Körper O, dann ist A kleiner als B. Die Bestimmung des verbrauchten Sauerstoffs wird mit Wassermanometer und Meßbürette ausgeführt. H_2O und CO_2 werden absorbiert und gravimetrisch bestimmt. Der H_2O-Gehalt der Substanz muß gesondert mit großer Genauigkeit gemessen werden, wofür sich die kryohydratische Methode von DOLCH, PÖCHMÜLLER und DAVID, nicht aber die Trocknung und Xyloldestillation als geeignet erwiesen hat. Weiter muß der S-Gehalt gesondert bestimmt werden.

Ein von DAVIDSON mitgeteilter qualitativer Nachweis von Sauerstoff in organischen Verbindungen, die weder N noch S enthalten, beruht auf der Löslichkeit von Eisen(III)-rhodanid in sauerstoffhaltigen organischen Verbindungen, während es in Kohlenwasserstoffen und Halogenderivaten vollständig unlöslich ist. Auf diese Weise lassen sich noch Spuren von sauerstoffhaltigen Verbindungen in Kohlenwasserstoffen oder ihren Halogenderivaten nachweisen. Über die Bestimmung des Sauerstoffs in organischen Verbindungen durch Verbrennen in einem besonderen Apparat in einem platinierten, asbestenthaltenden Verbrennungsrohr berichten GLOCKLER und ROBOTZ. Der während der Verbrennung verbrauchte reine Sauerstoff wird durch gasometrische Messungen festgestellt, und es gelingt in einer Operation die Bestimmung von C, H und O. Der zur Verbrennung vorgesehene völlig N- und CO-freie Wasserstoff wird zur Befreiung von O_2 nach HENNIG in einem Supremax-Mikroverbrennungsrohr über einem Cu-Drahtnetz erhitzt und nach Passieren eines Blasenzählers durch ein U-Rohr mit Natronasbest und $Mg(ClO_4)_2 \cdot 3\,H_2O$ geleitet (vgl. WEYGAND und HENNIG). Als Katalysatoren werden Bimssteinkörner (2 mm) verwandt, die mit Nickeloxalat auf 400° erhitzt werden. Das Wasserabsorptionsröhrchen ist mit $Mg(ClO_4)_2 \cdot 3\,H_2O$, das CO_2-Röhrchen mit Natronasbest gefüllt. Eine Nachprüfung der Methode von RUSSEL und MARKS an reinen organischen Verbindungen und zwei FUSHON-Kohlen wurden von INABA und YOSHITSUGU vorgenommen. Bei diesen ergab die unmittelbare Bestimmung verhältnismäßig gute Übereinstimmung mit der mittelbaren, was immer der Fall ist, wenn die Kohle wenig Asche enthält.

Über einen qualitativen Nachweis von Sauerstoff in organischen Verbindungen berichtet IWANEI. Ein inniges Gemisch der zu untersuchenden Substanz mit einer mehrfachen Menge geglühten Kohlepulvers wird im Strom von getrocknetem Wasserstoff erhitzt und das gebildete CO_2 mit Baryt nachgewiesen. Der Nachweis wurde an Substanzen geprüft, wie Glucose, Zucker, Stärke, Albumin, Stearinsäure, Glycerin, Pyrogallol, Campher, Wachs, Speck, Harnstoff. Über eine direkte gleichzeitige Bestimmung von C, H, O in organischen Substanzen berichtet KIRNER. Er findet 0,3 bis 0,4% Fehler für die Sauerstoff-Bestimmung. Gegenwart von Halogenen bereitet keine Schwierigkeit, jedoch leidet die Genauigkeit der Sauerstoff-Bestimmung. Weiterhin teilt KIRNER eine direkte Mikroanalyse von C, H, O in organischen Verbindungen mit. Die Methode wird auch bei S-Gehalt geprüft; der Schwefel wird als Ag_2SO_4 von metallischem Silber nach DENNSTEDT zurückgehalten. Die Genauigkeit beträgt $0{,}4 \pm 0{,}1\%$. Es bilden sich nach KIRNER bei der direkten Mikrobestimmung von C, H, O in organischen Verbindungen wechselnde Mengen von NO_2 und N_2. Die bei der Reaktion von im Rohr befindlichem Blei(IV)-oxyd mit dem Stickdioxyd sich bildende O_2-Menge läßt sich berechnen und abziehen. Die soeben beschriebenen Methoden nach KIRNER werden auf 2 bituminöse Kohlen, auf mit Alkali behandelte Kohlerückstände, eine Nitrohuminsäure und einen Koks, die alle von bituminösen Kohlen abstammten, angewandt.

Die maßanalytische Mikrobestimmung von Sauerstoff nach TER MEULEN in organischen Verbindungen beruht nach Angaben von LACOURT auf der Umsetzung des bei der Sauerstoff-Hydrierung gebildeten Wassers mit einem Säurechlorid, z. B. $2\,RCOCl + H_2O = (RCO)_2O + 2\,HCl$. Die entstandene Salzsäure wird unter Luftausschluß mit Na_2CO_3 oder $Ba(OH)_2$ und Phenolphthalein titriert oder ein zur Absorption verwendeter Alkaliüberschuß mit Säure zurücktitriert. Als Katalysator wird NiTh benutzt. Blindversuche sind unbedingt erforderlich. Die Analysendauer beträgt 6 bis 7 Min./1 mg. Die Mikro-Sauerstoff-Bestimmung in organischen Substanzen erfolgt nach einer weiteren Mitteilung von LACOURT in der von TER MEULEN vorgeschlagenen Anordnung in Gegenwart von Zimtsäurechlorid und NiO und ThO_2 als Katalysator. Weiterhin berichtet LACOURT über eine Hydrierungsmethode zur quantitativen Analyse organischer Verbindungen als Mikromethode. TER MEULEN kritisiert die Methode von GAUTHIER bei der organischen Elementaranalyse. Bei der Sauerstoff-Bestimmung ist die Verwendung von 2 Ni-Spiralen dem Asbest als Katalysator vorzuziehen. Allgemein ist die Verwendung von mit ThO_2 aktiviertem Nickel dem von reinem Nickel vorzuziehen. TER MEULEN, RAVENSWAAY und DE VEER geben eine Verbesserung in der Bestimmung von Sauerstoff in organischer Verbindung durch Hydrieren. Die beim Hydrierverfahren oft lästige völlige Entwässerung des Asbestes wurde durch Ersatz desselben durch ein Schiffchen mit reduziertem Nickel allein überwunden. Bei der Bestimmung des Sauerstoffs durch Hydrieren wird nach einer weiteren Veröffentlichung platinierter Asbest durch gewöhnlichen Asbest ersetzt.

Eine Mikromethode für die Bestimmung von O_2 und CO_2 in Blut beschreibt MOOK. Der Apparat zur Bestimmung der Alkalireserve wird für die O_2- und CO_2-Bestimmung kleiner Blutmengen (50 bis 70 mm^3) benutzt. Die Entnahme der Probe geschieht ohne Gasaustausch, so daß O_2 und CO_2 im Capillarblut gemessen und so der O_2-Sättigungsgrad gefunden werden kann. Über direkte Sauerstoffbestimmung in organischen Verbindungen berichten MORIKAWA, KIMOTO und RYONOSUKE. Die von RUSSEL und FULTON angegebene Apparatur wird verwendet mit Spaltkontakt, platiniertem Silikagel sowie als Reduktionskontakt Nickel-Thoriumoxyd. Die Spaltung findet über 950° und die Reduktion bei 350° statt. Die Strömungsgeschwindigkeit des Wasserstoffs soll 5 l/Std. betragen. Direkte Sauerstoff-Bestimmung in organisch schwefelhaltigen Verbindungen beschreiben RUSSEL und MARKS. In Fortsetzung früherer Arbeiten wurde als geeigneter Katalysator Quarz und ThO_2 enthaltendes Nickel festgestellt. RUSSEL und MARKS wenden ferner die Methode von TER MEULEN zur direkten Bestimmung von Sauerstoff in organischen N-haltigen Verbindungen an. Bei N-haltigen Verbindungen wird das gebildete Ammoniak gleichfalls wie das Wasser von $CaCl_2$ absorbiert, weshalb TER MEULEN vorschlägt, das Ammoniak in säurehaltigen Röhrchen zusammen mit dem Wasser und durch Rücktitration das Wasser zu bestimmen. Es wird vorgeschlagen, NaOH in Form von Kügelchen zu verwenden, welches nur Wasser und nicht NH_3 absorbiert. Die Bestimmung wird in einer von RUSSEL und FULTON beschriebenen Anordnung durchgeführt. RUSSEL und FULTON wenden ebenfalls die direkte Bestimmung des Sauerstoffs in organischen Verbindungen nach TER MEULEN mit Benutzung eines kleinen elektrisch geheizten Röhrenofens zur Verbrennung an. Als Krackmittel wenden sie granulierten Quarz an, der mit $^1/_{20}$ an NH_4Cl und genügend 10%iger $PtCl_4$-Lösung angefeuchtet und geglüht wird. Zur Verstärkung des Ni-Katalysators wurde $Ni(NO_3)_2$ in seinem Kristallwasser geschmolzen, 2% ThO_2 eingetragen, zu feinem, grauem Pulver geglüht und dann in H_2-Strom reduziert.

SCHULZE, LYON und MORRIS bestimmen gelösten Sauerstoff in Benzin. Man schüttelt das zu untersuchende Benzin mit einer frisch gefällten Suspension von

$Mn(OH)_2$ in Wasser, setzt KJ-Lösung zu und titriert nach Ansäuern das frei gewordene Jod. Peinlicher Ausschluß von Luftsauerstoff ist notwendig. Weiterhin nimmt SCHÜTZE eine direkte Sauerstoffbestimmung in Metalloxyden und organischen Substanzen vor. Der gesamte Sauerstoff wird durch C in CO und dieses durch Oxydation in CO_2 übergeführt, das dann nach üblichen Methoden bestimmt wird. Als Füllgas und zum Fortleiten des Kohlenoxyds wird O_2-freier Stickstoff verwendet. Die Genauigkeit entspricht den üblichen Methoden der Elementaranalyse. Von SCHÜTZE wird eine direkte O-Bestimmung in organischen Substanzen mitgeteilt. Die Einwaage ist 25 mg, die Fehlergrenze $\pm$ 2%. CO wird bei Zimmertemperatur durch Oxydationsmittel auf J_2O_5-Basis in CO_2 übergeführt. N_2, Halogene und S stören nicht. Die halbmikroanalytische Methode von SCHÜTZE (siehe dort) zur Bestimmung des Sauerstoffs in organischen Substanzen wird von ZIMMERMANN zu einer Mikromethode entwickelt, wobei die Verkrackung automatisch mit Hilfe eines beweglichen Brennerschlittens geschieht.

Sauerstoff in Kohlen stellt SCHUSTER fest. Die Methode von TER MEULEN und HARLINGA wird in etwas abgeänderter Apparatur wiederholt. Bei reinen organischen Verbindungen erhält man ausgezeichnete Ergebnisse. Bei der Hydrierung von Kohlen wurde der Sauerstoff des Konstitutionswassers, des Carbonat-Kohlendioxyds und der Reinkohle sicher erfaßt. Daneben sind aber noch Reaktionen des Wasserstoffs mit den Sulfiden, Sulfaten usw. der Aschebestandteile möglich, so daß die Hydrierung höhere Werte erwarten läßt als dem „theoretischen" Sauerstoff entspricht, wenn man hierunter die Summe des Sauerstoffs aus dem Konstitutionswasser, dem Carbonat-Kohlendioxyd und der Reinkohle versteht. Die übliche Berechnung des Differenzsauerstoffs ergibt im allgemeinen kleinere Werte als den „theoretischen".

SARNIG macht Versuche über eine Methode zur Bestimmung des Sauerstoffs in organischen Körpern und Zersetzung organischer Körper bei bestimmter konstanter Temperatur. SCHWARZE beschreibt einen Nachweis von aktivem Sauerstoff (auch Cl) durch Auflage von KJ-Stärkepapier auf das zu untersuchende Gewebe und Aufpressen durch eine Spindelpresse. Veranlaßt durch die Arbeit von LINDNER und WIRTH teilen UNTERZAUCHER und BÜRGER Versuche mit, welche ebenfalls auf der katalytischen Hydrierung von O zu H_2O nach dem Prinzip von TER MEULEN beruhen. Als Katalysator dient Ni, ThO_2 (10: 1), aufgeschlämmt auf einen inerten Träger. Das gebildete Wasser wird in einem mit Adsorptionsmittel gefüllten Rohr aufgefangen und gewogen. Zum Nachweis von Sauerstoff in organischen Flüssigkeiten durch Jod wird von WÜSTNER die Priorität PICCARDS zugestanden. WÜSTNER hält seine Ausführungsform für praktischer. LINDNER und EICKHOFF machen Angaben über die mikromaßanalytische Bestimmung des Sauerstoffs in organischen Substanzen.

Bei Untersuchungen zur Vervollkommnung der O_2-Bestimmung nach der Methode von LINDNER und WIRTH stellen sie fest, daß es am günstigsten ist, den Wasserstoff als elektrolytisch hergestelltes Gas aus einer Stahlflasche zu entnehmen. Er wird zunächst über einen Druckregler, der Zn und 20%ige H_2SO_4 enthält, dann über einen mit starker Kalilauge gefüllten Blasenzähler geleitet. Nachdem er ein Feinregulierventil passiert hat, wird er dann zur Befreiung der O_2-Spuren über einen Pt-Kontakt und anschließend zum Trocknen über Röhrchen, die Natronasbest, $Mg(ClO_4)_2$ und P_2O_5 auf Glaswolle enthalten, geleitet. Um das Eindringen von Feuchtigkeit in das Reaktionsrohr zu verhindern, werden zum Dichten an Stelle von Gummiteilen Metallhülsen und Glaskitt verwendet. Das Eindringen von Luft beim Einschieben des Schiffchens in das Hydrierrohr wird dadurch verhindert, daß die Strömungsgeschwindigkeit des nicht axial, sondern seitlich in das Hydrierrohr eingeleiteten Wasserstoffs währenddessen erhöht und das Rohr nach dem Einschieben des Schiffchens zunächst nur locker verschlossen wird.

B. Die Bestimmung des Sauerstoffs in Metallen.

Prinzip. Die Bestimmung des Sauerstoffs in Metallen geschieht nach JANDER durch Reduktion des Sauerstoffs mittels Wasserstoffs und Bestimmung des Wassers durch seinen Dampfdruck. Man nimmt 0,5 bis 3 g der Metallprobe und gibt sie in ein Schiffchen aus Aluminiumoxyd, welches in ein Quarzrohr eingeschoben wird. In das Quarzrohr ist noch ein kleineres Quarzrohr eingeschoben, dessen Ende bis über das Schiffchen mit der Probe reicht, es dient zur Einführung des Wasserstoffs. Der verwandte Wasserstoff wird elektrolytisch entwickelt, zur Entfernung aller Spuren Sauerstoff über glühendes Platin geleitet und dann mit flüssiger Luft gekühlt. So erhält man absolut trockenen Wasserstoff.

Nun erhitzt man das Ende des Quarzrohres mit der Probe zunächst auf etwa 300 bis 400° C und läßt den gereinigten, getrockneten Wasserstoff in langsamem Strome über die Probe streichen. So wird der Oberflächensauerstoff verbrannt und entfernt. Dann erhitzt man bis zum Schmelzpunkt des Metalles (allenfalls kann man das Metall durch Zusatz eines anderen legieren und damit den Schmelzpunkt herabsetzen), kühlt das andere Ende des Quarzrohres mit Wasser, jedoch so, daß es noch heiß bleibt, und leitet die Abgase, also den Wasserstoff samt dem Wasserdampf, in eine Apparatur, in welcher der Wassergehalt bestimmt wird. Eine empfindliche Methode zum Nachweis und Bestimmung von O_2 in Metallen teilt BAKER mit. Der Sauerstoff wird durch Erhitzen der Probe in reinem Wasserstoff unter vermindertem Druck in Wasserdampf übergeführt. Der Wasserdampf wird in einem Kühlrohr bei $-80°$ gesammelt und dann in ein Vakuumsystem hineinverdampft. Die Menge des Wassers läßt sich durch Messen des Dampfdruckes ermitteln. Über Vorkommen und Bestimmung der Gase in Metallen gibt GRANT eine Zusammenstellung des Schrifttums.

Über einen spektrographischen Sauerstoffnachweis berichtet PFEILSTICKER. Es wird mit hoher Stromstärke (mehreren hundert Amp.) und vermindertem Druck (5 bis 40 mm) gearbeitet. Durch Einhalten besonderer elektrischer Bedingungen und Verwendung eines speziell ausgerichteten Vakuumrohres gelingt der Nachweis und die quantitative Bestimmung selbst bei Anwesenheit von leicht erregbaren metallischen Begleitelementen. Die kleinste in 2 g Substanz nachweisbare Menge beträgt 5 bis 20 γ. SCHERER und OBERHOFFER bestimmen Sauerstoff in Eisen. GELLER und TACK-HO-SUN berichten über die Sauerstoffbestimmung in flüssigem Stahl. Beim Abgießen der Pfannen findet eine Oxydationswirkung der Luft und eine Teilabscheidung im Gußblock statt. GOTTE beschreibt ein neues Verfahren, das die ganze Ermittlung des Gesamtsauerstoffgehaltes im Stahl mit einfachen Mitteln gestattet. Es beruht darauf, daß der Sauerstoff an eindiffundiertes Aluminium gebunden und das entstandene Aluminiumoxyd analytisch bestimmt wird. Die Diffusionsglühung findet in einem einfachen mit 6 Silitstäbchen beheizten elektrischen Röhrenofen bei 1200 bis 1300° mit einem Gemisch von feinverteiltem Aluminium und Aluminiumoxyd statt. Infolge der Unfähigkeit des Aluminiumoxyds, durch Fe zu diffundieren, ist sowohl der Eintritt von Fremdsauerstoff in den Stahl als auch der Austritt des Sauerstoffs aus dem Stahl unmöglich. Die Vorzüge des Diffusionsverfahrens liegen vor allem darin, daß ein Einschmelzen des Stahls und die dadurch bedingten Fehler vermieden werden.

SCHÜTZE berichtet über ein neues Oxydationsmittel für die quantitative Überführung von Kohlenoxyd in Kohlendioxyd. Bekanntlich läßt sich Kohlenoxyd mittels Jodpentoxyds zu Kohlendioxyd oxydieren): $5\,CO + J_2O_5 = 5\,CO_2 + J_2$. Jodpentoxyd hat sich als Oxydationsmittel für Kohlenoxyd bei der Bestimmung von Sauerstoff vor allem in anorganischen und organischen Verbindungen bewährt. Normalerweise wird die Oxydation von Kohlenoxyd mittels Jodpentoxyds bei etwa 160° vorgenommen, z. B. bei der Bestimmung des Sauerstoffgehaltes technischer

Zinkoxydproben. ALEXANDER, MURRAY und ASHLEY bestimmen O_2 in Stahl nach der Vakuumschmelzmethode. Ein vereinfachter Apparat zur international anerkannten Methode (Überprüfung von O_2 in CO bei hoher Temperatur) wird beschrieben. Die Proben müssen eine große Oberfläche haben.

v. WARTENBERG berichtet über eine Bestimmungsmethode für Sauerstoff in anorganischen Verbindungen. In einem strömenden Gemisch von S-Dampf und N_2 setzt sich ZnO bei etwa 1000° im Laufe einer Stunde quantitativ zu ZnS und SO_2 um. Aus der titrimetrisch bequem erfaßbaren SO_2-Menge läßt sich die vorhandene Oxydmenge mit großer Genauigkeit ermitteln. Nach Überschlagsberechnungen der Gleichgewichtslage dürfte sich das Verfahren auch für andere Oxyde eignen, wobei im einzelnen zu prüfen ist, wieweit durch Umhüllungen Störungen auftreten. Nicht bestimmbar sind auf diese Weise SiO_2, B_2O_3, MgO, BeO und Titanate, C darf nicht zugegen sein, außer in Form von Carbonat. Die Bestimmung erfolgt jodometrisch: 1 cm³ 0,1 n $Na_2S_2O_3$-Lösung = 3,2 mg SO_2 = 1,60 mg O. Weitere Vorteile des Verfahrens bestehen darin, daß sich Oxyde sulfurieren lassen, die mit H_2 nicht reagieren, z. B. CaO, ferner O_2-haltige Anionen, wie SO_4'', die mit H_2 unbequeme Gemische von H_2O, H_2S und S_2 ergeben. Eine Sauerstoff-Bestimmung in ZnO, CdO, $ZnCO_3$, $CdCO_3$ führt SCHÜTZE durch. Die Reduktion wird durch auf 1000° erhitzten Kohlenstoff in reinstem Stickstoff vorgenommen. Das Kohlenoxyd wird durch J_2O_5 zu CO_2 oxydiert, wobei sowohl das Jod als auch das Kohlendioxyd titrimetrisch bzw. gravimetrisch bestimmt werden kann. Die Genauigkeit beträgt $\pm 0{,}1\%$ und die Dauer 2 Std. Die Einwaage ist 50 mg für ZnO, für Zinkstaub 0,8 bis 1,1 g. Auch auf Verunreinigungen der obigen Stoffe an PbO, Pb_3O_4 und PbO_2 ist die Methode anwendbar, nicht aber auf die reinen Bleioxyde. Wasser ist in allen Fällen zu entfernen oder in Rechnung zu setzen.

PEARCE berichtet über den gegenwärtigen Stand der Bestimmung von Oxydeinschlüssen im Roh- und Gußeisen. Es wird ein Überblick über die Entwicklung der Untersuchungen der Oxydeinschlüsse, in der Hauptsache durch die *British Gas Iron Research Association*, gegeben. Die Größenordnungen der zu ermittelnden Fremdbestandteile werden mitgeteilt. Es wird auf Schwierigkeiten und Unvollkommenheiten hingewiesen und endlich noch die Nomenklatur einer kritischen Sichtung unterzogen. TAYLOR-AUSTIN macht Angaben über neuere Entwicklungen in der Bestimmung von Oxydeinschlüssen im Roheisen nach der modifizierten wäßrigen Jodmethode. Es wird die Weiterentwicklung einer früher veröffentlichten Methode mitgeteilt. Der ausführlich beschriebene Analysengang läuft schließlich darauf hinaus, daß nach geeigneter Vorbehandlung Fe, Ti, V und Cr gefällt, der Rückstand verascht, mit Bisulfat geschmolzen und die Komponenten dann colorimetrisch bestimmt werden. Der Überschuß des Fällungsmittels wird mit H_2SO_4 und HNO_3 zerstört und die sich ergebende Lösung zur Bestimmung von Mn, Al und F verwendet. Mn wird nach der Perjodat-, Al nach der Aurintricarboxylat- und P nach der Ammonmolybdat/$SnCl_2$-Methode bestimmt. *Folgerungen:* 1. Die Lösung von MnO kann während der Zersetzung der Proben mit J_2–KJ-Lösung nicht verhindert werden; es ist daher heutzutage noch nicht möglich, für dieses Oxyd Ergebnisse zu bekommen. 2. Fe-Carbid, Fe-Phosphid, MnS und Ti-Carbid stören bei dem neuen Verfahren nicht. 3. Die vorgeschlagenen Modifikationen überwinden die seinerzeit bei der Erstveröffentlichung aufgetretenen Schwierigkeiten. 4. Nach Anwendung des Verfahrens auf 45 Roheisentypen dürfte als sicher angenommen werden, daß es sich zur Bestimmung von Oxydeinschlüssen in allen Roheisentypen (mit Ausnahme von legiertem Eisen) eignet und daß die für SiO_2, FeO, MnO (als Mn-Silicat vorliegend) und Al_2O_3 erhaltenen Ergebnisse zuverlässig sind. Weiterhin beschreibt TAYLOR-AUSTIN die Bestimmung des Gesamtsauerstoffs im Roheisen nach der Aluminium-Reduktionsmethode. Unter Zurückgreifen auf die Methode von GRAY und SANDERS und auf eigene Arbeiten zur Bestimmung nach der wissenschaftlichen Jodmethode wird eine Abwandlung der Aluminium-Reduktionsmethode ausführlich beschrieben, die den Vorteil hat, daß das Silicium im ursprünglichen Material keine Störung mehr hervorruft, und daß das Verfahren ganz allgemein auf die Bestimmung des Gesamtsauerstoffs im Roheisen angewendet werden kann.

Literatur.

AFANASIEV, B. N.: Bl. Chim. pura apl. Soc. Romåne Chim. **38**, 77 (1936); durch C. **108, I**, 3680 (1937); ferner Betriebslab. **4**, 1422 (1935); durch C. **107, I**, 4770 (1936).

BOWEN, C., J. F. BOURLAND u. E. F. DEGERING: J. chem. Educat. **16**, 295 (1939); durch C. **110, II**, 1935 (1939). — BÜRGER, K.: Ch. Fabr. **13**, 305 (1940); durch C. **111, II**, 2190 (1940).

CHRISTENSEN, B. E., u. I. F. FACER: Am. Soc. **61**, 3001 (1939).

DAVIDSON, D.: Ind. eng. Chem. Anal. Edit. **12**, 40 (1940); durch C. **111, I**, 3688 (1940). — DOLCH, M., u. H. WILL: Brennstoff-Chem. **12**, 141 (1931); durch C. **102, II**, 474 (1931). — DOLCH, M., u. H. WILL: Brennstoff-Chem. **12**, 166 (1931); durch C. **102, II**, 474 (1931). — DOLCH, M., E. PÖCHMÜLLER u. H. DAVID: Chem. Apparatur **16**, 137, 151 (1929); durch C. **101, I**, 1500 (1930).

GAUTHIER, J.: Bl. [5] **2**, 322 (1935); durch C. **108, II**, 2413 (1935). — GLOCKLER, G., u. L. D. ROBERTS: Am. Soc. **50**, 828 (1928); durch C. **99, I**, 2430 (1928).

HENNIG, H.: Ch. Fabr. **9**, 239 (1936); durch C. **107, II**, 1394 (1936).

INABA, T., u. YOSHITSUGU ABE: Soc. chem. Ind. Japan (Suppl.) **39**, 91 B (1936); durch C. **107, II**, 3037 (1936). — IWANEI, I. F.: J. Chim. appl. (russ.) **12**, 470 (1939); durch C. **111, I**, 2834 (1940).

KIRNER, W. R.: Ind. eng. Chem. Anal. Edit. **6**, 358 (1934); durch C. **105, II**, 3994 (1934). — KIRNER, W. R.: Ind. eng. Chem. Anal. Edit. **7**, 363 (1935); durch C. **107, II**, 142 (1936). — KIRNER, W. R.: Ind. eng. Chem. Anal. Edit. **7**, 366 (1935); durch C. **108, II**, 2564 (1937).

LACOURT, A.: C. r. hebd. Séances Acad. Sci. **205**, 28 (1937); durch C. **109, I**, 4505 (1938). — LACOURT, A.: Bl. Soc. chim. Belg. **46**, 428 (1937); durch C. **109, I**, 4508 (1938). — LACOURT, A.: C. r. hebd. Séances Acad. Sci. **203**, 1367 (1936); durch C. **109, I**, 669 (1938). — LINDNER, J., u. H. EICKHOFF: M. **30**, 165 (1941); durch C. **114, I**, 427 (1943). — LINDNER, J., u. W. WIRTH: B. **70**, 1025 (1937).

TER MEULEN, H.: Bl. [5] **2**, 1692 (1935); durch C. **107, I**, 2152 (1936). — TER MEULEN, H., H. J. RAVENSWAAY u. J. R. G. DE VEER: Chem. Weekbl. **27**, 18 (1930); durch C. **101, I**, 1505 (1930); ferner: H. TER MEULEN: Chem. Weekbl. **23**, 348 (1926); durch C. **97, II**, 2091 (1926); vgl. R. **43**, 899 (1924); durch C. **96, I**, 870 (1925). — MOOK, H. W.: Bio. Z. **242**, 338 (1933); durch C. **104, II**, 2865 (1933); Bio. Z. **223**, 152 (1930); durch C. **101, II**, 1894 (1930). — MORIKAWA, K., T. KIMOTO u. RYONOSUKE ABE: Bl. chem. Soc. Japan **16**, 33 (1941); durch C. **112, II**, 239 (1941); vgl. Bl. chem. Soc. Japan **16**, 1 (1941); durch C. **112, I**, 3119 (1941).

PICCARD, J.: Helv. **5**, 243 (1922); durch C. 93, **IV**, 476 (1922).

RUSSEL, W. W., u. J. W. FULTON: Ind. eng. Chem. Anal. Edit. **5**, 384 (1933); durch C. **105, I**, 1359 (1934). — RUSSEL, W. W., u. M. E. MARKS: Ind. eng. Chem. Anal. Edit. **8**, 453 (1936); durch C. **108, II**, 3492 (1937). — RUSSEL, W. W., u. M. E. MARKS: Ind. eng. Chem. Anal. Edit. **6**, 381 (1934); durch C. **105, II**, 3994 (1934).

SARNIG, B.: Dissertation. Dresden 1906. — SCHUSTER, F.: Gas- und Wasserfach **73**, 549 (1930); durch C. **101, II**, 1311 (1930); ferner: TER MEULEN u. HARLINGA: Neue Methoden der organisch-chemischen Analyse, 1927, Reduktion mit Wasserstoff am Nickel-Katalysator. — SCHULZE, W. A., J. P. LYON u. L. C. MORRIS: Oil Gas J. **38**, **46**, 149, 152, 155 (1940); durch C. **111, II**, 978 (1940). — SCHÜTZE, M.: Fr. **118**, 241 (1939/40). — SCHÜTZE, M.: Naturwiss. **27**, 822 (1939); durch C. **111, I**, 918 (1940). — SCHÜTZE, M.: Fr. **118**, 245 (1939/40). — SCHWARZE, K.: Angew. Ch. **44**, 44 (1931); durch C. **102, II**, 159 (1931).

UNTERZAUCHER, J., u. K. BÜRGER: B. **70**, 1392 (1937).

WEYGAND, C., u. H. HENNIG: Ch. Fabr. **9**, 8 (1936); durch C. **107, I**, 3875 (1936). — WÜSTNER, H.: Fr. **88**, 194 (1932).

ZIMMERMANN, W.: Fr. **118**, 258 (1939/40).

ALEXANDER, G., W. M. MURRAY u. L. E. O. ASHLEY: A. Ch. **19**, 417 (1947).

BAKER, W.: Inst. Met. **65**, Advance Copy Paper Nr 843, S. 9 (1939); durch C. **111, I**, 3150 (1940).

GELLER, W., u. TACK-HO-SUN: Arch. Eisenhüttenw. **17**, 159 (1944); durch C. **115, II**, 145 (1944). — GOTTE, A.: Arch. Eisenhüttenw. **17**, 53 (1943); durch C. **115, II**, 455 (1944). — GRANT, J.: Metal Ind. (London) **37**, 292 (1930); durch C. **101, II**, 2946 (1930).

JANDER, W., u. A. KRIEGER: Z. anorg. Ch. **232**, 57 (1937).

PEARCE, J. G.: Foundry Trade J. **64**, 317 (1941). — PFEILSTICKER, K.: Spectrochim. Acta **1**, 424; durch C. 112, **I**, 1847 (1941).

SCHERER, R., u. P. OBERHOFFER: Stahl Eisen **45**, 1555 (1925); durch C. **97, I**, 448 (1926). — SCHÜTZE, M.: B. **77**, 484 (1944).

TAYLOR-AUSTIN, E.: Foundry Trade J. **64**, 294 (1941); durch C. **114, I**, 308 (1943). — TAYLOR-AUSTIN, E.: Foundry Trade J. **64**, 317 (1941); durch C. **114, I**, 308 (1943).

v. WARTENBERG, H.: Z. anorg. Ch. **251**, 161 (1943); durch C. **114, II**, 1115 (1943).

Ozon.

Von O. LIEBKNECHT † und W. KATZ, Berlin.

Mit 33 Abbildungen.

Inhaltsübersicht.

Einleitung.

Konstanten.

Molekulargewicht 48,0000,
Dichte bei 0° und 760 mm 1,717 (bezogen auf Luft = 1),
Gewicht von 1 l Gas 2,22 g,
Mol.-Volumen, berechnet aus der Dichte 21,622 l,
Siedetemperatur −112°,
Schmelzpunkt −252°,
Kritische Temperatur −5°,
Kritischer Druck 92,3 Atm.,
Kritische Dichte 0,54 kg/m³.

Zusammenstellung der Löslichkeiten von Ozon (Absorptionskoeffizienten).

Lösungsmittel	Temperatur °C	Absorptionskoeffizient	Literatur
Wasser	1—2,5	α = 0,635	CARIUS, L.: B. **6**, 806 (1873).
„	0	α = 0,641	MAILFERT: C. r. **119**, 951 (1894).
„	19	α = 0,381	
„	40	α = 0,112	
„	60	α ∼ 0	
„	0	s = 0,44	LUTHER, R., u. J. K. H. INGLIS: Ph. Ch. **43**, 203 (1903).
„	20	s = 0,23	LUTHER, R.: Z. El. Ch. **11**, 832 (1905).
„	0	α = 0,494	ROTHMUND, V.: NERNST-Festschr. **391** (1912).
„	18	α = 0,454	FISCHER, F., u. H. TROPSCH: B. **50**, 765 (1917).
„	0	α = **0,526**	BRINER, E., u. E. PERROTTET: Helv. **22**, 397 (1939).
„	10	α = **0,408**	
„	20	α = **0,321**	
„	30	α = **0,258**	
„	40	α = **0,210**	
„	50	α = **0,172**	
„	60	α = 0,143	
NaCl-Lösung 35 g/l	3,5	α = 0,24	
„	19,8	α = 0,17	
Tetrachlorkohlenstoff	12	α = 4,8	BRINER, E., u. E. PERROTTET: Helv. **22**, 585 (1939).
„	0	α = 2,8	
„	15	α = 1,57	
„	18	α ∼ 3,0	FISCHER, F., u. H. TROPSCH: B. **50**, 765 (1917).
„	0	α = 3,03	V. WARTENBERG, H., u. G. V. PODJASKI: Z. anorg. Ch. **148**, 391 (1925).

Vergleiche auch Abschnitt „Bestimmung von Ozon in Lösungen“, § 1, A, V, d.

Löslichkeiten in Wasser und organischen Flüssigkeiten nach v. WARTENBERG und PODJASKI.

Flüssigkeit	ur	g Ozon in 1 m³ Flüssigkeit
Wasser	0	1060 ($\alpha = 0{,}479$)
Eisessig	18,2	5400
„	30,2	3500
„	38,8	3000
Essigsäureanhydrid	0	4600
Dichloressigsäure	0	3660
Propionsäure	17,3	7800
Tetrachlorkohlenstoff	0	6750 ($\alpha = 3{,}03$)

Absorptionskoeffizienten im Ultrarot, im sichtbaren und im Ultraviolettgebiet sind im Abschnitt § 3, B, 1, I, „Spektroskopische Methoden", aufgeführt.

Allgemeines.

Die Bestimmung des Ozons hat nicht nur wissenschaftliche und industrielle Bedeutung, die letztere wegen der Herstellung des Ozons, sondern auch für die Meteorologie. Während es sich im Falle der industriellen Herstellung des Ozons um Mengen von der Größenordnung von einigen Prozenten handelt, liegt die in der atmosphärischen Luft vorkommende Ozonkonzentration in der Größenordnung von 10^{-6} Vol.-%, schwankt also innerhalb eines Konzentrationsbereiches von 6 Zehnerpotenzen. Obwohl die Grenze der noch nachweisbaren Konzentration bei $3 \cdot 10^{-7}$ mg Ozon je Liter Luft oder bei $1{,}5 \cdot 10^{-8}$ Vol.-% liegt, bestand lange Zeit hindurch ein wohl auch begründeter Zweifel über die Anwesenheit des Ozons in der atmosphärischen Luft. Sein Vorhandensein wurde, schon lange bevor seine eigentliche Zusammensetzung erforscht war, in der die Erde umhüllenden Luft vermutet. Seinen Namen erhielt das Ozon von SCHÖNBEIN wegen seines Geruches (ὄζω = riechen).

Die Untersuchungen SCHÖNBEINS, so zahlreich seine Veröffentlichungen über den Gegenstand, so wichtig seine Beobachtungen und so weitgehend auch von ihm die Entstehungsweisen des Ozons untersucht worden sind, haben doch die Chemie des Ozons aus dem Grunde nicht prinzipiell fördern können, weil er bezüglich der Zusammensetzung des Ozons von falschen Voraussetzungen geleitet war und die quantitative Seite der Frage weitgehend außer acht ließ. Bei der Autorität, die er genoß, entstand dadurch eher eine Hemmung als eine Förderung der tatsächlichen Forschung. Erst die Arbeiten von SORET, BRODIE und LADENBURG, ferner in neuerer Zeit von RIESENFELD und in neuester Zeit von PANETH, wozu noch die Arbeiten von BRINER kommen, haben die quantitative Bestimmung des Ozons auf sichere Grundlage gestellt. Die drei ersten Forscher haben insbesondere auch die Zusammensetzung des Ozons aufgeklärt, während PANETH die Bestimmung des Ozons in der Atmosphäre dadurch zu einer unbedingt zuverlässigen gemacht hat, daß ihm die Aufspeicherung des Ozons und seine Trennung von anderen ähnlich wirkenden Stoffen, insbesondere Stickstoffdioxyd, quantitativ gelang. Für die quantitative Bestimmung hat eine Methode überragende Bedeutung gewonnen, das ist die Einwirkung von Ozon (ozonhaltigen Gasen) auf neutrale oder schwach alkalische Kaliumjodidlösung, bei welcher Umsetzung sich Jod ausscheidet oder eine Jodsauerstoffverbindung bildet, welch letztere beim Ansäuern in Gegenwart überschüssigen Kaliumjodids gleichfalls Jod ausscheidet. Die Menge des nach dem Ansäuern in Freiheit gesetzten Jods, das sich in bekannter Weise bestimmen läßt, entspricht der des zur Umsetzung gelangten Ozons und kann berechnet werden. Daneben spielen alle anderen Methoden nur eine mehr oder weniger untergeordnete Rolle, wie die Einwirkung des Ozons auf arsenige Säure oder die colorimetrischen Bestimmungen. Ebenso sind die auf Wägung des Ozons in irgendeiner Form beruhenden Methoden nur von untergeordneter Bedeutung. Die Wägung erstreckte sich auf die Gewichtszunahme einer Kaliumjodidlösung, durch die Ozon hindurchgegangen ist, oder auf Feststellung des Gewichtsunterschiedes zwischen einem Volumen reinen Sauerstoffgases im Vergleich zu dem Gewicht des gleichen Volumens ozonhaltigen Sauerstoffs. Dieser letzten Methode kommt allerdings eine erhebliche historische Bedeutung zu.

Eine Ausnahme macht jedoch die Bestimmung des Ozons durch Absorptionsmessung bestimmter Wellenlängen im Ultraviolettgebiet. Die für Ozon charakteristische Absorption ist so stark, daß das Aufhören des ultravioletten Spektrums ab einer bestimmten Wellenlänge (ab 290 $m\mu$) auf die vollkommene Absorption der Strahlen durch das Ozon der Atmosphäre zurückgeführt wird, während die Entstehung des Ozons durch die Einwirkung der ultravioletten Strahlen auf die Luft in Höhen von 20 bis 40 km angenommen wird. Hieraus ergibt sich auch die Zunahme des Ozons, das ein labiler und darum sehr reaktionsfähiger Körper ist, in größeren Höhenlagen, während die Luft an der Erdoberfläche arm an Ozon ist und es sich in großen Städten oft überhaupt nicht mehr vorfindet. Auch im sichtbaren Spektrum wirkt Ozon absorbierend, was gleichfalls quantitativ ausgewertet wurde.

Diese kurze Zusammenfassung soll keine vollständige Aufklärung der nachstehend beschriebenen Bestimmungsmethoden sein, sondern nur ein Werturteil, welches die Orientierung erleichtert, obwohl für besondere Zwecke auch eine der weniger wichtigen Bestimmungsarten von besonderem Vorteil sein kann, soweit ihre Zuverlässigkeit genau geprüft wird.

Historisch sei nur kurz ausgeführt: Die Beobachtung, daß beim Durchschlagen eines Blitzes ein eigentümlicher Geruch auftritt, ist offenbar sehr alt und schon von HOMER erwähnt worden.

Ferner wurde von VAN MARUM (1785) der eigentümliche „phosphorische" Geruch besonders in der Nähe von in Betrieb befindlichen Elektrisiermaschinen und von CRUIKSHANK bei der Elektrolyse beobachtet, während DAVY, MELLOR und PASCAL auf die Anwesenheit dieses riechenden Prinzips in der Luft hingewiesen haben. SCHÖNBEIN (1) hat 1839 gleichfalls den Geruch bei der Elektrolyse erneut gefunden und die Bildung von Jod durch die Einwirkung auf Kaliumjodid festgestellt. Die Anwesenheit von Ozon in Luft nahm er (2) 1845 als „höchstwahrscheinlich" an, wegen der Bläuung von Kaliumjodidstärkepapier an der Luft. Auf die Unsicherheit dieses Nachweises wird später eingegangen werden. 1840 hat er die Bildung von Ozon in Luft bei Anwesenheit feuchten Phosphors entdeckt.

SORET stellt durch Absorption des Ozons in Terpentinöl und durch Diffusion von ozonhaltigem Sauerstoff im Vergleich zu der von chlorhaltiger Luft das Molekulargewicht des Ozons zu 48 fest (vgl. auch BRODIE), während LADENBURG zur Kontrolle dieser Bestimmungen auch die mittels Kaliumjodids zu Hilfe nimmt und zum gleichen Ergebnis kommt. LADENBURG hat schließlich durch direkte Wägung ozonhaltigen Sauerstoffs im geschlossenen Glasballon im Vergleich zu der des gleichen Volumens reinen Sauerstoffs und durch Absorption des Ozons durch Pinen das Molekulargewicht endgültig bestätigt. Schon vorher hatte OTTO gleiche oder ähnliche Wege begangen bzw. vorgeschlagen. Auf den Streit über die Vermutung, daß Ozon ein neues Element oder eine zusammengesetzte Stickstoff oder Wasserstoff enthaltende Verbindung sei und auf die unglückliche Ozon-Antozon-Theorie von SCHÖNBEIN soll trotz des Anreizes, den die fast dramatischen Zuspitzungen ausüben, nicht eingegangen werden. Gesagt sei nur, daß der Annahme, Ozon bestehe aus Sauerstoff und Wasserstoff (höheres Wasserstoffperoxyd), durch ANDREWS, HOUZEAU, SORET und von BABO und der Ozon-Antozon-Theorie durch BRODIE, HOUZEAU, WELTZIEN und besonders durch ENGLER ein Ende bereitet wurde. Bei der nachstehenden Beschreibung der einzelnen Ozonbestimmungen erschien es nicht richtig, eine Unterscheidung zwischen der Ozonbestimmung im allgemeinen und der in Luft zu machen, da die Methoden sich prinzipiell nicht unterscheiden.

Literatur.

BRINER, E.: Helv. **21**, 1218 (1938).
DAVY, H.: Lectures on agricultural chemistry. London 1826.
LADENBURG, A.: B. **31**, 2508 u. 2830 (1898).
VAN MARUM: Beschreibung der Elektrisiermaschine. Leipzig: Schweickert 1876. — MELLOR: A comprehensive treatise on inorganic and theoretical chemistry, Bd. **1**, 893 (1922).
PANETH, F. A.: Nature **142**, 112 (1938). — PASCAL: Traité de chemie minerale, Bd. **1**, 339 (1931).
RIESENFELD, E. H., u. F. BENCKER: Z. anorg. Ch. **98**, 167, 177, 199 (1916).
SCHÖNBEIN, C. F.: (1) Ber. Verh. Naturf. Ges. Basel **4**, 58 u. 66 (1839); Pogg. Ann. **50**, 616 (1840); C. r. **10**, 706 (1840); (2) Pogg. Ann. **65**, 161 (1845). — SORET, I. L.: C. r. **57**, 604 (1863); C. r. **61**, 941 (1865).
v. WARTENBERG, H., u. G. v. PODJASKI: Z. anorg. Ch. **148**, 391 (1925).

Reaktionsweise.

Als eine aktive Form des Sauerstoffs äußert das Ozon starke oxydierende Eigenschaften. Seine Reaktionsweise ist verschieden, entweder (I) lagert es sich als Ganzes an die oxydierbaren Körper an zu Ozoniden oder (II) zerfällt es und reagiert mit dem entstehenden freien Sauerstoffatom, während ein Sauerstoffmolekül zurückgebildet wird, d. h. daß also je Molekül Ozon 1 Atom aktiver Sauerstoff wirksam wird. Aber nicht alle Reaktionen verlaufen so einfach, denn der auftretende molekulare Sauerstoff kann sich offenbar auch noch an Oxydationsreaktionen beteiligen, wie z. B. im Falle der Reaktion von Ozon mit Zinn(II)-chlorid, wo alle drei Sauerstoffatome wirksam sind. Wiederum können aber auch nur 2 Atome Sauerstoff je Molekül Ozon bei der Oxydation wirksam werden, wie z. B. bei Natriumthiosulfat in alkalischen Lösungen. Die Reaktionsweise des Ozons kann je nach den gewählten Bedingungen (neutrale, alkalische oder saure Reaktionen, Überschußverhältnisse der Komponenten) verschieden sein und ergibt besonders bei Sulfid und Thiosulfat ein verschiedenartiges Bild, je nachdem ob die Reaktion bei den Zwischenstufen haltmacht oder glatt bis zur Endstufe durchläuft.

Einen Sonderfall stellt die Reaktion mit Aldehyden dar, wo über den gesamten Sauerstoff des Ozons hinaus auch noch fremder Sauerstoff zur Oxydationsreaktion aktiviert wird.

Die zur quantitativen Bestimmung geeigneten Reaktionen sind kurz zusammengefaßt folgende:

I. Ozonidbildung (alle 3 Atome).

(1) $$2\,Ag + O_3 = Ag_2O_3,$$

(2) $$\text{Olein} + O_3 = \text{Olein-Ozonid}.$$

Ia. Ozonidbildung und Umlagerung (alle 3 Atome).

(3) $$Na_2S + O_3 = [Na_2S \cdot O_3] \longrightarrow Na_2SO_3,$$

(4) $$3\,NaHSO_3 + O_3 = [(NaHSO_3)_3 \cdot O_3] \longrightarrow 3\,NaHSO_4.$$

Ib. Ozonidbildung (alle 3 Atome und sensibilisierter fremder Sauerstoff).

(5) $$2\,R{-}C\begin{matrix}\diagup H\\ \diagdown\!\!\diagdown O\end{matrix} + O_3 = R{-}C\begin{matrix}\diagup\!\!\diagup O\\ \diagdown OH\end{matrix} + R{-}C\begin{matrix}\diagup\!\!\diagup O\\ \diagdown O{-}OH\end{matrix}.$$

II. Oxydation (durch 1 Atom).

(6) $$2\,KJ + O_3 + H_2O = 2\,KOH + J_2 + O_2,$$

(7) $$2\,HBr + O_3 = H_2O + Br_2 + O_2,$$

(8) $$As_2O_3 + 2\,O_3 = As_2O_5 + 2\,O_2,$$

(9) $$2\,Fe^{\cdot\cdot} + O_3 + 2\,H^{\cdot} = 2\,Fe^{\cdot\cdot\cdot} + O_2 + H_2O,$$

(10) $Tl^{\cdot} + O_3 + 2\,H^{\cdot} = Tl^{\cdot\cdot\cdot} + O_2 + H_2O$,

(11) $2\,Hg^{\cdot} + O_3 + 2\,H^{\cdot} = 2\,Hg^{\cdot\cdot} + O_2 + H_2O$,

(12) $NaNO_2 + O_3 = NaNO_3 + O_2$.

IIa. Oxydation (durch 3 Atome).

(13) $3\,Sn^{\cdot\cdot} + O_3 + 6\,H^{\cdot} = 3\,Sn^{\cdot\cdot\cdot\cdot} + 3\,H_2O$.

Eine Bildung von Wasserstoffperoxyd wird bei der Ozonreaktion mit Indigo (in schwefelsaurer Lösung) und bei saurer Kaliumjodidlösung, jedoch nicht allgemein bei den Reaktionen in saurer Lösung beobachtet, denn sie fehlt bei der Ozonreaktion mit Eisen(II)-sulfat und mit Bromwasserstoffsäure.

Zersetzung des Ozons in Wasser und wäßrigen Lösungen.

Da man bei der Analyse des Ozons mit chemischen Mitteln Ozon bzw. die ozonhaltigen Gase stets, von wenigen Ausnahmen abgesehen, mit Wasser bzw. wäßrigen Lösungen, z. B. Lösungen von Kaliumjodid und anderen, in Berührung bringt, so ist es notwendig, zu wissen, ob durch eine Zersetzung des Ozons, die in anderer als der gewünschten Richtung verläuft, die Genauigkeit der Analyse herabgesetzt wird.

Nach den Untersuchungen von SMITH tritt beim Hindurchleiten von Ozon durch zwei Waschflaschen, die mit je *100 cm³ Wasser, 5%iger Schwefelsäure, konzentrierter Schwefelsäure* oder mit Wasser und konzentrierter Schwefelsäure oder *0,15 n Kaliumpermanganatlösung* beschickt sind, nur eine so geringe Zersetzung des Ozons ein, daß sie vernachlässigt werden kann.

Bei längerer Berührung ist die Zersetzung aber erheblich, wie Versuche von ROTHMUND und BURGSTALLER zeigen. Lösungen von Ozon in *1 n Schwefelsäure* zeigen folgende Zersetzung:

Tabelle 1.

Stunden	Mole $O_3/l \cdot 10^6$
0	600
22	352
89	324
160	296
285	204

Mit zunehmender Stärke der Säure nimmt die Zersetzung ab, so daß konzentrierte Schwefelsäure sich als Sperrflüssigkeit für Ozon oder ozonhaltige Gase eignet.

INGLIS konnte bei seinen Versuchen über die Löslichkeit des Ozons in Wasser beim Hindurchleiten durch Wasser keine Sättigung erreichen, da das austretende Ozon stets schwächer war als das eintretende, da es sich offenbar in Wasser schneller zersetzte, als der Sättigungszustand erreicht war. Hieraus folgt, daß bei langsam verlaufenden Reaktionen, die in wäßrigen Lösungen zur Analyse des Ozons verwendet werden, z. B. bei der Einwirkung des Ozons auf Lösungen von arseniger Säure, Vorsicht bei der Beurteilung der Analysenergebnisse geboten ist.

Quantitativ völlig anders wird das Bild, wenn alkalische Lösungen verwendet werden. HARRIES hatte bei Verwendung eines mit Glasperlen gefüllten EMMERLING-Turmes, der mit 150 cm³ *5%iger Natronlauge* beschickt war, gefunden, daß bei einer Gasgeschwindigkeit von 3,4 l/h alles Ozon, bei 10,3 l/h bis auf Spuren alles Ozon zerstört wird, und daß bei 20,0 l/h nur 0,15% und bei 53 l/h nur 0,5% des Ozons unzersetzt bleiben. Zu ähnlichen Ergebnissen kommt SMITH; vgl. auch HARRIES und KÖTSCHAU, HARRIES und HAARMANN sowie BERTHELOT.

TRAUBE findet, daß Ozon in Kalilauge bei niedriger Temperatur größtenteils zerstört und nur ein kleiner Teil unter Ozonidbildung angelagert wird.

Während Ozon mit Schwefeltrioxyd Überschwefelsäure bildet, entsteht bei der Einwirkung auf Wasser kein Wasserstoffperoxyd und bei der Einwirkung auf Schwefelsäure, auch konzentrierte Schwefelsäure, keine Überschwefelsäure. Vgl. z. B. SCHÖNBEIN, MEISSNER, BABO, SCHÖNE, ARNOLD und MENZEL, JANNASCH und GOTTSCHALK, ROTHMUND und BURGSTALLER. Diesen Befunden entgegenstehende Angaben von BRAND und GRÄFENBERG sind unzweifelhaft auf einen Irrtum zurückzuführen und vielleicht durch Verunreinigungen, wie Eisensalze, welche aus dem 2- in den 3wertigen Zustand übergehen und dann eine oxydierende Wirkung, z. B. auf Lösungen von Kaliumjodid, ausüben, verursacht werden. Trotzdem tritt beim Zusammentreffen von Ozon und Wasser und wäßrigen Lösungen Zersetzung des Ozons ein.

Literatur.

ARNOLD, C., u. C. MENZEL: B. **35**, 2902 (1902).
BABO: Ann. Suppl. B. **2**, 263 (1863). — BERTHELOT: C.r. **86**, 20 u. 277 (1878). — BRAND, A.: Ann. Phys. [4] **9**, 471 (1902).
GRÄFENBERG, L.: Z. anorg. Ch. **36**, 376 (1903).
HARRIES, C.: Z. El. Ch. **18**, 129 (1912). — HARRIES, C., u. R. HAARMANN: B. **48**, 32 (1915). — HARRIES, C., u. R. KÖTSCHAU: B. **42**, 3305 (1909).
INGLIS, K. H.: Soc. **83**, 1010 (1903).
JANNASCH, P., u. W. GOTTSCHALK: J. pr. [2] **73**, 497 (1906).
MEISSNER: Jbr. 128 (1863).
ROTHMUND, V., u. A. BURGSTALLER: M. **34**, 665 (1913).
SCHÖNBEIN, C. F.: J. pr [1] **83**, 86 (1861). — SCHÖNE, M.: B. **6**, 1224 (1873). — SMITH, L. J.: Am. Soc. **47**, 1850 (1925).
TRAUBE, W.: B. **45**, 2201 u. 3319 (1912).

Thermische Zersetzung von Ozon.

Beim Durchleiten von Ozon durch ein auf 350° erhitztes Glasrohr wird das Gas teilweise zersetzt, während nur etwa 20% unzersetzt bleiben (vgl. BRUNCK). Diesen Befund haben ENGLER und WILD als nicht dem Gleichgewicht entsprechende, unvollständige Zersetzung angesehen und gezeigt, daß bei 260° und entsprechend langem Reaktionsweg eine so vollständige Zersetzung eintritt, daß keine Spur Ozon mehr nachweisbar ist. Dieses stimmt auch mit den Angaben von ANDREWS und TAIT überein, wonach Ozon bei 270° vollständig gespalten wird. Sie glaubten darüber hinaus annehmen zu können, daß selbst bei noch niedrigerer Temperatur und längerer Reaktionszeit eine vollständige Zersetzung zu erreichen ist.

Der thermische Zerfall von Ozon verläuft nach WARBURG homogen nach der Gleichung:

$$2\,O_3 = 2\,O_2 + 2\,O = 3\,O_2$$

als Reaktion zweiter Ordnung. Bei Zimmertemperatur besitzt die homogene Reaktion eine außerordentliche Geschwindigkeit, die durch Temperaturerhöhung so stark beschleunigt wird, daß man lange Zeit mit ANDREWS annahm, Ozon besäße bei 237° einen „inneren Zersetzungspunkt", da erst bei dieser Temperatur eine schnell verlaufende Zersetzung gefunden wurde. Nach WARBURG kann für die Berechnung der Geschwindigkeit des Zerfalls die Formel

$$c = \frac{c_0}{1 + \beta\, t\, c_0}$$

benutzt werden, in der c_0 und c die Anfangskonzentration und die Konzentration nach der Zeit t in g/cm³ und β die Menge Ozon in g/cm³ bedeutet, welche in 1 Min. zerfällt bzw. verschwindet, und t die Zeit in Min. ist. Bei 16° hat β den Wert $5 \cdot 10^{-8}$ und bei 127° schon $2 \cdot 10^{-3}$.

CLEMENT bestimmte experimentell die Reaktionsgeschwindigkeitskonstante k der Zersetzung zwischen 0° und 250° und errechnete unter Benutzung der Näherungsgleichung von VAN'T HOFF für die Temperaturabhängigkeit:

$$\ln k = -\frac{A}{T} + C$$

die zahlenmäßige Gleichung:

$$\ln k = -\frac{5700}{T} + 14{,}939,$$

die die gute Übereinstimmung mit den gefundenen in der folgenden Tabelle 2 wiedergegebenen Werte zeigt, in der auch außerhalb des experimentellen Bereiches errechnete Werte enthalten sind:

Tabelle 2.

Temperatur °C	k gefunden	k berechnet
100	0,514	0,455
120	2,98	2,73
127	4,75	4,89
135	8,99	9,31
150	29,1	29,11
175	181,0	164
200	766,0	747
243	9350	7827
250	—	11000
1000	—	$29 \cdot 10^9$

Nebenstehende Tabelle erklärt auch die Angaben von ANDREWS, da bei der von ihm für den inneren Zersetzungspunkt angegebenen Temperatur von 237° die Zersetzungsgeschwindigkeit eine große Höhe erreicht hat. Während bei Temperaturen bis 100° sich die katalytischen Einflüsse (Wandeffekt) kaum bemerkbar machen, so ist das aber bei höheren Temperaturen der Fall, wodurch der Ozonzerfall zu einem heterogenen wird. Der Zerfall vollzieht sich an der Oberfläche der festen Katalysatoren unmeßbar schnell, so daß die Geschwindigkeit der Reaktion nur von der Diffusionsgeschwindigkeit abhängt, welche dem Quadrat der Ozonkonzentration proportional ist. Aber auch im Falle der heterogenen Zersetzung liegt eine Gleichung 2. Ordnung vor. Ein monomolekularer Verlauf ist nur scheinbar. (Vgl. auch MULDER.)

Erst in neuerer Zeit brachten die Arbeiten von CLARKE und CHAPMAN, PERMAN und GREAVES, CHAPMAN und JONES, WULF und TOLMAN, SCHUMACHER und Mitarbeiter über den Ozonzerfall Klarheit in die komplizierten Vorgänge. Die homogene Zersetzung ist eine Kettenreaktion, die von einer Wandreaktion begleitet wird. Die Wandreaktion besitzt zwischen 70° und 100° einen kleinen Temperaturkoeffizienten und ist oberhalb 90° nur noch bei größeren Wandflächen bemerkbar. Nach SCHUMACHER und GLISSMANN werden zwei voneinander unabhängige Primärreaktionen nebeneinander angenommen:

(1) $O_3 + O_3 = 3\,O_2' + 67{,}8$ Kcal,

(2) $O_2 + O_3 = O_2 + O_2 + O - 24{,}3$ „

An diese Reaktionen schließen sich die von der photochemischen Zersetzung her bekannten Reaktionen der Sauerstoffatome und aktivierten Sauerstoffmolekel als Ketten an:

(3) $O + O_3 = 2\,O_2' + 82{,}1$ Kcal,

(4) $O + O_2 + M = O_3 + M$,

(5) $O_2' + O_3 = O_2 + O_2 + O$,

(6) $O_2' + O_3 = O_2 + O_3$,

(7) $O_2' + O_2 = 2\,O_2$.

(5)–(7): Desaktivierung der Sauerstoffmolekel.

Die an und für sich komplizierte Gleichung der Reaktionsgeschwindigkeit läßt sich unter Grenzbedingungen bei höheren Temperaturen und verdünntem Ozon in das einfache Gesetz der Reaktion zweiter Ordnung:

$$-\frac{d[O_3]}{dt} = k_1 [O_3]^2$$

zurückführen (vgl. SCHUMACHER).

BRINER und PERROTTET haben nach der von CLEMENT angegebenen Zahlengleichung die Zersetzung für die Konzentration von sehr verdünntem Ozon berechnet und daraus geschlossen, daß es nötig ist, auf 800° zu erhitzen, um eine genügend schnelle Zersetzung zu erhalten. Auf diese Weise desozonisierte Luft enthält dann keinen nachweisbaren Ozon mehr.

Für den katalytischen Ozonzerfall kommen vor allem Platinmohr und Natronkalk (MULDER und VAN TER MEULEN, JAHN (1), ferner eine Reihe von Metalloxyden in Frage. Selbst Feuchtigkeit bei 100° beschleunigt um 20% den Zerfallsvorgang [WARBURG (2), JAHN (2)]. Katalytisch wirken ferner: Fett, Quecksilber- und Schwefelsäuredämpfe, so daß bei einwandfreien Messungen, wie z. B. bei kinetischen Untersuchungen, auf die Abwesenheit dieser Stoffe geachtet werden muß.

Literatur.

ANDREWS, TH.: Phil. Trans. 12 (1856). — ANDREWS, TH., u. P. G. TAIT: Pogg. Ann. **112**, 249.

BRINER, E., u. E. PERROTTET: Helv. **20**, 451 (1937). — BRUNCK, O.: Z. anorg. Ch. **10**, 223 (1895).

CHAPMAN, D. L., u. H. E. JONES: Soc. **97**, 2463 (1910); Soc. **99**, 1811 (1911). — CLARKE, E. H., u. D. L. CHAPMAN: Soc. **93**, 1638 (1908). — CLEMENT, I. K.: Ann. Phys. [4] **14**, 341 (1904).

ENGLER, C., u. C. WILD: B. **29**, 1934 (1896).

VAN'T HOFF: Die thermische Dynamik, S. 127.

JAHN, ST.: (1) Z. anorg. Ch. **60**, 292 u. 337 (1908); (2) Z. anorg. Ch. **48**, 278 (1906).

MULDER: R. **3**, 137 (1884); R. **4**, 139 (1885). — MULDER u. VAN TER MEULEN: R. **1**, 164 (1882).

PERMAN, E. P., u. R. H. GREAVES: Soc. A **80**, 253 (1908).

SCHUMACHER, H. J.: Chem. Gasreaktionen (1938). — SCHUMACHER, H. J., u. GLISSMANN: Ph. Ch. B **21**, 323 (1933).

WARBURG, E.: (1) Ann. Phys. [4] **9**, 1286 (1902); Ann. Phys. [4] **13**, 1080 (1904); (2) Ann. Phys. [4] **9**, 1301 (1902). — WULF, O. R., u. R. C. TOLMAN: Am. Soc. **49**, 1183 (1927).

Bestimmungsmethoden.

§ 1. Titrationsmethoden.

A. Einwirkung auf Kaliumjodidlösung.

Ehe die einzelnen Bestimmungsmethoden beschrieben werden, ist es notwendig, einen Überblick über den Chemismus der Einwirkung von Ozon auf saure, neutrale und alkalische Lösungen von Kaliumjodid zu geben. Bei einer so verwickelten Umsetzung wie der zwischen Ozon und dem Jodion in saurer, neutraler oder alkalischer Lösung ist es nicht angängig, nur die Analysenvorschriften zu geben, nach denen gearbeitet werden soll, sondern es müssen auch die bisher bekannten theoretischen Unterlagen erörtert werden, damit Fehlerquellen ausgeschaltet und weitere Forschungsarbeiten geleistet werden können. Ohne die Anregung hierzu würden die Analysenvorschriften nur totes Wissen bedeuten und der Hauptzweck jeder zusammenfassenden Arbeit wäre verfehlt.

1. Chemismus der Einwirkung von Ozon auf Kaliumjodidlösung.

Die Bestimmung des Ozons geschieht in der Weise, daß man ein gemessenes Volumen des Gases durch eine Kaliumjodidlösung leitet (dynamisch) oder das Gas mit der Lösung schüttelt (statisch) und das ausgeschiedene Jod mit Thiosulfat titriert. Die der Reaktion für die Berechnung zugrunde liegende Gleichung ist folgende:

$$2\,KJ + O_3 + H_2O = 2\,KOH + J_2 + O_2 \qquad (1)$$

und besagt, daß 1 Mol Ozon 2 Atomen Jod entsprechen, die 2 Mol Thiosulfat verbrauchen.

Neben der homogenen Reaktion des Ozons mit Kaliumjodidlösung nach Gleichung (1) ist noch eine heterogene Reaktion möglich, die erst in jüngerer Zeit aufgefunden und bei Anwendung von Glasfritten für die Gasverteilung beobachtet wurde:

$$KJ + 3\,O_3 = KJO_3 + 3\,O_2. \qquad (1a)$$

Die Reaktion führt direkt über eine Ozonanlagerung (Ozonid) zur Jodatbildung, verläuft neben der Gleichung (1) und liefert beim Ansäuern ebenfalls 1 Mol Jod auf 1 Mol Ozon. Näheres siehe weiter unten unter § 1, A, 2, IV (GUÉRON und PRETTRE).

Weil bei der Einwirkung des Ozons auf Kaliumjodid nach (1) Kaliumhydroxyd entsteht, kann dieses mit freiem Jod unter Jodat- und Jodidbildung reagieren nach der Gleichung:

(2) $$6\,KOH + 3\,J_2 = KJO_3 + 5\,KJ + 3\,H_2O \text{ (alkalische Lösung).}$$

Säuert man daher nach der Absorption an, so wird das Jod wieder umgekehrt in Freiheit gesetzt und läßt sich analytisch bestimmen. Die sekundäre Reaktion (2) ist nun nicht die einzige, welche bei der Einwirkung von Ozon auf *neutrale* Kaliumjodidlösung stattfinden und unter welcher das Kaliumhydroxyd reagieren kann. In dem an und für sich recht komplizierten Vorgang können weitere Nebenreaktionen auftreten:

(3) $$5\,O_3 + J_2 = J_2O_5 + 5\,O_2,$$

(4) $$O_3 + K_2O = K_2O_2 + O_2,$$

(5) $$K_2O_2 + J_2 = 2\,KJ + O_2,$$

(6) $$K_2O_2 + H_2O = H_2O_2 + K_2O,$$

(7) $$O_3 + H_2O_2 = H_2O + 2\,O_2.$$

Die Reaktion (3) zeigt sich an dem Auftreten von Jodpentoxydnebeln, welche von dem Gasstrom mitgerissen werden. Die Reaktionen nach (4) und (5) geben Anlaß zur Bildung von Kaliumjodid unter Verlust der Jodmenge für die Titration. Das Auftreten von Wasserstoffperoxyd [Gleichung (6)] ist experimentell nachgewiesen worden und kann nach Reaktionsgleichung (7) eine zweite Verlustquelle bei der Bestimmung des aktiven Sauerstoffs ergeben. BRUNCK hatte zwecks Ausschaltung dieser Verlustmöglichkeiten (5) und (7) die Verwendung saurer Kaliumjodidlösungen verfochten.

Einen anderen Verlauf der Jodatbildung bei der Ozon-Kaliumjodid-Reaktion unter Zwischenbildung von Perjodat, Dikaliumperjodat glaubt GARZAROLLI-THURNLACKH durch seine Untersuchungen über das Verhältnis von freiem und gebundenem Jod höherer Wertigkeiten annehmen zu müssen, entsprechend der weiter unten zitierten Gleichungen (9) bis (11).

Aus einer Reihe von Arbeiten geht jedoch hervor, daß die Reaktion in *saurer Lösung* nicht quantitativ nach Gleichung (1) abläuft. BRODIE (1) hat klassische Versuche über die Einwirkung von Ozon auf neutrale bzw. saure Lösungen von Kaliumjodid, d. h. Jodwasserstoffsäure, durchgeführt und festgestellt, daß bei gewöhnlicher und auch bei höherer Temperatur, bei 55°, sich für Jodwasserstoffsäure Werte ergeben, die schwanken bis zum doppelten Betrag gegenüber den Werten, die mit neutraler Kaliumjodidlösung erhalten werden, welch letztere der Gleichung (1) folgen.

Die mit Jodwasserstoffsäure bzw. angesäuerter Kaliumjodidlösung erhaltenen Werte fallen mit zunehmender Verdünnung bis fast auf den Wert, der mit neutraler Kaliumjodidlösung erhalten wird, d. h. je verdünnter die Jodwasserstoffsäure ist, um so mehr nähert sich das Verhältnis sauer/neutral dem Werte 1. Der Einfluß der Verdünnung ist aus der Tabelle 3, S. 111, zu ersehen.

In ähnlicher Weise lassen sich Ergebnisse von MEISSNER deuten.

Obwohl damit die Unbrauchbarkeit der Verwendung saurer Kaliumjodidlösungen für die Ozonbestimmung endgültig geklärt schien, wurde dennoch später von BRUNCK die Behauptung aufgestellt, daß nur mit sauren Kaliumjodidlösungen richtige Werte erhalten werden, eine Behauptung, die er erst aufgab, als er auf die Arbeit von BRODIE hingewiesen worden war. Schon vor BRODIE waren für die Ozonbestimmungen neutrale jodatfreie Kaliumjodidlösungen verwendet worden, vgl. z. B. DE MARIGNAC, BABO und CLAUS, SORET, HOFFMANN, SCHÖNE.

LADENBURG und LADENBURG und QUASIG hatten überdies durch Vergleich der bei der Bestimmung mit neutralen Kaliumjodidlösungen und der durch Wägung erhaltenen Werte nochmals ausdrücklich festgestellt, daß nur die Verwendung neutraler Kaliumjodidlösungen zu richtigen Werten führt. So wurden beispielsweise folgende Werte erhalten:

Titration	Wägung
9,05%	9,19%
7,60%	7,58%
6,77%	6,60%
5,00%	4,96%
3,90%	3,97%

Im Mittel wurden aus einer großen Anzahl von Versuchen erhalten:

Titration	Wägung
6,18%	6,10%,

also eine Differenz von 1,3%.

Tabelle 3.

1 g Jod in cm^3	Sauer/neutral	1 g Jod in cm^3	Sauer/neutral
1	1,89	16	1,88
2	2,20	24	1,66
3	2,05	48	1,58
4	1,96	64	1,51
6	1,9	96	1,43
8	2,0	128	1,40
12	1,83	192	1,13

Bei 0° erhielt BRODIE Werte bis zu 2,43.

Die in saurer Lösung erhaltenen, im Mittel um 48% höheren Werte erklären LADENBURG und QUASIG durch die Bildung von Wasserstoffperoxyd, welches sich langsamer mit der sauren Kaliumjodidlösung umsetzt, während Ozon sofort reagiert und somit die Ursache für das starke Nachbläuen der mit Natriumthiosulfat entfärbten Lösung ist. Diese Nachbläuung muß nach ihrem Verhalten gegenüber Eisenvitriol- und Chromsäurelösung als durch Wasserstoffperoxyd verursacht angesehen werden. Sie nehmen eine Umsetzung an gemäß der Gleichung:

$$4\,O_3 + 10\,HJ + H_2O = 5\,J_2 + H_2O_2 + 5\,H_2O + 3\,O_2, \quad (8)$$

an der sie aber selbst Kritik üben. Sie wird den tatsächlichen Verhältnissen ebensowenig gerecht wie die von ROTHMUND und BURGSTALLER aufgestellte. LUTHER und INGLIS haben sich der Vermutung von LADENBURG und QUASIG wegen der Wasserstoffperoxydbildung angeschlossen, und TREADWELL und ANNELER haben durch die Titansäurereaktion Wasserstoffperoxyd, wenn auch nur in Spuren, nachweisen können. ROTHMUND und BURGSTALLER haben beim Ansäuern der Kaliumjodidlösung mit 0,01 n Essigsäure in 2%iger Natriumacetatlösung, also bei einem p_H von etwa 6, einen Mehrwert von 39% erhalten. Durch Zusatz von Molybdänsäure bei der Titration, welche nach BRODIE die Einwirkung von Wasserstoffperoxyd auf saure Kaliumjodidlösung so stark beschleunigt, daß sofort ohne Nachbläuung titriert werden kann, was auch von ROTHMUND und BURGSTALLER durch quantitative Versuche über die nötige Mindestmenge der Molybdänsäure bestätigt wurde, läßt sich etwa gebildetes Wasserstoffperoxyd sofort mittitrieren, ohne daß durch Nachbläuen eine Unsicherheit eintreten kann.

Ebenso werden von RIESENFELD und BENCKER die Befunde von BRODIE auch quantitativ bestätigt. Mit einer 58%igen Jodwasserstoffsäure, in die ozonhaltige Gase eingeleitet werden, erhielten sie die Oxydationszahl 2,4, wenn man die in neutraler Lösung erhaltene Oxydationszahl gleich 1 setzt. Sie konnten trotz schnellsten Arbeitens nur *Spuren* nachweisen, so daß ihrer Ansicht nach Wasserstoffperoxyd sich vielleicht nur in einer *Nebenreaktion* bildet (vgl. auch ALLEN).

Aus dieser Betrachtung über die bisherigen Ergebnisse der Arbeiten zur Aufklärung der Einwirkung von Ozon auf angesäuerte Kaliumjodidlösung und auf Jodwasserstoffsäure geht hervor, daß noch keineswegs Klarheit geschaffen ist. Es ist nicht zu verstehen, daß die verhältnismäßig großen Mengen Wasserstoffperoxyd, die sich bei der Umsetzung bilden müßten, bisher nur durch Spurenreaktionen nachgewiesen werden konnten. Sicher ist nur, daß ein *prinzipieller* Unterschied besteht zwischen der Reaktion von Ozon auf die schwach dissoziierte Lösung von Jodwasserstoffsäure und die stark dissoziierten Lösungen von Kaliumjodid, wobei die Wasserstoffionen einen katalytischen Einfluß im Sinne einer Art Kettenreaktion ausüben können. Die Reaktion zwischen Ozon und Lösungen von Kaliumjodid ist von PÉCHARD, der sich sehr eingehend mit der Einwirkung des Jods auf Alkali und von Oxydationsmitteln auf Kaliumjodid befaßte, dahin gedeutet worden, daß die Bildung von Perjodat gemäß der Gleichung:

$$4\,O_3 + KJ = KJO_4 + 4\,O_2 \tag{9}$$

die Hauptrolle spielt, welches sich dann nach der Gleichung:

$$3\,KJO_4 + 2\,KJ + 3\,H_2O = KJO_3 + \underset{\text{Dikaliumperjodat}}{2\,K_2H_3JO_6} + 2\,J \tag{10}$$

und darauf langsam nach:

$$2\,K_2H_3JO_6 + 2\,J = 3\,KJO_3 + KJ + 3\,H_2O \tag{11}$$

umsetzt.

Die Arbeiten von PÉCHARD sind nicht ohne Widerspruch geblieben, jedoch ist die Bildung von Perjodat von ihm mit Sicherheit nachgewiesen worden. Besonders GARZAROLLI-THURNLACKH wandte sich gegen PÉCHARD in einer sehr ausführlichen Arbeit, die sich aber nicht gegen die Perjodatbildung als solche richtet, sondern gegen die quantitativen Schlußfolgerungen, die daraus gezogen worden sind, die im übrigen möglicherweise auf einem Rechenfehler von PÉCHARD beruhen. PRING faßt die Ergebnisse seiner und anderer Arbeiten in folgenden 5 Punkten zusammen:

1. Das Verhältnis Jodat (Perjodat) zu freiem Jod (Hypojodit) wächst nach GARZAROLLI-THURNLACKH mit der Gesamtmenge des Ozons, welche durch die Kaliumjodidlösung absorbiert wird.
2. Nach PRING wächst das gleiche Verhältnis auch mit der Konzentration des Ozons.
3. Bei 160 bis 6 Teilen Ozon auf 1000000 Teile wird kein Jodat, sondern nur freies Jod gebildet.
4. Jedoch bei Temperaturen unter $-24°$ (dem kryohydratischen Punkt einer Jodidlösung) bildet die geringste Menge Ozon mehr Jodat als freies Jod.
5. Bei längerem Stehen der Probelösung findet ein langsames Ansteigen des freien Jods statt, während das freie Alkali verschwindet, wegen der Reaktion von Perjodat auf Kaliumjodid.

RIESENFELD und BENCKER haben gezeigt, daß Jodat in Gegenwart von Alkali (5 oder 10%) durch Ozon glatt zu Perjodat oxydiert wird, das nun seinerseits keine weiteren Veränderungen erleidet.

Bemerkenswert sind die Ergebnisse von RUYSSEN, welcher fand, daß schon eine so geringe Acidität, wie sie durch Borsäure hervorgerufen wird, eine Erhöhung der Oxydationszahl herbeiführt, und zwar um so mehr, je mehr Borsäure vorhanden ist (RIESENFELD und SCHWAB). Es werden so Mehrwerte bis zu 10% erhalten, also eine Oxydationszahl von 1,1. Da RIESENFELD und BENCKER gefunden hatten, daß auch in stark alkalischen Lösungen die Oxydationszahl 1 übersteigt (woraus sich erklärt, daß HARRIES annehmen zu müssen glaubte, daß sich neben O_3 auch O_4 bildet, von welchem 2 Sauerstoffatome aktiv sein müßten), so ergibt sich die Schlußfolgerung, daß man in neutralen Lösungen arbeiten muß, welche auch während der Einwirkung neutral bleiben, da infolge der Jodausscheidung alkalische Lösungen entstehen müssen. Die Schlußfolgerung wurde von JULIARD und SILBERSCHATZ gezogen, indem sie nicht nur neutrale Kaliumjodidlösungen anwandten, sondern durch Hinzufügen einer *Pufferlösung* die p_H-Zahl von 7 stabilisierten. Sie verwendeten sowohl den Borsäurepuffer nach PALITZSCH als auch den Phosphatpuffer nach SÖRENSEN. Der Puffer nach PALITZSCH bestand aus einer Lösung von 11,6 g Borsäure und 1,15 g Borax auf einen Liter und der Phosphatpuffer aus 7,13 g Dinatriumphosphat (kristallisiert) und 3,91 g Mononatriumphosphat im Liter. Die erhaltenen

Resultate werden in dem nächsten Abschnitt, in welchem die einzelnen Bestimmungsmethoden beschrieben werden, mitgeteilt. Hier sei nur so viel gesagt, daß die erhaltenen Werte innerhalb 0,1 bis 0,2% reproduzierbar und exakt sind. Jedoch muß bemerkt werden, daß LECHNER vorschlägt, in einer *alkalischen* Kaliumjodidlösung zu arbeiten, welche 0,2n an freiem Alkali und an Kaliumjodid ist. Auch er erhält Werte, die außerordentlich gut mit denen durch Volumenkontraktion erhaltenen übereinstimmen, und es muß hinzugefügt werden, daß diese Methode von LECHNER weite Verbreitung gefunden hat, da durch die Alkalität der Kaliumjodidlösung Verluste infolge der Flüchtigkeit des Jods vermieden werden. Die Absorptionslösung färbt sich nur, wenn viel Ozon eingeleitet wird, stark gelb, andernfalls bleibt sie farblos.

Einen wesentlichen Fortschritt machte die Untersuchung über den Chemismus der Einwirkung von Ozon auf Jodkaliumlösung durch die Arbeiten von GUÉRON, PRETTRE und GUÉRON, deren wichtigste Ergebnisse sind: Höhere Oxydationsstufen des Jods (Jodat) können sich nur auf Grund einer *primären* Reaktion des Ozons auf das Jodid bilden, falls die Jodidlösung gepuffert ist, da nach LIÉVIN diese höheren Oxydationsstufen mittels Jods sich erst bei einem p_H-Wert über 9, ja selbst erst über 10 bilden. Die Jodatbildung muß deshalb unabhängig von der Reaktion (1) stattfinden, so daß also 2 Reaktionen nebeneinander verlaufen, die eine, welche Jod bildet gemäß obiger Gleichung (1), und die andere, welche zur Jodatbildung gemäß der Gleichung:

(1a) $$KJ + 3\,O_3 = KJO_3 + 3\,O_2$$

führt.

Jodat kann nicht durch eine Zwischenbildung von Hypojodit gemäß den Gleichungen:

(12) $$KJ + O_3 = KJO + O_2$$

und

(13) $$3\,KJO = KJO_3 + 2\,KJ$$

entstehen, da sich in einer Mischung von Kaliumjodid und Kaliumarsenit Jodat bildet, obgleich Arsenit durch Hypojodit zu Arsenat oxydiert wird, während Jodat auf Arsenit nicht einwirkt. Die zu Jod führende Reaktion ist eine induzierte Reaktion und gibt Werte, die bis zu 130% des nach der Gleichung zu erwartenden Jodes ausmachen, während die zu Jodat führende Reaktion keine induzierte Reaktion ist, so daß, wenn man die Reaktion ausschließlich im Sinne der Jodatbildung leiten könnte, exakte Werte erhalten würden. Tatsächlich gelingt es, unter Verwendung einer Glasfritte (F. Nr. 3 von Schott & Gen.) die Reaktion so zu leiten, daß 99% des Jods sich erst beim Ansäuern ausscheiden, während beim einfachen Einleiten sich ein schwankendes Verhältnis von Jod zu Jodat einstellt. Offenbar spielt der Wandeffekt hierbei die Hauptrolle, da die in der Fritte befindliche Lösung stets mehr Jodat enthält als die eigentliche Lösung. Die analytischen Folgerungen sind folgende:

1. Die Jodatbildung erfolgt stöchiometrisch in einer heterogenen Reaktion.
2. Die Jodbildung ist begleitet von einer induzierten Reaktion, erfolgt also nicht stöchiometrisch. Die Reaktion ist homogen.
3. Es findet eine gewisse Zerstörung von Ozon durch die Hydroxylionen statt.

Deshalb werden richtige Bestimmungen nur möglich, wenn 2 und 3 sich kompensieren oder praktisch unterdrückt werden. Das ist der Fall

a) durch die Verwendung von Fritten, bei denen sich fast ausschließlich Jodat bildet,

b) unter genau bestimmten Bedingungen, insbesondere für die Konzentration der Pufferlösung und des Jodids.

Die von JULIARD und SILBERSCHATZ gegebenen Vorschriften müssen genau eingehalten werden, insbesondere Konzentration des Phosphatpuffers m/25. Wegen der Zersetzung des Ozons durch OH-Ionen vgl. WEISZ. Um den Wandeffekt, also die Jodatbildung, völlig zu vermeiden, wird von PANETH und GLÜCKAUF die gepufferte Kaliumjodidlösung versprüht und durch diesen Sprühregen die Ozonlösung hindurchgeleitet. Es tritt dann ausschließlich die homogene Reaktion unter Ausscheidung von Jod ein, welches dann potentiometrisch gemessen wird. Da es sich hierbei um sehr geringe Ozonkonzentrationen handelt, so wird nicht nur die Jodatbildung vermieden, sondern auch die induzierte Reaktion. Daß mit steigender Verdünnung des Ozons die Jodatbildung zurückgeht, war von GUÉRON, PRETTRE und GUÉRON schon nachgewiesen worden. Vgl. auch GUÉRON und PRETTRE, ferner BRINER und SÜSZ und BRINER und PAILLARD, PINKUS und RUYSSEN, RIESENFELD und EGIDIUS und BICHÂT und GUNTZ und PRING.

Aus diesen Darstellungen geht hervor, daß die Umsetzungen, die zwischen Ozon und Jodionen stattfinden, stark abhängig sind von dem p_H-Wert der Lösung und von der Wandreaktion, aber auch sowohl von der Konzentration des Ozons als auch von der Konzentration der angewandten Lösungen, so daß man, will man eine für alle Verhältnisse geeignete Bestimmungsmethode haben, die Konzentration des Ozons, falls sie zu hoch ist, durch Zumischen von Gasen, wie Stickstoff, Sauerstoff, Wasserstoff oder auch Luft, auf eine geeignete Konzentration herabsetzen muß. Vgl. hierzu besonders die Arbeiten von RUYSSEN und RIESENFELD und BENCKER.

Es ist noch darauf hinzuweisen, daß von BASKERVILLE und CROZIER das Doppelsalz Kalium-Cadmiumjodid ($KCdJ_3 \cdot H_2O$) für die Ozonbestimmung vorgeschlagen wird, da es gegen die Einflüsse von Luft und Licht auch in Lösung viel beständiger ist als Kaliumjodid. Sie finden für niedrige Ozonkonzentrationen:

	Neutral	Angesäuert mit 0,5 nHCl
KJ	0,36 mg O_3/l	0,42 mg O_3/l
$KCdJ_3$ . .	0,33 mg O_3/l	0,34 mg O_3/l
	für höhere Ozonkonzentrationen	
KJ	29,7 cm³ 0,1 n $Na_2S_2O_3$	34,8 cm³ 0,1 n $Na_2S_2O_3$
$KCdJ_3$ . .	25,5 cm³ 0,1 n $Na_2S_2O_3$	27,2 cm³ 0,1 n $Na_2S_2O_3$

Sie nehmen an, daß die mit angesäuerter Kalium-Cadmiumjodidlösung erhaltenen Werte die richtigen sind, da sie wohl höher sind als die mit neutralen Kalium-Cadmiumjodidlösungen erhaltenen, aber noch niedriger als die mit neutralen Kaliumjodidlösungen gewonnenen. Es ist klar, daß diese Behauptung wohl einen strengen Beweis benötigt, welcher zeigt, daß ein Vorteil in der Verwendung der Kalium-Cadmium-Lösung gegeben ist.

2. Die einzelnen Bestimmungsmethoden.

I. Bestimmung mit neutraler Kaliumjodidlösung. Auf Grund der sehr zuverlässigen Arbeiten von BRODIE und der Arbeiten von LADENBURG und LADENBURG und QUASIG erhält man mit neutralen Kaliumjodidlösungen zuverlässige Werte, wobei die Konzentration der Kaliumjodidlösung keine wesentliche Rolle spielt.

Die Flüchtigkeit des ausgeschiedenen Jods ist auch nicht von erheblichem Einfluß auf die Ergebnisse, trotzdem wird gelegentlich eine zweite Waschflasche, die gleichfalls mit Kaliumjodidlösung gefüllt ist, nachgeschaltet, um Joddämpfe abzufangen. Die günstigen Ergebnisse sind von zahlreichen Forschern bestätigt worden.

Die Methode wurde ausgeführt sowohl indem die ozonhaltigen Gase durch die Kaliumjodidlösung hindurchgeleitet wurden als auch in der Weise, daß die Kaliumjodidlösungen in ein abgemessenes Volumen der ozonhaltigen Gase hineingepreßt und dadurch zur Reaktion mit dem Ozon gebracht wurden. (Vgl. TREADWELL und ANNELER, v. BABO, NEWTH, TECLU, CZAKÓ, BEHREND und KAST, KREIS und MARKERT.)

Während TECLU mit einem Gasvolumen von 4,3 l arbeitet, verwenden BEHREND und KAST und CZAKÓ BUNTE-Büretten, also nur Mengen von etwa 100 cm³.

TREADWELL und ANNELER geben für die praktische Bestimmung des Ozons folgende

Arbeitsvorschrift. Man füllt die Glaskugel K der Abb. 1 von bekanntem Inhalt (etwa 300 bis 400 cm³) mit destilliertem Wasser, das man dann durch das zu untersuchende Gas verdrängt, drückt aus dem Niveaugefäß N 10 bis 20 cm³ 5%ige Kaliumjodidlösung ein, entfernt das Gefäß N samt Schlauchverbindung, schüttelt und läßt 20 bis 30 Min. reagieren. Hierauf titriert man das ausgeschiedene Jod mit Natriumthiosulfat- oder arseniger Säurelösung.

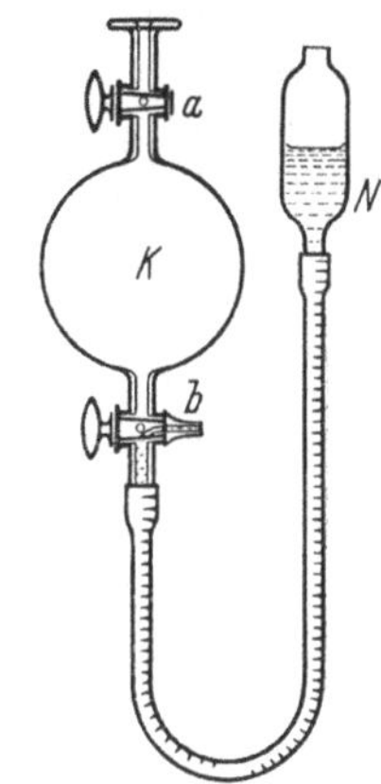

Abb. 1. Absorption. (Nach TREADWELL.)
K Probevolumen,
a Absperrhahn,
b Drei-Wege-Hahn,
N Niveaugefäß.

Ist das Volumen der Kugel V cm³ bei $t°$ und B mm reduziertem Barometerstand und n die Anzahl Kubikzentimeter der zur Titration des ausgeschiedenen Jods verbrauchten 0,1 n Thiosulfatlösung, so berechnet sich der Gehalt des Gasgemisches nach der Formel:

$$\text{Gewichtsprozente Ozon} = \frac{168 \cdot n}{V_0 + 0{,}56 \cdot n},$$

falls der Rest aus Sauerstoff besteht, wobei

$$V_0 = \frac{V(B - w) \cdot 273}{760 \cdot (273 + t)}$$

ist und w die Wasserdampftension der Sperrflüssigkeit bedeutet.

Zur Berechnung des Ozongehaltes nach Volumenprozenten dient die Gleichung:

$$\text{Volumenprozente Ozon} = \frac{112 \cdot n}{V_0}.$$

Diese beiden Formeln geben für die Praxis hinlänglich genaue Werte für Ozon an.

KREIS und MARKERT benutzen zwei ineinander geschliffene ERLENMEYER-Kolben, von denen der größere etwa 2 l, der kleinere etwa 500 cm³ Inhalt hat. Ein Luft-Zu- und -Ableitungsrohr ist auf den 2 l-Kolben eingeschliffen. Die ozonhaltige Luft durchströmt den großen ERLENMEYER-Kolben, dessen Inhalt bei einer Gasgeschwindigkeit von 3 l/Min. in 10 Min. als gefüllt gelten kann. Der 500 cm³-Kolben wird z. B. mit 40 cm³ 0,1%iger Kaliumjodidlösung und 5 cm³ 1%iger Stärkelösung beschickt, die mit 400 cm³ Wasser ohne Umrühren überschichtet werden. Darauf wird das Gas-Zu- und -Ableitungsrohr aus dem 2 l-Kolben, ohne den Gasdruck zu unterbrechen, herausgezogen und durch eine schnelle Bewegung die beiden ERLENMEYER-Kolben zusammengesteckt, wobei die Kaliumjodidlösung in den großen Kolben stürzt. Es wird 5 Min. umgeschüttelt und nach Ansäuern mit Natriumthiosulfatlösung titriert.

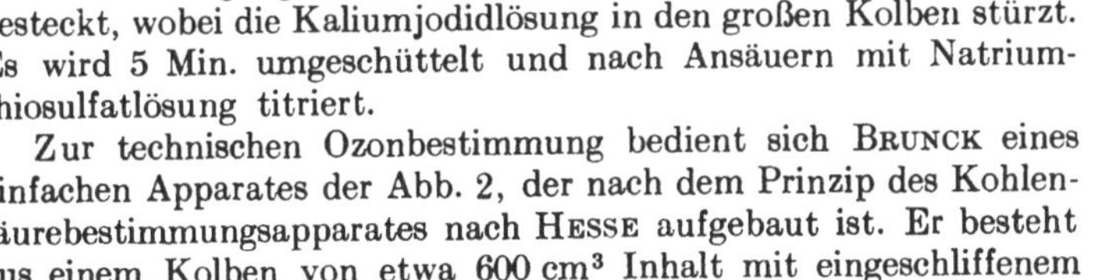

Abb. 2. Apparat. (Nach BRUNCK und HESSE.)
A Zuleitung,
B Füllaufsatz,
C Ableitung,
D Schliffstopfen mit Bohrung.

Zur technischen Ozonbestimmung bedient sich BRUNCK eines einfachen Apparates der Abb. 2, der nach dem Prinzip des Kohlensäurebestimmungsapparates nach HESSE aufgebaut ist. Er besteht aus einem Kolben von etwa 600 cm³ Inhalt mit eingeschliffenem Glasstopfen, graduiertem Füllaufsatz und Hahnzuleitung. Die Ableitung C kann durch eine Bohrung des Innenschliffes und entsprechende Drehung geschlossen oder geöffnet werden. Der Inhalt des Kolbens wird geeicht. Unter längerem Durchleiten wird die Luft durch das zu untersuchende Gas verdrängt. Die in den

Aufsatz eingefüllte 0,2n Thiosulfatlösung läßt man durch das bis fast auf den Boden reichende Rohr des Ansatzes einlaufen durch Drehen des Schliffstopfens und Freigabe der Öffnung des Ableitungsrohres *C*. Die Hähne bei *B* und *C* werden danach sofort geschlossen und die schnell einsetzende Reaktion durch öfteres Umschwenken beschleunigt, bis die aufgetretenen Nebel und Joddämpfe absorbiert sind. Die Titration kann in dem Kolben selbst vorgenommen werden, nachdem das Füllrohr des Aufsatzes abgespült und die dem Kaliumjodid äquivalente Menge 0,1n Schwefelsäure zugesetzt wurde. Zweckmäßig wird 0,01n Thiosulfatlösung unter Stärkezusatz verwendet, auch bei höheren Ozonkonzentrationen, indem man dann nur einen aliquoten Teil der Absorptionslösung verwertet.

Brünck fand im Laufe seiner Untersuchungen, daß es gleichgültig ist, ob man das Ozon durch langsames Durchleiten durch eine Kaliumjodidlösung absorbiert, oder ob man die ganze Ozonmenge auf einmal mit der Kaliumjodidlösung zur Reaktion bringt. Die Ergebnisse der statischen und dynamischen Arbeitsweise sind gleich.

Bei einer Prüfung der Eignung von analytischen Bestimmungsmethoden fand Lechner bei der Absorption von Ozon durch neutrale Kaliumjodidlösung im Vergleich zur physikalischen Bestimmung des Ozongehaltes von ozonisiertem Sauerstoff durch Volumen- bzw. Druckabnahme bei der Bildung des Ozons im Mittel Minderwerte von 1%. Seine Untersuchungen führten ihn dann zu einer Abwandlung der Methode, indem er in alkalisch gemachter Kaliumjodidlösung absorbieren ließ (vgl. den nächsten Abschnitt II).

Für die Bestimmung von Ozon in wäßrigen Lösungen geben Schwarz und Münchmeyer folgende

Arbeitsvorschrift. Zu 200 cm³ Lösung, bzw. bei geringeren Gehalten ein größeres Volumen, setzt man zunächst etwa 20 cm³ einer 0,1n Kaliumjodidlösung zu, säuert dann mit etwa 5 cm³ verdünnter Schwefelsäure an und titriert nach Zusatz von Stärkelösung das ausgeschiedene Jod mit einer Natriumthiosulfatlösung, von der 1 cm³ 1 mg Ozon entspricht (10,342 g reines kristallisiertes Natriumthiosulfat gelöst in 1 l Wasser). Titriert man mit 0,01n Natriumthiosulfatlösung (2,482 g Natriumthiosulfat auf 1 l kohlensäurefreies Wasser), so entspricht 1 cm³ der Titrationslösung 0,240 mg Ozon. Das Ansäuern soll kurz vor der Titration erfolgen, da sonst zu hohe Werte gefunden werden.

II. Bestimmung mit alkalischer Kaliumjodidlösung. Lechner hat zuerst die Verwendung einer alkalischen Kaliumjodidlösung empfohlen, um zu vermeiden, daß Joddämpfe sich verflüchtigen. Bei der Einwirkung ozonhaltiger Gase auf die alkalische Lösung scheidet sich kein Jod aus, sondern es bildet sich Kaliumjodat, die Flüssigkeit bleibt farblos und Joddämpfe können nicht mitgenommen werden. Erst beim Ansäuern scheidet sich Jod aus und kann dann titriert werden. Die Absorptionslösung ist 0,2n sowohl in bezug auf Kaliumjodid als auch auf Ätzkali. Lechner prüfte die Methode sowohl statisch, indem er die alkalische Kaliumjodidlösung in ein abgemessenes Volumen ozonhaltiger Gase hineinpreßte, als auch dynamisch, indem er die Gase durch die alkalische Jodidlösung in einer Waschflasche mit Füllkörpern hindurchleitete. Zum Vergleich verwendete er eine gasvolumetrische Methode, bei welcher der Ozongehalt aus der Kontraktion, die bei der Ozonisierung von Sauerstoff gemäß der Gleichung:

$$3\,O_2 = 2\,O_3$$

eintritt, berechnet wurde. Er fand statisch im Mittel von 5 Versuchen eine Differenz von 0,65%, um welche die Kontraktionswerte niedriger waren, und bei der dynamischen Methode im Mittel aus 11 Versuchen eine Differenz von 0,64%, um welche die Kontraktionswerte höher waren. Einen direkten Vergleich von auf dynamischem Wege mit alkalischer und neutraler Kaliumjodidlösung erhaltenen Werten hat er leider nicht gegeben.

CZAKÓ verwendet zur Ausführung der Ozonbestimmung von Gasen mit geringen und höheren Gehalten eine BUNTE-Gasbürette mit Trichteraufsatz von UBBELOHDE unter Anwendung alkalischer Kaliumjodidlösung zur Absorption und gibt folgende

Arbeitsvorschrift. Die vollständig mit destilliertem Wasser gefüllte Gasbürette wird mit dem zu untersuchenden Gasgemisch in der Weise gefüllt, daß sie in umgekehrter Stellung durch einen auf den unteren Ausflußansatz aufgesetzten Quecksilberverschluß nach ENGLER und NASSE (vgl. Abb. 3) an die Gasquelle angeschlossen wird und durch langsames Ablaufenlassen der Wasserfüllung durch die jetzt unten befindliche Öffnung des Trichteraufsatzes etwa 100 cm³ Gas angesaugt werden. Nach Einstellung des Druckes wird das Volumen abgelesen, das Sperrwasser abgesaugt, und etwa 10 bis 12 cm³ der alkalischen Kaliumjodidlösung, bestehend aus gleichen Teilen 0,2 n Kaliumjodid- und 0,2 n Kaliumhydroxydlösung, werden aufsteigen gelassen, 3 Min. lang geschüttelt und die Absorptionslösung in einen Titrierkolben ablaufen gelassen und die Bürette 3- bis 4 mal mit Wasser nachgespült. Die Absorptionsflüssigkeit wird mit 10 cm³ 0,2 n Schwefelsäure angesäuert und die ausgeschiedene Jodmenge je nach der vorhandenen Ozonkonzentration mit 0,1 bzw. 0,01 n Natriumthiosulfat unter Zugabe von Stärkelösung austitriert. Die Bestimmungsgrenze des Ozons in 100 cm³ Gas liegt unter Anwendung der genannten Lösungskonzentrationen bei etwa 0,01 Vol.-%, entsprechend 0,02 mg Ozon in 100 cm³, und kann noch weiter heruntergesetzt werden durch Anwendung von 0,005 n Thiosulfat, sowie durch Abmessen eines größeren Gasvolumens, z. B. in einer 1000 cm³ fassenden Gasbürette, die in $^1/_1$ cm³ geteilt ist.

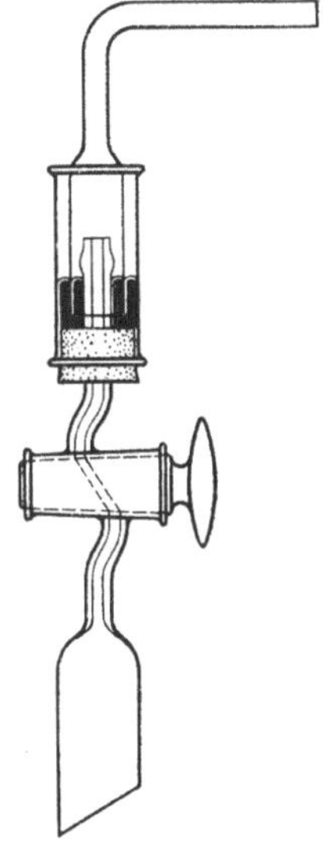
Abb. 3. Verschluß. (Nach ENGLER und NASSE.)

Die Methode von CZAKÓ ist geeignet für Gehaltsbestimmungen unter 1 Vol.-% Ozon und kann auch für Gehalte mit mehr als 1 Vol.-% zufriedenstellend verwendet werden, wenn 0,1 n oder 0,4 n Natriumthiosulfatlösung und entsprechend konzentriertere Absorptionslösungen, etwa 0,5 n oder 1 n Kaliumjodid- und Kaliumhydroxydlösung, gebraucht werden.

Für die Berechnung der Resultate gibt CZAKÓ eine angenäherte Formel ohne Reduktion des Volumens auf Normalzustand an:

$$\text{Vol.-\%}\ O_3 = \frac{n \cdot 12}{v},$$

wo n die verbrauchten cm³ 0,01 n Natriumthiosulfatlösung und v das abgemessene Gasvolumen ist. Für Bestimmungen mit größerer Genauigkeit kann nach Reduktion auf Normalzustände nach der unter „I. TREADWELL und ANNELER“ angegebenen Formel gerechnet werden.

Die Methode der Bestimmung mit alkalischer Absorptionslösung dürfte wohl heute die in der Industrie am meisten angewandte sein. Trotzdem wird sie von den später zu beschreibenden Methoden an Genauigkeit übertroffen. Vermutlich kompensieren sich bei ihr gewisse Fehler, insbesondere der, welcher durch die große Empfindlichkeit des Ozons gegen alkalische Lösungen entsteht. Vergleiche hierzu: HARRIES; ROTHMUND und BURGSTALLER; SMITH; auch INGLIS.

III. Bestimmung mit gepufferter Kaliumjodidlösung. Bei der Einwirkung von Ozon auf neutrale Kaliumjodidlösungen werden diese alkalisch. Das Alkali wirkt auf Ozon zersetzend ein, was noch in stärkerem Maße der Fall ist, wenn von vornherein alkalische Kaliumjodidlösungen verwendet werden. Eine genaue Nachprüfung dieser Methoden durch JULIARD und SILBERSCHATZ ergab trotz größter Sorgfalt Schwankungen von mehr als 1 bis 2 % um das Mittel, die außerhalb jeder Fehlergrenze lagen. Eine Durchsicht der Literatur ergibt das gleiche, z. T. noch sehr viel höhere Werte. (So ergeben beispielsweise die von CZAKÓ mitgeteilten Werte Abweichungen bis zu 20%.)

Um die Fehler auszuschalten, verwenden JULIARD und SILBERSCHATZ eine Borsäure-Borax-Pufferlösung nach PALITZSCH und eine Dinatriumphosphat-Mononatriumphosphat-Pufferlösung nach SÖRENSEN, durch welche der p_H-Wert der Lösung bei etwa 7 fixiert wird. Die PALITZSCH-Pufferlösung enthält 11,6 g Borsäure und 1,15 g kristallisierten Borax im Liter und die Lösung nach SÖRENSEN 7,13 g kristallisiertes Dinatriumphosphat und 3,91 g Mononatriumphosphat. Das kristallisierte Dinatriumphosphat hat die Formel: $Na_2HPO_4 \cdot 2\,H_2O$. (Vgl. THOMSEN und SÖRENSEN.) Das saure Natriumphosphat hat die Formel: NaH_2PO_4. Die Kaliumjodidlösung wird als 2n-Lösung angewendet. Der Vergleich wird durchgeführt mit einer volumetrischen Bestimmung des Ozons, das durch Erhitzen in einem Ricinusölbad auf 250° während 1 Std. zersetzt wird. Es tritt hierbei eine Volumenvermehrung bzw. Drucksteigerung gemäß der Gleichung:

$$2\,O_3 = 3\,O_2$$

ein. Es werden Resultate erhalten, die innerhalb 0,1 bis 0,2% reproduzierbar sind und zu exakten Werten führen.

Aus der nachfolgenden Tabelle 4 ist die Übereinstimmung mit der gasvolumetrischen Methode zu ersehen.

Tabelle 4.

Bestimmungsmethode	Ergebnis in cm³ O_3/100 cm³	Abweichung Absolut	Abweichung in %
Gasvolumetrisch	2,9321	—	—
Jodometrisch	2,9447	+ 0,0126	+ 0,43
Gasvolumetrisch	3,1425	—	—
Jodometrisch	3,1343	— 0,0082	— 0,26
Gasvolumetrisch	7,3710	—	—
Jodometrisch	7,3750	+ 0,0040	— 0,05

Eine weitere Tabelle 5 von JULIARD und SILBERSCHATZ zeigt die Unterschiede, welche die bisherigen Bestimmungsmethoden aufweisen, mag mit neutraler, alkalischer oder saurer Kaliumjodidlösung gearbeitet worden sein.

Tabelle 5.

Absorptionslösung	Resultat in cm³ O_3/100 cm³	Abweichung in %
KJ 2 n + Puffer p_H = 7 . .	4,0609	—
KJ 2 n rein	3,8386	— 5,5
KJ 2 n + KOH 0,1 n . . .	3,7880	— 6,7
KJ 2 n + Puffer p_H = 7 . .	5,3478	—
KJ 2 n rein	5,0043 (Mittelwert)	— 6,4
KJ 2 n + Puffer p_H = 7 . .	6,6086	—
KJ 2 n + KOH 0,1 n . . .	6,3922 (Mittelwert)	— 3,3
KJ 2 n + Puffer p_H = 7 . .	6,2143 (Mittelwert)	—
KJ 2 n + KOH 0,1 n . . .	5,8773	— 5,4
KJ 2 n + Puffer p_H = 7 . .	5,3556	—
KJ 2 n + Puffer p_H = 8,7 .	4,8398	— 9,6
KJ 2 n + HCl 0,1 n	6,8710	+ 28,3
KJ 2 n + Puffer p_H = 7 . .	3,5217	—
KJ 2 n + H_3BO_3 0,2 n . . .	3,5236	+ 0,05

Die Tabelle 5 zeigt vor allem, daß selbst durch eine geringe Erhöhung des p_H-Wertes auf 8,7, die mittels einer PALITZSCH-Lösung, welche 11,46 g Borax und 4,96 g

Borsäure/l enthält, eingestellt wurde, ein erheblicher Minderwert erhalten wurde. Mit dem Zusatz von Borsäure (letzter Wert der Tabelle 5), der von RIESENFELD und SCHWAB vorgeschlagen wurde, werden gleichfalls richtige Werte erhalten.

Von J. GUÉRON und PRETTRE sowie von G. GUÉRON, PRETTRE und J. GUÉRON wird ausdrücklich festgestellt, daß bei genauer Einhaltung der Arbeitsvorschriften von JULIARD und SILBERSCHATZ richtige Werte erhalten werden. Vgl. ferner hierzu RUYSSEN und PINKUS.

Eine Absorption mit neutraler gepufferter Kaliumjodidlösung (in homogener Reaktion) wenden PANETH und GLÜCKAUF für die Bestimmung der geringen Ozonkonzentration der Luft an, indem sie eine nach JULIARD und SILBERSCHATZ gepufferte Kaliumjodidlösung in einen Luftstrom von 1000 l/Std. hinein zerstäuben und dadurch das Auftreten einer heterogenen Reaktion ausschließen. Die Absorption verläuft nach Gleichung (1) als homogene Reaktion und ist vollkommen. Wegen der großen Luftvolumina, der langen Reaktionszeiten und der damit verbundenen Verdunstung der im Kreise geführten Absorptionslösung (Pumpe) wird periodisch die aufgetretene Jodausscheidung durch gemessene Zugabe von $^1/_{2000}$ n Thiosulfatlösung fortgenommen, das verdampfte Wasser ergänzt und auch gleichzeitig immer wieder der Anfangszustand der Absorptionslösung hergestellt. Die Endtitration erfolgt nach der galvanimetrischen Methode (Näheres über diese Bestimmungsmethode siehe unter § 2, B).

Eine Pufferung der Kaliumjodidlösung mit Aluminiumchlorid und Salmiak verwendet THORPE und sieht darin die Möglichkeit, die Grenzempfindlichkeit der Bestimmung zu erhöhen. Die mit der Kaliumjodidmethode als höchste Empfindlichkeit erreichbare Grenze wird von ihm zu 1,3 γ Ozon je cm^3 der absorbierenden 2 n Kaliumjodidlösung angegeben. Die Grenze der Empfindlichkeit wird vor allem durch die Fehler bestimmt, die durch den p_H-Wert der Lösung bedingt sind. Wird der p_H-Wert erniedrigt, so wird dadurch allerdings die Beständigkeit der Kaliumjodidlösung erhöht, aber es werden störende Nebenreaktionen ausgelöst.

THORPE vermeidet diese Schwierigkeiten durch Verwendung einer Pufferlösung, die durch Auflösen von 5 g $AlCl_3 \cdot 6\,H_2O$ und 1 g NH_4Cl in 1 l Wasser hergestellt und in einer Menge von 5 cm^3 zu je 100 cm^3 neutraler Kaliumjodidlösung vor der Absorption zugegeben wird. Während der Titration darf die Lösung nicht angesäuert werden.

Durch den Zusatz dieser Pufferlösung wird die Empfindlichkeit der Methode auf das Doppelte gesteigert und zu 0,62 γ Ozon je cm^3 Kaliumjodidlösung angegeben. Andererseits wird die Kaliumjodidlösung beständiger.

Arbeitsvorschrift. Man verteilt die pufferhaltige Kaliumjodidabsorptionslösung in mehrere 100 cm^3-Waschflaschen, die mit Jenaer Glasfritten versehen sind, und leitet so lange das Gas durch, bis in der ersten Flasche eine bleibende tiefe Jodfärbung auftritt. Das frei gewordene Jod der Absorptionslösung wird aus einer 2 cm^3-Mikrobürette mit 0,01 n Natriumthiosulfatlösung titriert. Für Ozonkonzentrationen unter 0,5 Teile je Million verwendet man Halbmikrowaschflaschen und nicht mehr als 10 cm^3 Absorptionslösung.

Wenn das zu prüfende Gas auch Wasserstoffperoxyd oder Stickoxyde enthält, werden Waschflaschen mit Chromsäure und Kaliumpermanganatlösung vor die Absorptionsflaschen geschaltet.

Ebenfalls zur Ozonbestimmung in hoher Verdünnung, wie sie in Erdnähe vorkommt, wenden DORTA-SCHAEPPI und TREADWELL die Kaliumjodidmethode an mit den Verbesserungen des von REGENER empfohlenen Thiosulfatzusatzes und zur Ausschaltung der Mitwirkung von nitrosen Gasen des von CAUER empfohlenen Acetatpufferwertes von $p_H = 6{,}9$. Der zur Messung gelangende hochverdünnte Ozonstrom wird durch eine vorgeschaltete Anordnung durch Strömungsmesser konstant gehalten und in einen besonders entwickelten Absorber der Abb. 25 (S. 161) eingeleitet.

Die Absorptionseinrichtung gewährleistet konstante Druckverhältnisse während der Absorption. Die Titration erfolgt durch den Ansatz 5 mittels einer Mikrobürette, deren Spitze während der Titration dauernd in die Lösung eintaucht. Durch Verfolgung des Potentials einer Platinelektrode gegen eine Kalomelelektrode mittels Röhrenvoltmeter wird in graphischer Auswertung der Kurvenwendepunkt als Endpunkt ermittelt. Zur Absorption werden verwendet $0{,}2 \cdot 10^{-3}$n Thiosulfatlösung, 0,3 cm^3 Natriumacetat 20%ig als Puffer und 2%ige Kaliumjodidlösung. Die Rücktitration der vorgelegten Thiosulfatlösung erfolgt mit $0{,}2 \cdot 10^{-3}$n Jodlösung. Die Abweichungen vom Sollwert werden in der Größe von $\pm 5\%$ angegeben, wobei ein merklicher Anteil auf die unvermeidlichen Schwankungen des Ozongehaltes zurückgeführt wird.

IV. Bestimmung mit neutraler Kaliumjodidlösung in heterogener Reaktion unter Jodatbildung. Wie in den Ausführungen über den Chemismus der Einwirkung des Ozons auf Kaliumjodidlösung ausgeführt wurde, ist in den ausgezeichneten Arbeiten von J. GUÉRON und PRETTRE sowie G. GUÉRON, PRETTRE und J. GUÉRON gezeigt worden, daß unter bestimmten Bedingungen die Einwirkung von Ozon auf neutrale Kaliumjodidlösung in heterogener Reaktion zur fast ausschließlichen Bildung von Jodat führt. Diese heterogene Reaktion gibt keine induzierte Oxydation wie die homogene zu Jod führende Reaktion. Durch Verwendung einer Glasfritte (F. Nr. 1 von Schott) wird zu 99% Jodat gebildet nach der Gleichung:

$$KJ + 3\,O_3 = KJO_3 + 3\,O_2. \tag{1a}$$

Nach Ansäuern wird das ausgeschiedene Jod in üblicher Weise mit Natriumthiosulfat titriert.

Die Jodatbildung hat ihre Ursache in dem Wandeffekt, der innerhalb der Fritte eintritt.

V. Abänderungen der Bestimmung mit Kaliumjodid. a) Titration des Jods mit arseniger Säure. Während das ausgeschiedene Jod anfangs mit schwefliger Säure, später hingegen stets mit Calcium- bzw. Natriumthiosulfat, titriert wurde, haben v. WARTENBERG und v. PODJASKI die Titration des ausgeschiedenen Jods mit arseniger Säure vorgezogen, schon mit Rücksicht auf die absolute Beständigkeit dieser Titerlösung. Sie verwenden für die Bestimmung von Ozon, welches zum Zwecke der Luftverbesserung in einer Menge von 0,1 bis 1 mg/m^3 zugesetzt wird, den aus der Abb. 4 ersichtlichen einfachen Apparat. Das Reagensglas, welches 1 cm weit und 10 cm lang ist, wird mit 2,5 cm^3 Kaliumjodidlösung (2 g auf 100 g Wasser) beschickt. Durch die Capillare (1 bis 2 mm weit) wird die Luft perlen gelassen, welche durch das aus der Flasche auslaufende Wasser angesaugt wird. Die Flasche steht in dem Raum, dessen Luft geprüft werden soll, und hat einen Fassungsraum von 2 l und 3 Marken für je 1 l. Das Reagensgläschen hat einen eingeschliffenen Glasstopfen zum späteren Schütteln. Nachdem 1 oder 2 l Luft innerhalb 10 Min. durch die Kaliumjodidlösung geperlt sind, wird das Reagensgläschen abgenommen, 1 Tropfen Salzsäure (20 g HCl/l Wasser), 1 Tropfen Stärkelösung und 1 Tropfen Natriumbicarbonatlösung hinzugefügt. Dann wird aus einer mit Glashahn versehenen 1 cm^3-Bürette mit $^1/_{100}$ cm^3-Teilung mittels $^1/_{2400}$ n Arsenigsäurelösung titriert. Die Methode wurde zuerst mit Jodlösungen von bekanntem Gehalt geprüft, wobei sich ergab, daß es nicht möglich ist, kleinere Mengen Jod als 0,0010 mg zu entdecken. Im übrigen stimmen aber die zugesetzten Jodmengen mit den gefundenen ausreichend unter Berücksichtigung der Bedürfnisse der Technik überein.

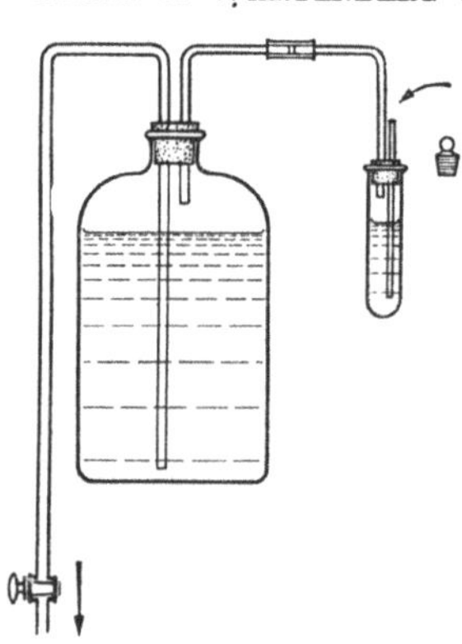

Abb. 4. Apparat. (Nach v. WARTENBERG und v. PODJASKI.)

b) Bestimmung mit einer Mischung von Kaliumjodid und Arseniten. Bei der Einwirkung von Ozon auf ein Lösungsgemisch von Kaliumjodid und arseniger Säure bzw. Arseniten wird durch das ausgeschiedene Jod die arsenige Säure zu Arsensäure oxydiert, so daß nach Beendigung dieser Einwirkung die verbliebene arsenige Säure mit Jod titriert werden kann. Die Differenz zwischen der angewandten Menge arseniger Säure und der mit Jod zurücktitrierten gibt das Maß für die Menge des Ozons. Da hierbei das ausgeschiedene Jod sofort zur Oxydation des Arsenits verbraucht und so beseitigt wird, so sollte sowohl die Jodatbildung als auch die induzierte Reaktion vermieden werden. Das führt aber mindestens insofern nicht zu dem gewünschten Ziel, als trotz der Anwesenheit des 3wertigen Arsens Jodatbildung stattfindet. Im übrigen scheint es aber, daß der Chemismus dieser Reaktion und ihre Verwendung für die Ozonbestimmung noch nicht genügend durchgearbeitet worden ist.

An sich sollte die Umsetzung gemäß der folgenden Gleichung vor sich gehen:

$$4\,KJ + 2\,O_3 + 2\,H_2O = 4\,KOH + 2\,J_2 + 2\,O_2,$$
$$2\,J_2 + As_2O_3 + 2\,H_2O = As_2O_5 + 4\,HJ,$$
$$4\,KOH + 4\,HJ = 4\,KJ + 4\,H_2O,$$

woraus als Summe sich ergibt:

$$2\,O_3 + As_2O_3 = As_2O_5 + 2\,O_2.$$

Die Lösung bleibt demnach neutral, so daß an sich die Bedingungen erfüllt sind, die von JULIARD und SILBERSCHATZ gefordert und durch Verwendung einer Pufferlösung bei der Einwirkung von Ozon auf eine Kaliumjodid enthaltende Lösung erreicht wird.

MARIÉ-DAVY verwendete die Kaliumjodidarsenitmethode für die Bestimmung des Ozons in der Atmosphäre.

Arbeitsvorschrift. Durch 2 hintereinander geschaltete ERLENMEYER-Kolbenähnliche Waschflaschen, die mit je 20 cm³ einer 0,0005 n, neutralen Kaliumarsenitlösung und 2 cm³ einer Kaliumjodidlösung von 3% beschickt sind, wird die zu untersuchende Luft hindurchgeleitet. Die Ozonabsorption ist so schnell und vollständig, daß bei einer Geschwindigkeit von 200 bis 250 l/Std. die zweite Vorlage selbst nach 10- bis 12stündigem Durchleiten nur Spuren einer Einwirkung zeigt. Die Luft wird in die Waschflaschen durch unten erweiterte Platinrohre geleitet, die mit einem mit feinen Öffnungen versehenen Siebboden abgeschlossen sind, so daß die Luft in feinsten Bläschen eintritt. Die Arsenitlösung wird vor der Verwendung titriert, und da sie ständig abnimmt, täglich kontrolliert. Nach Beendigung des Einleitens werden die Platinrohre abtropfen gelassen, ohne zu waschen, um das Flüssigkeitsvolumen nicht unnötig zu vermehren, und nach Zugabe von 10 Tropfen Ammoniumcarbonatlösung, um die Einwirkung der Luft auf die Jodwasserstoffsäure zu verhindern, mit 0,001 n Jodlösung titriert, nachdem 2 cm³ einer etwa 1%igen Stärkelösung zugesetzt wurden. Nach Auftreten einer eben erkennbaren Blaufärbung werden die Einleitungsrohre eingetaucht und auf diese Weise ausgewaschen, worauf wieder bis zur eben sichtbaren Blaufärbung mit der Jodlösung titriert wird, wozu noch einige Tropfen nötig sind.

Es wurden so 0,76 mg Ozon bei Nacht und 1,13 mg Ozon bei Tag in 100 m³ Luft im Mittel von 16 Tagen gefunden, also rd. 1 mg/100 m³ oder 0,5 cm³/100 m³ $= 1 : 2 \cdot 10^{-8}$.

BICHÂT und GUNTZ geben folgende

Arbeitsvorschrift. Das einem Entladungsapparat entströmende Gas wird durch 10 cm³ einer titrierten Lösung, die aus einer Mischung von Natriumarsenit, Kaliumjodid und überschüssigem Natriumbicarbonat besteht, hindurchgeleitet. Das Ozon wird augenblicklich aufgenommen. Die übrigbleibende arsenige Säure wird in Gegenwart von Stärke mit einer äquivalenten Jodlösung titriert. 1 Tropfen

= 0,05 cm³ einer Jodlösung, von der 1 cm³ = 0,1 mg Ozon entspricht, genügt, um Blaufärbung hervorzurufen, so daß man also noch 0,01 mg Ozon bestimmen kann.

Dauvilliers verwendet eine mit Kaliumjodid versetzte 0,002n Lösung von Arsenit, die er durch eine lange mit Glasringen gefüllte Kolonne im Gegenstrom zur Luft hindurchlaufen läßt. Er erhält Werte, die mit den von Chalange und Vassy zu gleicher Zeit und am gleichen Orte auf optischem Wege gefundenen übereinstimmen.

c) Bestimmung mit einer Mischung von Kaliumjodid und Natriumthiosulfatlösung. Die dieser Bestimmung zugrunde liegenden Reaktionen sind die gleichen wie die für die Einwirkung von Ozon auf Kaliumjodid und Titration des hierbei ausgeschiedenen Jods mit Natriumthiosulfatlösung. Die Einwirkung des Ozons auf Kaliumjodidlösung erfolgt so schnell, daß die Umsetzung, die an sich zwischen Ozon und Natriumthiosulfat eintreten kann, außer acht gelassen werden kann.

Im allgemeinen wird hierbei so verfahren, daß der Kaliumjodidlösung eine abgemessene Menge einer filtrierten Natriumthiosulfatlösung und Stärkelösung zugegeben wird, worauf die Luft oder das zu untersuchende Gas so lange hindurchgeleitet wird, bis eben Blaufärbung auftritt, d. h. bis die Thiosulfatlösung durch das aus dem Kaliumjodid frei gemachte Jod in Dithionat umgewandelt ist und nunmehr frei werdendes Jod die Stärkelösung bläut. Die durchgeleitete Gasmenge muß gemessen werden.

Donnel gibt folgende

Arbeitsvorschrift. In einen 60 cm³ fassenden Weithalskolben mit einem unten leicht abgebogenen Gaseinleitungsrohr von etwa 15 cm Länge und 4 mm Durchmesser wird die zur Titration von 5 cm³ einer 0,01%igen Jodlösung verbrauchte Anzahl Kubikzentimeter einer annähernd äquivalenten Natriumthiosulfatlösung genau abgemessen (also auch etwa 5 cm³), 25 cm³ einer 1%igen Kaliumjodidlösung und 4 bis 5 Tropfen Stärkelösung gegeben. Der Gasstrom, z. B. von einem Ozonisator, wird so lange durchgeleitet, bis Blaufärbung eintritt, und die Einleitungsdauer genau mit einer Stoppuhr gemessen zur Ermittlung der zur Anwendung gelangten Gasmenge. Aus der Gasmenge und der vorgelegten Thiosulfatlösung ist der Ozongehalt bestimmbar. — Die Thiosulfatlösung wird gegen 5 cm³ 0,01%ige Jodlösung eingestellt, indem man zu dieser die Thiosulfatlösung aus einer Bürette zulaufen läßt. Die für diese 5 cm³ Jodlösung verbrauchte Thiosulfatmenge wird für die Herstellung der Absorptionslösung dann genau abgemessen.

In einem Ausführungsbeispiel werden 790 cm³ einer ozonisierten Luft mit etwa 90 Gewichtsteilen Ozon auf 1000000 Gewichtsteile Luft, also 0,009 Gew.-% Ozon, in 15 Sek. durch die Lösung geleitet, bis Bläuung auftritt. Die Stärkelösung wird hergestellt durch Mischen von 2 g löslicher Stärke mit 5 cm³ kaltem Wasser und Zugabe von 100 cm³ kochendem Wasser. Sie ist kalt aufzubewahren und alle 2 bis 4 Tage zu erneuern. Die Thiosulfatlösung ist täglich mit einer 0,01%igen Jodlösung zu kontrollieren. Die Methode ist anwendbar für niedere Ozonkonzentrationen, bei denen die Ozonmenge im Test nicht größer als 1 mg ist. Bei höheren Konzentrationen verursacht das frei werdende Alkali zu niedrige Resultate.

Abgesehen davon, daß man die Wirkung des freien Alkalis durch die Verwendung einer Pufferlösung nach Juliard und Silberschatz oder von Borsäure nach Riesenfeld und Bencker aufheben könnte, erscheint es trotz des eingangs Ausgeführten durchaus möglich, daß Ozon in höheren Konzentrationen doch auf Thiosulfat einwirkt.

Über diese letztere Reaktion berichten Riesenfeld und Egidius, nach denen Ozon mit allen 3 Sauerstoffatomen auf neutrale Natriumthiosulfatlösungen unter Bildung von Natriumdithionat und Natriumsulfat einwirkt.

Regener (I) hat zur Bestimmung des Ozongehaltes der Luft in Bodennähe unter Verwendung von nur 25 l Luft innerhalb der kurzen Zeit von $^3/_4$ Std. die folgende ***Methode*** ausgearbeitet:

Die Luft wird nicht durch die mit Thiosulfatlösung versetzte Kaliumjodidlösung hindurchgeleitet, sondern über einige Tropfen der Lösung in dem aus der Abb. 5 ersichtlichen Apparat gesaugt. Die Kerne A der 3 Schliffe sind mit senkrechten Röhrchen B versehen, in welche die Näpfchen D zur Aufnahme der Kaliumjodidtropfen mit ihren Stielen C passen. Im zusammengesetzten Zustand befindet sich wenige Millimeter über der Oberfläche jedes Tropfens der Rand E des Rohres, aus welchem der ozonhaltige Luftstrom bläst. Alles besteht aus Jenaer Geräteglas, an welchem jeglicher Ozonzerfall in der kurzen Zeit des Durchströmens ausgeschlossen ist. Die Schliffe werden ungefettet verwendet, was wegen des Fehlens eines merklichen Druckunterschiedes erlaubt ist. Bei P saugt eine Pumpe, die so eingestellt ist, daß sie in 30 Min. insgesamt 25 l Luft über die Tröpfchen saugt. Die Näpfchen werden dann herausgenommen, und in ihnen selbst wird die Titration vorgenommen. Da gebildetes Jod sofort mit dem zugesetzten Thiosulfat reagiert, geht kein Jod verloren, obwohl die Tropfen auf die Hälfte verdunsten. Durch Vorversuche war festgestellt worden, daß die Menge der Natriumthiosulfatlösung die gleiche ist, mag sie der Kaliumjodidlösung von vornherein zugesetzt oder das ausgeschiedene Jod nachher mit ihr titriert werden. Die geeignete Konzentration der Kaliumjodidlösung ist 2%, die Natriumthiosulfatlösung ist 0,01 n, da größere Verdünnungen, z. B. 0,001 oder 0,0001 n, eine zu starke Verdünnung des Kaliumjodidtropfens herbeiführen, wodurch die Erkennung des Endpunktes erschwert wird.

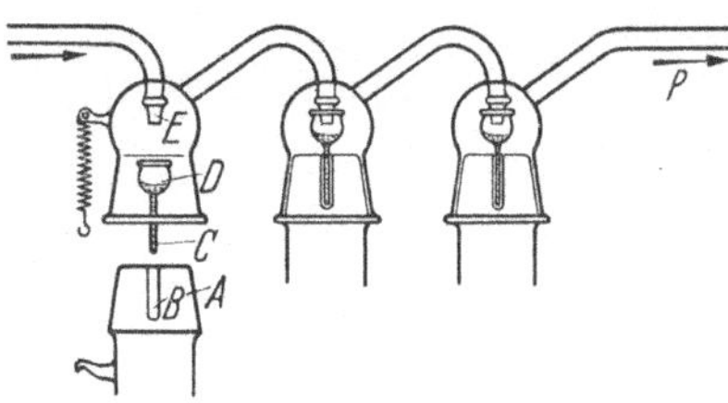

Abb. 5. Apparat zur chemischen Ozonbestimmung in etwa ½ natürlicher Größe. (Nach Regener.) A Schliffe, B Rohr im Schliff A, C Stiel am Becher D, E Gaszuleitung, P Gasableitung.

Für die wenigen Kubikmillimeter der Natriumthiosulfatlösung, die zugesetzt und verbraucht werden, wurde die aus der Abb. 6 ersichtliche Bürette konstruiert.

Die eigentliche Meßbürette B besteht aus einer in Kubikmillimetern geeichten Thermometercapillare. 1 mm³ entspricht etwa 17 mm Ausflußhöhe, die in 10 Teilstriche unterteilt ist, so daß $^1/_{100}$ mm³ leicht geschätzt werden können. Die Lösung kann man aus dieser Bürette wegen der Tropfengröße nicht abtropfen lassen, sondern man muß die sehr fein ausgezogene Spitze der Bürette in die zu titrierende Lösung, also in den in dem Näpfchen befindlichen Tropfen von Kaliumjodidlösung eben eintauchen lassen. Durch das Eintauchen wird auch die Oberflächenspannung beseitigt, welche ein Auslaufen der Bürette verhindern würde. Trotzdem muß, um auch beim Eintauchen ein gleichmäßiges langsames Abfließen der Bürette zu gewährleisten, ein geringer Überdruck in der Bürette erzeugt werden, was mit dem oben an die Bürette angeschlossenen Metallfederungskörper, der mit Hilfe der Metallschraube S zusammengedrückt wird, geschieht. Um den richtigen Druck zu erhalten, ist an die Bürette B ein parallel laufendes Rohr M so angeschmolzen, daß beide Rohre kommunizieren. Das unten offene Ende des Rohres M taucht so tief in ein Wassergefäß ein, daß ein

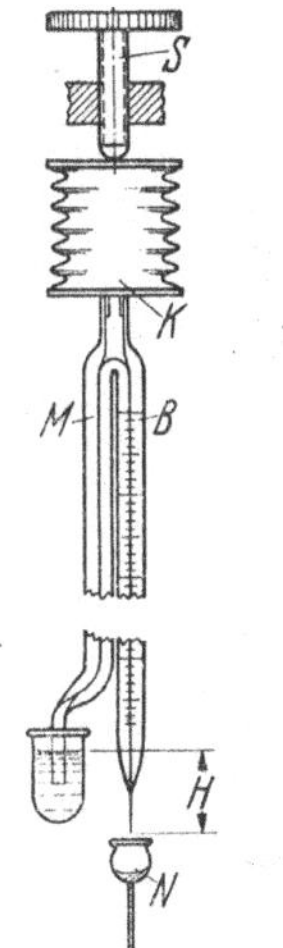

Abb. 6. Mikrobürette zur Ozonbestimmung in etwa ½ natürlicher Größe. (Nach Regener.) B Bürette, M Druckausgleichrohr, H Druckdifferenz, K Metallfederkörper, S Schraube, N Absorptionsbecher der Abb. 5.

Überdruck von 2 cm Wassersäule entsteht und bei höherem Druck Luft entweicht. Die Höhe des Überdrucks hängt von der Länge und Feinheit der ausgezogenen Bürettenspitze ab.

Da beim Überblasen der Luft über die Tropfen der Kaliumjodid-Natriumthiosulfat-Lösung natürlich nicht alles Ozon absorbiert wird, so ist auf Grund der folgenden Überlegung eine Umrechnung möglich: Die in den 3 Näpfen verbrauchten Mengen an Natriumthiosulfatlösung seien nacheinander in der Richtung des Luftstromes mit a, b, c, der gesuchte Ozongehalt mit x bezeichnet. In jedem Näpfchen gelangt derselbe Bruchteil α des vorbeistreichenden Ozons zur Reaktion. Aus den beiden Gleichungen

$$a = \alpha x,$$

$$b = \alpha (x - a)$$

berechnet sich

$$x = \frac{a^2}{a - b}.$$

Zur Bestimmung des Ozongehaltes würden also nur 2 Näpfchen notwendig sein, zur Erhöhung der Meßgenauigkeit wurde der Wert c stets mitverwertet. α ist nur von der Strömungsgeschwindigkeit und von der Konzentration der Lösung an Kaliumjodid abhängig, so daß für eine konstante Strömungsgeschwindigkeit und stets gleichbleibende Konzentration gesorgt werden muß. Das während eines Versuches ausgeschiedene Jod kann außer acht gelassen werden, da seine Menge im Verhältnis zu der angewandten Kaliumjodidmenge sehr gering ist.

Um einen etwaigen Einfluß von Stickoxyden kennenzulernen, wurde die Luft vor dem Überleiten über die Kaliumjodidtropfen auf 250° erhitzt, um das Ozon zu zerstören, so daß nur die Stickoxyde einwirken konnten. Es wurde aber keine Einwirkung festgestellt. Wasserstoffperoxyd würde sich durch ein Nachbläuen bei der Titration unter Stärkezusatz kenntlich machen, da es nur sehr langsam auf Kaliumjodidlösung einwirkt. Auch ein Nachbläuen wurde nicht festgestellt. Die in 400 m Höhe erhaltenen Werte stimmen mit den von PANETH und EDGAR erhaltenen Werten überein ($1:2,1 \cdot 10^{-8}$).

Es ist darauf hinzuweisen, daß nach BRINER und PERROTTET für sehr verdünntes Ozon, wie es in der Atmosphäre vorliegt, die Wärmezersetzung nicht einfach ist, da die Zersetzungsgeschwindigkeit sich bei monomolekularer Reaktion proportional, bei bimolekularer Reaktion mit dem Quadrat der Verdünnung verringert. Um für Verdünnungen der Größenordnung 10^{-8} eine genügend rasche Zersetzung zu erhalten, muß auf 800° erhitzt werden. Vgl. auch CLÉMENT (und S. 107 „Thermische Zersetzung").

d) Bestimmung von Ozon in Lösungen. Die Löslichkeit von Ozon in Wasser und wäßrigen Lösungen ist etwa 10mal so groß wie die von Sauerstoff in Wasser, da 1 Volumen Wasser 0,52 Volumina Ozon, aber nur 0,049 Volumina Sauerstoff bei 0° löst. Die Löslichkeit folgt dem HENRYschen Gesetz. Nach den neuesten Bestimmungen durch BRINER und PERROTTET ist der Absorptionskoeffizient $\alpha_0 = 0,526$, während für Sauerstoff $\alpha_0 = 0,0489$ und für Stickstoff $\alpha_0 = 0,02348$ ist. [Vgl. SCHÖNE, CARIUS, MAILFERT, ROTHMUND, INGLIS und FISCHER und TROPSCH (CCl_4) und unter „Konstanten".]

Wie aus dem Kapitel über die Zersetzung des Ozons in wäßriger Lösung hervorgeht, ist Ozon in Gegenwart von Säuren verhältnismäßig beständig.

Während das Ozon in neutraler oder alkalischer wäßriger Lösung in einfacher Weise durch Zugabe von Kaliumjodidlösung ohne sonstige Vorsichtsmaßnahmen bestimmt werden kann, erfordert die Bestimmung des Ozons in saurer Lösung die Einhaltung gewisser Vorschriften, die ihren Grund in dem andersartigen Verlauf der Umsetzung zwischen Ozon und saurer Kaliumjodidlösung hat.

ROTHMUND und BURGSTALLER geben die folgende

Arbeitsvorschrift. Die saure Ozonlösung wird langsam zu einer mit überschüssigem Natriumcarbonat versetzten Kaliumjodidlösung zugegeben unter kräftigem Umschütteln dieser Lösung, um die Gefahr einer lokalen, sauren Reaktion zu vermeiden. (Vgl. auch ROTHMUND und das Kapitel § 5, D, „Bestimmung von Ozon neben Wasserstoffperoxyd".)

Ein Kriterium für die richtige Durchführung der Bestimmung ist das Ausbleiben einer stärkeren Nachbläuung, welche auf die Bildung von Wasserstoffperoxyd infolge vorübergehender saurer Reaktion hinweisen würde.

Die Arbeitsvorschrift von SCHWARZ und MÜNCHMEYER ist unter § 1, A, 2, I, „Bestimmung mit neutraler Kaliumjodidlösung", schon zitiert worden.

VI. Acidimetrische Bestimmung. Die Umsetzung zwischen Kaliumjodidlösung und Ozon führt besonders in ganz verdünnten Lösungen zur Bildung von Jod und freiem Alkali, gemäß der Gleichung:

$$2\,KJ + O_3 + H_2O = 2\,J + 2\,KOH + O_2. \tag{1}$$

So stellte HOUZEAU auf Anregung von THÉNARD fest, daß ozonhaltige Luft Kaliumjodidlösung alkalisch macht. Eine mit rotem Lackmus gefärbte 1%ige Kaliumjodidlösung wird blaugrün über braunviolett (Mischfarbe, entstanden durch die Jodfärbung und die Blaufärbung der Lackmuslösung). Da sich hierbei jedoch Jodat bildet, so ist das freie Alkali kein Maß für das Ozon, da ja durch die Jodsäure freies Alkali wieder gebunden wird. Wird lange genug Ozon eingeleitet, so wird die Flüssigkeit wieder neutral (MARIGNAC), da alles Jodid in Jodat umgewandelt wird. Wird aber in Gegenwart eines bestimmten Säureüberschusses gearbeitet, so ist die Abnahme der Säure ein Maß für das Ozon.

Arbeitsvorschrift. Zu 10 cm^3 einer Schwefelsäurelösung mit 0,0061 g Schwefelsäure, welche 0,0059 g K_2O absättigen können, wird 1 cm^3 einer Kaliumjodidlösung zugegeben, die höchstens 0,020 g Kaliumjodid enthält. Bei Verwendung eines WILLschen Absorptionsröhrchens erfolgt die Aufnahme des Ozons beim Durchleiten augenblicklich. Nach Beendigung des Durchleitens wird die Lösung in einen Kolben gespült und gekocht, bis die Farbe nur noch ganz blaß strohgelb ist. Nunmehr wird mit ganz verdünnter Natronlauge nach Zusatz einiger Tropfen blauer Lackmustinktur titriert.

Da genügend verdünnte Kaliumjodidlösungen weder in der Kälte noch in der Hitze unter Jodbildung auf Schwefelsäure einwirken, so ist die Abnahme der Acidität nur auf die Umsetzung der Jodwasserstoffsäure mit Ozon zurückzuführen.

Eine Prüfung wurde durch Vergleich mit der Bestimmung des ausgeschiedenen Jods vorgenommen. Es wurden acidimetrisch 0,00940 g aktiver Sauerstoff und jodometrisch 0,00939 g aktiver Sauerstoff gefunden, also eine vollständige Übereinstimmung.

Wie bei der Beschreibung der jodometrischen Verfahren gezeigt wurde, werden bei der Einwirkung von Ozon auf saure Kaliumjodidlösungen viel zu hohe Werte erhalten, und zwar um so höhere Werte, je konzentrierter die Kaliumjodidlösung und die Schwefelsäure sind. Bei den außerordentlich niedrigen Konzentrationen, die von HOUZEAU angewandt werden, wird dieser Fehler ausgeschaltet, so daß die Arbeitsvorschrift von HOUZEAU richtige Werte ergibt, zumal auch die Ozonkonzentrationen sehr niedrig sind.

3. Zusammenfassung.

Sämtliche Möglichkeiten, Ozon mit Jodionen umzusetzen, sind in den ungewöhnlich zahlreichen Arbeiten über diesen Gegenstand erschöpft worden. Man hat Ozon auf saure, neutrale und alkalische Lösungen von Kaliumjodid einwirken lassen, man hat die Kaliumjodidlösung zerstäubt und durch den Flüssigkeitsnebel das ozonhaltige Gasgemisch hindurchgeleitet, man hat auch das Gas durch eine Glasfritte in die Kaliumjodidlösung eintreten lassen, also gewissermaßen das Gas zerstäubt. Man hat statisch und dynamisch gearbeitet. Und doch ist erst durch die Arbeiten von J. GUÉRON, PRETTRE und G. GUÉRON die Frage endgültig beantwortet worden: Es muß die homogene zu freiem Jod führende Reaktion:

$$O_3 + 2\,KJ + H_2O = O_2 + J_2 + 2\,KOH \tag{1}$$

vermieden werden und auf die heterogene Reaktion:

$$3\,O_3 + KJ = KJO_3 + 3\,O_2 \tag{1a}$$

hingearbeitet werden, will man einwandfreie, von Zufällen unabhängige, völlig sichere Werte erhalten. Daß man auch, wie von den gleichen Forschern festgestellt wurde, gemäß der Arbeit von JULIARD und SILBERSCHATZ richtige Resultate erhält, wenn man unter genauer Beobachtung der angegebenen Bedingungen eine bei $p_H = 7$ gepufferte Kaliumjodidlösung verwendet und das Gas ohne eine Glasfritte in die Lösung einleitet, ändert an der Richtigkeit dieser Feststellung nichts, da sich unter den von JULIARD und SILBERSCHATZ ausgearbeiteten Bedingungen offenbar zwei Fehler mit entgegengesetztem Vorzeichen nahezu vollkommen kompensieren.

Im übrigen kommt es natürlich auf den Zweck der Bestimmungen an. Für technische Untersuchungen genügen auch die anderen Methoden, nämlich die Verwendung einer ungepufferten neutralen Kaliumjodidlösung nach BRODIE oder eine alkalische Lösung nach LECHNER. Es wurde schon eingangs erwähnt, daß in der Technik gerade diese letztere Methode bevorzugt wird, obwohl die Furcht, daß Joddämpfe aus einer neutralen Kaliumjodidlösung entweichen könnten, unberechtigt ist, nicht nur wegen der eintretenden, wenn auch schwachen Alkalität, sondern auch wegen der Bildung von Kaliumbijodid und Kaliumtrijodid (vgl. jedoch BRINER und BIEDERMANN).

Ganz zu verwerfen ist die Verwendung von Lösungen von Jodwasserstoffsäure oder angesäuerten Lösungen von Kaliumjodid, da hierbei je nach der Wasserstoffionenkonzentration und auch der Ozonkonzentration verschiedene, und zwar stets wesentlich zu hohe Werte erhalten werden, die weit über das Doppelte der berechneten steigen können, welche Ergebnisse vielleicht auf die Bildung von Wasserstoffperoxyd, wahrscheinlich aber auf katalysierte, induzierte Reaktionen zurückzuführen sind. Hier steht das Ozon im Gegensatz zum Wasserstoffperoxyd, welches nur in stark saurer Lösung die berechnete Menge Jod frei macht. An sich hätte man annehmen können, daß auch für Ozon saure Lösung von Kaliumjodid die günstigsten Bedingungen für die Bestimmung darbieten, da Ozon im Gegensatz zu alkalischen Lösungen bei der Berührung mit sauren Lösungen beständiger ist.

Bei den extremen Verdünnungen, in denen das Ozon in der Atmosphäre vorkommt (10^{-7} oder 10^{-8}), scheint es gleichgültig zu sein, wie man die Bestimmung des Ozons durchführt. Trotzdem wird man auch hier keine sauren Lösungen verwenden, sondern mit neutralen, gegebenenfalls mit gepufferten Kaliumjodidlösungen arbeiten.

Soweit wie festgestellt werden konnte, scheint bei der Einwirkung des Ozons auf anorganische Jodide noch eine Lücke zu bestehen, nämlich die Verwendung nicht oder nur wenig dissoziierender Lösungsmittel organischer Natur (Verwendung organischer Jodide).

Literatur.

ALLEN, N.: Ind. eng. Chem. Anal. Edit. **2**, 55 (1930).

BABO u. CLAUS: Ann. Suppl. B. **2**, 297 (1863). — BASKERVILLE, CH., u. W. J. CROZIER: Am. Soc. **34**, 1332 (1912). — BEHREND, P., u. H. KAST: Gas- und Wasserfach **32**, 158 (1889). — BICHÂT, E., u. A. GUNTZ: A. Ch. [6] **19**, 131 (1890). — BRINER, E., u. H. BIEDERMANN: Helv. **16**, 548 (1933). — BRINER, E., u. H. PAILLARD: Helv. **18**, 234 (1935). — BRINER, E., u. E. PERROTTET: Helv. **20**, 451 (1937); **22**, 397 (1939). — BRINER, E., u. B. SÜSZ: Helv. **13**, 678 (1930).

— BRODE, I.: Ph. Ch. **37**, 257 (1901). — BRODIE, B. C.: Phil. Trans. **162**, 435 (1872). — BRUNCK, O.: Z. anorg. Ch. **10**, 222 (1895); B. **26**, 1790 (1893); B. **33**, 1832 (1900); Angew. Ch. **16**, 894 (1903).

CARIUS, L.: B. **5**, 520 (1872). — CAUER, H.: Fr. **103**, 400 (1935). — CHALANGE, D., u. E. VASSY: Rev. Opt. **13**, 113, 199 (1934); Radium **5**, 309 (1934); C. r. **200**, 377, 1063 (1935). — CLÉMENT, K. J.: Ann. Phys. [4] **14**, 334 (1904). — CZAKÓ, E.: Gas- und Wasserfach **55**, 768 (1912).

DAUVILLIER, A.: Radium **5**, 455 (1934). — MCDONNEL, H. B.: Ind. eng. Chem. **18**, 135 (1926). — DORTA-SCHAEPPI, Y., u. W. D. TREADWELL: Helv. **32**, **II**, 356 (1949).

FISCHER, F., u. H. TROPSCH: B. **50**, 765 (1917).

GARZAROLLI-THURNLACKH, K.: M. **22**, 955 (1901). — GUÉRON, G., M. PRETTRE u. J. GUÉRON: Bl. [5] **3**, 295, 1841 (1936); C.r. **201**, 1376 (1935). — GUÉRON, J., u. M. PRETTRE: C. r. **200**, 2084 (1935).

HARRIES, C.: Z. El. Ch. **17**, 629 (1911); **18**, 129 (1812). — HESSE, W., in CL. WINKLER: Lehrbuch d. techn. Gasanalyse, 3. Aufl., S. 119. — HOFFMANN, C.: Pogg. Ann. **132**, 607 (1867). — HOUZEAU, A.: C. r. **45**, 873 (1857).

INGLIS, J. K. H.: Soc. **83**, 1010 (1903).

JULIARD, A., u. S. SILBERSCHATZ: Bl. Soc. chim. Belg. **37**, 205 (1928); durch C. **99**, **II**, 1014 (1928).

KREIS, P., u. H. MARKERT: Angew. Ch. **45**, 226 (1932).

LADENBURG, A.: B. **31**, 2508, 2830 (1898); B. **36**, 115 (1903). — LADENBURG, A., u. R. QUASIG: B. **34**, 1184 (1901). — LECHNER, G.: Z. El. Ch. **17**, 412 (1911). — LIÉVIN, O.: Thèse. Paris 1923. — LUTHER, R., u. J. K. H. INGLIS: Ph. Ch. **43**, 203 (1903).

MAILFERT: C. r. **119**, 951 (1894). — MARIÉ-DAVY: C. r. **82**, 900 (1876). — DE MARIGNAC: A. Ch. [3] **14**, 252 (1845). — MEISSNER: Neue Untersuchung über den elektrisierten Sauerstoff, S. 95, Tabelle F. Göttingen 1869.

PANETH, F. A., u. J. S. EDGAR: Nature **142**, 112 (1935). — PANETH, F. A., u. E. GLÜCKAUF: Nature **147**, 614 (1941). — PÉCHARD, E.: C. r. **128**, 1453 (1899); **130**, 1705 (1900). — PINKUS, A., u. R. RUYSSEN: Bl. Soc. chim. Belg. **37**, 304 (1928). — PRING, J. N.: Chem. N. **109**, 73 (1914).

REGENER, V. H.: (I) Meteor. Z. **55**, 459 (1938); (II) Meteor. Z. **12**, 460 (1938). — RIESENFELD, E. H., u. F. BENCKER: Z. anorg. Ch. **98**, 167 (1916). — RIESENFELD, E. H., u. TH. F. EGIDIUS: Z. anorg. Ch. **85**, 217 (1914). — RIESENFELD, E. H., u. G. M. SCHWAB: B. **55**, 2088 (1922). — ROTHMUND, V.: NERNST-Festschrift 1912, S. 390. Halle (Saale). — ROTHMUND, V., u. A. BURGSTALLER: M. **34**, 665 (1913). — RUYSSEN, R.: Natuurwetensch. Tijdschr. **14**, 245 (1932). — RUYSSEN, R., u. A. PINKUS: Bl. Soc. chim. Belg. **37**, 304 (1928).

SCHÖNE, E.: A. **196**, 239 (1879); B. **6**, 1224 (1873). — SCHWARZ u. MÜNCHMEYER: Z. Hygiene **75**, 81 (1913). — SMITH, L. J.: Am. Soc. **47**, 1850 (1925). — SÖRENSEN: Bio. Z. **21**, 169 (1909). — SORET, J. L.: A. Ch. [4] **7**, 113 (1866); [4] **13**, 247 (1866).

TECLU, N.: Fr. **39**, 103 (1900). — THOMSEN: Thermochemische Untersuchungen, Bd. 3, S. 120. Leipzig 1883. — THORPE, C. E.: Ind. eng. Chem. Anal. Edit. **12**, 209 (1940). — TREADWELL, F. P., u. E. ANNELER: Z. anorg. Ch. **48**, 86 (1906).

v. WARTENBERG, H., u. G. v. PODJASKI: Z. anorg. Ch. **148**, 393 (1925). — WEISS: Trans. Faraday Soc. **31**, 668 (1935).

B. Entfärbung von Indigolösung.

Zur titrimetrischen Bestimmung des Ozons benutzte SCHÖNBEIN die Entfärbung einer Indigolösung, indem er sich eine Lösung von Indigo mit konzentrierter Schwefelsäure herstellte, die so verdünnt wurde, daß sie eben noch durchsichtig war. Diese Lösung wurde gegen eine Lösung von Kaliumchlorat in der Weise eingestellt, daß 100 cm³ 0,01 g Ozon entsprachen. Diese Methode ist aber ungenau.

A. und P. THÉNARD finden, daß Ozon dreimal mehr Indigo entfärbt, als der Titration mit arseniger Säure entspricht. Zwei Drittel dieses Betrages werden sofort entfärbt, während das letzte Drittel langsamer entfärbt wird und einer Reaktion von entstandenem Wasserstoffperoxyd zuzuschreiben ist. HOUZEAU hatte nämlich bei der Oxydation von Indigo mit Ozon die Entstehung von Wasserstoffperoxyd beobachtet.

Die Indigotitration ist wegen der Unzulänglichkeit der Reaktion schnell aufgegeben, aber später von DORTA-SCHAEPPI und TREADWELL wieder aufgenommen worden in Form einer colorimetrischen Methode (siehe dort unter § 3, B, 2, IV, S. 161), die, mit der Kaliumjodidmethode verglichen, gleich günstige Resultate ergibt, wenn die Indigolösung auf $p_H = 6{,}85$ durch einen Phosphatpuffer gehalten wird. Eine auch als Titrationsmethode mögliche Ausbildung beruht auf dem Durchleiten eines Ozongemisches durch eine $0{,}5 \cdot 10^{-3}$ bzw. $0{,}5 \cdot 10^{-4}$ mol Konzentration und setzt die Verwendung eines konstant gehaltenen Stromes des zu bestimmenden Gasgemisches voraus zwecks Festlegung der angewandten Gasmenge. Die Methode wird für Ozongehalte von $4{,}3 \cdot 10^{-3}$ bis $2{,}17 \cdot 10^{-6}$ Vol.-% als brauchbar angegeben. Die Ausbleichung wird entweder visuell beurteilt oder besser an der beginnenden Braunfärbung eines im Gasstrom nach der besonders entwickelten Absorptionsapparatur (vgl. Abb. 25, S. 161) eingeschalteten Kaliumjodidstärkepapiers erkannt.

Bei Anwendung einer mit 0,1 m Na_2HPO_4 + 0,1 m KH_2PO_4 auf $p_H = 6{,}85$ gepufferten $0{,}5 \cdot 10^{-3}$ m Indigolösung werden je cm³ 24 γ Ozon verbraucht, entsprechend der Reaktionsgleichung

$$C_{16}H_{10}O_2N_2 + H_2O + O_3 = 2\,C_8H_5O_2N + H_2O_2,$$

nach der auf 1 Mol Ozon 1 Mol Indigo unter Bildung von 2 Mol Isatin verbraucht werden; wenn die Indigolösung dagegen nicht gepuffert ist, ist eine auffällige Aktivierung durch den vorhandenen Sauerstoff festzustellen, so daß nur 0,373 bzw. 0,392 Mol Sauerstoff benötigt werden und für diese Fälle eine Vergleichsmessung voraussetzen.

Vorgelegte Lösungsmengen einer ungepufferten $0{,}5 \cdot 10^{-3}$m Indigolösung und Ausbleichzeiten für einen Ozon-Sauerstoff-Strom, der auf 100 cm³ Sauerstoff 8,47 γ Ozon enthielt, gibt die Wiedergabe eines Versuches in der folgenden Tabelle an mit dem Faktor 0,392 Mol Sauerstoff je 1 Mol Indigo. Ein titrometrischer Bestimmungsversuch mit gepufferter Indigolösung wird nicht angegeben, dagegen aber als colorimetrische Bestimmung (siehe dort).

Tabelle.

Kubikzentimeter Indigolösung angewandt (v)	3	4	5	7	10
Zeit in Minuten zur Entfärbung (t)	4,0	5,4	6,7	9,4	13,3
v/t	0,750	0,741	0,736	0,744	0,737

Literatur.

DORTA-SCHAEPPI, Y., u. W. D. TREADWELL: Helv. **32**, 356/64, 15/3 (1949).
HOUZEAU, A.: B. **5**, 827 (1872).
THÉNARD, A., u. P. THÉNARD: B. **5**, 828 (1872).

C. Bestimmung mit arseniger Säure.

Die Umsetzung, die dieser Bestimmung zugrunde liegt, folgt der Gleichung:

$$2\,O_3 + As_2O_3 = As_2O_5 + 2\,O_2 .$$

Die im Überschuß anzuwendende arsenige Säure wird durch andere Oxydationsmittel, wie Hypochlorite, Kaliumpermanganat und Jod, zu Arsensäure oxydiert und aus der Differenz die für die Oxydation der arsenigen Säure benötigte Ozonmenge berechnet.

SORET leitete den ozonhaltigen Sauerstoff zweimal durch 50 cm³ einer Lösung von arseniger Säure, von der 1000 cm³ = 1000 cm³ Chlorgas unter Normalbedingungen äquivalent waren (= 0,0906 n). Den Überschuß der arsenigen Säure, die von Sauerstoff nicht verändert wird, bestimmte er mit einer titrierten Lösung von Calciumhypochlorit unter Verwendung von 1 Tropfen Indigocarminlösung als Indicator zurück. Die Indigocarminlösung wird durch Calciumhypochlorit zerstört.

Trotz des zweimaligen Durchleitens durch die Lösung der arsenigen Säure war Ozongeruch noch wahrnehmbar, so daß auf diese Weise, wie von SORET ausdrücklich angegeben wird, keine „maximalen“ Bestimmungen gemacht werden konnten. Er verließ darum später die Arsenitmethode und verwendete neutrale Kaliumjodidlösungen unter Zurücktitrieren des Jods nach BUNSEN mit sehr verdünnter schwefliger Säure (vgl. hierzu VOLHARD und TOPF).

THÉNARD arbeitete statisch: Er gab in die ozonhaltigen Sauerstoff enthaltende Flasche einen Überschuß titrierter Lösung von arseniger Säure, schüttelte die Flasche und titrierte den Überschuß der arsenigen Säure mit Kaliumpermanganat zurück.

In ähnlicher Weise verfuhr TECLU, der die Lösung von arseniger Säure in ein das ozonhaltige Gas enthaltendes, zylindrisches Gefäß hineinpreßte.

Diesem Vorgang folgten TREADWELL und ANNELER, welche die Lösung von arseniger Säure in eine das ozonhaltige Gas enthaltende Kugel (Abb. des Apparates siehe unter Kaliumjodid) von genau bekanntem Inhalt einpreßten und durchschüttelten. Die Einwirkung dauerte ½ Std. Es wurden so nur, wenn das Gasgemisch mindestens 4% Ozon enthielt, die gleichen Werte wie mit Kaliumjodidlösung erzielt. Bei geringeren Konzentrationen wurden zu hohe Werte erhalten. Möglicherweise wirkt der Sauerstoff bei der langen Dauer der Anwendung doch auf die Lösung der arsenigen Säure ein. Die Reaktion ist aber nicht durchsichtig und diese Methode nicht zu empfehlen.

LADENBURG verglich die Bestimmung des Ozons beim Hindurchleiten des ozonhaltigen Gasstroms durch eine Lösung von arseniger Säure mit der Bestimmung durch Wägung des ozonhaltigen Sauerstoffs im Vergleich zu reinem Sauerstoff. Die überschüssige arsenige Säure wird mit Jod zurücktitriert.

Arbeitsvorschrift. Die Lösung der arsenigen Säure wird durch Auflösen von arseniger Säure in Kalilauge, Ansäuern mit Salzsäure und Übersättigen mit Kaliumbicarbonat hergestellt. Diese Lösung wird gleichfalls von Sauerstoff nicht oxydiert. Das Gas perlt ganz langsam in kleinen Bläschen durch die auf 0,05n eingestellte Lösung der arsenigen Säure. Es wird mit Jod zurücktitriert.

Obwohl unter diesen Umständen vollständige Absorption des Ozons stattfindet, werden dennoch, besonders bei höheren Ozonkonzentrationen, schwankende und niedrigere Werte als bei der Wägung erhalten, wie aus den folgenden Zahlen hervorgeht (Tabelle 6):

Tabelle 6.

Wägung	Titration
9,87%	8,45%
9,92%	8,96%
7,10%	6,71%
5,65%	5,74%
4,78%	4,59%
3,69%	3,70%

YAMAUCHI, der ebenfalls die Arsenitmethode im Vergleich mit der Wägung nachprüfte, fand an Proben ozonisierten Gases bei der Titration zu hohe Werte, die im Mittel um 4% zu hoch liegen.

Abwandlung der Methode mit arseniger Säure durch Zugabe von Kaliumjodid.

BICHÂT und GUNTZ benutzten bei der Ozonbestimmung zur Absorption eine Lösung, welche neben Arsenit Kaliumjodid und überschüssiges Natriumbicarbonat enthält, und wendeten 10 cm³ dieser titrierten Lösung an. Das Ozon wird augenblicklich absorbiert und die nicht oxydierte Menge der arsenigen Säure mit einer quivalenten Jodmenge zurücktitriert. Da die Lösungen so eingestellt sind, daß 1 cm³ 0,1 mg Ozon entspricht, kann ungefähr 0,001 mg Ozon bestimmt werden.

Bemerkung. Infolge der sehr langsamen Reaktion des Ozons mit der arsenigen Säure findet offenbar eine teilweise Zersetzung des Ozons statt (vgl. Abschnitt „Zersetzung des Ozons mit Wasser und wäßrigen Lösungen"). Aus allen Arbeiten, die sich mit der Bestimmung des Ozons mittels arseniger Säure befassen, geht einwandfrei hervor, daß diese Methode, welche als erste zur äquantitativen Bestimmung verwendet wurde, sich nicht oder nur in sehr engen Grenzen unter Verwendung einer umständlichen Arbeitsweise für die Bestimmung des Ozons eignet.

Literatur.

BICHÂT, E., u. A. GUNTZ: A. Ch. [6] **19**, 131 (1890).
LADENBURG, A.: B. **36**, 115 (1903).
SORET, I. L.: C. r. **38**, 445 (1854).
TECLU, N.: Fr. **39**, 103 (1900). — THÉNARD, P.: C.r. **75**, 174 (1872). — TOPF, G.: Fr. **26**, 281 (1887). — TREADWELL, F. P., u. E. ANNELER: Z. anorg. Ch. **48**, 86 (1906).
VOLHARD, J.: A. **242**, 93 (1887).
YAMAUCHI, Y.: Am. Chem. J. **49**, 55 (1913).

D. Bestimmung mittels angesäuerter Kaliumbromidlösung bzw. Bromwasserstoffsäure.

Während bei der Bestimmung des Ozons mit Kaliumjodidlösungen nur die Verwendung neutraler, beim Neutralpunkt gepufferter oder schwach alkalischer Lösungen richtige Werte gibt, werden bei der Verwendung von neutralen Kaliumbromidlösungen viel zu niedrige Werte erhalten. Richtige Werte können nur in saurer Lösung gewonnen werden. Im Gegensatz zu der Wasserstoffperoxydbildung, die bei der Einwirkung von Ozon auf saure Kaliumjodidlösung eintritt und welche die Ursache für das rasche und starke Nachbläuen der sauren Kaliumjodidlösung und damit für die zu hohen Werte ist, entsteht bei der Einwirkung von Ozon auf saure Kaliumbromidlösungen kein Wasserstoffperoxyd. Die Reaktion mit neutraler oder saurer Kaliumbromidlösung verläuft glatt nach der Gleichung:

$$O_3 + 2\,HBr = H_2O + Br_2 + O_2 \tag{1}$$

entsprechend Gleichung (1) bei neutraler Kaliumjodidlösung.

Da Brom sehr flüchtig ist, so ist es nicht möglich, ozonhaltige Gase durch die angesäuerte Bromidlösung hindurchzuleiten, sondern man muß entweder wäßrige Ozonlösungen anwenden oder ein in einem Gefäß eingeschlossenes Volumen eines ozonhaltigen Gases mit der angesäuerten Bromidlösung behandeln und das ausgeschiedene Brom bestimmen.

1. Verhalten des Ozons gegen Kaliumbromid.

TREADWELL und ANNELER fanden, daß die Reaktion von Ozon mit einer mit Schwefelsäure angesäuerten Kaliumbromidlösung (0,2 n) glatt nach der obigen Gleichung verläuft. Es bilden sich dabei sehr feine, kaum sichtbare Nebel, die nach kurzer Zeit verschwinden, während die Kugel sich mit braunen Bromdämpfen anfüllt. Sie benutzten den Apparat, der bei der Bestimmung mit neutraler Kaliumjodidlösung näher beschrieben ist (Abb. 1). Zur Bestimmung des ausgeschiedenen Broms wurde die Flüssigkeit in überschüssige Kaliumjodidlösung gegossen und das ausgeschiedene Jod mit Thiosulfat titriert.

Die auf diesem Wege gefundenen Ozonmengen waren durchweg etwas niedriger als die auf gravimetrischem Wege ermittelten. Sie sind wahrscheinlich deshalb so niedrig, weil ein Teil des Ozons sich zersetzt, bevor es zur Einwirkung mit dem Bromwasserstoff kommt.

TREADWELL und ANNELER fanden ferner, daß Ozon auf neutrale Kaliumbromidlösung noch langsamer einwirkt und kommen deswegen zu dem Schluß, daß weder eine neutrale noch eine saure Kaliumbromidlösung für die Ozonbestimmung geeignet sei.

2. Überführung des ausgeschiedenen Broms in freies Jod durch Zugabe von Kaliumjodid.

INGLIS verwendet Lösungen von Ozon in Wasser, die er auf angesäuerte Bromkaliumlösungen einwirken läßt. Das ausgeschiedene Brom macht aus zugesetzter Kaliumjodidlösung die äquivalente Menge Jod frei, das dann bestimmt wird.

Arbeitsvorschrift. Zu 50 cm³ einer Lösung von Ozon in Wasser werden 10 cm³ 1 n Schwefelsäure oder 1 n Salpetersäure und Kaliumbromid zugegeben. Nach kurzer

Zeit wird Kaliumjodid zugesetzt. Das ausgeschiedene Jod wird mit 0,01 n Natriumthiosulfatlösung titriert.

Die erhaltenen Werte werden jodometrisch in der Weise kontrolliert, daß zu gleichfalls 50 cm³ der wäßrigen Ozonlösung zuerst Kaliumjodidlösung und dann eine kleine Menge Schwefelsäure oder Salpetersäure zugegeben wird. Im Mittel wurden bei 6 mit Kaliumbromid und Schwefelsäure ausgeführten Bestimmungen 9,12 cm³ 0,01 n Natriumthiosulfatlösung und bei 4 mit Kaliumjodid ausgeführten Bestimmungen, wobei nach beendeter Einwirkung gleichfalls mit Schwefelsäure angesäuert wurde, 9,75 cm³ 0,01 n Natriumthiosulfatlösung verbraucht. Bei Verwendung von Salpetersäure wurden bei 14 Bestimmungen mit Bromkalium unter Verwendung einer anderen Ozonlösung 12,22 cm³ 0,01 n Natriumthiosulfatlösung und bei 10 mit Kaliumjodid ausgeführten Bestimmungen 12,65 cm³ 0,01 n Natriumthiosulfatlösung benötigt. Die Werte stimmen demnach nicht sehr gut überein, und zwar liegen die Werte für die Bestimmung mit Kaliumjodid stets höher als für die mit Kaliumbromid ausgeführten. Bei Verwendung von Schwefelsäure beträgt der Unterschied nahezu 7%, bei Verwendung von Salpetersäure immer noch 3%.

3. Reduktion des ausgeschiedenen Broms durch eine überschüssige Lösung von arseniger Säure und Bestimmung des Überschusses mit einer Bromlösung bekannten Gehaltes.

Manchot und Oberhauser haben eine bromometrische Methode als Ersatz für die jodometrische Methode ausgearbeitet, wohl veranlaßt durch die damals schwierige Beschaffung von Jod und Jodverbindungen. Sie reduzieren das gemäß dem Verfahren von Inglis ausgeschiedene Jod durch eine Lösung von überschüssiger arseniger Säure, deren Überschuß sie mit einer salzsauren Bromlösung oxydieren. Als Indicator für die beendete Oxydation der arsenigen Säure verwenden sie vorzugsweise Indigocarmin, das sie der mit dem ausgeschiedenen Brom versetzten Lösung von arseniger Säure vor der Rücktitration oder gegen Ende derselben zusetzen. Das nach der Oxydation der arsenigen Säure mittels salzsaurer Bromlösung bei der Rücktitration auftretende freie Brom zerstört das Indigocarmin, das in 2‰iger Lösung verwendet wird. An Stelle von Indigocarmin sind auch Malachitgrün oder Kristallviolett brauchbar, wenn man sie gegen Ende der Rücktitration der Lösung zusetzt. Nicht so gut verwendbar ist Methylorange in der stark salzsauren Lösung.

Da die Reaktion zwischen Ozon und neutraler KBr-Lösung viel zu langsam verläuft, muß in saurer Lösung gearbeitet werden. Unter richtig gewählten Bedingungen kann man schon nach etwa 10 Min. dauernder Einwirkung genügende Resultate bekommen. Die Resultate sind von der zugesetzten HCl-Menge abhängig. Verwendet man nur die äquivalente Menge Salzsäure, so fallen sie zu niedrig aus, und auch mit der doppelten sind sie noch nicht befriedigend. Manchot und Oberhauser verwenden deshalb eine noch stärkere Salzsäure mit Kaliumbromid. Versuche, die mit Schwefelsäure statt Salzsäure ausgeführt wurden, hatten nicht denselben guten Erfolg.

Bei hoher Säurekonzentration in der Kaliumbromidlösung kann eine Reduktionswirkung der vorliegenden Bromwasserstoffsäure auf die gebildete Arsensäure eintreten, entsprechend der Gleichgewichtsformel:

$$As_2O_5 + 4\,HBr \rightleftharpoons As_2O_3 + 2\,Br_2 + 2\,H_2O,$$

wenn die Titrationslösung 26% Salzsäure oder mehr enthält. Beim Verdünnen einer Titrationslösung, die 25% oder mehr Salzsäure enthält, und bei welcher sich darum freies Brom gebildet hat, verschwindet das freie Brom wieder, da das Gleichgewicht nach links verschoben wird.

Zum Zurücktitrieren wird eine Lösung von Brom in 20 bis 22%iger Salzsäure verwendet, die ihren Titer wochenlang behält, wenn sie in gut gefüllten und verschlossenen Flaschen aufbewahrt wird.

Arbeitsvorschrift. In das in einer Bürette eingeschlossene zu untersuchende Ozongasgemisch werden 10 bis 15 cm^3 Kaliumbromid-Salzsäure-Lösung eingedrückt, umgeschüttelt und nach 10 Min. mit der gleichen Lösung in gemessene Arseniklösung hineingespült. Eine brauchbare Reagenslösung enthält 2,4 g Brom in 100 cm^3 2 bis 5n Salzsäure. Der Überschuß der arsenigen Säure wird mit Brom-Salzsäure-Lösung unter Verwendung von Indigocarmin als Indicator zurücktitriert, die gegen diese eingestellt war.

Bei Ozonkonzentrationen, die 10% nicht überschritten, ließ sich die Bildung von Wasserstoffperoxyd nicht nachweisen.

Es ist offensichtlich, daß die bromometrische Bestimmung wohl interessant, aber ohne wesentliche Bedeutung ist. Besonders die unter 2. genannte Arbeitsweise enthält wegen der großen Flüchtigkeit des Broms erhebliche Fehlerquellen, die sich nur bei längerem Vertrautsein mit der Methode auf ein erträgliches Maß zurückführen lassen. Brom läßt sich ja nicht wie Jod mit Thiosulfatlösung titrieren, da es ebenso wie Chlor das Thiosulfat zu Sulfat oxydiert, eine Reaktion, die nicht glatt verläuft. Daß beide Methoden sich nicht für strömende Gase eben wegen der Flüchtigkeit des Broms eignen, wurde schon eingangs erwähnt und beschränkt die Verwendungsmöglichkeiten der Methode noch weiter.

Literatur.

INGLIS, K. H.: Am. Soc. **83**, 1010 (1903); Pr. chem. Soc. **19**, 197 (1903).
MANCHOT, W., u. F. OBERHAUSER: Z. anorg. Ch. **130**, 161, 168 (1923).
TREADWELL, F. P., u. E. ANNELER: Z. anorg. Ch. **48**, 86 (1906).

E. Bestimmung mittels saurer Eisen(II)-salz-Lösungen.

SCHÖNBEIN hatte schon 1854 gefunden, daß Eisen(II)-salze durch Ozon zu Eisen(III)-salzen oxydiert werden. LUTHER und INGLIS konnten feststellen, daß bei der Reduktion des Ozons in saurer Lösung durch Eisen(II)-salze auf ein Mol Ozon zwei Äquivalente Eisen(II)-salz oxydiert werden, daß also die Reaktion nach der Gleichung:

$$O_3 + 2\,FeSO_4 + H_2SO_4 = O_2 + Fe_2(SO_4)_3 + H_2O$$

vor sich geht, ohne daß sich bei dieser sauren Reduktion des Ozons Wasserstoffperoxyd bildet. Inwieweit sich diese Umsetzung für die quantitative Bestimmung eignet, geht aus dieser Arbeit, soweit ersichtlich, nicht hervor.

Es besteht die Möglichkeit, daß unter Verwendung der von JOB vorgeschlagenen Arbeitsweise, nämlich des Zusatzes von Natriumpyrophosphat zu einer Eisen(II)-sulfatlösung, die Bestimmung sich durchführen läßt, da diese Mischung auch nach der Oxydation farblos bleibt, so daß man den Überschuß von Eisen(II)-sulfat sowohl mit Jod als auch mit Kaliumpermanganat zurücktitrieren kann. Für die Analyse stellt man sich die Lösung stets frisch durch Einlaufenlassen einer bestimmten Menge einer sauren Lösung von Eisen(II)-ammoniumsulfat in einen Überschuß von Natriumpyrophosphatlösung her. Über eine etwaige Mitwirkung des Luftsauerstoffs bei der Oxydation ist aus diesen Arbeiten nichts ersichtlich.

YAMAUCHI hat das beständigere Eisen(II)-ammoniumsulfat mit Ozon behandelt und bei der Bestimmung des nicht umgewandelten Salzes Kaliumpermanganat zur Rücktitration verwendet. Er fand, daß immer etwas mehr Eisen(II)-salz, als der theoretischen Gleichung entspricht, umgesetzt wird und erklärt dieses durch eine Mitbeteiligung des Begleitsauerstoffs.

Nach einer Untersuchung von DAVID soll Eisen(II)-ammoniumsulfat in verdünnter schwefelsaurer Lösung im Gegensatz zu konzentrierten Lösungen vom Luftsauerstoff nicht oxydiert werden, während es begierig Ozon aufnimmt. Er gibt folgende

Arbeitsvorschrift. 3,92 g Eisen(II)-ammoniumsulfat werden mit 20 cm³ Schwefelsäure von 66° Bé zu 1 l in Wasser und als äquivalente Lösung 0,316 g Kaliumpermanganat ebenfalls zu 1 l gelöst. Zur Luftuntersuchung füllt man eine Flasche von 1 l mit der zu untersuchenden Luft, führt 5 cm³ der Eisen(II)-ammoniumsulfatlösung ein, schüttelt kurz und titriert mit der Permanganatlösung bis zur Rosafärbung. Wenn es sich um die Bestimmung größerer Ozonmengen handelt, können auch beide Lösungen in zehnfacher Stärke hergestellt werden.

Nach einer neueren Veröffentlichung von CHRÉTIEN und ROHMER wirkt Ozon auf Eisen(II)-chlorid oxydierend, beschleunigt aber die Sauerstoffoxydationsreaktion nicht.

Literatur.

CHRÉTIEN, A., u. R. ROHMER: A. Ch. [11] **18**, 267 (1943); durch C. **115**, **II**, 826 (1944)
DAVID: C. r. **164**, 430.
JOB, A.: C. r. **127**, 59 (1898).
LUTHER, R., u. I. K. H. INGLIS: Ph. Ch. **43**, 203 (1903).
SCHÖNBEIN, C. F.: A. **89**, 293 (1854).
YAMAUCHI, Y.: Am. Chem. J. **49**, 55 (1913).

F. Bestimmung durch Oxydation von Aldehyden in organischen Lösungsmitteln.

Ozon wirkt als Oxydationsmittel in mehreren Fällen nicht nur entsprechend seinem aktiven Sauerstoff, sondern in weit stärkerem Maße oxydierend, so daß die Meinung entstand, daß neben der Verbindung O_3 auch Verbindungen O_4 oder noch mehr Sauerstoffatome enthaltende Verbindungen bestehen müßten.

In Wirklichkeit handelt es sich bei diesen Reaktionen um eine Mitwirkung (Aktivierung) des stets vorhandenen Sauerstoffs, die häufig unter bestimmten Bedingungen genau gleich verläuft, so daß trotzdem sich auf dieser Oxydationswirkung eine Bestimmung des Ozons aufbauen läßt. An Beispielen für die höhere Oxydationswirkung des Ozons sei hingewiesen auf seine Wirkung auf angesäuerte Kaliumjodidlösung und schweflige Säure, für welch letztere WASSILIEFF, FROLOFF, KACHTANOFF und KASTORSKAJA fanden, daß im Maximum das Ozon das 9- bis 10fache der stöchiometrischen Menge oxydiert, während BRINER und BIEDERMANN nur etwa die Hälfte dieser Oxydationszahl ermittelt hatten.

FISCHER, DÜLL und VOLZ hatten die Einwirkung von Ozon auf Isobutylaldehyd, Isovalerylaldehyd, Heptylaldehyd und Benzaldehyd untersucht unter Verwendung von 6%igem Ozon. Die Reaktionen:

$$2\,R{-}C\begin{smallmatrix}\diagup H\\ \diagdown O\end{smallmatrix} + O_3 \longrightarrow R{-}C\begin{smallmatrix}\diagup O\\ \diagdown OH\end{smallmatrix} + R{-}C\begin{smallmatrix}\diagup O\\ \diagdown O{-}OH\end{smallmatrix},$$

$$3\,R{-}C\begin{smallmatrix}\diagup H\\ \diagdown O\end{smallmatrix} + O_3 \longrightarrow 3\,R{-}C\begin{smallmatrix}\diagup O\\ \diagdown OH\end{smallmatrix}$$

scheinen den Reaktionsverlauf vollständig zu erklären, jedoch werden Ergebnisse erhalten, welche auf ein Mol Ozon z. B. die Miteinwirkung von 8 Molen O_2 anzeigen. Eine gasvolumetrische Nachprüfung in der BUNTE-Bürette ergab eine Volumenabnahme, die wohl den entstandenen Persäuren und Säuren entsprach, jedoch bei weitem die angewendete Menge Ozon übertraf. Auf unverdünnte Aldehyde wirkt nur das Ozon, die Überwerte werden erst bei geringeren Konzentrationen erhalten, und ihre Größe ist nicht nur von der Konzentration, sondern auch vom Aldehyd selbst, der Temperatur und besonders vom Lösungsmittel abhängig. Die höchsten Werte wurden in Tetrachlorkohlenstoff als Lösungsmittel erhalten. Die Mitbeteiligung des molekularen Sauerstoffs an der Ozonwirkung ist nicht eine Folge einer einfachen Autoxydation, da Blindversuche nur sehr geringe Oxydationswerte ergaben, die natürlich in Abzug gebracht wurden. Auch eine teilweise ozonisierte Aldehydlösung oxydiert sich mit reinem Sauerstoff nicht schneller als eine nicht ozonisierte Aldehydlösung. Die Reaktionsprodukte der Ozonisation, Säuren und Persäuren beschleunigen also die Autoxydation der Aldehyde keineswegs.

Auf diesen Versuchen und Ergebnissen wurde von BRINER und PERROTTET eine Methode zur Ozonbestimmung ausgearbeitet, die sogar für Verdünnungen des Ozons brauchbar ist, wie sie in der Atmosphäre (10^{-8} bis 10^{-9}) vorkommen.

Die Verfahren von BRINER *und* PERROTTET.

Diese Verfahren zur Bestimmung des Ozongehaltes der Luft beruhen auf der Eigenschaft des Ozons, eine mehr oder weniger große Anzahl von Sauerstoffmolekülen des Begleitgases zu aktivieren und im Ablauf von Kettenreaktionen mit den Aldehyden zur Reaktion zu bringen. Die Anzahl der Sauerstoffmoleküle läßt sich nach folgenden Reaktionsgleichungen am Beispiel Benzaldehyd unter der Annahme von Bildung von Perbenzoesäure veranschaulichen:

(1) $$C_6H_5COH + O_2 = C_6H_5CO_3H,$$

(2) $$C_6H_5CO_3H + C_6H_5COH = 2\,C_6H_5CO_2H.$$

Nach obigen Gleichungen entstehen aus einem Molekül Sauerstoff, das reagiert hat, zwei Moleküle Säure. Diese Annahme gibt nur die einfachste Reaktionsweise wieder, da je nach den gewählten Bedingungen, Art des Aldehyds und des Lösungsmittels, weit mehr Sauerstoffmoleküle zur Reaktion aktiviert werden.

BRINER und PERROTTET verwenden bei ihren ersten Versuchen eine Lösung von 5 g Benzaldehyd in 20 cm³ Tetrachlorkohlenstoff. Für verschiedene Ozonkonzentrationen erhalten sie mit Luft-Ozon oder Sauerstoff-Ozon die aus der nachstehenden Tabelle 7 ersichtlichen Werte. Es wird hierbei das Gasgemisch mit einer Schnelligkeit von 10 l/Std. hindurchgeleitet. Es wird aber nicht stets das Gas 1 Std. hindurchgeleitet, besonders nicht bei höheren Konzentrationen des Ozons, sondern gelegentlich auch nur einen Bruchteil einer Stunde, und dann werden die Werte auf eine Stunde umgerechnet.

Tabelle 7.

Absolute O_3-Konzentration	O_3-Konzentration in %	Luft-Ozon			Sauerstoff-Ozon		
		cm³ Säure	Mittel	Aktivierte O_2-Moleküle	cm³ Säure	Mittel	Aktivierte O_2-Moleküle
10^{-3}	0,1	65,1 65,2	65,1	7	161,0 162,0	161,5	18
10^{-4}	0,01	42,7 43,3	43,0	48	125,0 129,0	127,0	140
10^{-5}	0,001	18,0 18,1	18,0	200	48,0 51,5	50,0	560
10^{-6}	0,0001	2,4 2,7	2,5	280	11,4 11,0	11,2	1230
10^{-7}	0,00001		—	—	6,5 6,6	6,5	7280

In dieser Tabelle zeigt die Spalte 3 und 5 den Zuwachs an Acidität gemessen mit einer 0,1 n Natronlauge, nachdem vorher mit der gleichen ozonfreien Gasmenge der Wert des Blindversuchs festgestellt worden war. Die sehr viel stärkere Wirkung des Sauerstoff-Ozons gegenüber dem Luft-Ozon ist klar ersichtlich. Die graphische Darstellung der erhaltenen Werte, bei welcher als Abszisse der Logarithmus der Konzentrationen und als Ordinate der Zuwachs an Acidität genommen wird, ergibt eine fast geradlinige Kurve. Erst bei Konzentrationen unter 10^{-6} streuen die Werte für Luft-Ozon zu stark, während für Sauerstoff-Ozon noch ein Wert von 10^{-7} verwertbar ist. Für die Konzentrationen, in denen das Ozon in der Luft vorkommt (10^{-8}), ist diese Art der Bestimmung also noch nicht brauchbar.

Wird jedoch an Stelle einer Lösung von Benzaldehyd in Tetrachlorkohlenstoff eine Lösung von 5 g Butylaldehyd in 20 cm³ Hexan verwendet, so wird die Eichkurve für Konzentrationen von 10^{-6} bis 10^{-8} Luft-Ozon geradlinig. Diese Werte sind aus der Tabelle 8 zu entnehmen.

Die für eine Ozonkonzentration von 10^{-8} erhaltene Zunahme der Acidität um 2,5 cm³ 0,1 n ist groß genug, um scharf gemessen werden zu können. Bemerkenswert ist, daß bei einer Ozonkonzentration von 10^{-6} die Zunahme der Zahl der aktivierten Sauerstoffmoleküle das 6,4fache gegenüber dem in Tabelle 7 gegebenen Wert ist, was durch den Wechsel des Aldehyds und des Lösungsmittels erreicht wurde.

Tabelle 8.

Absolute O_3-Konzentration	O_3-Konzentration in %	Luft-Ozon cm³ Säure	Mittel	Aktivierte O_2-Moleküle
10^{-3}	0,1	214,8 216,3	215,5	24
10^{-4}	0,01	176,0 178,0	177,0	200
10^{-5}	0,001	68,0 67,0	67,5	760
10^{-6}	0,0001	16,6 15,2	15,9	1790
10^{-7}	0,00001	10,1 9,9	10,0	11200
10^{-8}	0,000001	2,6 2,4	2,5	27000

Voraussetzung für die Brauchbarkeit dieser Methode ist, daß die Aldehyde einen gewissen Gehalt an Persäure schon von vornherein enthalten, welcher durch Autoxydation entstanden ist. Beträgt die Menge der Persäure einen Wert, welcher etwa 2 cm³ 0,1 n Thiosulfat entspricht, so werden, wenn auch der anfängliche Gehalt der Persäuren um einige Zehntel Kubikzentimeter von diesem Werte abweicht, stets die gleichen reproduzierbaren Werte erhalten. Um Lösungen von Aldehyd, welche Persäure in bestimmter Menge enthalten, herzustellen, wird Luft durch die Aldehydlösung, welche sich in einer nicht geschwärzten Waschflasche befindet, hindurchgeleitet. Unter der Einwirkung des Lichtes bildet sich neben Säure eine beträchtliche Menge von Persäure. Man benutzt diese mit Persäure angereicherte Lösung, um durch Mischung mit einer anderen, keine Persäure enthaltende Lösung den gewünschten Gehalt an Persäure einzustellen. Die Persäure wird bestimmt durch Zugabe einer angesäuerten Lösung von Kaliumjodid und Titration des ausgeschiedenen Jods mit 0,1 n Natriumthiosulfatlösung. Den Einfluß der Persäuren unter Verwendung einer Lösung von Benzaldehyd in einer Erdölfraktion von 180 bis 200° zeigt die nachfolgende Tabelle 9. Das Erdöl war vorher mit Oleum zur Beseitigung der ungesättigten Kohlenwasserstoffe behandelt, mit verdünnter Natronlauge, darauf mit destilliertem Wasser gewaschen und schließlich mit wasserfreiem Natriumsulfat getrocknet worden.

Tabelle 9.

Anfangsgehalt an Persäure (cm³ 0,1 n Natriumthiosulfat) . . .	0	1	2,1	1,8
Anwachsen der Acidität (cm³ 0,1 n Natronlauge)	0	1,1	2,3	2,3

Bei Verwendung von Butylaldehyd in Hexanlösung wurde mit persäurefreiem Aldehyd das folgende Ergebnis erhalten (siehe Tabelle 10):

Tabelle 10.

	Gewöhnliche Luft	O_3-Konzentration 10^{-8}	O_3-Konzentration 10^{-7}
Anwachsen der Acidität . .	0	0,6	6,5

Vergleicht man diese Zahlen mit denen der Tabelle 8, so erkennt man, daß für eine Ozonkonzentration von 10^{-7} eine Verminderung der Acidität um 3,5 cm³ 0,1 n Natronlauge und für 10^{-8} von rd. 2,0 cm³ 0,1 n Natronlauge eingetreten ist.

Persäurefreie Aldehyde werden erhalten, wenn man die Aldehyde längere Zeit bei Temperaturen über 20° stehenläßt und die Proben dann unter Kohlensäure aufbewahrt, oder wenn man kürzere Zeit auf etwas höhere Temperaturen, z. B. ¼ Std. auf 80°, erhitzt. Auf letzterem Wege erhaltene persäurefreie Aldehyde zeigen noch eine geringere Acidität, als in Tabelle 10 angegeben ist, und zwar nur 1,5 cm³ 0,1 n Natronlauge für Ozonkonzentrationen von 10^{-7} gegen 6,5 cm³ in Tabelle 10, so daß anzunehmen ist, daß bei diesen Aldehyden doch noch geringe Mengen Persäure vorhanden waren.

Unter Verwendung von Butylaldehyd und Hexan in Gegenwart der nötigen Menge Persäure wurden so in Genf und in verschiedener Höhe bis zu 3200 m Höhe liegenden Beobachtungsstellen Werte erhalten, welche mit den auf optischem Wege erhaltenen Werten Übereinstimmung zeigen. Wegen der Wirkung des Lichtes, die zur Bildung von Persäure führt, werden die Versuche mit geschwärzten Waschflaschen durchgeführt.

In weiteren Untersuchungen gelang es BRINER und PERROTTET, noch eine weitere Steigerung dadurch zu erreichen, daß sie als Lösungsmittel Octan verwendeten, und zwar sowohl ein normales Octan von SCHUCHARDT als auch Isooctan der IG-Farbenindustrie und der Standard-Produits des huiles minerales, S.A., Zürich. Das letztere Isooctan hatte eine Säurezunahme ohne und mit Persäuren, die aus der folgenden Tabelle 11 ersichtlich ist, in welcher m die Kubikzentimeter 0,1 n Natriumthiosulfat und n die Kubikzentimeter 0,1 n Natronlauge, also die Acidität, bedeuten.

Tabelle 11. Isooctan der Standard S.A.

	Ohne Persäure	Mit Persäure	
	n	m	n
Ozonfrei gemachte Luft	0	—	—
Gewöhnliche Luft	3,7	1,5	4,1
Luft mit O_3-Konzentration 10^{-8}	5,1	2,2	9,5
Luft mit O_3-Konzentration 10^{-7}	11,9	2,1	14,3

Vergleicht man die Werte dieser Tabelle mit denen der Tabelle 8, so geht daraus hervor, daß bei Verwendung von Isooctan als Lösungsmittel bei einer Ozonkonzentration von 10^{-8} ohne Gegenwart von Persäure 5,1 cm³ 0,1 n Natronlauge gegen 2,5 cm³ 0,1 n Natronlauge bei Gegenwart von Persäure und Verwendung von Hexan als Lösungsmittel verbraucht wurden, woraus sich die Zahl der aktivierten Sauerstoffmoleküle auf 55000 errechnet. Wird mit Isooctan in Gegenwart von Persäuren gearbeitet, so erhöht sich die Anzahl der Sauerstoffmoleküle, die von einem Ozonmolekül aktiviert werden, auf rd. 100000. Ergänzend sei noch hinzugefügt, daß von BRINER und PERROTTET auch Versuche im ruhenden Gasvolumen, also statische Versuche, durchgeführt wurden, durch welche die kinetisch erhaltenen Ergebnisse bestätigt wurden.

Es liegt hier also eine nicht nur sehr interessante, sondern offenbar auch sehr brauchbare Methode zur Bestimmung selbst kleinster Ozonkonzentrationen vor, welche mit einfachen Mitteln und einfacher Operation arbeitet. Für die Deutung des diesem Bestimmungsverfahren zugrunde liegenden Vorganges sprechen die Autoren von einer katalytischen Reaktion im weitesten Sinne des Wortes. An anderer Stelle wird von einer Kettenreaktion gesprochen. Gegen die Annahme einer katalytischen Reaktion spricht vor allem die Reduzierbarkeit der Ergebnisse. Auffallend ist die Gleichmäßigkeit des Reaktionsablaufes, wenn man die Anzahl der unter den gewählten Bedingungen mitwirkenden Sauerstoffmoleküle betrachtet. Die Annahme von Kettenreaktionen als Erklärung hat etwas für sich, leider fehlt eine sichere kinetisch-experimentelle Klärung und Begründung des Reaktionsmechanismus und auch eine

Bestätigung der Befunde von anderer Seite. Es besteht noch keine Sicherheit darüber, inwieweit die Ergebnisse von den besonderen, insbesondere apparativen Bedingungen abhängen, unter denen BRINER und PERROTTET gearbeitet haben. Mit anderen Worten, es liegt hier noch ein weites Feld für praktische und theoretische Untersuchungen vor. Im Zusammenhang hiermit wird noch verwiesen auf folgende weitere Arbeiten: BRINER und PAILLARD; BRINER, NICOLET und PAILLARD; BRINER, DÉMOLIS und PAILLARD; BRINER und GELBERT; BRINER und BEVER; BRINER und LARDON.

Literatur.

BRINER, E., u. B. BEVER: Helv. **19**, 367 (1936); Helv. **14**, 794 (1931). — BRINER, E., u. H. BIEDERMANN: Helv. **15**, 201 (1932); J. Chim. phys. **29**, Nr 7 (1932); Helv. **16**, 213, 548, 1119, 1125 (1933). — BRINER, E., A. DÉMOLIS u. H. PAILLARD: Helv. **15**, 201 (1932). — BRINER, E., u. A. GELBERT: Helv. **18**, 1239 (1935). — BRINER, E., u. A. LARDON: Helv. **19**, 850 (1936). — BRINER, E., S. NICOLET u. H. PAILLARD: Helv. **14**, 804 (1931). — BRINER, E., u. H. PAILLARD: Helv. **18**, 234 (1935). — BRINER, E., u. E. PERROTTET: Helv. **20**, 293, 451, 458, 1200, 1207, 1523 (1937).

FISCHER, G. F., H. DÜLL u. J. L. VOLZ: A. **486**, 80 (1931).

WASSILIEFF, S., M. FROLOFF, L. KACHTANOFF u. J. KASTORSKAJA: Chim. gén. (russ.) **5**, 149 (1935).

G. Einwirkung auf schweflige Säure, Natriumthiosulfat, Natriumsulfit und Natriumbisulfit, Bestimmung mit Natriumbisulfitlösung.

1. Reaktion mit schwefliger Säure und Sulfiten.

Ozon oxydiert Schwefeldioxyd zu Schwefeltrioxyd nach der Gleichung

$$3\,SO_2 + O_3 = 3\,SO_3.$$

Diese Reaktion, die auch für die Technik der Schwefelsäuregewinnung verschiedentlich vorgeschlagen wurde, verläuft unter Beteiligung der 3 Sauerstoffatome des Ozons. In alkalischer oder neutraler Lösung, also mit Sulfiten und Thiosulfaten, verläuft diese Reaktion nicht so einfach, da Zwischenstufen (Ozonide bzw. Dithionat) vor der Sulfatendstufe durchlaufen werden bzw. entstehen. Die Reaktionsweise ist außer von der sauren oder alkalischen Reaktion auch von der Menge des zu oxydierenden Körpers im Verhältnis zum Ozon abhängig. Nach RIESENFELD und EGIDIUS reagiert Thiosulfat entsprechend der Gleichung

$$2\,Na_2S_2O_3 + 2\,O_3 = Na_2S_2O_6 + Na_2SO_4 + SO_2$$

unter Beteiligung aller 3 Sauerstoffatome des Ozons. Nach YAMAUCHI verläuft die Reaktion unter Beteiligung von nur 1 Atom Sauerstoff je Ozonmolekül:

$$3\,Na_2S_2O_3 + 2\,O_3 = 2\,Na_2SO_4 + Na_2SO_3 + 2\,O_2 + 3\,S,$$

und BRODIE fand für Thiosulfat in stark sodaalkalischer Lösung die Beteiligung von 2 Atomen Sauerstoff je Molekül Ozon:

$$Na_2S_2O_3 + 2\,O_3 + Na_2CO_3 = 2\,Na_2SO_4 + CO_2 + O_2.$$

Diese Reaktionen sind wegen der Abhängigkeit von den herrschenden Bedingungen für analytische Zwecke nicht brauchbar (vgl. YAMAUCHI).

An sauren Sulfiten in Lösungen vollzieht sich die Oxydationsreaktion glatter und im Sinne der Anlagerung von Ozon zu Ozoniden und Umlagerung, wobei alle 3 Atome Sauerstoff zur Wirksamkeit kommen:

$$3\,NaHSO_3 + O_3 = [(NaHSO_3)_3 \cdot O_3] = 3\,NaHSO_4.$$

2. Bestimmung mit Natriumbisulfitlösung.

LADENBURG hat, angeregt durch eine Mitteilung über eine Titrationsmöglichkeit mit Bisulfit, diese Reaktion untersucht und eine Bestimmungsmethode angegeben. Er fand, daß alkalische Sulfitlösungen schon durch Sauerstoff oxydiert werden und daher für analytische Zwecke unbrauchbar sind, daß aber saure Sulfitlösungen und primäres Sulfit dagegen nur durch Ozon oxydiert werden und dieser lebhaft absorbiert wird, wenn das Gas durch nicht zu sehr verdünnte Lösungen langsam durchgeleitet wird.

Arbeitsvorschrift. Man benutzt je 60 cm³ einer 0,05%igen Lösung von primärem Natriumsulfit in zwei hintereinandergeschalteten Gaswaschflaschen, titriert das restliche nicht oxydierte Sulfit mit Jod unter Anwendung der von VOLHARD gegebenen Vorsichtsmaßregel, d. h. daß die Sulfitlösung in überschüssige Jodlösung eingegossen und nicht verbrauchtes Jod durch Natriumthiosulfat zurücktitriert wird. Die von LADENBURG erhaltenen Werte werden in der Tabelle 12 gegen die Vergleichsbestimmung durch Wägung wiedergegeben und zeigen eine maximale Streuung von 7%.

Tabelle 12.

Titration	Wägung	Differenz	Titration	Wägung	Differenz
6,47	6,19	+ 0,28	4,7	4,2	+ 0,5
6,51	6,79	− 0,28	5,59	5,24	+ 0,35
6,12	6,60	− 0,48	4,96	5,16	− 0,2
6,94	6,96	− 0,02	4,3	4,5	− 0,2

Die Werte zeigen, daß die Methode ausreichend genaue Werte liefert und für analytische Zwecke im Industriebetrieb geeignet ist, daß sie aber gegenüber der zuverlässigeren Kaliumjodidmethode zurücksteht.

Literatur.

BRODIE, B. C.: Phil. Trans. **162**, 435 (1872).
LADENBURG, A.: B. **36**, 115 (1903).
RIESENFELD, E. H., u. TH. F. EGIDIUS: Z. anorg. Ch. **85**, 217 (1914).
YAMAUCHI, Y.: Am. Chem. J. **49**, 55 (1913).

H. Einwirkung auf Natriumnitrit.

Die Reaktion von Ozon mit Natriumnitritlösung vollzieht sich nach USHER und RAO nach der Gleichung:

$$NaNO_2 + O_3 = NaNO_3 + O_2$$

und verläuft quantitativ unter Bildung von Nitrat und Beteiligung nur eines Sauerstoffatoms des Ozonmoleküls. Sie gründeten darauf eine Bestimmungsmethode für Ozon in den starken Verdünnungen, wie sie in der Atmosphäre vorliegen, unter Anwendung einer empfindlichen colorimetrischen Nitritbestimmung.

Die Methode wurde von GORODETZKI nachgearbeitet und modifiziert.

Beide Methoden und Arbeitsvorschriften sind unter § 3, B, 2, III, „Colorimetrische Bestimmungen", beschrieben.

Literatur.

GORODETZKI, G. A.: Chem. J. Ser. B (russ.) **9**, 353 (1936); durch C. **107**, **II**, 340 (1936).
USHER, F. L., u. B. S. RAO: Soc. **111**, 799 (1917).

J. Einwirkung auf Zinn(II)-chlorid.

Zinn(II)-chlorid wird, wie SCHÖNBEIN und auch WILLIAMSON fanden, zu Zinn(IV)-salz oxydiert. Sie stellten für die Reaktion die Gleichung auf:

$$3\,SnCl_2 + 6\,HCl + 3\,O_3 = 3\,SnCl_4 + 3\,H_2O + 3\,O_2.$$

YAMAUCHI verfolgte ebenfalls diese Reaktion, indem er ein abgesperrtes Volumen von ozonhaltigem Sauerstoff mit bekanntem Ozongehalt mit einer abgemessenen Menge salzsaurer Zinn(II)-chloridlösung für etwa ½ Std. schüttelte und nach erfolgter Absorption die in Reaktion gegangene Zinn(II)-chloridmenge durch Rücktitration des unverbrauchten Zinn(II)-chlorids durch Jodlösung bestimmte.

Nach seinen Untersuchungen erfolgt dic Reaktion nicht nach der obigen Gleichung, sondern nach der folgenden:

$$3\,SnCl_2 + 6\,HCl + O_3 = 3\,SnCl_4 + 3\,H_2O$$

mit der Beteiligung sämtlicher Sauerstoffatome des Ozons. Der Gleichung würde ein Umsatz von 11,85 g $SnCl_2$ je 1 g Ozon entsprechen; tatsächlich fand YAMAUCHI jedoch immer einen etwas höheren Anteil von 14,52 g, was auf eine Mitbeteiligung des Sauerstoffs schließen läßt, obgleich die Reaktion sehr schnell verläuft. Eine Störung der Reaktion durch Einwirkung des Ozons auf die Salzsäure hat YAMAUCHI nicht in Betracht gezogen.

Für analytische Zwecke dürfte eine Bestimmung mit Zinn(II)-chlorid wegen der Unsicherheit der Werte nicht in Betracht kommen.

Literatur.

SCHÖNBEIN, C. F.: A. **89**, 293 (1854).
WILLIAMSON: A. **61**, 13 (1847).
YAMAUCHI, Y.: Am. Chem. J. **49**, 55 (1913).

§ 2. Elektrochemische Methoden.

A. Bestimmung auf Grund der depolarisierenden Wirkung von wäßrigen Ozonlösungen.

SCHÖNBEIN hatte gefunden, daß Platin durch Ozonlösungen negativ und durch Wasserstoffperoxyd positiv polarisiert wird. RIDEAL und EVANS verwenden die depolarisierende Wirkung von gelösten Oxydationsmitteln, darunter auch Ozon in einem Apparat gemäß der Abb. 7. Der Apparat besteht aus einem Kupferrohr C von 35 mm Länge und 4 mm lichter Weite, in welchem sich axial ein Platindraht P von 1 mm Dicke befindet, der an den beiden Enden des Kupferrohrs durch die Ebonitkappen E und E' isoliert befestigt ist. Das Kupferrohr trägt zwei T-Stücke A und A' für den Zu- und Abfluß. Kupfer und Platin sind mit dem negativen und positiven Pol eines empfindlichen Galvanometers von hohem Widerstand, der meistens 200 Ohm beträgt, verbunden. Das Galvanometer hat eine Empfindlichkeit von $4 \cdot 10^{-6}$ Amp. je Grad. Die übrigen Teile des Apparates sind ohne weiteres aus der Zeichnung verständlich.

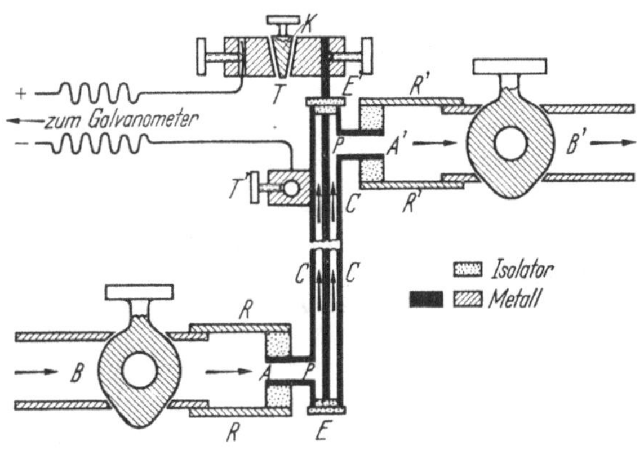

Abb. 7. Messung der Polarisation. (Nach RIDEAL und EVANS.) C Kupferrohr, P Platindraht, E, E' Ebonitkappen, A, A' Stutzen für Zu- und Abfluß, K Stromschlüssel.

Fließt Leitungswasser mit konstanter Geschwindigkeit durch die Zelle, so wird praktisch kein Ausschlag erhalten. Es tritt aber ein Ausschlag auf, sobald nur Spuren von Oxydationsmitteln, wie Chlor, Permanganat oder Ozon, im Wasser enthalten sind. Die Vorrichtung ist äußerst empfindlich gegen Ozon und soll das beste Mittel zur Auffindung und Bestimmung von Ozon sein, das noch in einer Menge, die nur träge auf Kaliumjodidlösung einwirkt, einen Ausschlag von mehreren Graden gibt.

Wasserstoffperoxydlösungen geben anfangs eine Ablenkung des Zeigers in entgegengesetzter Richtung, die allmählich in eine schwache Ablenkung in positiver Richtung übergeht. Dadurch können Wasserstoffperoxyd und Ozon bei Verdünnungen unterschieden werden, bei welchen andere Methoden versagen. Steigende Temperatur und größere Durchflußgeschwindigkeit erhöhen den Ausschlag, deshalb soll die Durchflußgeschwindigkeit konstant, z. B. 230 cm^3/Min., gehalten werden; ebenso auch die Temperatur. Je 1° Temperaturerhöhung bewirkt eine Stromerhöhung von 4%. Leider geben die Verfasser nicht an, wie sie das Ozon im Wasser lösen, da nur eine solche Angabe das Verfahren nacharbeitbar macht.

B. Bestimmung des aus Kaliumjodidlösung ausgeschiedenen Jods nach der galvanimetrischen Methode.

Paneth und Glückauf verwenden, offenbar wegen der Schwierigkeiten, Ozon in Wasser zu lösen, die Absorption in Kaliumjodidlösung, und zur Bestimmung des ausgeschiedenen Jods wird dessen polarisierende Wirkung auf Platinelektroden ausgenutzt. Die für diese Bestimmung benutzte Anordnung ist die von Foulk und Bawden vorgeschlagene. Die jodhaltige Lösung lassen sie über 2 Platinelektroden strömen, an die eine Potentialdifferenz von 10 mV angelegt ist. Ein Stromfluß kommt nur dann zustande, wenn die Elektrode polarisiert wird. Näheres über diese Methode und Ausführung derselben siehe im Buch „Wasserstoffperoxyd“ unter § 3, B, „Galvanimetrische Methode“.

Eine Jodlösung von weniger als 10^{-6}n (= 127 γ/l, die 24 γ O_3/l äquivalent ist) bewirkt einen am Galvanometer noch leicht meßbaren Strom.

Vorbedingungen für das Gelingen sind: 1. Das atmosphärische Ozon wird in einer Kaliumjodidlösung unter solchen Bedingungen absorbiert, die die homogene Reaktion gewährleisten und die Bildung von Sauerstoffsäuren des Jods infolge heterogener Wandreaktionen ausschließen. Nach G. Guéron, J. Guéron und Prettre ist die Bildung von Sauerstoffsäuren des Jods eine heterogene Reaktion und durch Wandreaktionen veranlaßt. 2. Konstante Mengen von Thiosulfat sind periodisch zuzugeben, so daß die anfänglichen Bedingungen wiederhergestellt werden, da das Jod wieder zu Jodid reduziert wird. Nur so ist es möglich, die gleiche Kaliumjodidlösung dauernd zu verwenden und Ablesungen alle 2 Min. durchzuführen unter der Voraussetzung, daß die Ozonmengen sich nicht zu stark von einem Mittelwert nach unten entfernen. Die Wandreaktion bei der Einwirkung von Ozon auf Kaliumjodidlösung wird dadurch ausgeschaltet, daß die Luft, die mit großer Geschwindigkeit aus einer Düse austritt, Kaliumjodidlösung zerstäubt, so daß Luft und Lösung in einen innigen Kontakt kommen, ohne während der Reaktion mit einer Glaswand in Berührung zu kommen. Die Kaliumjodidlösung ist nach Juliard und Silberschatz gepuffert. Die Umsetzung ist quantitativ hinsichtlich der Jodausscheidung nicht von Jodatbildung begleitet und selbst bei Konzentrationen von 10^{-8} cm^3 Ozon in 1 cm^3 Luft durchführbar. Die zerstäubte Flüssigkeit wird gesammelt und strömt unter dem Einfluß der Saugwirkung der Pumpe zurück in das Ausgangsgefäß. Auf diesem Wege läuft sie über 2 Platinelektroden, an welche, wie oben schon erwähnt, eine Potentialdifferenz von 10 mV angeschlossen ist. Sobald Jod seine depolarisierende Wirkung ausübt, fließt Strom. Die Vorrichtung ermöglicht die quantitative Absorption von Ozon aus der Atmosphäre unter Bildung von Jod bei einer Luftmenge von 1000 l/Std. mit nur 15 cm^3 Kaliumjodidlösung. Das verdampfende Wasser wird ersetzt durch die Verwendung einer sehr verdünnten Thiosulfatlösung (n/2000) für die Titration. Die Methode wurde geprüft an der von Edgar und Paneth ausgearbeiteten Methode, bei welcher Ozon und Stickstoffdioxyd an Silicagel bei der Temperatur des flüssigen Sauerstoffs adsorbiert, quantitativ durch fraktionierte Destillation getrennt und bestimmt werden. Die Übereinstimmung der Werte liegt innerhalb 2%. Stickstoffdioxyd wird nicht gefunden. Weitere Versuche zeigten, daß unter den Bedingungen der neuen Methode Stickstoffdioxyd, wenn überhaupt, dann nur sehr wenig Jod frei macht, so daß die Bestimmung des Ozons dadurch nicht beeinflußt wird und diese Bestimmung für Ozon spezifisch ist. Gegenüber der Silicagelbestimmung hat die neue Methode den großen Vorzug der Schnelligkeit und Einfachheit der Ausführung bei großer Genauigkeit. Sie hat den Nachteil, daß Ozon und Stickstoff nicht nebeneinander bestimmt werden können.

Diese Methode ist dann noch weiter vervollkommnet und automatisch durchgebildet worden von GLÜCKAUF, HEAL, MARTIN und PANETH. Sie verwenden zur Absorption gepufferte Kaliumjodidlösung. Die ausgeschiedene Jodmenge wird in kurzen Intervallen elektrometrisch (galvanimetrisch) zwischen zwei Platinelektroden mit 0,0005 n Natriumthiosulfatlösung automatisch titriert, indem der durch das freie Jod bewirkte Depolarisationsstrom verstärkt wird zur Betätigung eines Relais, das aus einer automatischen Bürette den Zusatz von jeweils 0,3 cm^3 der Natriumthiosulfatlösung steuert. Durch die intermittierende Zugabe von Thiosulfatlösung werden die für die Absorption günstigsten Bedingungen und zugleich Zwischenwerte der Bestimmung geschaffen. Die tragbar ausgeführte Apparatur ist besonders für meteorologische Zwecke der Ozonbestimmung geeignet und lediglich für diesen Zweck entwickelt.

Literatur.

EDGAR, J. L., u. F. A. PANETH: Nature **142**, 112, 571 (1938); Soc. 511 (1941).
FOULK, C. V., u. H. T. BAWDEN: Soc. **48**, 2045 (1926).
GLÜCKAUF, E., H. G. HEAL, G. R. MARTIN u. F. A. PANETH: Soc. 1 (1944). — GUÉRON, G., J. GUÉRON u. M. PRETTRE: Bl. Soc. chim. Belg. **3**, 295, 1841 (1926).
JULIARD, A., u. S. SILBERSCHATZ: Bl. Soc. chim. Belg. **37**, 205 (1928).
PANETH, F. A., u. E. GLÜCKAUF: Nature **147**, 61, 4 (1941).
RIDEAL, E. K., u. U. R. EVANS: Analyst **38**, 353 (1913).
SCHÖNBEIN, C. F.: Pogg. Ann. **65**, 69 (1845).

§ 3. Physikalische Methoden.

In dieser Gruppe von Methoden werden die gasvolumetrischen bzw. barometrischen und die optischen Methoden einschließlich der Colorimetrie und der Fluorescenz zusammengefaßt. Unter den optischen Methoden haben die spektroskopischen zweifellos die Hauptbedeutung erlangt, indem die Lichtabsorption in den verschiedenen Wellenlängengebieten ausgenutzt wird. Besonders hinsichtlich dem Wunsche der Meteorologie und der Geophysik nach schnellen und einigermaßen sicheren Bestimmungen des Luftozons in Bodennähe und in größeren Höhen sind diese Wege von den Forschern beschritten und zu brauchbaren Methoden entwickelt worden.

A. Gasvolumetrische und barometrische Methoden.

Die Eigenarten des Ozons bedingen, daß, obgleich es ein Gas ist, es seltener gasvolumetrisch bestimmt wird, da sich die Methoden wenig einfach und die Apparate umfangreich gestalten. Weitere Gründe sind die, daß die Zersetzung des Ozons, die nach der Gleichung:

$$2\,O_3 = 3\,O_2,$$

also unter Volumenzunahme vor sich geht, in den vorliegenden Verdünnungen schwer zu verfolgen ist. Reaktionen, bei denen der aktive Sauerstoff verbraucht wird, z. B. Absorption in KJ-Lösung, verlaufen ohne Volumenabnahme, und Reaktionen, die unter voller Absorption des Ozons durch Anlagerung verlaufen, sind seltener bzw. für die quantitative Behandlung nicht geeignet.

Bei wissenschaftlichen Untersuchungen und besonders bei der Kontrolle vieler analytischen Methoden, z. B. der verschiedenen Titrationsmethoden, wird jedoch diese Bestimmung von vielen Forschern mit gutem Erfolg herangezogen. So ist der eine Weg der, daß man die Bildung des Ozons durch Druckabnahme bei gleichbleibendem Volumen verfolgt und hieraus die Analyse des für weitere Arbeiten zu verwendenden Ozongemisches erlangt.

Der manometrischen Bestimmung bei der Ozonbildung bedienten sich WARBURG, LECHNER und LÄUCHLI, derjenigen durch thermische Zersetzung bediente sich JAHN und BOUSFIELD und der Absorption an Zimtöl, Pinien usw. bedienten sich andere Forscher. BRINER hat die von ihm entwickelte Methode der durch Ozon sensibilisierten Sauerstoffoxydation der Aldehyde auch zur gasvolumetrischen Methode durchgebildet.

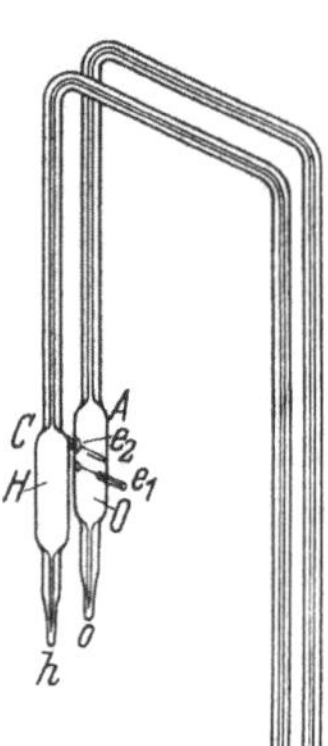

Abb. 8. Differentialmanometer. (Nach WARBURG.) H Reaktionsgefäß, O Vergleichsgefäß, b, h, o Abschmelzstellen, B Manometer.

1. Manometrische Messung.

Eine einfache Meßvorrichtung wurde durch WARBURG in Form eines Differentialmanometers verwendet. Das Differentialmanometer wurde von v. BABO schon 1863 angegeben und als solches bezeichnet, aber nicht für quantitative Bestimmungen verwendet. Es besteht aus einem Capillarmanometer, das je ein kleines Gasvolumen an jedem der oben umgebogenen Schenkel des U-Rohres enthält. Das Differentialmanometer nach WARBURG ist in der Abb. 8 wiedergegeben und wird in der Weise gehandhabt, daß man nach sorgfältiger Reinigung und Trocknung unter Durchströmen das Gefäß O über das Manometer B und Gefäß H mit reinem Sauerstoff füllt, Schwefelsäure als Manometerflüssigkeit bis zur erforderlichen Höhe in beide Schenkel drückt und bei o und h bzw. b abschmilzt.

Wenn nach teilweiser Ozonisierung des Gases in O die Gefäße die Badtemperatur wieder angenommen haben, ist die Schwefelsäure in dem zum Gefäß O gehörenden Schenkel um y Doppelmillimeter gestiegen. Den Ozongehalt x findet man aus den Gleichungen:

$$x = \frac{100\,\varepsilon}{1 - 0{,}5\,\varepsilon}\,; \quad \varepsilon = q\,y; \quad q = \frac{2}{5}\left(\frac{\gamma}{V_0} + \frac{\gamma}{V_0'} + \frac{2}{p_0}\,\frac{\sigma_1}{\sigma}\right).$$

Hier bedeutet p_0 den mit der Temperatur veränderlichen Druck des Gases vor der Ozonisierung in cm Quecksilber; γ das Volumen der Capillare je cm; V_0 und V_0' die Volumina der Gefäße O und H; σ_1 und σ die spezifischen Gewichte der Schwefelsäure bzw. des Quecksilbers.

Eine apparativ weiter entwickelte Methode mit dem Differentialmanometer nach WARBURG beschreibt LÄUCHLI, wie er sie zur Vergleichsuntersuchung benutzt hat, indem sowohl die Druckabnahme während der Ozonisierung als auch die Druckzunahme bei der Zersetzung verfolgt wird. Die schon etwas umfangreiche Apparatur ist in Abb. 9 dargestellt. Zur thermischen Zersetzung des Ozons genügt bei den geringen Gehalten von ozonisiertem Sauerstoff eine Temperatur von 200°, die aber vom Verfasser auf 300° erhöht wird.

LÄUCHLI verwendete zur Herstellung des Manometers Pyrexglas und gestaltete die oberen Teile G und G' zu doppelwandigen Hohlgefäßen aus, von denen G als Ozonisator zwischen Flüssigkeitselektroden ausgebildet wird, indem eine Elektrode in die in S eingefüllte verdünnte Schwefelsäure und die zweite Elektrode außen im Wasserbad in der Nähe eintaucht. Von den gleichgroßen Gasvolumina C und C', die durch das Manometer H getrennt sind, wird das in C ozonisiert, während das in C' zur Kompensation dient. Die unteren Ansätze der Gasgefäße sind außen mit einer elektrischen Heizwicklung versehen, um eine Gasbewegung und die thermische

Zersetzung bei etwa 300° zu bewirken. Während der Zersetzung werden beide Heizspiralen gleichzeitig betrieben, um den Druckunterschied und die Höhendifferenz der Schwefelsäure als Meßflüssigkeit in den Manometerschenkeln möglichst klein zu halten. Die ganze Anordnung ist in ein Wasserbad getaucht bis auf die herausragenden Zuleitungen, die noch wärmeschützend abgedeckt sind. Gefäß G und G' sollen möglichst volumen- und formgleich sein, da sonst Schwankungen der Nullpunktlage des Manometers entstehen.

Zur Errechnung des Volumprozentgehaltes an Ozon wird unter Vernachlässigung eines eventuell verschiedenen Capillardruckes beider Minisken die Formel:

$$x = \frac{200\,\Delta D}{2}\left(\frac{\gamma}{V_0} + \frac{\gamma}{V_0'} + \frac{20\,\sigma_1}{p_0\,\sigma}\right)$$

benutzt, in der ΔD der Zuwachs der Miniskendifferenz in cm, γ und γ' das Volumen der Capillare in cm^3 je cm, V_0 und V_0' die Volumina der Gefäße G und G' und σ und σ' die spezifischen Gewichte von Quecksilber bzw. der konzentrierten Schwefelsäure sind.

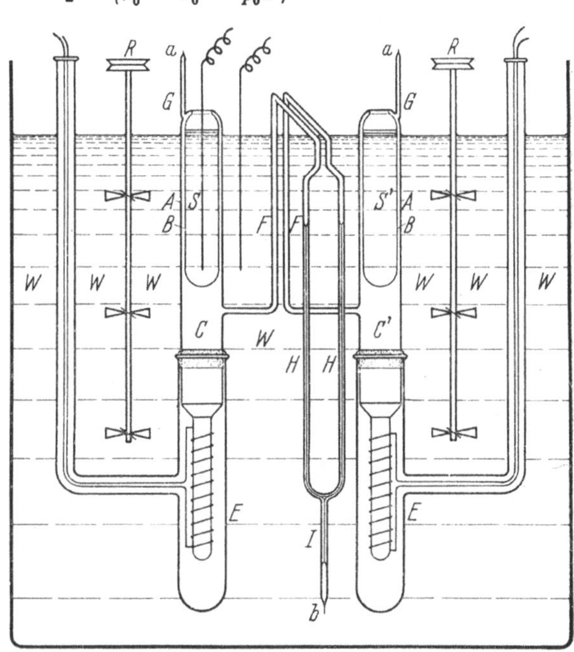

Abb. 9. Weiterentwicklung des WARBURG-Ozonometers. (Nach LÄUCHLI.) G, G' doppelwandige Hohlgefäße, I, H, H' Differentialmanometer mit Zuleitung F, C und C' Gasvolumina, E Heizwicklungen, W Wasserbad.

Die Apparatur von LECHNER, die er zur Kontrolle der Absorptionsmethode mit alkalischer Kaliumjodidlösung verwendete, beruht ebenfalls auf der Druckmessung und ist in Abb. 10 wiedergegeben. LECHNER benutzt einen Ozonisator A von 180 cm^3 Inhalt mit einer eingesenkten Flüssigkeitselektrode und ein gleichgroßes Kompensationsgefäß B, das zur Trockenhaltung etwas Calciumchlorid enthält, durch eine Gummischlauchverbindung angeschlossen, gehoben und gesenkt werden kann. An den Marken der Rohre E und F wird die Volumeneinstellung der Gase in A und B durch Regelung der Zugabe von Vaselinöl als Absperrflüssigkeit von H her vorgenommen. Das U-förmige Capillarrohr zwischen E und D soll die Diffusion des Ozons zur Manometerflüssigkeit verhindern. Die gesamte Anordnung steht in einem Wasserbad, dessen Flüssigkeit die zweite Elektrode des Ozonisators ist.

Die gebildete Ozonmenge wird durch Bestimmung der Druckdifferenz zwischen den Punkten F und F' bei gesenkter Lage des Gefäßes B mittels Fernrohrablesung gefunden. Die Ozonmenge beträgt

$$O_3 = c_0 \cdot 4{,}286 \text{ mg},$$

wenn die Kontraktion $c_0 = V\,\frac{273\,p}{760\,T'}$ ist und V das Volumen des Ozonisators, p die gemessene Druckdifferenz und T' die Temperatur nach der Ozonisierung bedeuten.

Eine gegen die oben beschriebene Anordnung einfachere Apparatur hat JAHN in seinem Ozonometer beschrieben, mit dem es in der kurzen Zeit von 2 Min. möglich ist, eine Ozonbestimmung mit relativ großer Genauigkeit auf einfachstem Wege durch eine einzige Druckmessung durchzuführen. Die Methode beruht auf der Druckerhöhung des Gasvolumens bei thermischer Zersetzung an einem geheizten Platindraht.

Die Einzelheiten ergeben sich aus der schematischen Abb. 11.

Das ozonhaltige Gas tritt bei dem winklig gebohrten Capillarhahn A in das U-Rohr D ein und entströmt über den capillaren Drei-Wege-Hahn E. Die lichte Weite des U-Rohres beträgt etwa 2 cm, der Fassungsraum etwa 70 cm³. Sind etwa 150 bis 200 cm³ Gas durchgeleitet, so wird erst der Hahn A, dann der Hahn E geschlossen und die Verbindung mit dem Manometer G hergestellt. Hierauf wird durch den im U-Rohr über Stützpunkte gespannten Platindraht von 0,1 mm ein Heizstrom geschickt, der diesen zur schwachen Rotglut bringt. 5 bis 10 Min. genügen, um das ganze Ozon zu zersetzen. Die zugeführte Wärmemenge wird durch den umgebenden Thermostaten aufgenommen. Zur Messung des Druckes wird durch bei H aus einer mit Manometerflüssigkeit (Paraffin-

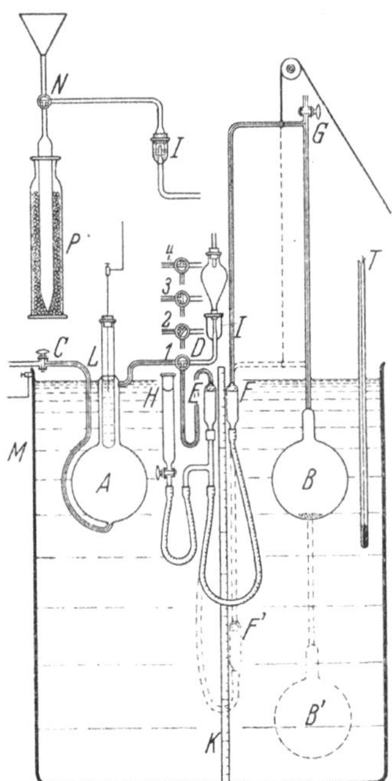

Abb. 10. Manometer. (Nach LECHNER.) A Ozonisator mit Flüssigkeitselektrode, L, B Vergleichsvolum E, F Einstellmarken, H Gefäß zur Aufnahme der Absperrflüssigkeit (Vaselinöl), K Maßstab, E, D U-förmige Capillare, M Wasserbad, P Gefäß für die alkalische Absorption.

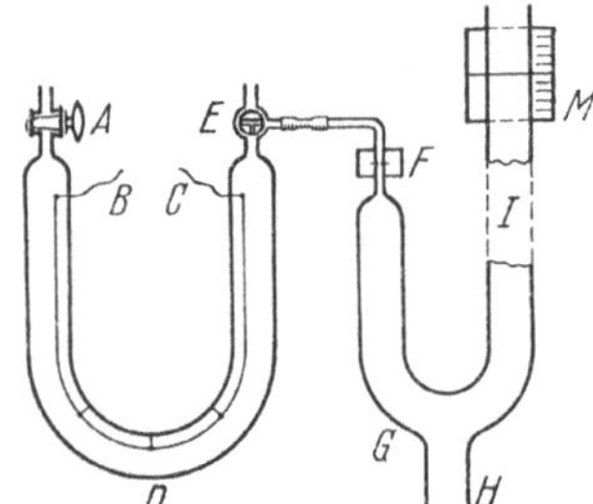

Abb. 11. Ozonometer. (Nach JAHN.) A Winkelcapillarhahn, E Drei-Wege-Hahn, D U-Rohr mit Heizdraht B, C, G Manometer, F feste Marke, M Skala, H Anschluß für Druckausgleichgefäß.

öl) gefüllten und mittels Gummischlauchs angeschlossener Birne der linke Miniskus bei der Marke F eingestellt und die Druckdifferenz der Marke F gegen Manometerstand M abgelesen. Zur Bestimmung des Ozons genügt eine Ablesung, da der Nullpunkt an der Skala konstant bleibt, wenn Ozon bei Atmosphärendruck eingefüllt wurde. Die Manometerflüssigkeit (Paraffinöl) hat ungefähr eine Dichte von 0,89 und ändert diese bei Zimmertemperatur nur etwa um 1 bis 2‰ je 1°.

Ist Δp die auf Quecksilber umgerechnete Druckdifferenz, p der Barometerstand (auf 0° C reduziert), so ist der Ozongehalt in Volumprozent

$$x = \frac{2\Delta p}{p} \cdot 100.$$

Zu beachten ist noch der Totraum zwischen E und F in der Capillare, der bei einer Länge von 5 cm und 2 mm lichter Weite ungefähr 2‰ des Gesamtraumes beträgt und korrekturmäßig zu berücksichtigen ist unter Verwendung des Volumverhältnisses des Totraumes zum Gesamtraum g:

$$x = \frac{2\,\Delta p}{p}(1+g)\cdot 100.$$

Für 10%iges Ozon bei 760 mm beträgt die Druckdifferenz Δp etwa 580 mm Paraffin, ist also noch auf 1‰ genau zu bestimmen. Auch 1%iges Ozon läßt sich demnach auf 1% genau messen, nur ist dann die Änderung von Außendruck und Thermostatentemperatur entsprechend zu berücksichtigen.

Auf eine Fehlerquelle sei indessen noch ausdrücklich hingewiesen. Ozon zerfällt schon bei Zimmertemperatur langsam in Gegenwart von Platin. Bei diesem Apparat beträgt die Zunahme etwa 1 mm je Min. Hierfür ist also gemäß der Füllungsdauer eine kleine Korrektur anzubringen, die von Zeit zu Zeit neu zu bestimmen ist.

2. Volumenmessung.

Einen ähnlichen Weg der Zersetzung und die Volumenmessung wählt BOUSFIELD zur Ozonbestimmung. Die gemessenen ozonhaltigen Gase werden über platinierten Asbest, der erwärmt wird, geleitet und wiederum gemessen. Aus der Volumenzunahme wird auf den Ozongehalt geschlossen. Eine besondere Bedeutung scheint diese Methode, die nur auf größere Ozongehalte anwendbar ist, nicht erlangt zu haben, da sie keine Nacharbeiter gefunden hat.

Die durch Ozon sensibilisierte Sauerstoffoxydation von Aldehyden haben BRINER und PERROTTET auch neben der Titration (vgl. § 1, F) zur volumetrischen Bestimmung von Ozon in Sauerstoff oder Luft herangezogen. In einer statischen Arbeitsweise wird die aktivierende Wirkung des Ozons auf die Oxydation von in organischen Lösungsmitteln gelöstem Benzaldehyd oder Butylaldehyd durch Sauerstoff überprüft im Vergleich zur Strömungsmethode mit Titration der Endprodukte.

Sie benutzen einen Apparat nach WARBURG mit drei sorgfältig gegen Licht abgedeckten, geschwärzten Gefäßen und finden eine fortschreitend zunehmende Vergrößerung des absorbierten Sauerstoffvolumens mit zunehmender Ozonkonzentration ($1:10^9$, 10^8 und 10^7) und eine weitere Abhängigkeit der Reaktion von den Konzentrationsbedingungen der Lösungen. Die Reproduzierbarkeit nach der volumetrischen Methode ist gegenüber der dynamischen bei Absorption und Titration nicht genügend. Die Methode ist jedoch für kinetische Studien der Ozonreaktion geeignet.

FISCHER, DÜLL und VOLZ haben diese Reaktion ebenfalls unter Verwendung einer BUNTE-Bürette versucht.

SORET hatte bei der Einwirkung von Ozon auf Terpentinöl oder Zimtöl schon zeitig eine Volumenverminderung von Ozon-Sauerstoff-Gemischen infolge der vollen Absorption des Ozons (Ozonidbildung) gefunden. Die Größe der Abnahme fand er nahezu doppelt so groß wie das Volumen, das der durch Kaliumjodid absorbierte Sauerstoff einnehmen würde:

(1) $O_3 + 2\,KJ + H_2O = J_2 + 2\,KOH + O_2$, 1 Vol. Ozon entspr. $^1/_2$ Vol. O_2 ($= 1\,J_2$).

Der dem Jod äquivalente Sauerstoff entspricht der Hälfte des Ausgangsvolumens des Ozons. Bei der thermischen Zersetzung von Ozon-Sauerstoff-Gemischen fand SORET eine entsprechend große Volumenzunahme. Aus diesen Erkenntnissen schloß er dann, daß die Dichte des Ozons $1^1/_2$mal so groß ist wie die des Sauerstoffs, und daß zum Aufbau des Ozonmoleküls 3 Sauerstoffatome gehören.

Literatur.

v. BABO, L.: Ann. Suppl. **2**, 264 (1863). — BOUSFIELD, E. G. P.: Z. El. Ch. 376 (1904). — BRINER, E., u. E. PERROTTET: Helv. **20**, 1207 (1937).

FISCHER, F. G., H. DÜLL u. J. L. VOLZ: A. **486**, 80 (1931).

JAHN, ST.: B. **43**, 2319 (1910).

LÄUCHLI, A.: Helv. Phys. Acta **1**, 208 (1928). — LECHNER, G.: Z. El. Ch. **17**, 412 (1911).

SORET, I. L.: C. r. **57**, 604 (1863); **61**, 941 (1865).

WARBURG, E.: Ann. Phys. [4] **9**, 781, 1286 (1902); **13**, 1080 (1904).

B. Optische Methoden.

1. Spektroskopische Methoden.

I. Lichtabsorption und Extinktionskoeffizient. Von den optischen Eigenschaften, nämlich der Emission, der Absorption und der Refraktion, ist für die quantitative Bestimmung des Ozons, insbesondere für die Bestimmung des Ozongehaltes der Atmosphäre, die Absorptionsfähigkeit des Ozons ausgewertet worden, und zwar die Absorption im sichtbaren, ultraroten als auch im ultravioletten Licht. Allerdings überwiegt bei weitem die Eignung der Absorption im ultravioletten Licht für die Zwecke der analytischen Methoden, da hier die Absorption besonders stark und charakteristisch ist.

Die Möglichkeit der Bestimmung auf Grund der Absorption beruht auf der Gültigkeit des LAMBERT-BEERschen Gesetzes von der Additivität der Absorption in Abhängigkeit von Schichtdicke und Konzentration und auf der Voraussetzung, daß die spezifische Absorption (Absorptions- bzw. Extinktionskoeffizient) bekannt ist. Aus einer gemessenen Absorption bzw. Extinktion, Lichtschwächung, Schwärzung bei photographischer Messung, kann auf die Schichtdicke bzw. Konzentration geschlossen bzw. diese berechnet werden. Das Gesetz hat die mathematische Formulierung:

$$J = J_0 e^{-x c d},$$

wobei J die Intensität des austretenden, J_0 die des eintretenden Lichtes, c die Konzentration, d Schichtdicke und x der Absorptionskoeffizient ist.

Bei der Wahl des dekadischen Logarithmus statt des natürlichen und des Begriffs der Transparenz $J : J_0$ statt der Absorption lautet die Fassung, wie sie für Gase zweckmäßig angewendet wird:

$$J = J_0 \cdot 10^{-\alpha d},$$

$$\log \frac{J}{J_0} = -\alpha d.$$

Daraus findet man:

$$d = \frac{1}{\alpha} \log \frac{J_0}{J}.$$

In diesen Formeln bedeuten J_0 und J die Lichtintensitäten, $\frac{J}{J_0}$ die Transparenz bzw. $\log \frac{J}{J_0}$ die Extinktion, α den dekadischen Extinktionskoeffizienten und d die Schichtdicke des Gases, wobei d in cm Schichtdicke reinen Gases auf 0° und 760 mm Quecksilber umgerechnet bedeutet. α nimmt bei Wahl anderer Einheiten für die Konzentration dementsprechend andere numerische Werte an. Der Absorptionskoeffizient x steht zum Extinktionskoeffizienten α in folgender Zahlenbeziehung:

$$\alpha = 0{,}4343\, x.$$

Der Zahlenwert von α stellt den reziproken Wert der Schichtdicke eines Gases oder eines Gasanteiles in einem Gasgemisch dar, durch welche die einfallende Strahlung auf den zehnten Teil ihrer Intensität geschwächt wird. Der Ausdruck $\log \frac{J_0}{J}$ ist der Konzentration bzw. Schichtdicke des absorbierenden Stoffes proportional, sofern das LAMBERT-BEERsche Gesetz gültig ist, was im Falle des Ozons für das Ultrarotgebiet nicht voll zutrifft.

α ist für die einzelnen Wellenlängen verschieden groß, entsprechend der Absorptionsfähigkeit des Gases in den einzelnen Banden seines Absorptionsspektrums. Wenn der Extinktionskoeffizient α_λ für eine bestimmte Wellenlänge bekannt ist, so kann nach den obigen Gleichungen eine Bestimmung der Konzentration erfolgen, wenn das Verhältnis $\frac{J}{J_0}$ bzw. $\frac{J_0}{J}$ experimentell gefunden wird. Diese Verhältniszahlen können nach drei Verfahren ermittelt werden: entweder indem man die Lichtintensitäten photometrisch (mit Hilfe des Auges oder einer Photozelle) miteinander vergleicht, oder photographisch durch die hervorgerufene Schwärzung auf einer photographischen Schicht, oder 3. indem man die in der Zeiteinheit und je cm^2 Querschnitt des Lichtstromes beförderte Energie bestimmt. Für die ersten beiden Wege kommen als Apparaturen die Spektrophotometer, z. B. das von KÖNIG-MARTENS, die photographischen Verfahren, die photoelektrischen Zellen mit Messung der erzeugten elektrischen Ströme, und für den dritten Weg die Thermoelemente oder Bolometer in Betracht. Als Strahlungsquellen kommen für das Gebiet des Ultravioletts die Quecksilberdampflampe, Wasserstoffentladungsrohre, im sichtbaren Bereich des Spektrums die Natriumdampflampe und für das Gebiet der Ultrarotstrahlung die NERNST-Lampe, gegebenenfalls das Sonnenlicht in Anwendung mit vorgeschalteten Lichtfiltern zur Erreichung möglichst monochromatischer Strahlung oder auch Ausblendung der gewünschten Wellenlänge aus spektral zerlegtem Licht durch einen Spektralapparat.

Wie schon gesagt, ist die Bestimmung des Ozons in den verschiedenen Strahlungsgebieten durchgeführt worden, also über Wellenlängen von 20 mμ bis 10000 mμ. Hierbei umfassen die Wellenlängen:

Von 20 bis 400 mμ das Ultraviolett-,
„ 400 „ 760 mμ „ sichtbare und
„ 760 „ 10000 mμ „ Ultrarotgebiet.

Allgemein ist für die Wahl der Strahlungsgebiete außer der entscheidenden Stärke der Absorption auch der Konzentrationsbereich der vorliegenden Stoffe mit zu berücksichtigen. Experimentell ist es schwierig, sowohl bei geringer als auch bei starker Absorption genaue Messungen durchzuführen. Es ist leichter, Werte bei nicht zu starker Absorption zu bestimmen, und die spektrographische Methode kann in diesen Gebieten mit Vorteil zur quantitativen Bestimmung herangezogen werden. Da für Ozon die stärksten Absorptionsbanden im Ultraviolett und schwächere Absorptionsbanden im sichtbaren und Ultrarotgebiet liegen, werden zweckmäßig Bestimmungen von höheren Ozonkonzentrationen, also künstlich ozonisierte Gase, im sichtbaren Gebiet bei den D-Linien des Natriumlichtes oder im Ultrarot vorgenommen, während sonst geringere Ozonkonzentrationen durch Messungen im Ultraviolett bei $\lambda = 254$ mμ gemessen werden.

II. Ultrarotgebiet. Ehe nun zu den einzelnen Vorschlägen in den verschiedenen Wellenlängengebieten und den Extinktionskoeffizienten und Arbeitsverfahren übergegangen werden soll, ist es nötig, darauf hinzuweisen, daß bei den Messungen in den Absorptionsbanden, die von ÅNGSTRÖM mit Maxima bei 4700 mμ und 9500 mμ gefunden wurden, nach Arbeiten von v. BAHR (1) die Absorption durch Ozon abhängig ist vom Gesamtdruck des Systems und beträchtlich zunimmt bei höherem Druck bzw. Zuführung eines fremden Gases. In der Tabelle 13 (S. 148) ist die Zunahme der Absorption bei steigendem Druck angegeben.

Für $\lambda = 9500$ mμ und einen Anfangsdruck von 100 mm steigt also die Absorption von 26,5% bis auf 37,6% bei einer Druckerhöhung auf 760 mm, d. h. der letztere Wert ist fast um 42% höher als der erste. Für $\lambda = 4700$ mμ berechnet sich bei den gleichen Drucken eine Zunahme von immerhin noch 17%. Die unterschiedliche Größe des Effektes wird unter der Annahme der Zugehörigkeit der Absorptionsbanden zu verschiedenen Ozonmodifikationen erklärt. Leider werden in diesen Arbeiten keine näheren quantitativen Angaben gemacht.

Daß ein ähnlicher Effekt auch im ultravioletten Gebiet für Ozon vorkommen kann, wird von v. BAHR vermutet in Analogie zu den Befunden von WOOD bei der Absorption von Quecksilberdampf. Die Versuche von v. BAHR (2) im ultravioletten Absorptionsgebiet mit zunehmenden Ozondrucken haben keine entscheidende Klarheit geben können.

Werden also Bestimmungen bei gleichen Drucken durchgeführt, so lassen sich wohl vergleichbare Ergebnisse erhalten. Anders ist es aber, wenn aus der Absorption der Lufthülle, in welcher der Druck von 760 mm mit der Höhe auf 0 mm sinkt, Schlüsse auf den Ozongehalt gezogen werden sollen. Hierbei muß unbedingt der von v. BAHR bestimmte Effekt berücksichtigt werden.

Tabelle 13.

$\lambda = 4700$ mμ		$\lambda = 9500$ mμ	
Druck	Abs. in %	Druck	Abs. in %
200 mm $O_3 + O_2$	6,4	50 mm $O_3 + O_2$	15,0
+ Luft bis 300 mm . . .	6,3	+ Luft bis 100 mm . . .	17,9
+ „ „ 760 „ . . .	6,6	+ „ „ 200 „ . . .	19,6
		+ „ „ 400 „ . . .	24,4
200 mm $O_3 + O_2$	5,0	+ „ „ 760 „ . . .	25,2
+ Luft bis 400 mm . . .	5,4		
+ „ „ 760 „ . . .	5,5	100 mm $O_3 + O_2$	26,5
		+ Luft bis 200 mm . . .	31,8
100 mm $O_3 + O_2$	2,9	+ „ „ 400 „ . . .	35,9
+ Luft bis 300 mm . . .	3,3	+ „ „ 760 „ . . .	37,6
+ „ „ 760 „ . . .	3,4		

WARBURG und LEITHÄUSER haben gelegentlich der Untersuchung der Absorptionsbande der verschiedenen Stickoxyde im Ultrarotgebiet auch die Lage und Höhe des Absorptionsmaximums für Ozon bei $\lambda = 4740$ mμ gemessen. Ihre Ergebnisse werden zusammengefaßt in folgenden Zahlen:

$\lambda = 4740$ mμ			
Absorption in %	27	37	57
10^8 Mole Ozon in cm^3	92	142	235
Partialdruck p, 18°	16,8	25,8	42,8

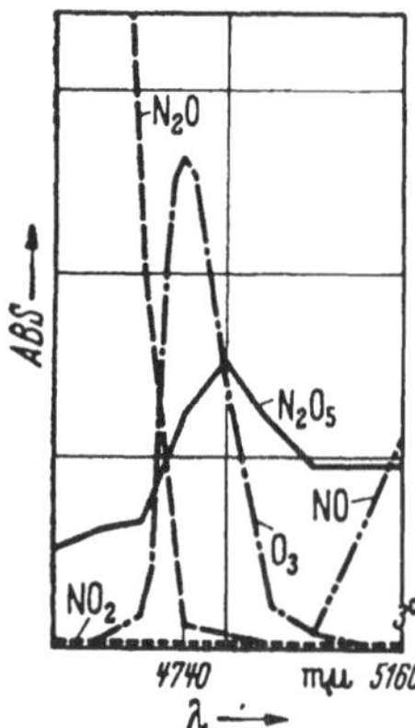

Abb. 12. Absorption von O_3, N_2O und N_2O_5 im Ultrarot. (Nach WARBURG und LEITHÄUSER.)

Die Absorptionskurve ist in der Abb. 12 wiedergegeben.

Sie verwenden bei ihren Arbeiten ein Spiegelspektrometer mit Flußspatprisma, eine NERNST-Lampe als Strahlungsquelle und ein Vakuumbolometer bei 18 cm Gasabsorptionslänge. Die Stickstoffverbindungen NO und NO_2 zeigen bei $\lambda = 4740$ mμ keine, N_2O eine kleine und N_2O_5 eine schon beträchtliche Absorption, indem sich hier die Absorptionsbanden überschneiden. Bei Gemischen mit Stickoxyden ist ein gegebenenfalls vorliegender N_2O_5-Gehalt und dessen Absorption zu berücksichtigen.

III. Sichtbares Gebiet. In der Durchsicht zeigt Ozon eine blaue Farbe, in konzentrierter Anreicherung tiefblau bis fast schwarz und bei einer Schichtdicke von 2,8 m und 1,7 Vol.-% noch deutliche Blaufärbung. Die blaue Farbe des Himmels wird auf den Ozongehalt der Atmosphäre zurückgeführt. Aus dieser Blaufärbung ergibt sich schon die Andeutung für eine Absorptionsfähigkeit des Ozons im Gelb. Von v. LADENBURG und LEHMANN wurde diese Absorption, die auch schon von CHAPPUIS gefunden war, bestätigt.

Für das Gebiet des Spektralbereiches von 430 bis 640 mμ, also im sichtbaren Licht, wurde von COLANGE die Absorption quantitativ bestimmt, und die dekadischen Absorptionskoeffizienten (= Extinktionskoeffizienten) wurden in einer Kurve in Abhängigkeit zur Wellenlänge zusammenhängend dargestellt. Diese Kurve wird in Abb. 13 wiedergegeben. Die Werte der Koeffizienten liegen in der Größenordnung von 10^{-3} und sind um mehrere Zehnerpotenzen kleiner als die im Ultraviolettgebiet.

Die stärkste Absorption und die größten Koeffizienten liegen im Gelb im Bereich der D-Linien des Natriumlichtes.

COLANGE benutzte eine photographisch-spektrophotometrische Methode und eine Apparatur ähnlich der von FABRY und BUISSON, indem er Licht kontinuierlicher Wellenlängen durch drei hintereinander geschaltete Rohre von je 2 m Länge, die mit ozonisiertem Sauerstoff gefüllt waren, in einen Spektrographen fallen ließ und die restliche Lichtintensität nach Absorption photographisch mit der eingestrahlten Lichtmenge verglich. Er bestimmte die *Schwächung* für die einzelnen Wellenlängen. Die Kontrolle des Ozongehaltes erfolgte auf chemischem Wege nach der Kalium-Jodidmethode.

Von der Absorption des Natriumlichtes zwecks quantitativer Ozonbestimmung machte RUYSSEN Gebrauch. Seine Untersuchungen erstrecken sich auf die Gültigkeit des LAMBERT-BEERschen Gesetzes, die nachgewiesen wird, und auf die Bestimmung des Extinktionskoeffizienten im Bereich der Natrium-D-Linien. Seine Werte stimmen gut mit denen von COLANGE gegebenen überein und unterscheiden sich durch den Faktor 100, da ein Rohr von 1 m Länge benutzt wird.

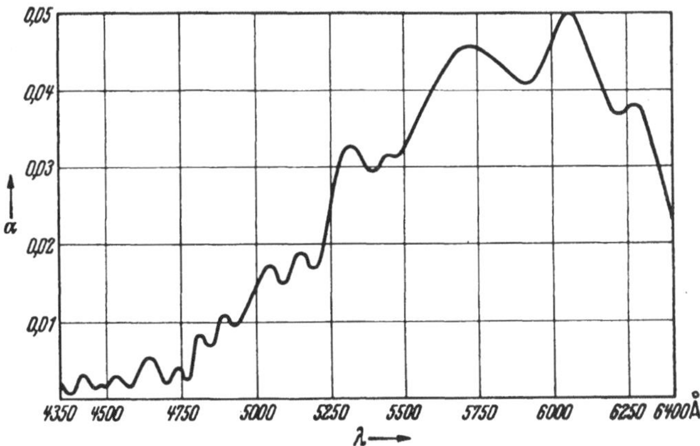

Abb. 13. Extinktionskoeffizient im sichtbaren Gebiet. (Nach COLANGE.)

Arbeitsvorschrift. RUYSSEN läßt einen Ozonstrom durch ein optisches Absorptionsrohr von 1 m Länge mit planen Endplatten, die mit Wasserglas befestigt und mit Siegellack abgedichtet sind, strömen und bestimmt mit Hilfe einer Photozelle die Absorption eines monochromatischen Lichtbündels einer Natriumdampflampe (Typ: OSRAM-Natrium-Kleinlampe). Fremde rote und grüne Linien werden durch ein vorgeschaltetes Bichromatfilter so weit geschwächt, daß sie vernachlässigt werden können und fast reines Natrium-D-Licht übrigbleibt. Als Photozelle wird eine Kalium-Kupferoxyd-Zelle vom Typ CMV 6 (General Electric Co.) verwendet, die sich besser geeignet zeigt als eine Caesopreßzelle. Der Photostrom wird mit einem LINDEMANN-Elektrometer nach der Kompensationsmethode gemessen. Die verwendete Anordnung ist in Abb. 14 wiedergegeben, in der Na die Strahlungsquelle, I das Absorptionsrohr mit Gasfüllung, C die Photozelle, L das LINDEMANN-Elektrometer ist. Der Vorgang der photoelektrischen Messung ist von MOSS näher beschrieben. Bei einer Schichtlänge von 1 m wird der Extinktionskoeffizient $\alpha = 3{,}943 \cdot 10^{-4}$ in der Formel

$$c = \frac{1}{\alpha L} \log \frac{J_0}{J}$$

benutzt, in der c die Volumenkonzentration, L die Länge (hier $= 100$) und J die entsprechenden Lichtintensitäten sind.

Die zur Kontrolle nach der Kaliumjodidmethode durchgeführten Vergleichsmessungen sind in guter Übereinstimmung mit den Werten der optischen Methode, z. B. in einem Falle mit 3,68% gegen 3,61% Ozon (optisch). Bei den Vergleichsbestimmungen mit durch Borsäure und Borax gepufferten Kaliumjodidlösungen streuen die Werte etwas stärker.

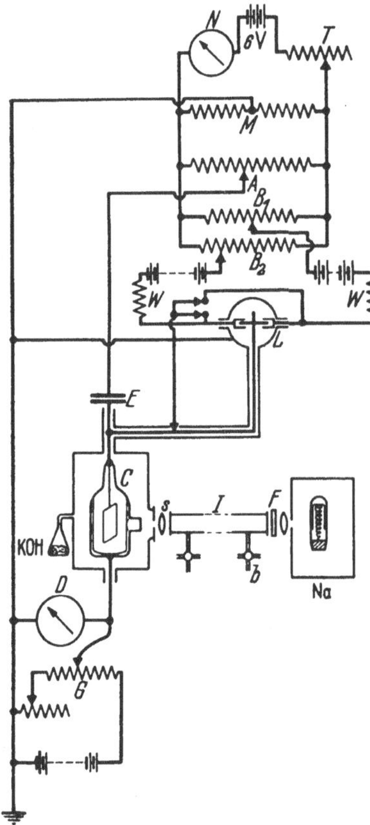

Abb. 14. Meßanordnung. (Nach RUYSSEN.) C Photozelle, L LINDEMANN-Elektrometer, I Absorptionsrohr, Na Natriumdampflampe, E Meßkondensator, A, B_1, B_2, M Potentiometer, N Milliamperemeter, D Spannungsmesser, F Filter, G Anodenspannungspotentiometer.

Die Methode von RUYSSEN ist in dem Konzentrationsbereich von 2 bis 5 Vol.-% Ozon geeignet. Eine photochemische Zersetzung, die die Analyse bei der Belichtung stören würde, wurde in diesem Spektralbereich nicht beobachtet.

IV. Ultraviolettgebiet. Im Ultraviolettgebiet besitzt das Ozon ein breites Absorptionsband von 240 bis 290 mμ mit besonders starker Absorption und dem Maximum bei $\lambda = 254$ mμ. Gegenüber den anderen Spektralbereichen und einer Bandenabsorption zwischen 300 und 350 mμ ist hier die Absorption stärker und sind die Extinktionskoeffizienten größer. Von $\lambda = 290$ mμ an zu den kürzeren Wellen hin erfolgt eine fast vollständige Absorption der Sonnenstrahlung, die auf die Anwesenheit des Ozons in der Lufthülle zurückgeführt wird.

In dem Absorptionsgebiet des Ozons zwischen den Wellenlängen von 200 bis 300 mμ kommt die Absorption des Sauerstoffs wie die der übrigen Gase der Atmosphäre nicht mehr in Betracht (vgl. KREUSLER).

Die Extinktionskoeffizienten wurden von MEYER zwischen 200 und 300 mμ bestimmt und von HALLWACHS und später von v. WARTENBERG zur quantitativen Ozonbestimmung benutzt.

Eine kritische Nachbestimmung der Extinktionskoeffizienten durch KRÜGER und MOELLER ergab nicht nur, daß diese gegen die von MEYER angegebenen Werte wesentlich abwichen, sondern klärte auch die Ursachen für Unstimmigkeiten in den Bestimmungen von HALLWACHS und v. WARTENBERG.

KRÜGER und MOELLER haben die Intensitätsverteilung im Gebiet zwischen 240 und 300 mμ untersucht und die Extinktionskoeffizienten durch die chemische Titration der Kaliumjodidmethode in alkalischer Lösung kontrolliert. Ihre Werte weichen recht beträchtlich gegenüber denen von MEYER ab und erreichen teilweise nur ¼ der Beträge.

In der Abb. 15 ist die Intensitätsverteilung im Ultraviolettgebiet dargestellt.

Die von KRÜGER und MOELLER benutzte Meßanordnung geht aus der Abb. 16 hervor. Das durch ein Quarzprisma spektral zerlegte Licht der Quecksilberquarzlampe H wird durch die Linse L auf die in einem Holzkasten befindliche Photozelle Z geworfen, deren nicht empfindliche Kaliumelektrode A im Brennpunkt der Linse liegt. Durch den Spalt O kann eine bestimmte Spektrallinie herausgeblendet werden. Zwischen Linse und Spalt befindet sich das Metallrohr M, dessen obere Schale abnehmbar ist und in welches ein zylindrisches Glasgefäß mit dem zu untersuchenden Gasgemisch von 16,27 cm Länge und etwa 3 cm Durchmesser, mit Quarzfenstern an den Enden, eingelegt werden kann. Der der Lichtintensität proportionale Photostrom der Zelle wird mit Hilfe eines Quadrantenelektrometers nach der Methode der konstanten Ausschläge gemessen. Aus dem auf diese Weise bestimmten Verhältnis der Lichtintensitäten mit und ohne Ozon im Strahlengang (J/J_0) und unter Zugrundelegung des Extinktionskoeffizienten $\alpha = 430$ für $\lambda = 254$ mμ wird dann die Schichtdicke d bzw. die Konzentration c aus dem LAMBERT-BEER-Gesetz abgeleitet.

Die Übereinstimmung der Werte nach der optischen und chemischen Methode (alkalische Kaliumjodidlösung) ist gut, und die optische Methode ist noch bis zu Ozongehalten von $1{,}2 \cdot 10^{-3}$ Vol.-% anwendbar, einem Gebiet, in dem die chemische Analyse schon völlig versagt. Außerdem ist es möglich, wegen der relativ geringen Absorptionsfähigkeit der Stickoxyde in diesem Wellenlängengebiet, das Ozon neben diesen Gasen zu bestimmen. Leider sind keine Andeutungen über eine etwaige photochemische Zersetzung von KRÜGER und MOELLER gemacht worden, die in diesem Gebiet bei längeren Einstrahlungszeiten bemerkbar wird.

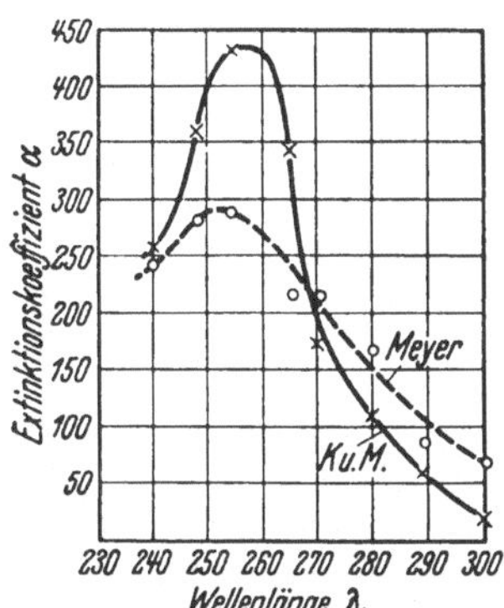

Abb. 15. Intensitätsverteilung der Absorption im Ultraviolettgebiet. (Nach KRÜGER und MOELLER.)

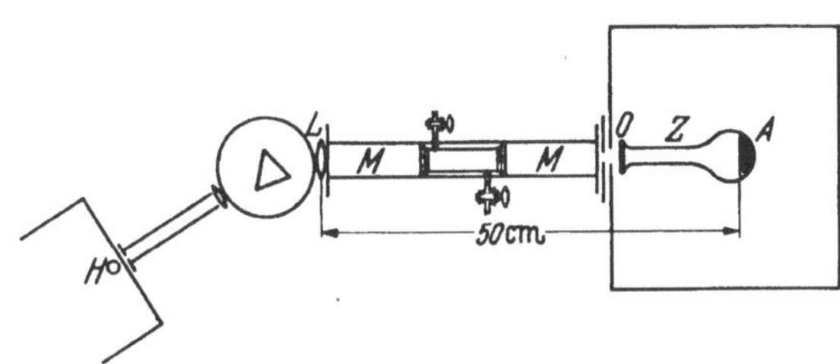

Abb. 16. Meßanordnung. (Nach KRÜGER und MOELLER.) H Quecksilberlampe, L Linse, Z Photozelle, O Spalt, M Metallrohr mit Absorptionsgefäß.

Fast gleichzeitig wurde von FABRY und BUISSON die Abhängigkeit der Extinktionskoeffizienten von den Wellenlängen im Gebiet von 220 bis 310 mμ bestimmt und später von LAMBREY sowie von CHALONGE und LAMBREY auf das Gebiet von 310 bis 340 mμ erweitert, in dem eine Bandenabsorption festgestellt wird. Für den gleichen Bereich zwischen 300 und 350 mμ findet BOUTARIC eine Reihe von nicht auflösbaren Banden.

Tabelle 14.

λ (mμ)	α	$\varepsilon \cdot 10^{-1}$
230	50	112
240	95	213
250	120	269
260	120	269
270	91	204
280	46	103
290	16,6	37,2
300	4,6	10,3
310	1,23	2,76
320	0,35	0,79
330	0,093	0,21
340	0,025	0,056

Extinktionskoeffizient α im Ultraviolett in Abhängigkeit von λ nach FABRY und BUISSON.

In der Tabelle 14 werden die Extinktionskoeffizienten (aus der Formel: $J = J_0 \cdot 10^{-\alpha d}$, wo d die Schichtlänge in cm reinen Ozons umgerechnet auf 0° und 760 mm Druck bedeutet) nach den Messungen von FABRY und BUISSON neben den molaren Extinktionskoeffizienten aus der Formel $J = J_0 \times 10^{-\varepsilon c d}$ (c = Konzentration des Ozons) angegeben.

Später hat LÄUCHLI ebenfalls im Ultraviolettgebiet die Werte für den Extinktionskoeffizienten gemessen, die zum Vergleich in der Tabelle 15 angegeben werden und teils etwas größer als die von FABRY und BUISSON sind (vgl. Abb. 17).

Eine der elegantesten Arbeiten der letzten Zeit haben EDGAR und PANETH veröffentlicht; sie benutzen für die spektroskopische Ozonbestimmung eine Anreicherungsmethode durch Kondensation und fraktionierte Zerlegung (siehe Abschnitt „Kondensation" § 7, 2), die es ihnen gestattet, den Ozoninhalt von 1700 l Luft 28000fach anzureichern und gleichzeitig die Stickoxyde abzutrennen, die gesondert bestimmt werden können. Es gelingt auf diese Weise, den Ozongehalt eines größeren Luftvolumens, das einer Strecke von etwa 31 km Luft entspricht, in einem Absorptionsrohr von 1 m Länge und 60 cm³ Inhalt im Strahlengang eines Spektrophotometers zu untersuchen.

Tabelle 15.

λ (mμ)	α
237	100,5
248,2	141
253,7	148,8
265	123
280,4	45,6
296,7	6,9
312,5	0,96
334	0,07

Extinktionskoeffizient α für Ozon in Abhängigkeit von λ nach LÄUCHLI.

Der Apparat ist in Abb. 18 wiedergegeben und besteht aus einem 111 cm langen Glasrohr mit aufgekitteten planen Quarzfenstern an den Enden und einer Zu- und Ableitung. O ist ein als Lichtquelle benutztes Wasserstoffentladungsrohr und Q der Quarzspektrograph zur Zerlegung des Lichtes zwecks monochromatischer Messung der Absorption einzelner Linien des Wasserstoffspektrums.

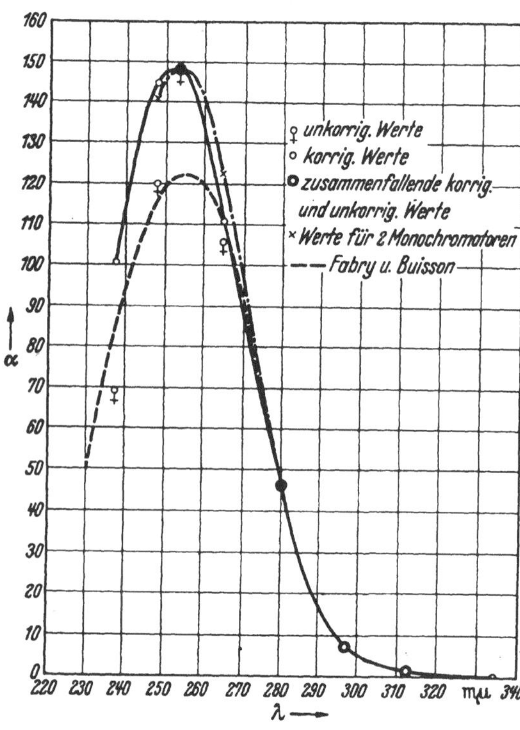

Abb. 17. Extinktionskoeffizient in Abhängigkeit von der Wellenlänge. (Nach LÄUCHLI.)

Die Füllung des Absorptionsrohres geschieht durch den Schliffstopfen G aus einem angehängten Kondensationsgefäß der in dem § 7, 2, beschriebenen Apparatur. Zur Bestimmung der Ozongehalte wird die auf einer Platte durch Belichtung erzeugte spektrographische Aufnahme entweder mit einem Mikrophotometer ausgemessen oder durch visuellen Vergleich mit eingrenzenden Absorptionsaufnahmen von Gemischen mit bekannten und variierten Ozongehalten ermittelt. Der Herstellung dieser Eichmischungen dient der angehängte Drei-Liter-Kolben I, in dem die Ozonverdünnungen durch Zumischung von Sauerstoff nacheinander erzeugt werden. Eine Bestimmung der Ozongehalte geschieht zweckmäßig nach einer chemischen Methode (Kaliumjodidmethode) nach vorangegangener Absorptionsaufnahme durch Verdrängung des Rohrinhaltes durch Sauerstoff durch eine bei G angesetzte Kaliumjodidabsorptionspipette.

Der photographisch erfaßte Spektralbereich erstreckt sich von 210 bis 500 mμ. Aus den Aufnahmen geht hervor, daß sich die Absorption mit zunehmender Ozonkonzentration vergrößert und mit ziemlicher Genauigkeit eine Einordnung zwischen zwei eingrenzende Eichkonzentrationsaufnahmen möglich ist.

In einer Untersuchungsreihe zur Erprobung der Methode werden die Ozongehalte von an verschiedenen Stellen und an verschiedenen Tagen gesammelten Luftproben bestimmt. Sie schwanken zwischen 0,5 und $3 \cdot 10^{-6}$ Vol.-%. Wie noch im § 7, 3, „Bestimmung von Stickoxyden neben Ozon", näher ausgeführt wird, kann noch eine getrennte Bestimmung der Stickoxyde angeschlossen werden nach einer chemisch-analytischen Methode mit m-Xylenol-Reagens. Die nach dieser Methode parallel zum Ozon ausgeführten Bestimmungen ergeben Werte von 0,1 bis $2 \cdot 10^{-6}$ Vol.-% NO_2, also in der gleichen Größenordnung wie beim Ozon. Mit dieser Trennung haben EDGAR und PANETH die bis dahin allgemein zu wenig beachtete Ungenauigkeit und Fehlerquelle, die durch den Stickoxydgehalt der Luft bei analytischen Ozonbestimmungen möglich ist, sicher ausgeschlossen. Die erreichte Genauigkeit ihrer Bestimmungen wird mit 10% für Ozon und 15% für NO_2 angegeben.

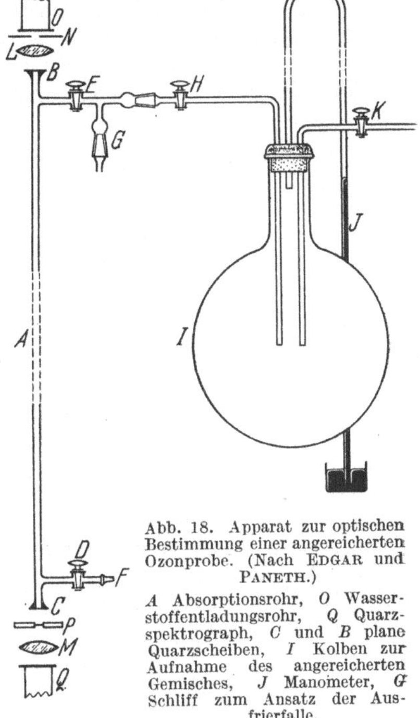

Abb. 18. Apparat zur optischen Bestimmung einer angereicherten Ozonprobe. (Nach EDGAR und PANETH.)
A Absorptionsrohr, *O* Wasserstoffentladungsrohr, *Q* Quarzspektrograph, *C* und *B* plane Quarzscheiben, *I* Kolben zur Aufnahme des angereicherten Gemisches, *J* Manometer, *G* Schliff zum Ansatz der Ausfrierfalle.

V. Photochemische Zersetzung. Bei längeren Bestrahlungen macht sich im Ultraviolettlicht bei ozonhaltigen Gasen eine photochemische Zersetzung bemerkbar. Der Primärprozeß vollzieht sich nach der Gleichung:

$$O_3 + h\nu = O_2 + O$$

mit anschließender Kettenreaktion (vgl. SCHUMACHER) und gehorcht einem monomolekularen Geschwindigkeitsgesetz. Nach v. BAHR ist die Desozonisierung bei konstantem Druck der vorliegenden Ozonmenge proportional und nimmt mit abnehmendem Druck schnell zu. Die Zerfallskonstante α des monomolekularen Zerfalls

$$P = P_0 e^{-\alpha t}$$

in Abhängigkeit vom Gesamtdruck ist in der Abb. 19 wiedergegeben und zeigt die schnelle Zunahme der Zersetzung ab 100 mm Gesamtdruck.

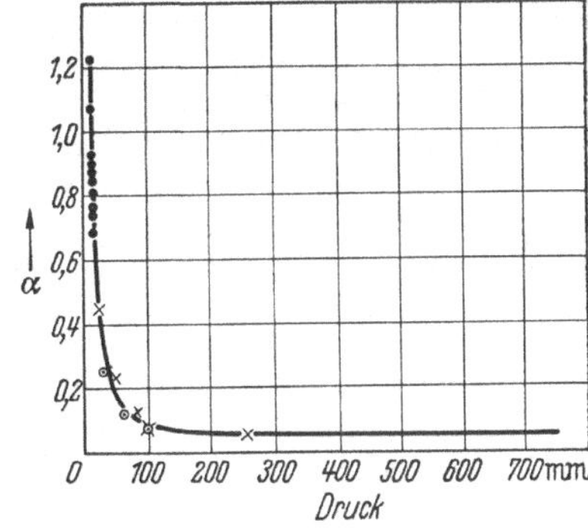

Abb. 19. Zerfallskonstante α in Abhängigkeit vom Gesamtdruck. (Nach v. BAHR.)

Bei photographischen Aufnahmen, besonders bei kurzen Belichtungen, wird sich diese Zersetzung nicht störend bemerkbar machen; bei Messung des lichtelektrischen Stromes und längeren Meßzeiten wird sie jedoch störend ins Gewicht fallen.

VI. Ozonbestimmung in der Atmosphäre. Die Zahl der Untersuchungen über den Ozongehalt in der Lufthülle, ebenfalls die Zahl der Methoden, ist in Hinsicht auf das große Interesse der Meteorologie und der Geophysik an der Ozonentstehung in Abhängigkeit von der Lichteinstrahlung und anderer Bildung durch stille Entladung, an der Ozonzersetzung durch Ultraviolettlicht, der verschiedenen Verteilung des Ozons in Erdnähe als auch in der Höhe und am Gang der Schwankungen über Tage oder größere Zeiträume entsprechend groß. Es können daher aus der Vielzahl der Untersuchungsmethoden nur die wichtigsten und erfolgreichsten behandelt, und sonst kann nur auf die Originalliteratur verwiesen werden.

Der unstreitbar erste Nachweis des Ozons in der Atmosphäre geschah spektroskopisch. Auf Grund der charakteristischen Absorption im Ultraviolettteil des Sonnen- und Sternlichtes ist nicht nur die qualitative, sondern auch die quantitative Bestimmung des Ozons in der die Erde umhüllenden Atmosphäre bis zu seiner Grenze möglich. Die Konzentrationsangabe erfolgt bei diesen Arbeiten vielfach in Schichtdicke reinen Ozons, umgerechnet auf 0° und 760 mm Druck, in mm auf 1 km Luftschicht bzw. auf die Gesamthöhe der Atmosphäre.

Nach den ersten Arbeiten von Fabry und Buisson (1), von Fowler und Strutt und weiteren Arbeiten von Fabry und Buisson (2) war es bald sicher, daß der Hauptanteil des so gemessenen Ozons — der Gesamtgehalt entspricht etwa einer Schicht von 3 mm reinen Ozons — in der Stratosphäre vorliegt. Wenn auch vereinzelte Forscher die Anwesenheit des Ozons in Bodennähe für nicht sicher hielten, haben bald die Methoden der Durchstrahlung längerer Luftschichten bei Verwendung künstlicher Lichtquellen statt des Sonnenlichtes sichere Erkenntnisse gebracht.

a) In Bodennähe. Bei den Bestimmungen des Ozongehaltes der Luft in Bodennähe wird die Methode der Absorptionsmessung einer Luftschicht zwischen einer künstlichen Strahlungsquelle und der mehr oder weniger weit entfernt aufgestellten Meßstelle für die verbleibende Strahlung angewandt. Es werden hiermit die mittleren Ozongehalte einer Luftschicht bis 6 km Ausdehnung gefunden.

Buisson, Buisson, Jausseran und Rouard, Götz und Ladenburg und auch Götz und Maier-Leibnitz haben an der relativen Abnahme der Intensitäten im Ultraviolettlicht verschiedener Wellenlängen unter Anordnung von Strahlungsquelle und Spektrograph in größerer Entfernung voneinander den Ozongehalt zu etwa 0,2 mm Ozon je 1 km Luftschicht festgestellt.

Zur Ozonbestimmung in der atmosphärischen Luft benutzen Chalonge und Vassy ein Wasserstoffentladungsrohr nach Chalonge und Saubry als kontinuierliche Ultraviolettstrahlungsquelle zwischen 243 und 270 mμ und stellen über eine Entfernung von 1550, 2400 und 6000 m quantitative Messungen an in Abhängigkeit von der Höhenlage über dem Boden im Gebirge. Sie finden einen mit der Höhe zunehmenden Ozongehalt, der auf dem Jungfraujoch etwa doppelt so groß ist wie in Lauterbrunn und der bei 1 km Luftschicht in Lauterbrunn (1850 m über N.N.) 0,017 mm Ozonschicht und auf dem Jungfraujoch (3300 m über N.N.) 0,03 mm Ozonschicht umgerechnet auf 760 mm beträgt. Die wirklichen Gehalte bei den entsprechenden Luftdrucken sind 0,016 mm bei 690 mm Barometerstand bzw. 0,019 mm Ozon bei 500 mm Baomreterstand.

Chiplonkar beschreibt einen einfachen Quarzspektrographen mit Prisma und zylindrischer Linse, Quarzkeil, langer Rohrblende und photographischer Platte, mit dem er die Strahlung einer konstant brennenden Quecksilberdampflampe über Entfernungen von 300, 1600 und 4800 m in Poona mißt. Wenn die Keilkonstante für die verschiedenen Wellenlängen bekannt ist, kann das Intensitätsverhältnis aus der Länge der photographisch registrierten Quecksilberlinien im Keilspektrum berechnet werden. Er fand mit dieser Methode Ozongehalte von 0,01 bis 0,05 mm Ozonschicht je 1 km Luftschicht. Der Spektrograph ist in Abb. 20 und 21 wiedergegeben.

Im Gegensatz zu der Durchstrahlung einer längeren Luftschicht über der Erdoberfläche wählten Edgar und Paneth einen anderen Weg, den des Ansaugens eines größeren Luftvolumens, dessen Ozonanteil durch Kondensation bei tiefen Temperaturen in Gegenwart von Silicagel abgetrennt und nach der Verdampfung im angereicherten Zustand spektroskopisch ermittelt wird. Über diese für die meteorologischen Zwecke weitgehendst durchentwickelte Methode ist schon im vorhergehenden Abschnitt d), „Ultraviolettgebiet", alles Wesentliche ausgeführt.

b) Über die Gesamthöhe. Die Methodik für diese Bestimmungen beruht auf den üblichen spektroskopischen bzw. spektrographischen Arbeitsweisen, indem die natürliche Strahlungsquelle, das Sonnenlicht, verwendet und dessen Schwächung durch den Ozongehalt der Atmosphäre gemessen wird.

FABRY und BUISSON (1) führten die photometrische Absorptionsmessung im Ultraviolett durch. Sie errechnen eine 5 mm starke Ozonschicht für den Weg der Strahlen durch die Atmosphäre, d. h. wenn das Ozon gleichmäßig verteilt wäre, so würden je m^3 Luft 0,6 cm^3 Ozon vorhanden sein müssen. Da aber in Wirklichkeit die Konzentration in Erdnähe 75mal geringer ist (etwa $0{,}8 \cdot 10^{-6}$%), so wird auf eine höhere Konzentration in der entfernteren Atmosphäre geschlossen. In späteren Arbeiten (2) werden die starken Ozonschwankungen von Tag zu Tag beobachtet und eine Ozonschichtdicke von durchschnittlich 3 mm bestimmt.

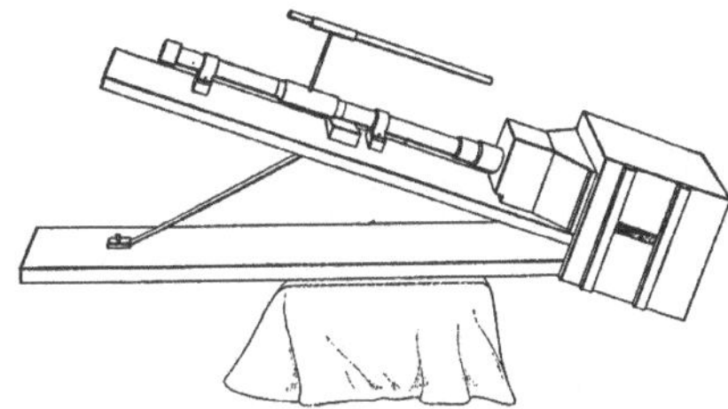
Abb. 20. Zylinder-Linsen-Quarz-Spektrograph (Ansicht). (Nach CHIPLONKAR.)

CABANES und DUFAY errechnen aus der gemessenen Absorption im sichtbaren Licht eine Schichtstärke von 3 mm Ozon.

BOUTARIC, der durch spektrale Untersuchung im Ultraviolett von 200 bis 350 mμ in größeren Höhen mehr Ozon als in den tieferen Lagen findet, nimmt die photochemische Bildung des Ozons in der Höhe durch Ultraviolettabsorption unterhalb

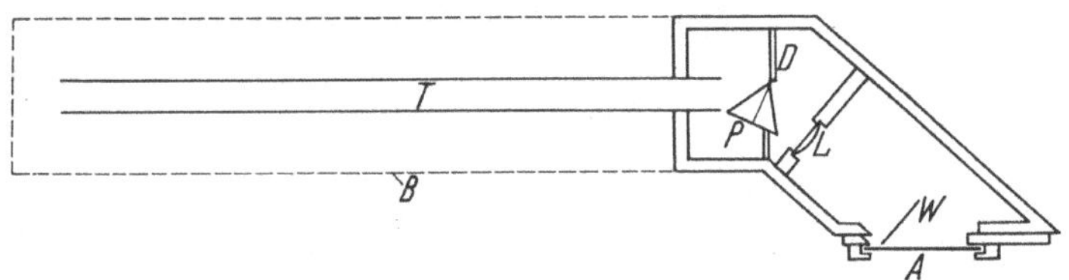

Abb. 21. Zylinder-Linsen-Quarz-Spektrograph (schematisch). (Nach CHIPLONKAR.) *T* Metallrohr, *B* Holzgehäuse, *P* Prisma, *L* zylindrische Quarzlinse, *W* optischer Quarzkeil, *A* Platte.

200 mμ an, während es durch langwelligere Strahlen des Ultravioletts von 220 bis 300 mμ mit kleinerem Energieinhalt wieder zerstört wird (photochemisches Gleichgewicht).

WULF bestimmt die Durchlässigkeit des Ozons für Sonnenlicht durch spektrobolometrische Messung unter Benutzung eines Heliostaten. Die Ergebnisse stimmen mit denen von COLANGE überein. Die Messungen beruhen auf der Absorption in Gelb.

Die in der Atmosphäre vorhandene Menge Ozon wird von DOBSON und HARRISON mit Hilfe der starken Absorptionsbanden im Ultrarot bestimmt, indem die Intensität von zwei Wellenlängen der absorbierten Strahlung mit der der extrapolierten unabsorbierten verglichen wird. Zu diesem Zwecke werden die Intensitäten an verschiedenen Tageszeiten gemessen, und an den verschiedenen zurückgelegten Strahlenwegen wird auf die Intensität bei der Entfernung 0 geschlossen.

Für die täglichen meteorologischen Ozonbestimmungen wird die von DOBSON vorgeschlagene und standardisierte Apparatur mehrfach verwendet. Es wird auf die Originalliteratur verwiesen.

E. und V. H. REGENER stellen aus Registrierballonmessungen in 20, 21 und 31 km Höhe entsprechend 42, 37 und 9 mm Barometerstand mit Hilfe der spektroskopischen Methode die Abhängigkeit des Ozongehaltes von der Höhe fest. In 21 km Höhe sind 40% und in 30 km Höhe sind 70% der Ozonschicht durchschritten. Die Ergebnisse sind in Abb. 22 zusammenfassend dargestellt.

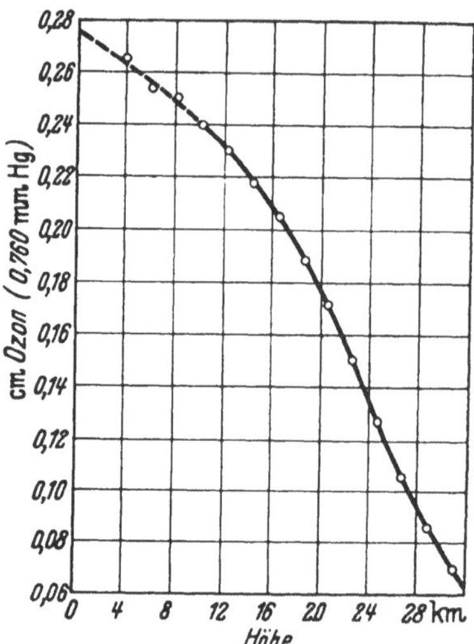

Abb. 22. Dicke der atmosphärischen Ozonschicht über der Meßanordnung. (Nach REGENER.)

O'BRIEN und STEWARD beschreiben eine automatische Methode, die für Serienmessungen geeignet ist. Das Verfahren beruht auf der Absorptionsmessung im Ultraviolett des Sonnenspektrums unter Benutzung eines Spektrographen mit Keil. Vom Filmnegativ wird ein kontrastreiches Positiv mit Hilfe eines optischen Systems, das gestattet, Linien beliebiger Wellenlänge aus dem Spektrogramm isoliert nebeneinander abzubilden, hergestellt. Die Länge der Linien ist direkt proportional dem Logarithmus des Intensitätsverhältnisses, neben dem noch der Zenitwinkel und der Extinktionskoeffizient zur Berechnung der Ozonmenge in der Zenitatmosphäre bekannt sein müssen. Die apparative Ausführungsform ist automatisch vervollkommnet, indem drei Spektren je Stunde über einen längeren Zeitraum aufgenommen werden.

Zum Schluß wird der Vollständigkeit halber hinsichtlich der spektroskopischen Bestimmung des Ozons in der Atmosphäre auf die Arbeiten von DAUVILLIER, STOLL, GÖTZ, SCHEIN und STOLL und ferner DUMINOWSKI hingewiesen.

Literatur.

ÅNGSTRÖM, K.: Arkiv Math., Astr. u. Fysik **1**, 347 (1904).

v. BAHR, E.: (1) Ann. Phys. [4] **33**, 585 (1910); (2) [4] **33**, 598 (1910). — BOUTARIC, A.: Nature **2711**, 360 (1927). — O'BRIEN, B., u. H. S. STEWARD: Bl. Am. phys. Soc. **13**, Nr 2, 44 (1938); Phys. Rev. [2] **53**, 949 (1938); durch C. **109**, **II**, 4102 (1938). — BUISSON, H.: C. r. **192**, 457 (1931). — BUISSON, H., G. JAUSSERAN u. P. ROUARD: C. r. **190**, 808 (1930); durch C. **102**, **II**, 213 (1931).

CABANES, J., u. J. DUFAY: Radium [6] **8**, 125, 353 (1927); [6] **7**, 257 (1926). — CHALONGE, D., u. M. LAMBREY: C.r. **184**, 1165 (1927). — CHALONGE, D., u. E. VASSY: Radium [7] **5**, 309 (1934); durch C. **105**, **II**, 2669 (1934). — CHAPPUIS, J.: Ann. Ecole Normal Superieur (1882). — CHIPLONKAR, M. W.: Pr. Indian Acad. Sci. A **9**, 504 (1939); durch C. **111**, **II**, 533 (1940). — COLANGE, G.: Radium **5**, 254 (1927).

DAUVILLIER, A.: Radium [7] **5**, 455 (1934); C. r. 201, 679. — DOBSON, G. M. B., u. D. N. HARRISON: Radium [6] **10**, 241 (1929). — DOBSON, G. M. B.: Pr. Phys. Soc. **43**, 324 (1931); Quart. J. Met. Soc. Suppl. **62**, 11 (1936).

EDGAR, J. L., u. F. A. PANETH: Soc. 519 (1941).

FABRY, CH., u. H. BUISSON: (1) Radium [5] **3**, 196 (1913); (2) [6] **2**, 197 (1921); [6] **1**, 25 (1920). — FOWLER, A., u. R. J. STRUTT: Pr. Roy. Soc. London Ser. A **93**, 577 (1917).

GÖTZ, F. W. P., u. R. LADENBURG: Naturwiss. **19**, 373 (1931). — GÖTZ, F. W. P., u. H. MAIER-LEIBNITZ: Z. Geophys. **9**, 253 (1933). — GÖTZ, SCHEIN u. STOLL: GERLANDS Beitr. Geophys. **45**, 277 (1945).

HALLWACHS: Ann. Phys. **30**, 602 (1909).

KREUSLER: Ann. Phys. **6**, 412 (1901). — KRÜGER, F.: Phys. Z., NERNST-Festschrift **240** (1912). — KRÜGER, F., u. M. MOELLER: Phys. Z. **13**, 729 (1912).

v. LADENBURG u. LEHMANN: Ann. Phys. **21**, 305 (1906). — LAMBREY, M.: Diplôme et études supérieures (1922). — LÄUCHLI, H.: Z. Phys. **53**, 92 (1929); Helv. Phys. Acta **1**, 208 (1929).

MEYER, E.: Ann. Phys. **12**, 849 (1903). — MOSS, E. B.: Photoelectric cells and their applications, S. 71. London 1930.

REGENER, E., u. V. H. REGENER: Phys. Z. **35**, 788 (1934). — RUYSSEN, R.: Natuurwetensch. Tijdschr. **15**, 6 (1933).
SCHUMACHER: Chem. Gasreaktionen, S. 438. — STOLL, R.: Helv. Phys. Acta **8**, 3 (1935); durch C. **106**, **II**, 343 (1935).
WARBURG, E., u. G. LEITHÄUSER: Sitzungsber. d. preuß. Akad. d. Wiss. **148** (1908). — v. WARTENBERG, H.: Phys. Z. **11**, 1168 (1910). — WOUD, R. W.: Phil. Mag. **18**, 243 (1909). — WULF, O. L.: Smithsonian Miscellaneous Collections **85**, 9 (1931).

2. Colorimetrische Bestimmungen.

Hier werden nur die Methoden behandelt, welche die quantitative Bestimmung des Ozons bezwecken, während Farbreaktionen und Verwendung von mit Lösung getränkten Papieren, die nur eine halbquantitative Bestimmung gestatten, in § 8 und 9 unter den „Nachweisreaktionen" beschrieben werden.

I. Bestimmung der Farbtiefe von Jodstärkelösung. SCHÖNBEIN glaubte, im Kaliumjodidstärkepapier ein Mittel für die angenäherte quantitative Bestimmung des Ozons gefunden zu haben je nach der Stärke der hervorgerufenen Bläuung. Dieser Vorschlag blieb nicht ohne lebhafte Kritik (vgl. HOUZEAU).

Die ersten Versuche einer wirklich quantitativen colorimetrischen Bestimmung stammen von ZENGER. Er vergleicht die Farbe einer mit Ozon behandelten Jodwasser-

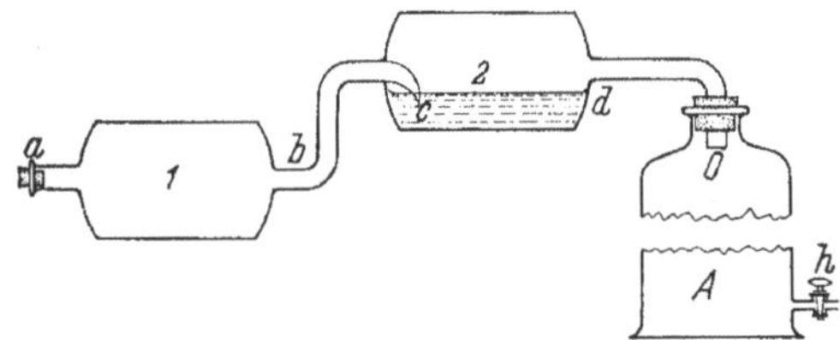

Abb. 23. Ozonometer. (Nach ZENGER.) A Aspirator, 1 und 2 Absorptionsgefäße (1 mit Asbest mit KJ benetzt, 2 mit Wasser gefüllt), C Überleitungsrohr.

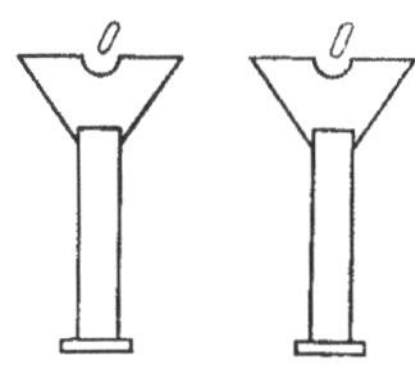

Abb. 24. Anordnung für einfachen Farbvergleich. (Nach ZENGER.)

stoffstärkelösung mit einer Lösung von Kupferammoniak, deren Farbtiefe auf Jodlösungen eingestellt ist, die 0,01, 0,02, 0,03 usw. bis 0,1 mg Jod und Stärke enthalten.

Arbeitsvorschrift. Für die Probenahme wird zweckmäßig der aus der Abb. 23 ersichtliche Apparat (Ozonometer) verwendet, der aus dem Aspirator *A* und den beiden Gefäßen *1* und *2* besteht. Das Gefäß *1* enthält mit Jodwasserstoff getränkte Asbestfasern, durch welche die Luft hindurchstreicht, während das Gefäß *2* mit Wasser gefüllt ist, in welches das Rohr *b* gerade eintaucht, damit geringe Mengen Joddämpfe, welche aus dem Gefäß *1* entweichen könnten, zurückgehalten werden. Das Wasser wird dann zum ersten Auswaschen von Gefäß *1* verwendet.

Zum Farbvergleich verwendet ZENGER 2 Zylinder (etwa nach der Art der NESSLERschen Röhren), in denen sich die Probe- und Vergleichsflüssigkeiten befinden, mit einem ocularähnlichen Ansatz aus Pappe zur Abhaltung des Seitenlichtes, so daß mit beiden Augen gleichzeitig hindurchgesehen werden kann (vgl. Abb. 24).

ZENGER weist ausdrücklich darauf hin, daß nicht so sehr auf die Farbnuance, als auf die Farbtiefe zu achten ist.

Der Vorteil der Arbeitsweise von ZENGER liegt in der Verwendung beständiger Vergleichslösungen aus Kupferoxydammoniak.

v. WARTENBERG und v. PODJASKI halten die Gelbfärbung einer jodhaltigen Kaliumjodidlösung für die colorimetrische Bestimmung nicht anwendbar, da sie dem BEERschen Gesetz weder mit zunehmender Verdünnung noch zunehmender Dissoziation des Kaliumtrijodids gehorcht. Die Anwendung bekannter Lösungen von Jod in Kaliumjodidlösungen als Vergleichslösungen ist nur bei Tageslicht möglich, wobei dann gute Resultate erzielt werden.

Ein Stärkezusatz ist hingegen nicht brauchbar, da die Blaufärbungen, welche durch mehr als $6 \cdot 10^{-6}$ mg Ozon hervorgerufen werden, gleich stark erscheinen. Das kritische Intervall ist klein, und obendrein sind die Farbtöne nicht immer gleich.

McDonnel berichtet über einen Vorschlag von Todd (experiments with oxygene on disease).

Arbeitsvorschrift. Durch ein Glasrohr, welches 2,5 mm tief in 30 cm³ einer 1%igen Kaliumjodidlösung, die Stärke enthält, eintaucht, werden ozonhaltige Gase eingeleitet. Die Farbe wird verglichen mit der einer gleichen Lösung, welche 5 cm³ einer 0,01%igen Jodlösung und Stärke enthält. Das Einleiten des Ozons bzw. der ozonhaltigen Gase wird so lange fortgesetzt, bis die gleiche Farbtiefe wie in der Vergleichslösung erhalten wird. 5 cm³ der 0,01%igen Jodlösung enthalten 0,5 mg Jod, welche 0,1 mg Ozon äquivalent sind, so daß bei Gleichheit der Farbtiefe die durchgeleiteten Gase, deren Menge gemessen wird, 0,1 mg Ozon enthalten. Das Messen der Gase geschieht nach dem Absorptionsapparat, da das Gasvolumen durch die Absorption nicht verändert wird.

Arbeitsvorschrift nach Allen: Er leitet durch Ultraviolettbestrahlung von Sauerstoff entstandenes Ozon durch eine verdünnte alkalische Lösung von Kaliumjodid. Ein aliquoter Teil wird entnommen, angesäuert, Stärke zugefügt und die entstandene blaue Farbe verglichen mit der einer gleichen Lösung von Kaliumjodid und Jod. Wird zu lange eingeleitet oder eine zu konzentrierte Lösung verwendet, dann entsteht ein Fehler durch die Einwirkung des Sauerstoffs auf die Lösung, wobei gleichfalls Jod frei wird (ein Fehler, welchen man durch einen Blindversuch ausgleichen könnte). Allen hält diese Methode für die beste, da sich nach ihr noch 1 γ Ozon = rd. 5 γ Jod nachweisen läßt.

Die von v. Wartenberg und v. Podjaski gemachten Einschränkungen lassen sich leicht umgehen, wie es von den meisten Bearbeitern ohne Kenntnis dieser Arbeit getan worden ist. Da die Ungleichheit der Farbtöne im wesentlichen auf die Menge und Art der Stärkelösung zurückzuführen ist, so sind auch diese Schwierigkeiten dadurch zu vermeiden, daß man sich einen größeren Vorrat von Stärkelösung anlegt, die, wenn sie steril gehalten wird, sich lange Zeit unverändert hält, und daß man stets die gleiche Menge Stärkelösung anwendet. Bei Wechsel der Stärkelösung wird man selbstverständlich auch die Standardlösung mit der neuen Stärke ansetzen.

II. Bestimmung der Farbtiefe von in Chloroform gelöstem Jod. Eine weitere Methode beruht auf der Absorption mit Kaliumjodidlösung, die mit Acetat versetzt ist, Austreibung des ausgeschiedenen Jods durch Belüftung, was bei geringen Ozongehalten und größeren Luftmengen automatisch erfolgt, und auf der colorimetrischen Bestimmung des verbliebenen Kaliumjodids, indem das Jod durch Nitritschwefelsäure in Freiheit gesetzt und in einem Tropfen Chloroform angereichert wird. Diese Methode stammt von Cauer und ist für Ozonbestimmung in Luft und für angereicherte Ozongehalte durch Abwandlung der verwendeten Lösungskonzentration gleicherweise brauchbar. Zur Ausführung der Ozonbestimmung werden Luftentnahmeapparate und Waschrohre besonderer Entwicklung verwendet. Bezüglich dieser Apparate wird auf die Originalliteratur verwiesen.

Arbeitsvorschrift. Die Beschickung der Waschrohre erfolgt je nach der zu erwartenden Konzentration des vorliegenden Ozonluftgemisches.

Bei geringem Ozongehalt. Absorptionslösung:

2,67 cm³	destilliertes Wasser
0,3 „	KJ-Lösung, enthaltend 30 γ Jod (100 γ Jod je 1 cm³ einer Lösung von 0,13081 g KJ je l)
0,03 „	einer 20%igen Natriumacetatlösung
3,0 cm³	

Durch diese 3 cm³ saugt man etwa 200 l Luft in rd. 1 Std., pipettiert eine Probe von 0,3 cm³ mit einer auf $^1/_{100}$ cm³ geeichten Pipette in ein Indicatorröhrchen von 85 mm Länge und 6 mm lichter Weite, gibt 0,02 cm^3 Chloroform aus einer auf $^1/_{1000}$ cm^3 geeichten Pipette und etwa 0,05 cm^3 ungefähr 3n Schwefelsäure mit frisch hinzugefügtem Nitrit zu. Diese Nitritschwefelsäure muß schwach nach nitrosen Gasen riechen. Hierauf wird das Röhrchen am oberen Ende zwischen Daumen, Zeige- und Mittelfinger der linken Hand genommen und durch Schlagen mit einem Finger der rechten Hand auf das untere Ende 100mal kräftig geschnellt. Chloroform und Wasser müssen hierbei eine Emulsion bilden, die dann sofort nach Beendigung des Schüttelns in einer kleinen Handzentrifuge wieder zerstört und das Chloroform zu einem klaren Tröpfchen zusammengeballt wird. Das Schütteln ist sorgfältig auszuführen, ebenso das Zentrifugieren, weil hiervon die Genauigkeit der Bestimmung abhängt.

Der Farbvergleich wird gegen wäßrige Kaliumjodidstandardlösungen ausgeführt, die entsprechend behandelt sind. Von einer Kaliumjodidlösung von 10 mg Jod je l werden 0,05, 0,2, 0,3 cm^3 bzw. weitere Zwischenstufen in gleichgroße Indicatorröhrchen pipettiert, auf 0,3 cm^3 mit destilliertem Wasser aufgefüllt und in gleicher Weise wie die Proben behandelt. Diese Standardlösungen enthalten in den Chloroformtröpfchen die Farbintensitäten von 0,5 γ, 2 γ bzw. 3 γ Jod. Aus dem Vergleich der Farbintensitäten resultiert das restliche Jod des nicht zersetzten Kaliumjodids der Beschickungsflüssigkeit. Der Vergleich erfolgt ohne Colorimeter gegen einen weißen, leicht grüngelben Hintergrund bei diffusem Tageslicht. Die Umrechnung auf Ozon erfolgt durch Multiplikation des Jodverlustes V mit dem Faktor 0,189 und wird bei klimatischen Untersuchungen auf 1 cm^3 Luft bezogen.

Bei normalen Ozongehalten. Absorptionslösung:

9,4 cm^3	destilliertes Wasser
0,5 „	KJ-Lösung, enthaltend 50 γ Jod
0,1 „	20%iger Natriumacetatlösung
10,0 cm^3	

Durch diese 10 cm^3 saugt man etwa 400 l Luft in rd. 1 Std., pipettiert davon eine Probe von 1 cm^3 in ein Indicatorröhrchen von 85 mm Länge und 8 mm lichter Weite, läßt 0,05 cm^3 Chloroform und etwa ebensoviel Nitritschwefelsäure zutropfen und behandelt die Probe weiter nach der Arbeitsvorschrift für geringen Ozongehalt. Man benötigt jetzt Vergleichslösungen der Standardkaliumjodidlösung von 0,1 bis 0,5 cm^3, die auf 1 cm^3 aufgefüllt werden.

Bei hohen Ozongehalten. Absorptionslösung:

4,9 cm^3	destilliertes Wasser
5,0 „	KJ-Lösung, enthaltend 500 γ Jod
0,1 „	einer 20%igen Acetatlösung
10,0 cm^3	

Durch diese 10 cm^3 saugt man innerhalb weniger Minuten oder Sekunden einige Liter Ozongasgemisch hindurch. Zum Herauswaschen des oxydierten, aber nicht hinweggeführten Jods läßt man noch 50 bis 70 l Luft durch die Absorptionsflüssigkeit hindurchstreichen. Ein Fehler von praktischer Bedeutung entsteht wegen des größenordnungsmäßig geringeren Gehaltes der Luft an Ozon nicht. Die Bestimmung des unzersetzten Kaliumjodids geschieht entsprechend der Vorschrift für geringen Ozongehalt.

Das Verfahren ist natürlich nicht zu gebrauchen bei Gasen, in denen andere oxydierende Stoffe vorliegen, die aus Kaliumjodid Jod frei machen, wie etwa Chlor. Es wird betont, daß Nitrite die Bestimmung nicht stören sollen.

III. Bestimmung der Farbtiefe von Nitrit-Reagens nach Griess-Ilosvay. Die quantitativ verlaufende Reaktion von Ozon auf Nitritlösung, wobei Nitrat gebildet wird, ist ebenfalls für eine quantitative Bestimmungsmethode durch colorimetrischen

Vergleich ausgenutzt worden, indem das unzersetzte Nitrit auf Grund der empfindlichen Nitritreaktion mit Sulfanilsäure ermittelt wird.

GORODETZKI gibt eine Methode an, die eine Abwandlung der Methode von USHER und RAO darstellt und aus dieser hervorgegangen ist.

Arbeitsvorschrift. Die auf Ozon zu untersuchende Luft wird über feste Chromsäure, die auf Glasperlen verteilt ist, geleitet. Das Rohr mit der Chromsäure dient dazu, die Stickoxyde möglichst in Stickstoffdioxyd umzuwandeln und wird durch Eintauchen in siedendes Wasser erwärmt. Gleichzeitig wird auch gegebenenfalls vorhandenes Wasserstoffperoxyd zerstört. Man füllt eine 10 l-Flasche mit auf diese Weise vorbehandelter Luft und fügt 50 cm³ einer Natriumnitritlösung, von der 1 cm³ 0,0005 mg Ozon entspricht, und ferner noch 2 cm³ einer 0,1 molaren Mangansulfatlösung hinzu. — Die Natriumnitritlösung wird durch Auflösung von 0,1437 g Natriumnitrit in 1 l frisch destilliertem Wasser bereitet, und davon werden 5 cm³ auf 1 l verdünnt, so daß 1 cm³ 0,0005 mg Ozon entspricht. — Nach erfolgter Absorption werden 20 cm³ der Lösung in einem kleinen 25 cm³ fassenden Meßkolben mit 3 cm³ Reagens nach GRIESS-ILOSVAY (Sulfanilsäure) versetzt, für 3 bis 5 Min. auf 70 bis 80° auf dem Wasserbad erwärmt und nach dem Abkühlen colorimetrisch im DUBOSQ-Apparat mit einer Vergleichsprobe von Natriumnitrit verglichen.

USHER und RAO, die zuerst auf die Nitritreaktion hingewiesen und die empfindliche Nitritbestimmung mit Sulfanilsäure mit dem Ziele einer colorimetrischen Ozonbestimmung angewendet haben, ermitteln den Ozon-, Stickoxyd- und gegebenenfalls auch den Wasserstoffperoxydgehalt nebeneinander in der atmosphärischen Luft durch zwei bzw. drei getrennte Bestimmungen:

1. Stickoxyde,
2. Ozon + Stickoxyde,
3. Ozon + Stickoxyde + Wasserstoffperoxyd

nach folgender

Arbeitsvorschrift. Zwei 7 l-Flaschen werden mit der zu untersuchenden Luft gefüllt, indem man für die eine Flasche die Luft durch zwei Rohre mit Chromsäure und gepulvertem Mangan(IV)-oxyd, für die andere Flasche nur durch ein Rohr mit Chromsäure strömen läßt. Im ersten Falle wird Ozon und Wasserstoffperoxyd zerstört und nur die Stickoxyde bestimmt. (Die Zerstörung des Ozons kann nach dem unter § 5, A, „Ozon neben Wasserstoffperoxyd", Gesagten nur in Anwesenheit von Wasserstoffperoxyd erfolgen.) Im zweiten Falle enthält die Luft Ozon und Stickstoffdioxyd. In jede der Flaschen werden 25 cm³ einer $^1/_{40000}$n Natriumnitritlösung, zu deren Herstellung statt Wasser $^1/_{1000}$n Natronlauge verwendet wird, 100 cm³ Wasser gegeben und ½ Std. geschüttelt. Die Absorptionsflüssigkeit jeder Flasche wird zu 250 cm³ aufgefüllt, 50 cm³ davon mit 5 cm³ GRIESS-ILOSVAYschem Reagens (Sulfanilsäure) 10 Min. auf 75° erhitzt und in einem Colorimeter mit einer ebenso verdünnten Natriumnitritlösung verglichen.

Ist V' die Menge der mit Chromsäure behandelten, V die Menge der mit Chromsäure und Mangan(IV)-oxyd vorbehandelten Luft in Kubikzentimetern und r' bzw. r das Verhältnis der Schichtdicke der Vergleichs- zur Versuchslösung in beiden Fällen, so ist die Volumenkonzentration an Stickstoffdioxyd 1 cm³ in $\frac{1}{0{,}014\,(r-1)}$ cm³ Luft,

die Volumenkonzentration an Ozon: 1 cm³ in $\dfrac{V}{0{,}007\left(\frac{r'}{V'}-\frac{r}{V}\right)}$ cm³ Luft.

Durch eine dritte Probe Luft ohne Vorbehandlung kann dann aus der Differenz der Gehalt an Wasserstoffperoxyd bestimmt werden. Die Empfindlichkeit der Methode ist 1 Teil Stickstoffdioxyd in 56 Millionen Teilen Luft und entspricht einer Konzentration von $5{,}6^{-1} \cdot 10^{-7} = 1{,}8 \cdot 10^{-8}$.

IV. Bestimmung hochverdünnten Ozons in Sauerstoff. Für eine colorimetrische Bestimmung von *hochverdünntem Ozon* haben DORTA-SCHAEPPI und TREADWELL die Ausbleichreaktion von Indigolösung herangezogen, nachdem sich gezeigt hatte, daß sich reproduzierbare und mit anderen Methoden vergleichbare Resultate erreichen lassen, wenn die empfindliche Abhängigkeit der Ausbleichreaktion von der Acidität der Indigolösung durch Anwendung gepufferter Lösungen ausgeschaltet wird. Unter dieser Vorsicht werden zu den angewandten Ozonmengen proportionale Mengen Indigolösung entfärbt unter Bildung gelbgefärbter Oxydationsprodukte. Die Methode wurde in dem Bereich $4{,}76 \cdot 10^{-3}$ bis $2{,}17 \cdot 10^{-6}$ Vol.-% mit der Kaliumjodidmethode von LADENBURG und QUASIG unter Anwendung der Verbesserung von REGENER (vgl. S. 123) durch gleichzeitige Vorlage von Thiosulfatlösung zur Vermeidung von Jodverlusten bei hohen Fremdgasverdünnungen und eines Acetatpuffers von $p_H = 6{,}9$ zur Verhinderung der Mitwirkung von nitrosen Gasen nach CAUER, verglichen. Diese Arbeitsweise ist brauchbar für Ozonkonzentrationen, wie sie in Erdnähe mit 0,1 bis $4 \cdot 10^{-6}$ Vol.-% schwankend vorkommt. Sie setzt einen durch Strömungsmesser stabilisierten gleichmäßigen Gasstrom voraus und erfordert eine besondere Absorptionsvorrichtung bei widerstandsfreiem Durchfluß gegen konstanten Außendruck in Form eines Absorbers der Abb. 25.

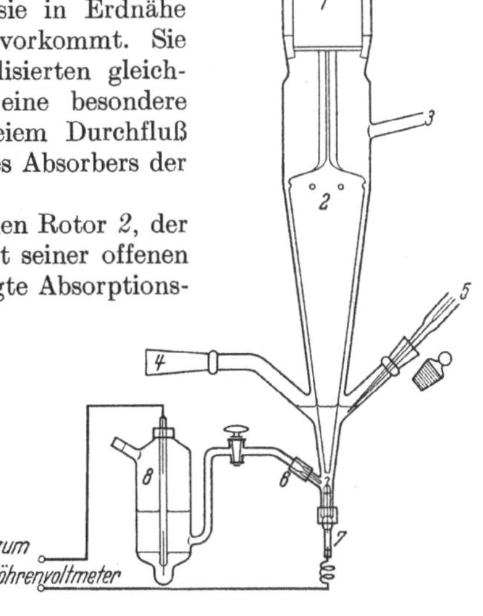

Abb. 25. Absorptionsapparat. (Nach DORTA-SCHAEPPI und TREADWELL.)
1 Pendelkugellager, *2* Rotor aus Glas, *3* Gasabführung, *4* Gaszuführung, *5* Stutzen für Zugabe der Titrationsflüssigkeit, *6* Stutzen für Aufnahme der Kalomelelektrode *8*, *7* Platindraht.

Der Absorber besteht aus einem konischen Rotor *2*, der an einem Pendelkugellager *1* aufgehängt mit seiner offenen Spitze in die 2 bis 3 cm³ betragende vorgelegte Absorptionsflüssigkeit taucht, die in einem ähnlich konisch geformten Behälter eingefüllt ist. Bei etwa 2000 Umdrehungen je Min. saugt der Rotor die Absorptionsflüssigkeit hoch und läßt sie fein zerstäubt durch die oberen Öffnungen austreten und im Zwischenraum der Rotor- und Behälterglaswand in dünner Schicht abfließen. Die an der Spitze eingebaute auswechselbare Platinsonde *7*, der vorgesehene Anschluß *6* für eine Kalomelelektrode und der Ansatz *5* zur Einführung der untergetauchten Spitze der Mikrobürette dienen für die Vergleichsversuche mit der Kaliumjodidmethode. Durch den Schliff *4* wird der ozonisierte Sauerstoff zugeführt und durch den Ansatz *3* abgeleitet. Durch diesen Absorber können bis zu 0,66 l je Min. durchgeleitet werden.

Der Verlauf des Ausbleichens durch hochverdünnten Ozon ($2{,}17 \cdot 10^{-6}$ Vol.-%) kann selbst mit $0{,}5 \cdot 10^{-4}$ m Indigolösung noch gut beobachtet werden. Im Gegensatz zur titrimetrischen Methode wird nicht die Zeit bis zur vollen Ausbleichung bestimmt, sondern zwischendurch nach verschiedenen Einleitungszeiten die Extinktion mit Vorschaltung des Gelbfilters Hg 578 gemessen. Aus der graphischen Darstellung kann die Ausbleichzeit extrapoliert werden, da die Meßwerte auf einer Geraden liegen (vgl. Abb. 26, S. 162). Bei der Verwendung von Phosphatpuffer zur Einstellung der Indigolösung auf $p_H = 6{,}85$ ergibt sich ein Verbrauch von 1 Mol Indigo je 1 Mol Ozon.

Für die in der Abb. 26 dargestellten Meßergebnisse wurden vorgelegt: 1 cm³

$0{,}5 \cdot 10^{-4}$ m Indigolösung gepuffert mit 0,1m Na_2HPO_4 + 0,1m KH_2PO_4. Die Reaktionszeit bis zur völligen Ausgleichung ergibt sich aus der Abbildung zu 85 Min.

Arbeitsvorschrift. 1. Herstellung der Indigostammlösung: Käuflicher Indigo wird gereinigt, bei 120° getrocknet und 0,131 g (= $0{,}5 \cdot 10^{-3}$ Mol) zwecks Sulfurierung mit 2 cm³ konzentrierter Schwefelsäure 1 Std. auf dem Wasserbad erwärmt. Nach dem Erkalten wird mit Wasser verdünnt und in einem Meßkolben von 500 cm³ aufgefüllt. Der Titer der 10^{-3} m Stammlösung wird durch Reduktion im Cadmiumreduktor zur Küpe und nachheriger Titration mit Ferrochlorid festgestellt.

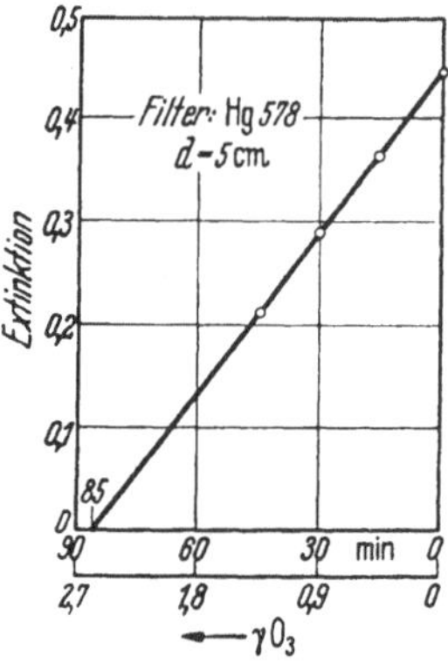

Abb. 26. Ausbleichung bei verschiedenen Einleitungszeiten. (Nach DORTA-SCHAEPPI und TREADWELL.)

2. Ausführung der Messung: Zur Anwendung im Absorber gelangt jeweils 1 cm³ $0{,}5 \cdot 10^{-4}$ m Indigolösung, die mit Phosphatpuffer 0,1m Na_2HPO_4 + 0,1m KH_2PO_4 auf $p_H = 6{,}85$ gebracht wird, deren Extinktion zu Anfang und nach einzelnen steigenden Zeiten der Ozonbehandlung nach Verdünnung auf 10 cm³ in einer 3 cm- bzw. 5 cm-Küvette mit Gelbfilter HG 578 gemessen wird. Durch Eintragung der Extinktionswerte als Ordinate und der Zeiten als Abszisse ergeben sich Werte, die auf einer Geraden liegen; die Ausbleichzeit wird gradlinig extrapoliert, entsprechend der Darstellung in der Abb. 26. Aus der Strömungsgeschwindigkeit bzw. der ermittelten durchgeflossenen Gesamtgasmenge und dem Titerwert der Indigolösung kann der Ozongehalt errechnet werden.

Zusammenfassung.

Obwohl den colorimetrischen Methoden keine sehr große Bedeutung zukommt, so lassen sich mit ihnen in der Hand des auf sie Eingearbeiteten doch gute und vor allem schnelle Resultate erzielen, wenn man von Unterschieden der Farbtönung absieht und auf die Farbtiefe achtet.

Literatur.

ALLEN, N.: Ind. eng. Chem. Anal. Edit. **2**, 55 (1930).
CAUER, H.: Fr. **103**, 321 (1935); **103**, 166 (1935); **103**, 400 (1935).
McDONNEL, H. B.: Ind. eng. Chem. **18**, 135 (1926). — DORTA-SCHAEPPI, Y., u. W. D. TREADWELL: Helv. Chim. Acta **32**, **II**, 356 (1949).
GORODETZKI, G. A.: Chem. J. Ser. B (russ.) **9**, 353 (1936); durch C. **107**, **II**, 340 (1936).
REGENER, V. H.: Meteor. Z. **12**, 460 (1938).
SCHÖNBEIN, C. F.: Ber. Verh. Naturf. Ges. Basel **4**, 58 (1842); J. pr. [1] **84**, 193 (1861); **86**, 72 (1861).
USHER, F. L., u. B. S. RAO: Soc. **111**, 799 (1917).
v. WARTENBERG u. G. v. PODJASKI: Z. anorg. Ch. **148**, 391 (1925).
ZENGER, W.: Wien. Akad. **24**, 78 (1857).

3. Bestimmung durch fluorescierende organische Stoffe.

Die Bestimmungen beruhen im allgemeinen darauf, daß entweder die Reduktionsprodukte (Leukoverbindungen) fluorescierender Stoffe, wie z. B. die von Fluorescein und Acridin, durch die oxydierende Wirkung des Ozons in fluorescierende Stoffe rückverwandelt werden, oder daß die fluorescierenden Stoffe durch die oxydierende Wirkung des Ozons in nichtfluorescierende Oxydationsprodukte übergeführt werden. Im ersten Falle ist das Auftreten der Fluorescenz und ihre Stärke, im zweiten Falle das Verschwinden der Fluorescenz bzw. ihre Abnahme das Kriterium für die Bestimmung. Die zweite Methode der Auslöschung der Fluorescenz durch Oxydation wurde zuerst angewendet. Angefügt ist noch gewissermaßen als konnexer Gegenstand ein kurzer Hinweis auf die Bestimmung und den Nachweis des Ozons durch Luminescenz (Luminol).

I. Einwirkung von Ozon auf Fluorescein. Methode von BENOIST: BENOIST benutzte die zweite der obengenannten Methoden, nämlich die Oxydation des Fluoresceins und somit das Verschwinden der Fluorescenz. Gibt man einige Kubikzentimeter einer sehr verdünnten, schwach alkalischen Lösung von Fluorescein, z. B. $1 \cdot 10^{-6}$ mg/cm³, in eine Flasche, die schwach ozonisierten Sauerstoff enthält, so verschwindet in wenigen Sekunden beim Schütteln die Fluorescenz restlos unter vollständiger Entfärbung. Bei stärkerer Konzentration des Fluoresceins (10^{-3}) verschwindet die Färbung nicht ganz, sie wird nur stark geschwächt und geht in ein klares Gelb über. Die Fluorescenz ist aber noch völlig ausgelöscht. Salpetrige Säure, Salpetersäure und Spuren von Chlor sind ohne Einfluß; größere Chlormengen können leicht entfernt werden. Chlor in einer Konzentration von 10^{-3} im Fluorescein einer Konzentration von 10^{-6} gibt keine sichtbare Verminderung der Fluorescenz. Reine Kohlensäure zerstört die Fluorescenz ebenso wie das kohlensäurehaltige ,,Selzer" Wasser (bei Großkarben, Hessen). Aber die 20- bis 30fache Menge Kohlensäure gegenüber dem Fluorescein stört nicht mehr. Die Reaktion scheint nach dem Mol-Verhältnis Ozon : Fluorescein wie 2 : 1 = 96 Gewichtsteile Ozon : 332 Gewichtsteile Fluorescein zu verlaufen. Man kann also mit der Ozonmenge bis auf etwa ¼ der Gewichtsmenge des Fluoresceins, dessen Fluorescenz gerade noch erkennbar ist, heruntergehen. In einem Fluorometer genannten Apparat wird eine Konzentration des Fluoresceins von 10^{-9} noch gut erkannt. 3 cm³ einer solchen Fluoresceinlösung verloren ihre Fluorescenz durch 10^{-9} g Ozon. Die Auslöschung der Fluorescenz erfolgt noch, wenn keine Bläuung von Jodstärke mehr eintritt. Die Methode von BENOIST hat sehr widersprechende Beurteilungen gefunden.

v. WARTENBERG und v. PODJASKI halten die Zerstörung des Fluoresceins für ungeeignet zur Bestimmung des Ozons, weil die Einwirkung des Ozons so lange Zeit in Anspruch nimmt, daß inzwischen der größte Teil des Ozons spontan, besonders in Gegenwart von Wasser, zerfällt. Ebenso erhält EGEROW nach der Methode von BENOIST keine brauchbaren Ergebnisse, da nur 17 bis 1,1% der Ozonmenge angezeigt werden, so daß die Methode weder zum qualitativen noch zum quantitativen Nachweis von Ozon für geeignet gehalten werden kann.

Günstiger urteilt ALLEN, wenn er auch die Methode nicht empfehlen kann. Nach ihm wirken 11 Mole Ozon auf 1 Mol Fluorescein, und es werden genaue Resultate erhalten, wenn man bis zum Auftreten der grünen Farbe arbeitet und die Lösung gegen Thiosulfat einstellt bzw. verglichen hat. Es ist aber längeres Schütteln notwendig. Er findet auch, daß dieser Ozonnachweis empfindlicher ist als der mit Jodstärke. Kristallviolett findet er ebenso empfindlich wie Fluorescein.

MACHÉ erhält nach der Methode von BENOIST zuverlässige Werte sowohl für verdünnte als auch für konzentriertere Ozonmischungen. Er beurteilt sie günstiger als die Kaliumjodidmethoden von RIESENFELD und BENCKER, LECHNER und JULIARD und SILBERSCHATZ. Voraussetzung ist allerdings, daß man stets bei dem gleichen festgelegten p_H-Wert arbeitet. Die mitgeteilten Vergleichsanalysen zwischen der Methode nach BENOIST und der Kaliumjodidmethode von JULIARD und SILBERSCHATZ zeigen eine Übereinstimmung beider Methoden bei höheren Ozonkonzentrationen; bei geringen Ozonkonzentrationen jedoch ist die Fluorescenzmethode wesentlich überlegen, da sie maximal Abweichungen von +10,7%, die Methode von JULIARD und SILBERSCHATZ jedoch eine Abweichung von maximal −44,6% aufweist und alle Werte in einer Richtung und in etwa gleicher Größenordnung liegen.

HELLER bestätigt den Befund von MACHÉ, daß das Verhältnis, in welchem Ozon auf Fluorescein einwirkt, abhängig ist vom p_H-Wert. Er stellt aber weiter fest, daß dieses Verhältnis auch abhängig ist von der Menge des Fluoresceins, von welchem mindestens 5% der ursprünglichen Menge als solches erhalten bleiben sollen, um eine unkontrollierbare Einwirkung des Ozons auf das Oxydationsprodukt des Fluoresceins zu verhindern. Das Verhältnis von Ozon zu Fluorescein nimmt aber auch zu mit steigender Verdünnung des Ozons, d. h. mit zunehmender Verminderung seines Partialdruckes, Das Verhältnis wächst z. B. um mehr als das Doppelte, wenn man von einem Partialdruck von $2 \cdot 10^{-5}$ auf einen solchen von $2 \cdot 10^{-7}$ mm heruntergeht.

Er stellt die Verminderung der Fluorescenz nach einer bestimmten Zeit fest, anstatt wie BENOIST die zur völligen Zerstörung nötige Zeit zu messen. Die verbleibende Fluorescenz wird mit der von Fluoresceinlösungen mit bekanntem Gehalt zwischen 3,3 und $3{,}3 \cdot 10^{-7}$ mg/cm³ verglichen. Durch ein NICOL wird die Diffraktion (Streuung) des Lichtes ausgeschaltet, die besonders durch Staub hervorgerufen wird und die Bestimmung schwacher Fluorescenzen empfindlich stört. Der Partialdruck des Ozons liegt bei seinen Bestimmungen zwischen $6{,}9 \cdot 10^{-3}$ und $2{,}1 \cdot 10^{-7}$ mm. Die angewandten Fluoresceinlösungen haben eine Konzentration bis herunter zu $3{,}3 \times 10^{-6}$ mg/cm³.

Obgleich die Methode unter diesen Arbeitsbedingungen nach Ansicht HELLERS anwendbar ist, kann sie jedoch aus mehreren der obengenannten Gründe nicht als vollkommen befriedigend angesehen werden, zumal der umgekehrte Weg der Fluorescenzerzeugung aus einer Leukoverbindung bessere Ergebnisse gibt (vgl. den folgenden Abschnitt).

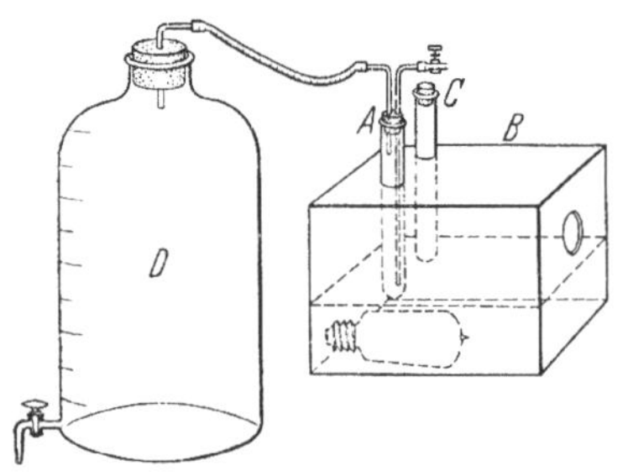

Abb. 27. Apparat zur Ozonbestimmung mit Fluorescin. (Nach EGEROW.)
D Aspirator, A Reagensglas mit Gaseinleitungsrohr, C Reagensglas mit Vergleichslösung.

Sauerstoff und Stickstoff sind ohne Einfluß auf die Bestimmung. Die Sauerstoffverbindungen des Stickstoffs zeigen nur eine zu vernachlässigende Wirkung, da Stickstoffoxyd 10^{11}mal weniger und Stickstoffdioxyd bei Partialdrucken von 10^{-3} und 10^{-5} mm 50- bis 100mal weniger als Ozon wirkt. Der Einfluß der Kohlensäure wurde noch 50- bis 100mal geringer als der des Stickstoffoxyds gefunden.

II. Einwirkung von Ozon auf nicht fluorescierende Reduktionsprodukte fluorescierender Körper. a) Einwirkung auf reduziertes Fluorescein: Fluorescin. Um die Nachteile der Methode von BENOIST zu vermeiden, verwendet EGEROW Fluorescin, das Reduktionsprodukt des Fluoresceins.

Arbeitsvorschrift. 1 bis 2 mg Fluorescein werden in mehreren Tropfen 10%iger Natronlauge gelöst und 10 cm³ gesättigte Natronlauge zugegeben. Nach der Vermischung wird nach Zugabe von Zinkstaub im verschlossenen Gefäß mehrere Minuten geschüttelt, nach der Entfärbung durch langfaserigen Asbest filtriert und das Filtrat in 0,3 bis 1,0 cm³ fassenden zugeschmolzenen Ampullen aufbewahrt.

Die Bestimmung wird in dem abgebildeten Apparat (Abb. 27) vorgenommen, dessen Benutzung sich selbst erklärt. Das in das Reagensglas A bis zum Boden eintauchende, mit Gummischlauch und Quetschhahn versehene Röhrchen ist unten zu einer Capillare ausgezogen. In dieses Reagensglas werden 10 cm³ 0,5%ige Natronlauge und genau 1 Tropfen frisch hergestellter oder in einer Ampulle aufbewahrter Fluoresceinlösung zugegeben. Die Lösung darf keine Fluorescenz zeigen. Das zweite Reagensglas enthält die Vergleichs-Fluoresceinlösung. Im übrigen entspricht der Apparat dem von BENOIST angewendeten. Die Kalibrierung des Aspirators D ist sorgfältig durchzuführen. Während des Durchganges der Luft durch das Reagensglas A tritt Fluorescenz auf. Das Durchleiten wird beendet, sobald in den beiden Reagensgläsern A und C gleiche Fluorescenz beobachtet wird. Um die quantitativen Beziehungen zwischen Ozon und Fluorescin zu klären, wird das Ozon gleichzeitig mit Kaliumjodid und Fluorescin bestimmt, zu welchem Zwecke die Zimmerluft mit einem Ozonisator von Siemens & Halske schwach ozonisiert wurde. Die Bestimmung des Ozons mit Kaliumjodid wurde in einer DREXEL-Flasche ausgeführt, welche mit 50 cm³ einer 2%igen mit Schwefelsäure angesäuerten Kaliumjodidlösung beschickt war. Zugegeben wurde weiter Thiosulfatlösung in einer 0,0676 mg Jod äquivalenten Menge und Stärkelösung. Die Luft wurde in einer Menge von 6 l/Min. durch die DREXEL-Flasche hindurchgeleitet; bis zum Erscheinen der Blaufärbung wurden 270 l Luft durchgeleitet. Hieraus berechnet sich ein Gehalt von $4{,}7 \cdot 10^{-5}$ mg Ozon/l.

Bei der gleichzeitig durchgeführten Bestimmung mit Fluorescin riefen 2 l Luft die gleiche Fluorescenz hervor wie in der Vergleichslösung, entsprechend einem Ozongehalt von $2 \times 4{,}7 \cdot 10^{-5}$ mg. Die Standardfluoresceinlösung hatte die gleiche Konzentration wie die Fluorescinlösung, nämlich 10^{-8}. Für die Bildung von $1 \cdot 10^{-4}$ mg Fluorescein sind $9{,}5 \cdot 10^{-5}$ mg Ozon erforderlich, d. h. 1 Gewichtsteil Fluorescein wird durch 0,95 Gewichtsteile Ozon gebildet.

Bei der großen Empfindlichkeit der Methode muß das Reagens bei der Herstellung von Lösungen aus verschiedenen Präparaten in jedem einzelnen Fall neu geprüft werden.

Als die geeignetste Strömungsgeschwindigkeit erwies sich eine solche von 12 bis 15 l/Std. und 8 l als die mögliche Menge der durchgeleiteten Luft, da ein weiteres Durchleiten nicht zulässig ist infolge des Entstehens einer Fluorescenz unter der Wirkung des Sauerstoffs der Luft.

Die Glühlampe (in der Abbildung schraffiert), in dem unteren Teil des Kastens dargestellt, hat eine Stärke von 100 Kerzen. Es sind so Verdünnungen von 10^{-6} und darunter bei einiger Übung leicht vergleichbar. Bei Verminderung der Leuchtstärke können auch Lösungen von stärkerer Konzentration verglichen werden. Zu beachten ist, daß die Lösungen stets die gleiche Alkalität aufweisen (0,5% Ätznatron), da Erhöhung der Alkalität die Fluorescenz herabsetzt. Die Stickstoffoxyde und Wasserstoffperoxyd wirken auf das Reagens nicht ein.

Ersatz des Fluorescins durch Phenolphthalin gelang nicht, weil die auftretende Rotfärbung durch Ozon in eine braune Färbung umgewandelt wird.

Zu dieser Bestimmungsmethode ist nur zu bemerken, daß der Vergleich mit einer sauren Kaliumjodidlösung durchgeführt wurde, welche, wie bei der Besprechung dieser Methode gezeigt werden wird, in saurer Lösung nicht ohne weiteres brauchbar ist, da sie viel zu hohe Werte gibt. Jedoch scheint, wie gleichfalls an der angegebenen Stelle gezeigt werden wird, bei sehr geringen Ozonmengen der Fehler vernachlässigt werden zu können (HOUZEAU).

b) Einwirkung auf reduziertes Acridin: Dihydroacridin. KONSTANTINOWA-SCHLESINGER verwendet das nicht fluoresceierende Dihydroacridin $C_6H_4\langle {CH_2 \atop NH} \rangle C_6H_4$, das aus Acridin mittels Natriumamalgam und Alkohol (GRAEBE und CARO) oder mittels Salzsäure und Zinkstaub (BERNTHSEN und BENDER) gewonnen wird. Dihydroacridin wird nicht durch Sauerstoff, wohl aber durch Ozon in das fluorescierende Acridin zurückoxydiert, was einen Vorteil gegenüber dem Fluorescin darstellt. Es wird die von WASSILOW und BRUMBERG ausgearbeitete Keilphotometermethode verwendet. Ein Mol Dihydroacridin braucht ein Mol Ozon zur Oxydation. Für die völlige Adaption des Auges ist vor der Beobachtung eine Aufenthaltszeit von 75 bis 90 Min. im Dunkelraum notwendig, wenn man schwache Fluorescenz oder geringe Fluorescenzunterschiede feststellen will. Auf eine Fluorescenz des Lösungsmittels ist besonders zu achten. Je näher die Fluorescenzintensität des Lösungsmittels an derjenigen des Acridins liegt, um so größer ist der Fehler, der dann bis zu 8% steigen kann, während er sonst maximal nur 2 bis 3% beträgt. Um das atmosphärische Ozon zu bestimmen, dessen Volumenkonzentration bei etwa 10^{-8} g/l oder $0,5 \cdot 10^{-5}$ cm^3/l liegt, genügen 2 bis 3 l Luft, die durch 3 cm^3 Dihydroacridinlösung hindurchgeleitet werden. Die Richtigkeit wurde an Proben, die in großer Höhe (9620 m) entnommen wurden, in Vergleich mit optischen Messungen, die von anderer Seite ausgeführt wurden, geprüft. Die Tabelle 16 zeigt die Übereinstimmung.

Tabelle 16. Gehalt an Ozon, ausgedrückt in Zentimeter Ozon auf 1 km Luft.

Höhe bei der Probenentnahme	9,62 km	10 km
KONSTANTINOWA-SCHLESINGER	0,004 cm	—
REGENER (1935)	—	0,0048 cm
MEETHAM u. DOBSEN in *Tromsö* (1935)	—	0,0041 cm
GÖTZ, MEETHAM u. DOBSEN in *Arosa* (1932/33)	—	0,0061 cm

III. Bestimmung durch Luminescenz. Nach BRINER gibt Sauerstoff keine Luminescenz beim Durchleiten durch eine Lösung von 0,1 g Luminol und 10 g Natriumcarbonat in 100 g Wasser. Luft, welche 1 bis 2% Ozon enthält, gibt mit jeder Blase lebhaftes blaues Aufleuchten, besonders, wenn man durch lebhaftes Schütteln den Kontakt zwischen Gas und Flüssigkeit erhöht. Enthält das Wasser noch Wasserstoffperoxyd, das nur eine schwache Luminescenz gibt, so wird die Luminescenz durch ozonhaltige Luft stark erhöht. Hämin erhöht die Luminescenz nicht merklich. Die Luminescenz wird noch wahrgenommen, wenn in 1 cm^3 Luft 0,002 γ Ozon enthalten sind ($= 2 \cdot 10^{-6}$ mg). Wahrscheinlich wirkt Ozon aktivierend auf Sauerstoff, was in anderen Fällen sicher festgestellt wurde. (Vgl. die Bestimmung des Ozons mittels Aldehyden.)

KAUTSKY und ZOCHER haben in ihren Arbeiten gleichfalls schon Ozon erwähnt, und HARVEY hat die Luminescenz bei der Elektrolyse beobachtet und als von der Zersetzung von Ozon oder Wasserstoffperoxyd herrührend erkannt. Ebenso hatte er ja schon die Nichtwirksamkeit von reinem Sauerstoff und die starke Wirkung von Ozon auf alkalische Luminollösungen gefunden.

Literatur.

ALLEN, N.: Ind. eng. Chem. Anal. Edit. **2**, 55 (1930).

BENOIST, L.: C.r. **168**, 612 (1918). — BERNTHSEN, A., u. F. BENDER: B. **16**, 1971 (1883). — BRINER, E.: Helv. **23**, 320 (1940).

EGEROW, M. S.: Z. Lebensm. **56**, 355 (1928).

GÖTZ, F. W., H. Z. MEETHAM u. G. U. M. DOBSEN: Pr. Roy. Soc. London Ser. A **146**, 416 (1934); Nature **132**, 281 (1933); Pr. Roy. Soc. London Ser. A **148**, 598 (1935). — GRAEBE, C., u. H. CARO: A. **158**, 278 (1871).

HARVEY, N.: J. physic. Chem. **33**, 1456 (1929). — HELLER, W.: C.r. **200**, 1931 (1935). — HOUZEAU, A.: C.r. **45**, 873 (1857); B. **5**, 827 (1872).

JULIARD, A., u. L. SILBERSCHATZ: Bl. Soc. chim. Belg. **37**, 205 (1928); durch C. **99**, **II**, 1014 (1928).

KAUTSKY, H.: Z. anorg. Ch. **117**, 209 (1921); Z. El. Ch. **29**, 308 (1903). — KONSTANTINOWA-SCHLESINGER, M.: Act. phys. chim. USSR. **3**, 435 (1935).

LECHNER, G.: Z. El. Ch. **17**, 414 (1911).

MACHÉ, A.: C.r. **200**, 1760 (1935). — MANCHOT, W., u. F. OBERHAUSER: Z. anorg. Ch. **130**, 168 (1923).

REGENER, E., u. V. H. REGENER: Phys. Z. **35**, 788 (1934); durch C. **106**, **I**, 355 (1935). — RIESENFELD, E. H., u. F. BENCKER: Z. anorg. Ch. **98**, 167 (1916).

v. WARTENBERG, H., u. G. v. PODJASKI: Z. anorg. Ch. **148**, 391 (1925). — WASSILOW, L. L., u. BRUMBERG: Dan. III Nr 6, 405 (1834).

§ 4. Gravimetrische Bestimmungen.

Die gravimetrischen Bestimmungen beruhen einmal darauf, daß ein bestimmtes Gasvolumen, welches ozonhaltig ist, ein höheres Gewicht aufweist als das gleiche ozonfreie Gasvolumen, welches an Stelle des Ozons, bei sonst gleicher Zusammensetzung, Sauerstoff enthält. Zum anderen beruhen sie darauf, daß eine Kaliumjodidlösung beim Hindurchleiten von ozonhaltigen Gasen den „aktiven Sauerstoff" des

Ozons absorbiert [Gleichung (1)], um dessen Gewicht also zunimmt, wenn das Verdampfen von Wasser verhindert wird. In beiden Fällen beruht also die Bestimmung auf der Wägung des „aktiven Sauerstoffs" des Ozons, also eines Atoms Sauerstoffs von den 3 Atomen des Ozons. Die an zweiter Stelle genannte Bestimmungsart wurde zuerst durchgeführt unter Verwendung einer Kaliumjodidlösung unter Zusatz der genau äquivalenten Menge Salzsäure. Eine weitere Bestimmungsmethode benutzt die Anlagerung von Ozon an die Doppelbindung von ungesättigten Ölsäuren.

Andere gravimetrische Bestimmungen beruhen auf der Wägung oxydierter, unlöslicher Reaktionsprodukte (Fällungsreaktionen) und auf der Bestimmung der Gewichtszunahme bei Anlagerungen.

A. Gewichtszunahme einer Lösung von Jodwasserstoffsäure.

Andrews verwendete zuerst eine neutrale Kaliumjodidlösung zur Absorption des Ozons. Da hierbei jedoch alkalische Reaktion eintritt, so wird von dieser Lösung auch die stets vorhandene Kohlensäure absorbiert, so daß hierdurch die Gewichtszunahme zu groß ist. Richtige, d. h. mit der jodometrischen Bestimmung übereinstimmende Werte werden jedoch erhalten, wenn man eine mit der äquivalenten Menge Salzsäure genau umgesetzte Lösung von Kaliumjodid, also eine Lösung von Jodwasserstoffsäure, verwendet.

Arbeitsvorschrift. In eine Lösung von 2 g Kaliumjodid in 22,0 g einer 2%igen Chlorwasserstoffsäure (die Mengen des Kaliumjodids und der Chlorwasserstoffsäure sind äquivalent) wird die z. B. durch Phosphor ozonisierte Luft eingeleitet und das verdampfende Wasser durch Trockenröhren abgefangen. Die nachfolgende Tabelle 17 zeigt die erhaltenen Werte im Vergleich zur jodometrischen Methode.

Tabelle 17.

Gravimetrisch	Jodometrisch
0,0372 g	0,0386 g
0,0177 g	0,0100 g
0,0154 g	0,0138 g
0,0288 g	0,0281 g
Mittel: 0,0230 g	Mittel: 0,0226 g

Der Mittelwert gibt also eine gute Übereinstimmung trotz nicht unerheblicher Abweichungen bei den Einzelbestimmungen.

v. Babo verwendet zum gleichen Zweck eine neutrale Kaliumjodidlösung und findet stets eine etwas höhere Gewichtszunahme, als sie sich aus der Jodbestimmung errechnet. Er führt das auf die Bildung von „Ozonjod", das durch alle Rohre und Flaschen hindurchgeht, zurück. Die Erklärung, die Andrews für diese zu große Gewichtszunahme gibt, ist jedoch völlig zwanglos.

Brodie findet bei Anwendung von neutraler Kaliumjodidlösung zur Absorption im Mittel von 5 Versuchen höhere Gewichte (um 3,4%) als bei der vergleichenden Titrationsbestimmung und führt diese Abweichung auf die Mitwirkung von Stickoxyden zurück. In sauren Kaliumjodidlösungen wird ein solcher Unterschied nicht gefunden.

B. Bestimmung durch Wägung von ausgeschiedenem Thallium(III)-hydroxyd.

Ozon scheidet aus Lösungen von Thallium(I)-hydroxyd durch Oxydation äquivalente Mengen unlöslichen Thallium(III)-hydroxyds aus, das durch Filtration abgetrennt und nach vorsichtigem Trocknen gewogen werden kann und gute Werte liefert. Die Umsetzung erfolgt nach der Gleichung:

$$2\,TlOH + 2\,O_3 + 2\,H_2O = 2\,Tl(OH)_3 + 2\,O_2 \xrightarrow{\text{Trocknung}} Tl_2O_3 + 3\,H_2O + 2\,O_2.$$

Yamauchi gibt folgende

Arbeitsvorschrift. Eine ammoniakalische Thallium(I)-nitratlösung wird in eine Gaspipette gegeben, in der sich das zu untersuchende Luftozongasvolumen befindet, und für wenige Minuten kräftig durchgeschüttelt. Der entstehende voluminöse braune Niederschlag wird auf einem Filter gesammelt, gewaschen und in einem Luftbad kurz unter 100° sorgfältig bis zur Gewichtskonstanz getrocknet und gewogen. 1 g Ozon entspricht 4,76 g Thallium(III)-oxyd.

Seine Ergebnisse sind in guter Übereinstimmung mit der theoretischen Forderung, indem er 4,77 g Thallium(III)-oxyd auf 1 g Ozon fand. Die Reaktion verläuft schnell und vollständig und ist auch sonst zuverlässig. Besondere Sorgfalt ist auf die Trocknung bei konstanter Temperatur zwecks völliger Entwässerung und Überführung des Hydroxydniederschlages in das wasserfreie Oxyd zu verwenden.

C. Bestimmung durch Oxydation von Quecksilber.

Nach Binz wird in Gegenwart von Feuchtigkeit Ozon mit Quecksilber geschüttelt; das sich hierbei bildende Quecksilber(I)-oxyd wird mit Essigsäure gelöst und durch Behandeln der Lösung mit Salzsäure und Salpetersäure zu Quecksilber(II)-chlorid oxydiert. Die Lösung des Quecksilberchlorids wird mit Schwefelwasserstoff gefällt und das gebildete Quecksilbersulfid als solches gewogen.

Diese Methode gibt sehr unzuverlässige Werte, schon wegen der Zersetzlichkeit des Ozons während des Schüttelns mit Quecksilber. Eine von Mailfert vorgeschlagene Oxydation von Quecksilber(I)-salzen zu Quecksilber(II)-salzen wurde von Yamauchi untersucht. Diese Methode der Oxydation eines bekannten Gewichtes von unlöslichem Quecksilber(I)-nitrat in salpetersaurer Lösung und gravimetrische Bestimmung des nicht umgewandelten Quecksilber(I)-nitrates in der Wägungsform als Quecksilber(I)-chlorid verläuft unvollständig und ist für quantitative Zwecke nicht genau genug.

D. Wägung gleicher Volumen ozonhaltiger und nichtozonhaltiger Gase sonst gleicher Zusammensetzung.

Ladenburg hat Ozon-Sauerstoff-Gemische in zur Wägung geeigneten durch Hähne verschließbaren Glaskugeln gewogen, nachdem er vorher die gleichen Glaskugeln mit reinem, möglichst sorgfältig getrocknetem Sauerstoff gefüllt und gewogen hatte. Hierbei muß natürlich Temperatur und Druck berücksichtigt werden. Da eine gleiche Anzahl Moleküle Sauerstoff und Ozon sich ersetzen, so muß die Gewichtsdifferenz sich zu dem gesuchten Gewicht des Ozons wie 1 : 3 verhalten.

E. Gewichtsbestimmung nach Anlagerung von Ozon an ungesättigte Öle.

Die Methode von Fenaroli, Molinari und Soncini beruht darauf, daß als Absorptionsmittel für Ozon Olein, Ölsäure oder Leinöl verwendet wird. Diese aliphatischen Verbindungen mit ungesättigten Bindungen in ihrer Kette haben die Eigenschaft, Ozon anzulagern. Die Gewichtszunahme entspricht der Aufnahme der drei Sauerstoffatome des Ozons.

Arbeitsvorschrift. Die Absorption wird in einem einfachen Fünfkugelapparat bei etwa 10 bis 40° und bei einer Geschwindigkeit bis etwa 180 Blasen in der Minute vorgenommen. Zur Erlangung richtiger Werte muß ein Chlorcalciumtrockenrohr nachgeschaltet werden, da selbst bei einem sorgfältig über 10 Tage im Vakuumexsiccator über Kalk und dann für 12 Std. in einem trockenen Luftstrom getrocknetes Olein noch 4 bis 5 mg Wasser beim Durchleiten von 10 l ozonisiertem Sauerstoff abgibt.

Zusammenfassung. Die vorstehend beschriebenen gravimetrischen Methoden haben kaum eine praktische Bedeutung für die Ozonbestimmung erlangen können.

Literatur.

ANDREWS, TH.: Phil. Trans. **146**, 1 (1856).
v. BABO, L.: Ann. Suppl. **2**, 265 (1863). — BINZ, A.: Med. C. **20**, 721 (1882). — BRODIE, B. C.: Phil. Trans. **162**, 435 (1872).
FENAROLI, P., E. MOLINARI u. E. SONCINI: G. **36**, **II**, 292 (1906); B. **39**, 2735 (1906).
LADENBURG, A.: B. **34**, 631 (1901).
MAILFERT: C. r. **94**, 860 (1882).
YAMAUCHI, Y.: Am. Chem. J. **49**, 55 (1913).

§ 5. Bestimmung von Ozon neben Wasserstoffperoxyd.

Hier werden erst die Methoden behandelt, welche die Bestimmungen der beiden Stoffe nebeneinander gestatten, und dann die Methoden, bei welchen nach Zerstörung der einen der beiden Komponenten die andere bestimmbar wird.

A. Reaktion von Ozon auf Wasserstoffperoxyd.

Ozon und Wasserstoffperoxyd wirken aufeinander ein gemäß der Gleichung:

$$O_3 + H_2O_2 = H_2O + 2\,O_2.$$

Über die Einwirkung von Ozon auf Wasserstoffperoxyd und über die Reaktion, die zwischen Kaliumpermanganat und Lösungen, die Ozon und Wasserstoffperoxyd enthalten, stattfindet, berichtet INGLIS. Bemerkenswert ist hier die Tatsache, daß trotz der fortschreitenden Reaktion zwischen Ozon und Wasserstoffperoxyd, die im Sinne der obigen Gleichung zu Sauerstoff und Wasser führt, der Verbrauch an Permanganat steigt, weil, solange noch Ozon vorhanden ist, das durch die Reaktion von Wasserstoffperoxyd und Kaliumpermanganat gebildete Mangan(II)-salz durch Ozon zu Mangan(III)-salz oxydiert wird, das seinerseits von Wasserstoffperoxyd reduziert wird, also im gleichen Sinne wirkt wie Kaliumpermanganat.

Je mehr Ozon vorhanden ist, um so mehr $Mn^{\cdot\cdot}$ wird zu $Mn^{\cdot\cdot\cdot}$ oxydiert, das wieder von Wasserstoffperoxyd reduziert wird, so daß Permanganat für die Reaktion mit Wasserstoffperoxyd nicht verbraucht wird. Theoretisch würde also eine geringe Menge $Mn^{\cdot\cdot}$ das gesamte Ozon und eine ihm äquivalente Menge Wasserstoffperoxyd zum Verschwinden bringen.

Über die Einwirkung von Ozon auf Wasserstoffperoxyd siehe noch SCHÖNE, SCHÖNBEIN, ENGLER und WILD, ARNOLD und MENTZEL, FISCHER und WOLF.

B. Bestimmung mit Kaliumjodidlösung.

Ozon wirkt auf neutrale, gepufferte oder schwach alkalische Kaliumjodidlösungen augenblicklich gemäß der Gleichung (1):

$$O_3 + 2\,KJ + H_2O = J_2 + 2\,KOH + O_2 \quad (1)$$

ein. Diese Gleichung gilt nur für verdünnte Lösungen, während in konzentrierter Lösung sich auch Jod-Sauerstoff-Verbindungen bzw. die Salze der entsprechenden Säuren bilden. Wasserstoffperoxyd hingegen wirkt auf neutrale, gepufferte oder schwach alkalische Kaliumjodidlösungen nur langsam ein. Wird demnach nach LUTHER und INGLIS eine wäßrige Lösung, welche sowohl Ozon wie Wasserstoffperoxyd enthält, mit einer neutralen (usw.) Lösung von Kaliumjodid zusammengebracht und sofort sehr schnell titriert unter Verwendung von 0,02n Natriumthiosulfatlösung, weil die Lösung von Ozon im Wasser nur sehr dünn ist, so wird fast ausschließlich das durch Ozon frei gemachte Jod titriert. Vgl. auch die Arbeitsvorschrift im Abschnitt „KJ-Lösung“, § 1, A, 2. Wird nun angesäuert, so reagiert das Wasserstoffperoxyd auf die Jodwasserstoffsäure. Diese Reaktion kann durch Katalysatoren stark beschleunigt werden. (Vgl. den entsprechenden Abschnitt in dem Buch „Wasserstoffperoxyd“ sowie LUTHER und INGLIS.)

ROTHMUND und BURGSTALLER haben die Bestimmung beider Komponenten nach verschiedenen Methoden eingehend untersucht. Sie bestimmten unter Verwendung von alkalischer oder neutraler Kaliumjodidlösung zuerst das Ozon durch schnelle Titration nach schwachem Ansäuern, bevor noch die langsam verlaufende Reaktion des Wasserstoffperoxyds mit Kaliumjodid einsetzt. Dann wurde das Wasserstoffperoxyd katalytisch beschleunigt mit dem Kaliumjodid zur Reaktion gebracht und bestimmt. Die Fehlbeträge bei den beiden Komponenten liegen aber zu hoch, als daß die Methode zu empfehlen wäre. Sie nehmen an, daß dabei Jodat und Perjodat entsteht, zwei Verbindungen, die sich nur in einigermaßen stark saurer Lösung praktisch schnell genug mit Kaliumjodid, in schwach sauren Lösungen dagegen nur sehr langsam umsetzen. Man kann das Reaktionsgemisch weder längere Zeit stehenlassen noch die Säurekonzentration erhöhen, da sonst das Wasserstoffperoxyd schon merklich reagiert. Außerdem wirkt das Kaliumjodid nach SCHÖNE und nach WALTON in schwach saurer oder alkalischer Lösung katalytisch zersetzend auf Wasserstoffperoxyd, und schließlich reagieren auch noch das Perjodat und das Wasserstoffperoxyd nach der Gleichung (WALTON):

$$KJO_4 + H_2O_2 = KJO_3 + H_2O + O_2,$$

wodurch ebenfalls Verluste an Wasserstoffperoxyd und Ozon entstehen, da ja letzteres an der Bildung des Perjodats beteiligt war.

ROTHMUND und BURGSTALLER entwickeln daher eine einwandfrei funktionierende jodometrische Bestimmungsmethode auf dem Umweg über Kaliumbromid.

C. Indirekte Bestimmung über Kaliumbromid.

Diese Methode beruht darauf, daß man zuerst das Ozon bestimmt auf dem Wege des Umsatzes von Kaliumbromid in saurer Lösung. Nach Zusatz von Kaliumjodid kann dann das Ozon durch Titration des ausgeschiedenen Jods durch Titration mit Thiosulfat bestimmt werden. Das Wasserstoffperoxyd wird anschließend, nach Zusatz von Ammonmolybdat als Katalysatcr, ebenfalls jodometrisch mit Natriumthiosulfat bestimmt. Diese Methode liefert einwandfreie Werte, wenn darauf geachtet wird, daß ein Überschuß von Kaliumbromid bei der Ozonbestimmung vorhanden ist, um das Brom komplex zu binden, da es sonst mit dem Wasserstoffperoxyd nach der Formel

$$2\,Br + H_2O_2 = 2\,HBr + O_2$$

reagiert und die Werte zu niedrig ausfallen. Bei einem Überschuß von Kaliumbromid bildet sich das komplexe Br_3-Ion. Die Wirkung des Kaliumbromids kann noch durch Anwendung von Kühlung verstärkt werden.

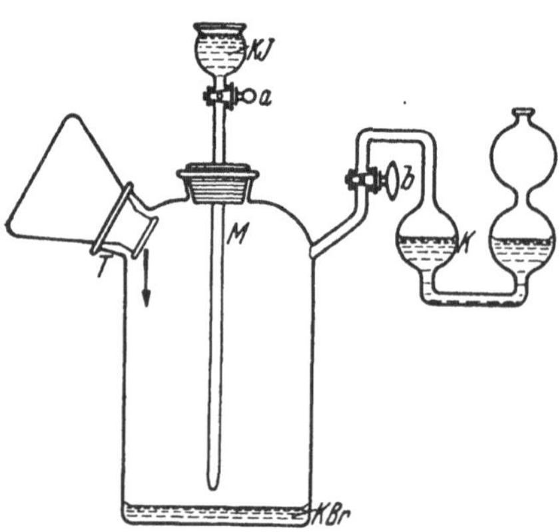

Abb. 28. Anordnung zur Umsetzung von O_3- und H_2O_2-Lösung mit KBr-Lösung. (Nach ROTHMUND und BURGSTALLER.) Großes Reaktionsgefäß mit KBr-Lösung am Boden. *T* Einfüllöffnung mit Schliffstopfen, *M* Tropftrichter, *K* Vorlage mit KBr-Lösung.

Arbeitsvorschrift. Zur Bestimmung verwendeten ROTHMUND und BURGSTALLER eine Anordnung nach Abb. 28, durch die ein Verlust an Bromdämpfen vermieden wird. Durch den mit Schliff versehenen Tubus *T* gießt man die saure Ozonlösung (etwa 0,01 n) bei etwa 0° C aus passendem, 50 cm³ enthaltenden ERLENMEYER-Kölbchen mit eingeschliffenem Glasstöpsel in überschüssige KBr-Lösung, so daß sie dann etwa 1% derselben enthält. Dabei ist Hahn *a* des eingeschliffenen Mittelstückes *M* geschlossen, Hahn *b* der mit wenig KBr beschickten Kugelvorlage *K* geöffnet. Hierauf verschließt man rasch die Öffnung bei *T* und Hahn *b*, schüttelt, um etwa beim Eingießen in den Gasraum entwichenes Ozon zur Reaktion zu bringen, läßt durch *M* nach Öffnen von *a* und *b* etwas mehr KJ als dem vorhandenen Ozon voraussichtlich entspricht (etwa 3 cm³ einer 0,1 n KJ-Lösung) einfließen, schüttelt wieder bei geschlossenen Hähnen, um auch den Bromdampf durch Jod zu ersetzen, öffnet dann *b* und spült den Inhalt der Vorlage, der gewöhnlich durch ausgeschiedenes Brom ganz schwach gelblich gefärbt ist, in das Gefäß zurück. Dann entfernt man *M*, spült gut ab und titriert durch die Öffnung mit Natriumthiosulfat.

Zur Wasserstoffperoxydbestimmung fügt man 10 cm³ 0,5 n KJ-Lösung, 1 cm³ einer 0,1 n Ammoniummolybdatlösung und 15 cm³ verdünnte Schwefelsäure (1:5) hinzu und titriert das neuerdings ausgeschiedene Jod nach 5 Min.

Bei raschem Arbeiten kann man das während der Ozonbestimmung reagierende Wasserstoffperoxyd vernachlässigen. Die Fehler der Ozonbestimmungen liegen mit 0,2 bis 0,8% unterhalb der üblichen Versuchsfehler. Ozon läßt sich demnach in saurer Lösung auch in Gegenwart von Wasserstoffperoxyd recht genau bestimmen.

D. Bestimmung von Ozon nach Zerstörung des Wasserstoffperoxyds.

Ozonbestimmungen in Luft können durch vorhandenes Wasserstoffperoxyd fehlerhaft werden. ENGLER und WILD streben daher die vorherige Zersetzung von Wasserstoffperoxyd vor der eigentlichen Ozonbestimmung an. Nach ihren Untersuchungen verläuft die Zersetzung von Wasserstoffperoxyd mit Chromsäure selbst in starker Luftverdünnung schnell genug, um durch einfaches Überleiten über feste Chromsäure bzw. durch Chromsäurelösung dieses zu zerstören. Ozon wird nach angestellten Vergleichsbestimmungen durch Chromsäure weder in fester noch gelöster Form zersetzt und bleibt unverändert. Sie verwenden daher zur Ozonbestimmung in wasserstoffperoxydhaltigen Luftgemischen ein einfaches Röhrchen mit fester, auf Glasperlen verteilter Chromsäure, durch das das Gasgemisch geführt wurde. Die Ozonbestimmung kann dann nach einer der üblichen Methoden erfolgen.

Zur quantitativen Zerstörung des Wasserstoffperoxyds eignet sich nach KEISER und MCMASTER Kaliumpermanganatlösung oder gepulvertes Mangan(IV)-oxyd (nähere Beschreibung vgl. das Kapitel „Nachweis von Ozon, Wasserstoffperoxyd und Stickstoffdioxyd nebeneinander" im Abschnitt „Nachweisreaktionen").

Nach BAMBERGER und TRAUTZL eignet sich für die Entfernung des Wasserstoffperoxyds am besten feste Chromsäure für die Hauptmenge und für die Absorption eventueller Restmengen eine angesäuerte Kaliumpermanganatlösung.

Literatur.

ARNOLD, C., u. C. MENTZEL: B. **35**, 2902 (1902).
BAMBERGER, M., u. K. TRAUTZL: Fr. **64**, 9 (1924).
ENGLER, C., u. W. WILD: B. **29**, 1930, 1940 (1896).
FISCHER, F., u. M. WOLF: B. **44**, 2956 (1911).
INGLIS, I. K. H.: Soc. **83**, 1010 (1903).
KEISER, H., u. LE ROY MCMASTER: Am. Chem. J. **39**, 96 (1908).
LUTHER, R., u. I. K. H. INGLIS: Ph. Ch. **43**, 203 (1903).
ROTHMUND, V., u. A. BURGSTALLER: M. **34**, 696 (1913).
SCHÖNBEIN, C. F.: J. pr. **77**, 130 (1858). — SCHÖNE, E.: A. **196**, 239 (1879).

§ 6. Bestimmung von Ozon neben Stickoxyden.

Die Bestimmung dieser beiden Komponenten der atmosphärischen Luft nebeneinander, mitunter in Vergesellschaftung mit Wasserstoffperoxyd, kann nach verschiedenen Methoden erfolgen, entweder durch Trennung der Komponenten oder Zerstörung der einen und Bestimmung der anderen, bzw. zusätzliche Bestimmung der Summe der Komponenten.

A. Trennung.

Die Methode der Trennung beruht auf der Adsorption bei tiefer Temperatur an Silicagel und fraktioniertem Abdestillieren. Von PANETH und Mitarbeitern wurde diese Methode durchentwickelt und weitgehend vervollkommnet. Eine genaue Beschreibung findet sich in § 7, „Trennung des Ozons von anderen Gasen durch Kondensation . . .".

B. Nach Zerstörung der einen Komponente.

Die zweite Methode beruht auf der Bestimmung einmal der Summe von Ozon und Stickoxyd und einer zweiten Bestimmung einer Komponente nach Zerstörung der anderen, wie sie von USHER und RAO angegeben wurde. Die Methode bedient sich des colorimetrischen Vergleiches einer Nitritfarbreaktion mit Sulfanilsäure (GRIESS-ILOSVAY-Reagens) und ist unter § 3, B, 2, III, „Colorimetrische Methoden", näher beschrieben.

Trennungsmethoden.

§ 7. Trennung des Ozons von anderen Gasen durch Kondensation oder durch Kondensation, Adsorption und fraktionierte Destillation.

Schon SCHÖNBEIN dachte daran, durch Abkühlen Ozon zu kondensieren und so von seinen Begleitern zu trennen. „Sollte nämlich das Ozon schon bei mäßigen Kältegraden flüssig sein, so müßte sich dasselbe absetzen, wenn man große Mengen ozonisierter Luft durch erkaltete Rohre strömen läßt." Diese „mäßigen Kältegrade" waren damals nicht erreichbar, da Ozon bei —112° siedet und bei —251,5° schmilzt. Die entsprechenden Werte sind für Sauerstoff: —183° und —218,8°, für Stickstoff —195,8° und —210,1°, für Stickoxyd: —151,8° und —163,7°, für Stickstoffdioxyd: 21,2° und —10° und für Kohlensäure: —78,5° und —57°.

GOLDSTEIN hat durch Abkühlen mit flüssiger Luft aus einer Sauerstoff-Ozon-Mischung, die durch elektrische Entladung in reinem Sauerstoff unter vermindertem Druck erhalten war, Ozon kondensiert. FISCHER und MARX trennten Ozon von Stickstoffdioxyd durch Einleiten in flüssige Luft, mit der Ozon sich mischt, während die Stickstoffoxyde als feste Körper, blaue Plättchen, sich abschieden und abfiltriert werden konnten. Die filtrierte Luft läßt beim Verdampfen Ozon zurück, so daß auf diese Weise beide Körper getrennt identifiziert werden können. Eine quantitative Methode zur Trennung ist damit nicht gegeben.

Nach RIESENFELD und BÉJA und SPANGENBERG ist bei —183° (Temperatur des flüssigen Sauerstoffs) der Dampfdruck des Ozons noch 0,2 mm, ein Wert, der für die Kondensation des atmosphärischen Ozons zu hoch ist.

1. Arbeiten von BRINER.

BRINER hatte, angeregt durch eine Arbeit von LEPAPE über die Adsorption von Neon, Helium, Krypton und Xenon durch aktive Kohle oder Silicagel, die Adsorption von atmosphärischem Ozon, das er durch ein Alkohol-Trockeneis-Gemisch im DEWAR-Gefäß auf —65° abkühlte, an Silicagel untersucht und festgestellt, daß Ozon wohl adsorbiert wird, daß es aber nicht wieder aus dem Adsorptionsmittel ausgetrieben werden kann.

Es gelang ihm aber, das Ozon im Silicagel dadurch zu bestimmen, daß er es mit einer neutralen Kaliumjodidlösung auswusch und das ausgeschiedene Jod mit Thiosulfat titrierte. Er fand hierbei Werte von $0{,}8 \cdot 10^{-8}$, die in Übereinstimmung waren mit denen nach der Aldehydmethode (siehe dort). Für eine Bestimmung wurden 11,7 m^3 Luft mit einer Geschwindigkeit von 49 l/Std. zuerst durch leere und dann durch mit Silicagel gefüllte Rohre geleitet, die sämtlich mit der Kältemischung gekühlt waren.

An aktiver Kohle adsorbiertes Ozon ließ sich auf keine Weise heraustreiben, herauswaschen oder herauslösen.

In einer späteren Arbeit untersuchten BRINER und LACHMANN die Adsorption und Zersetzung des Ozons an verschiedenen Adsorptionsmitteln und stellten fest, daß die Adsorption an Silicagel und ähnlich auch an Tonerdegel mit sinkender Temperatur stark zunimmt, während der Ozonzerfall zurückgeht.

Adsorption und Zersetzung von Ozon an Silicagel, das bei 200° teilweise entwässert ist.

0°	1,2—1,3%	O_3-Adsorption je g Gel	78% O_3-Zersetzung
— 30°	2,2%	O_3-Adsorption je g Gel	—
— 45°	22 %	O_3-Adsorption je g Gel	—
— 80°	60 %	O_3-Adsorption je g Gel	12% O_3-Zersetzung

Nichtentwässerte oder bei 300 bis 400° entwässerte Gele zeigen geringere Adsorption und stärkere Zersetzung. An Baumwolle ist die Adsorption bei 0° von gleicher Größenordnung wie an den Gelen, die Zersetzung aber wesentlich größer.

2. Arbeiten von PANETH.

Kurz vor BRINER hatten sich PANETH und EDGAR (1 und 2) gleichfalls mit der Adsorption an Silicagel unter starker Kühlung befaßt und diese Methode so vervollkommnet, daß sie wohl als die zuverlässigste chemische Methode zur Bestimmung von Ozon in der Atmosphäre angesprochen werden kann, zumal sie die Trennung des Ozons von den Stickstoffoxyden, die ähnliche chemische Reaktionen geben können, durch fraktionierte Destillation gestattet.

Wegen des immer noch zu hohen Dampfdruckes des flüssigen Ozons bei der Temperatur des flüssigen Sauerstoffs muß ein Adsorptionsmittel mit verwendet werden. Für diese Untersuchungen wurden Kupfer wegen seiner guten Leitfähigkeit, Glaspulver und Silicagel herangezogen. Von diesem wurden verschiedene Präparate geprüft: 1. Käufliches Silicagel, 2. käufliches Silicagel nach Vorbehandlung mit Ozon, 3. durch Hydrolyse von Siliciumtetrachlorid hergestelltes und 4. aus einer Lösung von reinem Siliciumdioxyd in Natronlauge mit heißer Salzsäure gefälltes Silicagel, das nach dem Auswaschen der löslichen Salze in einem Strom ozonisierter Luft bei 160° getrocknet war. Während Kupfer nur unvollständig adsorbiert, bei einer Zersetzung von 8,5%, und Glas noch schlechter, bei allerdings nur ganz geringer Zersetzung, ergaben die vier Silicagele das Folgende: 1. vollständige Adsorption und sehr starke Zersetzung (27,6 bis 29%), 2. vollständige Adsorption und etwas geringere Zersetzung (19,4 bis 21,8%). Feines käufliches Silicagel gab noch geringere Zersetzung (12,1 bis 12,3%), 3. gleichfalls völlige Adsorption bei niederen Geschwindigkeiten (54 cm^3 bis 500 cm^3/Min.), die auch bei den vorhergehenden Proben angewandt wurden; bei einer Geschwindigkeit von 1940 cm^3/Min. wurden jedoch nur 94,9 bis 91,2% adsorbiert. 4. bei völliger Adsorption war noch eine merkbare Zersetzung (5,1 bis 2,5%) feststellbar. Jedoch ergab das gleiche Präparat nach Behandeln mit Ozon völlige Adsorption und keine Zersetzung mehr (0,0 bis —1,7%), selbst bei 470 cm^3/Min. Dieses Präparat wurde für die Versuche und die Bestimmungen verwendet. Zur Feststellung der Menge des kondensierten Ozons wurde die jodometrische Methode von LADENBURG wie auch von LADENBURG und QUASIG angewendet, nachdem sie nochmals auf zwei verschiedenen Wegen geprüft worden war (vgl. Abschnitt § 1, A, 2, „Titrationsmethoden“).

Der erste Weg ist aus der Abb. 29 zu ersehen. Die beiden Glasgefäße *A* und *B* gleichen Inhalts sind durch den Drei-Wege-Hahn *C* miteinander und mit dem Zuleitungsrohr nach dem Ozonisator *G* verbunden, welches ein Manometer *F* trägt, dessen Quecksilbersäule durch eine Schicht von konzentrierter Schwefelsäure gegen den Angriff des Ozons geschützt ist. Beide Glasgefäße werden evakuiert und bestimmte Mengen ozonisierten Sauerstoffs eingelassen. Dann wird Verbindung mit der Luft hergestellt und der Inhalt mittels bei *E* zugeführten Sauerstoffs durch die Absorptionspipette *H* gedrückt, die mit einer neutralen 4%igen Lösung von Kaliumjodid beschickt ist. Nach Ansäuern mit Schwefelsäure wird mit Natriumthiosulfat titriert. Die Ergebnisse stimmen meistens innerhalb 1% überein, die Abweichungen sind niemals größer als

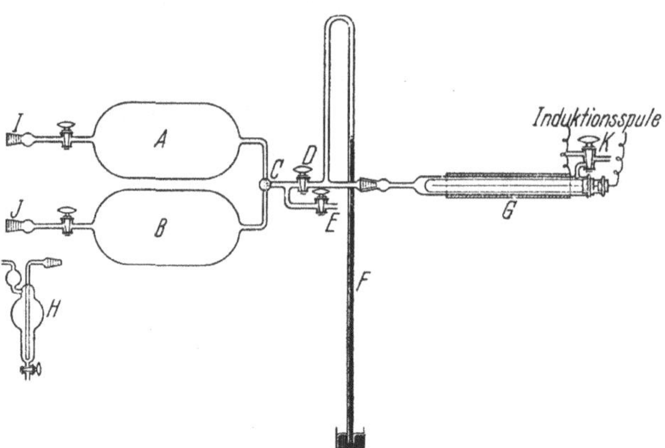

Abb. 29. Apparat. (Nach EDGAR und PANETH.) Statische Methode zur Nachprüfung der jodometrischen Methode von LADENBURG und QUASIG.
G Ozonisator, *A* und *B* gleich große Glasgefäße, *F* Manometer, *H* Absorptionspipette zum Ansatz bei *I* bzw. *J*.

2 bis 3%. An Stelle der neutralen Kaliumjodidlösung verwendete gepufferte Kaliumjodidlösungen (JULIARD und SILBERSCHATZ) gaben schwieriger konstante Werte, was in Übereinstimmung mit POWELL und RIESENFELD und BENCKER steht.

Stark abweichende Mengen Ozon wurden nach einer Strömungsmethode untersucht, die aus der Abb. 30 ersichtlich ist. Die Geschwindigkeiten werden in den

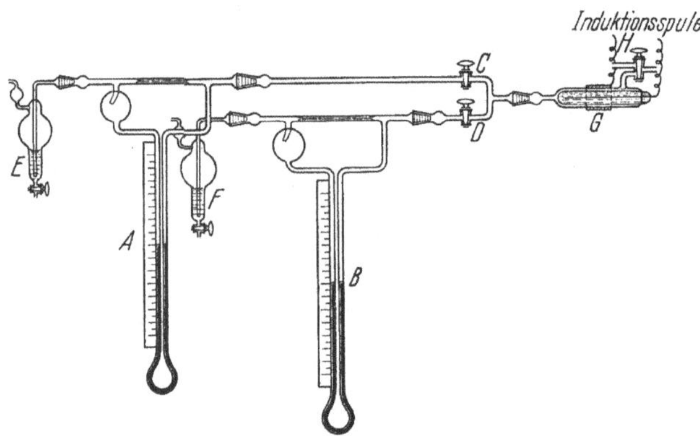

Abb. 30. Apparat. (Nach EDGAR und PANETH.) Strömungsmethode zur Nachprüfung der jodometrischen Methode von LADENBURG und QUASIG.
G Ozonisator, *A* und *B* Strömungsmesser, *E* und *F* Absorptionspipetten.

Differentialmanometern *A* und *B* gemessen. Die Ergebnisse sind in der Tabelle 18 enthalten; sie zeigen, daß sehr gute Werte erhalten werden, selbst wenn das Verhältnis der Geschwindigkeiten (von etwa 0,5 auf etwa 25) auf fast das 50fache gesteigert wird.

Es muß aber betont werden, daß bei diesen Versuchen die Ozonkonzentration um mehrere Größenordnungen höher war als die in der Atmosphäre (10^{-3} gegen 10^{-8}), so daß die Ergebnisse mit den von GUÉRON und PRETTRE gemachten Feststellungen, daß bei Konzentration von 10^{-4} die Absorption von Ozon in Kaliumjodidlösungen unzuverlässig wird, nicht in Widerspruch stehen.

In weiteren Untersuchungen wird von EDGAR und PANETH (2) festgestellt, daß Ozon, in einem kleinen Ozonometer gewonnen und mit Luft bis zu Konzentrationen von $4 \cdot 10^{-8}$ verdünnt, vollständig durch Silicagel, das nach der Methode hergestellt war, adsorbiert wurde, wenn das Silicagel mit flüssigem Sauerstoff in einem DEWAR-

Tabelle 18.

Strömungsgeschwindigkeit cm^3/Min. App. A	Strömungsgeschwindigkeit cm^3/Min. App. B	Verhältnis der Geschwindigkeit V_B / V_A	n/500 $Na_2S_2O_3$ in cm^3 Pipette E	Pipette F Beob.	Pipette F Ber.	Pipette F Diff. = %
33,8	18,4	0,545	3,29	1,77	1,79	+ 1,1
24,1	22,5	0,934	9,80	9,02	9,15	+ 1,4
25,1	45,8	1,82	8,52	15,46	15,54	+ 0,5
16,9	34,2	2,02	3,92	7,91	7,93	+ 0,2
43,7	925	21,2	2,32	50,2	49,2	— 2,0
37,9	900	23,7	1,63	38,7	38,7	0,0
38,1	947	24,8	1,91	46,7	47,2	+ 1,1

Gefäß gekühlt und das Gas in einer Glasspirale, die sich gleichfalls in dem DEWAR-Gefäß befand, vorgekühlt wurde. (Die Methode wird weiter unten genauer beschrieben.) Das Ozon läßt sich durch Sauerstoff wieder austreiben und mit Kaliumjodidlösung bestimmen.

Zur Bestimmung des atmosphärischen Ozons nach dieser Methode mußte das Ozon vom Stickstoffdioxyd, welches in Großstädten etwa in gleicher Größenordnung vorhanden ist wie Ozon, getrennt werden. Zu diesem Zwecke mußten die Dampfdrucke von Stickstoffdioxyd bei verschiedenen Temperaturen in freiem und an Silicagel adsorbiertem Zustande bestimmt werden. Die folgende Tabelle 19 enthält die Ergebnisse.

Tabelle 19. Dampfdruck von Stickstoffdioxyd.

Kondensiert im Glasgefäß				Kondensiert an Silicagel			
Temperatur °C	Dampfdruck (mm Hg)	Temperatur °C	Dampfdruck (mm Hg)	Temperatur °C	Dampfdruck (mm Hg)	Temperatur °C	Dampfdruck (mm Hg)
— 72	0,07	— 52	2,14	— 72	0,00	— 42	4,89
— 54	1,61	— 40	8,70	— 67	0,07	— 34	10,10
				— 62	0,38	— 27	16,35
				— 52	1,76		

Der Dampfdruck des an Silicagel adsorbierten Stickstoffdioxyds war schon bei — 72° so niedrig, daß er mit dem Butylphthalatmanometer nicht mehr gemessen werden konnte. Bei — 120° konnte man über das adsorbierte Stickstoffdioxyd einen lebhaften Luftstrom leiten, ohne daß eine Spur von Stickstoffdioxyd mitgenommen wurde. Die vorgelegte Kaliumjodidlösung blieb völlig farblos. Andererseits wurde festgestellt, daß bei dieser Temperatur keine Spur Ozon kondensiert wurde.

Auf Grund dieser experimentellen Unterlagen wurde eine Arbeitsvorschrift ausgearbeitet, die nicht nur die quantitative Trennung der in der Atmosphäre enthaltenen Gase, Ozon und Stickstoffdioxyd, sondern auch ihre quantitative Bestimmung mit großer Genauigkeit erlaubt.

Der verwendete einfache Apparat ist in der Abb. 31 dargestellt. A ist ein weites Rohr, das mit dem Silicagel beschickt ist. Es ist unten mit einer Rohrschlange verbunden und steht mit dieser in dem DEWAR-Gefäß B, das mit flüssigem Sauerstoff gefüllt ist. Das Rohr ist verbunden mit einem geeichten Differentialmanometer G für die Messung der Strömungsgeschwindigkeit. Daran schließt sich ein großer

Chlorcalciumturm *D* an, dessen Calciumchlorid mit Kohlensäure gesättigt wurde, um jede Spur freien Alkalis, das zerstörend auf Ozon einwirken könnte, zu beseitigen.

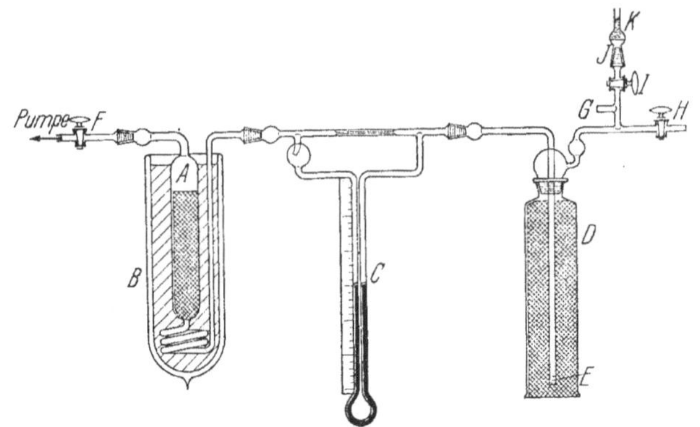

Abb. 31. Anordnung zur Kondensation von hochverdünntem Ozon. (Nach EDGAR und PANETH.)
A Ausfrierfalle mit Silicagel, *B* DEWAR-Gefäß, *C* Strömungsmesser, *D* Chlorcalciumturm zur Luftvortrocknung, *J*, *K* Ansaugrohr, *F* Anschluß an Pumpe mit vorgeschaltetem Ausgleichvolumen (nicht gezeichnet).

Im unteren Teil des Rohres, durch das die Luft austritt, befindet sich ein kleiner Baumwollbausch *E*, um Calciumchloridteilchen zurückzuhalten. Der Hahn *H* dient zum Auswaschen mit Gasen. Ein zweiter, genau gleicher parallelgeschalteter Apparat ist durch das T-Stück *G* angeschlossen. Die Luft wird durch die Apparate mit einer Pumpe hindurchgesaugt, die an den Hahn *F* angeschlossen ist, welcher die Geschwindigkeit zu regulieren gestattet. Zwischen Pumpe und Hahn *F* ist eine große Ausgleichflasche geschaltet. Der zweite Apparat ist an die gleiche Flasche und Pumpe angeschlossen. Die Flasche besitzt noch ein Schnüffelventil, damit die Apparatur auf der Pumpenseite nicht zu starken Unterdruck bekommt. Die Luft wird durch das Rohr *J* am offenen Fenster eingesaugt und geht durch das Baumwollfilter *K*, das für jeden Versuch erneuert wird. Alle Apparateteile sind durch aus der Abbildung ersichtliche Schliffe miteinander verbunden, welche mit einer dünnen Schicht von Vaseline abgedichtet werden.

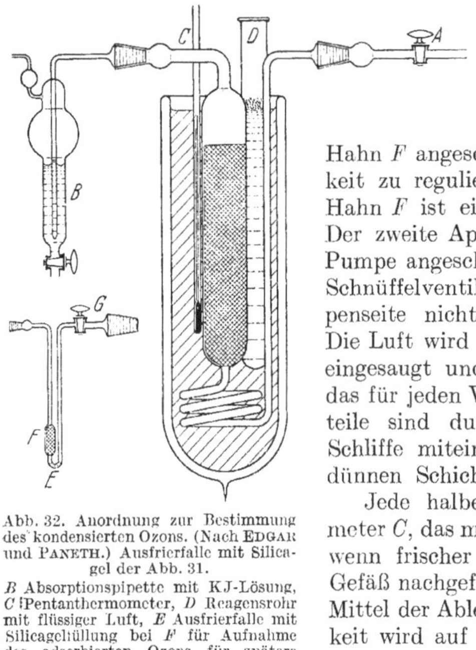

Abb. 32. Anordnung zur Bestimmung des kondensierten Ozons. (Nach EDGAR und PANETH.) Ausfrierfalle mit Silicagel der Abb. 31.
B Absorptionspipette mit KJ-Lösung, *C* Pentanthermometer, *D* Reagensrohr mit flüssiger Luft, *E* Ausfrierfalle mit Silicagelfüllung bei *F* für Aufnahme des adsorbierten Ozons für spätere spektrographische Bestimmung.

Jede halbe Stunde wird das Differentialmanometer *C*, das meist konstant gehalten wird, abgelesen, wenn frischer flüssiger Sauerstoff in das DEWAR-Gefäß nachgefüllt wird. Nach Beendigung wird das Mittel der Ablesungen genommen. Die Geschwindigkeit wird auf Grund von Eichkurven für die Strömungsmesser bestimmt und so die Gesamtmenge Luft berechnet, welche während der Dauer des Versuches die Apparaturen durchströmt. Die Geschwindigkeit wurde meist bei etwa 3 bis 4 l/Min. gehalten. Die ganze Apparatur ist in einen Kasten eingebaut, welcher eine Tür zur Beobachtung der Manometer und eine obere verschließbare Öffnung zum Nachfüllen von flüssigem Sauerstoff hat, so daß sie leicht transportiert werden kann. Am Ort der Untersuchung braucht man nur eine Pumpe und flüssigen Sauerstoff zum Nachfüllen. Nach Beendigung eines Versuches wird das DEWAR-Gefäß mit dem Silicagelrohr abgenommen und, wie aus der Abb. 32 ersichtlich, an der Eingangsseite mit dem Hahn *A* und an der Ausgangsseite mit der Absorptionspipette *B* verbunden, welche die Kaliumjodidlösung enthält. Nun wird ein Gemisch von Alkohol und fester Kohlensäure, das mit flüssiger Luft auf etwa —110° abgekühlt wird, bereitet, dann der Hahn *A* geschlossen und der flüssige Sauerstoff so rasch wie möglich durch das Kühlgemisch ersetzt. Ein Pentanthermometer *C* und ein langes Proberohr *D* werden in das DEWAR-Gefäß eingeführt, in das Proberohr wird flüssige Luft gegeben, bis die Temperatur auf —120° gefallen ist. Da die Temperatur des Silicagels nun von —180° auf —120° steigt, entweichen durch *B* einige Gasblasen infolge Ausdehnung. Nach etwa 10 Min. wird der Hahn *A* geöffnet und Sauerstoff mit einer Geschwindigkeit von 50 cm^3/Min. etwa 1 Std. lang hindurchgeleitet. Dann ist mit Sicherheit alles Ozon übergetrieben, so daß der Inhalt der Pipette *B* titriert werden kann. Durch die beiden parallelgeschalteten Apparate wird erreicht, daß zwei voneinander unabhängige Werte erhalten werden, die stets innerhalb von 10% miteinander übereinstimmen, was völlig ausreichend ist.

Soll das adsorbierte Ozon spektroskopisch bestimmt werden, so wird das aus dem Silicagelrohr in der oben beschriebenen Weise ausgetriebene Ozon in dem kleinen Rohr *E*, das bei *F* mit Silicagel gefüllt ist, und das mit flüssigem Sauerstoff gekühlt wird, adsorbiert. (Vgl. die vorhergehende Abb. 32.) Nach Beendigung der Adsorption wird das Rohr *E* nach Schließen des Hahnes *G* an ein optisches Bestimmungsrohr angeschlossen. Diese Bestimmungsart ist im Abschnitt § 3, B, 1, „Optische Methoden", näher beschrieben. Anschließend wird das Ozon durch Kaliumjodidlösung geleitet und so nochmals bestimmt.

3. Bestimmung von Stickoxyden neben Ozon.

Über die Bestimmung des Stickstoffdioxyds sei zur Vervollständigung das Folgende ausgeführt:

Das Stickstoffdioxyd wird nach der Methode von FRANCIS und PARSONS mit Wasserstoffperoxyd in Salpetersäure übergeführt, indem das Silicagelrohr an ein evakuiertes, 3 l fassendes, mit Hähnen versehenes Gefäß angeschlossen wird. Dann wird der Hahn am Silicagelrohr nach dem evakuierten Gefäß geöffnet, während er nach der anderen Seite geschlossen bleibt. Die Kältemischung wird nun durch ein siedendes Wasserbad ersetzt, so daß der größte Teil des Stickstoffdioxyds in das Vakuumgefäß entweicht. Sobald durch langsames Einlassen von Luft durch das Silicagel Atmosphärendruck erreicht ist, wird mit Sicherheit auch die letzte Spur von Stickstoffdioxyd in das Gefäß überführt. Das Gefäß wird dann geschlossen. Bevor es mit dem Stickstoffdioxyd gefüllt wurde, war es mit 20 cm^3 einer Wasserstoffperoxydlösung beschickt worden, die aus 62,5 cm^3 Wasserstoffperoxydlösung von 20 Vol.-% (= etwa 6%), 1 cm^3 2n Schwefelsäure und Auffüllen auf 100 cm^3 erhalten war. Das Gefäß mit dem Wasserstoffperoxyd und Stickstoffdioxyd wird während mehrerer Stunden häufig umgeschüttelt; dann ist die Oxydation des Stickstoffdioxyds in Salpetersäure vollständig. Es wird nun mit Kalilauge schwach alkalisch gemacht und die Nitratlösung auf dem Wasserbad zur Trockne eingedampft. Der Nitratstickstoff wird nach der von BLOM und TRESCHOW und von TRESCHOW und GABRIELSEN gefundenen und von McVEY verbesserten Methode mit m-Xylenol (= 1 Hydroxy-2, 4-dimethylbenzol) und Schwefelsäure durchgeführt. Hierbei entsteht durch Nitrierung des m-Xylenols ein mit Wasserdämpfen leicht flüchtiges, lebhaft gelb bis orangerot gefärbtes Produkt, das colorimetrisch bestimmt werden kann. Diese Methode wurde der mit Sulfanilsäure + α-Naphthylaminacetat (ILOSVAYS Reagens) (ILOSVAY), welche Methode in den „Standard Methods of Water Analysis" angegeben ist, vorgezogen.

Arbeitsvorschrift. Verwendet wird eine 1%ige Lösung von m-Xylenol in Eisessig. Der Nitratrückstand wird in 3 cm³ destilliertem Wasser gelöst und in ein Siederohr mit weiteren 4 cm³ Wasser gespült. Dann werden 15 bis 20 cm³ stickstofffreie 85%ige Schwefelsäure zugegeben, und das Rohr wird in ein Wasserbad von 35° gebracht. Darauf wird 1 cm³ der m-Xylenollösung zugefügt, gut verrührt und das Rohr sorgfältig geschlossen. Nach ½ Std. wird abgekühlt und mit 100 cm³ Wasser verdünnt. Die Temperatur wird durch Eintauchen in kaltes Wasser tief gehalten. Das entstandene Nitroprodukt wird in einer Spezialapparatur, die mit Tropfenfänger und Kühler versehen ist, mit Wasserdampf destilliert, bis 40 cm³ übergegangen sind, welche in einem NESSLER-Rohr aufgefangen werden, das mit Wasser gekühlt wird und mit 10 cm³ einer reinen 2n Natronlauge beschickt ist. Nun wird durchgerührt, die Temperatur auf 20° eingestellt und die entstandene Färbung mit einer Standardlösung verglichen.

Zu gleicher Zeit wird in völlig übereinstimmender Weise ein Blindversuch durchgeführt, um etwa in den Reagenzien vorhandenes Nitrat festzustellen. Hierbei wurden 3 bis 4 γ Nitratstickstoff gefunden. Der mittlere Wert für Stickstoffdioxyd in der Londoner Atmosphäre wurde zu $1{,}5 \cdot 10^{-8}$ mg/cm³ oder $7{,}5 \cdot 10^{-7}$ Vol.-% gefunden, was äquivalent ist $5 \cdot 10^{-9}$ mg Stickstoff (zusätzlich) in 1 cm³ Luft. Die 1000 bis 1500 l Luft, die für die Kondensation von Ozon verwendet werden, enthalten also zum mindesten so viel Stickstoffdioxyd, um die Intensität der durch die Reagenzien hervorgerufenen Färbung zu verdoppeln.

Literatur.

BLOM, J., u. C. TRESCHOW: Bodenkunde Pflanzenernähr. A **13**, 159 (1928). — BRINER, E.: Helv. **21**, 1218 (1938). — BRINER, E., u. A. LACHMANN: Helv. **26**, 346 (1943).

EDGAR, J. L., u. F. A. PANETH: (1) Nature **142**, 113 (1938); Soc. **511** (1941); (2) Soc. **519** (1941).

FISCHER, F., u. H. MARX: B. **39**, 2555 (1906). — FRANCIS, A. G., u. A. J. PARSONS: Analyst **50**, 262 (1925).

GOLDSTEIN, E.: B. **36**, 3042 (1903). — GUÉRON, G., M. PRETTRE u. J. GUÉRON: Bl. [5] **3**, 195, 1841 (1936).

ILOSVAY, M. L.: Bl. [3] **2**, 388 (1889).

LADENBURG, A., u. R. QUASIG: B. **34**, 1184 (1901); **36**, 115 (1903). — LEPAPE, A.: C. r. **187**, 231 (1928).

POWELL, A.: Chemist-Analyst **16**, 7 (1916).

RIESENFELD, E. H., u. M. BÉJA: Z. anorg. Ch. **132**, 179 (1923). — RIESENFELD, E. H., u. F. BENCKER: Z. anorg. Ch. **98**, 167 (1916).

SCHÖNBEIN, C. F.: Pogg. Ann. **65**, 69 (1845). — SPANGENBERG, A. L.: Ph. Ch. **119**, 419 (1926). — *Standard Methods* of *Water Analysis*, 7. Aufl., S. 19. New York 1933.

TRESCHOW, C., u. E. K. GABRIELSEN: Bodenkunde Pflanzenernähr. A **32**, 357 (1933).

MCVEY, W. C.: J. Assoc. offic. agric. Chem. **18**, 459 (1935).

Nachweisreaktionen.

Die Nachweisreaktionen sind außerordentlich zahlreich und die Angaben vielfach widersprechend. Wie beim Wasserstoffperoxyd gibt es für Ozon nur wenige spezifische Nachweisreaktionen, welche zudem nicht sehr empfindlich sind. Daneben gibt es noch Nachweisreaktionen, welche als halbspezifisch angesehen werden können, zu denen die besonders empfindliche Reaktion mit Kaliumjodid in Gegenwart von Stärke gehört. Von den Stoffen, die neben Ozon besonders in der Atmosphäre stets vorhanden sind, muß das Ozon getrennt werden, um dann mit empfindlichen Nachweisreaktionen nachgewiesen zu werden. Aus dem Grunde ist auch die Bestimmung des Ozons mittels Nachweisreaktion in Gemischen mit Stickstoffdioxyd und Wasserstoffperoxyd abgehandelt und der Nachweis der drei Stoffe hintereinander. Die Darstellung wird knapp gehalten, da diese Nachweisreaktionen gewissermaßen nur eine wenn auch notwendige Ergänzung zu den quantitativen Bestimmungsmethoden bilden.

§ 8. Spezifische Nachweisreaktionen.

A. Einwirkung auf metallisches Silber.

Wirkt Ozon auf ein blankes Silberblech ein, so bildet sich nach FREMY schwarzes Silberperoxyd. Diese Reaktion wurde von MANCHOT und KAMPSCHULTE genau studiert; es wird gefunden, daß die Reaktion bei 220 bis 240° am empfindlichsten ist, so daß durch einen Gasstrom mit 0,01% Ozon, welcher auf ein in einem Sandbad auf 240° erhitztes Silberblech geleitet wird, sich sofort ein blauer Fleck bildet. Bei Zimmertemperatur findet die Einwirkung schnell nur an mit Säuren abgebeiztem oder mit kleinen Mengen von fremden Metalloxyden verunreinigtem Silberblech statt. Zur Einführung der notwendigen Fremdmetallteile genügt Abschmirgeln mit eisenhaltigem Schmirgel. Ein bei 220 bis 240° geschwärztes Silber, welches durch Erhitzen auf Rotglut entfärbt war, gibt auch bei Zimmertemperatur Schwärzung, die aber rasch wieder abblaßt.

B. Einwirkung auf Quecksilber.

ANDREWS und TAIT fanden, daß Ozon auf metallisches Quecksilber unter Bildung eines Überzugs, der aus einem Quecksilberoxyd besteht, einwirkt. (Vgl. auch v. BABO und CLAUS.) Das Quecksilber oxydiert sich an der Oberfläche und haftet an Glaswandungen, weswegen Quecksilber nicht in Berührung mit Ozon kommen darf. Man schützt das Quecksilber z. B. in Manometern oder Strömungsmessern durch eine Schicht konzentrierter Schwefelsäure, welche weder auf Quecksilber noch auf Ozon einwirkt. MANCHOT und KAMPSCHULTE, welche auch diese Reaktion untersuchten, fanden die stärkste Einwirkung von Ozon auf Quecksilber bei +170°.

C. Einwirkung auf Mangan(II)-chlorid.

Einen spezifischen Nachweis mit Mangan(II)-chlorid haben ENGLER und WILD beschrieben, der auf der Verwendung von Mangan(II)-chlorid beruht und allerdings den Thalliumpapieren an Empfindlichkeit nachsteht, die ihrerseits durch den Nachweis mit Kaliumjodidstärkepapier übertroffen werden.

Ein mit konzentrierter Mangan(II)-chloridlösung getränktes Papier ist zum sicheren Ozonnachweis geeignet, wenn die durch Bildung brauner Manganoxyde hervorgebrachte Färbung nach Befeuchten mit Guajakharzlösung ins Blaue verändert wird. Der gegen die Manganpapiere erhobene Einwand, daß der braune Farbton, der auch durch Ammoniak hervorgerufen werden kann, nicht für Ozon spezifisch sei, wird durch die Kontrolle mit Guajakharzlösung hinfällig.

D. Einwirkung auf Thallium(I)-hydroxyd.

Die Oxydation von Thallium(I)-hydroxyd zu Thallium(III)-hydroxyd in Gegenwart von Wasser durch Ozon wurde schon von SCHÖNE für eine halbquantitative Nachweisreaktion ausgenutzt, indem er mit Thallium(I)-hydroxyd getränktes Reagenspapier benutzte. Der Gehalt an Ozon wurde nach der erzielten Farbtiefe des gebildeten Thallium(III)-hydroxyds bewertet.

Die Thalliumreaktion ist dann später von YAMAUCHI für eine quantitative gravimetrische Bestimmungsmethode ausgewertet worden (Näheres siehe dort).

§ 9. Halbspezifische Nachweisreaktionen.

I. Einwirkung auf Kaliumjodid in Gegenwart von Stärke. SCHÖNBEIN verwendete Jodkaliumjodidstärkepapier zum Nachweis von Ozon und glaubte, auf die mehr oder weniger rasche Bläuung einen Rückschluß auf den Ozongehalt, z. B. der Luft, schließen zu können. Seine Angaben begegneten berechtigter Kritik (vgl. HOUZEAU).

Bei geeigneter Herstellung und Verwendung stellt es ein brauchbares Reagens dar, zumal es außerordentlich empfindlich ist. Jedenfalls um mehrere Größenordnungen empfindlicher als die spezifischen Nachweisreaktionen. Notwendig ist, daß neutrales Kaliumjodidstärkepapier verwendet wird, welches mit Ozon sofort, mit Wasserstoffperoxyd nur sehr langsam und mit Stickstoffdioxyd gar nicht reagiert, so daß, wenn sofort Bläuung eintritt, auf Ozon geschlossen werden muß (vgl. CABANNES und DUFAY und KAMPSCHULTE). Völlig eindeutig wird der Nachweis von Ozon, wenn man nach ENGLER und WILD das Wasserstoffperoxyd durch Chromsäure zerstört und nun mit neutralem Kaliumjodidstärkepapier prüft.

Eine schnelle und näherungsweise Methode für die Bestimmung des Ozongehaltes der Luft mit Kaliumjodidstärkepapier beschreibt WILLIAMS. Man stellt sich eine Anzahl von Standardpapieren in verschiedener Farbtiefe her, indem man Kaliumjodidstärkepapier Luftgemischen mit bekanntem Ozongehalt aussetzt und sie in zugeschmolzenen Glasgefäßen aufbewahrt. Durch Vergleich des Farbtones von unbekannten Gemischen mit den Färbungen der Standardpapiere kann dann der Ozongehalt näherungsweise ermittelt werden.

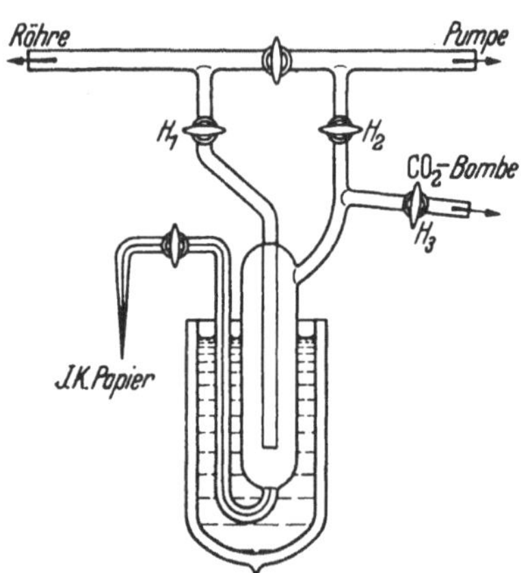

Abb. 33. Apparat für den chemischen Nachweis von Ozon. (Nach KRÜGER und ZICKERMANN.) (Ausfrierfalle.)

Die Grenzen der Empfindlichkeit dieser Reaktion wurden von RIESENFELD und BÉJA zu $2{,}3 \cdot 10^{-6}$ mg Ozon in 22 cm^3 Gas gefunden, wenn sie den ozonhaltigen Gasstrom durch eine Düse auf Kaliumjodidstärkepapier bliesen. An der Stelle, welche von dem Gasstrom getroffen wird, entsteht ein blauer oder bläulicher Fleck. Die Mindestkonzentration des Ozons berechnet sich aus der obigen Angabe zu $4{,}5 \cdot 10^{-8}$ cm^3 in 1 cm^3, was nahe an die Konzentration herankommt, in der Ozon in der Luft vorhanden ist.

II. Einwirkung auf Kaliumjodidpapier bei Abwesenheit von Stärke. Für den Nachweis von stark verdünntem Ozon benutzen KRÜGER und ZICKERMANN eine Ausfrierfalle der Abb. 33, die zur Anreicherung durch Kondensation mit flüssiger Luft gekühlt wird. Nach der Entfernung der Kühlung wird der Inhalt der Falle mittels Kohlensäure gegen das vor dem Capillarrohr befindliche Kaliumjodidpapier (ohne Stärke) geblasen. Während das Produkt eines einzigen Versuches noch keine Jodabscheidung erkennen ließ, wurde nach fünf Experimenten ein kleiner, aber deutlich gelblich-brauner Fleck als Jodabscheidung sichtbar.

§ 10. Tabellarische Zusammenstellung der verschiedenen Nachweisreaktionen.

(Siehe Tabelle.)

KEISER und MCMASTER geben die nachfolgende sehr gute Zusammenstellung der für den Nachweis des Ozons verwendeten Reaktionen nicht nur in ihrem Verhalten Ozon, sondern auch Stickstoffdioxyd und Wasserstoffperoxyd gegenüber.

§ 11. Nachweis von Ozon, Wasserstoffperoxyd und Stickstoffdioxyd nebeneinander.

Nur Wasserstoffperoxyd und Stickstoffdioxyd können regelmäßig nebeneinander vorkommen, z. B. in der Luft und in Verbrennungsgasen, während die Anwesenheit anderer oxydierender Gase, wie Chlor, Brom, nur sehr selten auftreten können und sich dann leicht beseitigen lassen.

Tabelle 20.

Reagens	Literatur	Ozon	Stickstoffdioxyd	Wasserstoffperoxyd
Kaliumjodid und Stärke.	(1)	Blau	Blau	Blau
Weinrotes Lackmuspapier, getränkt mit Kaliumjodid	(2)	Blau	Keine Änderung	Blau
Tetramethylparaphenylendiamin	(3)	Blauviolett	Blauviolett	Blauviolett
Metaphenylendiamin, alkalische Lösung . .	(4)	Burgunder Rot oder gelb	Keine Änderung	Keine Änderung
Manganchloridpapier, getränkt mit Guajaktinktur	(5)	Blau	Blau	Keine Änderung
Benzidin in Alkohol . .	(6)	Braun	Blau	Keine Änderung
Tetramethyl-p-p'-diaminodiphenylmethan in gesättigter alkoholischer Lösung	(7)	Violett	Gelb	Keine Änderung
Kalium-Eisen(III)-cyanid und Eisenchlorid . . .	(8)	Keine Änderung	Keine Änderung	Blau
Mangan(IV)-oxyd oder Kupferoxyd	(9)	Zersetzt	Keine Änderung	Zersetzt
Silberfolie	(10)	Schwarz	Keine Änderung	Keine Änderung
Chromsäure und Äther .	(11)	Keine Änderung	Keine Änderung	Blau
Chromsäure	(12)	Keine Änderung	—	Zersetzt
Titanhydroxyd in Schwefelsäure	(13)	Keine Änderung	Keine Änderung	Gelb
Thallium(I)-salze	(14)	Braun	Keine Änderung	Keine Änderung
Ammoniummolybdat in Schwefelsäure	(15)	Keine Änderung	Keine Änderung	Gelb
Guajaktinktur mit Malzauszug	(16)	Keine Änderung	Keine Änderung	Blau
Goldchlorid, frei von Säure	(17)	Schwarz	Keine Änderung	—
Nitritprobe mit Sulphanilsäure und α-Naphthylamin	(18)	Keine Änderung	Rosa	Keine Änderung

(1) SCHÖNBEIN, C. F.: Ber. Verh. Naturf. Ges. Basel **4**, 58.
(2) HOUZEAU, A.: A. Ch. [4] **5**, 20.
(3) WURSTER, C.: B. **19**, 3195 (1886).
(4) ERLWEIN, G., u. TH. WEYL: B. **31**, 3158 (1898).
(5) ENGLER, C., u. W. WILD: B. **29**, 1940 (1896).
(6) ARNOLD, C., u. C. MENTZEL: B. **35**, 1324 (1902).
(7) ARNOLD, C., u. C. MENTZEL: B. **35**, 1324 (1902).
(8) SCHÖNE, E.: B. **7**, 1695 (1874).
(9) ANDREWS, TH., u. P. G. TAIT: A. **112**, 185 (1859).
(10) ARNOLD, C., u. C. MENTZEL: B. **35**, 1326 (1902).
(11) BARRESWILL: A. Ch. [3] **20**, 364.
(12) ENGLER u. WILD: B. **29**, 1940 (1896).
(13) SCHÖNN: Fr. **9**, 41 (1870).
(14) SCHÖNE, E.: A. **196**, 58 (1879).
(15) SCHÖNN: Fr. **9**, 41 (1870).
(16) STRUVE, H.: Fr. **8**, 315 (1869).
(17) BOETTGER, R.: Fr. **21**, 105 (1882).
(18) Bl. [3], **2**, 347 (1889).

KEISER und MCMASTER machen zum Zwecke des getrennten Nachweises vor Ozon, Wasserstoffperoxyd und Stickstoffdioxyd Gebrauch von der Eigenschaft den Wasserstoffperoxyds und Stickstoffdioxyds, schwache, bei Vorhandensein größeres Mengen natürlich auch starke Kaliumpermanganatlösungen zu entfärben, wobei das eine zu Sauerstoff und das andere zu Salpetersäure oxydiert wird, während Ozon nicht angegriffen wird. Wird also ein Gasstrom zuerst durch Permanganatlösung, dann durch stärkehaltige Kaliumjodidlösung geleitet, so zeigt Entfärbung der Permanganatlösung die Anwesenheit von Wasserstoffperoxyd und Stickstoffdioxyd oder eines dieser beiden Stoffe an, während eine Bläuung der Kaliumjodidlösung auf die Anwesenheit von Ozon hinweist. Um nun festzustellen, welcher Stoff für die Entfärbung der Permanganatlösung verantwortlich ist, werden die Gase zuerst durch ein Rohr geleitet, das auf eine Länge von 40 cm mit gepulvertem Mangan(IV)-oxyd gefüllt ist. Durch das Mangan(IV)-oxyd wird das Wasserstoffperoxyd zerstört. Wird nun eine dahintergeschaltete Kaliumpermanganatlösung entfärbt, so ist Stickstoffdioxyd zugegen, das noch dadurch direkt nachgewiesen werden kann, daß man die Gase in eine nitritfreie Lösung von Ätznatron einleitet und in der schwach angesäuerten Lösung auf Nitrit mit dem GRIESSschen Reagens prüft. Ein Auftreten der roten Farbe zeigt Nitrit an. Wasserstoffperoxyd wird direkt nachgewiesen durch die Einwirkung der Gase auf mit Eisen(III)-chloridlösung versetzte Kalium-Eisen(III)-cyanidlösung. Tritt eine grüne, dann blaue Färbung ein, so ist Wasserstoffperoxyd zugegen, welches Eisen(III)-cyanid in alkalischer oder neutraler Lösung zu Eisen(II)-cyanid reduziert, das nun mit Eisen(III)-salzen Berliner Blau bildet. Dieser Nachweis ist empfindlicher als der mit Titansäure (Gelbfärbung), welcher bei dem Nachweis von Wasserstoffperoxyd in den Verbrennungsgasen von Wasserstoff mit Luft versagte. Bei diesem Verbrennungsprozeß konnten alle drei Stoffe nachgewiesen werden, während mit stiller elektrischer Entladung behandelte Luft oder Sauerstoff lediglich Ozon und kein Stickstoffdioxyd enthielten, mag die Luft vorher gereinigt und getrocknet oder ohne irgendeine Vorbehandlung ozonisiert worden sein.

Der Nachweis von Ozon neben Wasserstoffperoxyd gelingt auch nach ENGLER und WILD durch eine vorhergehende Zersetzung des Wasserstoffperoxyds durch einfaches Überleiten über feste Chromsäure und Prüfung des Restgases mit Kaliumjodidstärke- oder Mangan(II)-chloridpapier. Die quantitative Methode ist im Abschnitt § 5, „Bestimmung von Ozon neben Wasserstoffperoxyd", näher beschrieben.

Literatur.

ANDREWS, TH., u. P. G. TAIT: Phil. Trans. **150**, 113 (1860).
v. BABO, L., u. A. CLAUS: Ann. Suppl. **2**, 265 (1863).
CABANNES, J., u. J. DUFAY: Zbl. Hygiene **16**, 594 (1928).
ENGLER, C., u. W. WILD: B. **29**, 1940 (1896).
FREMY: C. r. **61**, 939 (1865).
HOUZEAU, A.: C. r. **45**, 873 (1857).
KAMPSCHULTE: Dissertation. Würzburg 1908. — KEISER, H., u. LE ROY MCMASTER: Am Chem. J. **39**, 96 (1908). — KRÜGER, F., u. CH. ZICKERMANN: Z. Phys. **99**, 426 (1936).
MANCHOT, W., u. W. KAMPSCHULTE: (1) B. **40**, 2891 (1907); (2) **42**, 3942 (1909).
SCHÖNE, E.: B. **13**, 1508 (1880).
WILLIAMS, A. E.: Chem. Age **43**, 131 (1941).

Wasserstoffperoxyd einschließlich der anorganischen und organischen Perverbindungen (ohne Blei).

Von O. LIEBKNECHT †, Berlin, und W. KATZ, Berlin.

Mit 48 Abbildungen.

Inhaltsübersicht.

Einleitung.

Allgemeines.

So einfach an sich die Bestimmung des Wasserstoffperoxyds zu sein scheint, so groß ist doch die Zahl der Arbeiten, die sich auch mit den gebräuchlichsten und scheinbar keine Schwierigkeiten aufweisenden Bestimmungsmethoden, wie z. B. die Titration mit Permanganat oder die Einwirkung auf Jodide, befassen. Hierbei werden oft voneinander sehr abweichende Ergebnisse beim Nacharbeiten erhalten, obwohl die Beleganalysen, welche den einzelnen Arbeiten beigefügt sind, die Brauchbarkeit der Methoden zu beweisen scheinen. Hierfür dürften insbesondere zwei Gründe vorliegen. Der Bearbeiter einer Methode hat gerade mit dieser, die er entwickelt hat, große Erfahrungen gesammelt. Er beherrscht sie, er hat sich an die Methode oder diese sich an ihn „gewöhnt". Dann aber sind auch — und das ist gerade bei den zu behandelnden Methoden häufig der Fall, bei denen es sehr oft auf genaue Einhaltungen von Konzentration und Menge der zur Umsetzung bestimmten Stoffe ankommt — die Angaben in den Vorschriften oft so ungenau, daß ein Nacharbeiten erschwert wird. Deshalb sollten genaue Angaben über die Menge und Konzentration der zuzusetzenden und der zu analysierenden Stoffe vorliegen — bei letzteren wird das nur in gewissen Grenzen, wenigstens bei den ersten Bestimmungen, möglich sein; die zweiten Bestimmungen können auch deren Konzentration berücksichtigen. Auch genaue Temperaturangaben sind notwendig. Das Analysieren ist früher eine „Kunst" gewesen, für die heute leider im allgemeinen die Zeit fehlt. Deshalb sollten die für das Gelingen einer Bestimmungsmethode notwendigen Umstände in einem Schema am Schlusse einer Arbeit zusammengefaßt werden, dessen Ausarbeitung den dafür berufenen Kreisen überlassen werden soll. Angaben wie „man säure mit verdünnter Säure an" sollten in Wegfall kommen und dafür genau angegeben werden, wieviel einer Säure von bestimmter Konzentration auf ein bestimmtes Volumen der anzusäuernden Flüssigkeit verwendet werden soll.

Reaktionsweise, Konstitution und Reaktionsgleichungen.

Vor Jahrzehnten ist schon eine Klage laut geworden wegen der Fülle der Veröffentlichungen über Wasserstoffperoxyd; die Veröffentlichungsflut ist wohl jetzt nicht mehr so stark, aber immer noch bemerkenswert. Die Ursache liegt sicherlich nicht zum wenigsten darin, daß die „Doppelnatur" des Wasserstoffperoxyds immer wieder neuen Anreiz zu seinem Studium gegeben hat, ohne daß selbst heute die Rätsel, die es aufgibt, eine vollständige Lösung gefunden haben. Es ist ja bekannt und wird uns später noch mehr beschäftigen, daß das Wasserstoffperoxyd sowohl ein kräftiges Oxydationsmittel ist als auch stark reduzierende Wirkungen ausüben kann, wobei in beiden Fällen das Wasserstoffperoxyd zu Wasser umgewandelt wird. Und zwar werden diese einander scheinbar entgegengesetzten Eigenschaften bei der Einwirkung von Wasserstoffperoxyd nicht nur auf voneinander völlig verschiedene Stoffe beobachtet, sondern auch auf die gleichen Stoffe. So wird z. B. Kaliumhexacyanoferrat(II) zu Kaliumhexacyanoferrat(III) oxydiert oder Kaliumhexacyanoferrat(III) zu Kaliumcyanoferrat(II) reduziert, je nachdem die Lösung, innerhalb welcher die Umsetzung stattfindet, sauer oder alkalisch ist. Mangan(IV)-oxyd wird in saurem Medium z. B. in Gegenwart von Schwefelsäure durch Wasserstoffperoxyd zu Mangan(II)-salzen reduziert, während in alkalischer oder neutraler Lösung Mangan(II)-salze zu höheren Manganoxyden oxydiert werden. Also in dem ersten Beispiel Oxydation in saurer und Reduktion in alkalischer, und in dem anderen Beispiel Reduktion in saurem und Oxydation in alkalischem Medium. Diese Beispiele ließen sich noch vermehren. Um die „Verwirrung" noch zu erhöhen, sei darauf hingewiesen, daß Eisen(II)-ionen auf alle Fälle durch Wasserstoffperoxyd in Eisen(III)-ionen übergeführt werden. Es sei noch hingewiesen auf die Wirkung, die Wasserstoffperoxyd und Kaliumpermanganat in saurem Medium, das also freie Übermangansäure enthält, aufeinander ausüben. Eine ähnliche Reaktion, die Umsetzung von Wasserstoffperoxyd und Mangan(IV)-oxyd in saurer Lösung, wurde schon oben genannt. Ebenso wie hier findet auch bei der Übermangansäure eine scheinbare Reduktion zu Mangan(II)-salzen statt unter Bildung von Sauerstoff und Wasser, welch letzteres bei jeder Umsetzung, ob Reduktion oder Oxydation, als das Endprodukt des Wasserstoffperoxyds auftritt.

Die möglichen Umsetzungen des Wasserstoffperoxyds sind folgende: (1) $H_2O_2 = 2\,H + O_2$, wobei der Wasserstoff dem zur Umsetzung kommenden Körper Sauerstoff entzieht und Wasser bildet, während der Sauerstoff als solcher entweicht. Oder (2) $H_2O_2 = H_2O + O$, wobei der Sauerstoff oxydierend wirkt und sich gleichfalls Wasser bildet. Das in dem ersten Fall entstehende Wasser entstammt dem Wasserstoff des Wasserstoffperoxyds und dem Sauerstoff des anderen Stoffes, während im zweiten Falle das Wasser vollständig vom Wasserstoffperoxyd herrührt. Während der Vorgang (1) nur bei Anwesenheit von reduzierbaren Stoffen vor sich geht, verläuft der Vorgang (2) mit verschiedenen Geschwindigkeiten, schnell bei Gegenwart von Sauerstoff aufnehmenden Körpern und stürmisch bei Gegenwart von Katalysatoren. Während der Vorgang (1) Wärme verbraucht $H_2O_2 = H_2 + O_2 - 46{,}8$ kcal, erzeugt der Vorgang (2) Wärme, $H_2O_2 = H_2O + O + 22{,}7$ kcal. Es ist offenbar, daß nur bei dem zweiten Vorgang eine Sauerstoffmenge entwickelt wird, welche dem „aktiven" Sauerstoff entspricht, d. h. dem Sauerstoff, der im Wasserstoffperoxyd mehr als im Wasser enthalten ist, während nach dem ersten Vorgang die doppelte Menge Sauerstoff entwickelt wird. Diese Verhältnisse waren schon dem Entdecker des Wasserstoffperoxyds, LOUIS-JACQUES THÉNARD (1818), bekannt, der sowohl die katalytische Zersetzung (Métaux, qui décomposent le bioxyde d'hydrogène et qui en dégagent l'oxygène sans s'altérer) als die Oxydation (Oxydes, qui peuvent absorber l'oxygène du bioxyde et la ramener à l'état de protoxyde ou d'eau) z. B. von $Mn(OH)_2$ zu $Mn(OH)_4$, als schließlich auch die Reduktion (oxydes, qui dégagent l'oxygène du bioxyde d'hydrogène en faisant dégager le leur en tout ou en partie) z. B. von MnO_2 zu MnO oder Ag_2O zu Ag entdeckte und ausführlich beschrieb. Daß er auch die katalytische Zersetzung des Wasserstoffperoxyds durch Blut fand (Katalase), sei nur nebenbei bemerkt, wie überhaupt nach THÉNARD wenig prinzipiell Neues aufgefunden wurde. Die THÉNARDsche Erklärung des Reduktionsvorganges, z. B. $MnO\boxed{O + O}OH_2 = MnO + O_2 + H_2O$, war lange die herrschende, während die in der ersten Gleichung gegebene Erklärung des Reduktionsvorganges $MnO\boxed{O + H_2}O_2 = MnO + O_2 + H_2O$ von WELTZIEN am Beispiel des Permanganats vertreten wurde, eine Auffassung, der später TRAUBE, ohne offenbar die WELTZIENsche Arbeit zu kennen, und ebenso BAEYER und VILLIGER beitraten.

TRAUBE hatte gezeigt, daß Wasserstoffperoxyd nicht durch Oxydation von Wasser entsteht, sondern durch Reduktion von molekularem Sauerstoff durch Wasserstoff. So entsteht bei der Autoxydation von Zink bei Gegenwart von Wasser quantitativ Wasserstoffperoxyd nach der Gleichung: $Zn + 2\,H_2O + O_2$

$= Zn(OH)_2 + H_2O_2$. Ebenso ist Wasserstoffperoxyd das primäre Produkt der Verbrennung von Wasserstoff, wie gleichfalls durch TRAUBE gefunden wurde. NEF trat dieser TRAUBEschen Auffassung gleichfalls bei, so daß diese Auffassung die heute herrschende ist. Vgl. auch ENGLER und WEISSBERG. Die katalytische Zersetzung des Wasserstoffperoxyds verläuft monomolekular, während TRAUBE eine bimolekulare Zersetzung nach $2\,H_2O_2 = 2\,H_2O + O_2$ angenommen hatte, wobei sich molekularer Sauerstoff entwickeln sollte.

Für die Konstitution des Wasserstoffperoxyds ergibt sich aus allen diesen Arbeiten, daß das Sauerstoffmolekül im H_2O_2 in irgendeiner Form erhalten geblieben ist, was auch mit späteren Arbeiten von BRÜHL, SPRING und anderen in Einklang steht, zu denen ergänzend BOSE die Wahrscheinlichkeit zweier verschieden konstituierter Verbindungen annimmt, um eine Erklärung für das wechselnde Verhalten des Wasserstoffperoxyds zu geben. Daß diese beiden Verbindungen miteinander im Gleichgewicht stehen müssen, so daß, wenn die eine verbraucht ist, sie aus der anderen nachgeliefert wird und in dem einzelnen Fall das Wasserstoffperoxyd so reagiert, als ob nur die eine Verbindung vorläge und umgekehrt, sei der Vollständigkeit halber erwähnt. Von RAIKOW ist die BOSEsche Andeutung klarer formuliert worden, dahingehend daß zwei verschiedene Modifikationen vorliegen, die im desmotropen Gleichgewicht stehen, und zwar: $\begin{matrix} H-O \\ | \\ H-O \end{matrix} \rightleftarrows \begin{matrix} H-O{=}O \\ | \\ H \end{matrix}$, von denen die erstere reduzierend wirkt, während die andere, die Oxoniumform, ein echtes Peroxyd und somit ein starkes Oxydans ist. RAIKOW nimmt allerdings für die Selbstzersetzung des Wasserstoffperoxyds eine bimolekulare Reaktion an, in der je ein Molekül der beiden Modifikationen aufeinander einwirken, was aber mit den Arbeiten von BREDIG und MÜLLER V. BERNECK und anderen nicht in Einklang steht. Lange vorher hatte FREDENHAGEN darauf hingewiesen, daß das scheinbar gegensätzliche Verhalten des Wasserstoffperoxyds durch die Gesetze der elektrolytischen Dissoziation erklärt werden kann. Wasserstoffperoxyd reagiert nach HANRIOT sauer, was von BREDIG und CALVERT durch quantitative Versuche bestätigt worden ist. JOYNER fand für die erste Dissoziationsstufe in $H^{\cdot}$ und OOH' bei $0°$ $K = 6{,}7 \cdot 10^{-13}$ und bei $25°$ $K = 2{,}4 \cdot 10^{-12}$, wobei $8{,}6 \cdot 10^3$ cal als Ionisationswärme verbraucht werden. Als Vergleich sei auf die wahre Dissoziationskonstante der Kohlensäure verwiesen: $K = 3{,}1 \cdot 10^{-4}$ (14°), während infolge der bekannten Tatsache, daß von dem in Wasser gelösten Kohlendioxyd nur 0,67% als H_2CO_3 vorliegen, die auf Grund der gesamten vorhandenen Kohlensäure ($CO_2 + H_2CO_3$) berechnete scheinbare Dissoziationskonstante mehr als 100mal kleiner ist und den Wert $5 \cdot 10^{-6}$ aufweist. Für Borsäure beträgt K etwa $6 \cdot 10^{-10}$, für Cyanwasserstoffsäure etwa $7 \cdot 10^{-10}$ und für Phenol $2 \cdot 10^{-10}$. Die zweite Dissoziationskonstante von Wasserstoffperoxyd kann bei der Kleinheit der ersten vernachlässigt werden. Es ist offenbar, daß in Gegenwart einer stärkeren Säure Wasserstoffperoxyd als undissoziiert angesehen werden kann infolge Zurückdrängung der $H^{\cdot}$ durch die $H^{\cdot}$-Konzentration der zugesetzten Säuren. Ganz anders liegen dagegen die Verhältnisse in Gegenwart von Alkalien oder Erdalkalien, da dann die Dissoziation in z. B. $Na^{\cdot}$ und HO_2' bzw. $2\,H^{\cdot}$ und O_2'' beträchtliche Werte annimmt. Wird das O_2'' zu $2\,O''$ reduziert durch Aufnahme zweier Elektronen, so wirkt das Peroxyd oxydierend.

Gibt das O_2'' seine Ladung ab und bildet gasförmigen O_2, so wirkt es reduzierend. Die Reduktionswirkung ist also mit der Entwicklung freien Sauerstoffs verbunden. Die Konzentration der O_2'' ist in alkalischen Lösungen sehr viel größer als in sauren, in denen es diese Ionen praktisch überhaupt nicht gibt. Es wird also in alkalischen Lösungen meistens eine reduzierende Wirkung auftreten, wie die oben schon genannte Reduktion des Hexacyanoferrats(III) zu Hexacyanoferrat(II) oder von Hypohalogeniten zu Halogeniden, während in saurer Lösung die Selbstreduktion des Wasserstoffperoxyds zu Wasser und somit eine Oxydation herbeigeführt wird. Daß gegenüber sehr starken Oxydationsmitteln, wie Übermangansäure, Wasserstoffperoxyd, auch in saurer Lösung reduzierend wirkt, zeigt, daß auch diese Theorie noch der Ergänzung bedarf, auch wenn man sie mit der von RAIKOW verbindet. Die Berücksichtigung des Oxydationsreduktionspotentials kann vielleicht die Theorie weiter bringen. BORNEMANN fand das Reduktionspotential etwa zu +0,66 V, das Oxydationspotential zu etwa +1,8 V, während HAKOMORI die Werte +0,68 V und +1,769 V fand.

Die Auswertung des Dipolmomentes (RIECHE und LEDERLE; LINTON und MASS), insbesondere durch THEILACKER, und des RAMAN-Effektes durch SIMON und FEHÉR und durch SIMON ergibt, daß von den 5 Möglichkeiten der Konfiguration des Wasserstoffperoxyds [Figur 5, Z. El. Ch. **49**, 425 (1943)] die Struktur V mit den beobachteten Tatsachen am besten übereinstimmen.

Der RAMAN-Effekt des Ions O_2'', wie es in stark alkalischer Lösung auftritt, zeigt starke Veränderungen gegenüber dem des Wasserstoffperoxyds: Es verschwindet die Frequenz 877, und es verbleibt nur die Frequenz 844, was auf eine Lockerung der O–O-Bindung zurückgeführt wird. Damit würde auch die FREDENHAGENsche Betrachtungsweise eine Stütze erfahren. BAEYER und VILLIGER, ebenso WILLSTAEDTER und HAUENSTEIN, hatten auf Grund der Reduktionsprodukte organischer Peroxyde auf eine symmetrische Struktur des Wasserstoffperoxyds geschlossen. (Vgl. auch THEILACKER.)

Diese Reduktions-Oxydationseigenschaften erklären den Proteus-Charakter des Wasserstoffperoxyds. Sie erklären auch die große Anzahl der Bestimmungs- und Nachweismethoden. Die letzteren können im folgenden nur soweit berücksichtigt werden, als sie durch quantitative Aussagen, wenn auch nur in Grenzwerten, belegt sind. Und doch ist die Anzahl der für Wasserstoffperoxyd spezifischen eindeutigen Bestimmungen und Nachweise nur ganz gering, drei oder vier, da die Umsetzungen, die sich auf den Oxydationscharakter stützen, von anderen Oxydationsmitteln, und die Umsetzungen, die sich auf den Reduktionscharakter stützen, von anderen Reduktionsmitteln gleichfalls veranlaßt werden können, so daß erst die Abwesenheit anderer, die gleiche Umsetzung bewirkender Stoffe Sicherheit für die Methoden gibt.

Zusammenstellung der chemischen Reaktionen, die zur analytischen Bestimmung in Anwendung kommen.

		Reaktionsweise des H_2O_2:
(1)	$H_2O_2 + O$ (Oxydationsmittel) $= H_2O + O_2$	Reduzierend
(1a)	$2\,H_2O_2$ (+ Katalysator) $= 2\,H_2O + O_2$	Thermische oder katalytische Zersetzung
(2)	$H_2O_2 + H_2$ (Reduktionsmittel) $= 2\,H_2O$	Oxydierend
(3)	$2\,KMnO_4 + 5\,H_2O_2 + 4\,H_2SO_4 = 2\,MnSO_4 + 2\,KHSO_4 + 8\,H_2O + 5\,O_2$	Saure Reduzierend
(3a)	$MnO_2 + H_2O_2 + H_2SO_4 = MnSO_4 + 2\,H_2O + O_2$	Reaktion, Reduzierend
(4)	$Mn_2(SO_4)_3 + H_2O_2 = 2\,MnSO_4 + H_2SO_4 + O_2$	Lösung Reduzierend
(4a)	$MnSO_4 + 2\,H_2O_2 + 4\,K(OH) = K_2MnO_4 + K_2SO_4 + 4\,H_2O$	Alkalisch, oxydierend
(5)	$2\,HJ + H_2O_2 = 2\,H_2O + J_2$	Sauer, oxydierend
(6)	$2\,H_2O_2 + [KJ] = [KJ] + 2\,H_2O + O_2$	Neutral; katalytische Zersetzung
(7)	$H_2O_2 + KJ + [KOH] + H_2O_2 = H_2O + [KOH] + KOJ$	Oxydierend
(8)	$NaOBr + H_2O_2 = NaBr + H_2O + O_2$	Reduzierend
(9)	$NaOJ + H_2O_2 = NaJ + H_2O + O_2$	Reduzierend
(10)	$HBrO_3 + 3\,H_2O_2 = 3\,H_2O + HBr + 3\,O_2$	Reduzierend
(11)	$As_2O_3 + 2\,H_2O_2 = As_2O_5 + 2\,H_2O$	Oxydierend
(12)	$BaO_2 + 2\,K_3Fe(CN)_6 = K_6BaFe_2(CN)_{12} + O_2$	Reduzierend
(13)	$Ti_2^{III}(SO_4)_3 + 3\,H_2SO_4 + 3\,H_2O_2 = 2\,Ti^{VI}(SO_4)_3 + 6\,H_2O$	Oxydierend
(14)	$2\,Ce(SO_4)_2 + H_2O_2 = Ce_2(SO_4)_3 + H_2SO_4 + O_2$	Reduzierend

(15) $Ce_2O_3 + 3\,H_2O_2 = 2\,CeO_3 + 3\,H_2O$ (Peroxydbildung) . . . . Oxydierend
(16) $SnCl_2 + H_2O_2 + 2\,HCl = SnCl_4 + 2\,H_2O$ . . . . Oxydierend
(17) $2\,\begin{matrix}NH_2\\NH\end{matrix}\!\!>\!CSH + H_2O_2 = \left(\begin{matrix}NH_2\\NH\end{matrix}\!\!>\!CS-\right)_2 + 2\,H_2O$ . . . . . . Oxydierend
(18) $2\,FeSO_4 + H_2O_2 + H_2SO_4 = Fe_2(SO_4)_3 + 2\,H_2O$ . . . . . . Oxydierend
(19) $2\,KJ + H_2SO_4 + H_2O_2 = K_2SO_4 + 2\,H_2O + J_2$ . . . . . . Oxydierend
(20) $2\,K_3Fe(CN)_6 + 2\,KOH + H_2O_2 = 2\,K_4Fe(CN)_6 + 2\,H_2O + O_2$ Reduzierend
(21) $SO_2 + H_2O_2 = H_2SO_4$ . . . . Oxydierend
(22) $Ag_2O + H_2O_2 = 2\,Ag + H_2O + O_2$ . . . . Reduzierend

Die Nomenklatur.

Die Nomenklatur ist nach alledem, was vorher gesagt worden ist, gleichfalls eine nicht leicht zu entscheidende Frage. Der Entdecker hatte die Verbindung H_2O_2 als „bioxyde d'hydrogène“ und deren wäßrige Lösung als eau oxygenée, also als Wasserstoffdioxyd im Gegensatz zum Wasser, dem protoxyd d'hydrogène dem Wasserstoffmonoxyd (eigentlich Wasserstoffprotoxyd = gleich das erste Oxyd des Wasserstoffs) bezeichnet. An sich hätte man es bei diesem Namen belassen sollen, da er die unzweifelhafte Zusammensetzung der Verbindung kennzeichnet und sogar der Entstehung aus Wasserstoff und Sauerstoff Rechnung trägt und keine Festlegung des Charakters der Verbindung bedeutet wie die späteren Bezeichnungen Wasserhyperoxyd, Wasserstoffsuperoxyd, Wasserstoffholoxyd, Hydroperoxyd, Wasserstoffperoxyd, abgesehen von der als Warenzeichen eingetragenen Bezeichnung Perhydrol für chemisch reines 30%iges Wasserstoffperoxyd. Die Bezeichnung Wasserstoffperoxyd hat sich im allgemeinen durchgesetzt, obwohl die Silbe per mindestens philologisch zu Bedenken Anlaß gibt, da sie gleichgesetzt wird mit super oder hyper dem lateinischen bzw. griechischen und damit internationalen Ausdruck für das deutsche Wort über.

Wie diese kurze Übersicht gezeigt hat, ist das Problem Wasserstoffperoxyd auch jetzt, 130 Jahre nach seiner Entdeckung im Juli des Jahres 1818, noch nicht als gelöst anzusehen. Und man wird verstehen, daß gerade bei einem in bezug auf seine Eigenschaften und somit in bezug auf seine Wirkungen von seiner Umgebung so abhängigen Stoff wie dem Wasserstoffperoxyd diese Umgebung bei allen Umsetzungen genau definiert sein muß, sollen sich nicht Widersprüche häufen. Wir befinden uns also wieder an dem Punkt, von dem wir ausgegangen sind.

In der nun folgenden Darstellung der quantitativen Bestimmungsmethoden des Wasserstoffperoxyds haben wir uns von dem Gesichtspunkt der Wichtigkeit der Methoden leiten lassen und die titrimetrischen Methoden an den Anfang gestellt, obwohl dem Alter nach die gravimetrischen und gasvolumetrischen Methoden, die schon von dem Entdecker angewandt wurden, an der Spitze stehen müßten. Es folgen dann die gasvolumetrischen und die potentiometrischen Methoden, die eigentlich nur eine Unterabteilung der titrimetrischen Methoden darstellen, darauf die polarographischen, colorimetrischen, spektrographischen, gravimetrischen Methoden, denen sich die gewissermaßen halbquantitativen Nachweismethoden anschließen werden, während den Schluß die Trennungsmethoden oder, besser gesagt, die Methoden, welche der Bestimmung des Wasserstoffperoxyds neben anderen ähnlichen Stoffen wie Caroscher Säure und Überschwefelsäure dienen, soweit sie nicht vorher schon abgehandelt sind, bilden werden.

Literatur.

Baeyer, A., u. V. Villiger: B. **33**, 3387 (1900). — Bose, E.: Ph. Ch. **38**, 1 (1901). — Bredig, G., u. H. T. Calvert: Ph. Ch. **38**, 513 (1901); Z. El. Ch. **7**, 622 (1901). — Bredig, G., u. Müller v. Berneck: Ph. Ch. **31**, 258 (1899). — Brühl, J. W.: B. **28**, 2847, 2860 (1895); **30**, 162 (1897); **33**, 1709 (1900).

Engler, C., u. J. Weissberg: B. **31**, 3046, 3055 (1898); **33**, 1097 (1900).

FREDENHAGEN, C.: Z. anorg. Ch. **29**, 455 (1902).
GEIB, K. H., u. P. HARTECK: B. **65**, 1551 (1932).
HANRIOT: C. r. **100**, 57, 172 (1885).
JOYNER, R. A.: Z. anorg. Ch. **77**, 103 (1912).
LINTON, L. B., u. O. MASS: Canadian J. Res. **4**, 322 (1931).
NEF, J. U.: A. **298**, 262, 328 (1897).
RAIKOW, P. N.: Z. anorg. Ch. **168**, 297 (1928). — RIECHE, A., u. E. LEDERLE: B. **62**, 2573 (1929).
SIMON, A.: Z. El. Ch. **49**, 413, 431 (1943). — SIMON, A., u. F. FEHÉR: Z. El. Ch. **41**, 290 (1935). — SPRING, W.: Z. anorg. Ch. **8**, 424 (1895); **9**, 205, (1895).
THEILACKER, W.: Ph. Ch. (B) **20**, 142 (1933). — THÉNARD, L.-J.: Traité d. Chimie. Paris 1818. — TRAUBE, M.: B. **19**, 1111 (1886).
WELTZIEN, C.: A. **138**, 133 (1866). — WILLSTÄDTER, R., u. E. HAUENSTEIN: B. **42**, 1842 (1909).

Qualitätsbezeichnungen des Wasserstoffperoxyds.

Früher wurde Wasserstoffperoxyd bewertet nach dem Volumen des aus ihm entwickelten Sauerstoffs, und es wurde angegeben, das wievielfache Volumen Sauerstoff aus einem Volumen Wasserstoffperoxyd entwickelt wurde. Entwickelte z. B. ein Wasserstoffsuperoxyd sein 12faches Volumen an Sauerstoff, so war es 12 Vol.-%. 1 l Wasserstoffperoxyd entwickelte 12 l Sauerstoff.

In der Ch. Z. **45**, 124 (1921) wird darüber das Folgende ausgeführt:

„Eine der ältesten Bezeichnungen lautet auf 30 Gew.-% = 100 Vol.-%. Diese Bezeichnung stützt sich wohl auf eine alte Vorschrift des Cod. franç., wonach H_2O_2 von 3,6 Gew.-% = 12 Vol.-% sein soll; daß dies nicht ganz genau ist, wird sich aus den weiteren Ausführungen ergeben. An und für sich ist ja schon die Bezeichnung 30 Gew.-% = 100 Vol.-% nicht ohne weiteres verständlich. Sie soll aber so verstanden werden, daß 1 l H_2O_2 von 30 Gew.-% 100 l Sauerstoffgas abgeben kann. Dies ist jedoch nur sehr angenähert der Fall; die Angabe ist keineswegs eindeutig, weshalb der Zusatz = 100 Vol.-% am besten weggelassen werden sollte, dies um so mehr, als man den Gehalt des Wasserstoffperoxyds an aktivem Sauerstoff wohl niemals über das Volumen des entwickelten Sauerstoffs bestimmt. Daß obige Bezeichnung unsicher sein muß, ergibt sich aus folgender Überlegung: H_2O_2 von 30 Gew.-% (d. h. 30 g H_2O_2 in 100 g Ware) hat das spezifische Gewicht 1,1129. 1 l dieser Ware wiegt also 1,1129 kg, und darin sind enthalten 333,87 g reines (d. h. wasserfreies) H_2O_2 und darin 157,04 g aktiver Sauerstoff, entsprechend $\frac{157,04}{1,429} = 109,9$, also fast 110 l aktiver Sauerstoff. Dies gilt aber nur bei 0° C und 760 mm Barometerstand. Bei 15° C und 750 mm Luftdruck würde man, ohne Umrechnung, für dasselbe 30 gew.-%iges Wasserstoffperoxyd 118 l Sauerstoff ermitteln. Andererseits würden bei 0° C und 760 mm gemessene 100 l Sauerstoff einer Menge von 284 g H_2O_2, bei 15° C und 750 mm gemessen nur 266 g H_2O_2 entsprechen.

Die oben angeführte Bezeichnungsweise hat noch eine Berechtigung für schwache H_2O_2-Lösungen, weil das spezifische Gewicht dieser Ware von dem des Wassers nicht sehr verschieden ist. So enthält die jetzt im pharmazeutischen Handel — auch mit Rücksicht auf ausländische Arzneibücher, welche teilweise Vorschriften über den O-Gehalt nach Volumen geben — meist gebrauchte Bezeichnung: 3 Gew.-% H_2O_2 = 10 Vol. O (Sauerstoff) keine für die Praxis falsche Angabe. Dies um so weniger, als hierbei die 3 Gew.-% H_2O_2 nicht mehr 10 Vol.-%, sondern 10 Vol. Sauerstoff gleichgesetzt werden. Die Ähnlichkeit zwischen ‚Vol.-% Sauerstoff' und ‚Vol. Sauerstoff' kann aber zu unbeabsichtigten und, wie die Erfahrung leider schon zeigte, auch zu beabsichtigten Mißverständnissen führen.

Diese Gründe waren wohl ausschlaggebend dafür, daß seit einiger Zeit der Gehalt des Wasserstoffperoxyds für höhere Konzentrationen in eindeutiger Form in Gew.-% oder Vol.-% angegeben wird, was sich aber immer auf das Wasserstoffperoxyd und sein Lösungsmittel, das Wasser, bezieht, ohne das theoretisch entwickelbare Volumen an Sauerstoff zu berücksichtigen. Die Bezeichnung ‚H_2O_2 konz., 30 Gew.-%' bedeutet also zweifelsfrei eine H_2O_2-Lösung, die in 1 kg Ware 300 g H_2O_2 enthält. Unter ‚H_2O_2 konz., 30 Vol.-%' ist ebenso eindeutig eine H_2O_2-Lösung verstanden, die in 1 l Ware 300 g H_2O_2 enthält. Und zwar wird die Bezeichnung nach Gew.-% meist für die medizinische Ware, die nach Vol.-% für die technische Ware angewendet. Je eher sich diese Bezeichnungen allgemein einbürgern, um so eher müssen Mißverständnisse, die sich aus der alten, mehrdeutigen und im Grunde zwecklosen Bezeichnungsart ergeben, schwinden. Nach Gew.-% oder Vol.-% rechnet die ganze chemische Industrie, es muß vermieden werden, daß beim Wasserstoffsuperoxyd eine Art Pseudo-Vol.-% künstlich geschaffen wird."

Dem sei noch angefügt, was aber ganz allgemeine Bedeutung hat: Der Ausdruck Volumen-% wird leider sehr häufig in der oben angegebenen Bedeutung gebraucht und gibt dann an: Eine bestimmte Anzahl g eines Stoffes in 100 cm³ der Lösung. Der Ausdruck kann aber nur dann eine wirkliche Berechtigung haben beim Mischen zweier ineinander löslicher Flüssigkeiten, z. B. Glycerin oder Alkohol und Wasser. Hat man 10 cm³ reines wasserfreies Glycerin mit Wasser auf 100 cm³ verdünnt, so kann man von 10 vol.-%iger Lösung von Glycerin in Wasser sprechen, da 100 Volumina der Lösung tatsächlich 10 Vol. Glycerin enthalten. Niemals ist es angängig, zwei verschiedene Meßarten, Gewicht und Maß, miteinander durch die Bezeichnung Vol.-% zu kombinieren. Eine Verbindung von Gewicht und Volumen kennt man eindeutig nur in der Bezeichnung normal. Eine n HCl enthält 36,47 g HCl in 1 l oder 3,647 g in 100 cm³, sie würde also nach der leider sehr häufigen Benennung als 3,647 vol.-%ig bezeichnet werden. Will man die etwas schwülstige Bezeichnung 3,647 Gew.-vol.-%ig vermeiden, so bleibt nur die korrekte Bezeichnung 3,647 g/100 cm³ oder 36,47 g je 1000 cm³ oder /l übrig. Während unter der Bezeichnung 3,647% nur zu verstehen sein müßte: 3,647 g in 100 g. Die Bezeichnung Vol.-% müßte also beschränkt sein auf Mischungen bestimmter Volumina eines flüssigen Körpers in so viel Volumina eines anderen flüssigen Körpers, daß 100 Volumina entstehen (vgl. ELLIOT).

Es sollte deshalb unter allen Umständen die Bezeichnung Vol.-% für Wasserstoffperoxydlösungen vermieden werden, wenn sie sich auch eingebürgert hat und im allgemeinen wohl auch richtig verstanden wird. Es sollte einheitlich der Gehalt in Gew.-% oder g/l angegeben werden.

Literatur.

Ch. Z. **45**, 124 (1921).
ELLIOT, K. A. C.: Science (New York) NS **95**, 123 (1942).
Öst. Ch. Z. **24**, 17 (1921).
Pharm. Z. **66**, 125 (1921).
Z. ges. Textilchemie **24**, 31 (1921).

Bestimmungsmethoden des Wasserstoffperoxyds, der anorganischen Perverbindungen, der Alkalien und Erdalkalien.

§ 1. Titrimetrische Bestimmungsmethoden.

A. Oxydations- und Reduktionsmethoden.

In den einleitenden Bemerkungen wurde schon gesagt, daß die titrimetrischen Methoden zur Bestimmung des Wasserstoffperoxyds, gewisse Sonderfälle ausgenommen, überragende Bedeutung besitzen.

Von diesen titrimetrischen Bestimmungsmethoden sind es im wesentlichen drei, denen größere Bedeutung zukommt.

An erster Stelle steht die Titration mit Kaliumpermanganat in schwefelsaurer Lösung oder, allgemeiner ausgedrückt, die Titration mit saurer Lösung von höheren Oxyden des Mangans einschließlich der Übermangansäure. Sie wird am meisten und in vielen Betrieben ausschließlich angewandt und hat sich im allgemeinen als vollständig zuverlässig erwiesen, so daß sie selbst zur Bestimmung des aktiven Sauerstoffs in Seifenpulvern angewandt wird, da gewisse, durch die Gegenwart organischer Stoffe wie Fettsäuren hervorgerufene Fehler im allgemeinen nur so gering sind, daß sie für die Technik keine Rolle spielen. Auch für wissenschaftliche Arbeiten, bei denen es auf Vergleiche ankommt, kann die Methode verwendet werden. Ihr Hauptvorteil ist rascher Verlauf der Umsetzung und Anzeigen des Endpunktes der Titration durch einen sehr kleinen Überschuß, der tiefrot gefärbten Titerflüssigkeit selbst, so daß sich der Zusatz von Indicatoren erübrigt. Ein Nachteil ist die Notwendigkeit, den Titer der Permanganatlösung häufiger zu kontrollieren.

An zweiter Stelle stehen die jodometrischen Methoden, welche gleichfalls in richtiger Weise ausgeführt, d. h. bei Gegenwart von genügend Säure und eines Katalysators, schnell durchführbar sind und den Vorteil besitzen, daß sie von organischen Verunreinigungen unabhängiger sind als die Kaliumpermanganatmethode. Sie bedürfen aber meistens eines Indicators, und zwar einer Stärkelösung, die durch Jod intensiv blau gefärbt wird. Ein Nachteil ist die geringe Titerbeständigkeit der zum Titrieren des ausgeschiedenen Jods verwendeten Natriumthiosulfatlösung, die sehr häufiger Kontrollen bedarf.

An dritter Stelle schließlich steht die Titration mit Cer(IV)-sulfat, welche an sich alle Vorteile der beiden vorher beschriebenen in sich vereinigt, nämlich sofortige Umsetzung und Anzeigen des Endpunktes durch die Titerlösung selbst. Als besonderer Vorteil kommt aber noch hinzu, daß die Titerlösung selbst unbeschränkt haltbar ist, so daß eine Kontrolle der Titerlösung bei sachgemäßer Aufbewahrung sich erübrigt.

Zur schärferen Erkennung des Endpunktes werden allerdings zweckmäßig bei der Titration mit Cer(IV)-salzlösungen Reduktions-Oxydations-Indicatoren verwendet, von denen ausgezeichnete zur Verfügung stehen. Als einzigen Nachteil kann man höchstens den verhältnismäßig hohen Preis der Titerlösung buchen, der aber gegenüber den großen Vorteilen der Methode keine Rolle spielen dürfte.

1. Titration mit höheren Manganoxyden.

I. Titration mit Kaliumpermanganat. Es ist zu unterscheiden zwischen den direkten Methoden, bei welchen Permanganatlösung auf die Wasserstoffperoxydlösung im sauren Bereich oder umgekehrt Wasserstoffperoxydlösung auf angesäuerte Permanganatlösung nach Gleichung (3) einwirkt, und den indirekten Methoden, bei denen das Wasserstoffperoxyd durch den Zusatz einer bekannten Menge eines Reduktionsmittels im Überschuß reduziert wird, wobei das Reduktionsmittel entsprechend der Menge des vorhandenen Wasserstoffperoxyds oxydiert wird und der Überschuß des Reduktionsmittels mittels Permanganatlösung oxydiert wird.

a) Direkte Bestimmung. Die direkte Bestimmung ist offensichtlich die einfachste und am schnellsten ausführbare, besitzt auch größere Genauigkeit, da sie ausschließlich abhängig ist, richtige Ausführung vorausgesetzt, von dem Titer der Permanganatlösung, während die indirekte Methode nicht nur von diesem Titer abhängt, sondern auch von dem des zugesetzten Reduktionsmittels.

Kaliumpermanganat setzt sich in saurer Lösung mit Wasserstoffperoxyd um nach der Gleichung:

$$2\,KMnO_4 + 5\,H_2O_2 + 4\,H_2SO_4 = 2\,KHSO_4 + 2\,MnSO_4 + 8\,H_2O + 5\,O_2. \tag{3}$$

Es wird also auf jedes Molekül Wasserstoffperoxyd ein Molekül Sauerstoff entwickelt, demnach doppelt soviel, als dem aktiven Sauerstoff im Wasserstoffperoxyd entspricht.

Der Vater dieser Umsetzung ist eigentlich Thénard, der 1818 fand, daß in Gegenwart von Säure Manganperoxyd durch Wasserstoffperoxyd in Mangansalz übergeführt wird, während sich aus dem Wasserstoffperoxyd Wasser bildet. Daß diese Reaktion quantitativ verläuft, wurde 1854 von Geuther auf Veranlassung von Wöhler festgestellt.

Die Entfärbung von Übermangansäure durch Wasserstoffperoxyd wurde von Brodie und später von Schönbein gefunden. Die quantitativen Verhältnisse wurden zuerst von Brodie und nicht von Aschoff, wie vielfach angenommen wird, aufgeklärt. Brodie benutzte für seine Bestimmungen Wasserstoffperoxyd, das er sich aus Bariumperoxyd und Salzsäure hergestellt hatte, und gibt für die Umsetzung folgende Gleichung:

$$4\,HCl + 2\,HMnO_4 + 5\,H_2O_2 = 2\,MnCl_2 + 8\,H_2O + 5\,O_2.$$

Die Arbeit von BRODIE blieb sowohl von SCHÖNBEIN wie von ASCHOFF unbeachtet. Letzterer stellte nochmals fest, daß die Umsetzung der obigen Gleichung entspricht, wodurch sich „ein einfacher Weg bietet, den Gehalt einer Flüssigkeit an Wasserstoffperoxyd genau zu ermitteln, daher auch das Verhältnis derselben zu anderen höheren Oxydationsstufen festzustellen; man hat dieselben nur mit überschüssigem Wasserstoffperoxyd zusammenzubringen und nach beendeter Reaktion den Rest desselben zu bestimmen". Hierbei geht ASCHOFF ausdrücklich auf die Arbeit von WÖHLER (GEUTHER) über die Umsetzung von Mangan(II)-oxyd in saurem Medium zurück. Unabhängig von BRODIE und von ASCHOFF ist dann von HARCOURT dieselbe Methode nochmals gefunden worden, der die Analyse der Peroxyde der Alkalien mit eingestellter (standardised) Kaliumpermanganatlösung beschreibt; SCHÖNE hat diese Analysenmethode ausdrücklich als sehr genaue Arbeitsweise bestätigt. SCHÖNE, der ein starker Verteidiger der Permanganattitration ist, bestimmt nach dieser Methode noch Milligramme Wasserstoffperoxyd im Liter völlig sicher, während $^1/_{10}$ Milligramme noch ziemlich genau bestimmt werden können. (Vgl. auch WELTZIEN, THOMSEN, P. THÉNARD, HAMEL, HANRIOT, SMITH, DEROIDE, BREDIG und MÜLLER v. BERNECK.)

Sie ist die bei weitem am meisten angewandte Bestimmungsmethode, die in der Technik, die sich mit der Herstellung von Wasserstoffperoxyd, Natriumperoxyd, Waschpulvern und ähnlichem befaßt, fast ausschließlich angewandt wird, wie Rückfragen bestätigten.

Die Ausführung erfolgt so, daß man die wäßrige Lösung des Wasserstoffperoxyds in geeigneter Verdünnung mit Schwefelsäure ansäuert und nun eine eingestellte Permanganatlösung so lange aus einer Bürette zufließen läßt, bis die Lösung des Wasserstoffperoxyds schwach gerötet ist. Die Konzentration der Kaliumpermanganatlösung wird nach der Menge und Konzentration des zur Untersuchung vorliegenden Wasserstoffperoxyds eingestellt und kann z. B. zu 0,5, 0,25, 0,1 oder 0,01 n gewählt werden. 1 cm^3 einer n-Kaliumpermanganatlösung entspricht 17 mg H_2O_2 (genau 17,008 mg), demnach 1 cm^3 einer 0,1 n Kaliumpermanganatlösung 1,7 mg und 1 cm^3 einer 0,01 n Kaliumpermanganatlösung 0,17 mg Wasserstoffperoxyd, ein Tropfen der 0,01 n Kaliumpermanganatlösung = etwa 0,05 cm^3 entspricht 0,0085 mg = 8,5 γ Wasserstoffperoxyd.

Hat man ein sehr reines Wasserstoffperoxyd vorliegen, das insbesondere frei von Schwermetallen ist, und eine sorgfältig frisch bereitete gleichfalls sehr reine Lösung von Kaliumpermanganat, so geschieht es oft, daß die ersten Tropfen des Permanganats nicht sogleich entfärbt werden, daß also keine Umsetzung eintritt. Ist aber nach einiger Zeit die Entfärbung erfolgt, so geht die weitere Umsetzung bis zum Endpunkt ohne irgendeine Verzögerung vor sich. Die Ursache hierfür liegt darin, daß die Umsetzung aller Voraussicht nach über die Zwischenbildung von Mangan(III)-verbindungen geht. Gibt man darum der Wasserstoffperoxydlösung eine geringe Menge einer Lösung von Mangan(II)-salz, und zwar Mangan(II)-sulfat zu (ENGEL), so erfolgt sofort die Entfärbung des Permanganats. Daß diese Verzögerung meistens nicht beobachtet wird, hat zur Ursache die Unreinheit vor allem der Kaliumpermanganatlösung, die nicht titerbeständig ist und somit nach längerem Stehen selbst schon infolge Reduktion höhere Manganoxyde auch bei völliger Durchsichtigkeit in kolloidalem Zustand enthält. Ein Zusatz von Mangan(II)-salz ist deshalb im allgemeinen nicht nötig. Er sollte aber auf alle Fälle, und zwar in erheblichen Mengen, erfolgen, wenn Cl^- in der zu bestimmenden Wasserstoffperoxydlösung aus irgendeinem Grunde enthalten ist. Es bilden sich dann durch Umsetzung des Kaliumpermanganats mit den Mangan(II)-salzen sofort Mangan(III)-verbindungen, welche auf Cl^- nicht unter Oxydation zu Cl_2 einwirken. Daß diese Mangan(III)-salze sich in saurer Lösung durch Einwirkung von Kaliumpermanganat auf Mangan(II)-salze bilden, hat MAQUENNE nachgewiesen. Die Verwendung von Mangan(III)-salzen für die Analyse des Wasserstoffperoxyds wird später beschrieben werden.

Arbeitsvorschrift. Angewandt wird eine 0,1 n Kaliumpermanganatlösung, deren Titer mit dem von SÖRENSEN vorgeschlagenen Natriumoxalat (vgl. auch ANDERSEN) oder auf andere Weise festgestellt wurde, wie z. B. mit Elektrolyteisen oder aus Eisencarbonyl gewonnenem Eisen, das nach WESLY reiner als Blumendraht ist und den gleichen Titer wie Elektrolyteisen gibt. Sie enthält genau 3,1605 g $KMnO_4$ im Liter. Da die genaue Einstellung einer 0,1 n Kaliumpermanganatlösung nicht leicht und der Titer, wie oben schon erwähnt, nicht beständig ist, so begnügt man sich meistens mit einer etwa 0,1 n Lösung, deren Titer aber genau bestimmt und von Zeit zu Zeit kontrolliert werden muß. Man nimmt nun so viel Wasserstoffperoxydlösung, daß man etwa 20 bis 30 cm³ der 0,1 n Kaliumpermanganatlösung verbraucht, daß also etwa 30 bis 50 mg Wasserstoffperoxyd zur Analyse verwendet werden.

Liegt eine der früher handelsüblichen Lösungen von 3% Wasserstoffperoxyd vor, so werden 10 cm³ auf 100 cm³ in einem Meßkolben verdünnt und 10 bis 20 cm³ der so verdünnten Wasserstoffperoxydlösung zur Titration verwendet. Das offizinelle Hydrogenium peroxydatum hat gleichfalls etwa 3% Wasserstoffperoxyd. Hat man aber die jetzt im allgemeinen handelsübliche 30%ige Lösung vor sich, dann muß man die Verdünnung verzehnfachen, d. h. 10 cm³ auf 1000 cm³ verdünnen und von dieser so verdünnten Lösung wieder 10 bis 20 cm³ verwenden, um einen etwa gleichen Verbrauch an 0,1 n Kaliumpermanganat zu erhalten. Man läßt die (10 bis 20 cm³) verdünnte Wasserstoffperoxydlösung mittels einer Pipette zu etwa 100 cm³ Wasser, denen etwa 50 cm³ einer 4 n- (etwa 20%igen) Schwefelsäure zugegeben sind, in einem ERLENMEYER-Kolben zufließen. Dann erst gibt man einige Tropfen einer 10%igen Mangansulfatlösung hinzu und läßt dann sogleich aus der Bürette die Kaliumpermanganatlösung unter Umschütteln zufließen, bis durch einen Tropfen dieser Lösung die Flüssigkeit eben schwach rötlich gefärbt wird. Diese Operation soll bei Zimmertemperatur und rasch durchgeführt werden, insbesondere soll man nach Zugabe der Mangansulfatlösung nicht warten.

CLASSEN gibt folgende Vorschrift: Man mißt 1 cm³ Wasserstoffperoxydlösung ab, läßt es in ein Becherglas zu 200 bis 300 cm³ destilliertem Wasser fließen und fügt 20 bis 30 cm³ verdünnte Schwefelsäure hinzu. Dann läßt man eine 0,1 n Permanganatlösung zutropfen, bis die Flüssigkeit rosa gefärbt ist. Mangansalze beschleunigen die am Anfang träge Reaktion.

Die Permanganatmethode gibt nach CLASSEN sowohl in konzentrierten als auch in verdünnten Lösungen genaue Resultate. Die Methode ist aber nur dann anwendbar, wenn das Wasserstoffperoxyd zur Stabilisierung keine organischen Substanzen enthält.

DINIS schreibt vor: 10 cm³ Wasserstoffperoxyd von etwa 3% werden auf 300 cm³ verdünnt, davon 10 cm³ = 1 cm³ der ursprünglichen Lösung mit 300 cm³ Wasser und 30 cm³ Schwefelsäure 1:4 mit Kaliumpermanganat auf rosa titriert.

Das Kaliumpermanganat war gegen Eisen eingestellt.

Die Zuverlässigkeit der Permanganatmethode innerhalb ihrer Grenzen, wie schon früher angedeutet wurde, steht außer Zweifel. Sie wurde ernstlich in Frage gestellt von LACHLAN, ohne daß dieser aber irgendwelches experimentelles Material beibrachte. Eine Erklärung für diese Stellungnahme kann nur darin gefunden werden, daß LACHLAN die Titration „by an acidified solution of potassium permanganate" ausführte, so daß die Bestimmung „has been found utterly untrustworthy". Die saure Kaliumpermanganatlösung ist nicht haltbar. Sie zersetzt sich in Mangan(III)-salze (BERTHELOT). Es ist auch möglich, daß LACHLAN die Wasserstoffperoxydlösung zu der angesäuerten Kaliumpermanganatlösung zufließen ließ; dann wird nach RIUS und GOMEZA, da Übermangansäure dauernd im Überschuß gegenüber Wasserstoffperoxyd vorliegt, mehr Wasserstoffperoxyd zersetzt als der Gleichung:

$$2\,KMnO_4 + 5\,H_2O_2 + 3\,H_2SO_4 = 2\,MnSO_4 + K_2SO_4 + 8\,H_2O + 5\,O_2 \tag{3}$$

entspricht, also mehr als 5 Mol Wasserstoffperoxyd auf 2 Mol Kaliumpermanganat. RIUS und GOMEZA finden nämlich bei der Untersuchung der klassischen Reaktionsgleichung (3), daß, wenn Kaliumpermanganat dauernd im Überschuß gegenüber Wasserstoffperoxyd vorliegt, auf 2 Mol Kaliumpermanganat mehr als 5 Mol Wasserstoffperoxyd zersetzt werden und daß die Differenz 6 bis 8% betragen kann. Sie erklären diese Differenz durch Bildung einer Persäure bzw. eines Persalzes und zeigen, daß die direkte Zugabe von Kaliumpermanganat zum Wasserstoffperoxyd von den Konzentrationsverhältnissen unabhängig ist, daß aber dagegen der umgekehrte Vorgang von den Konzentrationsverhältnissen, besonders aber von der vorliegenden Mn^{++}-Konzentration abhängt.

BERTALAN bestätigt in gewissem Umfange die Befunde von LACHLAN, da nach ihm die Schwankungen bei der Titration auffallend sind und die bei Titrationen möglichen Versuchsfehler übersteigen.

Bei der Wichtigkeit der Permanganattitration ist es notwendig, darauf hinzuweisen, daß nach SKRABAL und PREISS der Reaktionsmechanismus der Permanganatreduktion folgender ist:

Reducens + Permanganat → Reducensoxyd + Permanganat red. (primäre Reaktion),

Permanganat → Permanganat red. + O_2 (sekundäre Reaktion).

Die Einwirkung aller höheren Oxydationsstufen des Mangans sowie die der *Mangan(III)-salze* erfolgt zunächst unter Bildung von Mangan(III)-ion. Es liegt also ein Induktionsvorgang vor.

Die Beobachtung von GOOCH und DANNER, daß aus Permanganatlösung unter dem Einfluß verdünnter Säuren Sauerstoff entwickelt wird, wurde durch VORLÄNDER, BLAU und WALLIS bestätigt. Sie fanden, daß 0,1 n Lösungen von Kaliumpermanganat, die mit mehr als 20% mit der gleichen Gewichtsmenge Wasser verdünnter Schwefelsäure verdünnt werden, bereits unmittelbar nach der Verdünnung eine bemerkbare Zersetzung erleiden. Die Zersetzung nimmt mit der Menge der Säure, der Dauer der Einwirkung sowie bei Erhöhung der Temperatur zu. Bei längerem Stehen wird unter Umständen ein höheres Manganoxyd ausgeschieden.

Gewisse Unstimmigkeiten in den Angaben über die Durchführung der Titration mit Kaliumpermanganat zur Erzielung optimaler Genauigkeit besonders hinsichtlich der Zugabe der Schwefelsäure, die in ihrem Verhältnis zum Peroxyd zwischen 50:1 bis 300:1 schwankt, und der Geschwindigkeit, mit der die Zugabe des Permanganates während der Titration erfolgen soll, haben HUCKABA und KEYES zu einer Nachprüfung der Methode veranlaßt. Sie vergleichen die Werte mit denen nach der manometrischen Methode (siehe S. 266) unter Anwendung von Bleioxyd bzw. Osmiumsäure als Katalysatoren. Nach KOLTHOFF und STENGER weichen die Ergebnisse bei schneller Permanganatzugabe ab. HUCKABA und KEYES verfahren nach folgender

Arbeitsvorschrift. Eine 10 g-Probe eines 2- bis 3%igen Wasserstoffsuperoxyds wird in einem mit Glasstopfen versehenem Wägeglas abgewogen und mit ungefähr 50 cm³ destilliertem Wasser in ein Becherglas übergespült, das 150 cm³ destilliertes Wasser und 7 cm³ 95%iger Schwefelsäure enthält. Das destillierte Wasser (Leitfähigkeitswasser) wird 15 Min. lang zwecks Zerstörung organischer Substanzen gekocht und zum Gebrauch abgekühlt. Die Geschwindigkeit der Zugabe der Permanganatlösung beträgt 35 bis 40 cm³ je Minute. Die Titration wird bei Raumtemperatur und mäßiger Rührung ausgeführt. Das Gewichtsverhältnis Säure zu Peroxyd beträgt 65:1.

Zur Erhöhung der Genauigkeit wurde eine Gewichtsbürette sowohl zur Titration als auch zur Titerbestimmung der Permanganatlösung, die mit Natriumoxalat ausgeführt wurde, benutzt. Durch Berührung der Auslaufspitze mit dem Rührstab kann der Endpunkt bis auf ein Drittel eines Tropfens erfaßt werden. Die Ergebnisse von 10 Vergleichsbestimmungen nach der manometrischen Methode, 7 davon mit

Osmiumsäure und 3 mit Bleioxyd als Zersetzungskatalysator, und 10 Bestimmungen nach der Permanganatmethode weichen um 1:5000 vom Durchschnitt ab und beweisen, daß die Abweichung sowohl bei verdoppeltem Säurezusatz als auch bei veränderter Geschwindigkeit der Kaliumpermanganatzugabe von 10 bis 50 cm³ in der Minute in der gleichen Größenordnung bleiben und diese Faktoren in diesem Bereich keinen störenden Einfluß zeigen.

SARKAR und DUTTA erklären die scheinbar unbegrenzte Reduktionswirkung organischer Stoffe auf Kaliumpermanganat durch katalytische Wirkung des ausgefällten oder kolloidalen Mangan(IV)oxyds, das auch in saurer Lösung entsteht gemäß folgenden Gleichungen:

$$2\,KMnO_4 + 3\,MnSO_4 + 2\,H_2O = 5\,MnO_2 + K_2SO_4 + 2\,H_2SO_4;$$
$$2\,MnO_2 + 2\,H_2SO_4 = 2\,MnSO_4 + 2\,H_2O + O_2.$$

Auf ausreichende Säuremengen in der zu untersuchenden Lösung ist besonders Wert zu legen, um die Ausscheidung später allerdings sich wieder lösender Zwischenprodukte (Manganperoxyd) zu vermeiden (MAQUENNE).

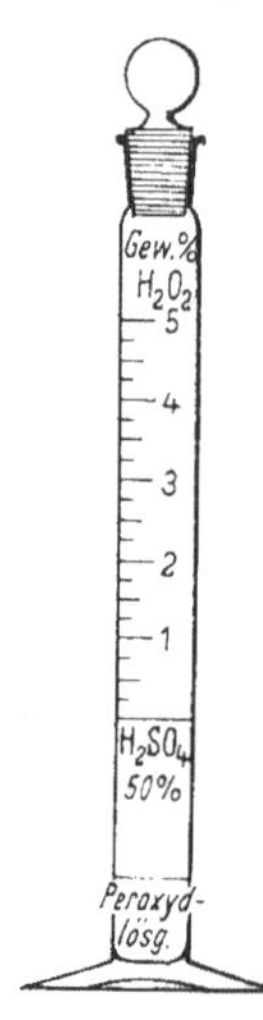

Abb. 1. Oxometer. (Nach FEIBELMANN.)

MANCHOT und RICHTER bemerken in einer Arbeit über die Autoxydation von 3wertigem Titan, daß die Titration des Wasserstoffperoxyds mit Permanganat in Gegenwart von Kalksalzen und Titansäure etwas zu niedrige Werte liefere bzw. daß es nicht scharf titrierbar sei. Daß Kalksalze nicht stören, dürfte wohl sicher sein, und Titansäure ist kein üblicher Begleiter des Wasserstoffperoxyds. Im übrigen wird von RICHARZ und LONNES ausdrücklich festgestellt, daß die Gegenwart von Titansäure, die zum qualitativen Nachweis von Wasserstoffperoxyd zugesetzt war, bei der späteren quantitativen Bestimmung mit Kaliumpermanganat nicht stört.

BAUER schlägt vor: 10 cm³ des offizinellen Hydrogenium peroxydatum (3 bis 3,2% H_2O_2) werden im Meßkolben auf 100 cm³ verdünnt, hiervon 10 cm³ nach Ansäuern mit 20 cm³ verdünnter Schwefelsäure (1:5) mit 0,1 n Kaliumpermanganat auf rosa titriert.

BAUER hält es für wahrscheinlich, daß die Permanganatmethode für das DAB mit der Zeit herangezogen werden wird, da sie im Vergleich mit der Jodidmethode wesentlich billiger ist und ohne Indicator arbeitet.

FEIBELMANN hat den abgebildeten, als Oxometer bezeichneten Apparat (Abb. 1) für technische Bestimmungen des Wasserstoffperoxyds vorgeschlagen. In den untersten Teil des Zylinders wird bis zur Marke die zu untersuchende Wasserstoffperoxydlösung zugegeben. Ist das Wasserstoffperoxyd stärker als 5%, so muß verdünnt werden. Bis zur zweiten Marke wird 50%ige Schwefelsäure hinzugefügt und nun wie üblich mit einer Permanganatlösung von einer solchen Konzentration titriert, daß seine Menge bis zum Teilstrich 1 ein Prozent, bis zum Teilstrich 2 zwei Prozent und so weiter Wasserstoffperoxyd anzeigt. Die Einteilung läßt sich auf $^1/_4$% ablesen, während dazwischenliegende Werte zu schätzen sind. Jegliche stöchiometrische Rechnung wird erspart.

b) Gegenwart von Anionen bei der Titration. Prinzipiell soll die Anwesenheit von *Chlor-Ionen* vermieden werden. Wenn diese aber nicht zu umgehen ist, soll man schnell, möglichst bei niedrigen Temperaturen, besonders aber in Anwesenheit von mehr Mangan(II)-sulfatlösung (1 bis 5 cm³ einer 10%igen Lösung) arbeiten. Die Ergebnisse sind auch dann vollkommen zuverlässig. Hierauf wird bei Besprechung der Bestimmung von Bariumperoxyd noch besonders zurückzukommen sein. Andere Säuren, z. B. *Salpetersäure* oder *Phosphorsäure*, sind unschädlich. Auch *Essigsäure* wird unter den Bedingungen der Analyse nicht angegriffen.

Daß reduzierende Säuren, wie z. B. Oxalsäure, die gleichfalls durch Permanganat oxydiert werden, nicht vorhanden sein dürfen, ist ohne weiteres klar. Sie müssen, soll die Titration dennoch mit Permanganat durchgeführt werden, vorher beseitigt werden. Früher wurde gelegentlich dem Wasserstoffperoxyd Oxalsäure, vielleicht zu Fälschungszwecken, zugesetzt, möglicherweise glaubte man aber auch, durch einen solchen Zusatz die Beständigkeit des Wasserstoffperoxyds zu erhöhen, da L. J. THÉNARD der Oxalsäure neben Phosphorsäure, Fluorwasserstoffsäure, Schwefelsäure, Salzsäure, Arsensäure usw. einen hemmenden Einfluß auf die Zersetzung des Wasserstoffperoxyds zuschrieb, was sicher für die von THÉNARD ausgeführten Versuche auch zutraf. In Wirklichkeit aber scheint zwischen Oxalsäure und Wasserstoffperoxyd eine Wechselwirkung stattzufinden, bei der Wasserstoffperoxyd und natürlich auch Oxalsäure zerstört wird. ARTH fand, daß eine Wasserstoffperoxydlösung, welcher 20 g Oxalsäure auf 1 l zugesetzt wird, in 20 Tagen von 12,2 Volumina O_2 auf 9,15 Volumina O_2, also um 25%, zurückging.

Die Bestimmung des Wasserstoffperoxyds muß deshalb so durchgeführt werden, daß man entweder die Oxalsäure ausfällt und im Filtrat das Wasserstoffperoxyd bestimmt oder daß man beide Stoffe zusammen bestimmt und nach katalytischer Zerstörung des Wasserstoffperoxyds die Oxalsäure titriert. Beide Wege sind beschritten worden.

FEHRE fällt die Oxalsäure als Bariumoxalat aus und titriert, nach Absitzen des Oxalates, in einem aliquoten Teil der klaren Lösung nach Ansäuern mit Schwefelsäure das Wasserstoffperoxyd mit Kaliumpermanganat.

Arbeitsvorschrift. Das Oxalsäure enthaltende *Bleichbad* wird gegen Lackmus neutralisiert. Es darf auf keinen Fall sauer sein. 50 cm^3 des Bleichbades werden in einem 500 cm^3-Meßkolben mit etwas Wasser verdünnt, und die Oxalsäure wird kalt mit 10%iger Bariumchloridlösung gefällt, wobei das Bariumoxalat grob kristallinisch ausfällt, sich rasch absetzt und andere organische Schwebestoffe mit niederreißt. Nachdem man sich durch Zusatz einiger Tropfen Bariumchloridlösung überzeugt hat, daß die Fällung vollständig ist, füllt man bis zur Marke auf und läßt 2 Std. absitzen. Von der völlig klaren Lösung pipettiert man 50 cm^3 ab, versetzt mit 12 cm^3 30%iger Schwefelsäure, wobei sich Bariumsulfat bildet, und titriert mit Kaliumpermanganat in der Kälte das Wasserstoffperoxyd.

An dieser Methode ist auszusetzen, daß die neutrale Wasserstoffperoxydlösung 2 Std. zum Zwecke des Absitzens stehen muß, wobei gewisse Zersetzungen eintreten können, und des weiteren, daß trotz der Anwesenheit erheblicher Mengen Chlor-Ionen ohne Zusatz von Mangansulfat gearbeitet wird.

SIMON und REETZ (a) bestimmen zuerst die Summe von Oxalsäure und Wasserstoffperoxyd durch Titration in schwefelsaurer Lösung mit Kaliumpermanganat, wobei das Wasserstoffperoxyd in der Kälte und Oxalsäure heiß titriert wird. In einer zweiten Probe wird das Wasserstoffperoxyd durch katalytische Zersetzung in der Hitze zerstört und die zurückbleibende Oxalsäure titriert.

Arbeitsvorschrift. Für die Titration der Summe von Wasserstoffperoxyd und Oxalsäure genügen die vorher gemachten Angaben. Zur Bestimmung der Oxalsäure wird eine zweite Probe mit einer in bezug auf das Oxalat 4- bis 5fach äquivalenten Menge einer 1m-Lösung von Calciumnitrat, die 10% Ammoniak enthält, versetzt, etwa 1 cm^3 einer 0,1n Eisen(III)-chloridlösung oder auch Eisen(II)-salzlösung zugegeben und 3 bis 5 Min. lang zur katalytischen Zerstörung des Wasserstoffperoxyds in einem mit einem Uhrglas bedeckten ERLENMEYER-Kolben gekocht. Daraufhin wird die Probe mit Schwefelsäure bzw. ZIMMERMANNscher Lösung angesäuert und die Oxalsäure noch heiß mit Kaliumpermanganat titriert.

Nach SIMON und REETZ wirken Wasserstoffperoxyd und Oxalsäure nur unwesentlich aufeinander ein (vgl. die entgegenstehenden Angaben von ARTH).

SIMON und REETZ (b) finden später, daß nach dieser Arbeitsweise Calciumperoxyd neben dem Calciumoxalat durch die ammoniakalische Calciumnitratlösung ausgefällt und durch Kochen auch in Gegenwart eines Katalysators nicht vollständig zerstört wird, so daß dieser Rest mit der Oxalsäure zusammen titriert wird. Sie ändern deshalb diese Arbeitsweise dahin, daß sie die Fällung mit ammoniakalischer Calciumnitratlösung weglassen und 5 Min. unter Zusatz von Ammoniak oder Natronlauge und einer Lösung von Eisenchlorid oder eines Mangansalzes als Zersetzungskatalysatoren kochen. Sie verwenden z. B. 1 cm^3 einer 0,01 n Kaliumpermanganatlösung als Katalysator. Dann wird mit Schwefelsäure angesäuert und die Oxalsäure heiß titriert. Die Summe von Oxalsäure und Wasserstoffperoxyd muß vorher in der in der früheren Arbeit angegebenen Weise mit Permanganat bestimmt werden, falls nicht nur die Oxalsäure, sondern auch das Wasserstoffperoxyd ermittelt werden soll.

Die Beleganalysen aller drei Arbeiten von FEHRE wie auch von SIMON und REETZ zeigen gute Übereinstimmung, was bei gleichmäßigem Arbeiten auch nicht anders zu erwarten ist. Ob aber eine einwandfreie Bestimmung der beiden Bestandteile, die auch wissenschaftlichen Ansprüchen genügt, damit erreicht ist, ist durchaus zweifelhaft, wenngleich für technische Zwecke, insbesondere der Bestimmumg des aktiven Sauerstoffs in Bleichbädern, die Methode von SIMON und REETZ (b), welche die einfachste ist, ausreichend genau sein wird.

Die Ergebnisse der Arbeit von ARTH sind vielleicht nicht völlig ausreichend berücksichtigt, ebensowenig ist experimentell geprüft, ob und wieweit Oxalsäure bei der katalytischen Zersetzung von Wasserstoffperoxyd durch dieses mit oxydiert wird.

FEIBELMANN hatte schon vor SIMON und REETZ den Fehler, der beim Ausfällen der Oxalsäure mit ammoniakalischen Lösungen von Kalksalzen durch Mitausfällen von Calciumperoxydhydrat entsteht, zu vermeiden gelehrt. Er fällt die Oxalsäure in *essigsaurer Lösung* mit Calciumsalzen, unter welchen Bedingungen das Mitausfällen von Calciumperoxyd natürlich ausgeschlossen ist. Er verwendet den oben abgebildeten Zylinder und titriert nach der Ausfällung des Calciumoxalates die Wasserstoffperoxydlösung in essigsaurer Lösung, ohne das Calciumoxalat abzufiltrieren. Er gibt in den unteren Raum des Zylinders die oxalsäurehaltige Wasserstoffperoxydlösung, füllt den für Schwefelsäure vorgesehenen Raum mit einer Lösung von Calciumacetat in Essigsäure, wodurch eine weiße Milch entsteht, und titriert nun mit Permanganat. Sobald nach dem Umschütteln die Milch bräunlich oder rötlich bleibt, ist die Bestimmung beendet, und das am Flüssigkeitsstand abzulesende Resultat gibt direkt den Gehalt an Wasserstoffperoxyd ohne Rücksicht auf die Oxalsäure an.

Diese Vorschrift von FEIBELMANN läßt sich zu folgender

Arbeitsweise verwenden, die nicht an den von ihm empfohlenen Apparat gebunden ist:

Das oxalsäurehaltige Bleichbad oder eine sonstige Oxalsäure enthaltende Lösung von Wasserstoffperoxyd wird in einem Meßkolben mit Essigsäure schwach angesäuert. Enthält die Lösung freie Mineralsäure, so wird sie mit Natriumacetat und, falls nötig, noch mit freier Essigsäure versetzt. Dann wird eine gleichfalls mit Essigsäure angesäuerte Lösung von Calciumacetat oder eine mit Essigsäure angesäuerte und mit etwas Natriumacetat versetzte Lösung von Calciumnitrat zur Fällung der Oxalsäure zugegeben. Nunmehr wird bis zur Marke aufgefüllt, umgeschüttelt und nach dem Absitzen von der *völlig klaren* Flüssigkeit ein aliquoter Teil abgezogen, mit Schwefelsäure angesäuert und mit Kaliumpermanganat das Wasserstoffperoxyd titriert.

Ist Oxalsäure nicht zugegen, so wird auch in *Bleichbädern* die Bestimmung des Wasserstoffperoxyds meistens mit Kaliumpermanganat durchgeführt.

Eine besondere Vorschrift wird von MATTHEWS gegeben: Es wird eine Kaliumpermanganatlösung verwendet, die 11,3 g $KMnO_4$/l enthält. In einen ERLENMEYER-

Kolben gibt man 20 cm³ verdünnte Schwefelsäure (1:5), dazu 2 cm³ der *Bleichlösung* und titriert in der Kälte mit obiger Kaliumpermanganatlösung. Als Endpunkt gilt „*the first semipermanent trace of pink colour*". Dieser Endpunkt ist nicht beständig, weil organische Stoffe zugegen sind; aber wegen deren langsamerer Oxydation ist er mit Sicherheit feststellbar. Diese Feststellung ist sehr *bemerkenswert* und für alle Kaliumpermanganattitrationen von Wasserstoffperoxyd zu beachten. Das Volumen der verbrauchten Permanganatlösung gibt direkt das „Volumen" der Bleichlösung bzw. der Wasserstoffperoxydlösung an, d. h. das wievielfache Volumen Sauerstoff aus einem Volumen Wasserstoffperoxydlösung bei völliger Zersetzung entwickelt wird.

c) Bestimmung des aktiven Sauerstoffs in Verbindungen, die mit Säuren sofort in Wasserstoffperoxyd aufgespalten werden. Zu den Verbindungen, die aktiven Sauerstoff enthalten und mit Säuren sofort in Wasserstoffperoxyd und die entsprechenden Salze aufgespalten werden, gehören vor allem die Peroxyde der Erdalkalien und Alkalien, ferner die Percarbonate, wie Kaliumpercarbonat ($K_2C_2O_6$) und Natriumpercarbonat ($Na_2CO_3 \cdot 1{,}5\ H_2O_2$), Perborate, wie $NaBO_3 \cdot 4\ H_2O$, und die sogenannten Persilicate und Perphosphate. Nicht zu behandeln sind die Persäuren der Schwefelsäure, die Sulfomonopersäure (Carosche Säure) und Perschwefelsäure, auf welche später bei ihrer Bestimmung neben Wasserstoffperoxyd eingegangen wird, und die organischen Peroxyde, deren Bestimmung gleichfalls später gesondert beschrieben wird.

Bariumperoxyd: BaO_2, Molekulargewicht 169,36;
$BaO_2 \cdot 8\ H_2O$, Molekulargewicht 313,49.

Bariumperoxyd führte L. J. Thénard zur Entdeckung des Wasserstoffperoxyds. Er löst es in Salzsäure, fällt das Barium durch Schwefelsäure, gibt Phosphorsäure hinzu und fällt zuerst mit Bariumperoxydhydrat und dann mit Baryt die Phosphorsäure aus, um alle Metalle zu beseitigen. Das gelöste Bariumsalz wird wieder mit der notwendigen Menge Schwefelsäure gefällt, dann wird die Salzsäure mit der genauen Menge Silbersulfat ausgeschieden. Die nunmehr wieder vorhandene Schwefelsäure mit festem Baryt oder gefälltem Bariumcarbonat umgesetzt, bis nur noch schwachsaure Reaktion auf Lackmus feststellbar ist. Thénard erhielt so eine sehr reine Lösung von Wasserstoffperoxyd. Thénard hat damit auch den Weg zur Analyse des Bariumperoxyds gewiesen, da auf alle Fälle das Bariumperoxyd mit Salzsäure gelöst werden muß.

Brodie schlägt vor, das Bariumperoxyd in sehr verdünnter Salzsäure aufzulösen und auf ein bestimmtes Volumen zu bringen. Ein abgemessener Teil dieser Lösung wird mit einer eingestellten Kaliumpermanganatlösung bis zur eben auftretenden Entfärbung titriert. Er bemerkt zwar, daß es gleichgültig sei, ob man das Wasserstoffperoxyd zur Permanganatlösung oder die Permanganatlösung zum Wasserstoffperoxyd zufließen läßt und ob man in verdünnten oder konzentrierten Lösungen arbeitet, da man stets die gleichen Ergebnisse erhalte. Jedoch möchten wir aus den oben bei der Besprechung der Bestimmung des Wasserstoffperoxyds ausgeführten Gründen nur die übliche Arbeitsweise, Zufließen der Kaliumpermanganatlösung zur angesäuerten Wasserstoffperoxydlösung, befürworten.

Löb hat Untersuchungen über die Zersetzung des Bariumperoxyds mit Schwefelsäure angestellt, aus denen hervorgeht, daß das Bariumperoxyd nur zum kleinen Teil zersetzt wird, da das sich bildende Bariumsulfat den größeren Teil des Bariumperoxyds, auch wenn es fein pulverisiert ist, umhüllt und so vor der weiteren Einwirkung der Schwefelsäure schützt. Er untersuchte weiter die Umsetzung mit Salzsäure verschiedener Konzentration mit und ohne Zusatz von Mangansulfat.

In einer Versuchsreihe wurden je 1,0 g Bariumperoxyd in 50 cm³ 0,5n Salzsäure aufgelöst und sofort titriert. Verbraucht wurden: 33,6 — 33,4 — 33,3 — 33,6 cm³ = im Mittel 33,5 cm³ Kaliumpermanganatlösung, während unter Zusatz von 10 — 20 —

30 cm³ einer 10%igen Mangansulfatlösung jedesmal genau 33,5 cm³ Kaliumpermanganatlösung (1 cm³ = 0,002088 g O) verbraucht wurden.

Aus diesen Zahlen geht der Wert des Zusatzes von Mangansulfatlösung klar hervor. Es berechnet sich ein Gehalt von 74% Bariumperoxyd. Die zum Vergleich herangezogene jodometrische Bestimmung ergab 73,6% BaO_2, eine Übereinstimmung, welche mindestens für technische Zwecke die Brauchbarkeit der Permanganatmethode auch in Gegenwart von verhältnismäßig großen Salzsäuremengen erweist, falls ausreichende Mengen Mangansulfatlösung — bei den obigen Bestimmungen sind 10 cm³ einer 10%igen Mangansulfatlösung ausreichend gewesen — zugegen sind. Es ist sehr wahrscheinlich, daß auch mit geringeren Mengen Mangansulfatlösung ausreichend genaue Ergebnisse erzielt werden. Wurde stärkere Chlorwasserstoffsäure als 0,5n angewandt, so gab das einen höheren Verbrauch an Kaliumpermanganat, was eine Umsetzung zwischen Kaliumpermanganat und Salzsäure anzeigt. Es empfiehlt sich demnach, auf alle Fälle in Gegenwart von Mangansulfat zu arbeiten, da dieses die Umsetzung zwischen Permanganat und Wasserstoffperoxyd beschleunigt, während die Umsetzung zwischen Salzsäure und Permanganat, die an sich langsamer verläuft, nicht beeinflußt wird.

Von CHWALA werden die LÖBschen Befunde bestätigt.

WAGNER verwendet bei der Titration der salzsauren Lösung des Bariumperoxyds Temperaturen von 5 bis 10°, da bei höheren Temperaturen die Ergebnisse niedriger und unregelmäßig sind.

SCHIMPF hat die Anwendung von eiskaltem Wasser und Phosphorsäure vorgeschlagen.

WAGNER findet, daß die Verwendung von Phosphorsäure allein oder von Salzsäure + Phosphorsäure oder von Salzsäure + Natriumphosphat ein Erwärmen auf 40° zuläßt.

Arbeitsvorschrift. 0,25 bis 0,3 g Bariumperoxyd werden fein zerrieben, mit 50 cm³ Wasser der gewünschten Temperatur übergossen und 200 cm³ einer Mischung gleichfalls von der gewünschten Temperatur von 25 cm³ konzentrierter Salzsäure, 10 cm³ Phosphorsäure von 85% und 1 cm³ einer 10%igen Manganchloridlösung und Wasser auf 1 l zugesetzt. Es werden bei 10° bis 40° Werte erhalten, die von 88,26% auf 86,1% abfallen, wenn man mit Permanganat *sofort* und *schnell* titriert, und rührt, bis der Endpunkt erreicht ist.

Es muß hier darauf hingewiesen werden, daß nicht nur Permangansäure auf Salzsäure oxydierend unter Chlorentwicklung einwirkt, sondern auch Bariumperoxyd und natürlich auch Wasserstoffperoxyd und die anderen Peroxyde, was auch historisch bemerkenswert ist, da SCHÖNBEIN seine Theorie der Ozonide und Antozonide, auf welche er viele und nutzlose Arbeit verschwendete und durch welche er die Entwicklung aufhielt, wesentlich auf der Unfähigkeit der Peroxyde, mit Salzsäure Chlor zu entwickeln, aufbaute. Schon BRODIE und später SCHÖNE stellten ausdrücklich fest, daß SCHÖNBEIN sich geirrt hat. Die Arbeiten von BRODIE wie auch von HOUZEAU sind auch heute noch dem Studium zu empfehlen.

Es konnte nicht festgestellt werden, ob die Analyse des Bariumperoxyds nach Auflösen in Salpetersäure versucht worden ist, obwohl unzweideutige Angaben dafür vorliegen, daß Salpetersäure weder auf Permangansäure noch auf Wasserstoffperoxyd einwirkt. Natürlich muß eine Salpetersäure verwendet werden, die frei von salpetriger Säure und Stickstoffdioxyd ist, da diese sowohl auf Permangansäure wie auf Wasserstoffperoxyd reduzierend wirken (THÉNARD).

Im übrigen könnte das Bariumperoxyd auch in verdünnter Essigsäure gelöst werden, da Essigsäure auf Permanganat gleichfalls mindestens während der Dauer einer Titration ohne Einwirkung ist.

Strontiumperoxyd: SrO_2, Molekulargewicht 119,63;
und *Strontiumperoxydhydrat:* $SrO_2 \cdot 8\,H_2O$, Molekulargewicht 263,76.

Wegen der Bestimmung des Strontiumperoxyds ist dem oben über die Bestimmung des Bariumperoxyds Gesagten nichts hinzuzufügen. Trotz der größeren Löslichkeit des Strontiumsulfats ($11{,}4 \cdot 10^{-3}$, 18°, gegen $2{,}3 \cdot 10^{-4}$, 18°) ist es notwendig, das Strontiumperoxyd in verdünnter Salzsäure aufzulösen und im übrigen genauso zu verfahren, wie oben angegeben ist.

Calciumperoxyd: CaO_2, Molekulargewicht 72,08;

und *Calciumperoxydhydrat:* $CaO_2 \cdot 8\,H_2O$, Molekulargewicht 216,21.

Wenn auch die Löslichkeit des Calciumsulfats ($20{,}2 \cdot 10^{-2}$, 18°) an sich eine Umsetzung mit Schwefelsäure möglich macht, so ist deren Einwirkung jedoch langsam und auch nicht ganz sicher, so daß auch hier verdünnte Salzsäure (oder auch Essigsäure) zum Lösen des Calciumperoxyds zu verwenden ist. Die Titration erfolgt dann genau wie die vom Bariumperoxyd.

Natriumperoxyd: Na_2O_2, Molekulargewicht 77,994;

und *Natriumperoxydhydrat:* $Na_2O_2 \cdot 8\,H_2O$, Molekulargewicht 222,122.

Die Bestimmung des aktiven Sauerstoffs im Natriumperoxyd begegnet dadurch Schwierigkeiten, daß beim Eintragen in Wasser infolge der hohen Lösungswärme des Natriumperoxyds und wegen der in ihm wohl stets, wenn auch meist nur in sehr geringen Mengen, enthaltenen Karalysatoren Zersetzungen auftreten, so daß die nach Ansäuern mit Schwefelsäure ganz glatt verlaufende Titration mit Kaliumpermanganat wechselnde und stets zu niedrige Werte gibt. Es wurden deshalb eine Anzahl Kunstgriffe vorgeschlagen, um die Zersetzung zu verhindern oder wenigstens zu vermindern.

Die häufigsten metallischen Verunreinigungen sind Eisenverbindungen, gelegentlich auch Kupferverbindungen, die zum Teil aus den Gefäßen stammen, in denen das metallische Natrium zu Natriumperoxyd verbrannt wird, zum kleineren Teil können sie auch im metallischen Natrium vorhanden sein. Trotzdem wird zum mindesten in der Technik die von ARCHBUTT vorgeschlagene Methode verwendet.

Arbeitsvorschrift. 0,1 g Natriumperoxyd werden sorgfältig und vorsichtig in kaltem Wasser gelöst, dann mit verdünnter Schwefelsäure angesäuert und mit 0,1 n Kaliumpermanganatlösung titriert.

Die Verluste an Sauerstoff sind nach ihm nur sehr gering. Tatsächlich erhält er bei der Titration mit Kaliumpermanganat nur um ein geringes niedrigere Werte als nach der von ihm gleichfalls vorgeschlagenen gasvolumetrischen Methode. So findet er bei der Bestimmung mit Kaliumpermanganat 18,4, 18,3 und 17,8% aktiven Sauerstoff, während gasvolumetrisch 18,4, 18,3 und 18,57% aktiver Sauerstoff gefunden wurden.

Außer dem aktiven Sauerstoff bestimmte ARCHBUTT auch das Alkali durch Titration mit Schwefelsäure unter Verwendung von Methylorange als Indicator.

Arbeitsvorschrift nach HERBIG. 0,2 bis 0,3 g des Natriumperoxyds werden in einem einseitig geschlossenen 55 mm langen und 9 mm weiten Glasrohr rasch abgewogen, und das Röhrchen wird mit einer Glaszange schnell in horizontaler Lage auf den Boden eines hohen Becherglases gebracht, in dem sich 200 cm³ einer 1:5 verdünnten Schwefelsäure befinden. Die Luft verhindert ein rasches Eindringen der Säure in das Wägeröhrchen, wodurch langsames Auflösen bewirkt wird.

Es wurden so bei der gleichen Probe Peroxyd Werte von 88 bis 90% Na_2O_2 gefunden. Aus dem früher Gesagten geht schon hervor, daß diese Methode nicht empfohlen werden kann, da, nach unserer Ansicht, gerade das langsame Zutreten des Lösungsmittels zum Natriumperoxyd die hohe Hydratationswärme besonders störend machen muß.

Arbeitsvorschrift von NIEMEYER lautet: Das Natriumperoxyd, von dem 0,15 bis 0,2 g in einem kleinen Schälchen abgewogen werden, wird in 500 cm³ Wasser so aufgelöst, daß es zusammen mit dem Schälchen in das Wasser eingeführt wird, so daß kein Peroxyd an die Oberfläche aufsteigt, vielmehr mit dem Schälchen auf den Boden sinkt. Unter Umrühren wird sofort überschüssige verdünnte Schwefelsäure zugegeben und mit Permanganat titriert.

Ein geringes Minus an aktivem Sauerstoff gegenüber der gasvolumetrischen Methode kann durch höhere Peroxyde oder auch durch einen Gehalt an metallischem Natrium und Natriumcarbonat (BOSSHARD und FURRER; HERBIG) erklärt werden, da durch das erstere zusätzlicher Sauerstoff und die beiden anderen Stoffe Wasserstoff bzw. Kohlensäure entwickelt werden, die letztere nur, falls die gasvolumetrische Bestimmung im sauren Medium durchgeführt wird.

Abgesehen davon, daß auch diese Art der Bestimmung nicht empfohlen werden kann, bemerkt NIEMEYER jedoch sehr richtig, daß derjenige aktive Sauerstoff, der sich mit Permanganat nicht bestimmen läßt, auch in der Praxis nicht zur Bewertung des Natriumperoxyds herangezogen werden kann. Einschränkend ist allerdings zu sagen, daß sich das nur auf eine Verwendung der wäßrigen Lösung des Natriumperoxyds, möge sie sauer oder alkalisch sein, beziehen kann. Bei der Verwendung des Natriumperoxyds in festem Zustand als Sauerstofflieferant spielt hingegen das Mehr an Sauerstoff eine bei diesen geringen Unterschieden nur untergeordnete Rolle, zumal bei diesen Verwendungsarten der physikalische Zustand (Oberfläche) weit mehr bestimmend ist. Das Natriumperoxyd wird wohl meist im hydrolisierten Zustand verwendet.

Arbeitsvorschrift von RUPP. Die Zersetzung soll dadurch vermieden werden, daß 0,1 bis 0,2 g fein zerriebenes Natriumperoxyd mit 25 cm^3 einer gesättigten Barytlösung in einem Sturze übergossen werden. Nach Verlauf von 10 Min. wird mit 30 cm^3 Wasser und 5 cm^3 Salzsäure aufgelöst.

Die weitere Bestimmung wird allerdings jodometrisch durchgeführt. Es ist aber klar, daß auch mit Permanganat (vgl. das unter Bariumperoxyd Ausgeführte) titriert werden kann. Die Methode ist offensichtlich nicht zuverlässig, worauf SARTORI ausdrücklich hinweist, worüber aber später berichtet wird.

Arbeitsvorschrift von GROSSMANN. Das Natriumperoxyd wird mit seinem 50fachen Gewicht an reinem trockenen Kochsalz vermischt und diese Mischung in Wasser eingetragen, das in einer Kältemischung zu einem Eisbrei abgekühlt wurde. Nach dem Ansäuern mit Schwefelsäure werden einigermaßen übereinstimmende, aber gegenüber der gasvolumetrischen Bestimmung zu niedrige Werte erhalten. Beim Eintragen der Mischung von Natriumperoxyd und Kochsalz in 100 cm^3 Wasser und 100 cm^3 Schwefelsäure werden unter sonst gleichen Bedingungen noch etwas niedrigere Werte erhalten, während das Eintragen dieser Mischung in eine Lösung aus 40 cm^3 0,5 n $KMnO_4$-Lösung, 40 cm^3 verdünnter Schwefelsäure und 200 cm^3 Wasser völlig versagt, auch wenn dem Wasser an Stelle des Permanganats Eisen(II)-sulfat im Überschuß zugegeben und dieser mit Kaliumpermanganat zurücktitriert wurde.

Es ist nicht verwunderlich, daß die große Menge von Kochsalz störend wirkt, da kein Mangansulfat zugegeben wurde (vgl. LÖB).

Arbeitsvorschrift von MILBAUER: 0,5 g Natriumperoxyd werden aus einem Wägegläschen allmählich in 100 cm^3 Wasser eingetragen, dem vorher 5 g konzentrierte Schwefelsäure und 5 g chemisch reine Borsäure zugesetzt waren. Die Lösung muß vor dem Eintragen des Peroxyds natürlich abgekühlt werden. Selbst bei 50° sollen noch gute Ergebnisse erzielt werden.

MILBAUER glaubt, daß sich das gebildete Wasserstoffperoxyd an Borsäure anlagert und dadurch der Zersetzung entzieht. Diese Erklärung dürfte wohl nicht richtig sein.

Arbeitsvorschrift von BOSSHARD und FURRER. 0,2 bis 0,4 g Natriumperoxyd werden mit 3 bis 5 g Orthoborsäure in einer Reibschale mit glattem Pistill vermischt, in der Reibschale wird das fein verriebene Gemisch mit 100 cm^3 Wasser und 10 cm^3 reiner verdünnter Schwefelsäure (1:5) übergossen und mit 0,1 n Kaliumpermanganat titriert, wobei es nicht nötig ist, daß die Borsäure gelöst wird. Es werden erhalten:

18,94% und 18,92% aktiver Sauerstoff gegen 18,93% und 18,94% aktiver Sauerstoff nach der gasvolumetrischen Methode.

Poggi behauptet demgegenüber, daß nach dieser Methode wesentlich zu niedrige Werte erhalten werden, und zwar im Mittel 14,4% aktiver Sauerstoff gegen 17,3% gasvolumetrisch.

Auch Sartori findet, daß die Methode von Bosshard und Furrer viel zu geringe Werte gibt, z. B. 9,3% aktiven Sauerstoff statt 12,0%.

Zur Erklärung dieser großen Unterschiede kann darauf hingewiesen werden, daß eine Mischung von Natriumperoxyd und Borsäure sich unter Umständen stürmisch und fortschreitend zersetzt, wenn sie an einer Stelle feucht wird. Das kann natürlich auch beim Übergießen der Mischung oder beim Eintragen, wenn es nicht sehr sorgfältig in kleinsten Mengen unter Umrühren vorgenommen wird, geschehen. Man erkennt jedenfalls aus diesen von verschiedenen durchaus zuverlässigen Forschern erhaltenen Ergebnissen, daß eine Methode in den Händen dessen, der sie ausgearbeitet hat, durchaus zuverlässig arbeitet, während der Nacharbeiter, der naturgemäß nicht über die großen Erfahrungen verfügt, Mißerfolge hat. Ein Teilgrund liegt natürlich auch darin, daß die Beschreibung einer Methode unzureichend ist, weil dem Autor gewisse Umstände als selbstverständlich und deshalb nicht beschreibenswert erscheinen, die tatsächlich für den Durchführenden von erheblicher Bedeutung sind.

Wie dem auch sei, in der Hand des auf die Bestimmung des Natriumperoxyds Eingearbeiteten liefert die einfache Bestimmung durch vorsichtiges Auflösen unter Rühren in kaltem Wasser, darauffolgendes Ansäuern mit Schwefelsäure, wie es von Archbutt und später auch von Niemeyer beschrieben worden ist, für die Praxis völlig ausreichend genaue und übereinstimmende Werte, ohne daß es die Analyse erschwerender Kunstgriffe bedarf.

Feibelmann verwendet sein Oxometer (siehe S. 198) auch zur Bestimmung des aktiven Sauerstoffs in Natriumperoxyd, indem er aus dem Peroxyd mittels Schwefelsäure eine Wasserstoffperoxydlösung herstellt und diese in der angegebenen Weise titriert.

Kaliumpercarbonat: $K_2C_2O_6$, Molekulargewicht 198,212;
Natriumpercarbonat: $Na_2CO_3 \cdot 1,5\ H_2O_2$, Molekulargewicht 157,028;
Natriumperborat: $NaBO_3 \cdot 4\ H_2O$, Molekulargewicht 153,88;
Natriumperphosphate;
sonstige *Anlagerungsprodukte* des Wasserstoffperoxyds.

Die Bestimmung des aktiven Sauerstoffs in all diesen Verbindungen, von denen oben nur die wichtigsten genannt sind, läßt sich ohne weiteres so durchführen, daß sie in geeigneter Menge (0,5 bis 1 g) in kaltes Wasser eingetragen werden, das mit Schwefelsäure angesäuert wird, oder daß man die Stoffe direkt in mit Schwefelsäure angesäuertes kaltes Wasser einträgt, worauf mit Kaliumpermanganat titriert wird. Weitere Vorschriften erübrigen sich, wenn das in dem Abschnitt „Wasserstoffperoxyd" Ausgeführte berücksichtigt wird. Bemerkt sei nur, daß die Analyse von Kaliumpercarbonat, welches von Constam und v. Hansen durch Elektrolyse und später von Fichter und Bladergroen durch Einleiten von Fluor in Kaliumcarbonatlösung hergestellt wurde, von den Entdeckern so durchgeführt wurde, daß sie es in eine bekannte Menge von Eisen(II)-sulfat enthaltendes schwefelsaures Wasser eintrugen und das überschüssige Eisen(II)-sulfat mit Kaliumpermanganat zurücktitrierten, wobei aber wechselnde Ergebnisse erhalten wurden, offenbar weil beim Eintragen eine alkalische Zone entsteht, die dann katalytische Zersetzung bewirkt. v. Hansen wandte die einfache Permanganatmethode an, da das Kaliumpercarbonat mit überschüssiger Schwefelsäure quantitativ in Kaliumsulfat, Kohlensäure und Wasserstoffperoxyd zerfällt, welches leicht in bekannter Weise mit Permanganat titriert werden kann.

FEIBELMANN benutzt sein auf Seite 198 wiedergegebenes Oxometer auch für die Bestimmung des aktiven Sauerstoffs in Natriumperborat, indem er genau 1 g Natriumperborat in das Oxometer füllt, mit 50%iger Schwefelsäure bis zur zweiten Marke auffüllt (Null der Skala) und dann mit Kaliumpermanganat titriert. Da das Oxometer auf Gewichtsprozente H_2O_2 geeicht ist, so ist der gefundene Wert umzurechnen. Für die Umrechnung gibt er die nachstehende Tabelle 1, die nur für die Technik ausreichende genaue Werte enthält:

Tabelle 1. Umrechnungstabelle für Natriumperborat.

Ermittelter Wert im Oxometer	Entspricht Gehalt an aktivem Sauerstoff in %	oder Gehalt an Natriumperborat in %	Ermittelter Wert im Oxometer	Entspricht Gehalt an aktivem Sauerstoff in %	oder Gehalt an Natriumperborat in %
0,25	0,6	6	2,5	5,9	57
0,5	1,2	11	3,0	7,1	68
0,75	1,8	16	3,5	8,1	79
1,0	2,4	22	4,0	9,5	90
1,5	3,5	33	4,5	10,5	100
2,0	4,7	45			

Seifen und Seifenpulver, die aktiven Sauerstoff enthalten.

Bei der Untersuchung von Seifen und Seifenpulvern, die aktiven Sauerstoff enthalten, ist zu unterscheiden zwischen einfachen mechanischen Gemischen von trocknen, gepulverten, gegebenenfalls gefüllten Seifen mit z. B. pulverförmigem Natriumperborat oder Natriumpercarbonat, gegebenenfalls neben Soda, Wasserglas und anderen Füllstoffen, und solchen Seifen, in welche die Träger des aktiven Sauerstoffs einpilliert sind, so daß diese von Seife vollständig umhüllt sind.

Im ersteren Falle gelingt es meistens, den aktiven Sauerstoff in einfacher Weise dadurch zu bestimmen, daß man die Seifenpulver in mit ausreichenden Mengen Schwefelsäure versetztes Wasser unter Schwenken und guter Verteilung einträgt, einige Minuten umschüttelt und darauf mit Permanganat in üblicher Weise titriert. In dieser Weise wird von den Herstellern solcher Seifenpulver gearbeitet, welche die Fehler, die durch die Gegenwart von an sich durch Permanganat gleichfalls oxydierbaren Stoffen entstehen können, als unbeachtlich ansehen, da die Oxydation dieser Stoffe durch Permanganat im allgemeinen längerer Zeit bedarf, wenn man hierbei die von MATTHEWS gegebene Anweisung, die weitere Zugabe der Permanganatlösung einzustellen, wenn „the first semipermanent trace of pink colour“ auftritt, so kann auch in Gegenwart ungesättigter Fettsäuren unbedenklich mit Kaliumpermanganat titriert werden.

Man erhält aber unter Umständen etwas zu niedrige Werte, wenn die Träger des aktiven Sauerstoffs durch Seife etwas umhüllt worden sind und beim Eintragen nicht darauf geachtet wird, daß Klumpenbildung vermieden wird, und wenn nicht ausreichend lange geschüttelt worden ist. Will man einen solchen Fehler vermeiden, so empfiehlt es sich, zuerst eine Lösung der Seifenpulver in destilliertem Wasser herzustellen und nach Ansäuern mit Schwefelsäure in üblicher Weise zu titrieren.

An besonderen Vorschriften liegen solche von FUHRMANN, LITTERSCHEID und GUGGIARI, BERGELL, ROSENBERGER und FEIBELMANN vor.

FUHRMANN setzt der angesäuerten Lösung der Waschmittel Chloroform zu, in dem sich die Fettsäuren lösen. Dadurch wird die Umhüllung der Träger des aktiven Sauerstoffs durch Fettsäuren verhindert.

Arbeitsvorschrift. In eine Glasstopfenflasche von 250 cm^3 Inhalt werden 2 g des Gemisches (Seifenpulvers) eingefüllt und etwa 100 cm^3 Wasser, verdünnte Schwefelsäure und 5 cm^3 Chloroform zugefügt. Nach tüchtigem Umschütteln läßt man das Chloroform, das die Fettsäuren enthält, absitzen und titriert mit Permanganat auf rosa. Man schüttelt nochmals, und falls Entfärbung eintritt, titriert man weiter und so fort, bis keine Entfärbung mehr eintritt.

LITTERSCHEID und GUGGIARI verweisen jedoch darauf, daß man nach dieser Methode zu hohe Werte erhält und schlagen vor, das Waschmittel in einem Meßkolben mit destilliertem Wasser von 50 bis 60° soweit wie möglich zu lösen, nach und nach wegen des Schäumens (Kohlensäureentwicklung aus Carbonaten) Schwefelsäure in ausreichendem Überschuß und dann etwa 1 g ausgeglühte Kieselgur dazuzugeben. Nach Auffüllen zur Marke wird umgeschüttelt, wobei die Kieselgur die ausgeschiedenen Fettsäuren niederreißt. Nach dem Absitzen wird von der klaren oder fast klaren Lösung ein aliquoter Teil entnommen und mit Permanganat in üblicher Weise titriert. Auch hierbei sollte man die erste Spur einer „semipermanent“ Rosafärbung als Endpunkt nehmen, da geringe Mengen von Fettsäuren doch im Wasser verbleiben.

Von KREGTON ist jedoch das FUHRMANNsche Verfahren mit Erfolg angewandt worden, wobei stets so viel Seifenpulver verwendet werden, als 100 mg Perborat entspricht. Die mitgeteilten Ergebnisse lassen sich jedoch auch dahin deuten, daß trotz *3maligen* Ausschüttelns mit Chloroform nach dieser Methode die höchsten Werte erhalten werden, wodurch die Feststellungen von LITTERSCHEID und GUGGIARI bestätigt werden.

Eine der FUHRMANNschen Vorschrift ähnliche wird von BERGELL gegeben. Nach ihm werden 2 g der feinst gepulverten Seife mit 20 cm³ verdünnter Schwefelsäure überschüttet und vollständig darin verteilt. Nach 10 Min. wird mit Permanganat auf rosa titriert, darauf die Fettsäure mit Tetrachlorkohlenstoff ausgeschüttelt. Hierbei verschwindet meistens die Rosafarbe wieder, so daß nochmals bis zum Auftreten der Rosafärbung titriert wird. War das Perborat oder ein anderer Träger des aktiven Sauerstoffs der flüssigen Seife zugesetzt, so werden bei der zweiten Titration meistens noch erhebliche Mengen Permanganat verbraucht. Nach nochmaligem Stehenlassen und Ausschütteln mit Tetrachlorkohlenstoff darf kein nennenswerter Verbrauch von Kaliumpermanganat mehr auftreten, andernfalls war die Seife unzureichend verrieben.

FUHRMANN gibt noch eine weitere Methode für Seifenpulver an.

Arbeitsvorschrift. 0,2 g des zu untersuchenden Pulvers werden mit 50 cm³ Wasser, verdünnter Schwefelsäure und 10 cm³ Eisen(II)-salzlösung (10 g MOHRsches Salz und 5 cm³ verdünnte Schwefelsäure auf 100 cm³) umgeschwenkt und einige Minuten zum Kochen erhitzt. Die Lösung wird mit Kaliumpermanganat zurücktitriert. Die gefundene Meßzahl wird abgezogen von der bei direkter Titration von 10 cm³ Eisen(II)salzlösung mit Kaliumpermanganat verbrauchten Meßzahl. Bedingung wäre, die Vergleichstitration unter den genau gleichen Voraussetzungen der Verdünnung und Erhitzungsdauer vorzunehmen. Falls persulfathaltige Waschmittel vorliegen, ist das Erhitzen so lange fortzusetzen, bis die Fettsäuren sich oben klar abgeschieden haben.

FEIBELMANN verwendet sein Oxometer (Abb. 1) auch zu Analysen sauerstoffhaltiger Waschpulver.

Arbeitsvorschrift. Man gibt genau 1 g des Waschmittels in das Oxometer, fügt darauf bis etwa zur ersten Marke 50%ige Schwefelsäure hinzu und schüttelt ein wenig durch, damit die aus der im Waschmittel anwesenden Soda entstehende Kohlensäure entweicht. Jetzt gibt man bis zur zweiten Marke Benzol oder Benzin zu, damit die abgeschiedene Fettsäure gelöst wird. Nun titriert man mit Permanganatlösung, bis die untere wäßrige Schicht gerötet bleibt. Der gefundene Wert ist aus der Umrechnungstabelle für Natriumperborat, die im vorangehenden Kapitel auf S. 206 angegeben ist, zu ermitteln.

ROSENBERGER gibt für perborathaltiges Shampoon folgende

Arbeitsvorschrift. 5 g des perborathaltigen Pulvers werden in 150 cm³ Wasser unter Erwärmen auf höchstens 30° und tropfenweise mit verdünnter Schwefelsäure (1:3) bis zur stark sauren Reaktion, die mit Methylorange zu prüfen ist, versetzt. Es werden etwa 4,5 cm³ Schwefelsäure verbraucht. Darauf wird durch ein trockenes Faltenfilter in einen 500 cm³-Meßkolben filtriert, das Filter 3mal gewaschen und das Filtrat mit 0,5 normaler Kalilauge genau neutralisiert und aufgefüllt. 50 cm³ der Lösung werden mit 20 cm³ verdünnter Schwefelsäure (1:3) versetzt und bis zur bleibenden Rotfärbung mit 0,1n Permanganatlösung titriert.

II. Titration mit Mangan(III)-salzen. Wie schon oben auseinandergesetzt wurde, verläuft die Reaktion zwischen Kaliumpermanganat bzw. Übermangansäure in saurer Lösung mit Wasserstoffperoxyd über Zwischenstufen, von denen eine die Bildung von Mangan(III)-salzen aus Übermangansäure und Mangan(II)-salzen ist, so daß als eigentliche Reaktion, die zur Zersetzung des Wasserstoffperoxyds führt, die der Mangan(III)-salze auf Wasserstoffperoxyd anzusehen ist. Die Gleichungen für diese Umsetzung sind:

(3a) $$2\,KMnO_4 + 8\,MnSO_4 + 9\,H_2SO_4 = 2\,KHSO_4 + 5\,Mn_2(SO_4)_3 + 8\,H_2O;$$

(4) $$5\,Mn_2(SO_4)_3 + 5\,H_2O_2 = 10\,MnSO_4 + 5\,H_2SO_4 + 5\,O_2$$

und führen zu der Summengleichung (3):

(3) $$2\,KMnO_4 + 5\,H_2O_2 + 4\,H_2SO_4 = 2\,KHSO_4 + 8\,H_2O + 5\,O_2\uparrow + 2\,MnSO_4.$$

Da die Reaktion (4) gemäß der nach (3a) zugeführten Menge Permanganat verläuft und das gebildete Mangan(III)-sulfat sofort durch Wasserstoffperoxyd zu Mangan(II)-sulfat reduziert wird, so kann dieses Mangan(II)-sulfat gemäß (3a) mit Permanganat wieder in Reaktion treten.

Ubbelohde hat die Bestimmung des Wasserstoffperoxyds mittels Mangan(III)-salzlösungen zum Gegenstand einer Untersuchung gemacht.

Die Herstellung der Mangan(III)-salzlösung erfolgt nach der

Vorschrift. Zu 50 cm³ einer Lösung von 15,1 g Mangan(II)-sulfat in 1000 cm³ 6n Schwefelsäure werden unter Kühlen 3 cm³ konzentrierte Schwefelsäure zugegeben. Nach Erkalten läßt man 12 cm³ einer 0,5n Kaliumpermanganatlösung so zufließen, daß nach je 2 cm³ 5 Min. gewartet wird und nach 8 cm³ und nach 12 cm³ der Permanganatlösung jedesmal unter Kühlen 2 cm³ konzentrierte Schwefelsäure zugesetzt werden. Vor der Verwendung läßt man die Lösung 4 Std. lang in verschlossener Flasche im Dunkeln stehen. Die erhaltene tiefrote Lösung enthält wahrscheinlich den Komplex $[Mn(SO_4)_2 \cdot 2\,H_2O]'$. Die Titerstellung erfolgt mit Ammonium-Eisen(II)-sulfat (Mohrsches Salz) in gleicher Weise wie die einer Permanganatlösung. Der Endpunkt ist scharf mit rötlicher Farbe, die einen gelben Einschlag hat.

Mit Wasserstoffperoxyd reagiert die Mangan(III)-salzlösung schneller als reines Permanganat, das, wie oben ausgeführt, in reinem Zustand in saurer Lösung mit reinem Wasserstoffperoxyd erst nach längerem Stehen sich umsetzt. Die Unterschiede, die beim Vergleich der Titrationen mit Mangan(III)-salzen und Permanganat festgestellt wurden, lagen innerhalb 0,3%. Die Mangan(III)-salzlösungen haben den großen Vorteil, daß sie, auch in Gegenwart von Chlor-Ionen, ohne weiteres verwendet werden können. Auch Eisen(II)-salze lassen sich, was nebenbei bemerkt sei, in Gegenwart von Chlor-Ionen mit Mangan(III)-salzen bestimmen.

In verschlossener Flasche dunkel aufbewahrt, ist die Lösung des Mangan(III)-sulfats titerbeständig. Wird diese Vorsicht nicht geübt, dann tritt eine Umlagerung ein nach: $2\,Mn^{+++} \rightarrow Mn^{++} + Mn^{++++}$, wobei ein Niederschlag von Mangan(IV)-oxyhydrat entsteht. (Vgl. Abegg und Auerbach.)

Dem Vorteil der Ubbelohdeschen Lösung, durch die Gegenwart von Chlor-Ionen nicht gestört zu werden (wahrscheinlich ist auch die Gegenwart organischer Stoffe unbedenklich), stehen nur die Nachteile der umständlichen Herstellung entgegen.

Beim Arbeiten besonders in künstlichem Licht wird durch Zusatz von 2 Tropfen konzentrierter Phosphorsäure die Endfarbe verbessert.

Leider fehlen, soweit festgestellt werden konnte, Erfahrungen von anderer Seite.

III. Zusammenfassung. Sicher ist die maßanalytische Bestimmung des Wasserstoffperoxyds und seiner Abkömmlinge mit Kaliumpermanganat in saurer Lösung die bei weitem verbreitetste Bestimmungsart, was sie nicht nur ihrer Zuverlässigkeit, wenigstens bei Abwesenheit gewisser Stoffe, sondern vor allem ihrer bequemen Handhabung und der leichten Erkennbarkeit des Endpunktes zu verdanken hat.

Hierzu kommt noch, daß gerade auf analytischem Gebiet ein zähes Festhalten an hergebrachten Methoden die Regel ist. Trotzdem hat sie im Deutschen Arzneibuch keinen Eingang gefunden. Es sind aber dahingehende Vorschläge wiederholt gemacht worden (FEIST; FRERICHS). In der nordamerikanischen Pharmakopöe wird jedoch die Permanganatmethode angewandt. Ihre Grenzen ergeben sich aus den vorhergehenden Ausführungen, jedoch wird in der Industrie, auch wenn geringe Mengen organischer Stoffe wie z. B. Acetanilid, Phenacetin, Benzoesäure, Salicylsäure, Sulfanilsäure, Benzoesulfosäure, Barbitursäure und viele andere Stoffe dem Wasserstoffperoxyd in geringer Menge zur Stabilisierung zugesetzt werden, die Permanganatmethode bevorzugt, da die geringen Mengen dieser Stoffe und ihre verhältnismäßig langsame Einwirkung auf das Permanganat auf das Endergebnis ohne Einfluß sind, besonders, wenn man die Vorschrift von MATTHEWS, das Ende der Titration in dem Auftreten der ersten Spur einer „semipermanent" Rosafärbung zu sehen, beachtet.

Literatur.

ABEGG, R., u. FR. AUERBACH: Handbuch der anorg. Chemie, Bd. IV, Teil II, S. 788. Leipzig: Hirzel. — ANDERSEN, S., u. A. C. ANDERSEN: Fr. **44**, 156 (1905); **45**, 217 (1906). — ARCHBUTT: Analyst **20**, 3 (1895). — ARTH, G.: Chem. N. **85**, 183 (1902). — ASCHOFF, H.: J. pr. **81**, 401 (1860).

BAUER, K. H.: Pharm. Z. **78**, 534 (1937). — BERGELL, CL.: Seifensieder-Ztg. **66**, 750 (1939). — BERTALAN, J. v.: Ch. Z. **40**, 373 (1916). — BOSSHARD, E., u. E. FURRER: Helv. **7**, 486 (1924). — BREDIG, G., u. R. MÜLLER v. BERNECK: Ph. Ch. **31**, 258 (1899). — BRODIE, B. C.: (a) Phil. Trans. **1850**, **I**, 759; (b) Pr. Roy. Soc. London **11**, 442 (1861); Pogg. Ann. [2] **120**, 294 (1863).

CHWALA, A.: Angew. Ch. **21**, 589 (1908). — CONSTAM, E. J., u. A. v. HANSEN: Z. El. Ch. **3**, 137 (1896). — CORNIMBOEUF u. A. CLASSEN: Ann. Chim. anal. **4**, 381 (1899).

DEROIDE: Ann. Chim. anal. **4**, 292 (1899).

ENGEL, R.: Bl. [3] **6**, 17 (1891).

FEHRE, W.: Fr. **87**, 180 (1932). — FEIBELMANN, R.: Ch. Z. **55**, 540 (1931). — FEIST, K.: Apoth.-Z. **41**, 46 (1926). — FICHTER, J., u. BLADERGROEN: Helv. **10**, 566 (1927). — FRERICHS, G.: Apoth.-Z. **31**, 620 (1917). — FUHRMANN, E.: Seifensieder-Ztg. **36**, 122, 150, 177 (1909). — FURRER, E.: Dissertation, S. 26 Zürich 1921.

GEUTHER, A.: siehe WÖHLER, W. — GOOCH, F. A., u. E. W. DANNER: Am. J. Sci. [3] **44**, 301 (1893). — GROSSMANN, H.: Ch. Z. **29**, 137 (1905).

HAMEL, F.: C. r. **76**, 1023 (1873). — HANRIOT: C. r. **100**, 172 (1885). — HANSEN, A. v.: Z. El. Ch. **3**, 445 (1897). — HARCOURT, A. V.: Soc. **14**, 278 (1862). — HERBIG, W.: Färber-Ztg. **1912**, 193. — HUCKABA, C. E., u. F. G. KEYES: Am. Soc. **70**, 1640 (1948).

KINGZETT, C. T.: Soc. **37**, 802 (1880). — KOLTHOFF, J. M., u. V. A. STENGER: Volumetric Analysis, 2. Aufl., S. 175. New York 1942. — KREGTON, J. R. N.: Chem. Weekbl. **32**, 81 (1935).

LACHLAN, MAC J.: Pr. chem. Soc. **19**, 217 (1903). — LITTERSCHEID, F. M., u. P. B. GUGGIARI: Ch. Z. **37**, 677 (1913). — LÖB, A.: Ch. Z. **30**, 1275 (1906); durch C. **78**, **I**, 587 (1907). — LÖWENTHAL, L., u. E. LENSSEN: Fr. **1**, 329 (1862).

MANCHOT, W., u. P. RICHTER: B. **39**, 320 (1906). — MAQUENNE, M.: C. r. **94**, 797 (1882). — MARGUERITE, F.: C. r. **22**, 587 (1846). — MATTHEWS, N. W.: Chemist-Analyst **24**, Nr 2, 15 (1935). — MILBAUER, J., u. J. DIMMER: J. pr. [2] **98**, 1 (1918).

NIEMAYER, R.: Ch. Z. **31**, 1257 (1917).

POGGI, I.: Ann. Chim. appl. **22**, 493 (1932).

RICHARZ, FR., u. C. LONNES: Ph. Ch. **20**, 147 (1896). — RIUS, A., u. J. M. GOMEZA: An. Españ. [5] (3) **37**, 442 (1941). — ROSENBERGER, G. A.: Seifensieder-Ztg. **65**, 118 (1938). — RUPP, E.: Ar. **240**, 444 (1902).

SARKAR, A. Ch., u. J. M. DUTTA: Z. anorg. Ch. **67**, 225 (1910). — SARTORI, M.: Ann. Chim. appl. **29**, 381 (1939). — SCHIMPF: Manual of volumetric analysis, 5th edition, S. 161.

1909. — SCHÖNBEIN, CHR. FR.: J. pr. **77**, 138 (1859); **79**, 78 (1860). — SCHÖNE, EM.: A. **193**, 248 (1878). — SIMON, A., u. TH. REETZ: (a) Fr. **104**, 249 (1936); (b) **105**, 321 (1936). — SKRABAL, A.: Öst. Ch. Z. [2] **13**, 27 (1910) und Ahrens' Sammlung chem. und chem.-techn. Vorträge **13**, 321 (1908). — SKRABAL, A., u. J. M. PREISS: **27**, 503 (1906). — SMITH, C. E.: Am. J. Pharm. **70**, 225 (1898). SÖRENSEN, S. P. L.: Fr. **36**, 639 (1897); **42**, 333 (1903).

THÉNARD, L. J.: Traité de Chimie, livre VIII (1818). — THÉNARD, P.: C. r. **75**, 177 (1872); **76**, 1023 (1873).

UBBELOHDE, A. R. J. P.: Soc. **1935**, 1605.

VORLÄNDER, D., G. BLAU u. T. WALLIS: A. **345**, 261 (1906).

WAGNER, C. E.: Ind. eng. Chem. **17**, 972 (1925). — WELTZIEN, C.: A. **138**, 139 (1866). — WESLY, W.: Fr. **91**, 341 (1932/33). — WÖHLER, F.: A. **91**, 127 (1854).

2. Bestimmung mittels Halogenverbindungen.

Für die Bestimmung des Wasserstoffperoxyds mittels Halogenverbindungen kommt vor allem die Einwirkung des Wasserstoffperoxyds auf *Jodwasserstoffsäure* in Gegenwart von freier Mineralsäure bzw. auf eine Lösung von Kaliumjodid, die mit überschüssiger Mineralsäure versetzt ist, in Frage. Hierbei wird Jod ausgeschieden, das titrimetrisch bestimmt wird.

Diese Bestimmungsmethode ist eine der wichtigsten.

Ferner ist die Umsetzung des Wasserstoffperoxyds mit *Hypobromiten* und *Hypojoditen in alkalischer Lösung* verwendet worden, wobei sich Sauerstoff entwickelt, die im Überschuß zugesetzten Hypohalogenite durch Mineralsäuren zersetzt, und die hierbei frei werdenden Halogene gleichfalls titrimetrisch bestimmt werden.

Schließlich ist die Reaktion zwischen Wasserstoffperoxyd und *Bromsäure* in Gegenwart freier Mineralsäure oder *Bromaten* ebenfalls in Gegenwart überschüssiger Mineralsäure angewandt worden. Hierbei bildet sich Bromwasserstoffsäure und Sauerstoff. Durch Einwirkung weiterer Bromsäure auf die gebildete Bromwasserstoffsäure bildet sich freies Brom, welches das Ende der Reaktion anzeigt, so daß hier eine direkte Bestimmung des Wasserstoffperoxyds, ebenso wie bei der Bestimmung mittels Kaliumpermanganat oder Cer(IV)-sulfat, vorliegt.

Die Umsetzungen werden in den einzelnen Kapiteln näher erörtert.

I. Mit Jodwasserstoffsäure in Gegenwart freier Mineralsäure (Jodometrie).

a) Überblick. Die Einwirkung des Wasserstoffperoxyds auf das Jod-Ion kann in saurer, in neutraler und in alkalischer Lösung stattfinden. Die Einwirkungsprodukte in diesen 3 Fällen sind vollkommen verschieden.

In *saurer Lösung* verläuft der Vorgang gemäß der Gleichung:

(5) $$H_2O_2 + 2\,HJ = 2\,H_2O + J_2$$

oder, da meistens von Kaliumjodid ausgegangen wird:

(5a) $$H_2O_2 + 2\,KJ + H_2SO_4 = K_2SO_4 + 2\,H_2O + J_2.$$

Die Umsetzung verläuft mit meßbarer Geschwindigkeit. Die vollständige Umsetzung bedarf eines erheblichen Zeitaufwandes, besonders bei großer Verdünnung. Die Geschwindigkeit ist proportional der Konzentration der aufeinander einwirkenden Stoffe und ist abhängig von der Wasserstoffionenkonzentration, mit der sie steigt.

Das ausgeschiedene Jod wird mit Natriumthiosulfat oder Natriumsulfit mit oder ohne Zusatz von löslicher Stärke titriert. Diese Umsetzungen sind die folgenden:

(5b) $$2\,H_2S_2O_3 + J_2 = H_2S_4O_6 + 2\,HJ$$

und

(5c) $$SO_2 + J_2 + 2\,H_2O = H_2SO_4 + 2\,HJ.$$

Im ersteren Falle wird also Tetrathionsäure gebildet und im zweiten Schwefelsäure.

In *neutraler Lösung* entspricht die Umsetzung der Gleichung:

(6) $$2\,H_2O_2 + [KJ] = 2\,H_2O + O_2 + [KJ].$$

Es findet also nur eine katalytische Zersetzung des Wasserstoffperoxyds *statt*, so daß sehr geringe Mengen Kaliumjodid zur Zerstörung einer großen Menge Wasserstoffperoxyd ausreichen. In den Arbeiten von BREDIG und WALTON und von WALTON ist festgestellt worden, daß es sich um eine Reaktion erster Ordnung handelt, also um eine monomolekulare Reaktion, deren Geschwindigkeitskonstante der Jod-Ion-Konzentration proportional ist. Die Proportionalität geht aus Leitfähigkeitsmessungen hervor, die unter Verwendung von Jodkaliumlösungen ausgeführt wurden, deren Stärke von 0,00699 bis 0,03684 n wechselte (vgl. HARNED). Die Zersetzung des Wasserstoffperoxyds ist nach WALTON vollständig.

BRODE (b) hatte sowohl hier im neutralen als auch im sauren Medium die Zwischenbildung von Hypojodit-Ion angenommen gemäß den Gleichungen:

$$\begin{array}{ll} H_2O_2 + J' & = H_2O + OJ' \\ H_2O_2 + OJ' & = H_2O + O_2 + J' \\ \hline 2\,H_2O_2 & = 2\,H_2O + O_2 \end{array}$$

[Vgl. auch SCHÖNE (c) und ABEL (a).]

In *alkalischer Lösung* verläuft die Umsetzung nach:

$$H_2O_2 + KJ + [KOH] = H_2O + KOJ + [KOH]. \tag{7}$$

Es wird also Hypojodit oder ein Salz einer höheren Sauerstoffsäure des Jods gebildet.

Durch Ansäuern wird aus diesen Sauerstoffsäuren des Jods in Gegenwart von Jodwasserstoffsäure, die sich aus dem überschüssigen Kaliumjodid bildet, Jod frei gemacht, gemäß:

$$HOJ + HJ = H_2O + J_2, \tag{7a}$$

also in gleicher Menge wie nach Gleichung (5).

Jedoch verläuft die Reaktion (7) schneller als die Reaktion (5), während die Reaktion zwischen Hypojodit und Jodid (7a) sofort verläuft.

Für die Bestimmung des Wasserstoffperoxyds wird jedoch ausschließlich nach der an erster Stelle genannten Umsetzung (5a) verfahren.

Eine Unterscheidung des *peroxydisch* und *perhydratisch* gebundenen Sauerstoffs ist nach RIESENFELD möglich. Echte Peroxydverbindungen mit fest eingebauten Peroxydgruppen verhalten sich einer neutralen KJ-Lösung gegenüber in der Kälte ganz anders als freies Wasserstoffperoxyd oder dessen lockere Molekülverbindungen (Perhydrate). Während die echten Peroxyverbindungen infolge ihres im Vergleich mit dem Wasserstoffperoxyd bedeutend höheren Oxydationspotentials die Jod-Ionen momentan zu Jod oxydieren, wobei als Nebenreaktion nur eine geringfügige Sauerstoffreaktion erfolgt, führt umgekehrt das freie Wasserstoffperoxyd zu einer nur unbedeutenden Jodausscheidung, veranlaßt aber andererseits eine sehr intensive Entwicklung von gasförmigem Sauerstoff. Es ist nun besonders bei der quantitativen Auswertung dieser Trennungsmethode die Wasserstoffionenkonzentration von ausschlaggebender Bedeutung. Die Reaktionslösung muß neutral sein und bleiben. Denn Hydroxylionen dürfen nicht zugegen sein, weil sonst das durch den peroxydisch gebundenen Sauerstoff ausgeschiedene Jod nach dem Reaktionsschema:

$$J_2 + 4\,OH^- \longrightarrow 2\,JO^- + 2\,H_2O + 2\,\ominus$$

in unterjodige Säure übergeht. In alkalischer Lösung würde also der Gehalt der untersuchten Verbindung an wahrhaft peroxydischem Sauerstoff zu gering erscheinen, wenn man das ausgeschiedene Jod durch Titration mit Natriumthiosulfat ermitteln würde. Andererseits dürfen aber auch Wasserstoffionen nicht vorhanden sein, weil in saurer Lösung auch das Wasserstoffperoxyd, und damit der perhydratische Anteil des gesamten aktiven Sauerstoffs, nach dem Reaktionsschema (5) Jod ausscheiden und damit den Gehalt an peroxydisch gebundenem Sauerstoff bei der Titration des Jods zu hoch erscheinen lassen würde. Nach Berechnungen reaktionskinetischer Ansätze wurde die optimale Wasserstoffionenkonzentration zu genau 10^{-7} berechnet.

Für die praktische Durchführung dieser Methode empfiehlt es sich, vor allem während der Reaktion, durch Zusatz eines geeigneten Puffergemisches zur KJ-Lösung die optimale Wasserstoffionenkonzentration herbeizuführen und möglichst konstant zu halten.

b) Bestimmung in saurer Lösung (Mineralsäure, Jodwasserstoffsäure). Die dieser Bestimmung zugrunde liegende Reaktion (5) wurde schon von THÉNARD wie folgt beschrieben: „le bioxyde d'hydrogène concentré ou étendu décompose tout de suite l'acide iodohydrique et de là résultant de l'eau et d'un précipité d'iode."

Die quantitative Bestimmung des Wasserstoffperoxyds nach der Gleichung (5) und (5c) wurde von BRODIE durchgeführt, der eine aus Bariumperoxyd und verdünnter Salzsäure erhaltene Wasserstoffperoxydlösung mit Jodwasserstoffsäure versetzte und das gebildete Jod nach der BUNSEN zugeschriebenen Methode mit SO_2 bestimmte. BUNSEN nahm an, daß die von DUPASQUIER schon vor ihm gefundene Methode der Titration von Jod mit schwefliger Säure nur dann durchführbar sei, wenn der Gehalt der schwefligen Säure 0,4 bis 0,5 g/l nicht übersteigt, wenn also die Säure n/64 bis n/80 ist, weil die gebildete Schwefelsäure auf Kaliumjodid unter Jodausscheidung einwirke. Wie VOLHARD feststellte, ist das unrichtig, da erst konzentrierte Schwefelsäure aus Kaliumjodid Jod frei macht. Auch in Gegenwart von Bariumchlorid, welches die Schwefelsäure als Bariumsulfat ausscheidet, werden bei höheren Konzentrationen der schwefligen Säure unregelmäßige, und zwar stets zu niedrige Werte erhalten und stets auch zu niedrige Werte mit Lösungen, die nach BUNSEN sich titrieren lassen sollten. Auch absichtlicher Zusatz von Schwefelsäure änderte die Resultate nicht. FINKENER hatte schon darauf aufmerksam gemacht, daß die Umsetzung zwischen Jod und schwefliger Säure nur dann unter alleiniger Bildung von Schwefelsäure vor sich geht, wenn man die schweflige Säure in die Jodlösung unter Umrühren zufließen läßt. Das wird von VOLHARD für alle Konzentrationen bestätigt. Es werden bei dieser Arbeitsweise außerordentlich gut übereinstimmende Werte erhalten, auch wenn man Natriumsulfitlösung in saure Jodlösungen einfließen läßt. TOPF hatte schon vorher die Richtigkeit der BUNSENschen Hypothese bezweifelt, und KALMANN hatte gefunden, daß neutrale Alkalisulfite vollständig in Sulfate verwandelt werden, wenn man ihre Lösungen in eine Lösung von Jod in Kaliumjodid eingießt. Die gemäß der Gleichung:

$$Na_2SO_3 + H_2O + J_2 = Na_2SO_4 + 2\,HJ$$

frei werdende Säure dient ihm als Maß der schwefligen Säure. Die Ursache für das Versagen der BUNSEN-Methode liegt in der Reduktion der schwefligen Säure zu Schwefel durch die gebildete Jodwasserstoffsäure.

Es kann also Jod mit schwefliger Säure, aber nicht schweflige Säure mit Jod titriert werden. Die letztere Bestimmung ist nur in der Form möglich, daß man zu einer bekannten Menge Jod die unbekannte schweflige Säure aus einer Bürette bis zum Umschlag zufließen läßt, oder daß man zu überschüssiger Jodlösung die schweflige Säure (oder auch ihre Salze) zufließen läßt und die überschüssige Menge Jod mit Thiosulfat zurücktitriert.

SCHWARZ verwendete als erster Natriumthiosulfat zur Titration des Jods.

Zahlreiche Forscher verwendeten diese Bestimmungsmethode, von denen nur SCHÖNE genannt sei, der, wie auch schon andere vor ihm, darauf hinwies, daß die Reaktion des Jod-Ions mit H_2O_2 sehr langsam, besonders in verdünnten Lösungen, verläuft, woraus zu schließen ist, daß auch in konzentrierteren Lösungen die Reaktion nur sehr langsam zu Ende geht, da auch diese Lösungen im Verlauf der Reaktion immer verdünnter an Wasserstoffperoxyd werden.

Erst KINGZETT stellte die Reaktion zwischen Wasserstoffperoxyd und Jodwasserstoffsäure in Gegenwart anderer Mineralsäuren durch seine Untersuchungen über den Einfluß der Wasserstoffionenkonzentration auf festen Boden, nachdem schon vorher HARCOURT und ESSON gefunden hatten, daß die Menge des in einer gewissen Zeit entwickelten Jods sich ändert 1. mit der Menge des zugesetzten Jodids, 2. der Menge des angewandten Wasserstoffperoxyds, 3. dem Totalvolumen der Flüssigkeit und 4. in Abhängigkeit von jeder der sonstigen Bedingungen, unter denen die Umsetzung sich vollzieht. SCHÖNE hat später, offenbar in Unkenntnis der Arbeiten von HARCOURT und ESSON, berichtet, daß in einer Lösung, welche etwa 1 g Wasserstoffperoxyd in 1000 cm³ enthält, die vollständige Umsetzung fast 24 Std. braucht, und daß sie bei einem Gehalt von 0,25 g Wasserstoffperoxyd in 1000 cm³ nach 30 Std. und bei einem Gehalt von 5 mg Wasserstoffperoxyd nach 48 Std. noch nicht zu Ende ist.

KINGZETT beseitigte die Schwierigkeiten der langen Dauer bis zur vollständigen Jodausscheidung durch Anwendung eines sehr großen Überschusses an Schwefelsäure (employment of a very great excess of sulphuric acid). Er benutzte 6 Proben A bis F von je 10 cm³ einer Wasserstoffperoxydlösung, die so viel Jod frei machen konnte als 6,2 bis 6,3 cm³ 0,1 n Natriumthiosulfatlösung entsprach. Der ersten Probe wurde nur Kaliumjodid zugegeben, den anderen Proben erst nach Zusatz von 5, 10, 20, 30 und 50 cm³ Schwefelsäure (1:3, D 1,18). Nach 5 Min. wurde die Titration ausgeführt. Die erhaltenen Meßzahlen sind in der Tabelle 2 angegeben:

Tabelle 2.

	Bei Zusatz von Schwefelsäure 1 : 3 in cm³	Normalität der Lösung an H_2SO_4	Titrationsergebnis cm³ 0,1 n $Na_2S_2O_3$
A	0	0	1,8
B	5	2 n	6,1
C	10	3 n	6,2
D	20	4 n	6,2
E	30	4,6 n	6,3
F	50	6,0 n	6,3

Wurde nun zu A Schwefelsäure zugegeben, so wurden noch 0,3 cm³ 0,1 n Natriumthiosulfatlösung verbraucht, insgesamt also nur 2,1 cm³ gegen 6,2 bis 6,3 cm³. Die Probe B blaute noch etwas nach. Alle anderen Proben nicht.

Bei einer weiteren Versuchsreihe gab er zu je 20 cm³ einer Wasserstoffperoxydlösung zur Probe A 5 cm³ und zur Probe B 1 cm³ Schwefelsäure (1:3). Er verbrauchte für A nach 5 Min. 13,4 cm³ 0,1 n Natriumthiosulfatlösung,

	für B nach	5 Min.	7,2 cm³	0,1 n $Na_2S_2O_3$-Lösung
Zu B konnten noch zugesetzt werden	,,	10 ,,	2,8 ,,	0,1 n $Na_2S_2O_3$-Lösung
	,,	15 ,,	1,6 ,,	0,1 n $Na_2S_2O_3$-Lösung
	,,	20 ,,	1,0 ,,	0,1 n $Na_2S_2O_3$-Lösung
	Insgesamt also:		12,6 cm³	0,1 n $Na_2S_2O_3$-Lösung

Es hatte sich also ein Teil des Wasserstoffperoxyds zersetzt und so der Bestimmung entzogen. In der vorher mitgeteilten Versuchsreihe war die Zersetzung bei A sehr viel größer, da keine Säure zugesetzt wurde, offenbar war aber das Wasserstoffperoxyd an sich sauer, da andernfalls die Menge des gefundenen Jods nur äußerst gering gewesen wäre, gemäß Gleichung (6).

In einer weiteren Versuchsreihe wurden gleichfalls die Höchstwerte erst in stark sauren Lösungen erreicht. Zur vollständigen Umsetzung zwischen Wasserstoffperoxyd und Jodwasserstoffsäure innerhalb 5 Min. sollte die Lösung 4 bis 5 n an Schwefelsäure sein. Er faßt seine Befunde folgendermaßen zusammen:

1. Reines neutrales Wasserstoffperoxyd zersetzt Kaliumjodid nicht unter Freiwerden von Jod, obwohl es selber einer spontanen Zersetzung unterliegt.

2. Gewöhnliches Wasserstoffperoxyd macht etwas Jod aus dem Kaliumjodid frei infolge seines Säuregehaltes.

3. In Berührung mit reinem Kaliumjodid unterliegt reines Wasserstoffperoxyd einer schnellen (rapid) Zersetzung in Wasser und Sauerstoff.

4. Wasserstoffperoxyd ist sehr bequem und genau zu bestimmen durch die Verwendung von Kaliumjodid in Gegenwart eines großen Überschusses verdünnter Schwefelsäure.

Diese grundlegenden Feststellungen rechtfertigen es, die Bestimmung des Wasserstoffperoxyds mit Kaliumjodid in Gegenwart von Säuren als BRODIE-KINGZETT-Methode zu bezeichnen und rechtfertigen weiter den genauen Bericht über die Versuche.

Daß diese Feststellungen häufig vergessen oder ungenügend beachtet wurden, ist die Ursache für eine oft ungünstige Beurteilung der jodometrischen Bestimmung des Wasserstoffperoxyds gewesen. Aus diesen Feststellungen von KINGZETT folgt nicht nur, daß genügend Säure zugegen sein muß, sondern auch, daß die Reihenfolge, in welcher Schwefelsäure und Kaliumjodid der Wasserstoffperoxydlösung zuzugeben ist, von ausschlaggebender Bedeutung ist; man darf niemals das Kaliumjodid zuerst zur Wasserstoffperoxydlösung zusetzen wegen der nach Gleichung (6) verlaufenden katalytischen Zersetzung. Vielmehr darf das Kaliumjodid in Lösung erst der stark angesäuerten Wasserstoffperoxydlösung zugegeben werden, wobei man obendrein noch Sorge tragen muß, daß durch Rühren eine rasche Verteilung des Kaliumjodids eintritt.

Nach WAGNER resultieren bei jeder jodometrischen Bestimmung des Wasserstoffperoxyds ganz erhebliche Minderwerte wegen der bei $p_H > 5$ merklich einsetzenden Nebenreaktion:

$$H_2O_2 + J_2 = 2\,HJ + O_2,$$

wenn zeitlicher oder örtlicher Mangel an Säure eintritt.

c) Vorschriften des DAB 6. RUPP sah sich gezwungen, darauf hinzuweisen, daß die Beanstandungen wegen schwankender und oft viel zu niedriger Werte bei der Bestimmung des Wasserstoffperoxyds nach der Vorschrift des DAB 6 nur in einer Nichtbefolgung der in dieser Vorschrift gegebenen Reihenfolge der Zugabe der Säure und des Kaliumjodids ihre Ursache haben. „Das ist dann und nur dann der Fall, wenn der Kaliumjodidzusatz vor der Säuerung erfolgt.“ *Richtig* ist also die Reihenfolge $[H_2O_2 + H_2SO_4] + KJ$; *falsch* ist die Reihenfolge $[H_2O_2 + KJ] + H_2SO_4$. Innerhalb der Klammern kann die Reihenfolge wechseln, ohne das Ergebnis zu ändern. Bei der falschen Reihenfolge tritt, wie oben ausgeführt, vor der Zugabe der Schwefelsäure eine katalytische Zersetzung des Wasserstoffperoxyds gemäß Gleichung (6):

$$2\,H_2O_2 + [KJ] = H_2O + O_2 + [KJ]$$

ein.

Das DAB 6 (1926) hat folgende Vorschrift:

„10 g Wasserstoffsuperoxydlösung (hydrogenium peroxydatum solutum) von 3 bis 3,2 Gew.-% werden mit 5 cm^3 verdünnter Schwefelsäure (1 : 5) und 1 g Kaliumjodid versetzt; die Mischung läßt man in einem geschlossenen Gefäß eine halbe Stunde lang stehen. Zur Bindung des ausgeschiedenen Jodes dürfen nicht weniger als 17,7 und nicht mehr als 18,9 cm^3 0,1 normal Natriumthiosulfatlösung gebraucht werden, was einem Gehalt von 3 bis 3,2 Gew.-% Wasserstoffperoxyd entspricht (1 cm^3 0,1 normal Natriumthiosulfatlösung = 0,001701 g Wasserstoffsuperoxyd, Stärkelösung als Indikator).“

Für das 30 Gew.-% enthaltende Hydrogenium peroxydatum solutum concentratum ist die Vorschrift im DAB 6 (1926): „Etwa 1 g konzentrierte Wasserstoffsuperoxydlösung wird in einem Meßkolben von 100 g Inhalt genau gewogen und das Kölbchen mit Wasser bis zur Marke aufgefüllt.“ 10 cm^3 dieser Lösung werden dann wie oben angegeben weiter behandelt und sollen mindestens 17,7 cm^3 0,1 n Thiosulfatlösung (auf 1 g) verbrauchen, was einem Mindestgehalt von 30% Wasserstoffperoxyd entspricht.

Zur Herstellung der Stärkelösung nach dem DAB 6 ist ein Teil Weizenstärke in 99 Teilen siedenden Wassers zu lösen und die Lösung durch ein Faltenfilter zu filtrieren. Die Lösung ist vor der Verwendung auf Zimmertemperatur abzukühlen. Zur Erhöhung der Haltbarkeit wird eine geringe Menge Quecksilberjodid zugesetzt. Eine Mischung von 5 cm³ Stärkelösung in 100 cm³ Wasser muß durch 1 Tropfen Jodlösung rein blau gefärbt werden.

Nach KOLTHOFF hat sich die folgende von MUTNIANSKY vorgeschlagene Zubereitung der Stärkelösung am besten bewährt:

2 g lösliche Stärke und 10 mg Quecksilberjodid (zur Konservierung) werden mit wenig Wasser angerieben und in etwa 1 l kochendes Wasser gebracht. Die Lösung ist klar und ändert sich auch nach langem Stehen nicht. Auf 100 cm³ Titerflüssigkeit nimmt man zweckmäßig 10 cm³ der 0,2%igen Stärkelösung. Sollte mit verdünnter Jodlösung die Farbe nicht mehr rein blau, sondern violett werden, so ist die Stärkelösung zu verwerfen.

Es ist offensichtlich, daß auch die Vorschrift des DAB 6 die Ergebnisse der KINGZETTschen Arbeit nicht ausreichend berücksichtigt hat, da es durch Erhöhung des Schwefelsäurezusatzes möglich gewesen wäre, die Wartezeit von ½ Std. auf nur wenige Minuten herabzusetzen.

Im Gegensatz zur Permanganatmethode stören Cl-Ionen den Ablauf der Reaktion nicht. Die Schwefelsäure kann durch Salzsäure ersetzt werden, ohne daß die Ergebnisse sich ändern. Darin liegt ein Vorteil der jodometrischen Bestimmung des Wasserstoffperoxyds gegenüber der mit Kaliumpermanganat. Hinzu kommt noch, daß die Gegenwart organischer Stoffe, die zur Haltbarmachung dem Wasserstoffperoxyd zugesetzt werden, nicht stört.

BERTRAND hat für Wasserstoffperoxyd eine Methode und eine besonders geeichte Bürette „Hydroxymètre" vorgeschlagen, welche direkt die Volumina entwickelten Sauerstoffs angibt. Methode und Bürette sind im zweitfolgenden Kapitel „Sonstige Perverbindungen" unter Erdalkaliperoxyde auf S. 219 näher beschrieben.

An sonstigen Vorschriften seien noch die folgenden genannt: RUPP bringt in eine Glasstöpselflasche 1 cm³ der zu untersuchenden Wasserstoffperoxydlösung mit etwa 20 cm³ Wasser und 5 cm³ verdünnter Schwefelsäure (1:5) zusammen und löst 1 g Kaliumjodid in dieser Flüssigkeit auf. Nach ¼ bis ½ Std. Stehen wird alsdann die ausgeschiedene Jodmenge mit 0,1 n Natriumthiosulfatlösung gemessen. Gegenproben mittels der Kaliumpermanganatmethode ergaben das gleiche. Aus dieser Vorschrift ist ersichtlich, daß auch RUPP die KINGZETTschen Arbeiten nicht ausreichend berücksichtigt hat.

TREADWELL schließlich schreibt unter ausdrücklicher Bezugnahme auf die Arbeit von KINGZETT vor: Man verdünnt, daß das Wasserstoffperoxyd etwa 0,6 Gew.-% hat. In 200 cm³ Wasser löst man 1 bis 2 g Kaliumjodid, gibt 30 cm³ Schwefelsäure hinzu und läßt unter Umrühren 10 cm³ der Wasserstoffperoxydlösung hinzufließen. Er fügt dann hinzu: der Permanganatmethode vorzuziehen, denn sie liefert auch in Gegenwart von Glycerin, Salicylsäure usw., die heute als Konservierungsmittel zugesetzt werden, richtige Resultate, während die Permanganatmethode unter diesen Verhältnissen zu hohe Werte liefert.

DINIS gibt folgende sich gleichfalls an KINGZETT anschließende

Arbeitsvorschrift. 20 cm³ einer Kaliumjodidlösung von 1% werden mit 30 cm³ Schwefelsäure (1:3) angesäuert und 10 cm³ im Verhältnis von 1:10 verdünntes Wasserstoffperoxyd zugegeben. Nach 5 Min. wird mit Thiosulfat titriert.

DINIS säuert demnach auch zuerst die Kaliumjodidlösung an und gibt zu ihr das Wasserstoffperoxyd, das von etwa 3% auf 0,3% verdünnt worden war.

Wir können uns diesen Vorschriften und den Schlußfolgerungen nur anschließen.

Der Zusatz der Wasserstoffperoxydlösung zu der verdünnten, aber sehr stark angesäuerten Kaliumjodidlösung ist zu empfehlen, da so jede Möglichkeit einer auch nur vorübergehenden Neutralität genommen ist. Die früher angegebene Reihenfolge führt aber auch zum Ziele, da das Kaliumjodid des Handels neutral ist, wenn die Kaliumjodidlösung *unter Rühren* in die *stark saure* Lösung des Wasserstoffperoxyds einläuft.

Akiyama und Yasui schlagen die Verwendung von Glycerin vor.

Arbeitsvorschrift. 10 g der zu untersuchenden Wasserstoffperoxydlösung werden mit Wasser auf 100 cm³ aufgefüllt. Davon werden 10 cm³ mit 5 cm³ verdünnter Schwefelsäure (1:6), 15 cm³ Glycerin (Pharm. Jap. IV) und 10 cm³ einer 10%igen Kaliumjodidlösung versetzt. Nach halbstündigem Stehen wird mit Natriumthiosulfat titriert (Stärkelösung als Indicator).

Es handelt sich hier um einen Vorschlag für die Pharmakopöa Japonica.

d) Erhöhung der Umsetzungsgeschwindigkeit. Die Geschwindigkeit und Vollständigkeit der Umsetzung zwischen Wasserstoffperoxyd und Jodwasserstoffsäure in saurem Medium kann außer durch den Säurezusatz auch durch Erwärmen gesteigert werden.

Thoms *erwärmt* eine Lösung von 0,5 g Kaliumjodid, 1 g verdünnter Schwefelsäure (1:4) in 50 cm³ Wasser bis auf 40° und fügt sodann 0,5 cm³ Wasserstoffperoxyd hinzu oder besser 5 cm³ der 10fach verdünnten Lösung. Nach 10 Min., währenddessen man häufig umschwenkt, wird mit Natriumthiosulfat bis zur Entfärbung titriert. Man erwärmt nochmals bis 40° und nimmt eine schwache Gelbfärbung nochmals mit Natriumthiosulfat weg und überzeugt sich durch ein drittmaliges Erwärmen auf 40°, ob die Umsetzung beendet ist. Ein Erwärmen über 40° ist zu vermeiden, da sonst Joddämpfe entweichen. Kontrollanalysen zeigen Übereinstimmung mit der Kaliumpermanganatmethode und mit gasvolumetrischen und gewichtsanalytischen Bestimmungen. Es ist offensichtlich, daß auch diese Methode, welche die Kingzettschen Feststellungen nicht ausreichend berücksichtigt, nicht geeignet ist, schon wegen ihrer Umständlichkeit und ihres Zeitverlustes. Allerdings ist die Feststellung der Beschleunigung der Umsetzung durch Erwärmen richtig und beachtenswert.

Die Geschwindigkeit und Vollständigkeit der Umsetzung kann auch durch Zusatz gewisser Stoffe erreicht werden.

Schönbein hatte schon gefunden, daß beim Nachweis von Wasserstoffperoxyd mit Kaliumjodidstärkekleister, Eisen(II)-sulfat in geringer Menge zugesetzt, die Blaufärbung rascher und intensiver eintreten läßt. Das gelingt aber nur in neutraler Lösung, während in saurer Lösung dieser Zusatz versagt. Für eine saure Lösung wurde von Traube Kupfersulfat als Beschleuniger eingeführt. Brode machte die sehr bemerkenswerte Beobachtung, daß Wolframate, Molybdate, Vanadate und Uransalze die Umsetzung wesentlich beschleunigen, besonders zeichnen sich die Molybdate aus. Diese Eigenschaft der Molybdänsäure verwendeten Rothmund und Burgstaller für die Bestimmung des Wasserstoffperoxyds. Ihre Versuche sind in der nachstehenden Tabelle 3 zusammengefaßt:

Tabelle 3.

cm³ 0,1 n KJ	cm³ H_2SO_4 1:5	cm³ Essigsäure 1:3	cm³ 0,1 n Ammonium-molybdat	Millimole H_2O_2 gef.	Millimole H_2O_2 angew.
5	10	—	10	0,1286	0,1298
5	10	—	10	0,1283	0,1298
3	10	—	10	0,1238	0,1298
10	10	—	10	0,1297	0,1298
10	10	—	10	0,1298	0,1298
10	10	—	1	0,1298	0,1298
10	10	—	0,04	0,1297	0,1298
10	—	10	10	0,1298	0,1298

Hieraus geht hervor, daß bei genügender Menge von Kaliumjodid ohne Stehenlassen und ohne Erwärmen sofort die richtigen Werte erhalten werden, auch mit geringsten Mengen Molybdänsäure. An sich setzt sich Jodwasserstoffsäure mit Molybdänsäure um gemäß der Gleichung:

$$2\,MoO_3 + 4\,HJ = 2\,MoO_2J + J_2 + 2\,H_2O,$$

jedoch so langsam, daß man im zugeschmolzenen Rohr (MAURO und DANESI) oder im BUNSENschen Apparat (FRIEDHEIM) zum Zwecke der analytischen Bestimmung des Molybdäns erhitzen muß. Die notwendige Menge des zugesetzten Molybdats ist so gering, daß, selbst wenn diese Reaktion stattfinden würde, sie ohne Bedeutung wäre.

KOLTHOFF hat gleichfalls Molybdänsäure als Beschleuniger bei der titrimetrischen Bestimmung des Wasserstoffperoxyds angewandt und gibt folgende

Arbeitsvorschrift. Zu 25 cm^3 einer etwa 0,1 n Wasserstoffperoxydlösung werden 10 cm^3 4 n Schwefelsäure, 6 cm^3 einer n Kaliumjodidlösung und 3 Tropfen einer n Ammoniummolybdatlösung zugegeben und *sofort* titriert.

Auch sehr verdünnte Lösungen können so direkt tiriert werden.

Durch diese Beschleunigung des Umsatzes verliert die Kaliumpermanganatmethode auch den Vorsprung der Schnelligkeit.

TRAUBE hatte, wie oben schon gesagt, zur Beschleunigung der Nachweisreaktion von Wasserstoffperoxyd mittels Kaliumjodidstärke in saurer Lösung Kupfersulfat verwendet. Hierbei bildet sich Kupfer(I)-jodid. Offenbar in Anlehnung an diesen Befund wurde *Kupfer(I)-jodid* gleichfalls als Beschleuniger angewandt. Zuerst benutzten es HAHN und WINDISCH, um die Reaktion zwischen Eisen(III)-salzen und Jodwasserstoffsäure so zu beschleunigen, daß eine Bestimmung möglich wird. Sie setzten der zu benutzenden Kaliumjodidlösung ein wenig Kupfersulfat und Stärke hinzu und nahmen die Blaufärbung mit Thiosulfat weg, welche infolge des bei der Reduktion des Kupfer(II)-salzes zu Kupfer(I)-jodid sich bildenden Jods entstand, und verwendeten die entstehende Aufschwemmung von Kupfer(I)-jodid. 0,2 mg Cu^+ genügten für 20 cm^3 0,1 n Lösung.

ROSENMUND verwendet diesen Beschleuniger außer für Arsensäure auch für die Bestimmung von Wasserstoffperoxyd. Auch hier kann sofort titriert werden. Das Ansäuern muß mit *Salzsäure*, nicht mit Schwefelsäure vorgenommen werden. Es hat sich ferner als zweckmäßig erwiesen, das Wasserstoffperoxyd zu dem sauren Gemisch: Katalysator + Kaliumjodid + Salzsäure zuzusetzen, den Katalysator also nicht zuletzt zuzugeben.

ROSENMUND löst zur Herstellung des Katalysators 4,8 g kristallisiertes Kupfersulfat in 50 cm^3 Wasser und gibt diese Lösung unter dauerndem Umschwenken in eine solche von 3,5 g Kaliumjodid in 50 cm^3 Wasser. Dabei fällt das Kupfer(I)-jodid unter Jodausscheidung als feinpulvriger Niederschlag aus. Zur Beseitigung des Jods wird so viel einer wäßrigen Lösung von schwefliger Säure oder einer angesäuerten Lösung von Natriumsulfit hinzugegeben, bis die Flüssigkeit völlig entfärbt ist, Geruch nach schwefliger Säure auftritt und das Kupfer(I)-jodid gelblichweiß aussieht. Es wird auf einem gehärteten Filter gesammelt, gut mit Wasser gewaschen und nach Durchstoßen des Filters mit einem Glasstab in eine Flasche gespült, auf etwa 100 cm^3 aufgefüllt und im Dunkeln aufbewahrt. 0,5 bis 1 cm^3 der gut durchgemischten Aufschwemmung genügt für eine Titration.

Arbeitsvorschrift. Zu 0,5 bis 1 cm^3 der Katalysatoraufschwemmung fügt man eine Lösung von 1 g Kaliumjodid in 5 cm^3 Wasser und 3 bis 5 cm^3 einer 25%igen Salzsäure. Dann läßt man aus der Pipette 10 cm^3 einer etwa 0,3%igen Wasserstoffperoxydlösung unter Umschwenken zufließen und titriert sofort mit Thiosulfat unter Verwendung von Stärkelösung als Indicator. Vergleichsanalysen ergaben:

Verbrauch für 10 cm^3 Wasserstoffperoxydlösung.

0,1 n $KMnO_4$	0,1 n Natriumthiosulfat	
	Mit CuJ	Nach DAB 5 (1910)
14,97 cm^3	14,98 cm^3 14,93 „	15,02 cm^3

Die Vorschrift des DAB 5 ist gleich der oben wiedergegebenen des DAB 6. Daß die Werte nach der Vorschrift des DAB 5 etwas höher liegen, kann seine Ursache darin haben, daß, worauf hier noch ausdrücklich hingewiesen wird, der Luftsauerstoff oder sonstige in der Luft in sehr geringen Mengen vorhandenen oxydierenden Stoffe auf saure Jodwasserstofflösungen unter Ausscheidung geringer Mengen Jod einwirken. Deshalb wurden und werden auch noch gelegentlich Blindproben vorgeschlagen, deren Betrag dann von dem bei der Bestimmung gefundenen abzuziehen ist. Da aber nach den Untersuchungen von KINGZETT nur eine Wartezeit von 5 Min. und nach KOLTHOFF und ROSENMUND eine Wartezeit überhaupt nicht mehr nötig ist, so entfällt ein etwaiger mit der Luftoxydation zusammenhängender Fehler und damit die Notwendigkeit der Blindprobe.

Diese Beschleuniger scheinen nur bei Wasserstoffperoxyd zu wirken, für die Bestimmung der Arsensäure konnte KOLTHOFF eine Beschleunigung weder des Kupfer(I)-jodids noch auch der von BRODE vorgeschlagenen Stoffe finden.

ABEL (b) hat eine Beschleunigung der Reaktion zwischen Wasserstoffperoxyd und Jodwasserstoffsäure durch Bariumsalze gefunden.

e) Sonstige Perverbindungen. Die Analyse der sonstigen Perverbindungen, soweit sie beim Ansäuern Wasserstoffperoxyd bilden, entspricht genau der des Wasserstoffperoxyds selbst, insbesondere da die Schwierigkeiten, die bei der Permanganatmethode durch die zweckmäßige Verwendung von Schwefelsäure hervorgerufen werden, nicht eintreten. Salzsäure bietet sogar infolge seiner stärkeren elektrolytischen Dissoziation Vorteile gegenüber Schwefelsäure.

Erdalkaliperoxyde. Bariumperoxyd, Strontiumperoxyd und Calciumperoxyd werden in Salzsäure aufgelöst. RUPP gibt hierfür folgende

Arbeitsvorschrift. Proben von 0,12 g der Substanz werden mit etwa 30 cm³ Wasser, 1 g Kaliumjodid und 5 cm³ 25%iger Salzsäure versetzt und nach einiger Zeit mit Natriumthiosulfat titriert. Nach 10 Min. war die Umsetzung vollzogen, da weder nach 30 Min. noch nach 1 Std. Wartezeit höhere Werte erhalten wurden. Eine Kontrolle wurde mit Kaliumpermanganat gleichfalls in salzsaurer Lösung ausgeübt, wobei ohne und mit Zusatz von Mangan(II)-salz die gleichen Werte erhalten wurden. Hierzu ist zu bemerken, daß die oben angegebene Mischungsfolge der in dem Absatz über Wasserstoffperoxyd zitierten RUPPschen Vorschrift widerspricht, daß nämlich auf keinen Fall der Zusatz von Kaliumjodid vor dem Säurezusatz erfolgen darf. Es muß deshalb empfohlen werden, auch bei der Analyse der Erdalkaliperoxyde dieser KINGZETTschen von RUPP besonders betonten Forderung Folge zu leisten und auf alle Fälle die Säure vor dem Kaliumjodid zuzusetzen. Daß auch bei der Permanganattitration in Gegenwart von Salzsäure sich auf alle Fälle ein Mangansalzzusatz empfiehlt, ist an der entsprechenden Stelle ausführlich dargetan.

LÖB löst 0,5 g Bariumperoxyd in 50 cm³ Wasser + 5 cm³ Salzsäure (D 1,124, etwa 25%ig), gibt 20 cm³ einer 10%igen Kaliumjodidlösung hinzu und titriert unter Zusatz von Stärkelösung mit Natriumthiosulfat das ausgeschiedene Jod. Er erhielt so beispielsweise 73,6% BaO_2 gegen 74,0% mit der Permanganatmethode. Er gibt der jodometrischen Methode den Vorzug, weil der Titer der Thiosulfatlösung jederzeit durch eine titerbeständige Lösung von Kaliumbichromat kontrolliert werden kann, während für Permanganat jedesmal neue Ursubstanz nötig ist.

WAGNER (b) beschreibt eine Methode für Bariumperoxyd, bei der die KINGZETTsche Forderung der Mischungsreihenfolge für Säure und Kaliumjodidlösung nicht berücksichtigt wird.

Arbeitsvorschrift. 0,25 g Bariumperoxyd werden in einem trockenen 25 cm³-ERLENMEYER-Kolben schnell mit 100 cm³ Wasser mit 15 cm³ 10%iger Kaliumjodidlösung und 5 cm³ konzentrierter Salzsäure oder 10 cm³ 85%iger Phosphorsäure übergossen. Die verschlossene Flasche wird 30 Min. stehengelassen, dann die Lösung mit 0,1 n Thiosulfatlösung titriert.

Er findet z. B. mit Salzsäure 87,14 bis 87,75%, mit Phosphorsäure 86,99 bis 87,47%. Die Art der verwendeten Säure hat demnach keinen großen Einfluß.

BERTRAND hatte schon lange vorher eine zuverlässige

Arbeitsvorschrift gegeben: 1 bis 2 cm³ konzentrierter reiner chlorfreier Salzsäure werden auf 100 cm³ verdünnt, in dieser verdünnten Salzsäure 0,5 g Bariumperoxyd aufgelöst und zu der Lösung Kaliumjodid gegeben. Nach 8 bis 10 Min. wird die freie Salzsäure mit einem leichten Überschuß von Kalium- oder Natriumhydrogencarbonat abgesättigt und das ausgeschiedene Jod mit Natriumthiosulfat titriert, bis vollkommene Farblosigkeit eingetreten ist. Die Methode soll nach ihm von sehr großer Genauigkeit sein und stets die gleichen Werte liefern.

Für technische Zwecke konstruiert er eine Bürette, das Oxybarymètre, die eine Einteilung von 41 bis 90 cm³ hat. Wird eine Thiosulfatlösung verwendet, die 14,569 g im Liter enthält (nach den heutigen Atomgewichten berechnet sich 14,655 g), und wägt man genau 0,5 g Bariumperoxyd ab, welches, wie oben beschrieben, in Salzsäure aufgelöst, mit Kaliumjodid versetzt und nach vollendeter Jodausscheidung mit Alkalihydrogencarbonat in leichtem Überschuß neutralisiert wird, so werden 40 cm³ der Thiosulfatlösung aus einer Bürette zu der jodhaltigen Flüssigkeit hinzugegeben und nun mit dem Oxybarymètre, dessen Einteilung oben mit 41 cm³ beginnt, weiter titriert. So kann man den Gehalt der Probe an reinem Peroxyd direkt ablesen, da 1 cm³ der Thiosulfatlösung genau 1% an Bariumperoxyd entspricht.

CHWALA will bei dem Verfahren nach BERTRAND ganz schwankende Werte erhalten haben aus einem nicht näher ersichtlichen Grunde (siehe WAGNER; vgl. FOERSTER und GYR).

Magnesiumperoxyd läßt sich sowohl in Schwefelsäure wie in Salzsäure auflösen. In beiden Fällen werden gleiche Ergebnisse erhalten. WAGNER (a) erhielt bei der Analyse des Magnesiumperoxyds bessere Ergebnisse, wenn das Peroxyd in der Säurejodidlösung unter dauerndem Umschwenken aufgelöst wurde, als wenn nur gelegentlich umgeschwenkt wurde: 0,3 g Magnesiumperoxyd werden mit wenig Wasser überschüttet und dann 15 cm³ 15%ige Salzsäure und 15 cm³ 10%ige Kaliumjodidlösung hinzugegeben. Beim Lösen unter dauerndem Umschwenken bestand Übereinstimmung der Werte. Wurde mit nur 1 cm³ Salzsäure gearbeitet, dann trat, wie schon früher beschrieben, z. T. eine katalytische Zersetzung des Wasserstoffperoxyds ein, und es wurden viel zu niedrige Ergebnisse erzielt. Es erscheint WAGNER (a) zweckmäßig, die Säuremenge in der Vorschrift des DAB 6 (1926) zu erhöhen, die folgendermaßen lautet: Etwa 0,2 g Magnesiumperoxyd werden genau gewogen und mit 10 g Kaliumjodidlösung (1:19) und 2 cm³ Salzsäure von 25% versetzt. Die Mischung wird unter häufigem Umschwenken etwa ½ Std. stehengelassen und mit $^1/_{10}$ normaler Natriumthiosulfatlösung titriert. Hierbei müssen für je 0,2 g Magnesiumsuperoxyd mindestens 17,8 cm³ $^1/_{10}$ normaler Natriumthiosulfatlösung verbraucht werden, was einem Mindestgehalt von 25% Magnesiumperoxyd entspricht (1 cm³ einer $^1/_{10}$ normalen Natriumthiosulfatlösung = 0,002816 g Magnesiumperoxyd). Stärkelösung als Indicator (deren Herstellung beim Wasserstoffperoxyd angegeben wurde). Am besten ist es sicherlich, das Magnesiumperoxyd zuerst in der Säure zu lösen und dann unter Umschütteln die Kaliumjodidlösung zuzugeben.

Natriumperoxyd. Nach RUPP führt weder das Übergießen des Natriumperoxyds mit schwefelsaurer Kaliumjodidlösung noch auch das Eintragen des Natriumperoxyds in schwefelsaure Kaliumjodidlösung zum Ziel. Auch Ersatz des Kaliumjodids durch Kaliumbromid brachte keine Besserung. Er verwendet deshalb die gleiche Arbeitsweise, die schon vorher beschrieben worden ist, indem er „Mengen von 0,1 bis 0,2 g fein zerriebenen Natriumperoxyds in einer trockenen Flasche in einem Sturze mit 25 cm³ gesättigter Barytlösung" übergießt. Nach Verlauf von 10 Min. wird die Flüssigkeit samt Niederschlag in eine Lösung von 1 bis 2 g Kaliumjodid in etwa

30 cm³ Wasser und 5 cm³ Salzsäure von 25% verbracht. Nachdem durch Umschütteln völlige Klärung herbeigeführt ist, wird ½ Std. gut bedeckt stehengelassen und dann mit Thiosulfat titriert. Er erhält konstante Werte, die aber gegenüber der gasvolumetrischen Bestimmung um 7 bis 11% zu niedrig sind. Er sieht die Ursache für diese Minderwerte in dem Vorhandensein von höheren Oxyden wie Na_2O_4. Diese Erklärung ist nicht richtig, wie schon aus dem bei der Bestimmung von H_2O_2 mit Kaliumpermanganat Gesagten hervorgeht; vielmehr ist die Ursache ein Verlust an aktivem Sauerstoff beim Eintragen oder Übergießen des Natriumperoxyds infolge Zersetzung. Vor allem aber ist das unmittelbare Zusammenbringen des stark alkalischen Natriumperoxyds mit dem jodwasserstoffhaltigen sauren Wasser die Ursache hierfür, da sich dabei neutrale Zonen bilden müssen, in denen, wie oben ausgeführt, gemäß Gleichung (6) eine katalytische Zersetzung des neutralen oder alkalischen Wasserstoffperoxyds stattfindet.

Da die technischen Produkte oft eisenhaltig sind und Eisen(III)-salze gleichfalls auf saure Kaliumjodidlösung unter Jodausscheidung einwirken, so dampft man 2 bis 3 g des Natriumperoxyds nach Zusatz von verdünnter Salzsäure zur Trockne. Der Rückstand wird mit salzsäurehaltigem Wasser aufgelöst, mit Kaliumjodid versetzt und nach 1 Std. mit Natriumthiosulfat titriert. Die so gefundene Menge Natriumthiosulfatlösung muß von der vorher für das Natriumperoxyd verbrauchten abgezogen werden.

Herbig hat die Ruppsche Methode insofern benutzt, als er, wie in dem Kapitel über Permanganattitration beschrieben, das Wägeröhrchen mit dem abgewogenen Natriumperoxyd in mit einigen Kubikzentimetern verdünnter Salzsäure angesäuertem Wasser des Kaliumjodids einlegt, ¾ Std. verschlossen stehenläßt, mit Wasser stark verdünnt und mit Thiosulfat tropfenweise titriert. Er erhält so Werte von 87,36 bis 91,56% Na_2O_2, also Unterschiede von 4,2%, was nicht für die Brauchbarkeit der Methode spricht.

Von Milbauer (und Dimmer) wird vorgeschlagen, 2 g Kaliumjodid in 200 cm³ verdünnter Schwefelsäure (1:20) zu lösen und das Natriumperoxyd allmählich einzutragen. Die Ergebnisse stimmen vollkommen mit den bei der von Milbauer und Dimmer unter Verwendung von Borsäure ausgearbeiteten Permanganattitration überein (vgl. die Zusammenstellung der erhaltenen Ergebnisse in dem Kapitel über „Gasvolumetrische Bestimmungen"). Aber auch hier ist die Gefahr der neutralen Zonen gegeben.

Bei diesen Vorschlägen ist weder die Regel von Kingzett noch auch das, was Rupp selbst prinzipiell über die Reihenfolge des Zusatzes der Säure und des Kaliumjodids gesagt hat, berücksichtigt. Richtige und zuverlässige Werte können nur erhalten werden, wenn man das Natriumperoxyd unter Rühren vorsichtig in kaltes Wasser einträgt, darauf ansäuert (auch das Eintragen in angesäuertes Wasser führt bei einiger Geschicklichkeit zum Ziel), dann die Kaliumjodidlösung unter Rühren oder Umschwenken zusetzt und nunmehr nach einer Wartezeit von 5 Min. titriert. Auf keinen Fall darf das Peroxyd aus den oben schon ausgeführten Gründen in die saure Kaliumjodidlösung, d. h. eine Mischung von Jodwasserstoffsäure, Salzsäure oder Schwefelsäure, eingetragen werden, da dann Zersetzungen unvermeidlich sind. Es muß sich hierbei eine neutrale Zone bilden, in der eine sehr schnelle Zersetzung des Wasserstoffperoxyds eintritt. Macht man sich hierbei noch den Vorschlag von Kolthoff zu eigen, einige Tropfen einer 1n Molybdatlösung zuzusetzen, so kann man sofort titrieren. Mengenverhältnisse und Konzentration sind aus dem Kapitel über „Wasserstoffperoxyd" zu entnehmen. Es mag noch hinzugefügt werden, daß die Vorschrift des DAB 6 (1926), für die Gehaltsbestimmung des Magnesiumperoxyds nicht einwandfrei erscheint, da sie die Reihenfolge: Magnesiumperoxyd – Kaliumjodidlösung – Salzsäure angibt. Richtiger würde sein, das Magnesiumperoxyd in verdünnter Salzsäure aufzulösen und dann die Kaliumjodidlösung zuzugeben.

Kaliumpercarbonat und Natriumpercarbonat. Da die Percarbonate sich ohne weiteres leicht in Säure auflösen lassen, so ergibt sich deren Bestimmung aus dem oben Angeführten von selbst.

Natriumperborat. KREGTON hält die von KINGZETT angegebene Wartezeit von 5 Min. für zu kurz. Die vollständige Umsetzung brauche viel längere Zeit. Zweifellos wurde von KREGTON zu wenig Säure genommen. Mit einigen Tropfen einer 3%igen Ammoniummolybdatlösung jann man jedoch sofort titrieren, ohne Gefahr zu laufen, daß sich später noch Jod ausscheidet. In einer früheren Arbeit hat KREGTON nicht erwähnt, daß die Wartezeit von 5 Min. zu kurz sei.

Seifenpulver. LITTERSCHEID und GUGGIARI bestimmen den aktiven Sauerstoff in Seifenpulver jodometrisch, nachdem sie die Fettsäuren mit Chloroform ausgeschüttelt haben. Auch hier werden, ebenso wie bei der von ihnen angewandten Permanganatmethode, etwas zu hohe Werte erhalten. Wird hingegen, wie im Kapitel „Kaliumpermanganat", S. 207, beschrieben, mit geglühter Kieselgur die Fettsäure zum Absitzen gebracht, dann sind diese Schwierigkeiten behoben. Es ist jedoch darauf zu achten, daß das Gesamtvolumen möglichst niedrig auf etwa 100 bis 200 cm^3 zu halten ist.

GRÜN und JUNGMANN stellen fest, daß man bei der Analyse seifenhaltiger Waschmittel die Fettsäure vorher entfernen muß, da sich Jod an die ungesättigten Fettsäuren anlagert, wodurch natürlich zu niedrige Werte erhalten werden. Sie schreiben vor: 0,2 g der Probe werden in einen Scheidetrichter gespült, mit 10 cm^3 Schwefelsäure (1:4) zersetzt, mit 5 cm^3 Tetrachlorkohlenstoff geschüttelt und letzterer abgelassen. Nach nochmaligem Ausschütteln mit Tetrachlorkohlenstoff spült man die zurückbleibende Lösung in ein Titriergefäß, setzt 2 g Kaliumjodid hinzu und titriert das ausgeschiedene Jod nach $\frac{1}{2}$ Std. mit Natriumthiosulfat. Die Methode soll noch den Vorteil haben, daß wasserlösliche Bestandteile der Seife, soweit sie nicht durch Tetrachlorkohlenstoff herausgelöst werden, keinen Einfluß auf die jodometrische Bestimmung ausüben, während auch diese Stoffe die Permanganatmethode störend beeinflussen sollen.

KREGTON titrierte die Seifenpulver, nachdem er die mit Schwefelsäure ausgeschiedenen Fettsäuren 3mal mit Chloroform ausgeschüttelt hatte (vgl. FUHRMANN), nach der von TREADWELL angegebenen Ausführungsform der KINGZETT-Methode. Er erhält Werte, die mit denen mittels Permanganat erhaltenen übereinstimmen.

Permolybdate. Bei den Permolybdaten versagt nach GLEU die Permanganatmethode. Es wird zu wenig Wasserstoffperoxyd gefunden, „wobei es ganz von den gerade gewählten Bedingungen abhängt, wie groß der Fehler ist. Deshalb wurde das Wasserstoffperoxyd neben Molybdänsäure jodometrisch bestimmt" (KOLTHOFF).

f) Verhinderung der Jodausscheidung in angesäuerten Kaliumjodidlösungen. Wie wiederholt erwähnt, spielt bei der jodometrischen Bestimmung die durch den Luftsauerstoff und andere in der Luft enthaltene Oxydationsmittel verursachte Oxydation des Jod-Ions zu Jod, besonders bei langen Wartezeiten, die für die Vervollständigung der Jodausscheidung für nötig erachtet werden, eine gewisse Rolle, da dadurch die erhaltenen Resultate zu hoch werden können. Das sogenannte Nachblauen kann sowohl durch eine noch nicht völlig zu Ende geführte Umsetzung als auch durch Oxydation durch die Luft veranlaßt sein.

BALLS und HALE haben nun gefunden, daß durch Pyrogallol diese Oxydation stark verzögert wird, während die Jodausscheidung durch Wasserstoffperoxyd nicht merklich beeinflußt wird. Sie arbeiten folgendermaßen:

Zu 20 cm^3 der zu untersuchenden Wasserstoffperoxydlösung werden 25 cm^3 2n Schwefelsäure, die etwa 0,5 g völlig reines Pyrogallol enthält, und 10 cm^3 einer 10%igen Kaliumjodidlösung zugefügt und das ausgeschiedene Jod nach 30 Min. mit 0,1n Thiosulfatlösung titriert. Die vollkommene Reinheit des Pyrogallols ist unbedingtes Erfordernis, da dessen Oxydationsprodukte gleichfalls Jod frei machen. Eine Nachbläuung, selbst nach langen Wartezeiten, konnte nicht mehr gefunden werden.

Da man unter Verwendung der von KINGZETT, KOLTHOFF und ROSENMUND gegebenen Vorschriften lange Wartezeiten nicht benötigt, so hat dieser Vorschlag, der sehr interessant ist, nur Bedeutung, wenn lange Wartezeiten nicht zu umgehen sind.

Sind sehr geringe Mengen Wasserstoffperoxyd zu bestimmen, so wird man auf alle Fälle ausreichende Mengen von Säure, Zusatz von Beschleunigern und gegebenenfalls auch höhere Temperaturen anwenden, alles Faktoren, welche die Umsetzung beschleunigen, auch solche geringen Mengen an Wasserstoffperoxyd erfassen, deren Vernachlässigung bei den üblichen Konzentrationen an aktivem Sauerstoff die Ergebnisse zu beeinflussen nicht imstande sind. Hierbei sind natürlich auch die geringen Mengen Jod mit entsprechend verdünnten Thiosulfatlösungen zu titrieren.

II. Bestimmung in alkalischer Lösung mit Hypohalogeniten. *Mit Hypobromit.* Zwischen Wasserstoffperoxyd und Hypobromit findet eine Umsetzung statt, in der das Wasserstoffperoxyd als Reduktionsmittel auftritt unter Bildung von Natriumbromid und Sauerstoffentwicklung gemäß der Gleichung:

(8) $$H_2O_2 + NaOBr = H_2O + NaBr + O_2.$$

Die angeführte Reaktion ist mit überschüssigem Wasserstoffperoxyd seit langer Zeit als Methode zur Bestimmung von Hypochloriten und Hypobromiten vorgeschlagen worden. Wenn das Hypobromit im Überschuß angewandt wird, läßt sich die Methode zur Bestimmung von Wasserstoffperoxyd verwenden, da bei einem nachfolgenden Ansäuern eine diesem Überschuß entsprechende Menge Brom frei wird, gemäß Gleichung:

(8a) $$NaOBr + NaBr + 2\,HCl = 2\,NaCl + H_2O + Br_2.$$

Das frei gewordene Brom kann mit arseniger Säure zurücktitriert werden.

MANCHOT und OBERHAUSER haben festgestellt, daß sich Wasserstoffperoxyd durch den Hypobromitverbrauch bestimmen läßt, was namentlich für die direkte Bestimmung alkalischer Wasserstoffperoxydlösungen in Betracht kommt. Zur Bestimmung wird das Wasserstoffperoxyd zu der Hypobromitlösung gegeben, sofort nach beendeter Sauerstoffentwicklung angesäuert und das aufgetretene Brom zurücktitriert. Sie erhalten Werte, welche mit denen nach der Permanganatmethode erhaltenen übereinstimmen, z. B.

Hypobromit	Permanganat
3,54	3,55
10,60	10,56
21,3	21,2

TOMIČEK und FILIPOVIČ schlagen die Verwendung von Hypobromitlösung im „statu nascendi" vor, indem sie zu einer schwach alkalischen Calciumhypochloritlösung Kaliumbromid zugeben, so daß also erst während der Titration das Hypobromit entsteht.

Mit Hypojodit. Die Gleichungen, nach denen die Umsetzungen vor sich gehen, entsprechen denen unter 8 genannten:

(9) $$H_2O_2 + NaOJ = H_2O + NaJ + O_2,$$

(9a) $$NaOJ + NaJ + 2\,HCl = 2\,NaCl + H_2O + J_2.$$

Das Hypojodit entsteht durch Einwirkung von Jod auf Natronlauge nach der Gleichung:

(9b) $$2\,NaOH + J_2 = NaOJ + NaJ + H_2O.$$

SCHÖNBEIN (b) fand, daß, wenn fein verteiltes Jod in Kali- oder Natronlauge oder ammoniakhaltiges Wasserstoffperoxyd eingeführt wird, sofort eine stürmische Sauerstoffentwicklung und Entfärbung der Lösung eintritt.

Die nach Gleichung (9) und (9a) bestehende Möglichkeit der jodometrischen Bestimmung in alkalischer Lösung wird also mit Hypojodit ausgeführt, das erst nach Gleichung (9b) aus Jodlösung und Natronlauge erzeugt wird. Zur Anwendung kommt eine Jodlösung, die in gemessenem Überschuß zur alkalisch gemachten Wasserstoffperoxydprobe gegeben wird. Das überschüssige Hypojodit wird mit Säure zerstört und das nach Gleichung (9a) entstehende Jod in üblicher Weise mit Natriumthiosulfat titriert. Die Bestimmung durchläuft nacheinander die Stufen (9b), (9) und (9a).

Rupp und Mielck haben diese Umsetzung für die Bestimmung des Wasserstoffperoxyds und anderer Peroxyde vorgeschlagen: „Voraussetzung für die Ausführbarkeit der Hypojoditmethode ist die Wasserlöslichkeit des Untersuchungsobjektes.“ Liegt diese Voraussetzung, wie z. B. bei den Erdalkaliperoxyden, nicht vor, so ist es ersichtlich, daß sich eine Umsetzung zwischen dem unlöslichen oder schwerlöslichen Peroxyd und dem Alkalihypojodit entsprechend der Gleichung (9) nicht oder nur unvollständig vollziehen kann. Die von Rupp und Mielck ausgearbeitete Vorschrift lautet:

„Die Hydroperoxydlösung wird mit Wasser auf einen Gehalt von 0,05 bis 0,2 Gew.-% verdünnt. 25 bis 10 cm^3 dieser Lösung werden mit etwas Wasser in eine Flasche gespült und durch 5 cm^3 offizinelle Kali- oder Natronlauge (15%ig) alkalisch gemacht. Hierauf gibt man unter Umschwenken 25 cm^3 0,1 n Jodlösung hinzu und schwenkt das nahezu entfärbte Gemisch zur Entbindung des Sauerstoffs einige Male gelinde um. Nun säuert man mit etwa 10 cm^3 verdünnter Salzsäure (12,5%) an und titriert mit oder ohne Anwendung von Stärkelösung unverbrauchtes Jod zurück.“

Von *Kaliumpercarbonat* lösen sie 0,3 g in 50 cm^3 eiskaltem Wasser, geben 20 cm^3 n Kalilauge und 25 cm^3 0,1 n Jodlösung hinzu und verfahren nach einer Wartezeit von 5 Min. wie oben angegeben.

Ebenso lassen sich Natriumpercarbonat $Na_2CO_3 \cdot 1{,}5\ H_2O_2$ und sonstige löslichen Perverbindungen, die angesäuert Wasserstoffperoxyd geben, wie insbesondere *Natriumperborat*, bestimmen, von welchem 0,1 g, nach völligem Lösen in 25 cm^3 Wasser, unter Verreiben in einer Reibschale, mit 20 cm^3 n KOH und 25 cm^3 0,1 n Jodlösung versetzt und nach Ansäuern wie oben titriert werden.

Wie schon bemerkt, lassen sich Barium-, Calcium-, Magnesium- und Zinkperoxyd und ebenso andere unlösliche oder schwerlösliche Perverbindungen nicht nach dieser Vorschrift bestimmen. Zur Bestimmung dieser Verbindungen ist man auf das saure Verfahren angewiesen, das mit Jodwasserstoffsäure in Gegenwart überschüssiger Salz- oder Schwefelsäure arbeitet. Persulfate wirken nicht auf die Hypojoditlösung ein, was für Trennungszwecke wichtig ist.

Nach den Beleganalysen, die Rupp und Mielck für das alkalische Verfahren angeben, werden durchaus befriedigende Ergebnisse erzielt. Von den Nacharbeitern jedoch ist kein günstiges Urteil über diese Methode gefällt worden. So teilt Kolthoff mit, daß man exaktere Werte erhält, wenn man vor dem Ansäuern aus der alkalischen Lösung den Sauerstoff auskocht und dann wieder abkühlt: Zu 25 cm^3 der 20mal verdünnten Wasserstoffperoxydlösung (etwa 0,1 n) fügt man 10 cm^3 4 n Natronlauge und 30 cm^3 oder mehr 0,1 n Jodlösung hinzu. Die alkalische Lösung wird ausgekocht, da der gelöste Sauerstoff nach Ansäuern gemäß:

$$2\ HJ + O = H_2O + J_2$$

reagiert. Es wird also nach dem Ansäuern zu wenig Jod in gebundener und somit zu wenig Wasserstoffperoxyd gefunden, wenn der Sauerstoff nicht vorher ausgetrieben wird. Nach dem Abkühlen wird angesäuert und das ausgeschiedene Jod mit Thiosulfat titriert.

Kregton fand bei der Bestimmung des aktiven Sauerstoffs im Natriumperborat gleichfalls, daß die von Rupp und Mielck angegebene Methode zu niedrige Werte liefert.

Abgesehen davon, daß die Notwendigkeit, den Sauerstoff aus der alkalischen Lösung auszukochen, das Verfahren von RUPP und MIELCK sehr umständlich macht, sind für seine Durchführung zwei Titerlösungen notwendig, und zwar Jodlösung und Thiosulfatlösung; da auch ein Zeitgewinn gegenüber der sauren Methode nicht vorhanden ist, wenn man die Arbeiten von KINGZETT, KOLTHOFF und ROSENMUND beachtet, so kommt dieser alkalischen Methode nur sehr geringe praktische Bedeutung zu.

Es sei nur noch darauf hingewiesen, daß von FOERSTER und GYR die Umsetzung von Jod mit Wasserstoffperoxyd in alkalischer Lösung in sehr geschickter Weise für die Bestimmung *sehr kleiner Mengen* Wasserstoffperoxyd in der Weise ausgenutzt wird, daß zu der sehr verdünnten Lösung von Wasserstoffperoxyd, die man mit Natriumhydrogencarbonat versetzt hat, so viel einer 0,01 n Jodlösung zufließen läßt, bis dieses in kleinem Überschuß vorhanden ist. Dann ist alles Wasserstoffperoxyd zersetzt und das Jod in einer dem Wasserstoffperoxyd entsprechenden Menge gemäß Gleichung (9) in Jod-Ion verwandelt. Wird nun das überschüssig zugesetzte Jod mit einer eingestellten Lösung von Arsen(III)-oxyd oder Thiosulfat zurücktitriert, so findet man nach Abzug der zurücktitrierten Menge Jod von der ursprünglich angewandten die für die Umwandlung des Jods in Jod-Ion durch Wasserstoffperoxyd benötigte Menge Jod. Soweit feststellbar, ist diese an sich sehr elegante Methode leider nicht daraufhin geprüft worden, ob sie nicht auch für die Bestimmung von Wasserstoffperoxyd in größeren Konzentrationen und Mengen brauchbar ist.

III. Bestimmung mit Kaliumbromat. Das von SZEBELLÉDY und MADÍS ausgearbeitete Verfahren zur Bestimmung des Wasserstoffperoxyds nach der Gleichung

$$3\,H_2O_2 + HB/O_3 = 3\,H_2O + HBr + 3\,O_2, \quad (10)$$

welcher sich dann weiter die Gleichung

$$5\,HBr + HBrO_3 = 3\,Br_2 + 3\,H_2O$$

anschließt, als den Endpunkt der Titration anzeigende Reaktion (Gelbfärbung).

Arbeitsvorschrift. Das Volumen der zu untersuchenden, neutrales H_2O_2 enthaltenden Flüssigkeit wird mit Wasser auf 25 cm³ ergänzt und 1 g kristallisiertes Manganchlorid ($MnCl_2 \cdot 6\,H_2O$) darin aufgelöst. Sodann werden 25 cm³ n Salzsäure zugesetzt, zu dieser so vorbereiteten Lösung wird 0,1 n Kaliumbromatlösung (2,7835 g/l) so lange zugefügt, bis die Lösung eine blaßgelbe Farbe annimmt. Man erwärmt die Flüssigkeit auf 40°, wartet, bis die durch sich entwickelnde Sauerstoffblasen trübe Flüssigkeit klar wird und setzt nun jeden weiteren Tropfen der Bromatlösung in Abständen von 10 bis 15 Sek. hinzu, bis die Lösung von den letzten Tropfen gelb gefärbt bleibt. Die Beleganalysen zeigen unter sich und mit nach der Permanganatmethode ausgeführten sehr gute Übereinstimmung. Das kristallisierte Manganchlorid kann man auch durch kristallisiertes Mangansulfat ($MnSO_4 \cdot 7\,H_2O$) ersetzen. Es muß dann aber sofort auf 40° erwärmt und die Titration sehr vorsichtig ausgeführt werden, weil die zu untersuchende Flüssigkeit während der ganzen Reaktion völlig farblos bleibt und erst nach Erreichung des Äquivalenzpunktes beim ersten weiteren Tropfen Bromatlösung eine gelbe Färbung annimmt. — Häuft sich Bromwasserstoffsäure, so kann die zweite Reaktion schon vor Erreichung der vollständigen Umsetzung eintreten, da Brom nur langsam mit Wasserstoffperoxyd reagiert. Die Flüssigkeit bleibt also lange gelb. Bei Gegenwart von Mangansalzen jedoch reagiert das Brom mit diesen unter Bildung von Mangan(III)-salzen: $2\,MnO + Br_2 + H_2O = Mn_2O_3 + 2\,HBr$, worauf dann eine schnelle Reaktion: $Mn_2O_3 + H_2O_2 = 2\,MnO + H_2O + O_2$ einsetzt. Die genaue Einhaltung der Vorschrift ist notwendig, weil durch zuviel Säure die Geschwindigkeit der Reaktion des Wasserstoffperoxyds mit Brom und durch zu wenig Säure die der Reaktion zwischen Kaliumbromat und Bromwasserstoffsäure verzögert wird.

Literatur.

ABEL, E.: (a) Z. El. Ch. **14**, 598 (1908); (b) M. **34**, 171 (1913). — AKIYAMA, T., u. J. YASUI: J. pharm. Soc. Japan **51**, 116 (1931).

BALLS, A. K., u. S. HALE: J. Assoc. offic. agric. Chem. **16**, 395 (1933). — BERTRAND, A.: Bl. [2] **33**, 148 (1880). — BREDIG, G., u. J. H. WALTON: Z. El. Ch. **9**, 114 (1903). — BRODE, J.: (a) Ph. Ch. **37**, 257 (1901); (b) **49**, 208 (1904). — BRODIE, B. C.: Soc. [2] **1**, 320 (1863). — BUNSEN, R.: A. **86**, 265 (1853); Eine maßanalytische Methode von allgemeiner Anwendbarkeit. Heidelberg: C. F. Winter 1854.

CHWALA, A.: Angew. Ch. **21**, 589 (1908).

DINIS, R. A.: Rev. chim. pura appl. [3] **5**, 106 (1930). — DUPASQUIER (siehe BUNSEN, R.).

FINKENER: ROSEs Handbuch der analytischen Chemie, 6. Aufl., Bd. 2, S. 937. — FOERSTER, FR., u. K. GYR: Z. El. Ch. **9**, 1 (1903). — FRIEDHEIM, C., u. H. EULER: B. **28**, 2067 (1895). — FUHRMANN, E.: Seifensieder-Ztg. **36**, 122, 150, 177 (1909).

GLEU, K.: Z. anorg. Ch. **204**, 76 (1932); **216**, 376 (1934). — GRÜN, A., u. J. JUNGMANN: Seifen-Fabrikant **36**, 53 (1916).

HAHN, FR., u. H. WINDISCH: B. **56**, 598 (1923). — HARCOURT, V., u. W. ESSON: Phil. Trans. **157**, 117 (1867). — HARNED, H. S.: Soc. **40**, 1462 (1918). — HERBIG, W.: Färber-Ztg. **23**, 193 (1912).

KALMANN, W.: B. **20**, 586 (1887). — KINGZETT, S. T.: Soc. **37**, 802 (1880); Chem. N. **41**, 26 (1880); Chem. N. **43**, 161 (1881). — KOLTHOFF, J. M.: Fr. **60**, 400 (1921); Pharm. Weekbl. **56**, 249 (1919). — KREGTON, P. R. N.: Chem. Weekbl. **32**, 81 (1935).

LITTERSCHEID, F. M., u. P. B. GUGGIARI: Ch. Z. **37**, 677 (1913). — LÖB, A.: Ch. Z. **30**, 1275 (1906).

MANCHOT, W., u. F. OBERHAUSER: Z. anorg. Ch. **139**, 40 (1924). — MAURO, F., u. L. DANESI: Fr. **20**, 507 (1881). — MILBAUER, J., u. J. DIMMER: J. pr. [2] **98**, 1 (1918). — MUTNIANSKI, M.: Fr. **36**, 220 (1897).

RIESENFELD, E. H.: B. **42**, 4377 (1909); **43**, 566, 2594 (1910); **44**, 3589, 3595 (1911); Z. anorg. Ch. **221**, 25 (1934). — ROSENMUND, W.: Apoth.-Z. **41**, 695 (1926). — ROTHMUND, V., u. A. BURGSTALLER: M. **34**, 693 (1913). — RUPP, E.: (a) Ar. **272**, 57 (1934); (b) Ar. **240**, 237 (1902); (c) Ar. **238**, 156 (1900). — RUPP, E., u. J. MIELCK: Ar. **245**, 5 (1907).

SCHÖNBEIN, CHR. FR.: (a) J. pr. **79**, 65 (1860); (b) J. pr. **84**, 397 (1861). — SCHÖNE, EM.: (a) Fr. **18**, 133 (1879); (b) B. **7**, 1696 (1874); (c) A. **195**, 228 (1879). — SCHWARZ: Anleitung zu maßanalytischen Arbeiten. Nachträge 1853, S. 22. — SZEBELLÉDY, L., u. W. MADÍS: Fr. **109**, 391 (1937).

THÉNARD, L. J.: Traité de Chimie, livre **VIII**, 478 (1818). — THOMS, H.: Ar. **225**, 335 (1887). — TOMIČEK, O., u. P. FILIPOVIČ: Coll. Trav. chim. Tchécosl. **10**, 340 (1938); durch C. **109**, **II**, 3720 (1938). — TOPF, G.: Fr. **26**, 281 (1887). — TRAUBE, M.: B. **20**, 1062 (1884). — TREADWELL, F. P.: (a) Kurzes Lehrbuch der analytischen Chemie, Bd. II, 580 (1935); (b) Kurzes Lehrbuch der analytischen Chemie, Bd. II, 558 (1911).

VOLHARD, J.: A. **242**, 93 (1887).

WAGNER, C. F.: (a) Pharm. Z. **72**, 218 (1927); (b) Ind. eng. Chem. **17**, 972 (1925). — WALTON, J. H.: Ph. Ch. **47**, 185 (1904).

3. Bestimmung mittels arseniger Säure (indirekte Methoden).

Die zu beschreibenden Methoden verwenden sämtlich die Oxydation der arsenigen Säure, die im Überschuß angewandt wird, durch den aktiven Sauerstoff zu Arsensäure. Hierbei findet die Umsetzung statt:

$$2\,H_2O_2 + As_2O_3 = 2\,H_2O + As_2O_5\,. \tag{11}$$

Wenn auch diese Umsetzung in schwach oder stark alkalischer Lösung, in der Hitze oder bei gewöhnlicher Temperatur vorgenommen wird, so unterscheiden sich die angewandten Methoden im wesentlichen nur durch die Art, wie die im Überschuß angewandte arsenige Säure zu Arsensäure oxydiert und dadurch bestimmt wird. Für diese Oxydation ist Jod, Kaliumbromat und Kaliumjodat vorgeschlagen worden. Während die Oxydation mit Jod in bicarbonatalkalischer Lösung vor sich geht, wird die mit Kaliumbromat oder Kaliumjodat in stark salzsaurer Lösung durchgeführt.

I. Oxydation der überschüssigen arsenigen Säure mit Jod. GRÜTZNER verwendete als erster diese Methode, welcher die Gleichung (11): $2\,H_2O_2 + As_2O_3 = 2\,H_2O + As_2O_5$ zugrunde liegt, wobei arsenige Säure in Arsensäure übergeführt wird. Die im Überschuß angewandte arsenige Säure wird mittels Jodlösung zurücktitriert, wodurch sie gleichfalls zu Arsensäure oxydiert wird. Aus der Differenz der angewandten arsenigen Säure und der mittels Jodlösung bestimmten ergibt sich die durch den aktiven Sauerstoff in Arsensäure übergeführte arsenige Säure.

Arbeitsvorschrift von GRÜTZNER lautet: 10 cm^3 Wasserstoffperoxyd von etwa 3% werden auf 100 cm^3 verdünnt und 10 cm^3 der verdünnten Lösung mit 50 cm^3 0,1 n Arsen(III)-oxydlösung und einigen Gramm Kali- oder Natronlauge von 15% zum Kochen erhitzt. Nach dem Erkalten wird schwach angesäuert und stark mit Natriumhydrogencarbonat übersättigt. Nach Zusatz von etwas Stärkelösung wird der Überschuß an arseniger Säure zurücktitriert mit 0,1 n Jodlösung. Mit Permanganat ausgeführte Kontrollanalysen gaben gleiche Werte.

Für Natriumperoxyd gab das Verfahren keine brauchbaren Ergebnisse, da stets ein Teil des Sauerstoffs beim Eintragen des Peroxyds in Wasser sich entwickelte, so daß zu niedrige und schwankende Werte erhalten wurden.

Die GRÜTZNERsche Vorschrift wurde von PETERS und MOODI und von TARUGI für unzuverlässig erklärt. LITTERSCHEID und GUGGIARI stellten fest, daß die Ursache des Versagens der GRÜTZNERschen Methode im Erhitzen in alkalischer Lösung liegt, da dadurch allein schon das Arsen(III)-oxyd in alkalischer Lösung zu Arsen(V)-oxyd oxydiert wird, so daß je nach Länge des Erhitzens verschieden hohe Werte erhalten werden. Sie stellten weiter fest, daß das Erhitzen gar nicht nötig ist, sondern daß in bicarbonatalkalischer Lösung schon bei Zimmertemperatur eine rasche Oxydation des Arsen(III)-oxyds durch den aktiven Sauerstoff erfolgt. Der Überschuß an Arsen(III)-oxyd wird von ihnen gleichfalls mit Jod zurücktitriert. Für Natriumperborat geben sie folgende

Arbeitsvorschrift. 0,25 bis 0,4 g Natriumperborat werden in einem Literkolben mit 50 cm^3 0,1 n Arsen(III)-oxydlösung versetzt und durch öfteres, langsames Umschwenken gelöst. Nach 15 bis 20 Min. werden 5 g Natriumhydrogencarbonat und etwa 400 bis 500 cm^3 luftfreies destilliertes Wasser zugefügt (für technische Zwecke genügt das lufthaltige Wasser). Darauf wird mit 0,1 n Jodlösung zurücktitriert. Die Werte stimmen mit den nach anderen Methoden erhaltenen überein.

Aktiven Sauerstoff enthaltendes Seifenpulver wird mit 50 cm^3 0,1 n As_2O_3-Lösung auf 45° erwärmt, darauf wird angesäuert, um die Carbonate zu zersetzen (Schäumen!) und 5 bis 10 g Natriumhydrogencarbonat zugegeben. Ohne Rücksicht auf eine Trübung durch Fettsäuren oder sonstige Ausscheidungen wird der Überschuß des Arsen(III)-oxyds mit 0,1 n Jodlösung zurücktitriert. (Siehe auch DINIS.)

II. Oxydation der überschüssigen arsenigen Säure mit Kaliumbromat. Die Wartezeit von 15 bis 20 Min., die LITTERSCHEID und GUGGIARI vorschlagen, verkürzen RUPP und SIEBLER in der Weise, daß sie 10 cm^3 einer im Verhältnis 1:10 verdünnten Wasserstoffperoxydlösung in einem Becher mit 25 cm^3 0,1 n As_2O_3-Lösung und 3 bis 5 cm^3 offizineller Natronlauge (15%ig) versetzen und schon nach 1 Min. mit 5 bis 10 cm^3 Salzsäure von 25% ansäuern. Nach Zusatz von 50 cm^3 Wasser wird annähernd bis zum Sieden erhitzt und nun nach GYÖRY weitergearbeitet: 1 Tropfen Methylorange wird zugegeben und mit 0,1 n Kaliumbromatlösung auf Entfärbung titriert. Wenn auch Brom an sich durch eine gelbe Farbe bemerkbar wird, so wird der Endpunkt aber viel empfindlicher durch einen Azoindicator wie Methylorange oder Methylrot, die durch freies Brom sofort zerstört werden. Die Titration mit Kaliumbromat muß deshalb gegen Ende tropfenweise unter gutem Umrühren oder Umschwenken erfolgen (vgl. KOLTHOFF).

III. Oxydation der überschüssigen arsenigen Säure mit Kaliumjodat. Bei dieser Methode wird der Überschuß des Arsen(III)-oxyds mit Jodat in Gegenwart starker Salzsäure zurücktitriert. Die Umsetzungsgleichung ist:

$$As_2O_3 + KJO_3 + 2\,HCl = As_2O_5 + JCl + KCl + H_2O.$$

Andrews hatte gefunden, daß Kaliumjodat in starker Salzsäure quantitativ zu Jodchlorid reduziert wird. Hierbei entsteht zwischendurch Jod, das aber im Äquivalenzpunkt in Gegenwart von genügend Salzsäure völlig in Jodchlorid umgewandelt wird. Der Endpunkt der Umsetzung läßt sich daher so bestimmen, daß man Chloroform oder nach Kolthoff ebensogut Tetrachlorkohlenstoff zusetzt und so lange Jodatlösung zulaufen läßt, bis nach kräftigem Schütteln die violette Färbung des Lösungsmittels verschwunden ist. Die Lösung soll am Ende wenigstens 10 bis 12% Salzsäure enthalten.

Jamieson hatte nachgewiesen, daß Arsen(III)-oxyd sich ohne weiteres nach dieser Methode bestimmen läßt und hatte sie schon vorher auf die Bestimmung des Wasserstoffperoxyds angewandt, indem er zuerst durch Wasserstoffperoxydlösung eine abgemessene überschüssige Menge von Arsen(III)-oxydlösung z. T. zu Arsen(V)-oxyd oxydierte und den Überschuß des Arsen(III)-oxyds in starker Salzsäure mit Jodat in Arsen(V)-oxyd überführte. Seine Vorschriften sind folgende:

Die Kaliumjodatlösung enthält 3,567 g auf 1 l, gleich $^1/_{60}$ g-mol. Die Arsen(III)-oxydlösung wird durch Auflösen von 4,946 g As_2O_3 (= $^1/_{40}$ g-mol) in 50 cm³ Wasser, das 4 g Ätznatron enthält, Zugabe von 200 cm³ gesättigter Natriumhydrogencarbonatlösung und Auffüllen auf 1000 cm³ hergestellt. Eine abgemessene überschüssige Menge der Arsen(III)-oxydlösung wird in einer Glasstopfenflasche von 500 cm³ Inhalt mit 10 cm³ einer 10%igen Lösung von Ätznatron versetzt. Ein gemessenes Volumen der Wasserstoffperoxydlösung wird aus einer Bürette unter vorsichtiger Bewegung einlaufen gelassen, nach 2 Min. 40 cm³ konzentrierte Salzsäure vorsichtig zugegeben. Nach Entweichen der Hauptmenge der Kohlensäure wird fest verschlossen und heftig geschüttelt und der Druck vorsichtig herausgelassen. Nach Zugabe von 6 bis 7 cm³ Chloroform wird das nicht oxydierte Arsen(III)-oxyd mit Kaliumjodatlösung titriert unter Schütteln nach jedem Zusatz von Jodat, bis der Endpunkt, das ist das Verschwinden der Jodfarbe aus dem Chloroform, erreicht ist. Die Menge der gebrauchten Jodatlösung wird in ihr Äquivalent von Arsen(III)-oxydlösung umgerechnet, welches dann von der ursprünglich gebrauchten Arsen(III)-oxydlösung abgezogen wird. Der verbleibende Rest ist durch die Wasserstoffperoxydlösung oxydiert worden.

Aus den oben gegebenen Gleichungen geht hervor, daß in diesem Falle der Oxydationswert der Kaliumjodatlösung nur $^2/_3$ des bei der Titerstellung des Kaliumjodats mit Natriumthiosulfat gefundenen ist, bei welchem bekanntlich sämtliche 3 Sauerstoffatome des Kaliumjodats in Jod umgewandelt werden, während nach der Umsetzung von Andrews-Jamieson nur 2 Sauerstoffatome zur Oxydation verwendet werden und das dritte zur Bildung von Jodchlorid dient (vgl. Lang). Der Vorteil der Methode liegt in der Titerbeständigkeit der verwendeten Lösungen.

Alle diese Methoden werden nicht häufig angewandt. Am einfachsten ist die von Litterscheid und Guggiari beschriebene durchzuführen, die man dadurch abkürzen kann, daß man nach Rupp und Siebler mit Natronlauge alkalisch macht und dann nach schwachem Ansäuern mit Bicarbonat versetzt und mit Jod zurücktitriert.

Literatur.

Andrews, L. W.: Am. Soc. **25**, 756 (1903).
Dinis, R. A.: Rev. chim. pura appl. [3] **5**, 106 (1930).
Grützner: Ar. **237**, 705 (1899). — Györy, G.: Fr. **32**, 415 (1893).
Jamieson, G. S.: Am. J. Sci. [4] **44**, 150 (1917); Ind. eng. Chem. **10**, 290 (1918); Volumetric Jodatmethods. New York 1926.
Kolthoff, J. M.: Die Maßanalyse, 2. Aufl., Bd. 2, S. 505 u. ebd. S. 496. Berlin: Springer.
Lang, R.: Z. anorg. Ch. **122**, 332 (1922); **142**, 229 (1924). — Litterscheid, F. M., u. P. B. Guggiari: Ch. Z. **37**, 677 (1913).
Peters u. Moodi: Am. J. Sci. [4] **12**, 367 (1901).
Rupp, E., u. G. Siebler: P. C. H. **66**, 193 (1925).
Tarugi: G. **32**, 383 (1902).

4. Bestimmung mittels Kaliumhexacyanoferrats(III) (indirekte Methoden).

In alkalischer oder neutraler Lösung wird Kaliumhexacyanoferrat(III) durch Wasserstoffperoxyd und seine Abkömmlinge, die Peroxyde der Alkalien und Erdalkalien, die Percarbonate und ähnliche Verbindungen in Kaliumhexacyanoferrat(II) (vgl. SCHÖNBEIN) übergeführt, das dann durch Oxydationsmittel wie Kaliumpermanganat bestimmt werden kann. Oder es wird der Überschuß des genau abgemessenen Kaliumhexacyanoferrats(III) durch ein weiteres Reduktionsmittel, und zwar Jodwasserstoffsäure, die gleichfalls im Überschuß angewandt wird, reduziert und das dabei entstehende Oxydationsprodukt, Jod, mit einem Reduktionsmittel wie Thiosulfat oder arseniger Säure bestimmt.

Beispielweise geht die Umsetzung mit Bariumperoxyd nach der folgenden Gleichung vor sich:

$$BaO_2 + 2\,K_3Fe(CN)_6 = O_2 + K_6BaFe_2(CN)_{12}. \tag{12}$$

Diese Umsetzung ist von QUINCKE und CHWALA auch zur gasvolumetrischen Bestimmung durch Messen des entwickelten Sauerstoffs benutzt worden [vgl. LANGE, KASSNER (a) und ALLEN].

Die Umsetzung verläuft nach BRODIE quantitativ. Er hat diese Umsetzung zur Bestimmung des Kaliumhexacyanoferrats(III) verwendet, indem er das gebildete Kaliumhexacyanoferrat(II) und den Überschuß des angewandten Peroxyds nach Ansäuern mit Kaliumpermanganat titrierte. Der angewandte Überschuß des Peroxyds ist natürlich bekannt (das Peroxyd war gleichfalls mit Permanganat bestimmt worden), so daß sich daraus das Kaliumhexacyanoferrat(III) berechnen ließ.

Arbeitsvorschrift. Eine gemessene Menge einer Lösung von Wasserstoffperoxyd, deren Wert mit Kaliumpermanganat bestimmt war, wird durch einen Überschuß von Barytwasser gefällt. Hierzu wird nach und nach mit Hilfe einer Pipette eine abgemessene Menge der Kaliumhexacyanoferrat(III)-lösung gegeben. Darauf wird die Lösung mit Wasser verdünnt und angesäuert. Der Überschuß des Peroxyds und das gebildete Kaliumhexacyanoferrat(II) werden mittels der gleichen Lösung von Kaliumpermanganat bestimmt.

Es ist klar, daß die Umkehrung dieser Methode zu einer Bestimmung des Wasserstoffperoxyds und der anderen Perverbindungen verwendet werden kann.

Diese Umkehrung ist von KASSNER (b) durchgeführt worden.

Arbeitsvorschrift. 0,2 g Bariumperoxyd werden mit Wasser gleichmäßig verrieben und in ein Becherglas gespült, in welches etwa 1 g chemisch reines Kaliumhexacyanoferrat(III) hinzugegeben wird. Die Entwicklung des Sauerstoffs, welche so lange andauert, als noch gelöste Teilchen vorhanden sind, beginnt sofort. Wegen des Gehaltes an Bariumcarbonat im Bariumperoxyd wird keine ganz klare Lösung erhalten. Durch *gelindes* Erwärmen wird der Vorgang der Reduktion beschleunigt. Es darf jedoch keineswegs bis zum Sieden erhitzt werden, da sonst Zersetzung des Bariumperoxyds in Bariumhydroxyd und Sauerstoff eintreten kann. Wenn keine Gasblasen mehr auftreten, wird mit Wasser stark verdünnt und verdünnte Schwefelsäure im Überschuß zugegeben. Neben der Abscheidung von Bariumsulfat zeigt sich hierbei eine grünliche Färbung, welche von Berliner Blau herrührt, das sich infolge eines Eisengehaltes des technischen Bariumperoxyds bildet. Man titriert jetzt mit Kaliumpermanganat von bekanntem Gehalt, bis schwach rötlicher Schein auftritt, wobei die grünliche Färbung infolge Oxydation des Hexacyanoferrats(II) vollständig verschwindet. Die verbrauchten Kubikzentimeter Kaliumpermanganat können direkt auf Bariumperoxyd umgerechnet werden.

Die Ergebnisse wurden durch die direkte Bestimmung: Auflösen des Bariumperoxyds in verdünnter Salzsäure und Titration mit Kaliumpermanganat kontrolliert, wobei übereinstimmende Werte gefunden wurden.

Wenn KASSNER die Auffassung vertritt, daß die Methode von Wichtigkeit werden kann, wenn das Bariumperoxyd organische oder anorganische Beimischungen enthält, die an sich unlöslich sind, aber durch Säuren gelöst werden, wie z. B. Metalle, Staub, die an sich Kaliumpermanganat verbrauchen würden, so kann das nur dahin verstanden werden, daß diese unlöslichen Verunreinigungen vor dem Ansäuern abfiltriert werden, da, wenn das nicht geschieht, sie gelöst würden, wenn angesäuert wird, und dann doch Kaliumpermanganat verbrauchen würden.

CHWALA verwendete die von MOHR zur Kaliumhexacyanoferrat(III)-bestimmung angewandte Reaktion zwischen Kaliumhexacyanoferrat(III), Zinksulfat und Kaliumjodid. MOHR bestimmte das Kaliumhexacyanoferrat(III) in einer ursprünglich sauren, dann vor dem Titrieren schwach alkalischen Lösung unter Zusatz von Kaliumjodid und Zinksulfat und titrierte das ausgeschiedene Jod mit Natriumthiosulfat, wobei sich herausstellte, daß die Anwendung von Wärme von Vorteil ist. Hierbei scheidet sich unlösliches Kaliumzinkhexacyanoferrat(II) ab.

Daraus entwickelte CHWALA ein Verfahren zur Bestimmung der *Peroxyde*, da auch diese das Kaliumhexacyanoferrat(III) in äquivalenten Mengen in Kaliumhexacyanoferrat(II) umwandeln, wobei sich dann in Gegenwart von Zinksalzen das unlösliche Kaliumzinkhexacyanoferrat(II) ausscheidet.

Arbeitsvorschrift. 0,1 g Bariumperoxyd werden in einem ERLENMEYER-Kolben mit eingeschliffenem Stopfen mit 200 cm³ Wasser gut aufgerührt, etwa 100 bis 150 cm³ einer genau titrierten Hexacyanoferrat(III)-lösung (65,9 g $K_3Fe(CN)_6$/l) zugegeben. Nach Ablauf der ersten lebhaften Reaktion muß man langsam unter zeitweiligem Umschwenken auf dem Wasserbade und dann bis zum Sieden erhitzen. Kochdauer 1 bis 2 Min. Nach dem Erkalten wird mit etwa 5 cm³ Salzsäure (D 1,15) angesäuert und eine gesättigte Lösung von 1,3 bis 1,5 g eisenfreien Zinksulfats und schließlich 2 bis 3 g Kaliumjodid zugesetzt. Nunmehr wird der Kolben mit dem Glasstopfen verschlossen, gut geschüttelt und während 90 Min. bei 40 bis 45° stehengelassen. Die Temperatur soll 60° nicht übersteigen. Man neutralisiert nun entweder den größten Teil der Säure, gibt 20 cm³ Stärkelösung hinzu, darauf 0,1 n Natriumthiosulfat im Überschuß und titriert mit Jod zurück. Oder man macht bicarbonatalkalisch, gibt 0,1 n Lösung von arseniger Säure hinzu und titriert gleichfalls mit Jod zurück.

Durch die Bildung des unlöslichen Zinkdoppelsalzes des Hexacyanoferrats(II) wird das Gleichgewicht: $2\,K_3Fe(CN)_6 + 2\,KJ \rightleftarrows 2\,K_4Fe(CN)_6 + J_2$ stark nach rechts verschoben. Erhalten wurden 87,28 bis 87,52, im Mittel 87,44% BaO_2 gegen 87,5% BaO_2, die mit Kaliumpermanganat erhalten wurden.

Selbst wenn man die Genauigkeit der Methode unterstellt (Nacharbeiter hat sie nicht gefunden), so ist es doch offensichtlich, daß sie wegen ihrer Umständlichkeit, Zeitdauer und der Verwendung mehrerer genau zu titrierender Lösungen für die Analyse des Bariumperoxyds bedeutungslos ist, wenn auch die Umsetzungen an sich Interesse beanspruchen können.

Literatur.

ALLEN, H.: Soc. **4**, 178 (1887); Fr. **26**, 66 (1887).

BRODIE, B. C.: Phil. Trans. **1850**, **I**, 759; Pr. Roy. Soc. London **11**, 442 (1861); Pogg. Ann. [4] **30**, 294 (1863).

KASSNER, G.: (a) Ch. Z. **13**, 1302, 1338, 1407 (1809); Angew. Ch. **3**, 448 (1890); **4**, 170 (1891); (b) Ar. **228**, 432 (1890).

LUNGE, G.: Ch. Ind. **8**, 161 (1885); B. **18**, 1872 (1885).

MOHR, C.: A. **105**, 62 (1858).

QUINCKE, J.: Fr. **31**, 1 (1892).

SCHÖNBEIN, CHR. FR.: Fr. **1**, 10 (1862).

5. Bestimmung mit Titan(III)-verbindungen (Titanometrie).

EBELMANN hatte Titan(III)-chlorid als eines der energischsten Reduktionsmittel bezeichnet, dessen Reduktionskraft er durch sehr eingehende Untersuchungen belegte. SCHÖNN hatte gefunden, daß durch Wasserstoffperoxyd Lösungen von Titanverbindungen rotgelb gefärbt werden. Er hatte damit eine der wenigen spezifischen Nachweisreaktionen des Wasserstoffperoxyds gefunden. WELLER hatte einen Nachweis und eine colorimetrische Bestimmungsmethode von Titan mit Hilfe von Wasserstoffperoxyd ausgearbeitet, und KNECHT und HIBBERT haben schließlich diese Reaktion für die Bestimmung des Wasserstoffperoxyds in der Weise ausgenützt, daß sie Verbindungen des 3wertigen Titans mit Salzsäure und Schwefelsäure, die durch chemische oder elektrolytische Reduktion von Lösungen des 4wertigen Titans erhalten werden, titrimetrisch verwenden. Sie haben die reduzierende Wirkung der Titan(III)-verbindungen auch zu einer großen Anzahl anderer Bestimmungsmethoden ausgearbeitet.

Die Umsetzungen, die mit Wasserstoffperoxyd vor sich gehen, sind nach KNECHT und HIBBERT die folgenden:

(13) $$Ti_2(SO_4)_3 + 3\,H_2O_2 + 3\,H_2SO_4 = 2\,Ti(SO_4)_3 + 6\,H_2O;$$

(13a) $$2\,Ti(SO_4)_3 + 2\,Ti_2(SO_4)_3 = 6\,Ti(SO_4)_2.$$

Die Gleichungen geben nur das Reaktionsschema wieder, da bekanntlich die Titansulfate zu Komplexbildungen neigen, deren Komplexe Titan und Schwefelsäure enthalten. Die intensiv *violett* gefärbten Verbindungen des 3wertigen Titans gehen zuerst in die *rötlich-gelb* gefärbten des (angeblich) 6wertigen Titans über, die dann ihrerseits durch Verbindungen des 3wertigen Titans in die *farblosen* des 4wertigen Titans umgewandelt werden.

Die Herstellung der Titan(III)-salzlösungen erfolgt nach KNECHT durch Reduktion der wäßrigen, stark salzsauren Titan(IV)-chloridlösung durch reines Zinn oder nach KNECHT und HIBBERT durch Reduktion von durch Umkristallisieren nochmals gereinigtem Kaliumhexafluorotitanat(IV) mit Zink in einem Kolben mit BUNSEN-Ventil. In beiden Fällen wird reduziert, bis die Violettfärbung nicht mehr zunimmt. Während das Zink nicht stört, muß das Zinn mit Schwefelwasserstoff ausgefällt werden, nachdem man von dem nicht gelösten Zinn abgegossen und mit Wasser verdünnt hat. Der Schwefelwasserstoff wird durch Kochen entfernt. Falls man kein reines Produkt braucht, kann man nach KNECHT aus dem käuflichen Sulfat das Hydrat ausfällen, dieses in starker Salzsäure lösen und mit Zinkstaub reduzieren. Die bekannten Herstellerfirmen von Chemikalien für den Laboratoriumsbedarf liefern jetzt Titan(III)-salzlösungen, die für die Zwecke der Titanometrie nach ausreichender Verdünnung brauchbar sind. Die Titerstellung erfolgt am besten mit Kaliumdichromat unter Zusatz von Eisen(II)-sulfat oder MOHRschem Salz, das ganz frei von Eisen(III)-salz sein muß, da sonst Titan(III)-salzlösung für die Reduktion der Eisen(III)-salze verbraucht wird. Das Auftreten der ersten Spuren gebildeten Eisen(III)-salzes wird durch Kaliumrhodanid angezeigt, das gleichfalls gegen Schluß der Reaktion zugesetzt wird.

Die Entdecker haben die Titerstellung mit Eisen(III)-salzlösung von bekanntem Gehalt vorgenommen, bis nach Einlaufen der Eisen(III)-salzlösung in die Titan(III)-chloridlösung eine Probe mit Kaliumrhodanid Farbreaktion auf Eisen(III) gab. Man kann auch umgekehrt die Titan(III)-salzlösung zur Eisen(III)-salzlösung zufließen lassen und gegen Schluß, wenn fast Entfärbung eingetreten ist, einen Tropfen Kaliumrhodanidlösung als Indicator zusetzen. Es wird dann bis zur Entfärbung der rötlichen Lösung titriert. Besonders für die Zwecke der Wasserstoffperoxydbestimmung dürfte es empfehlenswert sein, den Titer mit einer Wasserperoxydlösung von genau bekanntem Gehalt und einer Verdünnung von etwa 0,1 bis 0,02 m (etwa 3,4 bis 0,7 g H_2O_2/l) durchzuführen. KNECHT und HIBBERT beschreiben die Wasserstoffperoxydbestimmung mit Titan(III)-salzlösung folgendermaßen:

„Fügt man zu einer Lösung von Wasserstoffperoxyd eine verdünnte Lösung von Titan(III)-chlorid langsam zu, so entsteht zuerst die bekannte tief orangegelbe Färbung, welche durch Zusammenbringen von Titanoxydsalzen mit Wasserstoffperoxyd beobachtet wird und zum qualitativen Nachweis dieses Körpers dient. Bei weiterem Zusatz des Trichlorids nimmt die Färbung der Lösung, nachdem sie ein Maximum erreicht hat, allmählich ab und verschwindet gänzlich, sobald die Reduktion des Wasserstoffperoxyds respektive die Oxydation des Trichlorids eine vollständige ist."

Ein direkter Beweis für die Richtigkeit der Methode konnte nicht erbracht werden, jedoch stimmen die erhaltenen Resultate mit denjenigen, die nach bewährten Methoden erhalten werden, überein, wie aus nachfolgenden Zahlen ersichtlich.

Von den Kontrollwerten nennen wir die folgenden:

Mit Titan(III)-chlorid	10,79 Vol. akt. O_2
Mit Jodid	10,76 Vol. akt. O_2
Mit Kaliumpermanganat	10,78 Vol. akt. O_2

Die Titan(III)-chloridlösung soll eisenfrei sein. Da sie stark sauerstoffempfindlich ist, sich demnach an der Luft oxydiert, muß unter Ausschluß von Sauerstoff gearbeitet werden. Hierfür empfehlen MACH und LEDERLE den Apparat gemäß Abb. 2, die sich selbst erklärt. Die ganze Apparatur steht unter einem schwachen Druck sauerstofffreier Kohlensäure, die aus einem KIPPschen Apparat entwickelt wird, da Bombenkohlensäure zuviel Sauerstoff enthält. Sie verwenden für die Titration die Vorschrift von TREADWELL:

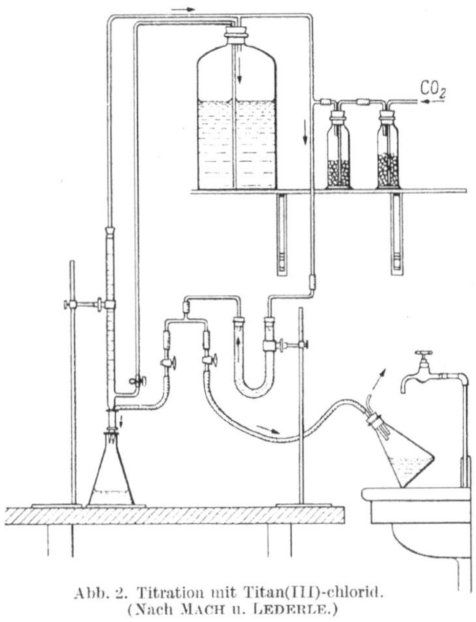

Abb. 2. Titration mit Titan(III)-chlorid. (Nach MACH u. LEDERLE.)

Zu 10 cm³ der etwa 0,3%igen Lösung von Wasserstoffperoxyd werden 5 cm³ Salzsäure (D 1,19) oder besser 5 cm³ Schwefelsäure (1 + 4) zugegeben und bis zur Entfärbung titriert. Die Ergebnisse liegen eine Kleinigkeit über den mit Kaliumpermanganat erhaltenen, z. B. 2,72% gegen 2,68%. Beide Verfahren werden aber für gleichwertig gehalten. Nachdem die Apparatur einmal aufgebaut ist, soll die Titration mit Titan(III)-salzlösungen durchaus nicht umständlicher oder zeitraubender sein als andere titrimetrische Bestimmungen.

KOLTHOFF empfiehlt eine von ZINTL und RIENÄCKER angegebene Vorrichtung: Die Bürette *A* wird gefüllt durch Ansaugen der in der Vorratsflasche *C* befindlichen Maßlösung durch das BUNSEN-Ventil *D* bei geöffnetem Hahn *E* und geschlossenen Hähnen *F* und *B*. Die Maßflüssigkeit steigt dann im Rohr *G* unter dem Druck des bei *H* angeschlossenen Wasserstoff-KIPPS hoch und füllt die Bürette. Hierauf wird *E* geschlossen und *F* geöffnet. Bei dieser Anordnung wird vermieden, daß die Lösung vor dem Eintritt in die Bürette einen gefetteten Hahn passiert und dabei durch Hahnfett verunreinigt wird. Zur Säuberung läßt sich die Apparatur an den Gummiverbindungen *J* und *K* auseinandernehmen (Abb. 21, s. KOLTHOFF). Trotzdem ist auch hier eine häufigere Titerkontrolle zu empfehlen. Zur Analyse wird 1 cm³ einer etwa 3%igen Wasserstoffperoxydlösung verwendet, indem man 10 cm³ einer etwa 3%igen Wasserstoffperoxydlösung auf 250 cm³ verdünnt und 25 cm³ für die Analyse nimmt.

MOSER und SEELING geben für die Bestimmung des aktiven Sauerstoffs in Perboraten, Waschpulvern und Percarbonaten folgende

Arbeitsvorschrift. Die zu untersuchenden Stoffe werden in Wasser aufgelöst, Schwefelsäure (1 + 4) zugegeben und unter Einleiten von sauerstofffreiem Kohlendioxyd mit Titan(III)-chlorid titriert. Diese Arbeitsweise läßt sich aber nur bei Tageslicht ausführen; bei künstlichem Licht wird ein Überschuß von Titan(III)-chlorid zugesetzt und mit Eisen(III)-salzlösung dieser Überschuß zurücktitriert.

Die erhaltenen Werte stimmen mit denen der Titration mit Permanganat überein.

RINGBOM gibt für die gleichen Stoffe die folgende

Arbeitsvorschrift. Perborat oder perborathaltige Seifenpulver werden in Wasser gelöst (0,1 g Perborat in 100 cm³ Wasser bzw. 1 g perborathaltiges Waschpulver in 150 cm³ Wasser) und die Lösung in 2n Schwefelsäure (100 cm³) gegossen, die etwa 1 g Mohrsches Salz enthält. Es werden 10 cm³ einer 10%igen Kaliumrhodanidlösung zugegeben und die Lösung mit etwa 0,05n Titan(III)-chloridlösung auf farblos titriert. Während der Titration werden einige Messerspitzen Natriumhydrogencarbonats zur Erzeugung eines Kohlensäurepolsters zugefügt. Gegen Ende muß langsamer titriert werden. Wird jedoch gelinde erwärmt, dann verläuft die Umsetzung bedeutend schneller.

Das perborathaltige Waschmittel wird zweckmäßig in Wasser von 35 bis 40° gelöst.

Es muß jedoch darauf hingewiesen werden, daß TOMIČEK die Bestimmung mit Titan(III)-chlorid nicht günstig beurteilt. Nach ihm können Persalze wie Persulfate und Perborate nicht auf einfache Art nach dieser Methode bestimmt werden. Diese Substanzen und ebenso Wasserstoffperoxyd lassen sich nur ungenau bestimmen, da die Reaktion zwischen dem Peroxyd und dem Titan(III)-chlorid nur sehr langsam vor sich geht, so daß stets zuviel Titerlösung verbraucht wird (vgl. MACH und LEDERLE).

Ergänzend sei noch hingewiesen auf MATHEWSON und CALVIN, die Eisen(II)-salzlösung, die zur Farblosmachung Phosphorsäure enthält, nach Zusatz von Titankaliumsulfatlösung mit Wasserstoffperoxyd titrieren. Das Titankaliumsulfat dient als Indicator. Die Ergebnisse stimmen mit der Permanganattitration gut überein (vgl. auch DINIS).

Wegen der Veränderlichkeit des Titers der Titan(III)-lösungen, die nur durch die oben beschriebenen oder ähnliche Arbeitsweisen aufgehoben oder wenigstens verlangsamt werden kann, müssen auf alle Fälle von Zeit zu Zeit Titerkontrollen vorgenommen werden. Die Titanometrie eignet sich nur für Reihenanalysen, nicht aber für gelegentliche Einzelbestimmungen. Ihr Vorzug ist, daß sie für Wasserstoffperoxyd spezifische Färbungen gibt.

Literatur.

DINIS, R. A.: Rev. chim. pura appl. [3] **5**, 106 (1930).
EBELMANN, M.: Ann. Phys. chim. [3] **20**, 385.
KNECHT, E.: B. **36**, 166 (1903). — KNECHT u. E. HIBBERT: B. **36**, 1549 (1903); **38**, 3324 (1905). — KOLTHOFF, J. M.: Die Maßanalyse, 2. Aufl., Bd. 2, 554 (1931).
MACH, F., u. P. LEDERLE: L. V. St. **90**, 191 (1917). — MATHEWSON, W. E., u. E. E. CALVIN: Am. Chem. J. **36**, 113 (1906). — MOSER, L., u. F. SEELING: Fr. **52**, 73 (1913).
RINGBOM, A.: Fr. **92**, 95 (1933).
SCHÖNN: Fr. **9**, 41 (1870). — SMITH, C. E.: Chem. N. **80**, 204 (1900 ?).
TOMIČEK, O.: R. **43**, 784 (1924); durch C. **96**, **I**, 130 (1925). — TREADWELL, W. D.: Lehrbuch der analytischen Chemie, 5. Aufl. 1911, Bd. 2, S. 517.
WELLER, A.: B. **15**, 2592, 2599 (1882).
ZINTL, E., u. G. RIENÄCKER: Z. anorg. Ch. **155**, 84 (1926).

6. Bestimmung mit Cer(IV)-sulfat (Cerimetrie).

I. Direkte Methoden. Das Oxydationspotential von Ce^{++++} zu Ce^{+++} beträgt nach KUNZ 1,46 V, das von $Mn^{+++++++}$ zu Mn^{++} nach KANNING 1,52 V und das von Cr^{++++++} zu Cr^{+++} 1,3 V. Cer(IV)-sulfat hat demnach ein nahezu so hohes Oxydationspotential wie Kaliumpermanganat und ein wesentlich höheres als Kaliumbichromat, trotzdem es nur von einer Wertigkeitsstufe zur nächstniederen übergeht, während besonders Kaliumpermanganat, aber auch Dichromat, mehrere Wertigkeitsstufen durchlaufen müssen.

LANGE hatte schon 1861 die Titration mit Cer(IV)-sulfat vorgeschlagen und auch die Herstellung der Titerlösung angegeben:

„Wird Ceroxyduloxyd in Schwefelsäure gelöst, so entsteht eine rotgelbe Flüssigkeit, welche äußerst oxydierende Eigenschaften besitzt, da dieselbe selbst in verdünnten Lösungen Eisenoxydul augenblicklich in Eisenoxyd, Kaliumeisencyanür in Kaliumeisencyanid umwandelt und aus Jodkalium das Jod frei macht, so daß es als Oxydationsmittel in der Maßanalyse Anwendung finden kann ... und nach vollendeter Titration die intensive Farbe des schwefelsauren Ceroxyduloxyds hervortritt. Was die Beständigkeit des Titers anlangt, so scheint diese Lösung das übermangansaure Kalium bei weitem zu übertreffen, da das schwefelsaure Ceroxyduloxyd bei Anwesenheit desoxydierender Körper durchaus keine Neigung zeigt, sich zu zersetzen. Es muß nur die Bildung eines basischen Salzes vermieden werden, was durch einen passenden Säurezusatz geschehen kann, da ein Überschuß an Säure ohne Einfluß auf die Reaktion ist. Am besten wendet man Schwefelsäure an. Das zum Titrieren benutzte Ceroxyd kann durch Fällen mit Oxalsäure usw. wieder gewonnen werden. Der Titer wird auf gewöhnlichem Wege durch Eisendraht oder schwefelsaures Eisenoxydulammoniak bestimmt."

Das Cer(IV)-sulfat reagiert mit H_2O_2 nach der Gleichung:

(14) $$2\,Ce(SO_4)_2 + H_2O_2 = Ce_2(SO_4)_3 + H_2SO_4 + O_2.$$

KNORRE verwendete als erster, 36 Jahre später, Wasserstoffperoxyd für die Bestimmung des Cer(IV)-sulfats, indem er zu der Cer(IV)-sulfatlösung überschüssiges Wasserstoffperoxyd einfließen ließ und dessen Überschuß mit Permanganat zurücktitrierte, wobei er feststellte, daß auch in Gegenwart von Salpetersäure beide Reaktionen glatt verlaufen und daß weder Cer(III)- noch Lanthan-, Didym- und Thoriumverbindungen störend wirken, da sie keine oxydierenden Verbindungen bilden. JOB stellte endlich fest, daß der Gehalt einer Lösung an Cer(IV)-verbindungen mit großer Schärfe dadurch bestimmt werden kann, daß eine verdünnte Wasserstoffperoxydlösung langsam in eine Cer(IV)-salzlösung einfließt bis zu dem Augenblick, wo die Gelbfärbung verschwindet. Die Umkehrung dieser Methode ist die Bestimmung des Wasserstoffperoxyds mit Cer(IV)-salzlösungen, so daß JOB als der erste Anwender dieser Methode bezeichnet werden kann. Offenbar wegen gewisser Schwierigkeiten bei der Endpunktbestimmung blieb die Methode unbeachtet, bis schließlich erst 1928 ATANASIO und STEFANESCU und kurz darauf FURMAN und WALLACE JR. Wasserstoffperoxyd potentiometrisch und JANSSENS sowohl potentiometrisch als auch visuell unter Verwendung von Indicatoren die Bestimmung durchführten. Die potentiometrische Bestimmung wird in einem besonderen Abschnitt behandelt (§ 7). Obwohl die Entfärbung der Cer(IV)-salze einen deutlichen Endpunkt darstellt, der bei einiger Übung vollkommen sicher getroffen werden kann, so fand die Methode doch erst weitere Verbreitung, als geeignete Oxydations-Reduktions-Indicatoren gefunden waren. Von JANSSENS wurde die visuelle Titration mit Cer(IV)-salzen unter Verwendung von Erio-Grün B Supra, einem Triphenylmethanfarbstoff, bezogen von der Firma J. R. Geigy in Basel, als Indicator durchgeführt, von dem 2 cm³ einer 0,1%igen Lösung verwendet wurden. Die wäßrigen Lösungen des Indicators sind grün, durch Mineralsäuren werden sie gelb und durch ein Oxydans weinrot. Der Indicator darf erst gegen Ende der Titration zugesetzt werden, da er sonst oxydiert wird. JANSSENS bevorzugt das Arbeiten in salzsaurer Lösung und gibt folgende

Arbeitsvorschrift. 25,15 cm³ einer 0,09958 n Lösung von Wasserstoffperoxyd werden mit einer 0,075824 n Cer(IV)-sulfatlösung titriert. 0,3 bis 0,4 cm³ vor dem Endpunkt werden 2 cm³ der Indicatorlösung (0,1%ige Lösung von Erio-Grün B Supra) zugesetzt und auf Weinrot titriert. Die Verwendung verschieden konzentrierter Salzsäure ergab die nachstehenden Ergebnisse:

Nr.	Wasser in cm³	Salzsäure in cm³	Normalität der Lösung an Säure	Gefunden	Berechnet	Abweichung
1	100	26 (6 n)	1 n	33,03	33,03	0,00 cm³
2	100	26 (konz.)	2 n	32,96	33,03	— 0,07 „
3	100	44 (konz.)	3 n	32,98	33,03	— 0,05 „
4	75	52 (konz.)	4 n	32,85	33,03	— 0,18 „

Die in der 5. Reihe angegebenen Werte sind erhalten nach Abzug von 0,02 cm³, die für die Oxydation des Indicators erforderlich waren. Die besten mit den berechneten völlig übereinstimmenden Werte werden also in 1n HCl-Lösung erhalten. Jedoch auch in 2n und 3n Salzsäure sind die Titrationen noch gut, wenn auch mit etwas geringerer Genauigkeit durchführbar. Bei Versuch 1 und 2 war der Farbumschlag scharf, bei Versuch 3 ging der Umschlag von gelb nach tieforange viel träger, beim 4. Versuch schließlich ist kein Farbumschlag mehr wahrzunehmen, da der Indicator durch freies Chlor, zu dem die starke Salzsäure oxydiert wird, zerstört wird. Das Auftreten von Chlor ist durch den Geruch wahrnehmbar [vgl. auch WILLARD und YOUNG (e)].

Beim Arbeiten in Schwefelsäure zeigt sich eine geringere Abhängigkeit von der Konzentration der Säure, jedoch sind die Ergebnisse im Mittel um 0,1% zu hoch und der Farbumschlag ist weniger scharf als mit Salzsäure.

Auch JANSSENS verweist auf die Titer-, Wärme- und Salzsäurebeständigkeit der Cer(IV)-sulfatlösung, so daß er meint, daß in den meisten Fällen die Titration mit Permanganat durch die mit Cer(IV)-sulfat mit Vorteil ersetzt werden könnte.

KNOP hatte schon Erio-Grün B und Erio-Glaucin der J. R. Geigy in Basel als Indicatoren zur Verschärfung des Endwertes bei der Permanganattitration verwendet.

WALDEN, HAMET und CHAPMAN fanden im komplexen Eisen(II)-o-phenanthrolin-Ion einen ausgezeichneten Oxydations-Reduktions-Indicator, der sich für die Cer(IV)-sulfattitration hervorragend eignet. Dieser Körper war von BLAU entdeckt worden, der auch schon gefunden hatte, daß dieser gelbstichig intensiv rotgefärbte Stoff durch Oxydation in die blaue Eisen(III)-verbindung übergeht. Nach WALDEN, HAMMET und CHAPMAN ist das komplexe Eisen(II)-o-phenanthrolin ein idealer Indicator bei der Verwendung starker Oxydationsmittel. Es hat ein hohes Oxydationspotential (1,14 V), ist reversibel und vollzieht einen raschen und intensiven Farbenwechsel von Rot nach Blau oder Blau nach Rot. Es wird ein hoher Grad von Genauigkeit sowohl für die Titration von Eisen(II)-sulfat mit Dichromat oder Cer(IV)-sulfat als auch umgekehrt bei Verwendung dieses Indicators erhalten. Der gleichfalls von BLAU gefundene als Indicator verwendbare Dipyridylkomplex ist wegen seiner großen Empfindlichkeit Säuren gegenüber weniger geeignet.

Bei der Titerstellung von Cer(IV)-sulfatlösungen mit Dichromat + Eisen(II)-sulfat, mit Oxalat + überschüssigem Cer(IV)-sulfat und Eisen(II)-sulfat und mit Oxalat über Kaliumpermanganat werden stets gleiche Werte erhalten, ebenso potentiometrisch, wobei ein durch den Indicator verursachter Fehler von 0,01% festgestellt wurde.

Geeignet ist eine 0,025n Lösung des Indicators, der folgendermaßen hergestellt wird:

Eine frisch bereitete Mischung von 125 g Glycerin, 125 g Schwefelsäure von 100% und 50 g Arsen(V)-oxyd wird in einem Literkolben, der mit Thermometer, Rührer und Rückflußkühler versehen ist, auf 125° erwärmt und mit einem Male 25 g o-Phenylendiamin zugegeben, wobei ein Temperaturanstieg um 10° eintritt. Es wird vorsichtig auf 140° erhitzt und 2 Std. unter strenger Vermeidung einer höheren Temperatur so gehalten. Dann wird in Wasser ausgegossen, stark alkalisch gemacht und wenigstens einen Tag stehengelassen. Das teerige Produkt wird abgetrennt, bei 110°

getrocknet, gepulvert und mit Benzol extrahiert. Das nach Verdampfen des Benzols erhaltene rohe o-Phenanthrolin $C_{12}H_8N_2$ = 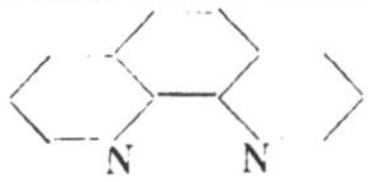 wird am besten gereinigt durch Auflösen in Säuren, Neutralisieren mit Alkali, bis eine geringe teerige Ausscheidung, die abgetrennt wird, auftritt, worauf durch weiteren Zusatz von überschüssigem Alkali gefällt wird. Aus Wasser kann es unter Verwendung von Tierkohle als Monohydrat umkristallisiert werden. Durch Auflösen einer stöchiometrischen Menge von o-Phenanthrolin in einer 0,025n Lösung von Eisen(II)-sulfat in Wasser wird die Eisen(II)-o-phenanthrolin-Indicatorlösung hergestellt. Man kann auch das rohe o-Phenanthrolin mit einer 5%igen Lösung von Eisen(II)-sulfat auskochen und das Filtrat entsprechend verdünnen. Ein Tropfen dieser Lösung wird als Indicator verwendet. Säurekonzentration und Art der Säure sind ohne Einfluß auf die Schärfe des Umschlags. Der Indicator erleidet folgende Umwandlung:

$$Fe(C_{12}H_8N_2)_3^{\cdot\cdot} \rightleftarrows Fe(C_{12}H_8N_2)_3^{\cdot\cdot\cdot}$$

intensiv rot ⇄ blau

WALB und JAMES geben einen Überblick über die Vorzüge und Nachteile der Cer(IV)-sulfatmethode gegenüber der mit Kaliumpermanganat und Kaliumdichromat unter Mitteilung einer großen Anzahl von Vergleichsanalysen. Wegen der großen Bedeutung, die der Cer(IV)-sulfatmethode zweifellos zukommen wird, sei hierauf näher eingegangen:

Vorteile der Verwendung von Cer(IV)-sulfat sind: 1. Die Lösungen sind außerordentlich haltbar, keine Titerveränderung (vgl. FURMAN; LANGE). 2. Cer(IV)-salzlösungen können in Gegenwart hoher Konzentrationen von Salzsäure, Schwefelsäure oder Perchlorsäure verwendet werden. Die Verwendbarkeit in starker Salzsäure zeichnet sie vor den Permanganatlösungen aus (über die Grenzen siehe JANSSENS). 3. Cer(IV)-salzlösungen können gegen dieselben Urtitersubstanzen wie Kaliumpermanganat, namentlich Elektrolyteisen (WESLY), Natriumoxalat [WILLARD und YOUNG (e)] und Arsen(III)-oxyd [WILLARD und YOUNG (e)] eingestellt werden. Neuerdings schlagen SMITH, SULLIVAN und FRANK die Anwendung eines reinen Cer(IV)-salzes des Hexanitroammoniumcerats(IV) (Ammoniumcerinitrats) $(NH_4)_2Ce(NO_3)_6$ vor, welches durch direktes Abwägen die Herstellung einer Standardlösung ermöglicht. Jedoch wird kein Beleg dafür gegeben. 4. Es findet nur *ein* Wertigkeitswechsel statt von Ce^{++++} nach Ce^{+++}, so daß störende Zwischenprodukte sich nicht bilden können. 5. Das hohe Oxydationspotential. 6. Die reduzierte Form, das Ce(III)-Ion ist farblos und stört deshalb keine Indicatoren.

Ein Nachteil liegt darin, daß die gelbe Färbung der Cer(IV)-verbindung nicht stark genug ist, um selbst als Indicator in der gleichen Schärfe zu dienen wie die rote Farbe des Permanganats, so daß für genaues Arbeiten ein Indicator notwendig ist, und daß der Preis höher ist.

Seit der Auffindung des Eisen(II)-o-phenanthrolins als Indicator entfällt der angeführte Nachteil. Die Vorteile überwiegen demnach so sehr, daß mit Sicherheit die Cer(IV)-sulfatmethode den ihr gebührenden Platz erobern wird. WALB und JAMES geben die folgenden

Arbeitsvorschriften. Titerstellung, elektrolytischer Eisendraht von 99,86% Fe in einer Menge von 0,2 g wird in genügend konzentrierter Schwefelsäure aufgelöst, daß das Endvolumen von 200 cm³ 2n an Säure ist. Die Lösung wird reduziert und gegen die etwa 0,1 n Oxydationslösung titriert unter Verwendung des o-Phenanthrolin-Eisen(II)-sulfat-Komplexes in 0,025n Lösung durch Auflösen der berechneten Menge o-Phenanthrolin ($C_{12}H_8N_2 \cdot H_2O$) in einer Lösung, die 0,025m an Eisen(II)-sulfat und 0,5m an H_2SO_4 ist. Die Ausführung der Titration erfolgt bei Zimmertemperatur. Es wurden Wasserstoffperoxyd und Natriumperborat untersucht. Die erhaltenen Ergebnisse sind aus den folgenden Tabellen 2 und 3 (S. 236) zu ersehen.

Leider fehlt der Vergleich mit der jodometrischen Methode, welche aber in der US Pharmacopoe XI im Gegensatz zum DAB 6 nicht für die Bestimmung der Peroxyde verwendet wird.

Tabelle 2. Wasserstoffperoxyd.

	Cer(IV)-sulfat	Permanganat
	2,93% H_2O_2	2,95% H_2O_2
	2,93% ,,	2,95% ,,
	2,95% ,,	2,97% ,,
	2,96% ,,	2,96% ,,
	2,94% ,,	2,96% ,,
	2,94% ,,	2,95% ,,
Mittel	2,94% H_2O_2	2,96% H_2O_2

Tabelle 3. Natriumperborat.

	Cer(IV)-sulfat	Permanganat
	9,63% aktiver O_2	9,66% aktiver O_2
	9,64% ,, ,,	9,64% ,, ,,
	9,66% ,, ,,	9,64% ,, ,,
	9,65% ,, ,,	9,63% ,, ,,
	9,66% ,, ,,	9,65% ,, ,,
Mittel	9,65% aktiver O_2	9,65% aktiver O_2

Willard und Young (e) stellen die Cer(IV)-sulfatlösung mit Natriumoxalat oder Arsen(III)-oxyd unter Verwendung des o-Phenanthrolin-Eisen(II)-Komplexes als Indicator ein und titrieren das Wasserstoffperoxyd unter Zusatz von 10 bis 30 cm^3 Salzsäure (D 1,18) auf ein Anfangsvolumen von 200 cm^3 und unter Zusatz von 5 cm^3 Salzsäure auf ein Anfangsvolumen von 100 cm^3, die ohne Einfluß auf die bei Zimmertemperatur (20 bis 25°) ausgeführten Bestimmungen sind, wie aus der folgenden Tabelle 4 hervorgeht.

Die Brauchbarkeit der Methode steht ebenso außer Zweifel wie die Vorteile und leichte Anwendbarkeit.

Ergänzend ist noch zu sagen: Willard und Young haben gezeigt, daß die das Cer begleitenden seltenen Elemente bei der Maßanalyse keineswegs hinderlich sind (vgl. Lange). Man kann also von dem billigen Handelsprodukt, z. B. Cer(III)-oxalat, ausgehen, das durch Glühen in CeO_2 übergeführt wird. Das Dioxyd wird mit so viel Schwefelsäure von 60% (D 1,5) behandelt, daß die fertige etwa 0,1n Cer(IV)-salzlösung 1 bis 2n an Schwefelsäure ist. Das Gemisch von Cer(IV)-oxyd mit Schwefelsäure wird so lange bei 125 bis 130° gerührt, bis der ungelöste Rückstand hellgelb erscheint. Die Lösung wird dann so weit mit Wasser verdünnt, daß sie etwa 0,1n an Ce^{++++} ist. Es wird noch eine weitere Stunde bei 75 bis 80° gerührt und dann filtriert. Der ungelöste Rückstand besteht hauptsächlich aus CeO_2 und kann bei einer späteren Zubereitung mitverwendet werden. Nach Willard und Young liefern auch die billigeren Oxyde des Handels eine für die meisten Zwecke brauchbare Titerlösung. Die Haltbarkeit der Lösung war so groß, das selbst nach 40 Wochen keine Titeränderung gefunden werden konnte. Auch Furman gelangte zu ähnlichen günstigen Ergebnissen. Selbst längeres Kochen ändert den Wirkungswert nicht.

Tabelle 4.

cm^3 HCl(D 1,18)	cm^3 Anfangsvolumen	cm^3 0,1 n Cer(IV)-sulfatlösung Gefunden	Berechnet
10	200	13,47	13,46
10	200	67,31	67,30
30	200	33,64	33,65
5	100	33,64	33,65

(Vgl. auch Janssens.)

Es mag übrigens ausdrücklich betont werden, daß auch ohne o-Phenanthrolin-Eisen(II)-sulfat oder andere Indicatoren der Endpunkt der Titration nach einiger Übung visuell gefunden werden kann. Man hat nur nötig, durch eine Blindprobe festzustellen, wieviel von der Cer(IV)-salzlösung nötig ist, um bei einem bestimmten Volumen der Titerflüssigkeit und bei einer bestimmten Durchsicht das Auftreten der Gelbfarbe zu erkennen. Diese Menge zieht man dann von der verbrauchten Titerlösung ab. Die für die Blindprobe verwendete Lösung soll auf etwa 200 cm^3 10 bis 20 cm^3 konzentrierte Salzsäure und 3,5 cm^3 konzentrierte Schwefelsäure enthalten. Im allgemeinen genügt ein Tropfen einer 0,1n Cer(IV)-salzlösung, also etwa 0,05 cm^3, um die Gelbfärbung zu erkennen.

Salpetersäure, Phosphorsäure und Fluorwasserstoffsäure behindern die Titration.

Alle Nacharbeiter haben also die von LANGE gefundenen Vorzüge der Titration mit Cer(IV)-sulfatlösungen bestätigt und erweitert. Auch ohne besondere Indicatoren wie o-Phenanthrolin-Eisen(II)-sulfat oder Erio-Grün B Supra können bei geeigneter Einrichtung (z. B. Arbeiten gegen reinweiße Unterlage), gutem Tageslicht und besonders bei genügender Gelbempfindlichkeit des Untersuchenden, einwandfreie Ergebnisse erzielt werden. Die Verwendung eines Indicators ist aber vorzuziehen (vgl. KOLTHOFF, BERRY).

II. Indirekte Methode. Hier möge noch die Bestimmung kleiner, sich bei chemischen oder biologischen Vorgängen bildender Mengen von Wasserstoffperoxyd beschrieben werden, bei welcher das Wasserstoffperoxyd unter geeigneten Bedingungen auf Cer(III)-hydroxyd unter Bildung von Cerperoxyd einwirkt, das dann mit Jodwasserstoffsäure in schwefelsaurer Lösung zu Cer(III)-salz unter Bildung von Jod, das mit Thiosulfat titriert wird, reduziert wird. Die

Arbeitsvorschrift von WIELAND und ROSENFELD lautet:

Eine 0,42m Lösung von Cer(III)-sulfat, $Ce_2(SO_4)_3 \cdot 8H_2O$, wird mit der erforderlichen Menge Boratpuffer vom p_H-Wert 9,24 auf einen p_H-Wert 8,0 gebracht. Dabei fällt ein weißer Niederschlag aus. Schüttelt man diesen mit verdünnter Wasserstoffperoxydlösung, so färbt sich die Suspension je nach Menge des vorhandenen Wasserstoffperoxyds gelbbraun bis rotbraun infolge Bildung von Cerperoxyd. Die Suspension wird mit Kaliumjodidlösung versetzt, mit Schwefelsäure angesäuert und das ausgeschiedene Jod mit 0,1n Thiosulfatlösung aus einer Mikrobürette titriert.

Es kann aber der Niederschlag auch abzentrifugiert, in Säure gelöst und nach Zusatz von Kaliumjodidlösung mit Thiosulfat titriert werden.

Hierbei werden 40% des Cerperoxyds zersetzt, auch wenn das Cerperoxyd auf andere Weise gewonnen war, so daß nur etwa 60% gefunden werden, was bei der Bewertung der Ergebnisse berücksichtigt werden muß. Die Umsetzungen, die hierbei vor sich gehen, sind folgende:

$$2\,CeO_3 + 6\,HJ + 3\,H_2SO_4 = Ce_2(SO_4)_3 + 6\,J + 6\,H_2O,$$

(15) $$Ce_2O_3 + 3\,H_2O_2 = 2\,CeO_3 + 3\,H_2O.$$

Wird das Cerperoxyd zuerst in Säure aufgelöst und dann Kaliumjodid zugegeben, so ist der Vorgang wahrscheinlich der folgende:

$$2\,CeO_3 + 2\,Ce_2(SO_4)_3 + 6\,H_2SO_4 = 6\,Ce(SO_4)_2 + 6\,H_2O,$$
$$6\,Ce(SO_4)_2 + 6\,HJ = 3\,Ce_2(SO_4)_3 + 3\,H_2SO_4 + 6\,J.$$

WIELAND und ROSENFELD benutzten diese Methode zum Auffangen von Wasserstoffperoxyd, das bei Dehydrierungsvorgängen entsteht.

HALLS gibt in einer allgemeinen Zusammenfassung über die Anwendung von Cer(IV)-sulfat in der oxydimetrischen Titration auch die Bestimmung für Wasserstoffperoxyd und die Herstellung der Reagenslösung an.

Literatur.

ATANASIU, J. A., u. V. STEFANESCU: B. **61**, 1343 (1928).

BERRY, A. J.: Analyst **58**, 464 (1933). — BLAU, F.: M. **19**, 668 (1898).

FURMAN, N. H.: Am. Soc. **52**, 1443 (1930). — FURMAN, N. H., u. J. H. WALLACE JR.: Am. Soc. **51**, 1449 (1929).

HALLS, E. E.: Ind. Chemist **17**, 274 (1941).

JANSSENS, R.: Natuurwetensch. Tijdschr. **13**, 257 (1931). — JOB, A.: C. r. **128**, 101 (1900).

KANNING: Volumetric analysis Prentice Hall. (1938), S. 142. — v. KNORRE, G.: Angew. Ch. **10**, 685, 717 (1897); durch Fr. **42**, 448 (1903). — KOLTHOFF, J. M.: Die Maßanalyse, 2. Aufl., Bd. 2, S. 534—537. Berlin: Springer 1931. — KUNZ, A. H.: Am. Soc. **53**, 98 (1931); durch C. **102**, I, 2176 (1931).

LANGE, L. TH.: J. pr. **82**, 129 (1861).
SMITH, G. F., V. R. SULLIVAN u. G. FRANK: Ind. eng. Chem. Anal. Edit. **8**, 449 (1936); durch C. **108**, **I**, 3834 (1937).
WALB, A., u. A. E. JAMES: J. Am. pharm. Assoc. **29**, 221 (1940). — WALDEN JR., H. G., L. P. HAMET u. R. P. CHAPMAN: Am. Soc. **53**, 3908 (1931); **55**, 2649 (1933). — WESLY, W.: Fr. **91**, 341 (1933). — WIELAND, H., u. B. ROSENFELD: A. **477**, 32 (1930). — WILLARD, H. H., u. P. YOUNG: (a) Am. Soc. **50**, 1322 (1928); (b) **50**, 1372 (1928); (c) **50**, 1222, 1334 (1928); durch C. **99**, **II**, 85, 86 (1928); (d) **51**, 149 (1929); (e) **55**, 3260 (1933).

7. Bestimmung mit Zinn(II)-chlorid.

Die Reaktion zwischen Wasserstoffperoxyd und Zinn(II)-chlorid verbraucht nach der Gleichung:

$$H_2O_2 + SnCl_2 + 2\,HCl = 2\,H_2O + SnCl_4 \tag{16}$$

auf 1 Mol Wasserstoffperoxyd 1 Mol Zinn(II)-chlorid und kann zu einer indirekten Methode zur Wasserstoffperoxydbestimmung herangezogen werden. Wasserstoffperoxyd wirkt hier als oxydierendes Mittel.

Von LENSSEN und LÖWENTHAL waren schon die beiden möglichen Umsetzungen, nämlich die von Wasserstoffperoxyd mit Kaliumjodid in starker Salzsäure und Titration des ausgeschiedenen Jods mit Zinn(II)-chloridlösung, als auch die Reduktion des Wasserstoffperoxyds mit überschüssigem Zinn(II)-chlorid und Rücktitration des Überschusses mit Jodlösung ausgeführt worden.

Die Rücktitration von Zinn(II)-chlorid mit Jod erfolgt nach der Gleichung:

$$SnCl_2 + 2\,HCl + J_2 = SnCl_4 + 2\,HJ.$$

THOMSEN verwendete zur Bestimmung des Wasserstoffperoxyds die Gleichung (16) und titrierte den Überschuß des Zinnchlorids mit Kaliumpermanganatlösung zurück.

Schließlich hat BERTALAN eine genaue

Arbeitsvorschrift gegeben: 1 cm³ einer etwa 3%igen Wasserstoffperoxydlösung wird mit 50 cm³ Wasser verdünnt, 2 g Kaliumhydrogencarbonat zugegeben, dann 30 cm³ einer etwa n Schwefelsäure und 10 cm³ einer Zinn(II)-chloridlösung, die etwa 0,2 n ist. Darauf wird mit 0,1 n Jodlösung zurücktitriert. Der Zusatz von Kaliumhydrogencarbonat und Schwefelsäure legt ein Kohlensäurepolster über die zu titrierende Flüssigkeit zur Verhinderung der Oxydation durch Luftsauerstoff. Die Zinn(II)-chloridlösung ist in einer Vorratsflasche unter Zuleitung von Leuchtgas ausreichend haltbar. Gegenüber der Verwendung von Kaliumpermanganat besteht der Vorteil in der Unempfindlichkeit gegen organische Substanzen, die zum Haltbarmachen der Wasserstoffperoxydlösung häufig zugesetzt werden. Die Beleganalysen zeigen gute Übereinstimmung mit der Permanganatmethode.

Die Methode findet wohl keine praktische Anwendung, sie braucht zwei Titerlösungen, von denen die eine, die Zinn(II)-chloridlösung, trotz sorgfältiger Aufbewahrung nicht titerbeständig ist.

Literatur.

v. BERTALAN, J.: Ch. Z. **40**, 373 (1916).
LENSSEN, E., u. J. LÖWENTHAL: J. pr. **86**, 207 (1861).
THOMSEN, J.: Pogg. Ann. **150**, 59 (1873).

8. Bestimmung unter Verwendung von Sulfocarbamid (Thioharnstoff) und Bromid-Bromatlösung.

Von MAHR und OHLE ist ein Verfahren zur Bestimmung des aktiven Sauerstoffs in Wasserstoffperoxyd, Perboraten, Percarbonaten und Erdalkaliperoxyden ausgearbeitet worden, das auf der Reduktion der Lösungen dieser Stoffe mit überschüssigem Sulfocarbamid und Rücktitration des Überschusses des Sulfocarbamids mit einer eingestellten Lösung einer bromidhaltigen Kaliumbromatlösung in Gegenwart von Kaliumjodid in saurem Medium beruht. Hierbei spielen sich folgende Vorgänge ab: Das Sulfocarbamid erleidet eine Oxydation zu dem Disulfid, wobei das Sulfocarbamid $(NH_2)_2CS$ in einer tautomeren Form $\begin{matrix} NH_2 \\ NH \end{matrix}\!\!>\!CSH$ in Reaktion tritt. Die Perverbindungen machen aus dem Jodwasserstoff Jod frei:

$$2\,HJ + H_2O_2 = 2\,H_2O + J_2,$$

welches nun nach:

$$2\begin{matrix} NH_2 \\ NH \end{matrix}\!\!>\!CSH + J_2 = \begin{matrix} NH_2 \\ NH \end{matrix}\!\!>\!CS-S-C\!\!<\!\begin{matrix} NH_2 \\ NH \end{matrix} + 2\,HJ \qquad (17)$$

sich mit dem Sulfocarbamid zu dem Disulfid umsetzt. Das überschüssige Sulfocarbamid wird durch Bromid-Bromat-Lösung in Gegenwart von Jodwasserstoff, aus welchem nach

$$HBrO_3 + 6\,HJ = HBr + 6\,J + 3\,H_2O$$

Jod frei gemacht wird, gemäß der oben gegebenen Gleichung gleichfalls zu dem Disulfid oxydiert. Ohne die Zwischenschaltung des Jods würde das Sulfocarbamid durch die Bromid-Bromat-Lösung weiter über das Disulfid hinaus oxydiert werden.

Die Oxydation des Sulfocarbamids zum Disulfid mittels Jods war schon von REYNOLDS und WERNER gefunden und zu einer titrimetrischen Bestimmung verwendet worden. Die Ergebnisse waren aber unbefriedigend, weil das Gleichgewicht $2-SH + J_2 \rightleftarrows -S-S- + 2\,HJ$ merklich nach links verschoben wird, wenn die Jod-Ionenkonzentration zu groß wird.

Diese Erkenntnis benutzten MAHR und OHLE bei ihrem Verfahren, mit dem sich außer den obengenannten noch zahlreiche andere Peroxyde, auch Chromsäure, bestimmen lassen, wenn die Jod-Ionenkonzentration so klein gehalten wird, daß das Gleichgewicht völlig nach rechts, also nach dem Disulfid verschoben wird. Sie geben folgende

Arbeitsvorschrift. 25 bis 30 cm^3 Schwefelsäure (1 + 1), 5 cm^3 1%ige Kaliumjodidlösung (= 50 mg KJ) und 25 cm^3 0,1 n Sulfocarbamidlösung (7,612 g/l) werden gemischt und mit 20 bis 15 cm^3 Wasser auf 75 cm^3 aufgefüllt. Die Wasserstoffperoxydlösung wird tropfenweise unter Umschwenken bei Zimmertemperatur zugegeben, während Percarbonat, Perborat in die auf 35° erwärmte Mischung eingetragen werden.

Für die Bestimmung des wirksamen Sauerstoffs im Bariumperoxyd verwendet man eine kalte Lösung von 5 cm^3 konzentrierter Chlorwasserstoffsäure, 5 cm^3 1%iger Kaliumjodidlösung in 65 cm^3 Wasser, in welche man das Bariumperoxyd einträgt und auflöst. In allen Fällen wird die auf 35° erwärmte Lösung mit einer 0,1 n Lösung von Bromid-Bromat nach Zusatz von Stärkelösung zur Überführung des überflüssigen Sulfocarbamids in das Disulfid titriert. Sobald die Oxydation des Sulfocarbamids zum Disulfid beendet ist, tritt die blaue Farbe der Jodstärke auf (vgl. MAHR). Die Übereinstimmung der so erhaltenen Werte mit der Titration der Peroxyde mittels Kaliumpermanganats ist sehr gut. Auch Persulfate lassen sich so titrieren, hierbei muß lediglich vor der Rücktitration, die wiederum bei 35° stattfindet, 15 Min. lang bis auf 70° erhitzt werden.

Diese MAHRsche Bestimmungsmethode ist zweifellos sehr interessant, dürfte sich aber wohl kaum neben den Methoden, die Permanganat, Jodide und Cer(IV)-sulfat benutzen, behaupten können.

Literatur.

MAHR, C.: Fr. **117**, 91 (1939). — MAHR, C., u. H. OHLE: Angew. Ch. **52**, 618 (1939).
REYNOLDS, J. E., u. E. A. WERNER: Soc. **83**, 1 (1903); durch C. **74**, I, 447 (1903).

9. Bestimmung mit Eisen(II)-ammoniumsulfat.

Eine Bestimmung des Wasserstoffperoxyds mit Eisen(II)-ammoniumsulfat hat MATHEWSON und CALVIN vorgeschlagen. Ihre Methode beruht auf der Oxydation von Eisen(II)- zu Eisen(III)-ion in schwach saurem Medium, entsprechend der Gleichung:

(18) $$2\,FeSO_4 + H_2O_2 + H_2SO_4 = Fe_2(SO_4)_3 + 2\,H_2O.$$

Die zu bestimmende Wasserstoffperoxydlösung wird in eine vorgelegte Lösung des Mohrschen Salzes zugemessen. Der Endpunkt der Titration wird durch die Gelbfärbung von wenig als Indicator zugegebenem Titansalz erkannt.

Arbeitsvorschrift. Man verdünnt die zu untersuchende Wasserstoffperoxydlösung mit einem genau gemessenen Volumen Wasser, so daß sie ungefähr 0,2 n (0,3%) wird. Dann wägt man ungefähr 2 g Eisen(II)-ammoniumsulfat genau ab, löst in Wasser, fügt einige Gramm Ammoniumsulfat hinzu und so viel Phosphorsäure als nötig ist, um die Lösung zu entfärben. Darauf fügt man etwas einer Titansulfatlösung hinzu, die man dadurch hergestellt hat, daß man Titanoxyd mit der zehnfachen Gewichtsmenge $KHSO_4$ geschmolzen und das geschmolzene Produkt in kalter verdünnter Schwefelsäure gelöst und dann filtriert hat. Man titriert nun, indem man die Wasserstoffperoxydlösung aus einer Bürette zu der anderen Lösung zufließen läßt. Der Titrationsendpunkt wird dadurch angezeigt, daß sich die gelbe Verbindung zwischen Wasserstoffperoxyd und dem Titansalz bildet. Nacharbeiter hat die Methode scheinbar nicht gefunden.

Literatur.

MATHEWSON, W. E., u. J. W. CALVIN: Am. Chem. J. **36**, 113 (1906).

B. Acidimetrische Methoden.

1. Mit Kaliumjodid.

Die von HOUZEAU gefundene und ausgearbeitete Bestimmung beruht auf der der Ermittlung des Säureverbrauches entsprechenden Gleichung:

(19) $$2\,KJ + H_2SO_4 + H_2O_2 = K_2SO_4 + 2\,H_2O_2 + J_2,$$

nach der auch die jodometrische Bestimmung erfolgt.

Arbeitsvorschrift. Eine bestimmte Menge der Wasserstoffperoxydlösung wird in einen Stehkolben gegeben, ein geringer Überschuß von Schwefelsäure (5 cm³ 0,025 n entsprechen der Menge Alkali, die von 2,126 mg Wasserstoffperoxyd erzeugt wird) zugefügt. Dann werden einige Tropfen einer 3%igen Lösung von Kaliumjodid in Wasser zugesetzt und bis zum Sieden erhitzt, das einige Minuten bis zum völligen Entfärben fortgesetzt wird. Nach dem Abkühlen bestimmt man die nicht gebundene Menge Schwefelsäure mit Hilfe einer carbonatfreien Alkalilösung unter Verwendung von Lackmus als Indicator. Eine Bestimmung dauert 10 Min.

Die Alkalilösung stellt HOUZEAU durch Auflösen der Alkalien in Alkohol und Verdünnen der alkoholischen Lösung mit ausgekochtem kohlensäurefreiem Wasser her. Diese Lösung gestattet eine glatte und rasche Titration von selbst sehr verdünnten Lösungen. 27 cm³ der alkoholischen Alkalilösung entsprechen 5 cm³ n/40 Schwefelsäure = 2,126 mg Wasserstoffperoxyd. $^1/_{20}$ cm³ der Alkalilösung entspricht etwa 0,004 mg = 4 γ Wasserstoffperoxyd. Ist die Wasserstoffperoxydlösung alkalisch oder sauer, so ist sie entweder vorher genau zu neutralisieren, oder die für das Alkali oder die Säure im Wasserstoffperoxyd gefundenen Werte müssen von dem Endresultat abgezogen oder ihm zugezählt werden. Die Beleganalysen zeigen, daß die Jodausscheidung sowohl in der Kälte nach 18stündigem Stehen als auch in der Hitze völlig gleiche Werte gibt.

Die Zuverlässigkeit dieses Verfahrens, das sich besonders für die Bestimmung sehr geringer Mengen Wasserstoffperoxyd eignet, wurde von SCHÖNE ausdrücklich dahin bestätigt, daß noch Milligramme je Liter sicher bestimmt werden können.

DINIS verwendete mit Erfolg die HOUZEAUsche Methode auch für größere Mengen Wasserstoffperoxyd, wobei nur darauf zu achten ist, daß nach dem Ansäuern der Wasserstoffperoxyde mit einer abgemessenen Menge 0,1n H_2SO_4 und nach Zugabe der Kaliumjodidlösung vor dem Abtreiben des Jods eine gewisse Standzeit eingeschaltet wird (Standzeit 10 Min.), obwohl die Umsetzung zwischen Wasserstoffperoxyd und Jodwasserstoffsäure in der Hitze schnell verläuft. Die überschüssige Schwefelsäure wird mit 0,1n NaOH zurücktitriert.

PRING hat gefunden, daß bei der Umsetzung: $2KJ + H_2O_2 = 2KOH + J_2$ der Wert für freies Jod sich einem Grenzwert nähert, und daß das Verhältnis von freiem Alkali zu Jod in allen Fällen kleiner ist, als der obigen Gleichung entspricht, bei der sich kein Jodat bildet, so daß Hypojodit als das Hauptprodukt anzusehen ist. Diese Befunde widersprechen nicht den HOUZEAUschen Ergebnissen, da HOUZEAU ja in saurer Lösung mit einer genau bekannten Menge an Säure arbeitete und die Abnahme dieses Säuregehaltes bestimmte.

2. Mit Kaliumhexacyanoferrat(III).

Nach der Gleichung:

(20) $$2\,K_3Fe(CN)_6 + 2\,KOH + H_2O_2 = 2\,K_4Fe(CN)_6 + 2\,H_2O + O_2$$

werden auf 1 Mol Wasserstoffperoxyd 2 Mol Ätzalkali verbraucht. Gibt man also zu einer genau neutralisierten Kaliumhexacyanoferrat(III)-lösung eine bekannte Menge carbonatfreies Alkali im Überschuß und darauf die genau neutralisierte Wasserstoffperoxydlösung hinzu, so kann man aus der Differenz der angewandten Menge und der durch Rücktitration gefundenen Menge freien Alkalis die Wasserstoffperoxydmenge berechnen, wie durch einige Versuche bestätigt wurde.

Arbeitsvorschrift. 5 cm³ einer Wasserstoffperoxydlösung, die etwa 300 g Wasserstoffperoxyd im Liter enthalten sollte, werden auf 500 cm³ verdünnt. Von dieser verdünnten Lösung werden 5 cm³ zu einer in folgender Weise zu bereitenden alkalischen Lösung von Kaliumhexacyanoferrat(III) zugegeben. 35 g Kaliumhexacyanoferrat(III) werden in 1 l aufgelöst. Zu 25 cm³ dieser Lösung, die mit dem gleichen Volumen Wasser verdünnt wird, werden 10 cm³ einer 0,2n Natronlauge und unter Umschütteln die obige Wasserstoffperoxydlösung zugegeben. Nunmehr gibt man 8 Tropfen einer Methylrotlösung (1 + 1000) hinzu und titriert mit 0,1n Chlorwasserstoffsäure, bis deutlicher Umschlag nach Rot (es tritt natürlich eine Mischfarbe auf) erfolgt. Vorher hat man ohne Zusatz von Wasserstoffperoxyd die Titer der Natronlauge und der Chlorwasserstoffsäure unter Zusatz der gleichen Menge Kaliumhexacyanoferrat(III)-lösung aufeinander eingestellt, und zwar auf den gleichen Farbton.

Es werden bei drei Versuchen 12,75 cm³ 0,1n Chlorwasserstoffsäure zur Rücktitration des Alkaliüberschusses verbraucht, so daß 7,85 cm³ 0,1n Natronlauge bei dem Übergang von Hexacyanoferrat(III) zu (II) gefunden werden. Bei der Kontrolle mit 0,1n Kaliumpermanganatlösung wurden gleichfalls 7,85 cm³ verbraucht. Die Titration verläuft glatt und schnell. Organische Stoffe, die zur Haltbarmachung der Wasserstoffperoxydlösung oft zugesetzt werden, stören nicht.

3. Mit schwefliger Säure.

Eine Umkehrung des Vorschlages von THOMAS und ABERSOLD zur Oxydation von schwefliger Säure mit Wasserstoffperoxyd nach der Gleichung:

(21) $$H_2O_2 + SO_2 = H_2SO_4$$

und der Bestimmung der gebildeten Schwefelsäure durch Leitfähigkeitsmessung kann auch für die acidimetrische Bestimmung verwendet werden, wenn schweflige Säure, die frei von Schwefelsäure, oder deren Gehalt an Schwefelsäure bekannt ist, in geringem Überschuß in Wasserstoffperoxyd eingeleitet und zugegeben wird. Nach Abtreiben der überschüssigen schwefligen Säure kann die gebildete Schwefelsäure titriert oder auch durch Leitfähigkeitsmessung bestimmt werden unter Vornahme etwaiger Korrekturen, die sich aus dem Gehalt an anderen Säuren in den angewandten Stoffen ergeben.

Die Reaktion selbst ist von THÉNARD gefunden: „A peine l'acide sulfureux est-il en contact avec le bi-oxyde d'hydrogène même étendu de beaucoup d'eau, que son odeur disparaît, et qu'il passe à l'état d'acide sulfurique."

4. Mit Kaliumbisulfit.

SCHWICKER verwendet gleichfalls die Oxydation der schwefligen Säure, und zwar in der Form von Kaliumbisulfit, durch Wasserstoffperoxyd zu Schwefelsäure. Wird nun nach der Oxydation Formaldehyd hinzugesetzt, so wird das im Überschuß angewandte Kaliumbisulfit in Formaldehydbisulfit umgewandelt, welches neutral reagiert, während das unter der Einwirkung des Wasserstoffperoxyds entstandene Kaliumbisulfat mit dem Formaldehyd nicht reagiert und mit Alkalilauge titrimetrisch bestimmt werden kann.

Die Reaktionen sind die folgenden:

$KHSO_3 + H_2O_2 = KHSO_4$,

$KHSO_3 + CH_2O$ = Formaldehydkaliumbisulfit ($HO-CH_2-O-SO_2K$, der o-Methyloläther des Monokaliumsulfits),

$KHSO_4 + KOH = K_2SO_4 + H_2O$.

Arbeitsvorschriften. a) Perhydrol „Merck", 10 cm³ = 11,113 g werden auf 250 cm³ verdünnt, 50 cm³ werden mit 2 g Kaliumbisulfitkristallen versetzt und nach Zusatz von 10 cm³ 3%iger Formaldehydlösung mit Alkalilauge titriert. Es werden 19,6 cm³ n Lauge verbraucht = 30 g H_2O_2 in 100 g.

b) 2,242 g Perhydrol werden mit 25 cm³ Wasser verdünnt, mit Kaliumbisulfit reduziert. Nach Zusatz von Formaldehyd werden 19,8 cm³ n Lauge verbraucht = 30 g in 100 g.

c) 10 cm³ verdünnte (etwa 3%ige Lösung) Perhydrollösung werden mit 20 cm³ Wasser verdünnt, mit 1 g Kaliumbisulfit reduziert und 5 cm³ Formaldehydlösung zugegeben. Es werden 8,05 cm³ n Lauge verbraucht oder es werden 10 cm³ der verdünnten Peroxydlösung auf 50 cm³ verdünnt, 1,1 g Kaliumbisulfitkristalle und 5 cm³ Formaldehyd zugegeben und dann auf 100 cm³ im Meßkolben verdünnt. 20 cm³ dieser Lösung verbrauchen 16,1 cm³ 0,1 n Lauge. Beide Titrationen ergeben 2,737 g Wasserstoffperoxyd in 100 cm³. Zur Kontrolle wurde die letzte Lösung mit Kaliumpermanganat titriert. 20 cm³ verbrauchen 16,1 und 16,08 cm³ 0,1 n Kaliumpermanganatlösung; also völlige Übereinstimmung.

Voraussetzung für die Richtigkeit der Ergebnisse ist entweder vollkommene Neutralität des angewandten Formaldehyds oder Berücksichtigung der Acidität der Formaldehydlösung.

Literatur.

DINIS, R. A.: Rev. chim. pura appl. [3] **5**, 106 (1930).
HOUZEAU, A.: A. Ch. [4] **13**, 111 (1868); C. r. **66**, 44 (1868).
PRING, J. N.: Chem. N. **109**, 73 (1914).
SCHÖNE, EM.: Fr. **18**, 133 (1879). — SCHWICKER, A.: Fr. **108**, 89 (1937).
THÉNARD, L. J.: Traité de Chimie, T. VIII, 478 (1818). — THOMAS, M. D., u. J. N. ABERSOLD: Ind. eng. Chem. Anal. Edit. **1**, 14 (1929).

§ 2. Gasvolumetrische Methoden.

A. Durch Bestimmung des Gasvolumens.

Wasserstoffperoxyd kann entweder so reagieren, daß es den Sauerstoff, den es mehr als das Wasser hat, durch Zersetzung, die thermisch, katalytisch oder thermisch und katalytisch sein kann, abspaltet, oder so, daß unter Betätigung als Reduktionsmittel der gesamte Wasserstoff unter Wasserbildung an reduzierbare Stoffe abgegeben wird unter Freigabe in diesem Falle seines gesamten Sauerstoffes. Die dritte Form der Reaktion des Wasserstoffperoxyds als Oxydationsmittel verläuft unter Wasserbildung ohne jede Gasentwicklung und ist daher für die gasvolumetrischen Bestimmungen gegenüber den beiden zuerst genannten Reaktionsweisen nicht anwendbar. (Vgl. auch die Zusammenstellung der Reaktionsformeln in der Einleitung.)

Die erste Reaktionsweise der thermischen oder katalytischen Zersetzung verläuft nach der Gleichung:

(1a) $$2\,H_2O_2 = 2\,H_2O + O_2,$$

d. h. auf 2 Mol Wasserstoffperoxyd entwickelt sich 1 Mol Sauerstoff. Im zweiten Fall, dem der Umsetzung mit durch Wasserstoffperoxyd reduzierbare Körper, gilt die Gleichung:

(1) $$H_2O_2 + O = H_2O + O_2,$$

d. h. auf 1 Mol Wasserstoffperoxyd wird 1 Mol Sauerstoff, also doppelt soviel Sauerstoff wie in dem vorhergehenden Falle entwickelt. Die Umsetzung vollzieht sich beispielsweise mit Mangan(IV)-oxyd, Braunstein oder Kaliumpermanganat im Überschuß in saurer Lösung nach den Gleichungen:

(3a) $$H_2O_2 + MnO_2 + H_2SO_4 = 2\,H_2O + MnSO_4 + O_2$$

bzw.

(3) $$5\,H_2O_2 + 2\,KMnO_4 + 4\,H_2SO_4 = 2\,KHSO_4 + 2\,MnSO_4 + 5\,O_2.$$

Während die beiden obigen Umsetzungen in saurem Medium sich vollziehen, findet die Umsetzung mit Kaliumhexacyanoferrat(III) und Hypohalogeniten in alkalischer Lösung statt:

(20) $$H_2O_2 + 2\,K_3Fe(CN)_6 + 2\,KOH = 2\,H_2O + 2\,K_4Fe(CN)_6 + O_2,$$

und z. B.:

(8) $$H_2O_2 + NaOBr = H_2O + NaBr + O_2.$$

Die *katalytische Zersetzung* wird durch die verschiedensten Stoffe ausgelöst, wobei auch die physikalische Beschaffenheit eine erhebliche Rolle spielt, z. B. Kupfer-, Kobalt-, Mangan-, Bleisalze bzw. -oxyde oder feinverteiltes Platin, Gold, Tierkohle, Blut, Hämin.

Die Untersuchungen über die katalytische Wirkung sind von L. J. THÉNARD vor 125 Jahren mit einer verblüffenden Vollständigkeit durchgeführt worden, ebenso wie er auch gefunden hatte, daß bei der Umsetzung mit gewissen Stoffen sich mehr Sauerstoff entwickelt, als im Wasserstoffperoxyd enthalten ist.

Allgemein ist zu den beiden Bestimmungsarten zu bemerken: Die Zersetzung sollte nur katalytisch, wenn nötig unter Erwärmen, vorgenommen werden, da bei der rein thermischen Zersetzung, besonders wenn dabei gekocht wird, sich Wasserstoffperoxyd mit den Wasserdämpfen verflüchtet, sich so der Zersetzung entzieht (vgl. HANRIOT) und diese niemals vollständig ist. Die katalytische Zersetzung ist demgegenüber, wenn sie richtig, d. h. mit den *geeigneten Katalysatoren* im geeigneten Medium, durchgeführt wird, mit dieser Fehlerquelle nicht behaftet, jedoch sollten auch hier nur solche Katalysatoren verwendet werden, bei denen es ausgeschlossen ist, daß von ihnen Sauerstoff, der ihnen selbst entstammt, entwickelt oder zurückgehalten wird, indem sie selbst in eine höhere Oxydationsstufe übergehen. Bei der Verwendung von *Braunstein* als Katalysator hat HANRIOT festgestellt, daß stets ein allerdings konstanter Fehler besteht, ebenso fand RICHE, daß bei den katalytischen Zersetzungen von Wasserstoffperoxyd durch Braunstein im alkalischen Medium ein wenn auch geringer Teil des Braunsteins zu Manganoxyd reduziert wird. Es werden also diejenigen Katalysatoren den Vorzug verdienen, die in sehr geringer Menge wirksam sind und bei denen eine Veränderung nicht stattfindet.

Die Reaktion von *Silberverbindungen* mit Wasserstoffperoxyd hat WELTZIEN untersucht. Er fand, daß Wasserstoffperoxyd durch Silbernitrat nicht verändert, aus ammoniakalischer Lösung aber unter lebhafter Sauerstoffentwicklung metallisches Silber abgeschieden, und zwar in konzentrierten Lösungen als weißes, körniges Metallpulver gefällt wird. Es entsteht wohl zuerst Silberperoxyd, welches aber durch Wasserstoffperoxyd wieder reduziert wird. Der Gesamtvorgang verläuft nach der Gleichung:

(22) $$Ag_2O + H_2O_2 = 2\,Ag + H_2O + O_2.$$

Es fehlen Hinweise auf den quantitativen Verlauf der Reaktion.

EBELL hat die katalytische Wirkung von *Platinmohr* und *Silberoxyd* untersucht und den quantitativen Verlauf mit der Titrations- und gasvolumetrischen Methode kontrolliert. Seine Ergebnisse werden in der Zusammenfassung wiedergegeben (Tabelle 5).

Tabelle 5.

Mit $KMnO_4$ titriert	Mit $KMnO_4$ gasvolum.	Mit Platinmohr ungeglüht	Mit Platinmohr geglüht	Mit Silberoxyd
16,08 cm^3 O_2	32,2 cm^3 O_2	16,2 cm^3 O_2	16,4 cm^3 O_2	23,2 cm^3 O_2
—	32,2 cm^3 O_2	16,0 cm^3 O_2	16,4 cm^3 O_2	26,6 cm^3 O_2
—	—	—	—	22,6 cm^3 O_2
20,04 cm^3 O_2	39,2 cm^3 O_2	20,2 cm^3 O_2	19,8 cm^3 O_2	—
—	39,2 cm^3 O_2	20,2 cm^3 O_2	19,8 cm^3 O_2	28,4 cm^3 O_2

Sie zeigen, daß Silberoxyd als Katalysator unbrauchbar ist, da es sich teilweise an der Sauerstofflieferung unter eigener Zersetzung beteiligt. Die mit Silberoxyd und Wasserstoffperoxyd entwickelte Sauerstoffmenge sollte entsprechend der obigen Reaktionsgleichung auf 1 Mol Wasserstoffperoxyd 1 Mol Sauerstoff entwickeln und in der Tabelle dem Wert von Kaliumpermanganat entsprechen bzw. doppelt so groß sein als der Wert der reinen katalytischen Zersetzung, z. B. der mit Platinmohr.

In einer älteren Untersuchung (a) hatte zwar BERTHELOT bei der Einwirkung von Wasserstoffperoxyd auf Silberoxyd die Entwicklung gleicher Sauerstoffvolumina wie bei der Kaliumpermanganat- und Platinmohrzersetzung gefunden, ebenso bei der Anwendung äquivalenter Mengen Silbernitrat und Soda, und ferner die Unabhängigkeit der Sauerstoffentwicklung von der angewandten Silberoxydmenge. Er legte für die Reaktion die folgende Gleichung zugrunde:

$$3\,Ag_2O + 3\,H_2O_2 = 3\,O + Ag_4O_3 + 3\,H_2O + 2\,Ag.$$

Demgegenüber hat THÉNARD festgestellt, daß nur metallisches Silber bei der Reaktion entsteht, was auch von v. BAEYER und VILLIGER bestätigt wurde. Auf diese Arbeiten hin hat BERTHELOT (b) dann seine frühere Ansicht dahin modifiziert, daß in erster Phase die Reaktion nach der obigen Gesamtgleichung verläuft und dann in späterer Phase als langsamerer Vorgang die Zersetzung des Silberperoxyds nach der Gleichung

$$Ag_4O_3 = 4\,Ag + 3\,O$$

sich anschließt. Demnach verläuft der Gesamtvorgang unter Bildung von metallischem Silber und Entwicklung von 1 Mol Sauerstoff auf 1 Mol Wasserstoffperoxyd.

Danach kann die Reaktion nicht mehr als rein katalytisch gelten, da das Silberoxyd an der Reaktion stofflich beteiligt ist; der nicht glatte Ablauf des Vorganges macht seine Verwendung zweifelhaft.

Bei den *Umsetzungsreaktionen* ist man davon abhängig, daß sie natürlich quantitativ verlaufen müssen, und daß die im Überschuß angewandten anderen Stoffe nach vollendeter Umsetzung selbst keine Zersetzung mehr erleiden. So macht KINGZETT eindringlich darauf aufmerksam, daß bei der Umsetzung von Wasserstoffperoxyd mit im Überschuß angewandter, angesäuerter *Kaliumpermanganatlösung* die Sauerstoffentwicklung keineswegs aufhört, wenn das Wasserstoffperoxyd verbraucht ist, sondern weitergeht bis die Farbe der Permangansäure verschwindet und sich viel Manganoxyde als Niederschlag gebildet haben. Die Ursache liegt darin, daß, wie KINGZETT feststellte, eine mit Schwefelsäure angesäuerte Permanganatlösung der spontanen Zersetzung unterliegt, die erst nach 30 Tagen, nach Entfärbung der Flüssigkeit, ihr Ende gefunden hat. Etwas anderes ist es, wenn man zu einer Wasserstoffperoxydlösung nur die bis zur eben eintretenden Rosafärbung nötige Permanganatlösung zufließen läßt, oder wenn man in neutraler Lösung und mit überschüssigem Kaliumpermanganat arbeitet. In diesen Fällen wird die richtige Menge Sauerstoff entwickelt, in neutraler Lösung findet die Reduktion des Kaliumpermanganats nicht bis zum 2wertigen Mangan statt, sondern es bilden sich höhere Manganoxyde. Ein Vorteil der reduzierenden Reaktionsweise des Wasserstoffperoxyds besteht gegenüber der katalytischen Zersetzung darin, daß, worauf schon hingewiesen wurde, bei jener die doppelte Menge Sauerstoff entwickelt wird als bei dieser.

Wenn überhaupt die gasanalytische Bestimmung des Wasserstoffperoxyds Bedeutung erlangt hat, so hat sie das zuerst dem Umstande zu verdanken, daß die gasvolumetrische Bestimmung vor den titrimetrischen Methoden entwickelt wurde, und zwar zu einer großen Genauigkeit. So hat THÉNARD schon im Jahre 1818 das von ihm hergestellte nahezu 100%ige Wasserstoffperoxyd mit großer Genauigkeit gasvolumetrisch bestimmt. Ein weiterer Grund ist, daß für gewisse Untersuchungen diese Bestimmungsart auch heute nicht entbehrt werden kann, ganz abgesehen von der Vorliebe einiger Forscher für gasvolumetrische Methoden. Schließlich hat auch viel dazu beigetragen, daß Wasserstoffperoxyd lange Zeit nach dem Volumen Sauerstoff bewertet wurde, das von ihm entwickelt wird, worauf schon einleitend eingegangen wurde.

Die Apparate, die für diese Bestimmung gebraucht werden, sind die in der Gasanalyse üblichen, z. B. das LUNGEsche Nitrometer oder Ureometer, so daß auf eine Beschreibung dieser Apparate hier verzichtet werden kann. Da aber eine Anzahl Apparate für den besonderen Zweck der Wasserstoffperoxydbestimmung gebaut und beschrieben worden sind, so werden diese Apparate an der für sie in Betracht kommenden Stelle abgebildet und besprochen werden.

Nicht nur das Wasserstoffperoxyd als solches hat man gasvolumetrisch bestimmt, sondern auch sich von ihm ableitende oder es bildende Verbindungen wie Natriumperoxyd, Percarbonate, Perborate auch in Waschpulvern und Bleichflotten. Wenn auch keine prinzipiellen Unterschiede in der Bestimmung dieser Körper bestehen, so erscheint es doch zweckmäßig, Wasserstoffperoxyd von diesen anderen Stoffen getrennt zu behandeln.

Oben wurden über die Genauigkeit der gasvolumetrischen Bestimmungen gewisse einschränkende Bemerkungen gemacht, die aber nur für exakte wissenschaftliche Arbeiten zu berücksichtigen sind, da für die Technik diese geringen Abweichungen bedeutungslos sind. Da das gasvolumetrische Arbeiten eine größere Geschicklichkeit, ferner die Beobachtung zahlreicher Faktoren wie Barometerstand, Temperatur und Feuchtigkeit verlangt und auch meistens eine längere Zeit beansprucht, so haben sich im allgemeinen die auf ihr beruhenden Methoden, gewisse

Sonderbestimmungen ausgenommen, in der Praxis nicht eingebürgert und werden heute schon aus dem Grunde nur noch eingeschränkt verwendet, weil die Bewertung des Wasserstoffperoxyds nicht mehr nach dem von ihm entwickelten Sauerstoffvolumen geschieht. Es werden deshalb fast ausschließlich die sehr genauen, meist auch sehr einfach auszuführenden titrimetrischen Methoden bevorzugt.

1. Wasserstoffperoxyd.

a) Katalytische Zersetzung. *Mit Braunstein.* THÉNARD bewirkte die Zersetzung des Wasserstoffperoxyds zum Zwecke der Analyse seines Wasserstoffperoxyds vom spezifischen Gewicht 1,1415 bzw. 1,452 sowohl durch Hitze als auch durch katalytische Zersetzung mittels Mangan(IV)-oxyds, indem er zugleich mit dem Mangan(IV)-oxyd etwas Alkali in das vorher verdünnte Wasserstoffperoxyd fügte, um geringe Spuren von Säure in dem Wasserstoffperoxyd zu binden, da diese sonst die Ursache einer zusätzlichen Entwicklung von Sauerstoff sein würden. Die Analysen sind mit größter Sorgfalt ausgeführt und auch genau in allen Einzelheiten wiedergegeben. Lediglich der Sauerstoff wird gemessen, während alles andere, Wasserstoffperoxyd, Verdünnungswasser und Gefäße gewogen werden.

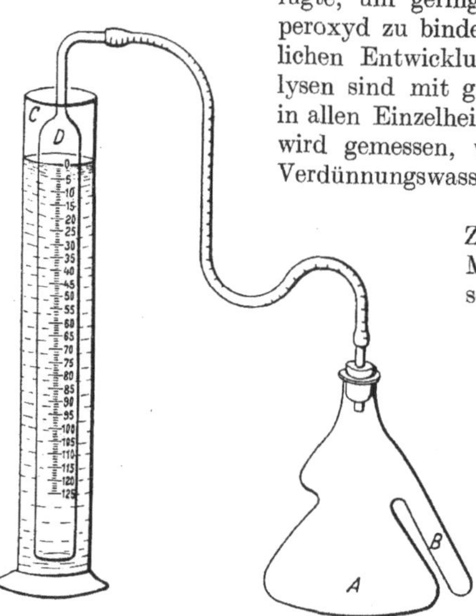

Abb. 3. Apparat. (Nach JAUBERT.)
A Reaktionsgefäß, *B* Anhanggefäß, *C* Standzylinder, *D* graduiertes Eintauchgefäß.

RICHE hat gleichfalls die rein katalytische Zersetzung des Wasserstoffperoxyds mittels Mangan(IV)-oxyds in neutraler und alkalischer Lösung festgestellt, wobei er fand, daß auch in alkalischer Lösung eine geringe Menge des Mangan(IV)-oxyds reduziert und somit die Sauerstoffmenge schwach erhöht wurde. Er benutzte für die Bestimmung des Sauerstoffs eine einfache Zusammenstellung aus einem Zersetzungskölbchen mit Gummistopfen und 2mal winklig abgebogenem Röhrchen, welches in ein graduiertes Rohr mündet und in einen mit Wasser gefüllten Zylinder eingetaucht war.

SONNERAT macht die Wasserstoffperoxydlösung alkalisch und gibt dann Mangan(IV)-oxyd in ziemlich großen Mengen zu.

Arbeitsvorschrift. In einen graduierten Zylinder wird 1 cm³ der Wasserstoffperoxydlösung mit 15 cm³ Wasser verdünnt und mit 1 bis 2 cm³ Natronlauge alkalisch gemacht; dann werden 3 g Mangan(IV)-oxyd, die sorgfältig in Seidenpapier eingewickelt sind, eingeworfen, und es wird schnell mit einem Gummistopfen verschlossen. Es wird gut durchgeschüttelt und nach beendeter Reaktion unter Wasser geöffnet, wobei eine dem entwickelten Sauerstoffvolumen entsprechende Menge Wasser austritt, so daß die Differenz des ursprünglichen Wasservolumens und des nach dem Austritt gefundenen gleich dem entwickelten Sauerstoffvolumen ist. Man erhält so nach der üblichen Umrechnung die Volumenprozente.

JAUBERT verwendet Mangan(IV)-oxyd als Katalysator und verwendet den Apparat gemäß Abb. 3. Zwei Kubikzentimeter Wasserstoffperoxyd von 12 „Vol.-%", das also etwa das 12fache seines eigenen Volumens an Sauerstoff entwickelt, werden in das Gefäß *A* und 1 g feingepulverter Braunstein mittels eines Glastrichters in den Anhang *B* gegeben. Nach Anschließen des Zersetzungskolbens an den Eintauchzylinder *D*, der mit Graduierung versehen ist, bringt man die Flüssigkeit durch wiederholtes Kippen und Bewegen in Berührung mit dem Mangan(IV)-oxyd. Nach wenigen Minuten ist die Reaktion beendet, das Wasserniveau in *C* und *D* wird auf gleiche Höhe gebracht und das Gasvolumen abgelesen. Es ist offenbar, daß diese Vorrichtung nur für schnelle Analysen geeignet ist, die keine zu große Genauigkeit verlangen. Bei der Anwendung von 1 g Wasserstoffperoxyd und einem gemessenen Gasvolumen in Kubikzentimetern (reduziert auf Normalbedingungen) ergibt sich der Gehalt in Gew.-% nach der Formel

$$\text{Gew.-\%} = V \cdot 0{,}100 \cdot 1{,}429.$$

Eine ausführliche Umrechnungstabelle ist in der Arbeit enthalten.

QUARTAROLI verwendet 20 cm³ einer 4fach verdünnten etwa 3%igen Wasserstoffperoxydlösung, setzt je 2 cm³ einer 1,5%igen Kupfersulfatlösung und einer 20%igen Natronlauge zu und mißt das entwickelte Gasvolumen von etwa 60 cm³. Werden jedoch nur 30 cm³ Gas entwickelt, so wird der Versuch mit der nur 2mal verdünnten Lösung des Wasserstoffperoxyds wiederholt, und wird noch weniger erhalten, so wird die Originallösung genommen.

Mit Kupfer(II)-Ionen. HAIGHT führt die Bestimmung in einem Gärungsröhrchen gemäß Abb. 4 aus, das mit *einer ammoniakalischen Kupfersulfatlösung* gefüllt ist. 1 cm³ der Wasserstoffperoxydlösung wird mittels einer unten umgebogenen Pipette, die außen trocken abgewischt ist, sehr langsam eingeführt. Der entwickelte Sauerstoff sammelt sich in dem geschlossenen, graduierten Teil und kann direkt abgelesen werden. Die Kupfersulfatlösung kann sehr häufig wieder benutzt werden, da die durch das Wasser bewirkte Verdünnung die Wirksamkeit nicht beeinträchtigt. Es ist offenbar, daß auch dieser Vorschlag nicht zu genauen Werten führen kann, wohl aber für eine rasche und annähernd genaue Analyse ausreichend ist. Bei der Berechnung des Gasvolumens müßte nicht nur die Niveaudifferenz, sondern auch der Dampfdruck des Ammoniaks berücksichtigt werden. Für eine schnelle und orientierende Analyse ist es offenbar aber ein guter Vorschlag.

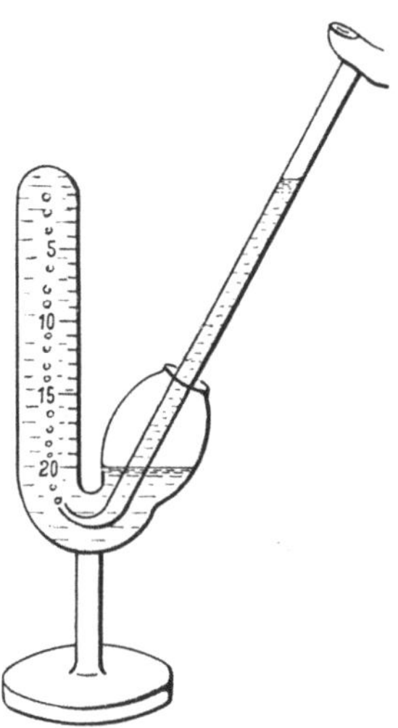

Abb. 4. Bestimmung nach HAIGHT. Gärungsröhrchen mit Pipette.

b) Durch Umsetzung. *Mit Mangan(IV)-oxyd.* WÖHLER hat durch GEUTHER feststellen lassen, daß für je ein Äquivalent Wasserstoffperoxyd in *saurer* Lösung, welches durch den Kontakt mit Braunstein zersetzt wird, ein Äquivalent von diesem aufgelöst wird, daß also das aus dem Braunstein entwickelte Sauerstoffvolumen dem aus dem Wasserstoffperoxyd entwickelten gleich ist, und daß mit der Zersetzung des letzteren auch die des Braunsteins aufhört, selbst wenn noch freie Säure vorhanden ist. Damit waren die quantitativen Unterlagen geschaffen, nicht nur für die gasvolumetrische Bestimmung des Wasserstoffperoxyds, sondern auch des Braunsteins. Bei der ersteren Bestimmung muß Braunstein und bei der letzteren Wasserstoffperoxyd im Überschuß vorhanden sein.

LUNGE führt gleichfalls die Analyse des Wasserstoffperoxyds unter Verwendung von Braunstein und Säure aus und verwendet hierfür das von ihm gebaute Nitrometer mit Anhängefläschchen oder noch besser das gleichfalls von ihm stammende Ureometer. Die ganze Operation dauert nach ihm nur 1 bis 2 Min.

Mit Kaliumpermanganat. P. THÉNARD und HAMEL bestätigten die Beobachtung von BRODIE von der gegenseitigen Reduktion des Wasserstoffperoxyds und des Permanganats, wobei die doppelte Menge O_2 gebildet wird, als dem wirksamen Sauerstoff im Wasserstoffperoxyd entspricht [vgl. Gleichung (3)]. THÉNARD und

HAMEL lassen aus einer Bürette Kaliumpermanganat zu einer bestimmten Menge Wasserstoffperoxyd hinzufließen bis zur Rötung. Das Abzugsrohr dieses geschlossenen Gefäßes mündet unter einem graduierten Zylinder. Sie bestimmen auf diese Weise das Wasserstoffperoxyd sowohl aus der Menge der verbrauchten Permanganatlösung als auch aus der Menge des entwickelten Gases. Sie errechnen, wieviel entwickelter Sauerstoff einem Kubikzentimeter Kaliumpermanganat entspricht und haben nun eine titrierte Lösung, die den aktiven Sauerstoff auf Grund der auftretenden Färbung direkt bestimmen läßt.

Auf die Arbeit von KINGZETT wurde in den einleitenden Ausführungen schon eingegangen. Er verwendet Kaliumpermanganat ohne Säurezusatz und erhält so Werte, die mit den jodometrisch bestimmten übereinstimmen.

Arbeitsvorschrift. 5 cm³ einer Wasserstoffperoxydlösung, die 0,272 g H_2O_2 in 100 cm³ enthält, werden in eine WOULFsche Flasche eingefüllt, die zwei Tuben besitzt. Durch den einen Tubus der Flasche läuft aus einer Bürette die Kaliumpermanganatlösung zu, der zweite Tubus wird mit einem graduierten Auffangrohr verbunden. Von der Menge des entwickelten Gases muß natürlich die Menge der benötigten Kaliumpermanganatlösung abgezogen werden. Es werden, auf 0° und 760 mm reduziert, 8,9 cm³ Sauerstoff erhalten, die 0,2704 % Wasserstoffperoxyd entsprechen.

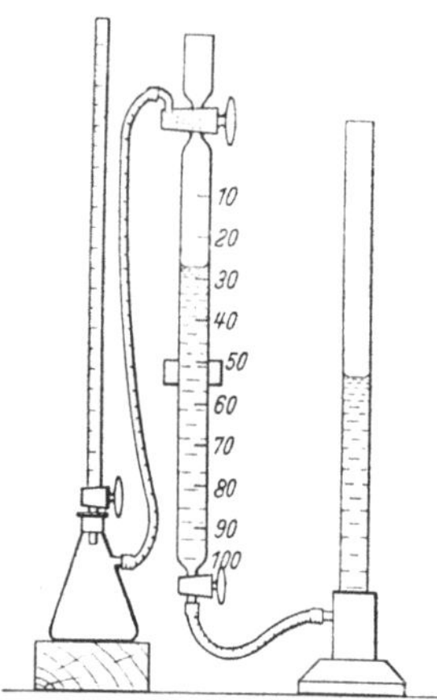

Abb. 5. Bestimmung nach SEEGER.

Eine sehr ähnliche Vorrichtung benutzt SEEGER, die in der Abb. 5 dargestellt ist.

Ausführung des Versuches. Im Kolben werden annähernd 2 cm³ ungefähr 3%iger Wasserstoffperoxydlösung (um mit einer einzigen Füllung der Bürette auszukommen), ferner 20 cm³ destilliertes Wasser und 20 cm³ 25- bis 30%ige H_2SO_4 gemischt. Hierauf wird der Stopfen mit der gefüllten Bürette aufgesetzt und der Schlauch, wie oben angegeben, mit der Gasbürette verbunden. Dann wird bis zur bleibenden Rotfärbung titriert, wobei durch Senken des Niveaurohres für konstanten Druck gesorgt wird. Nach Beendigung der Titration wird das Reaktionsgefäß einige Zeit geschüttelt, um den noch gelösten Sauerstoff auszutreiben, wobei das Volumen in der Bürette merklich steigt. Sobald das Volumen nicht mehr zunimmt, ist der Versuch beendet, jedoch muß man noch 10 bis 15 Min. warten, bis das durch die Handwärme und die chemische Reaktion erwärmte Reaktionsgefäß wieder Zimmertemperatur angenommen hat. Hierauf wird abgelesen.

Er erhält also ähnlich wie P. THÉNARD und HAMEL gleichzeitig eine quantitative gasvolumetrische und maßanalytische Bestimmung durch einen Versuch. Da die Umsetzung nach $O + H_2O_2 = H_2O + O_2$ erfolgt, so läßt sich sowohl der Wasserstoff des Wasserstoffperoxyds aus der verbrauchten Menge des Kaliumpermanganats als auch der Sauerstoff des Wasserstoffperoxyds aus dem entwickelten Gas berechnen. Es findet also gewissermaßen eine Gesamtanalyse statt.

Berechnung. v_1 sei die Anzahl der verbrauchten Kubikzentimeter n/10 $KMnO_4$-Lösung, v_2 sei das Volumen des Sauerstoffs in der Gasbürette; $(v_2 - v_1)$ ist dann das Volumen des entwickelten Sauerstoffs. V_1 sei $v_2 - v_1$ auf 0° und 760 mm Hg reduziert. Aus v_1 ergibt sich das Volumen der entsprechenden oxydierten Menge Wasserstoff in Kubikzentimeter durch Multiplikation mit dem Faktor 0,1008 und Division durch das spezifische Gewicht des Wasserstoffs 0,089873; der erhaltene Wert sei $V_2 = \frac{v_1 \cdot 0{,}1008}{0{,}089873}$. Dann ergibt $V_1 : V_2$ das Volumverhältnis des Sauerstoffs zum

Wasserstoff im Wasserstoffsuperoxyd. Theoretisch muß dieses Verhältnis gleich 1:1 sein. Die gleiche Berechnung für Wasser ergibt bekanntlich 1:2; anstatt die Volumina zu vergleichen, kann man nach Umrechnung mit Hilfe der spezifischen Gewichte das Verhältnis auch in Gewichtseinheiten ausdrücken; man erhält dann für Wasserstoffperoxyd 1:16, für Wasser 1:8. Daraus folgen die einfachen Formeln HO bzw. H_2O.

LUNGE hat die gasvolumetrische Bestimmung des Wasserstoffperoxyds unter Verwendung seines Nitrometers oder Ureometers gleichfalls mit Permanganat durchgeführt.

CONTAMINE verwendet eine in 0,1 cm³ eingeteilte einseitig geschlossene Meßröhre, in die er einige Kubikzentimeter des zu untersuchenden Wasserstoffperoxyds gibt, nachdem diese durch Ammoniak neutralisiert sind. Es werden nun einige Kriställchen Kaliumpermanganat, die in Seidenpapier eingewickelt sind, hineingeworfen, die Öffnung wird rasch mit dem Finger verschlossen, und es wird kräftig umgeschüttelt. Die sofort eintretende Reaktion ist beendet, wenn die rote Farbe des Permanganats wieder sichtbar ist. Man öffnet das Meßrohr unter Wasser, wobei eine der entwickelten Sauerstoffmenge entsprechende Flüssigkeitsmenge austritt. Aus der Differenz der Ablesungen ergibt sich die Menge O_2 in Kubikzentimetern, die man durch die Anzahl Kubikzentimeter des angewandten Wasserstoffperoxyds teilt, um zu ermitteln, wieviel Volumenteile O_2 durch ein Volumenteil des Wasserstoffperoxyds entwickelt werden.

Zur Bestimmung vgl. auch CLASSEN, ferner WAGNER.

Diese Methode der gasvolumetrischen Bestimmung steht der titrimetrischen mittels Kaliumpermanganats in keiner Weise nach.

Mit Kaliumhexacyanoferrat(II). In alkalischer Lösung vollzieht sich nach SCHÖNBEIN die Umsetzung:

(20) $$H_2O_2 + 2\,K_3Fe(CN)_6 + 2\,KOH = 2\,H_2O + O_2 + 2\,K_4Fe(CN)_6,$$

welche von LUNGE unter Verwendung des Nitrometers mit Anhängefläschchen oder des Ureometers zur Analyse des Wasserstoffperoxyds benutzt wurde.

QUINCKE gibt entweder das Kaliumhexacyanoferrat(III) mit dem Wasserstoffperoxyd oder mit der Kalilauge zusammen in den äußeren Teil des Entwicklungsgefäßes, dann die Kalilauge oder das Wasserstoffperoxyd in das innere Gläschen des Entwicklungsgefäßes und schüttelt nach Temperaturausgleich. Er verwendet das durch WAGNER und SOXHLET verbesserte KNOPsche Azotometer. Die Ergebnisse entsprechen den nach der gasvolumetrischen Permanganatmethode erhaltenen.

BAUMANN verwendet 2 bis 5 cm³ Wasserstoffperoxydlösung, je nach Konzentration, die er in den inneren Zylinder des Entwicklungsgefäßes gibt, während in den äußeren Raum des letzteren 10 cm³ konzentrierte Kaliumhexacyanoferrat(III)-lösung gefüllt werden. Es wird geschüttelt, bis die Gasentwicklung beendet ist.

Mit Hypohalogeniten. Hypochlorite sind von LUNGE für die gasvolumetrische Bestimmung des Wasserstoffperoxyds vorgeschlagen worden. Die gleiche Arbeitsweise wird von DITT angewendet, der ebenso wie LUNGE Chlorkalk verwendete. FOERSTER bemerkt allerdings, daß im Gegensatz zu den Salzen die freie unterchlorige Säure mit Wasserstoffperoxyd quantitativ im Sinne der Gleichung reagiert: $HOCl + H_2O_2 = HCl + H_2O + O_2$, ohne daß sich quantitative Angaben über einen anderen Verlauf der Reaktion von Hypohalogeniten mit Wasserstoffperoxyd vorfinden.

FEHRE verwendet eine Chlorkalklösung, die im Liter 25 bis 35 g Chlorkalk mit 20 bis 30% aktivem Chlor enthält. Als Sperrflüssigkeit dient eine 6- bis 8%ige Natronlauge.

BURRY verwendet eine konzentrierte Lösung von Natriumhypochlorit (Extrait de Javelle concentré) und das Ureometer von BOURIEZ gemäß Abb. 6, das aus einem in 50 cm³ und $^1/_5$ cm³ unterteilten Rohr besteht, welches eine mit einer Öffnung versehene Kugel von etwa 50 cm³ trägt. Die Kugel ist mit einem Gummistopfen verschlossen, in dem sich eine Capillare von etwa 4 cm Länge befindet. In das aufrecht stehende graduierte Rohr werden 5 bis 7 cm³ konzentrierte Natriumhypochloritlösung eingefüllt, und es wird Wasser darüber geschichtet, bis sich mit der Hypochloritlösung 48 cm³ darin befinden; nunmehr werden 2 cm³ der Wasserstoffperoxydlösung hinzugegeben, das Rohr wird zugestopft und die Capillare mit dem Zeigefinger geschlossen. Unter leichter Bewegung der Flüssigkeit kehrt man den Apparat um, so daß die Flüssigkeit in die Kugel gelangt. Die Umsetzung vollzieht sich sofort. Nachdem die Flüssigkeit sich von Luftbläschen geklärt hat, wird der Zeigefinger weggenommen, worauf Wasser entsprechend dem durch die Entwicklung von Sauerstoff und in dem Apparat entstandenen Überdruck ausläuft, bis Atmosphärendruck hergestellt ist. Man bringt den Apparat wieder in die Anfangsstellung und kann nun die verdrängte Wassermenge, deren Volumen gleich ist dem des entwickelten Sauerstoffs, ablesen. Es werden hierbei recht gute Werte erhalten, besonders wenn man die Einfachheit des Apparates und der Ausführung in Betracht zieht, wie aus den mitgeteilten Vergleichsversuchen hervorgeht:

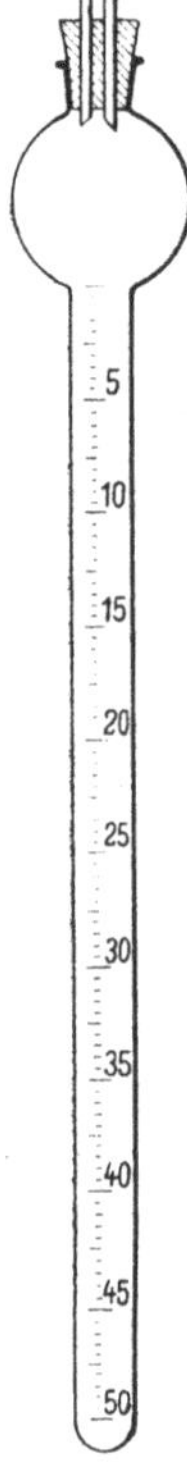

Abb. 6. Ureometer. (Von BOURIEZ.)

Volumetrisch	Titrimetrisch mit Permanganat
6,2 Vol.	6,2 Vol.
5,0 „	5,1 „
8,4 „	8,3 „
6,0 „	5,8 „

Hypobromite wurden von DEHN für eine sehr exakte Bestimmung des Wasserstoffperoxyds unter Verwendung eines neuen Apparates benutzt. Die Umsetzung erfolgt nach der Gleichung

(8) $$NaBrO + H_2O_2 = NaBr + H_2O + O_2.$$

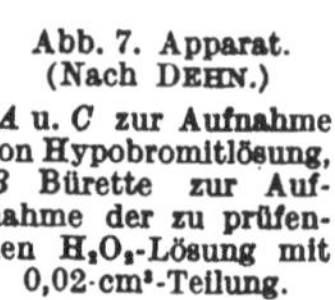

Abb. 7. Apparat. (Nach DEHN.) *A* u. *C* zur Aufnahme von Hypobromitlösung, *B* Bürette zur Aufnahme der zu prüfenden H_2O_2-Lösung mit 0,02-cm³-Teilung.

Der von ihm verwendete Apparat ist aus der Abb. 7 ersichtlich. Die Arbeitsweise ist die folgende: Der Hahn *E* ist geöffnet, die Hähne *D* und *F* sind geschlossen. In das Rohr *C* wird Natriumhypobromit gegossen, bis die Rohre *A* und *C* etwas über den Hahn *E* mit der Natriumhypobromitlösung gefüllt sind. Der Hahn *E* wird dann geschlossen und Hahn *F* geöffnet, so daß das Hypobromit aus *C* bis zu dem verjüngten Teil herausläuft. Das Hypobromit in *A* steht dann unter Atmosphärendruck. Der Hahn *D* gestattet den Durchgang nur in einem rechten Winkel, also von *A* nach *B* oder von *B* nach *H*; in dieser Stellung ist er abgebildet. Zuerst wird *B*, das 2 cm³ faßt, die in $^2/_{100}$ cm³ eingeteilt sind, mit etwas der zu prüfenden Wasserstoffperoxydlösung gewaschen und dann mit dieser bis zu einer abzulesenden Höhe der Skala gefüllt. Durch Drehen von *D* wird ein genau reguliertes Volumen der Wasserstoffperoxydlösung nach *A* eingelassen, wobei die Sauerstoffentwicklung sofort erfolgt. Nachdem man die Hauptmenge des über *E* stehenden Hypobromits abgelassen hat, werden die Hypobromitsäulen in *A* und *C* auf die gleiche Höhe gebracht, das Sauerstoffvolumen wird abgelesen und sein Gewicht und das der entsprechenden Wasserstoffperoxydlösung nach bekannten Formeln berechnet.

Eine Wasserstoffperoxydlösung vom spezifischen Gewicht 1,0133 bei 19° gab bei der Zersetzung mit Natriumhypobromit in dem beschriebenen Apparat die folgenden Werte: 2,621 – 2,628 – 2,614, im Mittel also 2,621% H_2O_2, während bei der Titration mit Jodid 2,625 und mit Permanganat 2,641% H_2O_2 gefunden wurden.

Versuch	Vol. H_2O_2	Vol. O_2	Temperatur °	Barometerstand	Druck NaBrO	Gewicht O_2	% H_2O_2
1	5 cm³	11,40	26,8	742,2	19,75	0,01411	2,621
2	5 cm³	11,43	26,8	742,2	19,75	0,01414	2,628
3	5 cm³	11,37	26,8	742,2	19,75	0,01408	2,614
Mittel	5 cm³	11,40	26,8	742,2	19,75	0,01411	2,621
Die gleiche Probe bei Titration mit Jodid							2,625
,, ,, ,, ,, ,, ,, Permanganat							2,641

Auch andere Proben Wasserstoffperoxyd gaben Resultate, die mit den sorgfältigst ausgeführten jodometrischen Bestimmungen übereinstimmten.

Die Hypobromitlösung wird folgendermaßen hergestellt: 100 g Ätznatron werden in 250 cm³ Wasser gelöst und zu je 100 cm³ dieser Lösung 10 g Brom zugegeben. Nach erfolgter Auflösung wird mit der gleichen Menge Wasser verdünnt. Das spezifische Gewicht der so erhaltenen Lösung ist 1,35. Es ist nicht nötig, die Lösung stets frisch herzustellen, noch auch wird ihre Wirksamkeit bei wiederholter Benutzung vermindert. Trotzdem muß darauf geachtet werden, daß ihr Dampfdruck infolge Verdünnung durch die Wasserstoffperoxydlösung allmählich steigt, und daß durch die Vernachlässigung dieses Umstandes Fehler bis zu 1% herbeigeführt werden. Der Dampfdruck der Hypobromitlösung bei verschiedenen Temperaturen ist aus der nebenstehenden Tabelle 6 zu entnehmen.

Tabelle 6. Dampfdrucke.

Temperatur °	NaBrO mm	H_2O mm	Differenz mm
4	1,1	6,1	5,0
8	1,8	8,0	6,2
12	3,3	10,5	7,2
16	5,3	13,6	8,3
20	8,6	17,4	8,8
24	12,8	22,2	9,4
28	18,0	28,1	10,1
32	24,0	35,4	11,4
36	29,5	44,2	14,7
40	36,0	55,0	19,0

Der Dampfdruck der Hypobromitlösung steigt bei der Verdünnung mit der gleichen Menge Wasser bei einer Temperatur von etwa 12° von 10,5 mm auf etwa 12,5 mm, also um rd. 2 mm, und das spezifische Gewicht sinkt von 1,253 auf 1,131.

Zur Ausrechnung dient die Tabelle 7.

Tabelle 7. Analysentabelle nach DEHN.

t/mm °	Gewicht in Milligramm H_2O_2 entsprechend 1 cm³ feuchten Sauerstoffs 728	732	736	740	744	748	752	756	760	764	768
4	1,2664	1,2734	1,2802	1,2872	1,2942	1,3011	1,3081	1,3151	1,3222	1,3290	1,3359
8	1,2463	1,2531	1,2600	1,2669	1,2736	1,2805	1,2876	1,2944	1,3014	1,3081	1,3150
12	1,2251	1,2317	1,2387	1,2454	1,2522	1,2589	1,2657	1,2726	1,2823	1,2860	1,2928
16	1,2044	1,2111	1,2178	1,2245	1,2311	1,2378	1,2444	1,2512	1,2578	1,2946	1,2713
20	1,1817	1,1884	1,1948	1,2015	1,2080	1,2145	1,2213	1,2279	1,2345	1,2410	1,2475
24	1,1583	1,1649	1,1719	1,1777	1,1843	1,1907	1,1972	1,2036	1,2100	1,2169	1,2230
28	1,1345	1,1411	1,1476	1,1538	1,1603	1,1665	1,1731	1,1796	1,1857	1,1922	1,1986
32	1,1085	1,1149	1,1213	1,1275	1,1338	1,1401	1,1465	1,1528	1,1589	1,1562	1,1715
36	1,0843	1,0905	1,0967	1,1030	1,1093	1,1155	1,1214	1,1279	1,1341	1,1402	1,1465
40	1,0605	1,0666	1,0725	1,0786	1,0849	1,0909	1,0971	1,1033	1,1094	1,1155	1,1216

*Hypojodit*lösung ist von BAUMANN für die gasvolumetrische Bestimmung vorgeschlagen worden. Die Reaktion soll gemäß der Gleichung:

$$J_2 + 2\,KOH + H_2O_2 = 2\,KJ + H_2O + O_2$$

unter Zwischenbildung von Hypojodit gemäß:

$$J_2 + 2\,KOH = KOJ + KJ + H_2O$$

analog Gleichung (9) verlaufen.

Um etwa 50 cm³ O_2 zu erhalten, verwendet man 2 bis 3 cm³ Wasserstoffperoxyd von 3%, 3 bis 4 cm³ von 2% und 5 bis 8 cm³ von 1%. MARCHLEWSKI aus dem LUNGEschen Laboratorium hält die Methode von BAUMANN für unbrauchbar. BAUMANN widerspricht und weist darauf hin, daß es sehr auf die Art der Ausführung ankomme, insbesondere muß das Jod in die stark alkalische und in lebhafte drehende Bewegung versetzte Wasserstoffperoxydlösung eingeschüttet werden, worauf sofort weiter zu schwenken ist.

2. Natriumperoxyd.

Die maßanalytische Bestimmung des Natriumperoxyds stößt deshalb auf gewisse Schwierigkeiten, weil bei nicht sehr sorgfältigem Eintragen in Wasser oder verdünnte Schwefelsäure leicht Zersetzungen infolge der großen Lösungswärme auftreten. Deshalb wird von manchen Forschern die gasvolumetrische Bestimmung vorgezogen, bei der die durch die Lösungswärme auftretende Zersetzung im Sinne der Bestimmungsmethode liegt. Hierbei muß berücksichtigt werden, daß bei der Zersetzung mit Säure in Gegenwart von Katalysatoren neben dem Sauerstoff aus dem Peroxyd auch der Sauerstoff aus etwa vorhandenen höheren Oxyden, die Kohlensäure aus Carbonatverunreinigungen und gegebenenfalls auch noch Wasserstoff aus noch vorhandenem metallischem Natrium als nicht vollständig umgesetztes Ausgangsprodukt, erhalten wird. Schon die Eisenoxydverunreinigungen der Substanz wirken als Katalysator. Sie tragen übrigens zum großen Teil die Schuld an der leichten Zersetzlichkeit des Natriumperoxyds beim Eintragen in Wasser und damit an einer häufigen Fehlerquelle der Peroxydbestimmungen. Die Kohlensäure kann man leicht durch Alkalien in bekannter Weise beseitigen, während sie bei alkalischer Zersetzung überhaupt nicht auftreten kann. Eine Trennung von Wasserstoff ist sehr schwierig, während der Sauerstoff, der höheren Oxyden entstammt, überhaupt nicht abzutrennen ist. Dieser Sauerstoff aus den höheren Oxyden kann wohl eine gewisse Verwertung finden bei der Luftverbesserung oder in Gasmasken, nicht aber bei der Verwendung von Natriumperoxyd als Quelle für aktiven Sauerstoff, da der Sauerstoff, der über die Formel Na_2O_2 vorhanden ist, beim Eintragen in Wasser oder verdünnte Schwefelsäure auf alle Fälle gasförmig entweicht, genau so wie die Hälfte des Sauerstoffs im Kaliumtetroxyd K_2O_4. Die gasvolumetrischen Bestimmungen neigen deshalb dazu, höhere Werte zu bilden als die titrimetrischen.

HERBIG hat darüber eingehende Versuche veröffentlicht. Bei Verwendung von 0,3 g Natriumperoxyd sollen sich aus dem reinen Natriumperoxyd 43,1 cm³ Sauerstoff entwickeln. Ein 0,5% metallisches Natrium enthaltendes, sonst reines Natriumperoxyd würde 42,9 cm³ Sauerstoff und 0,7 cm³ Wasserstoff, insgesamt also 43,6 cm³ Gas entwickeln, wodurch ein Gehalt von etwa 101,2% Na_2O_2 vorgetäuscht würde. Tatsächlich erhielt HERBIG vermutlich durch Na_2O_3 und Na_2O_4 Werte bis zu 114%. Leitet man das Gas über glühendes Kupferoxyd und wägt das in einem Chlorcalciumrohr absorbierte Wasser, so entspricht dieses etwa dem vorhandenen Wasserstoff. An Kohlensäure fand er in älteren Produkten 1,2 bis 1,3%, bei frischem Material 0,26 bis 0,28%. 1,25% Kohlensäure ergeben im aus 0,3 g Natriumperoxyd entwickelten Gas ein Volumen von 1,90 cm³ oder einen Fehler von 1,4%, da ja das Gesamtvolumen 43,7 cm³ betragen würde.

In dem Natriumperoxyd befanden sich häufig schwarze, schwere Körner, die sich im Gegensatz zum rein gelblichen Natriumperoxyd mit Wasser stürmisch zersetzten und die er für Natriumferrat hält, das sich nach $4\,Na_2FeO_4 + 4\,H_2O = 2\,Fe_2O_3 + 8\,NaOH + 3\,O_2$ zersetzt, während $4\,Na_2O_2$, die bezüglich des Alkaligehaltes den $4\,Na_2FeO_4$ entsprechen, bei völliger Zersetzung nur $2\,O_2$ entwickeln.

1 g des gelben Pulvers (a) ergab 158 bis 160 cm^3 O_2, 1 g des schwarzen Körpers (b) ergab 125 bis 130 cm^3 O_2, während sich für (a) 144 cm^3 und für (b) 101 cm^3 berechnen. Daraus ergibt sich für (a) 111% Na_2O_2. Die für (b) erhaltenen höheren Werte erklären sich aus anhaftendem Natriumperoxyd. HERBIG hält deshalb die gasvolumetrische Bestimmung von Natriumperoxyd für unbrauchbar, da es bei diesem nur auf den beim Eintragen von Natriumperoxyd in Wasser oder angesäuertes Wasser sich in Lösung bildenden aktiven Sauerstoff ankommt, worüber oben schon das Notwendige gesagt wurde.

HERBIG schlägt deshalb ein Verfahren zur Titration mit Kaliumpermanganat vor, worüber an entsprechender Stelle das Nähere ausgeführt werden wird. Zu bemerken ist, daß die von HERBIG erhaltenen quantitativen Ergebnisse in gewissem Umfange nur als zeitgebunden anzusehen sind, da in der Fabrikation des Natriumperoxyds, besonders was seine Reinheit anlangt, erhebliche Fortschritte erzielt wurden. Seine prinzipiellen Feststellungen sind richtig, bezüglich der Kohlensäure natürlich nur, wenn die Zersetzung in sauerem Medium vorgenommen wird.

a) Katalytische Zersetzung mit Kobaltverbindungen. ARCHBUTT nimmt die gasvolumetrische Bestimmung des Natriumperoxyds in einem LUNGEschen Nitrometer vor.

Arbeitsvorschrift. Etwa 0,25 g Natriumperoxyd werden in einem an einem Ende zugeschmolzenen Glasröhrchen abgewogen und mit 5 cm^3 Wasser, dem ein kleiner Tropfen einer *Kobaltnitrat*lösung oder 1 oder 2 mg Co_2O_3 zugegeben sind, zersetzt. Es findet eine rasche und vollständige Zersetzung beim Vermischen statt. Die mitgeteilten Werte: 18,54 — 18,46 — 18,57% aktiver Sauerstoff zeigen eine sehr gute Übereinstimmung, während bei der Titration mit Kaliumpermanganat schwankende und niedrigere Werte, nämlich 17,45 und 18,3%, gefunden wurden. Die Methode von ARCHBUTT ist gewissermaßen die klassische Methode der gasvolumetrischen Natriumperoxydbestimmung geworden; sie hat viele Nacharbeiter gefunden.

GROSSMANN erhielt nach ARCHBUTT gute Resultate. Er benutzt gleichfalls das LUNGEsche Zersetzungsgefäß, in dessen äußeren Raum er das Peroxyd bringt, während die Zersetzungslösung in den inneren Raum gegeben wird. Nach Schließen des Apparates wird durch Bewegen die Zersetzung herbeigeführt. Er untersuchte die Zersetzung mit verschiedenen Lösungen.

α) 1 g Natriumperoxyd, mit 15 cm^3 Wasser versetzt, gab unregelmäßige und unvollständige Zersetzung.

β) 1 g Natriumperoxyd, mit 15 cm^3 Schwefelsäure (1 + 10) versetzt, gab bessere, aber doch unregelmäßige und unvollständige Zersetzung.

γ) 1 g Natriumperoxyd, mit 15 cm^3 Wasser + 2 Tropfen gesättigter Kobaltnitratlösung versetzt, gab schnelle und vollständige Zersetzung.

δ) 1 g Natriumperoxyd, mit 15 cm^3 Schwefelsäure (1 + 10) + 2 Tropfen gesättigter Kobaltnitratlösung versetzt, ergab schnelle und vollständige Zersetzung.

ε) 1 g Natriumperoxyd mit 15 cm^3 Wasser + Platinmohr nach WINKLER ergab eine nicht ganz vollständige, etwas unregelmäßige Zersetzung.

Kolloidale Gold- und Platinlösungen gaben nur ungenügende Resultate. GROSSMANN zieht die Arbeitsweise nach δ vor, weil keine Ausscheidung von Kobalthydroxyd erfolgt.

Abgesehen davon, daß er ein Vielfaches der von ARCHBUTT angewandten Katalysatormenge verwendet, da eine bei Zimmertemperatur gesättigte Kobaltnitratlösung nahezu 50% $CO(NO_3)_2$ enthält, wird bei der von ihm bevorzugten Zersetzung in saurer Lösung auch ein Fehler durch etwaige Kohlensäure auftreten können. Offenbar enthielt das von ihm verwendete Peroxyd nur wenig Kohlensäure, da er nach γ im Mittel 18,87% und nach δ 18,90% aktiven Sauerstoff fand. Er zieht die gasvolumetrische Bestimmung der titrimetrischen mit Kaliumpermanganat vor, während er nach der später zu behandelnden Methode von RUPP viel zu niedrige

Werte erhält, die bei Verwendung von Permanganat für die gasvolumetrische Bestimmung ganz ausgeschlossen sind.

LASEKER hält die von GROSSMANN durch Verwendung von Schwefelsäure statt Wasser verbesserte ARCHBUTT-Methode für die allein in Betracht kommende. Sie kann in jeder Gasbürette mit Anhängefläschchen ausgeführt werden. Sehr zweckmäßig ist eine Gasbürette von 140 cm³ mit Einteilung in 0,1 cm³ und Wassermantel. Der Inhalt des inneren Zylinders des Anhängefläschchens soll 125 cm³ betragen. Er verwendet zum Abwägen des Natriumperoxyds das sehr zweckmäßige Wägefläschchen von MANGOLD (Abb. 8) nebst einem kleinen Nickellöffelchen. Am Deckel dieses Wägefläschchens befindet sich angeschmolzen eine Art Schiffchen zur Aufnahme der Substanz, so daß beim Ausschütten sich am Deckelschliff keine Substanz ansetzen kann, was für das Zurückwägen wichtig ist. Das Wägegläschen ruht schräg auf zwei Glasfüßchen. Auf 0,5 bis 0,8 g Natriumperoxyd werden wenigstens 15 cm³ Schwefelsäure (1 + 10) und 2 Tropfen gesättigte Kobaltnitratlösung genommen. Dann wird angeschlossen. Diese Operationen sollen in einem Zuge erfolgen, um Zersetzungen des Natriumperoxyds in der Luft zu verhindern. Das Ausfließenlassen der Zersetzungsflüssigkeit zu dem Natriumperoxyd soll stufenweise in kurzen Pausen erfolgen. LASEKER lehnt sowohl die Permanganattitration wie besonders die RUPPsche Methode vollkommen ab.

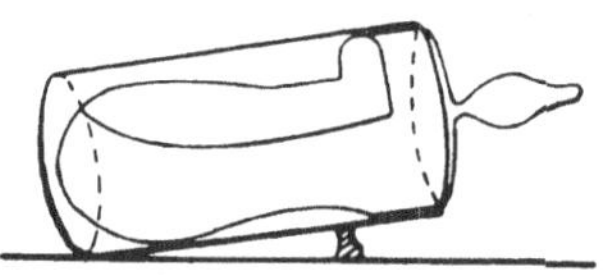

Abb. 8. Wägegläschen. (Nach MANGOLD.)

Man erkennt, daß auch LASEKER wie GROSSMANN die in saurer Lösung sich möglicherweise entwickelnde Kohlensäure außer acht lassen.

SARTORI (a) verwendet auf 0,2 g Natriumperoxyd im LUNGEschen Nitrometer 10 cm³ Wasser und 10 cm³ einer 1%igen Kobaltnitratlösung = 10 mg Kobaltnitrat oder 10 cm³ Wasser + 5 mg Kupferoxyd oder + 5 mg Mangan(IV)-oxyd.

MILBAUER hat nach Versuchen von DIMMER in einer sehr sorgfältigen Untersuchung alle in den einleitenden Worten erwähnten Ursachen für mögliche Fehler berücksichtigt. Er fand, daß das bei Zersetzung in saurem Medium entstehende Gas nicht reiner Sauerstoff ist, sondern 0,32% CO_2 und 0,1% Wasserstoff enthält, Werte, die natürlich mit den untersuchten Mustern wechseln. Er prüfte zahlreiche Katalysatoren sowohl in sauren als auch in alkalischen Lösungen und auch in zuerst sauren und dann alkalisch gemachten Medien, wie aus der nachstehenden Tabelle 8 hervorgeht.

Tabelle 8. Nach MILBAUER.

Es wurden $2 \cdot 10^{-4}$ Mol Katalysator zur Zersetzungsflüssigkeit zugefügt	Im alkalischen Medium gefangen % akt. Sauerstoff	In saurem Medium % O	In saurem, nach vollendeter Zersetzung nachträglich durch 10 cm³ 20%iger Natronlauge alkalisiertem Medium % O
Mangansulfat	20,59	16,38	18,95
Kobaltsulfat	20,53	19,97	21,32
Nickelsulfat	19,88	14,45	18,50
Palladiumschwamm	19,81	21,23	21,39
Silbersulfat	19,38	13,81	24,93
Quecksilbersulfat	19,07	4,45	13,34
Zuckerkohle	19,01	2,21	13,36
Kupfersulfat	19,00	19,28	19,19
Platinschwamm	18,86	19,52	22,90
Eisensulfat	18,80	5,23	18,51
Bleisulfat	18,74	13,16	19,71
Zinksulfat	18,54	3,37	18,71
Platinchlorwasserstoff	18,42	2,88	13,17
Arsensäure	16,48	1,60	10,21
Ohne Katalysator	19,00	1,65	9,76

Die Werte sind durch Abzug der für CO_2 und H_2 oben angegebenen Mengen in entsprechender Weise zu berichtigen. Bemerkenswert ist, daß z. B. die mit Kupfersulfat und ohne jeden Katalysatorzusatz in alkalischem Medium erhaltenen Werte übereinstimmen, ein Beweis für die Anwesenheit von Katalysatoren in dem Natriumperoxyd selbst. Nicht verständlich ist, daß die Werte der letzten Reihe häufig höher sind als die der beiden vorhergehenden. Mit Kobaltnitrat nach ARCHBUTT (bei einer Zersetzungsdauer von 2 Std.!) will MILBAUER stets Werte von 22,1% Sauerstoff erhalten haben gegenüber einem theoretischen Wert von 20,51% für reines Natriumperoxyd, während er mit Kobaltsulfat nur 20,53% Sauerstoff findet, ein Wert, der auch noch über dem theoretisch Möglichen liegt.

b) Katalytische Zersetzung mit Kupferverbindungen. MILBAUER schlägt deshalb eine alkalische Zersetzung vor, wie sie auch von ARCHBUTT angewandt wurde, und die Verwendung von Kupfersulfat in Mengen von $0,2 \cdot 10^{-5}$ bis $20 \cdot 10^{-5}$ g Mol in 10 cm^3 Wasser, wobei das Wasser klar bleibt und die Zersetzung in 1 bis 2 Min. vollendet ist.

Arbeitsvorschrift. 0,2 bis 0,3 g Natriumperoxyd werden in einem Wägeröhrchen gewogen, das Wägeröhrchen in das Zersetzungsgefäß des Nitrometers, das etwa 10 cm^3 einer 0,05%igen Kupfersulfatlösung enthält, eingelegt, der Apparat geschlossen und das Peroxyd mit der Flüssigkeit in Berührung gebracht. Nach 1 Min. wird die Zersetzung durch Schütteln vollendet. Wie aus der nachstehenden Tabelle 9

Tabelle 9. Nach MILBAUER.

Muster	Jodometrie nach RUPP	Unsere Permanganat-„Bor"-Titration	Jodometrie, Rücktitration mit $Na_2S_2O_3$	Volumetrie, 10 cm^3 Wasser mit 10 mg $CuSO_4 \cdot 5\,H_2O$
A	17,88; 18,24; 18,63	18,96; 18,90; 18,96	18,91; 18,82; 18,86	18,88; 18,92; 18,88
B	18,28; 17,36; 17,21	18,80; 18,80; 18,85	19,01; 18,95; 18,99	18,55; 18,72; 18,70
C	16,90; 16,20; 15,92	17,20; 17,20; 17,16	17,25; 17,18; 17,35	17,35; 17,28; 17,15
D	13,62; 13,41; 12,92	13,88; 13,80; 13,88	13,82; 13,90; 13,75	13,92; 13,78; 13,86
E	3,62; 4,00; 3,79	4,00; 3,80; 3,86	4,2; 3,92; 3,98	4,15; 3,95; 4,05

hervorgeht, erhält er nach dieser Methode Werte, welche mit der von ihm vorgeschlagenen Borsäure-Permanganat-Methode und der von RUPP vorgeschlagenen jodometrischen Bestimmung einigermaßen übereinstimmen. Auf diese beiden Methoden ist an der entsprechenden Stelle eingegangen. Wie weit gegenüber ARCHBUTT ein Fortschritt erzielt wurde, ist nicht zu erkennen, da die Mengen von Kobaltnitrat bzw. Kobaltoxyd, die ARCHBUTT anwendet, gleichfalls nur außerordentlich gering sind (1 bis 2 mg Co_2O_3 sind nur 6 bis $12 \cdot 10^{-6}$ g Mol).

SARTORI hat eine Methode ausgearbeitet, um die Wirksamkeit von Natriumperoxyd bei der Luftregeneration zu prüfen, bei welcher er ein der Atemluft gleich zusammengesetztes Gasgemisch, das 80% Stickstoff, 16% Sauerstoff und 4% Kohlensäureanhydrid enthält, bei 37° mit Wasserdampf gesättigt über das Peroxyd leitet und die abgehende Luft untersucht. Der von ihm verwendete Apparat ist aus der Abb. 9 ersichtlich. *A* ist ein Strömungsmesser für den Sauerstoff, *B* für die Kohlensäure und *C* für den Stickstoff. Der Stickstoff durchstreicht 2 Waschflaschen *D* und *D'*, welche Wasser enthalten und sich in einem Wasserbad befinden, das elektrisch geheizt werden kann. Alle 3 Gasströme vereinigen sich im Mischungsgefäß *E*. Die Gasmischung kommt nun in Berührung mit dem Feuchtigkeitsmesser *F* und wird, sobald die richtige Zusammensetzung, Temperatur und Feuchtigkeitsgrad erreicht sind, in den Tubus *G* eingeleitet, der das Versuchsmaterial enthält, das in Körnern von 2 mm Durchmesser gleichmäßig über 15 Netze von 1 mm Maschenweite gelagert wird. Die Netze sind in der Mitte mit einem Wulst von 3 mm Breite und 8 mm Höhe versehen und liegen so, daß die Wülste kreuzweise übereinander kommen, wie aus der vergrößerten Nebenabbildung ersichtlich ist. Die Temperatur des den Tubus verlassenden Gasgemisches wird bei *H* gemessen, während durch den Feuchtigkeitsmesser *I* der Wassergehalt angezeigt wird. Ein Teilstrom geht aber auch durch die Waschflasche *L*, welche mit Barytwasser gefüllt ist, und geht dann nach dem Gasometer. Durch das Rohr *M* können während des Versuches Gasproben abgezogen werden. Proben des ursprünglichen Gasgemisches können

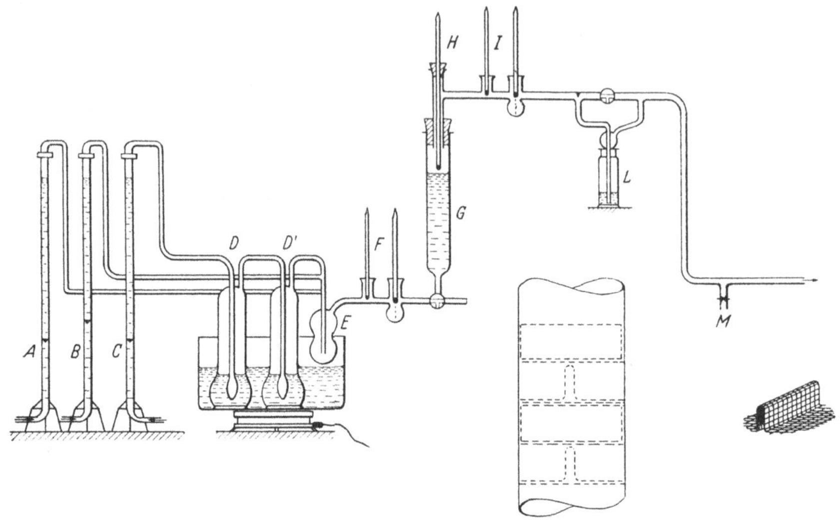

Abb. 9. Methode für Na_2O_2. (Nach SARTORI.)

A, B, C Strömungsmesser, *D D'* Waschflaschen, *E* Mischgefäß, *F, I* Feuchtigkeitsmesser, *G* Rohr mit 15 engmaschigen Netzen zur Aufnahme des gekörnten Untersuchungsmaterials (siehe auch die danebenstehenden Einzelzeichnungen), *H* Thermometer, *L* Waschflasche mit Ätzbarytlösung.

durch den Drei-Wege-Hahn, der sich unterhalb *G* befindet, entnommen werden. Nach Beendigung des Versuches kann die gesamte Sauerstoffmenge im Gasometer bestimmt werden, woraus sich dann die Wirksamkeit der Natriumperoxydprobe berechnen läßt. Die nachstehende Tabelle 10 gibt Werte an, die nach ARCHBUTT nach der Methode SARTORI und in dem Filter einer Gasmaske erhalten werden. Das Peroxyd ist ein für die besonderen Zwecke hergerichtetes hydratisiertes Präparat. Die Tabelle zeigt deutlich, daß ein an sich weniger aktiven Sauerstoff enthaltendes Natriumperoxyd wesentlich mehr Sauerstoff an die Atemluft abgeben kann als ein an sich höherwertiges.

Tabelle 10. Na_2O_2 in einer Gasmaske.

Peroxydprobe	Nach ARCHBUTT	SARTORI-Methode	Filterkapsel
A	12,5 l O_2	4,6 l O_2	4,2 l O_2
B	10,5 l O_2	6,8 l O_2	7,2 l O_2

Im übrigen sind, wie aus obigem schon hervorgeht, alle Methoden, die für Wasserstoffperoxyd verwendet worden sind, auch für Natriumperoxyd mit den sinngemäßen Änderungen anwendbar. JAUBERT bemerkt ausdrücklich die Verwendbarkeit seiner Methode für Natriumperoxyd.

3. Bariumperoxyd.

a) Katalytische Zersetzung mit Kaliumhexacyanoferrat(III). QUINCKE benutzt das gleiche Verfahren, das er für Wasserstoffperoxyd mit Nitrometer ausgearbeitet hat, auch für die Bestimmung von Bariumperoxyd.

Arbeitsvorschrift. Das Bariumperoxyd wird vorher in verdünnter Salzsäure aufgelöst und dann die Lösung mit einer stark alkalischen Kaliumhexacyanoferrat(III)-lösung versetzt, wobei die Umsetzung schnell und genau erfolgt nach Gleichung (12).

In ähnlicher Weise werden von BAUMANN 0,4 bis 0,5 g Bariumperoxyd in dem äußeren Teil eines Zersetzungsgefäßes in einer geringen Menge verdünnter Salzsäure (verdünnt 1 + 10) aufgelöst. Zu der sauren Flüssigkeit werden 2 bis 3 g Kaliumhexacyanoferrat(III) hinzugegeben und in den inneren Zylinder 10 cm³ konzentrierte Natronlauge (1 + 2) eingefüllt. Nach Temperaturausgleich werden beide Flüssigkeiten gemischt und geschüttelt, solange eine Gasentwicklung bemerkbar ist.

CHWALA benutzt die QUINCKEsche Arbeitsweise mit der Abänderung, daß er, um Sauerstoffverluste beim Auflösen des Bariumperoxyds in Salzsäure zu vermeiden, die Auflösung im schon geschlossenen Gefäß vornimmt unter Verwendung des nachstehend abgebildeten Apparates (Abb. 10). Die Vorrichtung arbeitet folgendermaßen:

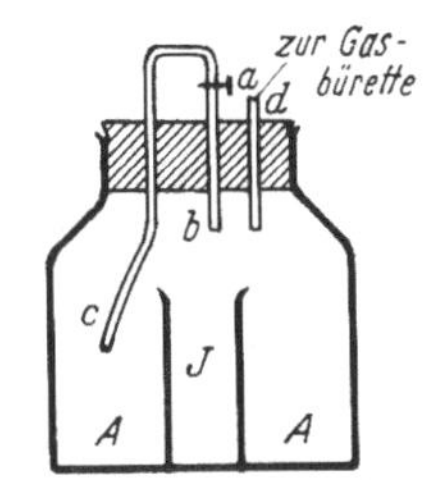

Abb. 10. Reaktionsgefäß. (Nach CHWALA.) *A* LUNGEsche Anhängeflasche, *J* inneres Gefäß, *c*, *b* Rohr mit Quetschhahn *a* zur Aufnahme der verdünnten HCl, *d* Ableitung zur Gasbürette.

Das Rohr *c b* ist im Stöpsel der Flasche eingesetzt, und es werden bei *c* und offenem Quetschhahn *a* die nötige Anzahl der Kubikzentimeter verdünnte Salzsäure eingesaugt (2 bis 3 cm³ für 0,2 g BaO_2). Nachdem der Hahn *a* geschlossen ist, wird der Stopfen auf die Flasche aufgesetzt und *d* mit der Gasbürette verbunden. Durch nunmehriges Öffnen des Hahnes *a* fließt die Salzsäure siphonartig in den Außenraum *A* und vermag das Bariumsuperoxyd in Lösung zu bringen, ohne daß sich Sauerstoff der Messung entziehen kann. Die Druckverhältnisse bleiben natürlich beim Öffnen des Hahnes *a* die gleichen.

In einer Abänderung wird die Salzsäure in einem leicht umzukippenden Gefäß mit 2 bis 3 cm³ Salzsäureinhalt in den Außenraum *A* gestellt, worauf die Anhängeflasche verschlossen, die Verbindung mit der Gasbürette hergestellt und durch Schütteln das Fläschchen umgeworfen wird, so daß sich wohl die Salzsäure in den Raum *A* ergießt, in welchem sich auch das Bariumperoxyd befindet, das in Lösung geht, aber erst dann durch stärkeres Kippen die im Innenraum *J* befindliche alkalische Kaliumhexacyanoferrat(III)-lösung mit der sauren Lösung in Berührung gebracht wird. Es zeigte sich, daß der Sauerstoffverlust beim Lösen des Bariumperoxyds in Salzsäure bis zu 0,8% betragen kann. Die Beleganalysen weisen einen hohen Grad von Genauigkeit auf.

b) Katalytische Zersetzung mit Braunstein. Bemerkt sei noch, daß RICHE die Wasserstoffperoxydlösung, die er durch katalytische Zersetzung mit Mangan(IV)-oxyd in saurer und alkalischer Lösung analysierte, sich durch Auflösen von Bariumperoxyd in Salzsäure herstellte, so daß strenggenommen auch hier von ihm eine Analyse des Bariumperoxyds durchgeführt worden ist.

4. Natriumperborat und Natriumpercarbonat.

a) Zersetzung mit Manganverbindungen. Natriumperborat und Natriumpercarbonat lassen sich prinzipiell nach einer der oben beschriebenen Arbeitsweisen bestimmen, da sie wasserlöslich sind und mit Säuren ohne Schwierigkeit sich umsetzen, wobei natürlich, besonders beim Natriumpercarbonat, die Kohlensäure, die sich beim Ansäuern entwickelt, zu berücksichtigen ist.

JAUBERT bezeichnet seine schon oben beschriebene Anordnung ausdrücklich auch als geeignet für die Perboratbestimmung. Er verwendet für die Analyse 1 g Natriumperborat.

BOSSHARD und ZWICKY setzen Natriumperborat mit überschüssigem Braunstein bei Gegenwart von Schwefelsäure um (Reduktion) und erhalten also die doppelte Menge Sauerstoff wie nach JAUBERT.

Ist das bei einer Analyse entwickelte Sauerstoffvolumen im Normalzustand b cm³, so enthalten a g der angewandten Substanz $\frac{16 \cdot b}{224 \cdot a}$ % aktiven Sauerstoff. Für die Analyse von Substanzen, die bei dieser Behandlung mit Schwefelsäure und Braunstein kein anderes Gas entwickeln als Sauerstoff, kann die Zersetzung in einem ERLENMEYER-Kölbchen von etwa 100 cm³ Inhalt vorgenommen werden. Man wägt in das trockene Kölbchen die zu untersuchende Substanz ab und mischt im Kölbchen mit ungefähr der 3fachen Menge fein gepulvertem, vorher mit verdünnter Schwefelsäure ausgekochtem (zur Entfernung von Kohlensäure) Braunstein. Dann stellt man ein kleines mit verdünnter Schwefelsäure (1:10) gefülltes Reagensrohr in das Kölbchen. Das Kölbchen wird nun mit einem durchbohrten Kautschukstopfen versehen und durch ein Capillarrohr mit der oberen Öffnung einer leeren Gasbürette verbunden. Am unteren Ende der Bürette ist durch einen Gummischlauch eine mit Wasser gefüllte Niveauflasche angesetzt. Man stellt das Wasser in Bürette und Niveauflasche auf gleiche Höhe und schließt das Verbindungsrohr zwischen Kölbchen und Bürette, füllt nun diese mit Wasser und stellt dann die Verbindung mit dem Kölbchen wieder her. Durch Senken der Niveauflasche h wird im Apparat etwas Unterdruck erzeugt. Durch Neigen des Kölbchens läßt man die Schwefelsäure zu dem Gemenge von Substanz und Braunstein fließen, worauf sofort die Sauerstoffentwicklung beginnt. Nach mehrmaligem Umschwenken ist sie beendet. Man liest nach 5 bis 10 Min. das Gasvolumen in bekannter Weise ab, nachdem man es durch Gleichstellung des Wasserspiegels in Niveauflasche und Bürette auf den äußeren Atmosphärendruck gebracht hat. Genauere Werte werden mit der Zusammenstellung gemäß Abb. 11 erhalten. Der Gasinhalt des Kölbchens c wird durch Einfließenlassen von Wasser aus einer Bürette oder durch Auswägen mit Wasser ein für allemal gemessen. Er soll ungefähr 50 cm³ betragen.

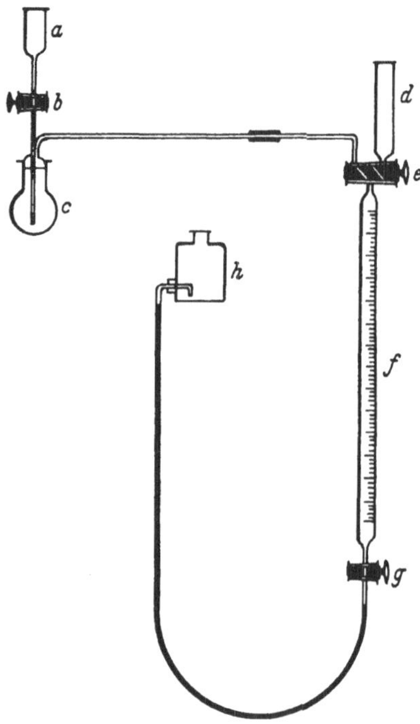

Abb. 11. Analysenapparat. (Nach BOSSHARD.) a Trichtergefäß für Aufnahme der zu untersuchenden Substanz, b Hahn, c Reaktionsgefäß, d, e, f Gasbürette, h Niveaugefäß.

Die Substanz wird in den Trichter a eingewogen und darin mit wenig Wasser angerührt. Durch Senken von h stellt man in c und f Minderdruck her und läßt nun die Substanz vorsichtig in c einfließen, ohne daß Luft mit eintritt. Der Trichter wird einigemal mit geringen Mengen Wasser nachgespült. Substanzen, die sich schwer durch die Bohrung des Hahnes b einführen lassen, kann man auch geradezu in c einwägen. Dadurch wird aus dem Kölbchen eine entsprechende Menge Luft verdrängt, die meist sehr gering sein wird, so daß kein erheblicher Fehler entsteht. Man kann aber diese Luftmenge auch annähernd in Rechnung ziehen, indem man für jedes Gramm Substanz 0,5 cm³ vom Luftinhalt des Kölbchens abzieht.

Man läßt nun aus dem Trichter *a* etwa 25 cm³ verdünnte Schwefelsäure (1:10) vorsichtig einfließen, in der gepulverter Braunstein aufgeschwemmt ist. Es darf auch dabei keine Luft mit eintreten. Wenn die Gasentwicklung nachläßt, wird sie durch gelindes Erwärmen zu Ende geführt. Man treibt dann durch Eingießen von Wasser durch *a* das ganze Gasvolumen in die Bürette *f* hinüber. Die Leistungsfähigkeit der Vorrichtung ist aus folgenden Zahlen zu ersehen, welche Mittelwerte darstellen (Tabelle 11):

Tabelle 11. Werte nach BOSSHARD und ZWICKY.

	% aktiver O_2	
	gasvolumetrisch	titrimetrisch mit Kaliumpermanganat
Im ERLENMEYER-Kolben . .	8,81	8,76
	10,08	9,87
	10,61	10,41
	4,55	4,58
	4,29	4,15
	4,94	5,04
Im Rundkolben	8,77	8,76

LITTERSCHEID und GUGGIARI verwenden einen von SCHULZE und TIEMANN zur Bestimmung von Salpetersäure verwendeten Apparat in Verbindung mit einer SCHIFFschen Meßbürette, wie sie bei SCHMIDT abgebildet ist. Sie verfahren in der Weise, daß sie zunächst in den Zersetzungskolben (dickwandiger, weithalsiger Rundkolben von 350 cm³ Inhalt) eine Aufschwemmung von etwa 2 g Braunstein, der vorher abgesiebt, mit verdünnter Schwefelsäure ausgekocht, ausgewaschen und wieder getrocknet war, mit etwa 40 cm³ 10%iger Schwefelsäure einführen, das englumige Gasableitungsrohr des Kolbens an die mit Wasser beschickte SCHIFFsche Bürette anschließen und das andere englumige Flüssigkeitszuflußrohr in 20 cm³ luftfreies, in einem kleinen Becherglas befindliches Wasser eintauchen und nun in üblicher Weise die Luft aus Kolben, Zu- und Ableitungsrohren durch Kochen verdrängen. Ist dies geschehen, bringt man zu dem heißgewordenen Wasser, das man zuvor mit 20 cm³ kaltem Wasser verdünnt hat, in das Becherglas quantitativ das vorher zerriebene, genau gewogene Perborat und führt es durch langsames Umschwenken, ohne daß das tief eintauchende Glasrohr aus der Lösung entfernt wird,

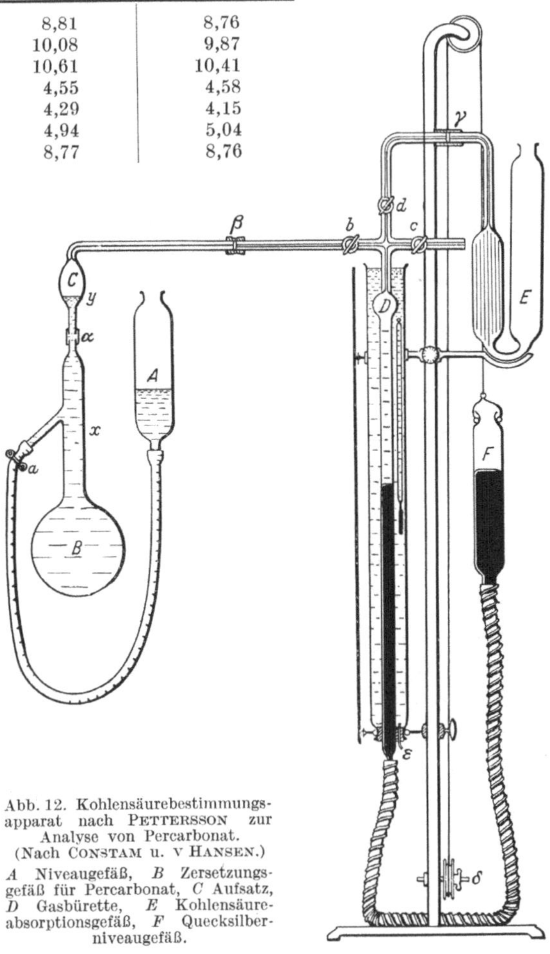

Abb. 12. Kohlensäurebestimmungsapparat nach PETTERSSON zur Analyse von Percarbonat. (Nach CONSTAM u. v. HANSEN.) *A* Niveaugefäß, *B* Zersetzungsgefäß für Percarbonat, *C* Aufsatz, *D* Gasbürette, *E* Kohlensäureabsorptionsgefäß, *F* Quecksilberniveaugefäß.

in Lösung über. Nach Herstellung des Vakuums läßt man die Perboratlösung unter Vermeidung von Luftzutritt unter wiederholter mehrfacher Wasserzugabe quantitativ in den Kolben eintreten. Die genauere Handhabung des Verfahrens ist im übrigen dieselbe wie bei der SCHULZE-TIEMANNschen Versuchsstellung. Als Absperrflüssigkeit im SCHIFFschen Meßapparat verwendet man bei der Untersuchung der Perborate, falls keine Beimengungen von kohlensauren Salzen vorliegen, Wasser oder noch besser gesättigte Kochsalzlösung, andernfalls Kalilauge 1 + 2 und hat dann die entsprechenden Tensionen des Wasserdampfes oder der Kochsalzlösung bzw. der Lauge von dem Barometerstande in Abzug zu bringen. Das nach einstündigem Stehen der Bürette in gleichmäßig temperiertem Raume abgelesene Gasvolumen ist, wie schon oben bemerkt, um die Hälfte zu vermindern, da auf 1 Volumen Perboratsauerstoff stets auch 1 Volumen Sauerstoff aus dem Braunstein zur Messung gelangt. Die Wasserdampftensionen der Absperrflüssigkeiten werden Tensionstabellen, z. B. den Logarithmischen Tabellen von KÜSTER, entnommen. In 3 Versuchen werden 8,75; 8,76; 8,88% aktiver Sauerstoff gefunden.

CONSTAM und v. HANSEN verwenden zur Analyse der Percarbonate $K_2C_2O_6$ den Kohlensäurebestimmungsapparat (siehe Abb. 12) von PETTERSSON, auf dessen Beschreibung verwiesen werden muß.

Sie kochen zuerst die Percarbonatlösung bis zur vollständigen Zersetzung und fügen erst dann Schwefelsäure bis zum vollständigen Austreiben der Kohlensäure hinzu. Im ORSAT-Apparat wird zuerst die Kohlensäure mit Kalilauge und dann der Sauerstoff mit Pyrogallollösung bestimmt, aus dem verbleibenden Gase, dem Stickstoff, berechnet sich die Luft bzw. deren Sauerstoff, der im Zersetzungsapparat war, aus der Differenz kann der im Percarbonat enthaltene Sauerstoff berechnet werden.

Dieser Vorschlag ist nur in diesem einen Falle angewandt worden, er ist umständlich. Es ist offenbar, daß auch dieses Percarbonat gasanalytisch nach den früher beschriebenen Methoden, besonders unter Anwendung alkalischer Umsetzungs- oder Zersetzungsmethoden, bestimmt werden kann.

5. Waschpulver, Wasch- und Bleichlaugen.

BOSSHARD und ZWICKY benutzen die im vorigen Abschnitt abgebildete Vorrichtung auch mit Vorteil für die Bestimmung des aktiven Sauerstoffs in Waschpulvern. Da diese wohl stets Kohlensäure in Form von Carbonaten enthalten, so muß Natronlauge aus *d* in die Bürette *f* eingelassen werden, um die Kohlensäure zu binden. Bei selbsthergestellten Mischungen erhielten sie an Prozent aktivem Sauerstoff:

Gefunden	Berechnet	Permanganat
1,40	1,56	—
1,47	1,56	—
1,48	1,56	—
3,98	4,12	—
2,85	2,86	2,60

während käufliche Produkte ergaben:

Gasvolumetrisch	Permanganat
0,17	0,3
1,42	0,92
0,33	0,20

Eine Bestätigung für die Brauchbarkeit der Methode bringen die zuletzt genannten Zahlen nicht.

LITTERSCHEID und GUGGIARI verwendeten die im Abschnitt „Perborat und Percarbonat“ schon beschriebene Vorrichtung für die gasvolumetrische Bestimmung von Waschpulvern. Die Waschpulver werden in der gleichfalls oben beschriebenen Weise unter Verwendung von Schwefelsäure gelöst und mit Kieselgur geklärt. Ein aliquoter Teil der Lösung wird dann bei jedem Versuch, nach Verdrängung der Luft aus der Apparatur, der kleinen Menge warmen Wassers im Becherglas zugegeben, in welches das Zuleitungsrohr des Zersetzungskolbens eintaucht. Im übrigen wird verfahren, wie oben angegeben ist.

Wurde das Waschmittel ohne Vorbehandlung genommen, so wurde 1 g nach Verdrängung der Luft aus der Apparatur dem warmen Wasser im Becherglas zugegeben und die Mischung samt den suspendierten Waschmitteln in den Zersetzungsraum übergeführt. „Dies geht bei öfterer Anwendung kleiner Mengen Wassers, mit denen man die noch im Bechergläschen verbliebenen Reste anschüttelt und in den Zersetzungsraum eintreten läßt, leicht und quantitativ vonstatten. Als Sperrflüssigkeit muß man in diesem Falle starke Kalilauge (zur Absorption der CO_2) verwenden. Wir haben auch einige Versuche in einer ähnlich zusammengesetzten Apparatur ausgeführt, bei der auf den Zersetzungskolben (100 cm^3) ein etwa 75 cm^3 fassender Scheidetrichter mit sehr engem Ausflußrohr neben dem Gasableitungsrohr aufgebracht war. In diesen Versuchen wurde die Luft aus dem nur mit Perborat und Braunstein beschickten Zersetzungskolben aus dem Ableitungsrohr und dem SCHIFFschen Apparat, der in diesem Falle natürlich Kalilauge 1 + 2 enthielt, durch Kohlensäure völlig verdrängt, die vom Scheidetrichterhalse aus eingeleitet wurde. Man schließt alsdann den gut eingefetteten Hahn des Scheidetrichters, bevor man die CO_2-Zuleitung unterbricht und den Anschluß zum CO_2-Apparat entfernt. In den Scheidetrichter bringt man nunmehr etwa 50 cm^3 10%ige Schwefelsäure und läßt diese zur Einleitung der Zersetzung des Natriumperborats und Braunsteins allmählich zutreten. Hierauf erhitzt man mit kleiner Flamme, die Erwärmung schließlich bis zum Sieden steigernd, und hält so lange im Sieden, bis nur noch Wasserdampf in den Meßapparat (also analog wie bei einer Salpetersäurebestimmung nach SCHULZE-TIEMANN) übertritt. Hierauf schließt man den Schlauchteil, der zum Meßapparat führt, durch eine Klemme, entfernt sofort die Flamme unter dem Zersetzungskolben und stellt sogleich die Verbindung des letzteren mit der Außenluft her. Da aber die Verdrängung der Luft durch Kohlensäure aus der ziemlich umfangreichen Apparatur sehr viel Zeit in Anspruch nimmt, so ist dieses Verfahren weniger zu empfehlen.“ Die Belegzahlen zeigen eine sehr gute Übereinstimmung unter sich und mit den auf anderen Wegen ermittelten Werten.

Die gasvolumetrische Bestimmung des Wasserstoffperoxydgehaltes in mehrfach gebrauchten Bleichbädern, welche durch den Gebrauch mit organischen Schleimstoffen und Naturfarbstoffen verunreinigt werden, schaltet nach FEHRE die beim Titrieren mit Permanganat auftretenden Schwierigkeiten aus.

Die Bestimmung geschieht nach der Methode von LUNGE mit Chlorkalk analog zu den Gleichungen (8) und (9):

$$CaOCl_2 + H_2O_2 = CaCl_2 + H_2O + O_2.$$

1 cm^3 entwickelter, auf 0° und 760 mm Quecksilber reduzierter, feuchter Sauerstoff entspricht 1,429 mg O_2 = 1,51852 mg H_2O_2.

Zur Bestimmung verwendet man die einfache Apparatur nach Abb. 13. Sie besteht aus dem Schüttelgefäß *A* mit eingeschliffenem Glasstopfen, in welchen ein abgebogenes Glasrohr eingeschmolzen ist. Am Boden des Gefäßes ist ein kleiner Zylinder *J* angeschmolzen, der die darin befindliche Flüssigkeit von der Reagensflüssigkeit im Außenmantel trennen soll. Schüttelgefäß und Gasbürette sind mit einem Gummischlauch verbunden. Die Gasbürette besitzt am oberen Ende einen Drei-Wege-Hahn und am unteren einen Anschluß zum Niveaugefäß.

Man füllt bei geöffnetem Drei-Wege-Hahn die Sperrflüssigkeit in das Niveaugefäß N bis zur Hälfte des Glasrohres ein. Dann verdrängt man aus der Gasbürette die Luft und schließt den Drei-Wege-Hahn. Nun bringt man in das geöffnete Schüttelgefäß in den Mittelzylinder J mittels einer geeichten Pipette das abgemessene Quantum des mit Ätznatron alkalisierten Bleichbades und in den Außenraum A 40 bis 50 cm³ filtrierte Chlorkalklauge. Man verschließt das Gefäß, stellt an Hahn D die Verbindung zur Bürette her und schüttelt 1 Min. gut durch. Nach einer weiteren Minute liest man ab.

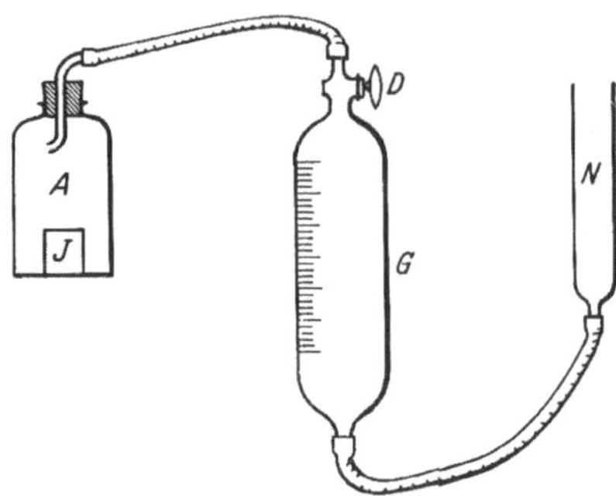

Abb. 13. Gasvolumetrische Bestimmung. (Nach FEHRE.)
A Schüttelgefäß mit am Boden angeschmolzenem Innengefäß J, G Gasbürette, N Niveaugefäß.

Als Sperrflüssigkeit eignet sich am besten eine verdünnte Natronlauge von 6 bis 8%, um gebildetes Kohlendioxyd zu absorbieren. Außerdem verhindert man CO_2-Bildung aus der Chlorkalklösung, indem man das Peroxydbad mit Ätznatron alkalisch macht.

Die Reduktion des abgelesenen Sauerstoffvolumens geschieht nach folgender Formel:

$$v_0 = \frac{v_1 (B - f) \cdot 273}{760 \cdot (273 + t)},$$

wobei v_0 das reduzierte, v_1 das abgelesene Volumen bedeutet, B den Barometerstand während der Untersuchung, f die Dampftension über 6- bis 8%iger Natronlauge bei der Tagestemperatur und t die Temperatur während der Untersuchung.

6. Apparatur und Versuche über Kontrolle des aktiven Sauerstoffs in Wasch- und Bleichmitteln.

Diese und auch andere der oben beschriebenen Bestimmungsverfahren lassen sich auch für die Kontrolle von Wasch- oder Bleichlaugen verwenden. Da es hierbei meist nicht auf große Genauigkeit ankommt, so leisten die Vorrichtungen von JAUBERT, CONTAMINE und HAIGHT, die oben beschrieben wurden, gute Dienste, um einen Anhalt über das Fortschreiten des Verbrauchs des aktiven Sauerstoffs zu erhalten.

Für sehr genaue Untersuchungen über den Verbrauch des wirksamen Sauerstoffs bei der Oxydation mittels Wasserstoffperoxyds haben SCHRAMEK und GIEHLER eine Apparatur beschrieben, die gestattet, bei bekannter Menge des angewandten Wasserstoffperoxyds

1. den durch Selbstzerfall von Wasserstoffperoxyd bedingten Sauerstoffverlust,
2. den als Wasserstoffperoxyd vorhandenen Restsauerstoff zu bestimmen, um so in der Lage zu sein,
3. den wirksamen Sauerstoff zu berechnen.

Da der Sauerstoff des Selbstzerfalls des Wasserstoffperoxyds gasförmig entweicht, leuchtet es ohne weiteres ein, daß derartige Untersuchungen nur in einer vollständig in sich geschlossenen, von der umgebenden Atmosphäre getrennten Apparatur möglich sind. Ferner muß die Apparatur so beschaffen sein, daß nicht nur alle Reaktionen zu jedem beliebigen Zeitpunkt eingeleitet und unterbrochen, sondern daß auch große Temperaturveränderungen vorgenommen werden können, und daß bei all diesen Vorgängen der entweichende Sauerstoff vollständig erfaßt und gemessen werden kann. Die Apparatur besteht aus drei Hauptteilen: 1. aus der Reaktionsapparatur; 2. aus der Überleitungs- und Ausgleichapparatur und 3. aus dem gasvolumetrischen Meßgerät. Als Reaktionsgefäß (Abb. 14) wird ein Kolben I aus geeignetem Material (Glas, Porzellan, V 4 A-Stahl) gewählt, dessen

Fassungsvermögen sich nach den experimentellen Notwendigkeiten richtet. Der Kolben, z. B. ein dickwandiger *Jenaer* Glaskolben von 300 cm^3, kann mittels eines eingeschliffenen Glasverschlusses oder mittels eines mehrfach durchbohrten Gummistopfens *II* verschlossen werden. Ein Gummistopfen kann nur dann verwendet werden, wenn er durch die Reaktionslösung nicht zum Quellen gebracht wird. In Abb. 14 ist der Gummistopfen 4mal durchbohrt zur Aufnahme folgender Hilfsapparatur: Ein Intensivkühler *III*, welcher bei Anwendung höherer Temperaturen während der Reaktion den Übertritt von Lösungsmittel aus dem Reaktionsgefäß in die angeschlossene Verbindungs- und Meßapparatur verhindert. In Abb. 14 ist aus Gründen der Übersichtlichkeit ein Kugelkühler gezeichnet. Dieser genügt aber z. B. bei Wasser als Lösungsmittel oberhalb 60° nicht mehr und muß durch einen Intensivkühler ersetzt werden. Am oberen Teil des Kühlers befindet sich ein Drei-Wege-Hahn *IV*, welcher es gestattet, die Apparatur mit der Atmosphäre zu verbinden. Ferner sind eine oder mehrere besonders konstruierte graduierte Büretten (*Va*, *Vb*, ...) aufgesetzt, welche es ermöglichen, nach Abschluß der Apparatur von der Atmosphäre beliebige Zusätze zu machen, ohne das eingeschlossene Luftvolumen zu verändern. Diese Büretten sind oben und unten mit den Hähnen *VI* und *VII* verschließbar, werden durch den trichterförmigen Ansatz *IX* vor Ausgleich des abzuschließenden Luftvolumens gefüllt und sind durch das Ansatzstück *VIII* mittels des Glasrohres *X* in ständiger Verbindung mit der inneren Gasatmosphäre der Apparatur. Diese Anordnung gestattet es, eine berechnete Menge Wasserstoffperoxyd, nach Abschluß der Apparatur zu jedem gewünschten Zeitpunkt, der in *I* befindlichen Reaktionslösung durch Öffnen des Hahnes *VII* zuzusetzen, ohne das Gesamtluftvolumen der Apparatur dadurch zu verändern. Die Notwendigkeit, außer dieser einen für die Wasserstoffperoxydlösung gebrauchten Bürette noch eine oder mehrere Büretten hinzuzufügen, könnte sich durch die Eigenart der Reaktion ergeben, z. B. bei alkalischer Reaktion durch Verbrauch von Alkali, das zur Aufrechterhaltung einer für die Reaktion notwendigen OH-Konzentration ständig ersetzt werden muß.

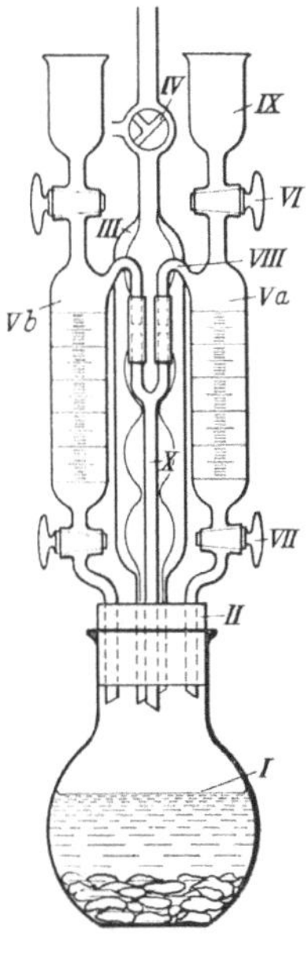

Abb. 14. Apparat. (Nach SCHRAMEK u. GIEHLER.) *I* Zersetzungskolben, *II* 4fach durchbohrter Stopfen, *III* Intensivkühler, *IV* Drei-Wege-Hahn, *Va*, *Vb* graduierte Büretten, *VI*, *VII* Hähne an den Büretten, *VIII* Ansatz, *IX* Füllaufsatz, *X* Verbindungsrohr zum Kolben *I*.

Diese Apparatur erfüllt die obengenannten Bedingungen; sie gestattet es, den Inhalt des Gefäßes *I* vor Zusatz von Wasserstoffperoxyd auf bestimmte Temperaturen zu bringen. Sie ermöglicht es, ohne den Prozeß unterbrechen zu müssen, manche Vorreaktion auszuführen und auch durch geeignete Zusätze aus den Büretten entweder die Oxydationsreaktion in Gang zu bringen und zu erhalten oder aber durch hemmende Zusätze zu jedem beliebigen Zeitpunkte zu unterbrechen.

In die Verbindungsleitung zwischen Reaktionsapparatur und dem gasvolumetrischen Meßgerät muß mittels eines Drei-Wege-Hahnes ein Kompensationsgefäß eingeschaltet werden, welches genügend groß gewählt wird, um jede Volumenzunahme des abgeschlossenen Luftvolumens bei Anwendung höherer Reaktionstemperatur zu ermöglichen.

An die Verbindungsleitung schließt sich endlich das gasvolumetrische Meßgerät an. Man kann ohne Abänderung die HEMPELsche Gasbürette *M* verwenden (Abb. 15), die es in ausgezeichneter Weise gestattet, die durch den im Reaktionsgefäß entweichenden Sauerstoff verursachte Volumenzunahme zu bestimmen.

Arbeitsvorschrift. Die Einrichtung und Eichung der HEMPELschen Gasbürette kann aus der Literatur entnommen werden. Nach den Vorbereitungen für die Reaktion, Füllen des Reaktionskolbens und der Zusatzbüretten wird mittels des Drei-Wege-Hahnes *VII* die Atmosphäre mit der Gesamtapparatur, wozu auch die Gasbürette gehört, verbunden. Nach Einstellen einer konstanten, leicht wieder erreichbaren Temperatur wird zunächst das Ausgleichsgefäß *K* bis zur Marke gefüllt. Unter Einspielen der Quecksilbermenisken wird sodann ein den Notwendigkeiten des Versuches entsprechendes Luftvolumen in der Gasbürette eingestellt und schließlich die Verbindung der Apparatur mit der umgebenden Atmosphäre durch Schließen des Drei-Wege-Hahnes *VII* unterbrochen. Nach dem Messen des in der Gasbürette enthaltenen Luftanteils und Reduktion auf 0° und 760 mm wird das Reaktionsgefäß auf die gewünschte Temperatur gebracht, wobei der aufgesetzte Kühler den

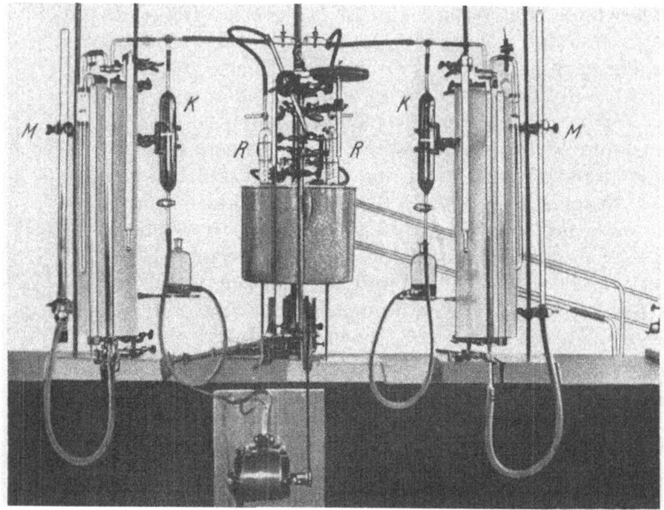

Abb. 15. Gesamtansicht der Apparatur nach SCHRAMEK u. GIEHLER mit der Zersetzungsapparatur nach Abb. 14 im Thermostaten mit den angeschlossenen HEMPEL-Gasbüretten *M*.

Überdruck von Flüssigkeitsdämpfen in die übrige Apparatur verhindert. Um das bei starker Erwärmung der Ausdehnung unterworfene Luftvolumen im Reaktionsgefäß nicht zu groß werden zu lassen, ist es zweckmäßig, Reaktionskolben *I* und Gesamtreaktionsflüssigkeit entsprechend gegeneinander abzustimmen; z. B. wird man bei der eingangs angegebenen Größe des Reaktionskolbens von 300 cm³ Inhalt die Gesamtreaktionsflüssigkeit etwa auf 250 cm³ bemessen. Mittels der Ausgleichsgefäße *K* wird im Verlauf der gesamten Reaktion dafür gesorgt, daß stets Atmosphärendruck im Innern der Anordnung herrscht. Zum gewünschten Zeitpunkt wird die Oxydationsreaktion dadurch in Gang gebracht, daß aus einer der Zusatzbüretten unter Schütteln die Wasserstoffperoxydlösung von bekanntem Gehalt in den Kolben eingefüllt wird.

Die Reaktion kann nunmehr beliebig lange stattfinden und zu jedem gewünschten Zeitpunkte unterbrochen werden entweder durch Abkühlen des Kolbens oder durch entsprechende Zusätze aus der anderen Zusatzbürette. Nunmehr wird die Apparatur auf die Ausgangstemperatur gebracht und nach beendetem Ausgleich die Volumenzunahme in üblicher Weise gemessen. Das Ausgleichsgefäß muß entweder sofort oder wenigstens am Schluß etwa notwendig werdender Teilmessungen bis zur oberen Marke wie vor dem Versuch aufgefüllt werden.

Für die Baumwollbleiche in ätzalkalischer Lösung verschiedener Konzentration werden die folgenden Werte erhalten:

Tabelle 12. Feststellung der H_2O_2-Ausnutzung in der Baumwollbleiche nach SCHRAMEK und GIEHLER (in ätzalkalischen Lösungen verschiedener Konzentration).

Nr.	NaOH/1000 g	g H_2O_2 im Reaktionsgefäß bei Beginn	g H_2O_2 im Reaktionsgefäß am Ende	g H_2O_2 Verlust in Gasform	% H_2O_2 unverbrauchter Rest	% H_2O_2 verloren als Gas	% H_2O_2 verwertet zur Reaktion
1	0,5	1,377	0,566	0,352	41,2	25,6	33,2
2	0,5	1,377	0,553	0,354	40,2	25,7	34,1
						Mittelwert . .	33,7%
3	1,0	1,425	0,156	0,543	10,9	38,1	51,0
4	1,0	1,425	0,129	0,545	9,1	38,2	52,7
						Mittelwert . .	51,85%
5	5,0	1,425	0,040	0,612	2,8	42,9	54,3
6	5,0	1,425	0,042	0,609	2,9	42,7	54,4
						Mittelwert . .	54,35%
7	10,0	1,377	0,039	0,580	2,9	42,1	55,0
8	10,0	1,377	0,057	0,578	4,2	41,9	53,9
						Mittelwert . .	54,45%
9	20,0	1,380	0,232	0,515	16,7	37,3	46,0
10	20,0	1,380	0,252	0,516	18,2	37,4	44,4
						Mittelwert . .	45,2%

Aus den mitgeteilten Werten ergibt sich, daß bei einer Konzentration von 5 und 10 g Ätznatron im Liter die größte Verwertung des Wasserstoffperoxyds für die Bleiche stattfindet, und daß sowohl bei höheren Zusätzen als auch bei geringeren die Verwertung sinkt, daß aber umgekehrt der unverbrauchte Rest insbesondere bei niederen Konzentrationen, aber auch bei höheren Konzentrationen größer ist, während er bei den Konzentrationen von 5 und 10 g im Liter nahezu verschwunden ist, so daß die Zersetzung bei diesen letzteren Konzentrationen am größten ist.

Eine weitere Mitteilung, die in Aussicht gestellt war, konnte bisher nicht gefunden werden; sie wird vor allem auch auf die Frage Antwort geben müssen, ob der Effekt, d. h. die Bleiche, tatsächlich nur durch reine Oxydationsreaktion herbeigeführt wird, oder ob nicht auch Reaktionen eine Rolle spielen können, bei denen eine Sauerstoffentwicklung stattfindet, wobei der Sauerstoff einem Reduktionsprozeß, bei dem der Wasserstoff des Wasserstoffperoxyds wirksam ist, entstammt.

Literatur.

ARCHBUTT, H.: Analyst **20**, 3 (1895).

BAUMANN, A.: (a) Angew. Ch. **5**, 113 (1892); (b) **4**, 203 (1891). — BAEYER, A., u. V. VILLIGER: B. **34**, 2769 (1901); **34**, 749 (1901). — BERTHELOT: (a) A. Ch. **5**, 21, 172 (1880); (b) C. r. **132**, 897 (1902). — BOSSHARD, E., u. K. ZWICKY: Angew. Ch. **23**, 1153 (1910; durch C. **81**, **II**. 494 (1910). — BRODIE, B. C.: Pogg. Ann. [2] **120**, 318 (1863); Phil. Trans. **1850**, **II**, 759; Pr. Roy. Soc. London **11**, 442 (1861); Pogg. Ann. (Z) **120**, 294 (1863). — BURRY, A.: J. Pharm. Chim. [7] **15**, 189 (1917).

CHWALA, A.: Angew. Ch. **21**, 589 (1908). — CLASSEN, A.: Analytische Chemie, 1903, S. 213. — CONSTAM, E. J., u. A. v. HANSEN: Z. El. Ch. **3**, 137 (1896). — CONTAMINE: Génie civil **12**, 56 (1887).

DEHN, W. M.: Am. Soc. **29**, 1315 (1907); Angew. Ch. **45**, 604 (1906). — DITT, B.: Chem. N. **80**, 193 (1889).

EBELL, P.: Z. VDI **26**, 622 (1882).

FEHRE, W.: Fr. **87**, 185 (1932). — FOERSTER, FR.: J. pr. N.F. **68**, 141 (1901).

GROSSMANN, H.: Ch. Z. **29**, 137 (1905).

HAIGHT, M.: J. chem. Educat. **6**, 2234 (1929). — HAMEL, F.: C. r. **76**, 1023 (1873). — HANRIOT (HENRIOT): C. r. **100**, 172 (1885). — HERBIG, W.: Färber-Ztg. **23**, 193 (1912); durch C. **83**, **II**, 636 (1912).

JAUBERT, G. F.: Rev. gén. Chim. pure appl. **12**, 63 (1909); durch C. **80**, **I**, 873 (1909).

KINGZETT, C. T.: Soc. **37**, 802 (1880). — KÜSTER, W.: Logarithmentabellen (1912), S. 61.
LASEKER, R.: Öst. Ch. Z. N.F. **9**, 164 (1906). — LITTERSCHEID, F. M., u. P. B. GUGGIARI: Ch. Z. **37**, 677 (1913). — LUNGE, G.: B. **19**, 868 (1886); **18**, 2030 (1885).
MANGOLD, C.: Angew. Ch. **4**, 441 (1891). — MARCHLEWSKI, L.: Angew. Ch. **4**, 391 (1891). — MILBAUER, J.: J. pr. [2] **98**, 1 (1918).
PETTERSSON, O.: B. **23**, 1402 (1890).
QUARTAROLI, A.: Ann. Chim. appl. **15**, 32 (1925). — QUINCKE, J.: Fr. **31**, 26 (1892).
RICHE, A.: J. Pharm. Chim. **13**, 249 (1886). — RUPP, E.: Ar. **238**, 156; P. C. H. **41**, 255; durch Fr. **41**, 761 (1902).
SARTORI, M.: (a) Ann. Chim. appl. **29**, 381, (b) 386 (1939). — SCHMIDT, E.: Pharmazeutische Chemie 1898, Bd. I, 143. — SCHÖNBEIN, CHR. FR.: Fr. **1**, 10 (1862). — SCHRAMEK, W., u. H. GIEHLER: Fr. **87**, 1 (1932). — SEEGER, W.: Z. phys. chem. Unterricht **41**, 182 (1928). — SONNERAT, E.: Repert. anal. Chem. **278** (1883).
THÉNARD, L. J.: Traité de Chimie VIII, 478 (1818). — THÉNARD, P.: C. r. **75**, 177 (1872); **76**, 1023 (1873).
VANINO, L.: Über die Bestimmung des H_2O_2 und seine Anwendung zur Titerstellung des $KMnO_4$ und zur Wertbestimmung des Chlorkalks. Augsburg: O. Schmidt 1891.
WAGNER, P.: Fr. **13**, 383 (1874); **15**, 250 (1876). — WELTZIEN, C.: A. Ch. **138**, 129 (1866). — WÖHLER, Fr.: A. **91**, 127 (1854).

B. Bestimmung des Druckes (Manometrische Methode).

Die Methodik verwendet, ebenso wie die gasvolumetrischen Bestimmungen, Zersetzungsreaktionen des Wasserstoffperoxyds, die unter Sauerstoffentwicklung verlaufen. Die Bestimmung wird in einem geschlossenen System vorgenommen und beruht auf der Druckzunahme des abgeschlossenen Gasvolumens durch Zuführung oder Entwicklung weiterer Gasmengen.

PÄCHTNER hat ein Ponderovolumeter (P.V.M.) zur manometrischen Bestimmung des Wasserstoffperoxyds vorgeschlagen, das sich ganz allgemein zur Ermittlung kleiner, in einem abgeschlossenen Raum neu entwickelter Gasmengen aus den dadurch bedingten Druckänderungen eignen soll.

Von LUY wird dieser Apparat wie folgt beschrieben:

„Im Hahn eines Entwicklungskölbchens befindet sich ein mit einer kurzen Rille versehener Schliff, der einen als Manometer ausgearbeiteten Schliffstopfen aufnehmen kann. Durch eine mit einem kurzen hochstehenden Glasröhrchen versehene Öffnung kommuniziert der Innenraum dieses Stopfens durch die erwähnte Rille mit dem Gasraum des Entwicklungsgefäßes. Das bis auf den Boden des Schliffstopfens reichende Steigrohr trägt Millimetereinteilung und ist entweder angeschmolzen oder durch Schliff in den Schliffstopfen eingeführt. Als Sperrflüssigkeit dient meist Quecksilber, das sich im Schliffstopfen befindet, und in welches das Steigrohr eintaucht. Bei der Bildung neuer Gasmoleküle in dem Entwicklungskölbchen äußert sich der dadurch neu auftauchende Druck durch entsprechendes Steigen des Quecksilbers im Manometer."

Der gesamte Gasraum des Gasentwicklungsgefäßes und des Schliffstopfens wird durch Eichung festgestellt. Die Bestimmung wird so durchgeführt, daß die Druckentwicklung durch das in Freiheit gesetzte Gas festgestellt und aus ihr dessen Menge nach der Formel: $v = \frac{Vp}{760(1+\alpha t)}$ berechnet wird, worin v das gesuchte auf Normalbedingungen reduzierte Volumen, V den Gasraum der Vorrichtung und p die Druckentwicklung in mm Hg bedeutet. Da für denselben Apparat und für eine bestimmte Temperatur die Größe $\frac{V}{760(1+\alpha t)}$ eine Konstante ist, so vereinfacht sich die Formel in $v = p\,K$. Die mittlere Fehlergrenze bei einer Gasmenge von z. B. 4 mg Sauerstoff aus Wasserstoffperoxyd durch katalytische Zersetzung oder Umsetzung entwickelt, beträgt $\pm 1\%$. LUY verwendet z. B. 1 cm^3 einer etwa 0,25 n Wasserstoffperoxydlösung = etwa 8,504 mg H_2O_2 und gibt 0,05 bis 0,1 cm^3 mehr an 0,1 n Permanganatlösung zu, als sich für die Umsetzung berechnet, also etwa 2,6 cm^3. Es wird eine Menge von 3,856 mg O_2 im Mittel gefunden. Die einzelnen Werte zeigen Unterschiede von 1,48% bis 1,16%.

FUJITA und KODAMA verwenden ein kegelförmiges Gefäß von etwa 15 bis 20 cm^3 Inhalt. In den Hauptraum wird 1 cm^3 der zu untersuchenden Wasserstoffperoxydlösung gegeben (0,003 bis 0,012 molar) und 1 cm³ 1%iger Schwefelsäure und in den Anhang 0,1 cm³ 10%iger Kaliumpermanganatlösung. Nach Anschluß an das Manometer werden die Gefäße im Thermostaten bei beliebiger, aber natürlich genau festgestellter Temperatur geschüttelt. Nach Druck- und Temperaturausgleich wird der Inhalt des Anhangs in den Hauptraum gekippt, und nach 15 Min. wird die Drucksteigerung des Manometers abgelesen, aus der sich dann nach WARBURG die entstandene Sauerstoffmenge berechnet (0° und 760 mm = x_{O_2}). Die Konzentration berechnet sich dann nach $C_{H_2O_2} = 4{,}47 \cdot 10^{-5} \cdot x_{O_2}$ Mol/l bzw. $= 1{,}52\, x_{O_2}$ mg/l. Verwendet man Katalase anstatt Permanganat, so wird nur die Hälfte des Sauerstoffs entwikkelt. Katalase hat den besonderen Vorteil, daß sie gegen organische Peroxyde unempfindlich ist, was von FREER und NOVY wie auch von BACH und CHODAT gefunden war. Man verfährt dann folgendermaßen:

In den Hauptraum kommt 1 cm³ der zu untersuchenden Wasserstoffperoxydlösung und 1 cm³ Phosphatpuffer ($p_H = 6{,}8$), hergestellt durch Mischen gleicher Volumina von $\frac{m}{15}$ primärem und sekundärem Phosphat, in den Nebenraum 0,1 cm³ Blut. Die Berechnung erfolgt dann nach $C_{H_2O_2} = 8{,}94 \cdot 10^{-5} \cdot x_{O_2}$ Mol/l bzw. $= 3{,}04\, x_{O_2}$ mg/l. Meßbereich: 0,05 bis 0,025 Mol/l. Verwendet man 2 cm³ Wasserstoffperoxydlösung, dann kommt man bis auf 0,0025 Mol/l = 85,04 mg H_2O_2/l, die sicher u bestimmen sind. Neben den Beleganalysen stimmen die Werte bis auf 3% überein. Organische Beimischungen (Bouillon, Eieralbumin) sind praktisch ohne Einfluß.

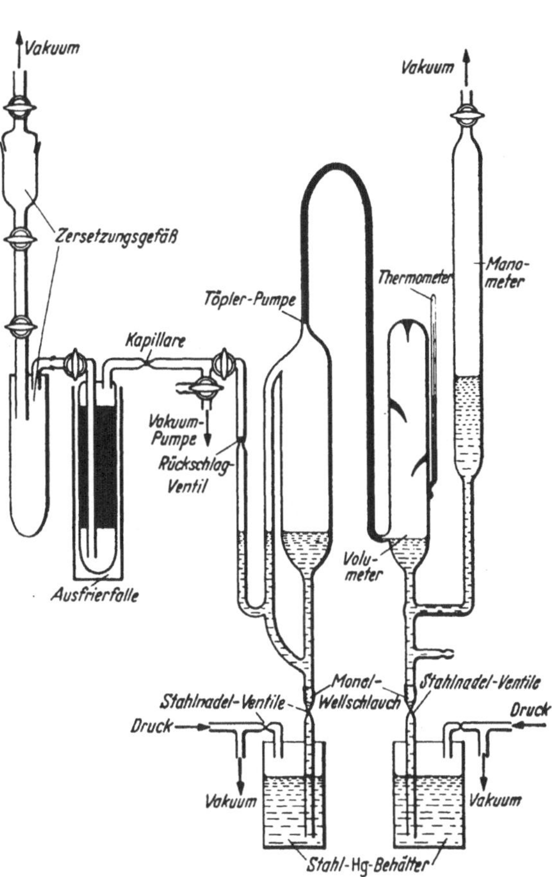

Abb. 16. Zersetzungsapparatur. (Nach HUCKABA u. KEYES.)

Eine Apparatur entsprechend der Abb. 16 zur katalytischen Zersetzung von Wasserstoffperoxyd und Ermittlung der entwickelten Sauerstoffmenge aus einer Druckmessung bei bekanntem Volumen verwenden HUCKABA und KEYES zum Vergleich der Titrationsmethode mit Kaliumpermanganat (siehe § 1, A, 1, I, 3). Die Anordnung besteht aus einem zweiteiligen, durch Glasschliffe verbundenen Reaktionsgefäß, einer Ausfrierfalle, die zum Zurückhalten von Feuchtigkeit mit Kohlensäureschnee-Methylalkoholgemisch gekühlt wird, einer TÖPLER-Pumpe, dem Volumeter, Manometer, Thermometer und einem McLEOD-Manometer. Die Quecksilberspiegel der TÖPLER-Pumpe und des Volumeters werden durch Anwendung von Überdruck oder Unterdruck auf die Quecksilberstahlbehälter gehoben oder gesenkt und durch

Stahl-Nadelventile geregelt. Zum Abfangen gefährlicher Quecksilberstöße sind in den Zuleitungen von den Quecksilbergefäßen Ausgleichsstücke aus Monelmetall in Form von kurzen Wellrohrabschnitten eingebaut.

Die Bestimmung wird wie folgt ausgeführt: Manometer, Volumeter und TÖPLER-Pumpe werden evakuiert und von dem übrigen System abgeschlossen. Der Quecksilberspiegel im Volumeter wird gerade bis unter das Ableitungsrohr der TÖPLER-Pumpe gesenkt, um Manometer und Volumeter voneinander zu trennen. Eine 8 bis 10 cm^3 enthaltende Probe von 2- bis 3%igem Wasserstoffperoxyd wird in dem oberen Teil des Reaktionsgefäßes, das vorher mit heißer rauchender Schwefelsäure gereinigt wurde, ausgewogen. Nach Aufsetzen des oberen Teils des Reaktionsgefäßes wird die übrige Apparatur evakuiert. Unter Abschluß des zweiteiligen Reaktionsgefäßes vom übrigen System wird die Peroxydeinwaage in den auf $-78°$ abgekühlten unteren Teil des Gefäßes übergeführt und je 10 cm^3 Wasser zur zweimaligen Nachspülung verwendet. In gleicher Weise wird ein großer Überschuß des flüssigen Katalysators eingeführt unter Vermeidung des Zutretens von Luft in das untere Gefäß. Die im Spülwasser und der Katalysatoraufschwemmung gelöste Luft wird unter Anwendung von Vakuum in dem oberen Teil des Reaktionsgefäßes vor dem Einschleusen in das untere Gefäß entfernt.

Mit dem Auftauen des Peroxyds beginnt die Zersetzung, deren Vollständigkeit abgewartet werden muß oder durch Testproben in Form weiterer Katalysatorzugaben kontrolliert wird.

Der entwickelte Sauerstoff wird mit Hilfe der TÖPLER-Pumpe in das Volumeter übergeführt; etwa 8 Hübe genügen zum Transport. Die Vollständigkeit der Überführung ist angezeigt bei einem Druck von ungefähr 10^{-4} mm Hg.

Der Quecksilberspiegel im Volumeter wird nach Herstellung der Temperaturkonstanz auf eine der angebrachten hakenförmigen Glasmarken eingestellt. Die Differenz der Quecksilberhöhen im Volumeter und Manometer werden mit einem Spezialkathetometer, welches 0,002 mm abzulesen gestattet, gemessen. Die im Peroxyd gelöste und mit diesem eingeführte Luftmenge wird durch eine Blindbestimmung der gleichen Wassermenge korrigiert unter der Annahme, daß die Löslichkeit von Luft in Wasserstoffperoxyd und Wasser die gleiche ist.

Die Gewichtserrechnung des Sauerstoffs wird unter Verwendung der BEATTIE-BRIDGEMAN-Zustandsgleichung für Sauerstoff wie folgt durchgeführt:

$$v = C\,2{,}5644\;T/P) + B_0,$$

$$B_0 = \left(1{,}445 - \frac{1447}{2{,}5644\;T} - \frac{1{,}5 \cdot 10^6}{T^3}\right),$$

wobei v das spezifische Volumen von Sauerstoff in cm^3/g, P der Druck in normalen Atmosphären und T die absolute Temperatur ist. Das Gesamtvolumen des Sauerstoffs wird durch das spezifische Volumen dividiert, um das Gewicht des Sauerstoffs zu erhalten, aus dem die Gewichtsprozente des Wasserstoffperoxyds errechnet werden.

Literatur.

BACH, A., u. R. CHODAT: B. **36**, 1756 (1903). — BEATTIE, J. A., u. O. C. BRIDGEMAN: Pr. Am. Acad. **63**, 229 (1928).

FREER, P. C., u. F. G. NOVY: Am. Chem. J. **27**, 161 (1902). — FUJITA, A., u. T. KODAMA: Bio. Z. **232**, 15 (1931).

HUCKABA, C. E., u. F. G. KEYES: Am. Soc. **70**, 1640 (1948).

LUY, P.: Bio. Z. **201**, 165 (1928).

PÄCHTNER, J.: Angew. Ch. **37**, 228 (1924).

WARBURG, O.: Über den Stoffwechsel der Tumore. Berlin 1926.

§ 3. Elektrochemische Methoden.

Für diese Methoden sind grundsätzlich alle Oxydations- und Reduktionsreaktionen, die auch in der Oxydimetrie angewandt werden, geeignet mit Ausnahme von Titan(III)-chlorid und Eisen(II)-salz, die hier nicht zur Verwendung kommen. Indicatoren und Farbreaktionen werden bei diesen Methoden entbehrlich. Darüber hinaus können die Lösungen gefärbt und trübe sein. Der Titrationsverlauf wird durch laufende Messung des Lösungspotentials verfolgt und zu Potentialkurven gegen das angewandte Volumen der Titrationsflüssigkeit aufgetragen. Sie zeigen im Kurvenverlauf zum Ende der Reaktionen scharfe Umschlagspunkte infolge der auftretenden hohen Potentialsprünge.

Diese physikalisch-chemischen Methoden sind bedeutend jüngeren Datums als die üblichen Titrationsmethoden der klassischen Analytik, und man kann ihnen, da sie den ganzen Verlauf der Reaktion zu überwachen gestatten, eine gewisse Überlegenheit nicht absprechen.

Für den Aufbau der Methoden ist die Wahl geeigneter Abnahmeelektroden Voraussetzung, und so unterscheiden sich die Arbeitsweisen sowohl in der Anwendung der verschiedenen Oxydations- und Reduktionsmittel als auch in den Elektrodensystemen. Die elektrische Meßmethodik wird nicht wesentlich und grundsätzlich variiert und beruht meist auf der üblichen Kompensationsschaltung zur Potentialmessung unter Vermeidung einer allzu großen Stromentnahme.

Die elektrochemischen Methoden sollen als potentiometrische, galvanimetrische und polarographische behandelt werden.

Eine besondere Weiterbildung der potentiometrischen Methode in der Polarographie, die in den letzten Jahren zu einer beachtlichen Höhe entwickelt wurde und einen universellen Charakter hat, verdient deshalb eine gesonderte Behandlung im eigenen Kapitel.

A. Potentiometrische Titration.

1. Mit Kaliumpermanganat.

Der Bestimmung mit Kaliumpermanganat liegt die bekannte Reduktionsgleichung des Wasserstoffperoxyds zugrunde:

$$5\,H_2O_2 + 4\,H_2SO_4 + 2\,KMnO_4 = 2\,MnSO_4 + 2\,KHSO_4 + 8\,H_2O + 5\,O_2. \tag{3}$$

Müller und Brenneis führen die Potentialmessungen mit Platin als Indicatorelektrode und Normal-Kalomelelektrode als Abnahmeelektrode mit Hilfe des üblichen Poggendorfschen Kompensationsverfahrens durch.

Arbeitsvorschrift. 10 cm³ der 3%igen Wasserstoffperoxydlösung, die mit 20 cm³ verdünnter Schwefelsäure (1 + 4) versetzt sind, werden mit 0,1 n Kaliumpermanganatlösung titriert. Die erhaltenen Werte zeigen einen deutlichen Potentialsprung, wie aus Abb. 17, welche 3 Titrationen darstellt, ersichtlich ist. Der Sprung ist beendet, sobald Rosafärbung auftritt. Die Temperatur ist 16,5°, bei höheren Temperaturen als Zimmertemperatur macht sich die Zersetzung des Wasserstoffperoxyds störend bemerkbar.

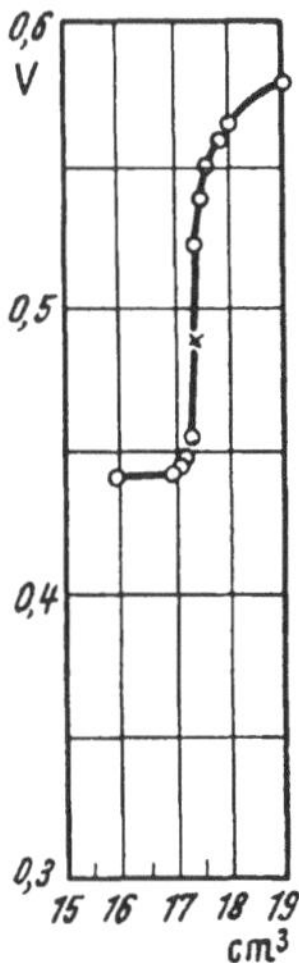

Abb. 17. Potentiometrische Titration von H_2O_2 mit 0,1 $KMnO_4$. (Nach Müller u. Brenneis.)

Müller und Brenneis versuchten auch die potentiometrische Bestimmung von Natriumperoxyd, wobei sie auf die beim Eintragen von Natriumperoxyd in angesäuertes Wasser auftretenden Schwierigkeiten infolge Zersetzung wegen der beträchtlichen Reaktionswärme stießen. Aber auch hier tritt knapp vor der Rotfärbung durch überschüssiges Kaliumpermanganat ein deutlicher Potentialsprung auf.

Bariumperoxyd wurde gleichfalls von ihnen potentiometrisch titriert.

Arbeitsvorschrift. Etwa 0,2 g Bariumperoxyd wurden mit 200 cm³ Wasser übergossen, mit 30 cm³ Salzsäure (1 + 5) unter stetem Umrühren versetzt und gelöst. Es wurde bei 11,5° titriert und ein deutlicher Potentialsprung erhalten, wie aus Abb. 17 ersichtlich ist.

Sie prüften auch die Möglichkeit einer potentiometrischen Titration von Wasserstoffperoxyd mit Eisensulfat, Hydrochinon, Zinn(II)-chlorid, Chromsäure und Chlorsäure, jedoch erfolglos, da sie keinen oder keinen deutlichen Potentialsprung feststellen konnten.

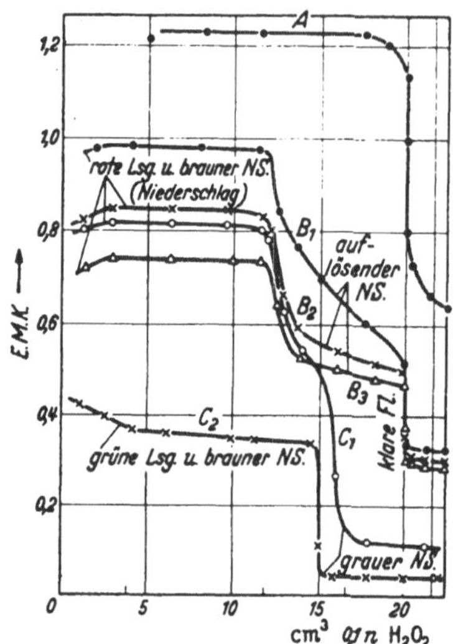

Abb. 18. Potentiometrische Titration von 0,1 n $KMnO_4$ mit 0,1 n H_2O_2. (Nach PUGH.)

PUGH fand bei der Titration von 0,1 n Kaliumpermanganat mit 0,1 n Wasserstoffperoxyd, bei welcher Reaktion Alkali frei wird, daß Silicofluoride, und zwar Natrium- und Magnesiumsilicofluorid, eine Pufferwirkung entfalten. Er verwendete 20 cm³ 0,1 n Kaliumpermanganatlösung, eine Platin- und eine gesättigte Kalomelelektrode und erhielt bei Zimmertemperatur die Kurven der Abb. 18 je nach den Zusätzen, die er gemäß folgender Tabelle 12 machte. Hieraus geht hervor, daß in Gegenwart von Silicofluoriden die Reduktion in genauen Stufen erfolgt: Mangan(IV)-oxyd erscheint als ein brauner Niederschlag, ein scharfer Knickpunkt tritt auf, wenn das Permanganat völlig zu dieser Stufe reduziert ist, wobei die Lösung ihre rötliche Farbe verliert. Je mehr Wasserstoffperoxyd zugesetzt wird, um so dunkler wird der Niederschlag, bis die 3wertige Stufe des Mangans erreicht ist, worauf er sich zu lösen beginnt. Genau bei der 2wertigen Stufe des Mangans lösen sich die letzten Spuren zu einer klaren Lösung, und die Kurven zeigen einen scharfen Knickpunkt.

Die Kurve A, die durch Reduktion in Gegenwart von Schwefelsäure erhalten wurde, ist zum Vergleich beigefügt.

Die Wirkung der Silicofluoride als Puffer erklärt sich aus ihrer Umsetzung mit dem Alkali, das bei der Titration frei wird. $SiF_6'' + 4\,OH' \rightarrow Si(OH)_4 + 6\,F'$, wodurch die Hydroxyl-Ionenkonzentration so niedrig gehalten wird, daß Manganhydroxyd nicht ausfallen kann, da dieses sich nach BRITTON aus verdünnter Mangansalzlösung erst bei $p_H = 8{,}8$ auszuscheiden beginnt. Der Einfluß abnehmender Mengen von Silicofluorid kommt klar zum Ausdruck in den Kurven B_2, C_1 und C_2. Die Lösungen B_2 und C_1 waren zu Anfang beide sauer infolge des Zusatzes von Natriumsilicofluorid, aber C_1 wurde während der Reduktion alkalisch und das gefällte Mangan(IV)-oxyd löst sich nicht wieder auf.

Tabelle 12. Titration von 20 cm³ 0,1 n $KMnO_4$ durch H_2O_2 (Gesamtvol. 180 cm³).

Kurve	B_1	B_2	B_3	C_1	C_2
0,5 n NaOH . . . cm³	0	5	15	5	5
Na_2SiF_6 . . . g	0,75	0,75	0,75	0,15	0,06

2. Mit Cer(IV)-sulfat.

Für die potentiometrische Bestimmung kann die Reduktionswirkung von Wasserstoffperoxyd auf Cer(IV)-salze ausgenutzt werden:

$$H_2O_2 + 2\,Ce^{++++} = 2\,H^+ + 2\,Ce^{+++} + O_2. \qquad (14)$$

Atanasiu und Stefanescu verwenden für die potentiometrische Titration von Wasserstoffperoxyd eine 0,1 m Cer(IV)-sulfatlösung, die sie durch elektrolytische Oxydation einer durch Auflösen von Ceroxyd in konzentrierter Schwefelsäure erhaltenen Cer(III)-Cer(IV)-sulfatlösung herstellen. Die Messungen werden nach der Kompensationsmethode von Poggendorf in der Anordnung von Bouty mit Pt/H_2O_2 n Hg_2Cl_2-Elektrode vorgenommen. Bei 20° stellt sich das Potential auf 250 mV. Die Potentialkurve verläuft fast parallel der Abszisse und zeigt beim Umwandlungspunkt einen Sprung von mehr als 300 mV. Sie verwenden 5 cm³ 0,1 m H_2O_2, verdünnt auf 200 cm³ in schwefelsaurer Lösung, und erhalten folgende Werte bei 75°:

Permanganatlösung cm³	mV	Permanganatlösung cm³	mV
0,0	493,5	9,5	528,3
1,0	493,5	9,8	533,8
5,0	493,5	9,9	566,7 } 347,3 mV
6,0	510,0	10,0	914,0 }
8,0	519,0	10,5	1041
		11,0	1078

Bemerkenswert ist die Unempfindlichkeit gegen äußere physikalische Einflüsse und gegen chemische Agenzien, welche die Titration mit Permanganat so oft fehlerhaft machen.

Furman und Wallace jr. finden den Einfluß der Säurekonzentration als erheblich, hingegen den Einfluß von Änderungen im Anfangsvolumen und in der Art der Zugabe des Cer(IV)-sulfats als unbedeutend. Aus den Kurven der Abb. 19 ist der Verlauf der Titration unter den verschiedenen Bedingungen zu ersehen. Der abwärts gerichtete Verlauf der Kurve *2* vor dem senkrechten Anstieg, dem Endpunkt, ist charakteristisch für die Titration in salzsaurer Lösung. Ist die Anfangskonzentration von Schwefelsäure unter 1 n, so ist der Knickpunkt am Ende unter 100 mV. Bei allen *Schwefelsäure*konzentrationen verläuft die Reaktion *sehr träge*. 3 bis 5 Min. braucht das Einstellen des Potentials in der Nähe des Endpunktes. In *Salzsäure* jeder Konzentration verläuft die Reaktion *sehr schnell*. Der Spannungsanstieg verläuft zum Endpunkt schnell und sehr scharf. Ähnlich wie Salzsäure verhält sich auch Essigsäure, wenn auch der Spannungsanstieg und die Reaktion etwas langsamer verlaufen.

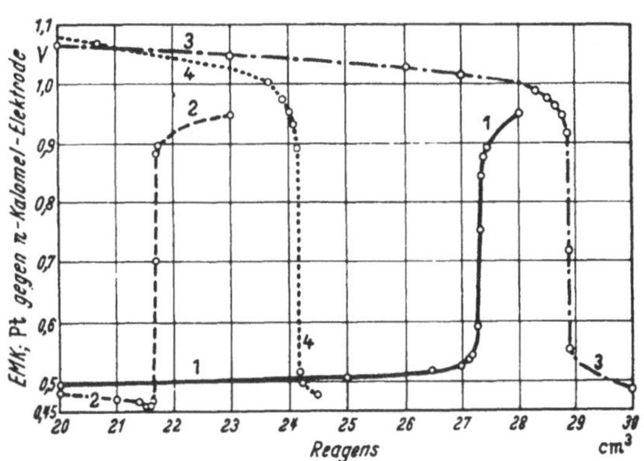

Abb. 19. Potentiometrische Titration von H_2O_2 mit Cer(IV)-sulfatlösung. (Nach Atanasiu u. Stefanescu.)
Kurve *1*: in 3,6 n H_2SO_4 mit 0,1051 n Cer(IV)-sulfat; Kurve *2*: in 1,2 n HCl mit 0,1051 n Cer(IV)-sulfat. Umgekehrte Titration: Kurve *3*: in 2,5 n H_2SO_4 mit H_2O_2-Lösung; Kurve *4*: in 0,7 n H_2SO_4 mit H_2O_2-Lösung.

Die umgekehrte Titration von Cer(IV)-sulfat mit Wasserstoffperoxyd verläuft gleich der oben beschriebenen; der Spannungsabfall war etwa 400 mV auf einen Tropfen Peroxyd. Vgl. Kurve *3* und *4* der Abb. 19.

Die Ergebnisse der visuellen Vergleichstitration liegen im allgemeinen 0,05 cm³ über dem potentiometrischen Endpunkt.

Die Cer(IV)-sulfatlösungen wurden entweder aus käuflichen seltenen Erdoxyden durch Auflösen in genügend verdünnter Schwefelsäure hergestellt, so daß die entstandene Lösung etwa 2 bis 3 n an Schwefelsäure und 0,1 n an Oxydationswirkung war, oder durch Erhitzen des aus basischem Cernitrat gewonnenen Ceroxyds mit einem Überschuß von Schwefelsäure bei 200°. Bei dieser letzteren Darstellung bleibt ein merklicher Teil der Oxyde ungelöst, die Oxydationswirkung wird wieder auf 0,1 n und der Gehalt an Schwefelsäure auf 1,0 n bis 1,5 n eingestellt. Beide Lösungen sind haltbar und werden nach WILLARD und YOUNG mit Natriumoxalat potentiometrisch eingestellt. Die 0,1 n Wasserstoffperoxydlösung wird durch Verdünnen von 30%igem Wasserstoffperoxyd hergestellt und ist in einer braunen Flasche mindestens 4 Std. unverändert haltbar; sie wurde mit gegen Natriumoxalat potentiometrisch eingestellter Kaliumpermanganatlösung potentiometrisch titriert. Als Elektrodensystem diente ein blanker Platindraht und eine Kalomelnormalelektrode.

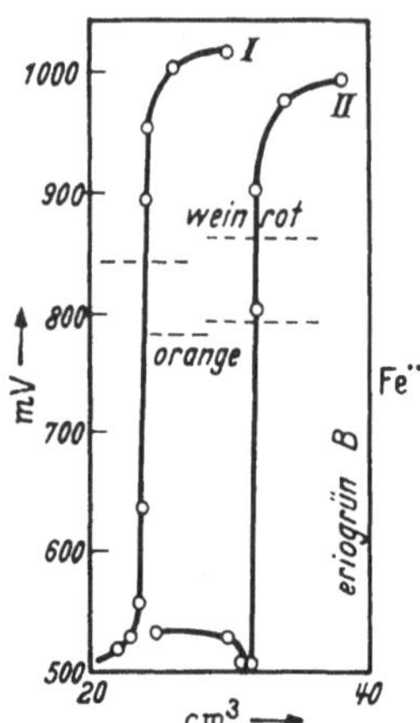

Abb. 20. Potentiometrische Titration von Wasserstoffperoxyd. (Nach JANSSENS.)
I $KMnO_4$-Lösung, *II* Cer(IV)-sulfatlösung.

Arbeitsvorschrift nach JANSSENS. Zu 25 cm³ 0,1 n Wasserstoffperoxydlösung werden 100 cm³ Wasser und 25 cm³ 6 n Salzsäure nebst 2 cm³ Erigrün B-Supra der Firma Geigy, Basel, in 0,1%iger Lösung zugegeben. Titriert wird mit einer 0,076 n Cer(IV)-sulfatlösung. Zum Vergleich wird mit Permanganat potentiometrisch titriert, wobei 25 cm³ 0,1 n Wasserstoffperoxydlösung, 175 cm³ Wasser und 50 cm³ 6 n Schwefelsäure verwendet werden.

JANSSENS bedient sich des Potentiometers von WENDT mit einer Normalkalomelelektrode. Als Indicatorelektrode, zugleich als Rührer, verwendet er eine Korbelektrode gemäß BERTIAUX, die aus einem durchlochten zylindrischen Platinblech besteht, welches durch Stege oben und unten mit einem dickeren Platindraht verbunden ist, dessen Verlängerung mit dem Rührantrieb gekoppelt wird. Es wurde die Kurve gemäß Abb. 20 erhalten. Auch hier zeigt die Kurve vor fast senkrechtem Anstieg, dem Endpunkt, eine Senkung, worauf schon FURMAN und WALLACE JR. aufmerksam gemacht hatten.

Wird die Wasserstoffperoxydlösung mit mehr Wasser, z. B. 200 oder 300 cm³, unter Zugabe von entsprechend mehr 6 n Salzsäure verdünnt, so werden die erhaltenen Werte um eine Kleinigkeit niedriger, wie die nachstehende Tabelle 13 zeigt.

Tabelle 13.

Nr.	Wasser cm³	6 n HCl cm³	Cer(IV)-sulfat Gefunden cm³	Cer(IV)-sulfat Berechnet cm³	Unterschied cm³
1	150	35	33,03	33,03	— 0,00
2	200	45	32,97	33,03	— 0,06
3	300	65	32,96	33,03	— 0,07

Zusammenfassend kann gesagt werden, daß auch bei der potentiometrischen Titration wie bei der visuellen sich Cer(IV)-sulfat für die Wasserstoffperoxydbestimmung ausgezeichnet eignet. Der große Vorteil ist die absolute Titerbeständigkeit und die Unabhängigkeit von chemischen und physikalischen Einflüssen.

3. Mit Hypohalogeniten.

TOMIČEK und FILIPOVIČ verwenden eine Calciumhypochloritlösung und setzen unter Umständen der zu titrierenden Lösung Kaliumbromid zu. Eine 0,1 n Calciumhypochloritlösung hat einen p_H-Wert von etwa 9. Die Haltbarkeit der Lösung ist im Dunkeln oder in braunen Flaschen verhältnismäßig gut. Sie verlor in 15 Monaten nur 3,5%, während im Licht in weißer Flasche der Verlust 33% betrug. Im Gegensatz dazu verlor eine Calciumhypobromitlösung gleichfalls im Dunkeln in 6 Monaten schon 30% (vgl. TOMIČEK und JAČEK). Die Calciumhypochloritlösung wird potentiometrisch mit arseniger Säure eingestellt: 25 cm³ 0,1 n Arsen(III)-oxydlösung werden zu 50 cm³ mit Wasser verdünnt, 10 cm³ einer 10%igen Lösung von Kaliumbromid und 0,5 g Natriumhydrogencarbonat zugegeben.

Wasserstoffperoxyd läßt sich sowohl ohne wie mit Zusatz von Kaliumbromid titrieren. Der Bicarbonatzusatz ist aber notwendig.

Der Potentialsprung ist sehr beträchtlich. Der Wendepunkt liegt bei 450 mV. Die erhaltenen Resultate sind um 0,7 bis 0,2%, relativ gerechnet, niedriger als die berechneten, wahrscheinlich wegen geringer Zersetzung des Wasserstoffperoxyds im alkalischen Medium. So wurden z. B. verbraucht:

24,95 cm³	0,1 n	Hypochloritlösung	gegen	berechnet	25,00 cm³
24,92 „	0,1 n	„	„	„	25,00 „
9,95 „	0,1 n	„	„	„	10,00 „
4,98 „	0,1 n	„	„	„	5,00 „

4. Mit Natriumsulfit.

SINGH und MALIK beschreiben die potentiometrische Titration von Wasserstoffperoxyd mit Natriumsulfit in schwefelsaurer Lösung unter Zusatz von Kaliumjodid.

Arbeitsvorschrift. 25 cm³ Wasserstoffperoxyd, 0,0275 n = 0,0117 g, werden mit 10 cm³ n H_2SO_4 und 13 cm³ n Kaliumjodidlösung versetzt und nach Zugabe einiger Tropfen Ammoniummolybdat als Katalysator mit Natriumsulfit, 0,104 n, titriert mit dem aus der Abb. 21 ersichtlichen Ergebnis. Zwischen 6,55 cm³ und 6,6 cm³ Natriumsulfitlösung tritt ein scharfer Spannungsabfall von 211 mV auf 72 mV, also um 139 mV, ein.

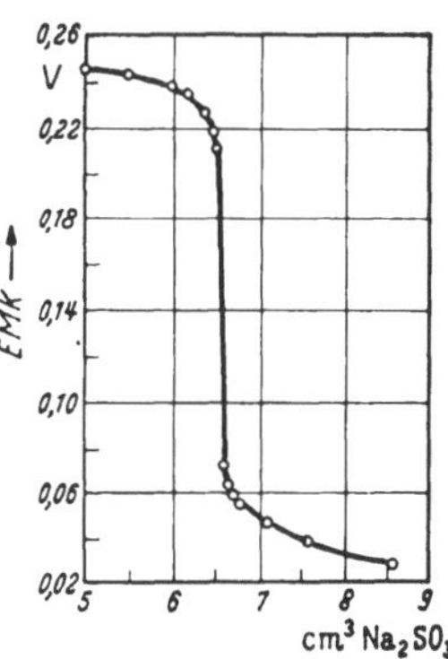

Abb. 21. Potentiometrische Titration von H_2O_2 mit 0,104 n Na_2SO_3-Lösung. (Nach SINGH u. MALIK.)

Nach RIUS (siehe unter Trennungsverfahren) wird die Natriumsulfitlösung durch Zusatz von 5% Alkohol von 96% haltbarer. SINGH und MALIK verwenden die Anordnung: Breites Platinblech und gesättigte Kalomelelektrode mit Agar-Agar-Chlorkaliumbrücke. Die Ergebnisse sind gut:

$$\left.\begin{array}{ll} \text{Angewandt:} & 0{,}0117 - 0{,}0328 - 0{,}0574 - 0{,}0765 \\ \text{Gefunden:} & 0{,}0116 - 0{,}0325 - 0{,}0572 - 0{,}0764 \end{array}\right\} \text{g } H_2O_2.$$

5. Mit Brom.

MÜLLER und HOLDER titrieren Wasserstoffperoxyd mit einer Lösung von 8 g Brom und 119 g Kaliumbromid im Liter, wobei es zu klarer Potentialausbildung kommt, wenn man die Acidität niedrig hält, weswegen stärkere Säuren mit Natriumacetat abgestumpft werden müssen.

6. Mit Zinn(II)-chlorid.

MÜLLER und HOLDER haben mit gutem Erfolg die Reaktion $Sn^{++} + H_2O_2 = 2\,OH + Sn^{++++}$ [entsprechend der Gleichung (16)] potentiometrisch verwertet.

Die Titrationskurven von 0,1 n Wasserstoffperoxyd mit 0,1 n Zinn(II)-chloridlösung bilden an Platin-Indicatorelektrode einen steilen Potentialabfall aus (vgl. Abb. 22). Organische Konservierungsmittel wie Glycerin im Wasserstoffperoxyd stören nicht.

7. Sonstige Versuche.

Während MATHEWSON und CALVIN die Titration mit Titanchlorid ausführen konnten, fand TOMIČEK, daß weder Titan(III)-chlorid noch Eisen(II)-salze sich für die potentiometrische Titration von Wasserstoffperoxyd eignen.

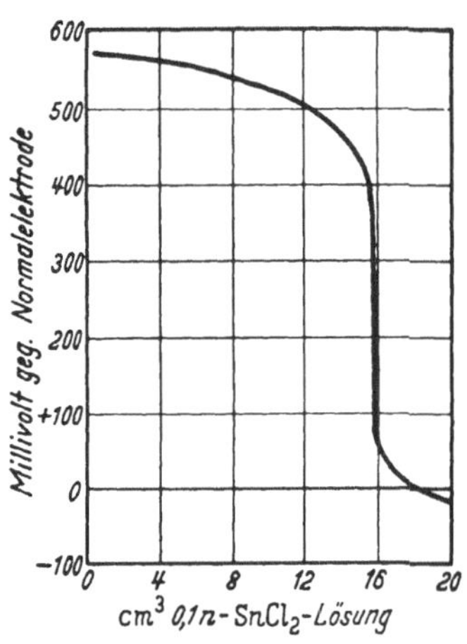

Abb. 22. Potentiometrische Titration von 0,1 n H_2O_2-Lösung mit 0,1 n $SnCl_2$-Lösung. (Nach MÜLLER u. HOLDER.)

Literatur.

ATANASIU, J. A., u. V. STEFANESCU: B. **61**, 1343 (1928).

BERTIAUX, siehe HOLLARD et BERTIAUX. — BRITTON, H. T. S.: Soc. **127**, 2110 (1925); durch C. **97**, **I**, 735 (1926).

FURMAN, N. H., u. J. H. WALLACE JR.: Am. Soc. **51**, 1449 (1929).

HOLLARD et BERTIAUX: Analyse de métaux par électrolyse. Paris: Dunod 1930.

JANSSENS, R.: Natuurwetensch. Tijdschr. **13**, 257 (1931); durch C. **103**, **I**, 977 (1932).

MÜLLER, E., u. G. HOLDER: Fr. **84**, 410 (1931). — MÜLLER, R., u. H. BRENNEIS: Berg- u. hüttenm. Jb. **80**, 101 (1932).

PUGH, W.: Soc. 1150 (1934).

RIUS, A.: J. Am. electrochem. Soc. **54**, 347 (1929).

SINGH, B., u. J. J. MALIK: J. Indian chem. Soc. **14**, 435 (1917).

TOMIČEK, O.: R. **43**, 793 (1924). — TOMIČEK, O., u. P. FILIPOVIČ: Coll. Trav. chim. Tchécosl. **10**, 340 (1938). — TOMIČEK, O., u. M. JAČEK: Coll. Trav. chim. Tchécosl. **10**, 353 (1938).

WILLARD, H. H., u. P. YOUNG: Am. Soc. **50**, 1327 (1938); durch C. **99**, **II**, 85 (1928).

B. Galvanimetrische Methode.

Die galvanimetrische, „dead stop end point" oder auch depolarimetrische Methode genannt, benutzt entweder unpolarisierte Elektroden, die polarisiert, oder polarisierte Elektroden, die depolarisiert werden, und kommt demnach für umkehrbare Reaktionen in Betracht. An zwei unpolarisierten Elektroden, und zwar zwei Platindrähten, erzeugt eine von außen angelegte geringe Spannung von 10 bis 15 mV einen Stromfluß. Sobald durch eine Veränderung des Elektrolyten eine chemische Polarisation an einer der Elektroden eintritt und die auftretende Polarisationsspannung die von außen angelegte geringe Spannung kompensiert, hört der Stromfluß auf und das Galvanometer zeigt 0 (dead stop end point). Es kann auch eine Richtungsänderung des Stromes eintreten durch den aufkommenden Polarisationsstrom (Depolarimetrie).

Ferner kann auch der Weg gewählt werden, daß eine durch den Elektrolyten polarisierte Elektrode, also mit 0-Stellung des Galvanometers, durch Zusatz (Titration) depolarisiert wird, bis unter der Wirkung der von außen angelegten Spannung ein Strom zu fließen beginnt.

Wird z. B. Jod mit einer Thiosulfatlösung titriert, so sinkt der Stromdurchgang, sobald der Endpunkt fast erreicht ist. Sobald aber alles Jod verschwunden ist, ist der Stromdurchgang gleich 0; auch durch Zugabe von weiterem Thiosulfat tritt kein Strom mehr auf, so daß bei der umgekehrten Titration von Thiosulfat mit Jod ohne Stromdurchgang beginnend sofort bei der geringsten überschüssigen Jodmenge Stromfluß entsteht.

Im Falle der Jodometrie, also bei einer Jodlösung, geht der Vorgang

$$2\,J' \rightleftarrows J_2 + 2\,\ominus$$

an der einen Elektrode in der einen und an der anderen Elektrode in der anderen Richtung vor sich (unpolarisierte Elektroden). Sobald aber bei der Titration mit

Thiosulfat oder einem anderen Reduktionsmittel das Jod weggenommen ist, hört dieser Vorgang auf, weil ein neuer einsetzt:

$$2\,H^{\cdot} + 2\,\ominus \rightleftarrows H_2$$

und eine der Elektroden durch Belegung mit Wasserstoff polarisiert wird. Da die andere Elektrode mit J_2 belegt ist, hört der Stromdurchgang auf, weil die EMK der Jodwasserstoffkette größer ist als die angelegte Spannung und überwunden werden müßte, wenn ein Strom fließen sollte.

Foulk und Bawdon verwenden die aus der Abb. 23 ersichtliche Anordnung, die ohne weiteres verständlich ist, wobei als Stromquelle ein Akkumulator dient, der über ein Potentiometer von 50 Ohm kurzgeschlossen ist. Für die Elektroden wird eine Spannung von 10 bis 15 mV abgegriffen. Die zu titrierende Lösung muß gerührt werden.

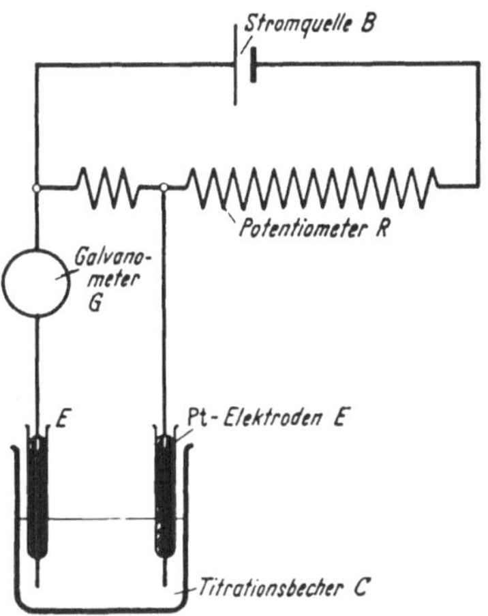

Abb. 23. Anordnung zur galvanometrischen Messung. (Nach Foulk u. Bawden.) *B* Stromquelle, *C* Titrationsbecher, *E* Platinelektroden, *G* Galvanometer, *R* Potentiometer von 50 Ohm.

Nach Böttger und Forche beruht das Ansprechen und Nichtansprechen von Elektroden für diese Methode auf der Aufrechterhaltung bzw. Vernichtung der durch die angelegte Spannung hervorgerufenen Polarisation und im allgemeinen auf einer ausreichenden Ausbildung unterschiedlicher Schichten auf Kathode und Anode.

Von Guzmán und Rancaño ist diese Arbeitsweise apparativ dadurch vereinfacht worden, daß sie die Platindrähte in das Titrationsgefäß an gegenüberliegenden Seiten einschmelzen und als Stromquelle ein durch einen Bunsen-Brenner erwärmtes Kupfer-Constantan-Thermoelement verwenden. Sie schlagen für die „Deadstopendpoint"-Titration den Namen *Depolarimetrie* vor und erweitern die Methode dahin, daß sie nicht das endgültige Aufhören des Stromes, sondern die *Richtungsumkehr* bei weiterem Zusatz der Titerlösung über den Nullpunkt hinaus bestimmen. Dieser Bestimmungsart geben sie den Namen Galvanimetrie und untersuchen so die Bestimmung des Wasserstoffperoxyds mit Kaliumpermanganat und mit Cer(IV)-sulfat und finden bei Titration des Wasserstoffperoxyds mit Permanganat visuell 16,07 bzw. 16,05 cm³ Verbrauch, während sie galvanimetrisch einen solchen von 16,02 bzw. 16,02 cm³ feststellen. Zum Antrieb des Rührers dient ein Kleinmotor (z. B. wie er für Rasierapparate verwendet wird), der durch eine Taschenlampenbatterie oder durch einen Klingeltransformator aus der Lichtleitung gespeist wird und dessen Geschwindigkeit durch verstellbaren Federdruck reguliert werden kann.

Die Methode von Guzmán und Rancaño ist zu verwenden für alle solche Reaktionen, bei denen eine Umkehrung erfolgen kann, insbesondere wenn Reduktionsmittel mit Oxydationsmitteln oder Oxydationsmittel mit Reduktionsmitteln behandelt werden wie im Falle der Wechselwirkung zwischen Permanganat und Wasserstoffperoxyd. Beim Äquivalentpunkt ist der Stromdurchgang gleich Null. Im Falle der Wechselwirkung zwischen Jod und Thiosulfat bleibt auch bei überschüssigem Thiosulfat oder Stromdurchgang gleich Null, wie oben bei der Besprechung des Verfahrens von Foulk und Bawdon schon ausgeführt worden ist.

Die beschriebenen Methoden sind durch ihre außerordentliche Einfachheit der Ausführung und ihrer Hilfsmittel gekennzeichnet und bedürfen insbesondere keiner Bezugselektrode.

Literatur.

BÖTTGER, W., u. H. E. FORCHE: Mikrochem. **30**, 138 (1941).
FOULK, C. W., u. A. T. BAWDON: Am. Soc. **48**, 2045 (1926).
GUZMÁN, J., u. A. RANCAÑO: An. Españ. **32**, 590, 899 (1934).

C. Polarographische Bestimmung.

Die polarographische Bestimmung beruht auf der Erkennung von Vorgängen in Lösungen zwischen einer polarisierbaren, sich erneuernden und einer unpolarisierbaren Elektrode, an die allmählich steigende Spannungen angelegt werden. Durch Messung der im System fließenden Stromstärke können die zugehörigen Stromspannungskurven aufgenommen werden. Die Methode ist aus der Potentiometrie hervorgegangen und ist von HEYROVSKÝ und seinen Schülern auf breitester Basis entwickelt und durch über 600 Arbeiten in den letzten 30 Jahren vervollkommnet worden. Sie beruht auf den Vorgängen an der polarisierbaren tropfenden Quecksilberelektrode.

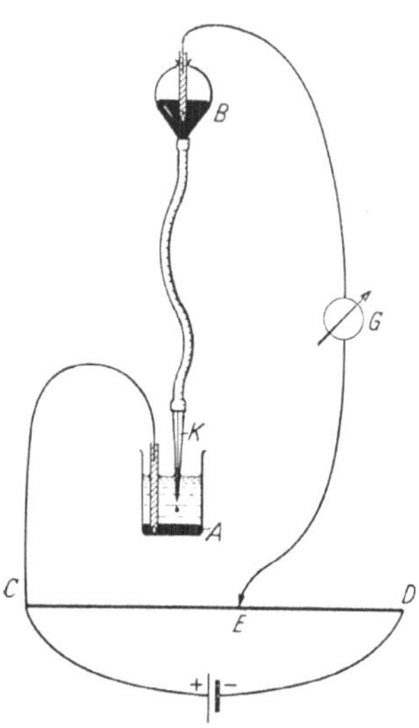

Abb. 24. Schaltungsschema zur Messung von Stromspannungskurven bei der Elektrolyse mit der tropfenden Quecksilberelektrode.

Die einfachste Meßanordnung ist in der Abb. 24 wiedergegeben. Aus einem Quecksilber enthaltenden Vorratsgefäß tropft durch eine Capillare, die in die zu untersuchende Flüssigkeit eintaucht, Quecksilber in kleinen Tropfen (0,03 bis 0,1 mm Durchmesser) in Zeitabständen von etwa 2 bis 4 Sek., so daß jeder Tropfen von seinem Bildungsbeginn bis zum Abfallen 2 bis 4 Sek. benötigt (Tropfzeit). Das Quecksilber in dem Vorratsgefäß ist als Kathode geschaltet durch Anlegen an ein variables Potentiometer (Meßdraht), an dem die Spannung abgelesen werden kann, während die Quecksilberschicht, welche den Boden des die zu untersuchende Flüssigkeit enthaltenden Gefäßes bedeckt, an die Plusseite der Stromquelle und des Potentiometers angeschlossen ist (Anode). Die Anodenzuführung geschieht isoliert gegen die Flüssigkeit durch ein Glasrohr mit Einschmelzung.

Der kleine Quecksilberminiskus in der Capillare ist infolge der höheren Stromdichten zur polarisierbaren Elektrode geworden, wogegen die große Quecksilberoberfläche der Anode unpolarisierbar bleibt.

Der Vorgang an dieser tropfenden Quecksilberkathode ist kurz folgender: Enthält die Lösung eine reduzierbare Substanz, so tritt ein plötzlicher Stromanstieg ein, wenn die Spannung, bei welcher die Reduktion vor sich geht, erreicht ist. Dieses Reduktionspotential ist mehr oder weniger charakteristisch für einen bestimmten Stoff. Die Stromstärke steigt bis zu einem Endwert, dem Sättigungsstrom, stark an und ist abhängig von der Konzentration der reduzierbaren Substanz. Während das Reduktionspotential ein Charakteristikum der Substanz ist und zum qualitativen Nachweis dient, ist der Sättigungsstrom für die quantitative Bestimmung zu verwenden. Bei Anwesenheit mehrerer Substanzen, wie Oxydationsmittel und Metall-Ionen, werden die zu den Einzelstoffen zugehörigen Stufen nacheinander durchlaufen.

Aus der Aufzeichnung einer solchen Kurve können die Art und Menge der vorliegenden Substanzen gefunden werden.

Die Methode hat eine technische und apparative Vervollkommnung erfahren durch vollautomatische Veränderung der angelegten Spannung und photographische

Aufzeichnung der Stromstärke zu Stromspannungskurven auf Koordinaten zu einem sogenannten Polarogramm, in welchem die für die Konzentration charakteristischen Wellen der einzelnen Stoffe enthalten sind. Hierin liegt die Stärke der Methode, die sie allgemein anwendbar und besonders für die Bestimmung von Wasserstoffperoxyd, vornehmlich im Gemisch mit anderen Oxydationsmitteln, wie Perschwefelsäure und Sulfomonopersäure, wertvoll macht.

Das sogenannte Halbstufenpotential, das sich als Wendepunkt zwischen zwei Höhenstufen des Stromes leicht erkennen läßt, ist völlig unabhängig von der Konzentration des sich abscheidenden Ions, von der Stromstärke und von den Eigenschaften der Quecksilbercapillare (Bennewitz). Dieses Halbstufenpotential ist eine charakteristische Konstante des jeweiligen Abscheidungsvorganges. Die Höhe der Stufe liefert ein relatives Maß für die Konzentration des betreffenden Ions, so daß in Kombination mit einer Eichung auch die quantitative Eichung zugänglich ist (Bennewitz).

Das Reduktionspotential ist in saurer Lösung $-0{,}8$ V, in alkalischer Lösung $-1{,}1$ V.

Die Reduktion von in Wasser gelöstem Luftsauerstoff geht an der tropfenden Quecksilberelektrode leicht vonstatten. Sauerstoff ist in Wasser, das bei etwa 25° mit Luft gesättigt ist, zu etwa 8 mg/l = etwa 10^{-3} n löslich. Die Reduktion geht nun zuerst von $O_2 + 2 \ominus \rightarrow O_2''$ (Anion des Wasserstoffperoxyds) oder $O_2'' + 2\,H^{\cdot} \rightarrow H_2O_2$ zum Wasserstoffperoxyd und dann von $O_2'' + 2 \ominus \rightarrow 2\,O''$ (Anion des Wassers) oder $2\,O'' + 4\,H^{\cdot} \rightarrow 2\,H_2O$ zum Wasser.

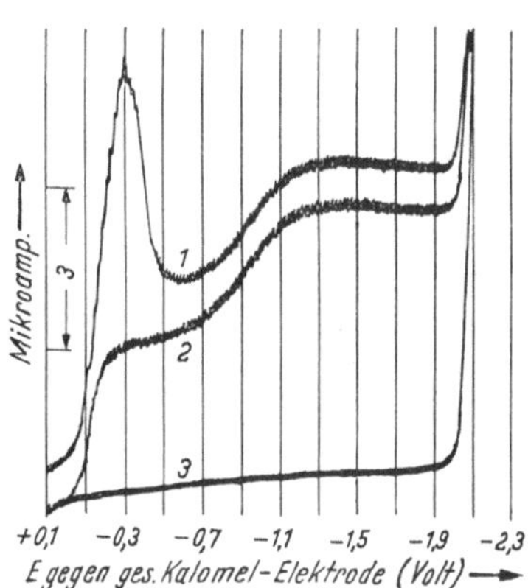

Abb. 25. Polarogramm von gelöstem Sauerstoff. (Nach Kolthoff u. Lingane.)
1 0,05 n KCl-Lösung mit Luft gesättigt,
2 nach Zugabe einer Spur Methylrot,
3 Reststrom nach Entfernung der Luft durch Stickstoff.

So entsteht ein Polarogramm von zwei Wellen gleicher Höhe, wie es aus der Abb. 25 nach Kolthoff und Lingane ersichtlich ist. Die erste Welle ist die der Reduktion des Sauerstoffs zu Wasserstoffperoxyd, die zweite die der Reduktion des Wasserstoffperoxyds zu Wasser. Die zweite Welle fällt mit der einer sauerstofffreien Lösung, von Wasserstoffperoxyd zusammen, die ein sehr ausgeprägtes Maximum hat. Um die erste Welle, Wasserstoffperoxydbildung, zu unterdrücken, setzt man capillaraktive Stoffe wie Alkaloide, Farbstoffe, Gelatine, Thymol und andere nach Rasch, Varasova, Raýman zu, wie es Kurve *2*, die nach Zusatz von einem Tropfen Methylrot (0,1%ig) zu 10 cm^3 einer 0,05 n Kaliumchloridlösung aufgenommen wurde, zeigt. Die zweite Welle, Reduktion des Wasserstoffperoxyds zu Wasser, ist mehr ausgezogen und erstreckt sich über $-0{,}5$ bis $-1{,}3$ V, während die erste Welle bei $+0{,}15$ V in verdünnter Schwefelsäure oder Salzsäure und bei $\pm 0{,}0$ V in verdünnter Natronlauge beginnt. Das Halbstufenpotential der ersten Welle liegt praktisch konstant bei 0,05 V unter Verwendung der üblichen Pufferlösungen mit einem p_H-Wert von 1 bis 10, während es in Biphthalat-Pufferlösung nach $-0{,}1$ bis $-0{,}15$ V verschoben ist, die zweite Halbwelle liegt bei $-0{,}9$ V; alle Messungen gegen die gesättigte Kalomelelektrode. Die Wasserstoffperoxydwelle ist demnach weit ausgezogen, der Diffusionsstrom ist wohl definiert und kann für die Bestimmung des Wasserstoffperoxyds gut verwendet werden.

Kolthoff und Miller fanden, daß das Halbstufenpotential von Wasserstoffperoxyd konstant bei $-0{,}94$ V liegt gegen die Kalomelelektrode in Pufferlösungen von einem p_H-Wert von 1 bis 10. Es wird nur leicht beeinflußt durch die Natur der Anionen der Pufferlösung. Ist in der Lösung außer Sauerstoff noch Wasserstoffperoxyd zugegen, so ist die zweite Reduktionsstufe um einen Betrag höher als die erste, und zwar um einen Betrag, welcher der ursprünglichen Wasserstoffperoxydkonzentration proportional ist [HEYROVSKÝ (b)]. Die Stufe des *Wasserstoffperoxyds* liegt nach ihm *in saurer Lösung bei $-0,8$ V, in alkalischer bei $-1,1$ V.* Die *Peroxyde der Alkalien* rufen demgemäß die *gleiche Welle* wie *Wasserstoffperoxydlösung in alkalischer Lösung* hervor.

PETRAČEK fand, daß der aktive Sauerstoff des Natriumperborats durch die Höhe der Peroxydstufe bestimmbar ist, am besten in einem Elektrolyten, der 0,01 n

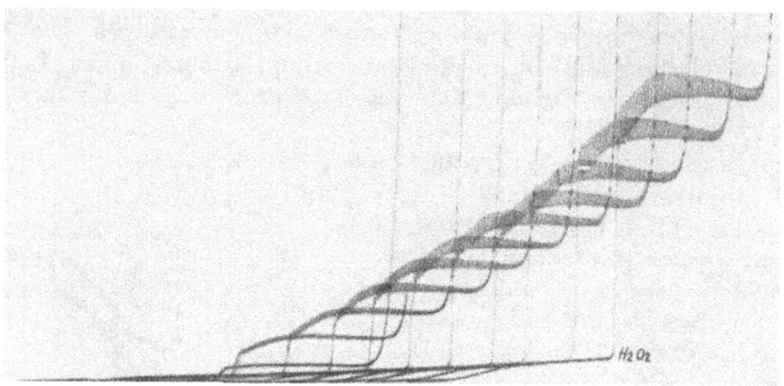

Abb. 26. Polarogramm von alkalischen H_2O_2-Lösungen mit Zusatz von Spuren Campher.

an Lithiumhydroxyd ist. Die beste Stufe (Halbstufenpotentiale) geben alkalische Lösungen, denen man eine Spur Campher zugefügt hat, wie aus der Abb. 26 von HEYROVSKÝ zu ersehen ist.

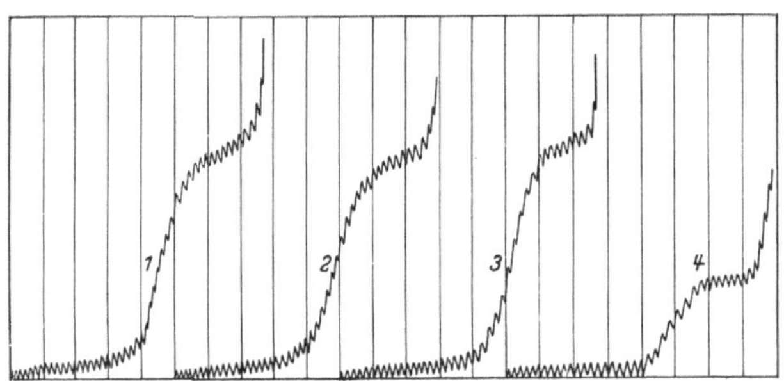

Abb. 27. Polarogramm von H_2O_2-Lösungen. (Nach DOBRINSKAJA u. NEUMANN.)
In 0,01 n HCl: *1* 0,009% H_2O_2 Galvanometerempfindlichkeit 10, *2* 0,018% H_2O_2 Galvanometerempfindlichkeit 5, *3* 0,025% H_2O_2 Galvanometerempfindlichkeit 4, *4* 0,036% H_2O_2 Galvanometerempfindlichkeit 1,25.

Zur Unterdrückung der durch im Elektrolyten gelösten Sauerstoff entstehende Maxima schlagen STERN und POLAK 0,001%ige Lösung von α-Naphthol oder Pyrogallol vor, jedoch darf die Konzentration des Peroxyds nicht unter 0,002 bis 0,003% liegen. Für niedrigere Konzentrationen muß der Sauerstoff aus der Luft entfernt werden, zu welchem Zweck die Lösung mit Wasserstoff oder Stickstoff, die sauerstofffrei sein müssen, gesättigt wird. Die Gase können zweifellos auch während der Messungen durchgeleitet werden, da derartige verdünnte Wasserstoffperoxydlösungen beim Durchleiten von Gasen kein Peroxyd abgeben.

DOBRINSKAJA und NEUMANN halten mit Recht die Bestimmung in alkalischen Lösungen wegen der Zersetzlichkeit des Wasserstoffperoxyds nicht für angebracht, sondern führen sie in 0,01 n HCl-Lösung durch. Sie finden in Übereinstimmung mit HEYROVSKÝ das Reduktionspotential zu $-0{,}8$ V. Die Kurven der Abb. 27 zeigen das Polarogramm verschiedener Wasserstoffperoxydkonzentrationen, hierbei entspricht $s = 1$ einer Empfindlichkeit von $25 \cdot 10^{-7}$ Amp. Die Abb. 28 zeigt die Beziehung zwischen Wellenhöhe und Konzentration der Wasserstoffperoxydlösung. Mit dieser polarographischen Methode ist es möglich, das Wasserstoffperoxyd zu bestimmen, wenn es in Lösungen bis zu Konzentrationen von $2{,}5 \cdot 10^{-5}$ Gew.-% herab vorliegt. In Verbindung mit der mikrochemischen Methode ermöglicht der Polarograph noch $2{,}5 \cdot 10^{-8}$ g Wasserstoffperoxyd zu erkennen.

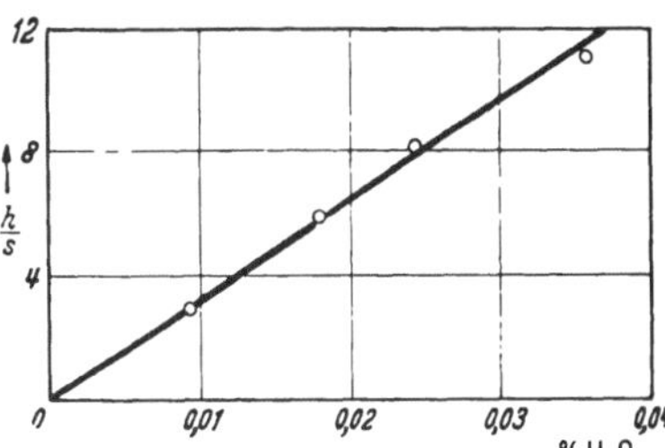

Abb. 28. Beziehung zwischen Wellenhöhe und H_2O_2-Konzentration in 0,01 n HCl. (Nach DOBRINSKAJA u. NEUMANN.)

Die polarographische Bestimmung des Wasserstoffperoxyds hat vor allen anderen Bestimmungsarten den Vorzug, daß sie keinerlei Chemikalien braucht, insbesondere keine meist Veränderungen ausgesetzte Titerlösungen; sie bedarf aber einer ziemlich komplizierten und verhältnismäßig teuren Apparatur zur Aufnahme der Polarogramme und, wie übrigens jede Bestimmungsmethode, der Einarbeitung. Sie ist im übrigen unzweifelhaft eine der elegantesten und theoretisch interessantesten Methoden.

Literatur.

BENNEWITZ, K.: Naturwiss. **31**, 268 (1943).
DOBRINSKAJA, A., u. M. B. NEUMANN: Acta physicochim. URSS. **10**, 297 (1939).
HEYROVSKÝ, J.: (a) Polarographie. Wien: Springer 1941; (b) Časopis českoslov. Lékárn. **7**, 272 (1927); Arh. Hemiju Farmaciju (Arch. Chim. pharmacie) **5**, 136 (1931).
KOLTHOFF, I. M., u. J. J. LINGANE: Polarography; polarographic analysis and voltametry; amperometric titrations. New York, Interscience (1941). — KOLTHOFF, I. M., u. S. S. MILLER: Am. Soc. **63**, 1013 (1941).
PETRAČEK, E.: Časopis českoslov. Lékárn. **12**, 265 (1932).
RASCH, J.: Coll. Trav. chim. Tchécosl. **1**, 560 (1929); durch C. **101**, **I**, 2369 (1930). — RAÝMAN, B.: Coll. Trav. chim. Tchécosl. **3**, 314 (1931).
STERN, V., u. S. POLAK: Acta physicochim. URSS. **11**, 797 (1939).
VARASOVA, E.: Coll. Trav. chim. Tchécosl. **2**, 8 (1930).

§ 4. Physikalische Methoden.

A. Colorimetrische Methoden.

1. Mit Kaliumjodidlösung.

SCHÖNE hat zur Bestimmung des Wasserstoffperoxyds hauptsächlich in der Atmosphäre eine colorimetrische Bestimmung ausgearbeitet, welche auf der Ausscheidung von Jod bei der Einwirkung von neutralem Wasserstoffperoxyd auf neutrale Kaliumjodidlösung und Kenntlichmachung der Jodausscheidung durch Stärkelösung beruht. Die dabei auftretende Blaufärbung ist innerhalb gewisser Grenzen, die zwischen 80 γ und 1 mg Wasserstoffperoxyd liegen, der Jodausscheidung und damit der nachzuweisenden Menge Wasserstoffperoxyd proportional. Unterhalb dieser Mengen ist ein Nachweis nicht mehr möglich, und darüber ist ein Farbunterschied nicht mehr feststellbar, so daß, falls mehr Wasserstoffperoxyd vorhanden ist, eine entsprechende Verdünnung vorgenommen werden muß.

Er verwendet hierzu: eine Kaliumjodidlösung, welche 0,05 g KJ in 1 cm^3 enthält und die jedesmal frisch bereitet werden muß, und Stärkewasser, das wie folgt zubereitet wird: 1 g bester Stärke in Stücken wird mit 20 bis 25 cm^3 destilliertem Wasser übergossen, einmal kräftig durchgeschüttelt. Nach 1 bis 2 Min. Absitzen wird nur das suspendiert gebliebene in 400 bis 500 cm³ Wasser abgegossen. Es wird 1 Min. gekocht und abgekühlt. Durch ein übergehängtes Becherglas gegen Staub geschützt ist diese Lösung $^1/_2$ Jahr haltbar.

Zum Vergleich wird reinstes neutralisiertes Wasserstoffperoxyd verwendet, mit welchem die *Farbskala* in folgender Weise hergestellt wird: Zuerst wird das Wasserstoffperoxyd mit Kaliumpermanganat genau analysiert, dann werden in 10 Stopfenflaschen aus weißem Glas von 30 bis 40 cm³ Inhalt je 25 cm³ einer 0,1, 0,2, 0,3 usw. bis 1 mg/l Wasserstoffperoxyd enthaltenden Lösung eingefüllt und in jedes Fläschchen 0,5 cm³ der obigen Kaliumjodidlösung und ebensoviel Stärkewasser zugefügt und zugestöpselt. Nach 5 bis 6 Std. Stehen im Dunkeln haben sich die Färbungen vollständig entwickelt. Sie sind im Dunkeln aufbewahrt 3 bis 4 Wochen haltbar; zweckmäßig ist es aber, alle 10 bis 14 Tage eine neue Skala herzustellen. Die Bestimmung soll völlig sicher sein. Es muß aber vorher durch für Wasserstoffperoxyd charakteristische Nachweisreaktionen wie Chromsäure + Äther, Eisenchlorid + Kaliumhexacyanoferrat(III), alkalische Lösung von Bleioxyd, Kaliumjodidstärke und Essigsäure und andere die Anwesenheit von Wasserstoffperoxyd nachgewiesen sein. Bei Gehalten an Wasserstoffperoxyd von 80 γ bis 400 γ/l sollen noch Hundertstel von Milligramm (10 γ) im Liter nach dieser Methode in geübten Händen noch annähernd genau festgestellt werden.

Zu bemerken ist zu dieser Methode, daß, selbst wenn durch einen spezifischen Nachweis die Anwesenheit von Wasserstoffperoxyd sichergestellt ist, es damit aber noch keineswegs sicher ist, daß die nun auftretende Färbung ausschließlich durch das Wasserstoffperoxyd verursacht ist, da in der Atmosphäre mindestens noch zwei Stoffe vorhanden sein können und meistens auch sind, welche die gleiche Reaktion mit Kaliumjodidstärke geben, nämlich Ozon (O_3) und Stickstoffdioxyd (NO_2), die beseitigt werden müssen (HOUZEAU).

PLANÈS hat im Gegensatz zu SCHÖNE mit *angesäuerter* Kaliumjodidlösung gearbeitet. Er vergleicht das so ausgeschiedene Jod in einem DUBOSQ-Colorimeter mit der Färbung, die durch bestimmte Mengen einer 0,1 n Jodlösung erzeugt wird. In beiden Proben wird gleiche Färbung herbeigeführt. Z. B. werden 5 cm³ der wenn nötig verdünnten Wasserstoffperoxydlösung in einem Colorimeterzylinder mit 3 cm³ einer 10%igen Kaliumjodidlösung und 1 cm³ verdünnter Schwefelsäure versetzt und in den zweiten Zylinder eine bestimmte Jodmenge gegeben. Die Ergebnisse sollen gleichfalls sehr genau sein.

Da durch den Luftsauerstoff aus sauren Kaliumjodidlösungen gleichfalls Jod ausgeschieden wird, wenn auch in geringen Mengen, so wird die Genauigkeit der Methode nur dann gegeben sein, wenn Luftsauerstoff ausgeschlossen ist, und wenn man sich die Katalysatoren zunutze macht, welche die Jodausscheidung beschleunigen. (Siehe das Kapitel über die Jodidmethode.)

2. Mit Titansulfat.

WIELAND und FRANKE stellten sich aus einer Lösung von Titansulfat, die in bezug auf Schwefelsäure 2 n war, eine Vergleichsreihe von 1,0 bis 0,005 cm³ Gehalt an 0,1 n H_2O_2 her, mit welcher man die einzelnen Versuchslösungen verglich. Bis zu den angegebenen Endwerten ist der Nachweis scharf. Es werden noch 8 γ in 10 cm³ erfaßt. Eine sichere Kontrolle besteht darin, daß man die Lösung teilt und zur einen Hälfte einen Tropfen verdünnter Eisenvitriollösung hinzufügt, welche durch Zerstörung des Wasserstoffperoxyds nach kurzer Zeit vollständig entfärbt. Der so erzeugte Unterschied in der Farbintensität bestätigt bei sehr geringen Wasserstoffperoxydmengen den positiven Befund. Das meist etwas getrübte Wasser wird zu 5 cm³ 4 n Schwefelsäure zugegeben und 1 cm³ Titansulfatlösung zugefügt. Der colorimetrische Vergleich ist alsbald anzustellen. Ist Eisen zugegen, so tritt bald Entfärbung ein. Es wurde so z. B. die Wasserstoffperoxydbildung durch Eisenamalgam nachgewiesen.

Die Anwendung eines photoelektrischen Verfahrens zur colorimetrischen Wasserstoffperoxydbestimmung mit Titansulfat beschreibt ALLSOPP. Er findet die Konzentration einer unbekannten Lösung durch Mischen mit $^1/_{10}$ ihres Volumens mit schwefelsaurer Titansulfatlösung und Messung der optischen Dichte im Absorptiometer von HILGER bei 470 mμ gegen eine mit bekannten Lösungen von 1 bis $100 \cdot 10^{-5}$ n Gehalt an Wasserstoffperoxyd geeichte Skala. Der durchschnittliche Fehler bei 10^{-5} m Lösungen (340 γ/l) wird von ihm zu 0,25% angegeben. Der Ersatz der Titanlösung durch eine Lösung von Vanadinsäure in Schwefelsäure bietet keine Vorteile und ist im Gegenteil wesentlich ungenauer.

Es sei hier daran erinnert, daß WELLER eine colorimetrische Titanbestimmung auf der Einwirkung von Wasserstoffperoxyd auf Titanlösungen ausgearbeitet hatte, und daß AMBERG die Bestimmung von Wasserstoffperoxyd in Milch colorimetrisch in einer ähnlichen Weise durchführte.

3. Mit Molybdaten.

ISAACS hat auf der durch Wasserstoffperoxyd in saurer Lösung hervorgerufenen gelben Färbung von Molybdaten eine colorimetrische Bestimmung aufgebaut. Diese Gelbfärbung war von SCHÖNN gefunden und von CRISMER wie auch von DENIGÈS gleichfalls beobachtet worden. BAERWALD hatte die gelbe Substanz als $18\,MoO_3 \times 14\,NH_3 \cdot 3\,H_2O_2 \cdot 18\,H_2O$ festgestellt. Geringe Mengen von Phosphorsäure und Kieselsäure geben gleichfalls mit Molybdaten eine gelbe Farbe. Als Vergleichslösung verwendet ISAACS eine Lösung von 0,4 g/l K_2CrO_4. Eine ähnliche Lösung wird auch für die colorimetrische Bestimmung von Kieselsäure mit angesäuerten Molybdaten als Vergleichslösung verwendet (WINKLER). In einem 50 cm³-Meßkolben werden 30 cm³ Wasser, 10 cm³ einer 5%igen Lösung von Citronensäure, 1 cm³ der unbekannten Wasserstoffperoxydlösung und, nach Mischen, langsam 1 cm³ einer 10%igen Ammoniummolybdatlösung zugegeben. Mit destilliertem Wasser wird bis zur Marke aufgefüllt und sorgfältig gemischt. Die Konzentrationen von Säure und Molybdat können in weiten Grenzen abgeändert werden, ohne das Ergebnis zu beeinflussen. Auch Änderungen der Zimmertemperatur sind bedeutungslos. Bei Verwendung von Salpetersäure zum Ansäuern ist die Färbung weniger als halb so stark wie mit Citronensäure. Wichtig ist die Reihenfolge der Zugabe der Reagenzien. Die colorimetrische Bestimmung wird in einem DUBOSQ-Colorimeter durchgeführt. Die Berechnung erfolgt nach der Gleichung: (g H_2O_2 in der 50 cm³-Lösung) = 0,05467/cm³ verbrauchter Kaliumchromatlösung.

Kontrollversuche mit Kaliumpermanganatlösung ergaben eine sehr gute Übereinstimmung. Durch die Verwendung von Citronensäure wird vermieden, daß Phosphorsäure und Kieselsäure eine Gelbfärbung geben, eine Reaktion, die in mineralsaurer Lösung ebenfalls analytisch für Molybdate bzw. Kieselsäure und Phosphorsäure verwertet wird.

JUNGKUNZ verwendet zum Ansäuern ebenfalls Citronensäure. Bei Verwendung von Schwefelsäure stören aber etwa anwesende Phosphate die Reaktion ganz erheblich, und Phosphate können gelegentlich in Waschmitteln enthalten sein.

Arbeitsvorschrift von JUNGKUNZ. Voraussetzung ist eine klare farblose Lösung. Ferner darf das zu untersuchende Präparat beim Lösen in Wasser keinen Sauerstoff abgeben.

10 g Substanz werden in einem 250 cm³-Meßkolben mit warmem Wasser von 50 bis 60° geschüttelt und weitmöglichst in Lösung gebracht. Nach 5 Min. wird abgekühlt und vorsichtig mit 20%iger Citronensäure im Überschuß versetzt und aufgefüllt. Um ein klares Filtrat zu erhalten, gibt man noch etwa 1 g ausgeglühter Kieselgur zu. Nach tüchtigem Mischen wird filtriert.

Das Filtrat kann nun colorimetrisch mit einer 0,1 n Kaliumdichromatlösung verglichen werden, welche nur einmal mit einer bekannten Lösung, z. B. von Natriumperborat, geeicht zu werden braucht.

Vom Filtrat (4%ige Lösung) werden nun 5 cm³ in einem farblosen Reagensglas mit 5 cm³ Citronensäurelösung 5 cm³ Ammoniummolybdatlösung (10%ig) versetzt, und die Färbung wird mit der geeichten Dichromatlösung verglichen.

4. Mit Eisen(II)-verbindungen.

Da Wasserstoffperoxyd Eisen(II)-verbindungen in Eisen(III)-verbindungen überführt und diese sich colorimetrisch auf Grund der mit Rhodanverbindungen entstehenden roten Farbe bestimmen lassen, so lag es nahe, für geringe Konzentrationen an Wasserstoffperoxyd eine solche Methode zu verwenden.

Quartaroli verwendet 100 cm³ einer 6%igen Kaliumrhodanidlösung, 0,5 g kristallisiertes Eisenvitriol und 2 cm³ einer reinen, farblosen, mit dem gleichen Volumen Wasser verdünnten Salpetersäure und schüttelt, bis das Eisensulfat gelöst ist. Die colorimetrische Bestimmung wird mittels dieser Lösung in bekannter Weise durchgeführt, daß nämlich in einer Vergleichslösung mit bekannten Mengen von Eisen(III)-salz die gleiche Färbung erzeugt wird. Eine Blindprobe ist nötig, da die Eisenvitriollösung durch Rhodan an sich schon schwach gefärbt wird wegen eines geringen Eisen(III)-salzgehaltes. Ist Nitrit zugegen, so muß dieses durch Ansäuern z. B. mit 1 cm³ konzentrierter Salzsäure, Zufügen von 0,5 g Harnstoff und durch rasches Erhitzen völlig zerstört werden, wobei Wasserstoffperoxyd nicht beeinflußt wird, so daß eine Bestimmung von Wasserstoffperoxyd neben Nitrit und umgekehrt möglich ist. Quartaroli will auf diese Weise Wasserstoffperoxyd noch in einer Verdünnung von 1:30000000 (33 γ/l) nachgewiesen haben. Während er über die colorimetrische Bestimmung nur aussagt, daß sie mit Hilfe seiner Methode durchführbar sei.

Ohne genauere Angaben zu machen, hat Horst, ohne diese Anregung zu kennen, die folgende Methode ausgearbeitet. Er stellt eine 10%ige Eisen(II)-sulfatlösung her, die er in einem Erlenmeyer-Kolben mit Schwefelwasserstoff behandelt, erhitzt und unter Kohlensäure aufbewahrt. Er verwendet einen Erlenmeyer-Kolben, der mit einem Stopfen und drei Bohrungen versehen ist. In der einen Bohrung befindet sich ein Heber mit Hahn zum Abfüllen der Lösung, die zweite Bohrung trägt ein bis auf den Boden reichendes Capillarrohr, gleichfalls mit Hahn versehen, durch welches Schwefelwasserstoff und Kohlensäure eingeleitet werden können. Die dritte Bohrung trägt ein gebogenes Rohr zum Dampfaustritt, das mit einer Gummikappe abgeschlossen werden kann. Er verwendet in einem Reagensglas 20 cm³ der Probelösung, überschichtet sie mit Benzin in Höhe von etwa $^1/_2$ cm, gibt aus der Vorratsflasche durch den Heber, der eine lang ausgezogene Spitze trägt, unterhalb der Benzinschicht 2 cm³ der Eisen(II)-sulfatlösung zu, mischt mit Kohlensäure und gibt nun 5 cm³ konzentrierter Ammoniumrhodanidlösung hinzu, die kurz vorher mit ausgekochtem destilliertem Wasser bereitet war, und mischt auch jetzt mit Kohlensäure. Die verhältnismäßig große Menge an Rhodanidlösung ist wichtig für eine rasche und vollständige Entwicklung der Färbung (vgl. Krüss und Morath). Die colorimetrische Bestimmung muß sogleich durchgeführt werden, weil die Färbungen sich verändern, und zwar z. T. wegen Zersetzung, z. T. auch dadurch, daß Sauerstoff durch das Benzin hindurch diffundiert. Für die genaue Bestimmung ist eine Blindprobe nötig, die ebenso wie die Vergleichsproben mit verschiedenen Mengen Wasserstoffperoxyd in gleichweiten Reagensgläsern wie die Hauptprobe durchzuführen sind. Einfacher würde es allerdings sein, wenn die Vergleichsfärbung mit einer Eisen(III)-salzlösung von bekanntem Gehalt unter sonst gleichen Bedingungen wie die Hauptprobe durchgeführt wird. 1 mg Fe im Eisen(III)-salz entspricht fast genau 0,33 mg Wasserstoffperoxyd. Die Bestimmung läßt sich durchführen bis zu einem Gehalt von 0,1 mg Wasserstoffperoxyd in 100 cm³ Lösung, also 20 γ in den angewandten 20 Kubikzentimetern.

CARUS beanstandet an der Methode, daß durch sie der von der Zersetzung des Wasserstoffperoxyds herrührende gelöste Sauerstoff Wasserstoffperoxyd vortäuschen könnte. Demgegenüber ist zu sagen, daß HORST ausdrücklich bittet, die Methode weiter durchzuarbeiten, und daß insbesondere die Bedenken von CARUS in einfacher Weise dadurch beseitigt werden können, daß man durch die Probeflüssigkeit vor der Zugabe der Eisen(II)-sulfatlösung schon Kohlensäure durchleiten kann, um diesen gelösten Sauerstoff zu vertreiben. Im übrigen hat HORST auch ausdrücklich betont, daß die Kohlensäure sauerstofffrei sein soll. Sind andere Oxydationsmittel ausgeschlossen, insbesondere Stickstoffdioxyd (Nitrit) oder Ozon, dann können mit der HORSTschen Methode durchaus zufriedenstellende Ergebnisse erzielt werden.

Eine colorimetrische Methode zur Bestimmung von Peroxyden in Fetten und Ölen wird von ERDMANN und SEELICH angegeben und ist im Abschnitt § 10, 2 (S. 317) näher beschrieben.

Weitere colorimetrische Methoden siehe auch im folgenden Abschnitt der spektrographischen Bestimmungen § 4, B, 3.

B. Spektrographische Bestimmungen.

Der Nachweis bzw. die Bestimmung des Wasserstoffperoxyds mit Hilfe der Lichtabsorption beruht auf Intensitäts- bzw. Absorptionsbestimmungen von Farbreaktionen des Wasserstoffperoxyds in bestimmten geeigneten Absorptionsgebieten mit Hilfe von Spektrographen bzw. Spektrophotometern. Geeignet sind die gelbe bzw. gelbrote Färbung der Perverbindung $[Ti(O-O)]^{++}$ von Titanylsulfat mit Wasserstoffperoxyd, die gelbe Färbung des J_3'-Komplexes mit einem Absorptionsmaximum bei 353 mμ an der Grenze des kurzwelligen Lichtes und das Absorptionsmaximum des blauen Jodstärkekomplexes bei 600 mμ.

1. Mit Titanschwefelsäure.

NERNST hat mittels eines HAEFNERschen Spektrophotometers die Lichtabsorption im blauvioletten Teil des Spektrums gemessen. Die Skala des Apparates wurde mit Lösungen bekannten Gehaltes geeicht, so daß durch graphische Interpolation ohne weiteres der Gehalt abgelesen werden konnte. Er verwendet 0,5 cm³ der zu untersuchenden Lösung, die mit 0,5 cm³ einer Lösung von Titansäure in konzentrierter Schwefelsäure nach RICHARZ und LONNES versetzt war. Es ließen sich so Lösungen von 0,006 bis 0,001 n Wasserstoffperoxyd = 0,102 g bis 0,017 g/l H_2O_2 mit einer Genauigkeit von 3 bis 5% analysieren. Stärkere Lösungen müssen durch Verdünnen in den angegebenen Konzentrationsbereich gebracht werden.

BENDIG und HIRSCHMÜLLER verwenden ein trichromatisches Spektralcolorimeter für Natriumlicht und drei Wellenlängen des Quecksilberlichtes, und zwar für blaues Licht von 436 mμ, grünes Licht von 546 mμ und gelbes Licht von 578 mμ, während das Natriumlicht 589 mμ hat. Das Spektralcolorimeter hat die in der Abb. 29 ersichtliche Form. Das Licht der Quecksilberlampe *1*, die über den Stecker *2* und die Drossel *3* an das elektrische Netz angeschlossen wird, gelangt durch den Tubus *10* und die daran angebrachten optischen Mittel, nämlich Kondensor *6*, Eintrittsblende *9*, Ringblenden *11*, Linse *8*, Aperturblende *7* in die rechte Abteilung des Instrumentes. Im Tubus *10* befindet sich außerdem ein Revolver *5*, der die drei Farbfilter *4* für blaues, grünes und gelbes Licht der oben angegebenen Wellenlängen enthält, mit denen man wahlweise eine der drei intensivsten Linien des Quecksilberspektrums aussondern kann. Das Licht geht dann durch die Küvette *12* von 1 bis 5 cm Schichtdicke, die durch Drehen des auf dem Gehäuse angebrachten Knopfes gegen eine andere gleichartige Küvette *12'* austauschbar ist. Durch den Achromaten *13* und die Austrittsblende *15* gelangt das Licht auf die Photozelle *14*, die mit einem Galvanometer verbunden ist.

Zur Messung füllt man die Küvette *12* mit dem Lösungsmittel, die Küvette *12'* mit der gefärbten Lösung und stellt den Galvanometerausschlag mit Hilfe des am Meßinstrument angebrachten Regulierwiderstandes auf den Endwert der Skala ein. Dann tauscht man die Küvette *12* gegen *12'* aus und erhält einen entsprechend der Lichtabsorption kleineren Galvanometerausschlag, der auf der Spezialskala sofort die Extinktion E anzeigt. Diese dividiert man durch die Dicke d der Küvette und die molare Konzentration der Lösung und erhält deren Extinktionskoeffizienten ε (Eichung), oder man dividiert sie durch die Dicke d der Küvette und den Extinktionskoeffizienten ε und erhält die Konzentration c. Die apparativen Voraussetzungen für die Gültigkeit der Gleichung: $E = \varepsilon c d$ bzw. $c = E/\varepsilon d$ (die letztere Gleichung), falls eine Analyse unbekannter Konzentration vorgenommen wird, sind weitgehend erfüllt, da das Licht für die meisten Zwecke ausreichend

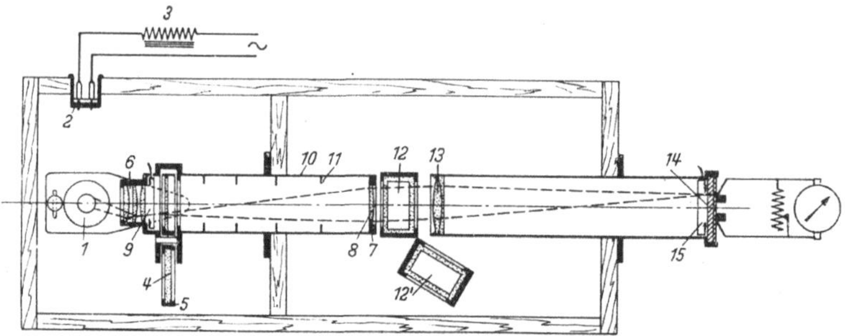

Abb. 29. Spektralcolorimeter. (Nach BENDIG u. HIRSCHMÜLLER.)
1 Quecksilberlampe mit Anschlußstecker *2*, *3* Drossel, *4* Farbfilter, *5* drehbarer Filterhalter, *6* Kondensor, *7* Aperturblende, *8* Linse, *9* Eintrittsblende, *10* Tubus, *11* Ringblende, *12* Küvette, *13* Achromat, *14* Photozelle, *15* Austrittsblende.

monochromatisch ist. Die Brauchbarkeit für analytische Zwecke setzt aber weiter voraus, daß ε wenigstens innerhalb eines gewissen Meßbereichs einen konstanten Wert darstellt, d. h. ob wenigstens für einen gewissen Meßbereich das BEERsche Verdünnungsgesetz erfüllt ist. Man erhält dann eine Eichgerade an Stelle von Eichkurven. Für Eisen(III)-rhodanid und Kaliumpermanganat ist das praktisch der Fall 2. Für die Pertitansäure wurde das für eine Konzentration bis 0,01 Mol/l nachgewiesen, wobei als Ausgangslösung eine Titansulfatlösung von 0,065 Mol/l verwendet wurde, zu deren Herstellung technisches Titanchlorid zweimal mit Ammoniak gefällt und nach Auswaschen schließlich das Titanhydroxyd in 10%iger Schwefelsäure gelöst wurde. Der molare Extinktionskoeffizient beträgt bei einer Wellenlänge von 546 mμ 35,3, während er im Natriumlicht von 589 mμ nur 6,3 beträgt, so daß der erste wegen der größeren Empfindlichkeit vorzuziehen ist. Die Ergebnisse der Wasserstoffperoxydbestimmung sind aus den Kurven gemäß Abb. 30 zu ersehen. Die Ordinate zeigt die Farbe in Form von E/d für die Wellenlänge 546 mμ, die Abszisse die molare Konzentration des Wasserstoffperoxyds. Aus diesen Kurven geht hervor, daß die Reaktion zwischen Titansäure und Wasserstoffperoxyd nicht im Sinne einer vollständigen molaren Umsetzung verläuft, sondern daß ein großer Überschuß von Titansäure vorhanden sein muß, um alles Wasserstoffperoxyd im Sinne der Tangente D in Pertisansäure umzusetzen. Es errechnet sich eine Gleichgewichtskonstante $K = 10^{-4}$. Die Tangente D gilt natürlich nur für unendlichen Überschuß an Titansäure, es genügt aber, wenn der Überschuß so groß ist, daß

Abweichungen von der Tangente innerhalb der Grenzen der photometrischen Genauigkeit liegen. Verwendet man eine Konzentration von 0,02 mol Ti/l, das sind 35 cm³ der Ausgangslösung, welche 0,065 mol Ti/l enthält, und 35 cm³ der peroxydhaltigen Analysenlösung, so gilt das BEERsche Gesetz nach Kurve *C* bis zu $E/d = 0{,}4$, so daß, wie oben schon gesagt, das Peroxyd bis zu 0,01 mol/l unter Anwendung des BEERschen Gesetzes als Pertitansäure bestimmbar ist.

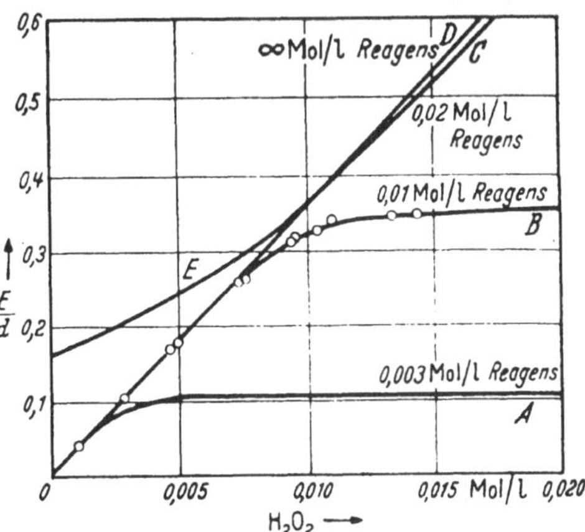

Abb. 30. Peroxydbestimmung. (Nach BENDIG u. HIRSCHMÜLLER.)

OVENSTON und REES finden bei dem Vergleich der Titanmethode mit der J_3'-Komplexmethode gleich gute Übereinstimmung in der monochromatischen Absorption bei 410 mμ, bevorzugen aber die letzte, weil keine Beeinflussung durch Halogenionen besteht.

Nach der von ALLSOPP und von EISENBERG benutzten abgekürzten Titanschwefelsäuremethode (siehe unter „Colorimetrische Methoden" § 4, A, 2, S. 281) werden bei der Anwendung als spektrophotometrische Methode am BECKMANN-Photometer durch SAVAGE Anwendungsbereiche bis 0,1 γ/cm³ gefunden.

2. Am J_3'-Komplex.

Die Methode beruht auf der Freisetzung von Jod aus Kaliumjodid durch Wasserstoffperoxyd und wendet zur Mikrobestimmung Ammoniummolybdat als Katalysator an und wird von OVENSTON und REES für empfindlicher gehalten als die Titanschwefelsäuremethode. Sie ergibt in nahezu neutraler Reaktionslösung optimale Bedingungen für eine korrekte Bestimmung gegenüber der Methode von PATRICK und WAGNER, die zwar ebenfalls den J_3'-Komplex verwendet, aber bei der sauren Reaktion einer etwa 0,2 n Schwefelsäure. Gegenüber der Jodstärkereaktion wird die Beobachtung von SENDROY geltend gemacht, daß zwar die relative Farbintensität der Jodstärkereaktion hundertmal so groß ist als die der gelben J_3'-Absorption, daß diese aber bessere Absorptionsmessungen ergibt, besonders wenn (SENDROY und ALVING) die Empfindlichkeit der Messungen durch Verwendung von Filtern mit Ultraviolettdurchlässigkeit gesteigert wird (etwa 50fach).

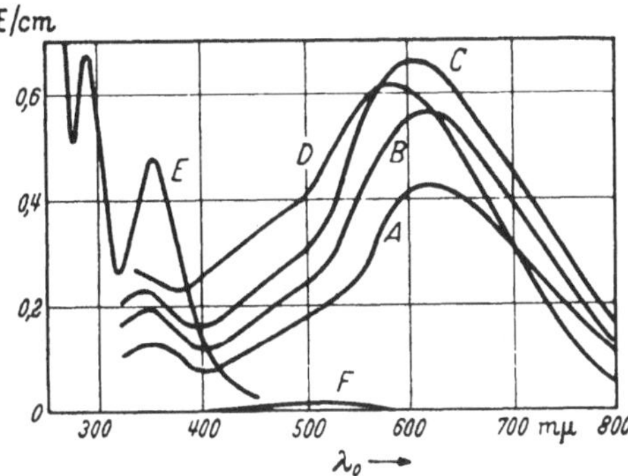

Abb. 31. Absorptionsspektren des Jods bei einer Jodkonzentration von 4,5 γ/cm³. (Nach OVENSTON u. REES.) Kurven *A*, *B*, *C* u. *D*: Jodstärkekomplex in 0,0002 m, 0,002 m, 0,01 m und 0,1 m KJ-Lösung. Kurve *E*: J_3'-Komplex in 0,1 m KJ-Lösung, Kurve *F*: Jod in Chloroform,

In der Abb. 31 sind Absorptionsspektren von 6 Lösungen bei 20° C und gleicher Konzentration des freien Jods von 4,5 γ/cm³ mit einem BECKMANN-Quarzspektrophotometer wiedergegeben. Das Absorptionsspektrum (Kurve *E*) in 0,1 m Kaliumjodidlösung zeigt zwei Maxima bei 353 mμ und 289 mμ und besitzt bei 353 mμ noch $^3/_4$ der Intensität der Absorption des Jodstärkekomplexes bei ungefähr 600 mμ.

OVENSTON und REES wählen die Absorption einer 0,1 m Kaliumjodidlösung in der Nähe der Ultraviolettgrenze bei 353 mμ, nachdem sie die in Abb. 32 wiedergegebene Abhängigkeit der spezifischen Extinktion bei 353 mμ des J_3'-Komplexes von der Kaliumjodidkonzentration gefunden haben.

Arbeitsvorschrift. Lösungen: 1. 0,2 m Kaliumjodidlösung, die im Dunkeln aufbewahrt mindestens eine Woche haltbar bleibt, 2. Ammoniummolybdatlösung 0,5 Gew.-%, 3. Wasserstoffperoxyd 0,0003 Gew.-%, die zur Herstellung der Eichkurve verwendet wird, aus einer 0.03 gew.-%igen Wasserstoffperoxydlösung, die gegen Kaliumpermanganat nach tausendfacher Verdünnung von reinem 30%igen Wasserstoffperoxyd eingestellt wird.

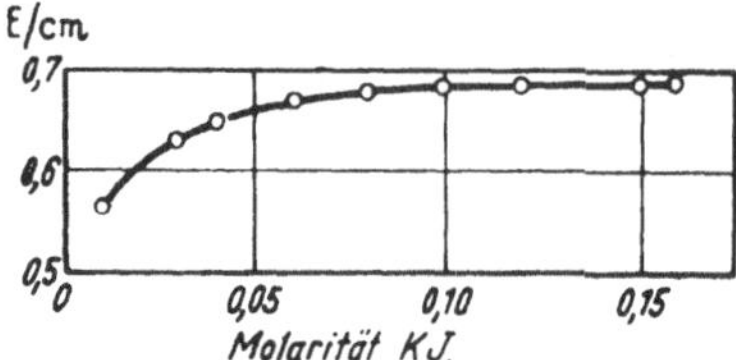

Abb. 32. Abhängigkeit der Extinktion des J_3'-Komplexes bei 353 mμ von der KJ-Konzentration. (Nach OVENSTON u. REES.)

Zu einer neutralen Probe von nicht mehr als 4 cm³, die nicht mehr als 12 γ Wasserstoffperoxyd enthalten soll, werden in einen 10 cm³ fassenden Meßzylinder 5 cm³ der 0,2 m Kaliumjodidlösung und 0,1 cm³ der Ammoniummolybdatlösung gegeben und das Volumen wird bis zur Marke aufgefüllt bei 20° C. Nachdem die Probe 5 Min. im Dunkeln gestanden hat, wird die Extinktion in einer 1 cm-Küvette bei 353 mμ gemessen und durch die Blindwerte der reinen Kaliumjodidlösung und Molybdatlösung nach gleicher Verdünnung mit Wasser und nach gleichen Verweilzeiten korrigiert. Die Wasserstoffperoxydkonzentration wird über die Extinktion der Eichkurve einer bekannten 0,0003%igen Wasserstoffperoxydlösung gefunden.

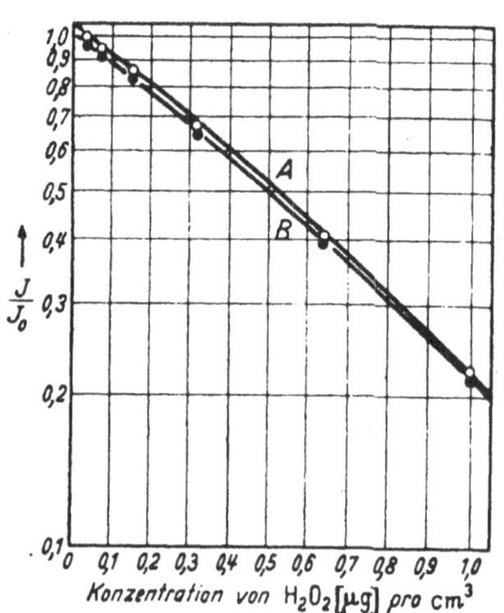

Abb. 33. Eichkurven für Standard-H_2O_2-Lösungen. (Nach SAVAGE.)
Kurve *A*: 10 min, Kurve *B*: 40 min nach der KJ-Zugabe.

Die Anwesenheit größerer Fluor-Chlor- und Brom-Ionen-Mengen haben keinen merklichen Einfluß auf die Absorption des J_3'-Komplexes. Der Bereich der Bestimmung kann bei Anwendung volumetrischer Verdünnung der Proben erweitert werden; andererseits kann die Empfindlichkeit im begrenzten Maße durch Benutzung längerer Absorptionsmeßzellen gesteigert werden.

3. Am Jodstärkekomplex.

Eine für radiobiologische Zwecke (Bestrahlungsversuche mit Röntgenstrahlen) geeignete Methode für Wasserstoffperoxydmengen von 0,05 bis 0,5 γ/cm³ beschreibt SAVAGE unter Benutzung einer 10 mm-Zelle mit 3 cm³ Inhalt im Spektrophotometer, setzt aber eine Konzentration von 0,15 γ/cm³ Wasserstoffperoxyd voraus.

Die Methode beruht auf der Aufstellung einer Extinktionskurve bei der Wellenlänge von 600 mμ der blauen Jodstärkefärbung der mit Ammoniummolybdat katalysierten Kaliumjodidumsetzung bei der verhältnismäßig hohen Konzentration einer molaren Kaliumjodidlösung, die in logarithmischer Darstellung eine Gerade ergibt (vgl. Abb. 33). Die Methode kann auch ohne Verwendung eines Spektrophotometers zur visuellen Eingrenzung herangezogen werden, da die Farbtiefe noch ausreichend ist. Es kann z. B. ohne besondere Hilfsmittel unterschieden werden, ob die Probe nicht mehr als 0,25 γ/cm³ und weniger als 0,15 γ/cm³ Wasserstoffperoxyd enthält.

Da die Farbtiefe zeitlich abhängig ist und sich zunehmend verstärkt, wie aus den beiden Kurven *A* und *B* der Abb. 33 hervorgeht, müssen die Messungen nach gleichem Zeitverlauf ausgeführt werden.

Literatur.

ALLSOPP, C. B.: Analyst **66**, 371 (1941). — AMBERG, S.: J. biol. Chem. **1**, 219 (1906); durch C. **77**, **I**, 1054 (1906).

BAERWALD, C.: B. **17**, 1206 (1884). — BENDIG, M., u. H. HIRSCHMÜLLER: Fr. **120**, 385 (1940).

CARUS, M.: Ch. Z. **45**, 851 (1921); Fr. **92**, 7 (1933). — CRISMER, M. L.: Bl. [3] **6**, 22 (1891).

DENIGÈS, G.: C. r. **110**, 1007 (1890).

EISENBERG, G. M.: Ind. eng. Chem. Anal. Edit. **15**, 327 (1943).

HORST, F. W.: Ch. Z. **45**, 572 (1921).

ISAACS, M. J.: Am. Soc. **44**, 1662 (1922).

JUNGKUNZ, R.: Seifensieder-Ztg. **51**, 463 (1924).

KRÜSS, G., u. H. MORATH: B. **22**, 2054, 2061 (1889).

NERNST, W.: Z. El. Ch. **11**, 710 (1905).

OVENSTON, T. C. J., u. W. T. REES: Analyst **75**, 204 (1950).

PATRICK, W. A., u. H. B. WAGNER: Anal. Chem. **21**, 1279 (1949). — PLANÈS, P.: J. Pharm. Chim. [6] **20**, 583 (1904).

QUARTAROLI, A.: G. **48**, 102 (1918).

SAVAGE, D. J.: Analyst **76**, 224 (1951). — SCHÖNE, E.: B. **7**, 1693 (1874); Fr. **18**, 133 (1879). — SCHÖNN: Fr. **9**, 41, 330 (1870). — SENDROY, J.: J. biol. Chem. **130**, 605 (1939). — SENDROY, J., u. A. S. ALVING: J. biol. Chem. **142**, 159 (1942).

WELLER, A.: B. **15**, 2592 (1882). — WIELAND, H., u. W. FRANKE: A. **469**, 257 (1929). — WINKLER, L. W.: Angew. Ch. **27**, 511 (1914); durch C. **85**, **II**, 951 (1914).

C. Thermometrische Bestimmung (Calorimetrie).

Die quantitative Verfolgung einer exothermen Reaktion zwischen zwei in Lösung befindlichen Stoffen wird bei allmählichem Zusatz der einen Lösung zu der anderen eine Temperatursteigerung aufweisen, bis die Umsetzung vollendet ist. Bei weiterem Zusatz wird keine weitere Temperatursteigerung eintreten, falls die zulaufende Lösung die gleiche Temperatur hat wie die andere, oder es wird eine schwache Temperatursenkung eintreten, falls die zufließende Lösung eine etwas geringere Temperatur hat als die infolge der Reaktionswärme etwas wärmer gewordene andere Lösung. Man kann diese Art der Bestimmung als thermometrische Titration bezeichnen. Voraussetzung ist hierbei, daß die Temperatursteigerung eine meßbare Größe hat, sich also mit einem z. B. in tausendstel Grade eingeteilten Thermometer messen läßt, und daß die Reaktionswärme nicht durch sonstige Vorgänge überdeckt wird, z. B. durch eine positive oder negative Mischungs- oder Verdünnungswärme. Im ersteren Falle würde der Temperaturanstieg erhöht und auch nach Beendigung der eigentlichen Umsetzung, wenn auch nicht in gleicher Höhe, bleiben, so daß ein unter Umständen sich verwischender Knickpunkt auftreten würde, im zweiten Falle würde die Reaktionswärme mehr oder weniger kompensiert werden, es kann sogar eine Überkompensation und damit eine Temperaturerniedrigung eintreten, die nach Ablauf der eigentlichen Reaktion sich verschärfen würde.

MAYR und FISCH haben unter anderem die Umsetzung von Wasserstoffperoxyd mit Permanganat thermometrisch quantitativ verfolgt und so das Wasserstoffperoxyd bestimmt. Sie folgen im wesentlichen den Vorschriften über Apparatur und Ausführung, die von DUTOIT und GROBET gegeben worden sind, die als erste die thermometrische Analyse anwandten. (Vgl. auch DEAN und WATTS, ferner DEAN und NEWCOMMER.) Die Temperatursteigerung wird an einem auf tausendstel Grade empfindlichen Thermometer abgelesen. Die Umsetzung wird in einem DEWAR-Gefäß vorgenommen, dessen Fassungsraum 165 cm³ beträgt, und welches zum Zwecke der besseren Isolierung in einem zweiten größeren DEWAR-Gefäß steht, in das es genau hineinpaßt. Das DEWAR-Gefäß ist mit einem dicken Korkstopfen abgeschlossen, in welchem sich Bohrungen für den Rührer, das Thermometer und die lange Ausflußspitze der Bürette befinden. Der thermisch gut isolierte Rührer ist so konstruiert, daß bei einer Tourenzahl von 100 bis etwa 130 das Gesamtvolumen der Reaktionsflüssigkeit gleichmäßig durchgerührt wird. Die genau geeichte Bürette ist zur thermischen Isolierung in ihrer ganzen Länge von einem mit Wasser gefüllten Glasmantel umgeben. Im oberen Teil der Bürette befindet sich ein in Zehntelgrade eingeteiltes Thermometer. Sowohl der untere Teil der Bürette als auch der verlängerte Hahngriff, den DUTOIT und GROBET mit einer Zange bewegen, ist mit Asbestpapier und Asbestschnur isoliert. Die Titration soll in einem Raum vorgenommen werden, der möglichst geringen Temperaturschwankungen unterworfen ist, so daß auch dessen Temperatur zu kontrollieren ist. Schwankungen von 1° im Raum während einer Titration sind ohne Einfluß. Alle Lösungen und Gefäße müssen natürlich die Temperatur des Arbeitsraumes angenommen haben. Die Abb. 34 zeigt den Verlauf einer Temperaturkurve bei der Titration von Oxalsäure mit Permanganat, die mit der bei der Titration von Wasserstoffperoxyd und Permanganat erhaltenen im Verlauf übereinstimmt.

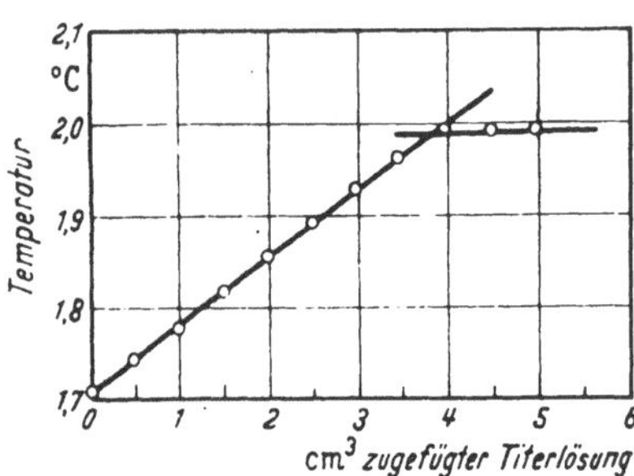

Abb. 34. Thermometrische Titration von H_2O_2 mit $KMnO_4$. (Nach MAYR u. FISCH.)

Die Ausführung erfolgt folgendermaßen: 20 bis 40 cm³ des ungefähr auf zehntel Normalität verdünnten Wasserstoffperoxyds werden in das DEWAR-Gefäß gebracht, mit 10 cm³ verdünnter Schwefelsäure versetzt, mit entsprechend unterkühltem Wasser verdünnt und in gewöhnlicher Weise mit 0,1 n Permanganatlösung, die man mit Natriumoxalat eingestellt hat, titriert. Die Permanganatlösung wird von Kubikzentimeter zu Kubikzentimeter oder auch von 0,5 zu 0,5 cm³ zugelassen, die Temperaturänderung abgelesen und in ein Koordinatensystem mit den Kubikzentimetern als Abszisse und den Temperaturen als Ordinaten eingetragen. Durch die Meßpunkte lassen sich zwei Geraden legen, deren Schnittpunkt den Endpunkt der Umsetzung darstellt. Die abgebildete Kurve ist durch Zugabe von je 0,5 cm³ Permanganat erhalten, und zwar von 0 bis 5 cm³. Der Schnittpunkt liegt bei 3,88 cm³, bei einer zweiten Titration bei 3,9 cm³, während die visuelle Titration mit Permanganat 3,97 cm³ verbrauchte.

Es sei noch verwiesen auf THOMSEN, der die Reduktion von Wasserstoffperoxyd mit Zinn(II)-chlorid calorimetrisch zum Zwecke der Bestimmung der Bildungs- bzw. Zersetzungswärme des Wasserstoffperoxyds benutzte.

Literatur.

DEAN, P. M., u. Ev. NEWCOMMER: Am. Soc. **47**, 64 (1925). — DEAN, P. M., u. O. O. WATTS: Am. Soc. **46**, 855 (1924). — DUTOIT, P., u. E. GROBET: J. Chim. phys. **19**, 324 (1921); durch C. **93**, **IV**, 524 (1922).

MAYR, C., u. J. FISCH: Fr. **76**, 436 (1929).

THOMSEN, J.: Pogg. Ann. **150**, 59 (1873).

§ 5. Gravimetrische Bestimmungen.

Die gravimetrischen Methoden beruhen auf der Ermittlung des Gewichtsverlustes von Wasserstoffperoxyd, Peroxyden oder Percarbonaten durch Zersetzungsreaktionen entweder katalytischer oder reduzierender Art, die Sauerstoff entwickeln. Da Verunreinigungen, wie Kohlensäure, Fehler verursachen würden, müssen die entwickelten Gase gewaschen und Korrekturen angebracht werden.

Sonst übliche direkte Fällungsreaktionen sind als solche nicht bekannt. Es besteht jedoch eine Methode zur Überführung von schwefliger Säure mittels Wasserstoffperoxyds in Schwefelsäure bzw. Bestimmung als Bariumsulfat.

Brodie hatte schon 1850 die gravimetrische Bestimmung des Wasserstoffperoxyds durch katalytische Zersetzung mittels Platins durchgeführt und kam zu Ergebnissen, die mit denen nach anderen Methoden durchgeführten Bestimmungen übereinstimmten. Er stellte sich das Wasserstoffperoxyd durch Einwirkung verdünnter Säuren auf Bariumperoxyd her, das er mit dem Katalysator vermischt hatte. Die Zersetzung fand in einem kleinen Kölbchen statt, das das gewogene Bariumperoxyd und den Katalysator enthielt. Der doppelt durchbohrte Stopfen trug einen mit Stopfen versehenen Einfülltrichter, der die verdünnte Säure aufnahm, während die andere Bohrung ein mit Ätzkali gefülltes Trockenrohr hielt. Das letztere ist nötig, um zu verhindern, daß Wasserdämpfe und Kohlensäure entweichen, da das Bariumperoxyd meist etwas kohlensaures Barium enthält. Die Differenz vor und nach dem Zulaufen der verdünnten Säure in das Kölbchen gibt den aktiven Sauerstoff in Gramm.

Die gleiche Methode verwendete Thoms.

Arbeitsvorschrift. 5 cm³ der zu prüfenden Wasserstoffperoxydlösung werden in das Gefäß A des Apparates von Fresenius und Will gemäß Abb. 35 eingefüllt, und in den gleichen Kolben senkt man ein Röhrchen r, das mit gepulvertem Braunstein gefüllt ist, so ein, daß keine Vermischung des Braunsteins mit dem Wasserstoffperoxyd eintritt. Das Gefäß B wird so weit mit konzentrierter Schwefelsäure gefüllt, daß das Verbindungsrohr c gut in dasselbe eintaucht. Der Apparat wird getrocknet und gewogen. Nachdem man die obere Röhre a mit einer dicht schließenden Gummihülse verschlossen hat, bringt man das Rohr b mit einem Exhaustor in Verbindung und läßt einige Luftbläschen am Ende der Röhre c austreten; hierdurch wird im Gefäß A ein Unterdruck hergestellt, so daß beim Aufhören des Saugens durch den äußeren Luftdruck ein Teil der konzentrierten Schwefelsäure durch das Rohr c zum Wasserstoffperoxyd tritt. Es ist nicht zweckmäßig, dem letzteren schon vorher Säure zuzusetzen, da sie das Gewicht des Apparates unnötig erhöhen würde und die beim Vermischen mit konzentrierter Schwefelsäure entstehende Erhöhung der Temperatur ein Zersetzen des Wasserstoffperoxyds begünstigt. Nunmehr bringt man durch geeignete Bewegung den Braunstein in Berührung mit dem Wasserstoffperoxyd, worauf eine lebhafte Sauerstoffentwicklung einsetzt, wobei der Sauerstoff durch die konzentrierte Schwefelsäure im Gefäß b, welche die von dem Sauerstoff mitgeführte Feuchtigkeit zurückhält, streichen muß. Nach Erkalten wird wieder gewogen. Bei der Reaktion

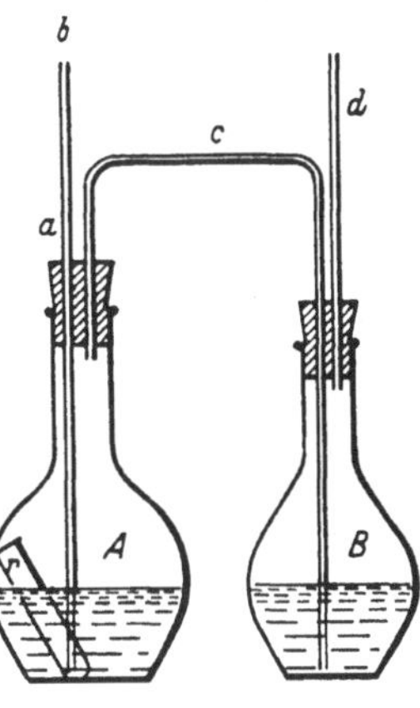

Abb. 35. H_2O_2-Bestimmung. (Nach Thoms.) Apparat von Fresenius u. Will.
A Aufnahmegefäß für H_2O_2, B Kolben mit H_2SO_4, b Anschluß an Saugleitung, c Einleitungsrohr, r Röhrchen mit Braunstein.

$$MnO_2 + H_2O_2 = MnO + H_2O + O_2 \tag{3a}$$

wird auf jedes Mol Wasserstoffperoxyd 1 Mol Sauerstoff entwickelt, also aus 34 g Wasserstoffperoxyd 32 g Sauerstoff. Die so erhaltenen Werte stimmen genau mit den mit Permanganat und jodometrisch ausgeführten Kontrollanalysen überein.

Poggi hat auf ähnliche Weise *Natriumperoxyd* bestimmt. Wie aus der Abb. 36 hervorgeht, wird der Apparat C, der den Schrötterschen Kohlensäurebestimmungsapparat darstellt, mit dem Geisslerschen Absorptionsapparat verbunden, wie er für die Kohlensäurebestimmung beim Verbrennen von organischen Stoffen verwendet wird. Die DRECHSLERsche Waschflasche *A* ist mit konzentrierter Ätzkalilauge gefüllt. Es schließt sich das U-Rohr *B* an, dessen erster Teil *1* mit stückigem Ätzkali, dessen Teil *2* mit stückigem Calciumchlorid gefüllt ist. So wird die Kohlensäure und die Feuchtigkeit der Luft beseitigt, welche während der Bestimmung durch den Apparat mit Hilfe der MARIOTTEschen Flasche, deren Abfluß durch einen Hahn reguliert wird, langsam hindurchgesaugt wird. Das Rohr *E*, das mit Ätzkalistückchen gefüllt ist, soll verhindern, daß Feuchtigkeit von *F* nach *D* diffundiert, wenn keine Sauerstoffentwicklung stattfindet. Zur Ausführung der Bestimmung wird folgendermaßen verfahren:

Der Apparat *C*, dessen Aufsatz *4* 10 cm³ verdünnte (1 + 4) und dessen Aufsatz *5* konzentrierte Schwefelsäure enthält, wird gewogen. 0,7 bis 1,5 g Natriumperoxyd werden durch die mit eingeschliffenem Stopfen versehene Öffnung nach *7* gebracht,

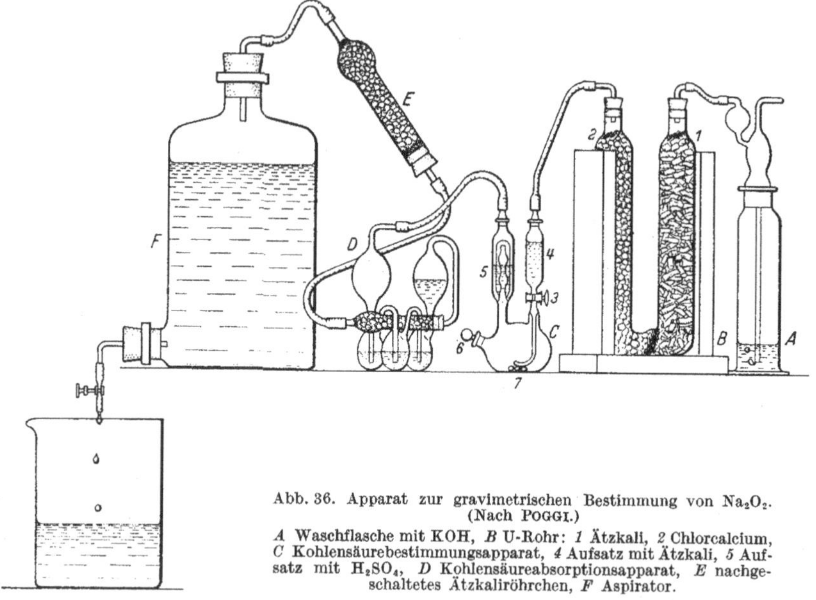

Abb. 36. Apparat zur gravimetrischen Bestimmung von Na_2O_2. (Nach POGGI.)

A Waschflasche mit KOH, *B* U-Rohr: *1* Ätzkali, *2* Chlorcalcium, *C* Kohlensäurebestimmungsapparat, *4* Aufsatz mit Ätzkali, *5* Aufsatz mit H_2SO_4, *D* Kohlensäureabsorptionsapparat, *E* nachgeschaltetes Ätzkaliröhrchen, *F* Aspirator.

worauf von neuem gewogen wird. Der GEISSLERsche Apparat *C*, welcher in den Kugeln konzentrierte Kalilauge und in dem waagrechten Röhrchen Ätzkali in Stückchen enthält, wird nun gleichfalls gewogen, worauf die beiden Apparate durch Gummischläuche verbunden werden, wie aus der Abbildung ersichtlich ist. Das Hähnchen *3* des Apparates *C* wird geöffnet und die verdünnte Schwefelsäure langsam aus dem Aufsatz *4* zu der Substanz zufließen gelassen. War das zur Analyse eingefüllte Peroxyd gepulvert, so ist es zweckmäßig, den Apparat zu kühlen. Liegt es aber in kompakter körniger Form vor, wie es für Schutzmasken verwendet wird, so ist eine Kühlung nicht notwendig. Es vollzieht sich nun die Zersetzung des Natriumperoxyds in freien Sauerstoff, Natriumsulfat und Wasser. Nach Zulaufen der Schwefelsäure und Vollendung der Sauerstoffentwicklung läßt man noch eine gewisse Zeit langsam Luft hindurchstreichen. Darauf werden die Apparate *C* und *D* wieder gewogen. Der Gewichtsverlust des Apparates *C* abzüglich der etwaigen Gewichtszunahme des Apparates *D*, welcher die aus einem Carbonatgehalt des Peroxyds stammende Kohlensäure zurückhält, entspricht dem Sauerstoff, welcher von dem Peroxyd geliefert werden kann. Die farblose Lösung, die aus der verdünnten

Schwefelsäure und dem Natriumperoxyd erhalten wurde, entfärbt zugefügtes Permanganat nicht. Das Verfahren gestattet also, den aktiven Sauerstoff und die Kohlensäure nebeneinander zu bestimmen. Die Ergebnisse, die mit Natriumperoxyd der *Draeger*-Werke erhalten wurden, zeigen befriedigende Übereinstimmung: Z. B 17,36% und 17,24% aktiven O_2 und 0,28% und 0,79% CO_2.

Schon vorher hatten LITTERSCHEID und GUGGIARI in ähnlicher Weise *Natriumperborat und natriumperborathaltige Seifenpulver* untersucht auf ihren aktiven Sauerstoff, indem sie in einem Kohlensäurebestimmungsapparat nach GEISSLER, FRÜHLING und PULZ als Zersetzungsflüssigkeit 25%ige Schwefelsäure und als Trockenmittel konzentrierte Schwefelsäure verwendeten. In den Zersetzungskolben werden 2 g feingepulverter Braunstein, der durch Auskochen mit 10%iger Schwefelsäure carbonatfrei gemacht wurde, gebracht. Nach einstündigem Stehen im Wägekasten wird gewogen und etwa 2 g Perborat durch einen seitlichen Tubus des Zersetzungskolbens schnell eingefüllt, nochmals gewogen und das Perborat durch allmähliches Zufließenlassen der 25%igen Schwefelsäure unter öfterem Umschwenken zerlegt. Ist die Hauptgasentwicklung vorüber, so erwärmt man den in ein Becherglas oder eine halbkugelig geformte Glasschale gestellten Apparat auf dem Rande eines geschlossenen Wasserbades so, daß die Trockenvorrichtung vom Wasserbade abgewandt ist. Die Zersetzungsflüssigkeit nimmt dabei eine Temperatur von etwa 70° an. Nach $^1/_2$- bis $^3/_4$stündigem Erhitzen schließt man an die konzentrierte Schwefelsäure enthaltende Trockenvorrichtung ein Röhrchen mit Calciumchlorid an, um die beim Abkühlen in den Apparat eintretende Luft zu trocknen. Nach dem Abkühlen wird nach Abnahme des Calciumchloridröhrchens der Gewichtsverlust festgestellt. Bei genauen Analysen erwärmt man nochmals zusammen mit dem Trockenröhrchen $^1/_4$ Std. und bestimmt nach Abkühlen den Sauerstoffverlust. Da auf 1 Atom aktiven Sauerstoff 1 Mol Sauerstoff entweicht, so ist der gefundene Gewichtsverlust zu halbieren. Es wurden so 8,81, 8,77, 8,87 und 8,72% aktiver Sauerstoff gefunden.

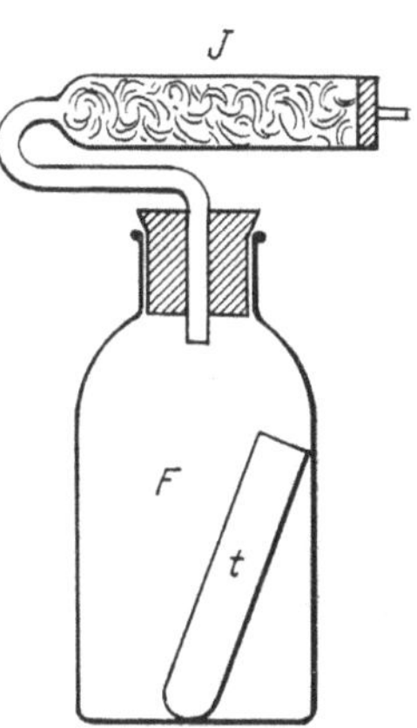

Abb. 37. Apparat zur gravimetrischen Bestimmung von Na_2O_2. (Nach DESGREZ u. LABAT.) *t* Röhrchen zur Aufnahme der Analysensubstanz, *F* Gefäß mit Glasstopfen, der das Rohr *J* mit Stückchen mit H_2SO_4 getränktem Bimsstein trägt.

Bei der Bestimmung des aktiven Sauerstoffs in *Seifenpulvern* werden 20 g Seifenpulver in einen 200 cm³ Meßkolben gebracht, mit 120 cm³ Wasser von 70° versetzt und dann vorsichtig wegen der Kohlensäureentwicklung mit 25%iger Schwefelsäure bis zur Marke aufgefüllt. Dann wird 1 g Kieselgur nachgefüllt, umgeschüttelt und filtriert. 50 cm³ des Filtrats werden in den GEISSLERschen Apparat gebracht, in den man dann mittels eines winkligen, an einer Seite zugeschmolzenen und mit 2 g Braunstein beschickten Röhrchens, das mit einem Gummischlauch am Tubus befestigt wurde, unter Wenden den Braunstein verteilt. Um Wasserdampfverluste völlig zu vermeiden, wird ein Calciumchloridröhrchen an die mit konzentrierter Schwefelsäure beschickte Trockenvorrichtung angeschlossen und alles zusammen oder das Calciumchloridröhrchen und der Zersetzungsapparat für sich vor und nach der Zersetzung, wie oben beschrieben, gewogen. Versuche, zu gleicher Zeit auch die Kohlensäure in den Waschmitteln zu bestimmen, gaben keine brauchbaren Werte. Bei zwei Waschpulvern wurden auf diese Weise Werte von 1,30, 1,29, 1,30 bzw. 1,18 und 1,22% aktiver Sauerstoff gefunden, Werte, die mit der Zusammensetzung der Waschmittel übereinstimmen.

Von DESGREZ und LABAT ist für die schnelle Bestimmung des aktiven Sauerstoffs im *Natriumperoxyd* der sehr einfache Apparat gemäß Abb. 37 verwendet worden. Eine feingepulverte Durchschnittsprobe des Natriumperoxyds von 5 bis

6 g wird in dem einseitig zugeschmolzenen Röhrchen t von etwa 65 mm Länge und 13 mm Durchmesser genau ausgewogen, das Röhrchen in das Gefäß F von 125 cm^3 Inhalt mit weitem Hals so eingebracht, daß es sich an die Wand anlehnt. Nachdem man in das Gefäß F 20 cm^3 destilliertes Wasser gefüllt hat, verschließt man es mit einem Glasstopfen, der das Rohr J trägt, dessen weiter Teil mit konzentrierter Schwefelsäure getränkten Bimsstein, der durch zwei Glaswollbäusche gehalten wird, enthält, um den Wasserdampf zurückzuhalten. Nachdem der Apparat gewogen ist, neigt man die Flasche, so daß Wasser langsam in das Rohr t eintritt, um eine stürmische Sauerstoffentwicklung zu verhindern. Man neigt mehrmals hin und her, bis sich keine Gasblasen mehr entwickeln. Nach völligem Erkalten wird gewogen. Der Gewichtsverlust entspricht dem entwickelten Sauerstoff. Man berechnet hieraus den Gewichtsverlust von 1 kg Natriumperoxyd. Dividiert man diesen berechneten Gewichtsverlust durch 1,429, so erhält man das Volumen des entwickelten Sauerstoffs bei 0° und 760 mm Quecksilber; dividiert man durch 1,355, so wird das Volumen des Sauerstoffs bei 15° erhalten. Die Sauerstoffentbindung ist vollständig, wenn das angewandte Natriumperoxyd irgendeinen Katalysator enthielt, wie das für Lufterneuerung oder für Gasmasken verwendete. Andernfalls muß man in das für die Zersetzung verwendete Wasser einen Katalysator, z. B. 0,5 g Blei(IV)-oxyd geben, um die Zersetzung vollständig zu machen. Alle untersuchten Proben hatten einen Gehalt von 93 bis 96% Na_2O_2.

Die katalytische Zersetzung der Peroxyde durch Platinschwarz oder Braunstein für die gravimetrische Bestimmung mit einem hinter den Zersetzungsapparat geschaltenen GEISSLERschen Kohlensäureapparat wird von TOUL und KRASNEC bei Natriumperoxyd und Persulfaten als quantitativ gefunden. Die Werte stehen in Übereinstimmung mit denen der Titrationsmethode mit einem mittleren Fehler von 0,045 bis 0,16%.

CONSTAM und v. HANSEN analysieren das von ihnen elektrolytisch hergestellte Kaliumpercarbonat ($K_2C_2O_6$) in der Weise, daß sie es in einem Verbrennungsrohr in bekannter Weise erhitzten und Wasser und Kohlensäure in üblicher Weise bestimmen, den aus Kaliumcarbonat bestehenden Rückstand wägen und aus der Differenz den aktiven Sauerstoff berechnen nach der Gleichung: $K_2C_2O_6$ feucht $= K_2CO_3 + CO_2 +$ Feuchtigkeit $+$ aktivem O.

THOMS bestimmt den aktiven Sauerstoff auf Grund seiner von THÉNARD gefundenen Eigenschaft, schweflige Säure in Schwefelsäure umzuwandeln, welch letztere dann als Bariumsulfat gewogen wird. Er gibt folgende

Arbeitsvorschrift. 5 cm^3 etwa 3%igen Wasserstoffperoxyds werden auf 50 cm^3 verdünnt, darauf wird schweflige Säure so lange eingeleitet, bis der Geruch nach schwefliger Säure, die er sich aus Holzkohle und konzentrierter Schwefelsäure entwickelt, bestehenbleibt. Nach der Gleichung: $H_2O_2 + SO_2 = H_2SO_4$ wird Schwefelsäure gebildet, die in üblicher Weise als Bariumsulfat gravimetrisch bestimmt wird. 233,42 g $BaSO_4$ entsprechen 34,016 g H_2O_2.

THOMS erhielt 1,107 g $BaSO_4$, woraus sich in 100 cm^3 3,226 g H_2O_2 berechnen, was mit den nach anderen Methoden gefundenen Werten übereinstimmt. Es wurde die gleiche Wasserstoffperoxydlösung verwendet. Er verwendete ein aus Bariumperoxyd gewonnenes Wasserstoffperoxyd, das einen geringen Bariumsalzgehalt hatte, welcher 0,0032 g $BaSO_4$ in 5 cm^3 entsprach. THOMS zieht irrtümlicherweise eine diesem Bariumsalzgehalt, wohl Bariumchlorid, entsprechende Menge Bariumsulfat von dem durch die Oxydation der schwefligen Säure zu Schwefelsäure gefundenen Bariumsulfat ab, obwohl es doch offensichtlich gleichgültig ist, woher das für die Fällung der entstandenen Schwefelsäure nötige Bariumsalz stammt. Die obigen Zahlen sind unter Ausschaltung dieses Irrtums berechnet.

Zusammenfassung.

Die gravimetrischen Bestimmungen haben keine erhebliche Bedeutung gewonnen, obwohl sie mit sehr einfachen Apparaten arbeiten können, wie aus den Veröffentlichungen von BRODIE, THOMS wie auch von DESGREZ und LABAT hervorgeht, bei denen eine besonders für die Technik ausreichende Genauigkeit erreicht wird. Der sehr einfache Apparat von DESGREZ und LABAT ist für die Bestimmung von *Natriumperoxyd* besonders geeignet, da Verluste, welche beim Eintragen von Natriumperoxyd in Wasser oder verdünnte Schwefelsäure zum Zwecke der titrimetrischen Bestimmung leicht entstehen können, vermieden werden. Für Serienbestimmungen ist die Methode von POGGI, zumal wenn größere Ansprüche an Genauigkeit gestellt werden, durchaus geeignet. Die Methode von LITTERSCHEID und GUGGIARI dürfte ihrer Umständlichkeit halber wohl kaum größere Anwendung finden. Der große Vorteil der gravimetrischen Bestimmungen liegt darin, daß Titerlösungen nicht eingestellt und dauernd kontrolliert werden müssen.

Natürlich bleibt der Vorteil der titrimetrischen Bestimmungen, was Schnelligkeit und Einfachheit der Ausführungen anlangt, bestehen.

Literatur.

BRODIE, B. C.: Phil. trans. Part I, 779 (1850).
CONSTAM, E. F., u. A. v. HANSEN: Z. El. Ch. **3**, 137 (1896).
DESGREZ, A., u. A. LABAT: Chim. Ind. **6**, Nr 4, 539, 107E (1921).
FRESENIUS, R., u. H. WILL: Neue Verfahrensweisen zur Prüfung der Pottasche und Soda, der Aschen, der Säuren und des Braunsteins auf Gehalt und Handelswert, S. 18. Heidelberg: Verlag C. F. Winter 1843.
LITTERSCHEID, F. N., u. P. B. GUGGIARI: Ch. Z. **37**, 690 (1913).
POGGI, R.: Ann. Chim. appl. **12**, 493 (1932).
THOMS, H.: Ar. **225**, 335 (1887). — TOUL, F., u. L. KRASNEC: Chem. Listy **34**, 195 (1940).

Trennungsmethoden, Bestimmung von Wasserstoffperoxyd neben Sulfomonopersäure (CAROscher Säure) und Perschwefelsäure.

Bei der technischen Herstellung von H_2O_2 durch Elektrolyse von Schwefelsäure entsteht unter bestimmten Bedingungen der Konzentration, der Stromdichte und Temperatur Perschwefelsäure, welche unter dem Einfluß der vorhandenen Schwefelsäure der Hydrolyse unterliegt im Sinne folgender Gleichungen:

$$H_2S_2O_8 + H_2O \longrightarrow H_2SO_5 + H_2SO_4;$$
$$H_2SO_5 + H_2O \longrightarrow H_2SO_4 + H_2O_2.$$

Neben unveränderter Perschwefelsäure finden sich demnach je nach der Dauer der Einwirkung mehr oder weniger große Mengen Wasserstoffperoxyd neben Perschwefelsäure und CAROscher Säure, von denen die CAROsche Säure das unbeständigste Verseifungsprodukt ist.

Für die Bestimmung der einzelnen Verbindungen ist es notwendig, den gesamten aktiven Sauerstoff zu bestimmen, der in allen drei Produkten enthalten ist, da man bei den meisten Methoden nur zwei Produkte, und zwar Wasserstoffperoxyd und CAROsche Säure, bestimmt und das dritte, nämlich die Perschwefelsäure, nach Abzug des für Wasserstoffperoxyd und CAROsche Säure gefundenen aktiven Sauerstoffs errechnet.

§ 6. Volumetrische Methoden.

A. Gesamtaktiver Sauerstoff.

Hierfür sind vier Methoden vorgeschlagen worden, deren wichtigste die Oxydation eines bekannten Überschusses von Eisen(II)-sulfat und die Oxydation von Kaliumjodid in saurer Lösung zu Jod sind. Im ersteren Falle wird der verbliebene Überschuß an Eisen(II)-sulfat und im anderen Falle das ausgeschiedene Jod titrimetrisch ermittelt. Ferner ist noch die Arsenat-Jodid-Methode angewandt worden, welche mit genau bekannten Mengen Jodid arbeitet und den Teil der Arsensäure, der zu arseniger Säure reduziert worden ist, bestimmt. Bei der Oxalsäuremethode in Gegenwart von Silbersalzen als Katalysator wird die nicht oxydierte Oxalsäure titrimetrisch ermittelt.

1. Eisen(II)-sulfatmethode.

POLECK gibt an, daß die vier- bis viereinhalbfache Menge an Eisen(II)-sulfat angewandt werden soll, um richtige Werte zu erhalten, da unter diesen Verhältnissen schon in der Kälte rasch eine vollständige Reduktion der Perverbindungen erreicht wird. Diese Ergebnisse wurden von LE BLANC und ECKARDT bestätigt.

LE BLANC und ECKARDT stellen zunächst fest, daß frühere Forscher (vgl. MARSHALL; ELBS und SCHÖNHERR; LÖWENHERZ; MÖLLER) keine Angaben über die Ausführung gemacht haben, obwohl auch sie einen Überschuß von Eisen(II)-sulfat, insbesondere Eisen(II)-ammoniumsulfat (MOHRsches Salz), verwendet und den Überschuß mit Kaliumpermanganat zurücktitriert haben. Sie erhalten je nach dem angewandten Überschuß des Eisen(II)-salzes Unterschiede bis zu 30% und darüber.

Arbeitsvorschrift. Zu 10 cm³ einer Lösung von 2,474 g Kaliumpersulfat in 100 cm³ Wasser werden 5 cm³ Schwefelsäure (D 1,16) und Eisen(II)-salzlösung, die 30 g/l Mohrsches Salz enthält und die mit Permanganat genau eingestellt war, im Überschuß von 1 bis 10 cm³ über den zu erwartenden Wert gegeben. Nunmehr werden 100 cm³ Wasser von 80 bis 90° zugefügt, und es wird sofort titriert. Ohne Abschluß von Luft werden so 99,71% und 99,79%, unter Abschluß von Luft durch Kohlensäure 99,68% und 99,63%, also nahezu die gleichen Werte erhalten. Auch durch halbstündiges Stehen bei gewöhnlicher Temperatur werden nach Zusatz von 100 cm³ Wasser die gleichen Werte: 99,51% und 99,79% erhalten. Die Einwirkung des Luftsauerstoffs ist aus diesen Werten doch erkennbar, wenn auch in geringfügigem Maße. Ihre Versuche mit steigendem Überschuß an Eisen(II)-salzlösung bei gewöhnlicher Temperatur und sofortiger Titration ergaben folgendes:

Überschuß an Eisen(II)-salzlösung	Kalium-persulfat
1 cm³	58,25% so schnell wie möglich titriert
1 ,,	76,66% schnell titriert
5 ,,	81,74% ,, ,,
10 ,,	90,22% ,, ,,
20 ,,	95,39% ,, ,,
100 ,,	99,59% ,, ,,
100 ,,	99,44% ,, ,,

Durch diese Zahlen wird nicht nur die Vorschrift von POLECK bestätigt, sondern auch wahrscheinlich gemacht, daß auch die übrigen Forscher, die diese Methode verwendeten, richtige Ergebnisse erhalten haben, da ja die Anwendung eines Überschusses und eine gewisse Wartezeit selbstverständlich sind. In den Untersuchungen von LE BLANC und ECKARDT fehlen leider systematische Untersuchungen über den Einfluß dieser beiden Faktoren.

Die Methode von LE BLANC und ECKARDT, Arbeiten in der Wärme, ist in der Folgezeit meist angewandt worden.

In Gegenwart von größeren Mengen Wasserstoffperoxyd neben Sulfomonopersäure und Perschwefelsäure werden jedoch zu niedrige Werte für den gesamtaktiven Sauerstoff gefunden (vgl. LUBARSKY und DIKOWA).

2. Jodidmethode.

MONDOLFO löst 2 bis 3 g der Probe in 100 cm³ kaltem Wasser, 10 cm³ dieser Lösung werden in einer Glasstöpselflasche mit überschüssigem Kaliumjodid, 0,25 bis 0,5 g, versetzt und 10 Min. im Trockenschrank auf 60 bis 80° erwärmt. Das ausgeschiedene Jod wird mit 0,1 n Natriumthiosulfatlösung titriert, wobei man gegen Ende der Titration etwas Stärke zusetzt.

Durch die Erwärmung wird die Jodausscheidung stark beschleunigt (vgl. das bei Wasserstoffperoxyd Ausgeführte). Wegen der Flüchtigkeit der Joddämpfe ist darauf zu achten, daß die Glasstöpselflasche gasdicht abschließt, und daß vor der Titration natürlich abgekühlt wird.

NAMIAS läßt eine Lösung von Persulfat einfach 10 bis 12 Std. in der Kälte stehen. Die Jodausscheidung soll dann vollständig sein. MÜLLER und v. FERBER erhielten durch Erhöhung der Jodidkonzentration nach 5 Min. schon nahezu theoretische Werte, wenn zu 20 cm³ einer molaren Kaliumpersulfatlösung 10 cm³ Wasser oder 10 cm³ oder 10 g Kaliumjodid zugegeben wurden. Wurde nur 1 g Kaliumjodid zugesetzt, so wurden unter sonst gleichen Bedingungen nur 16% des theoretischen Wertes erhalten. Auch Eisen(II)-sulfatlösung beschleunigt die Umwandlung. Aber auch hierbei ist eine hohe Jodidkonzentration notwendig. Die Umsetzung ist aber vollständiger als ohne Eisen(II)-sulfat.

Arbeitsvorschrift. Eine verschließbare Flasche von 100 bis 120 cm³ wird mit Kohlensäure gefüllt, 5 g Kaliumjodid und 10 cm³ der Eisen(II)-sulfatlösung, die in 100 cm³ 3 g $FeSO_4 \cdot 7\,H_2O$ und 1 cm³ 2 n Schwefelsäure enthält, hineingegeben und etwas ausgeschiedenes Jod mit Thiosulfatlösung beseitigt. Dann wird die Persulfatlösung oder festes Salz, wobei man zum Auflösen schütteln muß, zugegeben und das Flüssigkeitsvolumen auf 30 cm³ gebracht, die Flasche verschlossen und nach 5 Min. titriert. Sollte nach 10 Min. noch eine Nachbläuung auftreten, wird diese noch austitriert:

0,4862 g Kaliumpersulfat ergaben 0,4848 g Persulfat = 99,7%;
0,4753 g „ „ 0,4740 g „ = 99,7%.

Liegt eine Reihe nacheinander auszuführender Versuche vor, so ist es vorteilhaft, 10 cm³ einer Lösung zu verwenden, die in 100 cm³ 3 g Eisen(II)-sulfat, 50 g Kaliumjodid und 1 cm³ 2 n Schwefelsäure enthält. [Auch hierbei ist vor Zusatz des Persulfats (oder der Perschwefelsäure) eine etwa auftretende Jodfärbung mit Thiosulfat wegzunehmen.]

3. Kaliumarsenat-Jodid-Methode.

GOOCH und SMITH hatten gefunden, daß Arsensäure und Jodwasserstoffsäure aufeinander einwirken unter Bildung von arseniger Säure und Jod gemäß der Gleichung:

$$H_3AsO_4 + 2\,HJ = H_3AsO_3 + H_2O + 2\,J\,.$$

Sind außerdem noch ausreichend kräftige und leicht zersetzbare oxydierende Stoffe zu gleicher Zeit vorhanden, so werden diese Stoffe in gleicher Weise auf die Jodwasserstoffsäure einwirken, und die Arsensäure wird erst dann auf die Jodwasserstoffsäure oxydierend einwirken, wenn die weniger beständigen Oxydationsmittel erschöpft sind.

Von dem in genau bekannter Menge angewandten Jodid wird ein Teil zuerst entsprechend dem leichter zersetzlichen Oxydationsmittel (die Forscher verwendeten Kaliumchlorat) zersetzt, während der Rest des Jodids durch die Arsensäure zersetzt wird, die nun ihrerseits in arsenige Säure übergeht, insoweit, als noch Jodid vorhanden war. Daraus folgt, daß die Arsensäure immer frisch angewandt werden muß. Zieht man nun von dem in Form von Kaliumjodid insgesamt angewandten Jod das zum Titrieren der gebildeten arsenigen Säure notwendige Jod ab, so erhält man diejenige Menge Jod, welche dem zu bestimmenden Oxydationsmittel entspricht. Hierbei ist, wie aus obiger Darstellung schon hervorgeht, selbstverständlich Voraussetzung, daß die erste Teilreaktion, nämlich die Oxydation des Jod-Ions zu Jod, durch das Oxydationsmittel und durch die Arsensäure in der Hitze unter

Kochen erfolgt, wodurch das Jod ausgetrieben wird, und daß der zweite Teil der Operation, nämlich die Titration der arsenigen Säure mit Jod, in der Kälte erfolgt, wobei durch Zusatz von Natriumhydrogencarbonat die für diese Titration notwendigen Bedingungen geschaffen werden.

Peters und Moody verwendeten diese Methode für die Bestimmung von Persulfat oder Perschwefelsäure.

Arbeitsvorschrift. 12,5 cm³ einer Persulfatlösung, 0,5 g Kaliumjodid, 2,3 g saures Arsenat und 20 cm³ halb verdünnte Schwefelsäure werden auf 100 cm³ verdünnt und dann in einem Erlenmeyer-Kolben, der mit einem geeigneten Verschluß versehen ist, bis auf 35 cm³ eingekocht. Die gebildete arsenige Säure wird, nachdem die Lösung mit Kaliumhydrogencarbonat alkalisch gemacht worden ist, mit Jod titriert. Die Differenz zwischen der Jodmenge, die zur Oxydation der gebildeten arsenigen Säure gebraucht wird, und der in der angewandten, natürlich genau abgewogenen Menge Kaliumjodid ursprünglich vorhandenen Jodmenge, gibt ein Maß für die Menge des vorhandenen Persulfats. Die erhaltenen Werte stimmen vollständig mit den nach der Methode von le Blanc-Eckardt erhaltenen überein, während wohl die Methoden von Namias und Mondolfo unter sich übereinstimmende, aber etwas niedrigere Werte als nach le Blanc-Eckardt und Peters-Moody zeigen.

4. Bestimmung mit Oxalsäure und Silbersalzen.

Kempf benutzt die starke Oxydationskraft von Silberperoxyd, welche die von Blei(IV)-, Kobalt(III)- und Mangan(IV)-oxyd weit übersteigt, um Oxalsäure in verdünnter Schwefelsäure, welche etwas Silbersulfat gelöst enthält, zu oxydieren und den Überschuß der Oxalsäure nach kurzem Erwärmen mit eingestellter Kaliumpermanganatlösung zurückzutitrieren.

Arbeitsvorschrift. Zu 0,2 bis 0,3 g Alkalipersulfat (bzw. einer entsprechenden Menge Perschwefelsäure) werden 20 bis 30 cm³ 0,1 n Oxalsäure und 0,2 g Silbersulfat, die in 20 cm³ 10%iger Schwefelsäure gelöst sind, zugegeben. Es wird 15 Min. auf dem siedenden Wasserbade erhitzt, in welcher Zeit durch Zwischenbildung von Silberperoxyd eine dem aktiven Sauerstoff entsprechende Menge Oxalsäure zu Kohlensäure oxydiert ist und darauf der Überschuß an Oxalsäure mit eingestellter Permanganatlösung zurücktitriert.

Lubarsky und Dikowa haben zur Bestimmung des gesamtaktiven Sauerstoffs alle Methoden geprüft und nicht einwandfrei gefunden. Insbesondere auch nicht die Methode von le Blanc-Eckardt, bei der sie feststellten, daß mit steigendem Wasserstoffperoxydgehalt die Fehler größer werden bis zu ganz falschen Werten. Sie prüften die Methoden an gasvolumetrischen Bestimmungen, wobei sie die Zersetzung bei 100° unter Verwendung von einem geschwärzten Platinblech als Katalysator vornahmen. Die von ihnen gefundenen Ergebnisse sind in der Tabelle 13 zusammengestellt.

Tabelle 13. Gesamtaktiver Sauerstoff.

H_2O_2 %	Gasvolumetrisch cm³	Jodometrisch cm³	le Blanc-Eckardt cm³	le Blanc-Eckardt H_2O_2 vortitriert mit $KMnO_4$ cm³	Jodometrisch H_2O_2 vortitriert mit $KMnO_4$ cm³	Müller u. v. Ferber cm³
5,06	8,92	9,22	5,22	8,79	9,2	10,01
0,94	10,7	10,91	8,84	9,63	10,08	

Aus der Tabelle 13 geht hervor, daß nur die später beschriebene jodometrische Methode Werte ergibt, welche mit den gasvolumetrischen Bestimmungen übereinstimmen, und daß die le Blanc-Eckardt-Methode bei Gegenwart größerer Mengen Wasserstoffperoxyd (5,06%) vollständig versagt und auch bei geringeren Mengen

(0,94%) noch viel zu niedrige Werte gibt. In der elektrolytisch erhaltenen Perschwefelsäure ist im allgemeinen nur weniger Sauerstoff enthalten, so daß der Fehler geringer wird.

Arbeitsvorschrift. In 150 cm³ kaltes Wasser werden 5 cm³ der zu analysierenden Flüssigkeit eingegossen und 5 bis 10 cm³ Kaliumjodidlösung von 10% hinzugefügt. Nach vierundzwanzigstündigem Stehen an einem kalten, am besten dunklen Orte wird das Jod mit Thiosulfat titriert. Eine Kontrollprobe wird unter denselben Bedingungen ohne Peroxyde stehengelassen und das in dieser letzteren ausgeschiedene Jod von dem Titrationsergebnis subtrahiert.

Diese Korrektur ist in der Tabelle 13 angebracht und betrug 0,04 bis 0,08 cm³ aktiven Sauerstoff.

B. Bestimmung der einzelnen Bestandteile: Wasserstoffperoxyd, Sulfomonopersäure und Perschwefelsäure.

a) v. BAEYER und VILLIGER bestimmten das Wasserstoffperoxyd neben den Persäuren durch Titration mit Kaliumpermanganat und stellten fest, daß durch die Anwesenheit von Perschwefelsäure und Sulfomonopersäure kein wesentlicher Fehler entsteht, wenn hinreichend verdünnt wurde. Die Titration der CAROschen Säure neben Überschwefelsäure wird dadurch möglich, daß erstere sehr viel schneller Jod aus angesäuerter Kaliumjodidlösung ausscheidet. Die Perschwefelsäure oxydiert die Jodwasserstoffsäure sogar langsamer als Wasserstoffperoxyd. Titriert man daher eine hinreichend verdünnte Lösung, die mit Kaliumjodid versetzt ist, schnell mit Thiosulfatlösung auf Entfärbung, so bläut sie sich nach kurzer Zeit wieder, was von Perschwefelsäure herrührt. Diese letzte Reaktion ist erst nach 12 bis 24 Std. beendet, natürlich muß ein Blindversuch angestellt werden. Diese Methode ist nach den Angaben ihrer Verfasser zwar nicht mathematisch, aber hinreichend genau. So brauchten beispielsweise 100 cm³ einer Lösung von CAROscher Säure bei sofortiger Titration 27,9 cm³ 0,1 n Natriumthiosulfatlösung nach 24 Std. Stehen nach Abzug eines Blindversuches noch 5,35 cm³ 0,1 n Natriumthiosulfatlösung.

Bemerkungen. Der Kritik der Verfasser an der Methode ist an sich nichts hinzuzufügen. Man wird sich für genauere Bestimmungen der später beschriebenen Methoden bedienen.

b) FRIEND änderte diese Methode dahin ab, daß er einen Überschuß von eingestellter Permanganatlösung, darauf einige Tropfen Kaliumjodidlösung zusetzte und dann das der überschüssigen Permanganatlösung entsprechende Jod mit Thiosulfat und Stärkelösung zurücktitrierte. Hierbei ist schnelles Arbeiten erforderlich, ebenso muß die Konzentration der Schwefelsäure ziemlich groß sein. Er stellte später fest (b), daß zwischen Wasserstoffperoxyd und Kaliumpersulfat eine monomolekulare Reaktion stattfindet gemäß der Gleichung:

$$H_2O_2 + K_2S_2O_8 = 2\,KHSO_4 + O_2,$$

bei der also für jedes Molekül Wasserstoffperoxyd 1 Molekül Kaliumpersulfat verschwindet. Es bildet sich jedenfalls kein CAROsches Salz. Das Wasserstoffperoxyd hat die Tendenz, etwas schneller zu verschwinden als das Kaliumpersulfat wegen der Nebenreaktion:

$$H_2O_2 = H_2O + O.$$

Die Reaktion ist unter gewöhnlichen Umständen nur sehr gering, wird aber durch Mangansalze insofern beschleunigt, als diese durch Persulfat unter MnO_2-Bildung oxydiert werden, das dann seinerseits mit Wasserstoffperoxyd reagiert. Aus diesem Grunde ist rasches Arbeiten notwendig. PRICE, ferner PRICE und DENNING hatten sich schon mit der Einwirkung von Wasserstoffperoxyd auf Persulfatlösungen, sowohl sauren wie neutralen, befaßt und gefunden, daß diese die Zersetzung des Wasserstoffperoxyds befördern; insbesondere auch, daß Perschwefelsäure und

Wasserstoffperoxyd hierbei in Schwefelsäure und Wasser unter Entwicklung von Sauerstoff übergehen.

c) SKRABAL und VAČEK fanden, daß die Bestimmung mit $KMnO_4$ genau ist, wenn die Perschwefelsäure ein bestimmtes Minimum nicht übersteigt, und daß es sich bei der Reaktion von Persulfat auf Permanganat um eine Reaktion handelt, welche durch Mangansalze, gebildet aus Wasserstoffperoxyd und Kaliumpermanganat, induziert wird. Diese induzierte Reaktion gemäß der Gleichung:

$$5\,H_2S_2O_8 + 2\,KMnO_4 + 2\,H_2O = K_2SO_4 + 2\,MnSO_4 + 7\,H_2SO_4 + 5\,O_2$$

wird durch Anwendung einer gehörigen Mangansulfatmenge zum Verschwinden gebracht, vollständig jedoch erst dann, wenn die Reaktion nach GUYARD (vgl. auch VOLHARD) eintritt, unter welcher Reaktion man die Bildung von Mangan(III)-hydroxyd und Mangan(IV)-oxyd aus Mangan(II)-salz und Kaliumpermanganat versteht.

Arbeitsvorschrift. Der Gesamtoxydationswert wird nach LE BLANC und ECKARDT mit überschüssigem Eisen(II)-sulfat, Zufügen der gleichen Menge siedenden Wassers und Rücktitration des überschüssigen Eisen(II)-sulfats mit Kaliumpermanganat bestimmt.

Eine gleiche Menge der zu untersuchenden Flüssigkeit wird mit 3 bis 5 g kristallisiertem Mangansulfat versetzt und mit Schwefelsäure angesäuert. Kaliumpermanganatlösung wird nun bis zur Bildung einer reichlichen Niederschlagsmenge zugelassen. Hat die Gasentwicklung aufgehört, so versetzt man mit überschüssiger Eisen(II)-sulfatlösung, verdünnt mit der gleichen Menge kochenden Wassers und titriert den Überschuß an Eisen(II)-sulfat mit Kaliumpermanganat zurück.

Die Berechnung erfolgt nach der Gleichung:

$$x = 0{,}5 \cdot (s + p' - f')$$

und

$$y = s - x.$$

Hierin bedeutet s die für den Gesamtoxydationswert gefundene Menge Eisen(II)-sulfat, ausgedrückt in Kubikzentimetern Permanganatlösung, f' die bei der Wasserstoffperoxydbestimmung zugesetzte Menge Eisen(II)-sulfat, gleichfalls in Kubikzentimetern Permanganat ausgedrückt, und p' die bei der Wasserstoffperoxydbestimmung insgesamt verbrauchten Kubikzentimeter Permanganatlösung. x ist dann die Wasserstoffperoxydmenge und y die Persulfatmenge bzw. Perschwefelsäure + CAROsche Säure, ausgedrückt in Kubikzentimetern Permanganatlösung.

Die Übereinstimmung der gefundenen mit den berechneten Werten ist nach Auffassung der Autoren hinreichend (sie kann unserer Ansicht nach als gut bezeichnet werden).

So wurden beispielsweise gefunden (siehe Tabelle 14):

Tabelle 14. Kubikzentimeter Permanganatlösung.

s gef.	x gef.	y gef.	x ber.	y ber.
37,5	17,77	19,73	17,65	19,84
57,33	17,56	39,77	17,65	39,70
77,17	17,55	59,62	17,65	59,52
72,80	52,87	19,93	52,95	19,84

d) MÜLLER und SCHELLHAAS bestimmen den gesamten aktiven Sauerstoff nach LE BLANC-ECKARDT und die CAROsche Säure nach V. BAEYER und VILLIGER.

Arbeitsvorschrift. 1 cm^3 des Elektrolyten (von der Elektrolyse der Schwefelsäure herrührend) wird je nach dem Gehalt an aktivem Sauerstoff zu 100 bis 200 cm^3 destilliertem Wasser gegeben. Es wird mit überschüssiger Kaliumjodidlösung versetzt und das ausgeschiedene Jod möglichst rasch mit 0,1 n Natriumthiosulfatlösung titriert. Bei dieser Verdünnung konnte die CAROsche Säure mit vollkommen genügender Genauigkeit bestimmt werden.

Das Wasserstoffperoxyd wurde erst dann im Elektrolyten mit 0,1 n Kaliumpermanganatlösung bestimmt, wenn es mit Titanschwefelsäure nachgewiesen werden konnte. Perschwefelsäure = Gesamt-O_2 (CAROsche Säure + H_2O_2).

e) REICHEL bestimmt zuerst den gesamtaktiven Sauerstoff, indem er die zu untersuchende Lösung (von der Perschwefelsäure-Elektrolyse) zu einer verdünnten, mehr als das Doppelte der theoretischen Menge Eisen(II)-salz enthaltenden Lösung hinzufügt, bis zum Eintritt des Siedens erhitzt und vor der Titration noch ungefähr 10 Min. wartet.

Für die quantitative Feststellung der Form des aktiven Sauerstoffs werden 10 cm³ des Elektrolyten im Verhältnis von 1 zu 50 mit Wasser verdünnt, wodurch der verseifende Einfluß der Schwefelsäure ausgeschaltet wird. Das Wasserstoffperoxyd wird mit 0,1 oder 0,01 n Kaliumpermanganatlösung titriert, dann weiter auf 1:400 verdünnt, Kaliumjodid zugegeben und die durch die CAROsche Säure ausgeschiedene Jodmenge mit 0,1 n Natriumthiosulfat im Überschuß weggebracht und dieser Überschuß dann mit n/30 Jodlösung zurücktitriert.

f) PALME benutzt die sofortige Einwirkung der CAROschen Säure auf angesäuerte Kaliumjodidlösung und titriert mit Natriumthiosulfat das ausgeschiedene Jod. Die Summe von CAROscher Säure und Wasserstoffperoxyd bestimmt er nach Zusatz von Kaliumjodidlösung durch Titration mit Natriumsulfit. Da sich Sulfit schneller als Jodwasserstoffsäure mit Wasserstoffperoxyd umsetzt, so findet anfänglich die Reaktion hauptsächlich zwischen Sulfit und Wasserstoffperoxyd statt, und die Jodfarbe verschwindet jedenfalls nicht früher vollständig, als bis alles Wasserstoffperoxyd reduziert ist. Stärke wird als Indicator zugesetzt. Die für die Titration des durch die CAROsche Säure ansgeschiedenen Jods benutzte Natriumthiosulfatlösung muß frei von Sulfiten sein, da diese mit Wasserstoffperoxyd sich umsetzen würden.

Arbeitsvorschrift. Bei der Bestimmung der CAROschen Säure wird die Zeit notiert, zu welcher das Kaliumjodid zugesetzt wird. Dann wird sofort das ausgeschiedene Jod mit Natriumthiosulfat titriert. Die Zeit des Endpunktes wird wieder notiert. Auf diese Weise hat man die durch CAROsche Säure ausgeschiedene Menge Jod und die während der notierten Zeit durch Wasserstoffperoxyd und Überschwefelsäure ausgeschiedene Jodmenge. Da nach der Entfärbung wieder Bläuung eintritt, so titriert man wieder auf farblos in der gleichen Zeit wie oben und zieht diese Menge von der oben gefundenen ab, unter der berechtigten Annahne, daß mindestens im Anfang in gleichen Zeiten gleiche Mengen Jod durch Wasserstoffperoxyd und Perschwefelsäure ausgeschieden werden, was auch bewiesen wurde. Die Verdünnung muß ausreichend sein, so daß die Korrektur niemals 0,3 cm³ 0,1 n Natriumthiosulfat überschreiten sollte.

In einer zweiten gleichen Probe werden CAROsche Säure und Wasserstoffperoxyd mit Kaliumjodid und Sulfit in der oben angegebenen Weise bestimmt. Auch hier bestimmt man die Korrektur durch Nachtitration der im gleichen Zeitintervall durch die Einwirkung von Überschwefelsäure auf Kaliumjodid ausgeschiedenen Menge Jod.

Die Thiosulfatlösung für die Titration des durch CAROsche Säure ausgeschiedenen Jods muß, wie oben schon erwähnt, frei von schwefliger Säure sein. Zur Bereitung der Thiosulfatlösung wird kohlensäurefreies Wasser verwendet und zur Aufbewahrung eine Flasche aus *Jenaer* Glas. Die Prüfung des Thiosulfats auf schweflige Säure erfolgt nach der Methode von VOTOČEK, welche auch bei Gegenwart von großen Mengen Thiosulfat zuverlässig ist. VOTOČEK mischt 3 Vol.-Teile einer Lösung von 0,25 g Fuchsin im Liter und 1 Vol.-Teil einer Lösung von 0,25 g Malachitgrün im Liter. 1, 2 oder 3 Tropfen dieser Mischlösung werden 2 oder 3 cm³ der zu prüfenden Lösung zugesetzt. Eine Menge von 60 γ in 1 cm^3 entfärbte sofort 1 Tropfen der Mischlösung und nahm nach Zusatz einer wäßrigen Lösung von Acetaldehyd eine schön-violette Färbung an. Falls die Thiosulfatlösung alkalisch ist, behandelt man sie mit Kohlensäure, falls sie sauer ist, wird mit Bicarbonat neutralisiert, von dem ein Überschuß nichts schadet.

Die erhaltenen Werte für Wasserstoffperoxyd stimmen vorzüglich mit der Permanganatmethode überein.

g) WOLFFENSTEIN und MAKOW titrieren das Wasserstoffperoxyd nach v. BAEYER und VILLIGER mit Kaliumpermanganat. Die CAROsche Säure bestimmen sie durch Titration mit Natriumsulfit, das nach MÜLLER und SCHELLHAAS auf Perschwefelsäure nicht einwirkt, nachdem sie die Schwefelsäure durch Zusatz von Natriumacetat abgestumpft haben, so daß eine Essigsäurelösung entsteht. Als Indicator wird bei dieser Titration eine Spur Jod verwendet. Der Sulfitlösung werden etwa 2% Alkohol zugefügt, um sie beständiger zu machen. Sie hält sich so 48 Std. unverändert. Durch diese neue Art der Bestimmung der CAROschen Säure wird vermieden, daß ein Nachblauen durch die Einwirkung der Perschwefelsäure auf das bei den früheren jodometrischen Bestimmungen angewandte überschüssige Kaliumjodid eintritt. Die Perschwefelsäure wird mit eingestellter Eisen(II)-sulfatlösung in der Wärme bestimmt und zur Kontrolle aus der Differenz berechnet. Es ist hierbei aber zu beachten, daß auf Grund von Versuchen, die WOLFFENSTEIN und MAKOW durchgeführt haben, tatsächlich Zwischenreaktionen des Wasserstoffperoxyds mit Perschwefelsäure und Sulfomonopersäure auftreten können, welche Sauerstoffverluste verursachen. Bei genügender Verdünnung jedoch, niedriger Temperatur, Mangansulfatzusatz (vgl. SKRABAL und VAČEK) und rascher Arbeitsweise verläuft die Titration ganz glatt.

In der nachfolgenden Arbeitsvorschrift sind diese Bedingungen *unter allen Umständen* einzuhalten.

Arbeitsvorschrift. Das Wasserstoffperoxyd wird zunächst in schwefelsaurer Lösung mit Kaliumpermanganat titriert, dann wird diese Lösung durch Natriumacetatzusatz essigsauer gestellt und die CAROsche Säure mit Sulfit bestimmt. Schließlich wird die Überschwefelsäure mit eingestellter Eisen(II)-sulfatlösung in der Wärme und Rücktitration des Überschusses mit Kaliumpermanganat analysiert. Diese Bestimmungsmethode läßt sich noch dadurch kontrollieren, daß man außerdem den gesamten aktiven Sauerstoff nach LE BLANC-ECKARDT bestimmt. Die Leistung der WOLFFENSTEIN-MAKOW-Methode ist aus Tabelle 15 zu ersehen.

Tabelle 15. Analyse nach WOLFFENSTEIN-MAKOW.

Vers.-Nr.	Gesamtakt. O_2	H_2O_2	H_2SO_5	$H_2S_2O_8$ gef.	$H_2S_2O_8$ ber.
1	13,12	8,32	3,55	1,27	1,25
2	23,72	3,39	6,43	13,95	13,91
3	5,05	0,0	1,98	3,03	3,07
4	16,38	1,73	10,75	3,90	3,90
5	19,75	5,18	7,00	6,52	6,57

Die Methode von WOLFFENSTEIN-MAKOW ist nicht nur einfach in der Anwendung, sondern gibt auch genaue Werte, so daß sie mit Recht die bei weitem am meisten angewandte Methode ist, zumal sie gestattet, alle drei Bestandteile direkt zu bestimmen.

h) GLEU benutzt für die Bestimmung der CAROschen Säure an Stelle von Jodwasserstoffsäure Bromwasserstoffsäure, welche nur von der CAROschen Säure in 1 Min. zu Brom oxydiert wird, während Perschwefelsäure überhaupt nicht und Wasserstoffperoxyd innerhalb der Analysenzeit nur in zu vernachlässigender Weise einwirkt. WEDEKIND hatte schon gefunden, daß Sulfomonopersäure Chlorwasserstoffsäure zu Chlor und Bromwasserstoffsäure zu Brom oxydiert. Wegen der

Flüchtigkeit des Broms wird ein Reduktionsmittel im Überschuß zugesetzt, welches wohl auf Brom, nicht aber auf Perschwefelsäure und in zu vernachlässigender Weise auf Wasserstoffperoxyd einwirkt: Arsenige Säure, deren Überschuß mit Kaliumchromat tropfenweise zurücktitriert wird. Falls eine Übertitration stattgefunden hat, wird mit arseniger Säure zurücktitriert. Hierbei ist es gleichgültig, ob ein Teil der arsenigen Säure durch die CAROsche Säure direkt oxydiert wird, was sicher der Fall ist.

Wasserstoffperoxyd wird mit Kaliumpermanganat nach Zusatz von Mangan(II)-sulfat titriert. Es tritt freies Brom auf, wenn alles Wasserstoffperoxyd verschwunden ist. Der Endpunkt wird also nicht durch die Kaliumpermanganatfärbung charakterisiert, sondern durch das Auftreten von freiem Brom infolge der Einwirkung von Kaliumpermanganat auf Bromwasserstoffsäure.

Da in Gegenwart von Mangansulfat Wasserstoffperoxyd auf Brom nach der Gleichung:

$$H_2O_2 + Br_2 = O_2 + 2\,HBr$$

einwirkt, so könnte das Wasserstoffperoxyd auch *nach* Zusatz von Mangan(II)-sulfat mit Kaliumbromat weiter titriert werden, jedoch ist der Verbrauch an Kaliumbromat um 1 bis 2% zu hoch, offenbar infolge Entweichens von Brom. Aus diesem Grunde ist die Permanganatmethode vorzuziehen.

Arbeitsvorschrift. Die schwach schwefelsaure Lösung (zwischen 10 und 20 cm³ m H_2SO_4 auf ein Titrationsvolumen von etwa 50 cm³) der drei Substanzen wird mit gemessener überschüssiger 0,1 n Lösung von arseniger Säure versetzt und darauf 5 cm³ m Kaliumbromidlösung zugegeben. Nach 1 bis 2 Min. läßt man tropfenweise 0,1 n Kaliumbromatlösung zufließen, bis Gelbfärbung durch freies Brom auftritt. In dem Maße, wie sich das Brom nachentwickelt, nimmt man es durch 0,1 n Lösung arseniger Säure sofort wieder weg. Am Schluß wartet man 1 Min. und titriert endgültig den letzten Rest Brom mit arseniger Säure auf verschwindende Gelbfärbung zurück.

Zu der austitrierten Lösung setzt man 5 cm³ 2 m Mangansulfatlösung und titriert darauf das Wasserstoffperoxyd mit 0,1 n Kaliumpermanganatlösung. Als Indicator dient dabei die nach der Oxydation des Wasserstoffperoxyds auftretende Gelbfärbung durch freies Brom.

Nach der Titration mit Permanganat wird die Lösung wieder mit überschüssiger gemessener 0,1 n Lösung von arseniger Säure versetzt. Es werden 10 cm³ 10 m Schwefelsäure (1 Vol. konzentrierte Schwefelsäure auf 1 Vol. Wasser) hinzugefügt, 10 Min. gekocht und die noch vorhandene arsenige Säure mit Kaliumbromat zurücktitriert. Es ist darauf zu achten, daß rasch gearbeitet wird. Die Kontrollanalysen zeigen die Zuverlässigkeit der Methode:

	Gef.	Ber.	Gef.	Ber.	Gef.	Ber.	Gef.	Ber.
H_2SO_5	10,71	10,76	2,18	2,15	21,57	21,52	2,27	2,15
H_2O_2	10,82	11,85	23,40	23,57	2,58	2,50	23,44	23,57
$H_2S_2O_8$	9,93	9,85	19,64	19,70	2,06	1,97	2,08	1,97

Bemerkung. Die Methode gibt zweifellos in der Hand des auf sie Eingearbeiteten gute Resultate. Sie ist etwas umständlich wegen der viel Aufmerksamkeit erfordernden und ziemlich langwierigen Titration der CAROschen Säure und wegen der Notwendigkeit des Kochens bei der Bestimmung der Überschwefelsäure. Ihr Vorteil ist, daß sämtliche drei Bestandteile für sich in der gleichen Probe bestimmt werden.

i) NAYAK schaltet den durch die Umsetzung von Wasserstoffperoxyd mit Kaliumpersulfat in Gegenwart von Mangansalzen bei der Permanganattitration des Wasserstoffperoxyds auftretenden Fehler dadurch aus, daß er diesen isoliert, indem er zuerst den gesamtaktiven Sauerstoff in einer Wasserstoffperoxyd und Perschwefelsäure enthaltenden Lösung bestimmt, in einer zweiten Probe das Wasserstoffperoxyd mit Permanganat titriert und daraus die Perschwefelsäure ermittelt. Die Summe der beiden letzten Bestimmungen müßte gleich der ersten Bestimmung sein. Ein Minus dieser Summe kommt zur Hälfte auf Wasserstoffperoxyd und zur Hälfte auf Überschwefelsäure gemäß der Gleichung:

$$H_2O_2 + K_2S_2O_8 = K_2SO_4 + H_2SO_4 + O_2.$$

Entsprechen dem gesamtaktiven Sauerstoff x cm³ Kaliumpermanganatlösung
" " Wasserstoffperoxyd y " "
" der restlichen Perschwefelsäure z " "

dann entspricht die Menge Wasserstoffperoxyd, welche mit Perschwefelsäure sich während der Titration umsetzt, $\frac{(x-y-z)}{2}$ cm³ Kaliumpermanganatlösung und die Menge des Wasserstoffperoxyds, die insgesamt erhalten wurde, ist $y + \frac{(x-y-z)}{2} = \frac{x+y-z}{2}$ cm³ Kaliumpermanganatlösung.

Die Gesamtmenge des aktiven Sauerstoffs bestimmt NAYAK nach der Eisen(II)-sulfat-Kaliumpermanganat-Methode; in einer zweiten gleichen Menge wird das Wasserstoffperoxyd mit Kaliumpermanganatlösung titriert und in der gleichen Lösung die Perschwefelsäure wieder nach der Eisen(II)-sulfat-Kaliumpermanganat-Methode. Die erhaltenen Werte für Wasserstoffperoxyd stimmen nach Vornahme der Rechnung genau mit den angewandten Mengen Wasserstoffperoxyd überein. Beispielsweise werden für 20 cm³ einer Wasserstoffperoxydlösung 17,55 cm³ einer 0,1 n Kaliumpermanganatlösung gebraucht. Nach Mischung von 20 cm³ der gleichen Wasserstoffperoxydlösung mit 20 cm³ einer Lösung von Kaliumpersulfat werden für den gesamten aktiven Sauerstoff 34,16 cm³ Kaliumpermanganatlösung verbraucht. Eine weitere Mischung der Wasserstoffperoxyd- und Kaliumpersulfatlösung verbraucht bei der Titration mit Kaliumpermanganat 16,9 cm³ Kaliumpermanganat, während für das in dieser Lösung enthaltene Kaliumpersulfat anschließend 15,98 cm³ Kaliumpermanganatlösung verbraucht werden. Die Menge des Wasserstoffperoxyds ergibt sich daraus zu $16{,}9 + \frac{34{,}16 - 16{,}9 - 15{,}98}{2}$ cm³ $= 17{,}54$ cm³ 0,1 n Kaliumpermanganatlösung, während der theoretische Wert 17,55 cm³ ist. Eine weitere Anzahl von Analysen zeigt die gleiche, z. T. noch bessere Übereinstimmung, obwohl verschiedene Mischungsverhältnisse angewandt wurden.

Die gleiche Korrektur wie für Wasserstoffperoxyd muß natürlich auch für die Perschwefelsäure angewandt werden, so daß in dem obigen Beispiel für Kaliumpersulfat nicht 15,89 cm³, sondern 16,58 cm³ 0,1 n Kaliumpermanganatlösung einzusetzen sind.

Der Nachteil dieser Methode besteht darin, daß sie vollkommen auf der Richtigkeit der Bestimmung des gesamtaktiven Sauerstoffs aufgebaut ist, und daß angenommen wird, daß bei Zersetzung von Wasserstoffperoxyd und Kaliumpersulfat genau gleiche molekulare Mengen beider zerstört werden, was, wie schon FRIEND festgestellt hat, nicht genau zutrifft. Nicht berücksichtigt ist eine etwaige Anwesenheit von CAROscher Säure, wenn auch NAYAK angibt, daß eine ähnliche Methode für die Bestimmung von Wasserstoffperoxyd in Gegenwart von Sulfomonopersäure angewandt werden kann, demnach also nicht bei Gegenwart aller drei Komponenten. Im übrigen ist die Methode leicht und schnell durchzuführen.

j) BERRY schlägt einen von den bisherigen Wegen vollkommen verschiedenen ein.

Wasserstoffperoxyd wird durch Titration mit Cer(IV)-sulfat bei 0° bestimmt; bei höheren Temperaturen treten gewisse Unregelmäßigkeiten auf, die aber geringer sind als bei der Titration mit Kaliumpermanganat. Die CAROsche Säure wird mit

Vanadylsulfat bei gewöhnlicher Temperatur im Überschuß versetzt und der Überschuß mit Kaliumpermanganat zurücktitriert. Die Überschwefelsäure wird durch einen erneuten Überschuß von Vanadylsulfat kochend reduziert und der Überschuß von Vanadylsulfat wiederum mit Kaliumpermanganat zurücktitriert. Die Lösung von Vanadylsulfat wird hergestellt durch Auflösen von 10 g Ammoniumvanadat in 400 cm³ verdünnter (1 + 3) Schwefelsäure, Verdünnen auf 1 l und Reduktion zum 4wertigen Vanadin durch Hinzufügen eines geringen Überschusses von festem Natriumsulfit. Nach dem Kochen zum Austreiben der schwefligen Säure und Abkühlen ist die stark blaue Lösung gebrauchsfertig. Die Reaktion mit CAROscher Säure verläuft nach der Gleichung:

$$H_2SO_5 + V_2O_4 = H_2SO_4 + V_2O_5.$$

Die Einstellung des Vanadylsulfats wird bei gewöhnlicher Temperatur vollständig durch Kaliumpermanganat durchgeführt, wenn man bei der Feststellung des Endpunktes etwas Geduld anwendet.

Arbeitsvorschrift. Die direkte Titration des Wasserstoffperoxyds wird mit Cer(IV)-sulfat bei 0° so durchgeführt, daß man zu etwas Eis etwa 1 cm³ weniger als das benötigte Quantum der eingestellten Cer(IV)-sulfatlösung hinzugibt, welches durch eine vorhergehende direkte Titration festgestellt war. Dann erst gibt man die zu analysierende Flüssigkeit hinzu und titriert zu Ende, ohne einen Indicator hinzuzusetzen. Die Gegenwart des geringsten Überschusses von Cer(IV)-sulfat ist scharf zu erkennen, wenn die Titration bei gutem Tageslicht durchgeführt wird. Als Indicatoren verwendete Triphenylmethanfarbstoffe wie Brillantgrün, die sich bei der Titration von Cer(IV)-sulfatlösungen gegen Eisen(II)-ammoniumsulfatlösungen bewährt haben, sind unbrauchbar, da sie während der Titration gebleicht werden.

Die Flüssigkeit wird dann auf gewöhnliche Temperatur erwärmt und ein gemessener Überschuß von Vanadylsulfat hinzugegeben. Der Überschuß von Vanadylsulfat wird mit eingestellter Kaliumpermanganatlösung zurücktitriert.

Zur Bestimmung der Perschwefelsäure wird erneut ein Überschuß an Vanadylsulfat hinzugegeben, die Lösung sorgfältig gekocht und der Überschuß mit Kaliumpermanganat wiederum zurücktitriert.

CAROsche Säure + Perschwefelsäure können auch durch die bekannte Eisen(II)-sulfat-Permanganat-Methode bestimmt werden, wenn auf eine Trennung kein Wert gelegt wird.

Die Vergleichsanalysen zeigen eine befriedigende Übereinstimmung mit den theoretischen Werten für Wasserstoffperoxyd und eine ausgezeichnete Übereinstimmung bei der Ermittlung der CAROschen Säure im Vergleich mit der GLEUschen Methode, bei welcher Bromwasserstoffsäure durch die CAROsche Säure zu Brom oxydiert wird (0,35 g aktiver Sauerstoff gegen 0,345 g). Die angewandte Kaliumpermanganatlösung ist 0,1 n.

Wie angegeben wird, ist diese Methode auch von anderen nachgeprüft und als brauchbar gefunden worden.

k) Die quantitative Bestimmung von *Wasserstoffperoxyd neben Persulfat* (ohne CAROsches Salz) ist nach VAN TER MEULEN einfach dadurch möglich, daß das Wasserstoffperoxyd mit Osmiumsäure restlos zersetzt wird, während das Persulfat nicht angegriffen wird.

Arbeitsvorschrift. Die Lösung von Wasserstoffperoxyd und Persulfat wird mit 2 cm³ n Natronlauge alkalisch gemacht und mit 5 Tropfen Osmiumsäure (0,5 g OsO_4 im Liter) versetzt. Gutes Umschütteln entfernt den Sauerstoff. Das Persulfat wird nach der Eisen(II)-salz-Permanganat-Methode oder acidimetrisch, der Gesamtoxydationswert in einer zweiten Probe ebenfalls nach der gleichen Methode bestimmt

l) Um die langsam verlaufende Reaktion zwischen S_2O_8'' und J' zu beschleunigen, verwendet BODIN eine katalytisch wirkende CuJ enthaltende Lösung.

Arbeitsvorschrift. In der Lösung, die nicht mehr als 16 bis 20 g aktiven Sauerstoff je Liter enthalten soll, wird das Wasserstoffperoxyd mit Kaliumpermanganat titriert, wobei die Schwefelsäurekonzentration nicht höher als 2 n sein soll. Zur Bestimmung der Caroschen Säure wird mit Natriumthiosulfat- oder Natriumsulfitlösung titriert. Dann fügt man 10 cm³ einer CuJ enthaltenden Katalysatorlösung hinzu und bestimmt das ausgeschiedene Jod mit Thiosulfat.

Die Katalysatorlösung wird folgendermaßen hergestellt: Zu 20 cm³ 5%iger $CuSO_4$-Lösung gibt man 10 bis 15 g KJ, titriert das ausgeschiedene Jod mit Thiosulfat zurück und gibt 25 g KCl, NaCl oder NH_4Cl dazu. Das Gemisch wird auf 100 cm³ verdünnt. Die Reduktion der Überschwefelsäure geht damit in 2 bis 3 Min. vor sich.

§ 7. Potentiometrische Methoden.

a) Rius versuchte durch elektrometrische Titration mit Eisen(II)-sulfat die Summe von Wasserstoffperoxyd und Caroscher Säure neben Perschwefelsäure zu bestimmen, fand jedoch, daß, je größer die Perschwefelsäuremengen waren, die Ergebnisse desto höher ausfielen, da auch die Perschwefelsäure in steigendem Maße an der Oxydation teilnimmt.

Deshalb titrierte er 1. die Summe von Wasserstoffperoxyd und Caroscher Säure mit Natriumsulfitlösung. Da die Natriumsulfitlösung sich sehr schnell verändert, so setzte er 5% 96%igen Alkohol zu, wodurch praktisch dieser Nachteil zum Verschwinden gebracht wurde.

Phosphormonopersäure läßt sich ebenso bestimmen.

Arbeitsvorschrift. Es wurde eine Normal-Kalomelelektrode mit Kaliumsulfatbrücke und ein Platinblech von 2mal 2,5 cm² als Indicatorelektrode verwendet. Die Probe wird mit 2 n Schwefelsäure auf 200 cm³ verdünnt und mittels eines kleinen Motors gerührt. Die Bürette mit Natriumsulfit taucht in die Lösung ein. 2. bestimmte Rius den Gesamtoxydationswert mit der Eisen(II)-sulfat-Permanganat-Methode nach le Blanc-Eckardt. Zur Bestimmung des Wasserstoffperoxyds bedient sich Rius 3. der Permanganatmethode in folgender Weise:

Arbeitsvorschrift. Es wird zuerst in üblicher Weise mit Kaliumpermanganat titriert. Hierbei wird infolge der induzierten Reaktion zwischen Wasserstoffperoxyd und Caroscher Säure bzw. Perschwefelsäure ein zu niedriger Wert erhalten. Deshalb gibt man bei einer zweiten Probe die bei der ersten gefundene Menge Permanganatlösung in der Weise auf einmal zu, daß man die Permanganatlösung in einen kleinen Tiegel einlaufen läßt und diesen Tiegel mitsamt der Permanganatlösung in die zu titrierende Lösung gibt und nunmehr mit Permanganat fertig auf Rot titriert. Die so gefundene Menge Permanganatlösung gibt man in der vorher beschriebenen Weise zu einer dritten Probe hinzu. Es wird wieder mit Permanganat fertig titriert. Falls noch keine konstanten Ergebnisse erzielt sind, wird diese Operation noch ein drittes Mal wiederholt.

Es wird demnach bestimmt:

1. $H_2SO_5 + H_2O_2$;
2. $H_2S_2O_8 + H_2SO_5 + H_2O_2$;
3. H_2O_2.

Die Differenz von 1 und 3 gibt die Carosche Säure, die Differenz von 2 und 1 die Perschwefelsäure.

Bemerkungen. Die Bestimmung des Wasserstoffperoxyds ist wohl sicher genau, aber äußerst umständlich; da weiter sowohl die Carosche Säure wie die Perschwefelsäure nicht direkt bestimmt, sondern errechnet werden, so dürfte diese Methode wohl wenig Anwendung finden.

Wasserstoffperoxyd läßt sich in Gegenwart von CAROscher Säure oder von Perphosphat nach neueren Untersuchungen von RIUS und BELTRAN potentiometrisch mit alkalischer Natriumhypochloritlösung, deren Einstellung mit arseniger Säure vorgenommen wird, bestimmen. Man erhält einen scharfen Potentialsprung. Ebenso läßt sich auch die Wasserstoffperoxydbestimmung mit Kaliumhexacyanoferrat(III)-lösung in alkalischem Medium potentiometrisch gut durchführen.

Weiterhin untersuchen RIUS und BELTRAN die Anwendung der Reaktion von Kaliumhexacyanoferrat(III) mit Wasserstoffperoxyd und von Persalzen mit Kaliumhexacyanoferrat(II) auf die Analyse von Gemischen von Wasserstoffperoxyd und Persalzen. Sie verwenden einen Überschuß an Kaliumhexacyanoferrat(II), erhitzen auf 60° und ermitteln den Überschuß des Reagensmittels potentiometrisch mit Kaliumpermanganat.

b) MÜLLER und HOLDER titrieren bei Abwesenheit von Wasserstoffperoxyd potentiometrisch die CAROsche Säure nach GLEU mit arseniger Säure, nachdem die Lösung mit einem Überschuß von Bicarbonat versetzt war.

Bei Anwesenheit von Wasserstoffperoxyd ist die CAROsche Säure in schwefelsaurer Lösung mittels arseniger Säure potentiometrisch zu bestimmen, wenn eine Spur Kaliumjodid zugesetzt wurde. Die dabei verlaufenden Reaktionen sind die folgenden:

$$H_2SO_5 + 2\,HJ \longrightarrow J_2 + H_2SO_4 + H_2O;$$
$$2\,J_2 + As_2O_3 + 2\,H_2O \longrightarrow As_2O_5 + 4\,HJ.$$

Die J'-Konzentration bleibt klein, solange noch Sulfomonopersäure vorhanden ist, da das Jod-Ion durch die CAROsche Säure sofort zu Jod oxydiert wird.

Wasserstoffperoxyd wird in Anlehnung an GLEU mit einer Lösung von Brom-Kaliumbromid bei geringer Wasserstoffionenkonzentration gleichfalls potentiometrisch bestimmt, zu welchem Zweck die schwefelsaure Lösung mit Natriumacetat versetzt wird. Es läßt sich also auf diese Weise zuerst die CAROsche Säure mit arseniger Säure in schwefelsaurer Lösung und dann nach Zusatz von Natriumacetat das Wasserstoffperoxyd mit 0,1 n Brom-Kaliumbromid-Lösung titrieren. Den Verlauf der hierbei erhaltenen Kurven zeigt die Abb. 38.

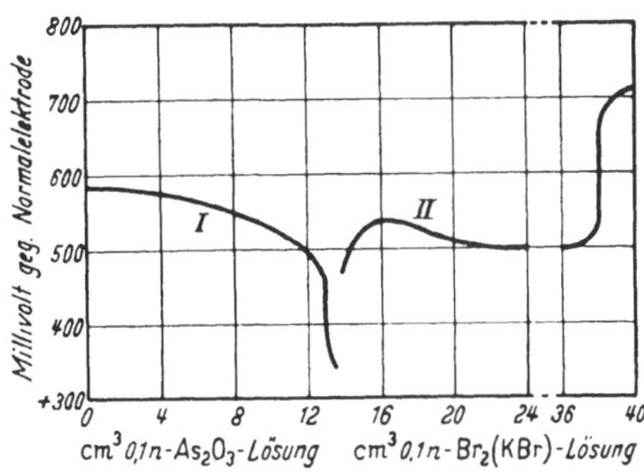

Abb. 38. Potentiometrische Titration von H_2O_2 und Sulfomonopersäure. (Nach MÜLLER u. HOLDER.) 25 cm³ schwefelsaure H_2SO_5-Lösung + 25 cm³ schwefelsaure H_2O_2-Lösung + 2 Tropfen 0,1 n KJ-Lösung titriert mit *I* 0,1 n As_2O_3-Lösung, *II* nach Zusatz von Natriumacetat mit 0,1 n Bromlösung.

c) DENISSOW beseitigt die Schwierigkeiten, die bei dem von GLEU vorgeschlagenen Verfahren zur Bestimmung der Perschwefelsäure, CAROschen Säure und Wasserstoffperoxyd nebeneinander in der Erkennung des Endpunktes in allen drei Fällen bestehen, durch die potentiometrische Bestimmung, die leichter und genauer durchgeführt werden kann. Durch Verwendung der von FURMAN und WILSON empfohlenen Elektroden aus Wolfram und Platin.

Arbeitsvorschrift. In einem 400 cm³-Becherglas werden 50 cm³ der Probelösung mit 15 bis 20 cm³ 2 n Schwefelsäure angesäuert. Nachdem die Elektroden eingeführt worden sind, setzt man unter mechanischem Rühren einige Tropfen einer 0,2 n Kaliumbromidlösung zu. Die fast farblose Lösung wird bis zum Nullpunkt mit 0,03 n Natriumarsenitlösung titriert. Der Zusatz der Kaliumbromidlösung mit anschließender Titration mit 0,03 n Natriumarsenitlösung wird so lange wiederholt, bis im ganzen 25 cm³ 0,2 n Kaliumbromidlösung zugesetzt sind. Zur Bestimmung von Wasserstoffperoxyd fügt man dann 5 cm³ einer 4 n Mangansulfatlösung zu und titriert mit einer 0,03 n Kaliumpermanganatlösung. Darauf wird nach Zusatz eines gemessenen Überschusses der Arsenitlösung mit 30 bis 40 cm³ konzentrierter Schwefelsäure versetzt und zur Reduktion der Perschwefelsäure 8 bis 10 Min. zum Sieden erhitzt. In der abgekühlten Lösung wird nunmehr das überschüssige Arsen(III)-oxyd durch tropfenweise Zugabe einer titrierten Kaliumbromatlösung auf die Weise bestimmt, daß man die Kaliumbromatlösung zugibt, bis das Galvanometer einen Ausschlag gegenüber der Nullstellung gibt, also ein Überschuß von Kaliumbromat zugesetzt ist. Darauf wird mit Arsenitlösung auf den Nullpunkt zurücktitriert.

Aus Beleganalysen wird die Genauigkeit dieser Bestimmungsmethode dargelegt.

d) ISHIDA und YUKAWA haben die beiden folgenden Methoden zur potentiometrischen Bestimmung von Wasserstoffperoxyd, Sulfomonopersäure und Perschwefelsäure in Anlehnung an GLEU ausgearbeitet.

α) Sulfomonopersäure wird in einer Lösung, die an Schwefelsäure 1,4 bis 1,5 n ist, nach Zugabe eines Überschusses von Kaliumbromid und einer gemessenen Menge von 0,1 n Natriumarsenitlösung und Zurücktitrieren des Überschusses an Arsenitlösung mit Kaliumbromat potentiometrisch bestimmt. (Vgl. ZINTL und WATTENBERG; GYÖRY.) Wasserstoffperoxyd wird folgendermaßen bestimmt: Nach Zugabe eines Überschusses von 0,1 n Natriumarsenitlösung wird durch Zufügen von Ätznatron die Losung an diesem 0,1 bis 0,2 n an NaOH gemacht. Nach 1 bis 2 Min. wird die Lösung schwefelsauer gemacht und der Überschuß von Arsenit mit Kaliumbromatlösung zurücktitriert.

Perschwefelsäure wird in dieser Lösung schließlich in der Weise bestimmt, daß nochmals ein Überschuß von Arsenitlösung hinzugegeben wird, worauf 40 Min. auf 100° erhitzt wird. Die Lösung soll an Schwefelsäure 1,4 bis 1,5 n sein. Nach dem Abkühlen wird mit Kaliumbromat potentiometrisch zurücktitriert.

Die nach dieser Methode erhaltenen Werte zeigen eine ausgezeichnete Übereinstimmung mit den berechneten (siehe Tabelle 16).

Tabelle 16. Bestimmung nach ISHIDA und YUKAWA.

H_2SO_5		H_2O_2		$H_2S_2O_8$	
Gef.	Ber.	Gef.	Ber.	Gef.	Ber.
18,94 cm³	18,93 cm³	20,81 cm³	20,82 cm³	25,53 cm³	25,52 cm³
17,50 „	17,50 „	1,98 „	1,95 „	24,14 „	24,12 „
2,19 „	2,18 „	19,60 „	19,60 „	2,71 „	2,74 „

β) Zur Bestimmung des gesamten aktiven Sauerstoffs in dem Gemisch von Sulfomonopersäure, Wasserstoffperoxyd und Perschwefelsäure werden ein Überschuß von Kaliumbromid und eine gemessene Menge einer 0,1 n Natriumarsenitlösung gleichfalls im Überschuß zu der Mischung zugegeben. Darauf wird die Lösung mit Natronlauge langsam versetzt, bis sie 2 n an Ätznatron ist. Nachdem sie 40 Min. gestanden hat, wird Schwefelsäure zugegeben und der Überschuß an Arsenit mit Kaliumbromatlösung zurücktitriert.

In einer zweiten Probe werden Sulfomonopersäure und Wasserstoffperoxyd in der gleichen Weise bestimmt, wie oben unter α) angegeben. Die Perschwefelsäure wird dann aus der Differenz berechnet. Auch diese Bestimmungsart, der von den Verfassern der Vorzug gegeben wird, gibt gleichfalls sehr gute Ergebnisse, wie aus den nachfolgenden Zahlen hervorgeht (siehe Tabelle 17).

Tabelle 17. Arbeitsweise b.

H_2SO_5		H_2O_2		$H_2S_2O_8$	
Gef.	Ber.	Gef.	Ber.	Gef.	Ber.
21,32 cm³	21,36 cm³	18,73 cm³	18,72 cm³	18,40 cm³	18,41 cm³

e) Es muß noch kurz darauf hingewiesen werden, daß die von BODIN angegebene Methode zur Einzelbestimmung des Wasserstoffperoxyds mit Permanganat, von CAROscher Säure mit Natriumsulfit und von Perschwefelsäure mit katalysierter Jodidreaktion, die im vorangehenden Abschnitt über volumetrische Methoden ausführlich behandelt ist, ebenfalls für eine potentiometrische Titration brauchbar ist. Für diesen Fall empfiehlt BODIN, die CAROsche Säure ohne Zusatz von Jodiden mit Natriumsulfit oder Natriumthiosulfat zu bestimmen.

Bemerkungen. Wie oben schon kurz ausgeführt, wird die von WOLFFENSTEIN und MAKOW ausgearbeitete Methode zur Bestimmung des gesamtaktiven Sauerstoffs bei weitem am häufigsten angewandt und hat sich auch unzweifelhaft bewährt; trotzdem muß darauf hingewiesen werden, daß diese Methode sichere Ergebnisse nur dann gibt, wenn die Wasserstoffperoxydmenge nicht zu hoch ist. Es ist sicher, daß in Gegenwart großer Mengen Wasserstoffperoxyd, welche in dem Elektrolyten, der zur Herstellung von Perschwefelsäure verwendet worden ist, nicht vorkommen, die Methode von LE BLANC und ECKARDT, die eigentlich nur für Perschwefelsäure ausgearbeitet worden ist, keine zutreffenden Ergebnisse gibt, wie aus der Arbeit von LUBARSKY und DIKOWA hervorgeht und auch bestätigt werden konnte. Wird aber bei der WOLFFENSTEIN-MAKOW-Methode die Bestimmung des gesamtaktiven Sauerstoffs nach der Jodidmethode bzw. nach der Methode von ISHIDA-YUKAWA vorgenommen, so werden für alle Mischungsverhältnisse ausreichend genaue Ergebnisse erzielt. Hinzugefügt sei noch, daß bei Anwesenheit größerer Mengen von Wasserstoffperoxyd die LE BLANC-ECKARDT-Methode zufriedenstellendere Werte gibt, wenn man das Lösungsgemisch von Wasserstoffperoxyd, Sulfomonopersäure und Perschwefelsäure zu der sauren Eisen(II)-sulfatlösung zufließen läßt. Die Eisen(II)-sulfatlösung kann hierbei sowohl in großem Überschuß als auch warm (50 bis 60°) angewandt werden, um eine Rücktitration nach kurzer Wartezeit durchzuführen.

Daß es im übrigen auch hier darauf ankommt, daß man sich auf eine Methode einarbeitet, möge nochmals betont werden, besonders auch im Hinweis auf die ISHIDA-YUKAWA-Methode und auf die von BERRY, die in den Händen der Bearbeiter ausgezeichnete Ergebnisse geliefert haben.

Literatur.

V. BAEYER, A., u. V. VILLIGER: B. **33**, 2488 (1900); **34**, 853 (1901). — BERRY, A. J.: Analyst **58**, 464 (1933). — LE BLANC, M., u. M. ECKARDT: Z. El. Ch. **5**, 355 (1899); durch C. **70**, **I**, 637 (1899). — BODIN, M. A.: Betriebslab. (russ.) **7**, 1248 (1938); durch C. **110**, **II**, 2122 (1939).

DENISSOW, JE. I.: Trans. Leningrad ind. Inst. Sect. Phys. math. Nr 9, 40 (1936).

ELBS, K., u. O. SCHÖNHERR: J. pr. **48**, 185 (1893); Z. El. Ch. **1**, 418 (1895).

FRIEND, J. A. N.: (a) Soc. **85**, 547 (1904); (b) **87**, 1367 (1905); **89**, 1058 (1906). — FURMAN, N. A., u. E. B. WILSON JR.: Am. Soc. **50**, 277 (1928).

GLEU, K.: Z. anorg. Ch. **195**, 61 (1931). — GOOCH, F. A., u. C. G. SMITH: Am. J. Sci. **42**, 220 (1891). — GUYARD, A.: Bl. **6**, **I**, 89 (1864); Chem. N. **8**, 292 (1863). — GYÖRY, S.: Fr. **32**, 415 (1893).

ISHIDA, T., u. M. YUKAWA: J. Soc. chem. Ind. Japan **43**, 46B (1940).

KEMPF, R.: B. **38**, 3963 (1905).

LÖWENHERZ, R.: Ch. Z. **16**, 853 (1892). — LUBARSKY, G. D., u. M. G. DIKOWA: Fr. **81**, 450 (1930); J. Russ. phys. chem. Ges. **60**, 735 (1928).

MARSHALL, H.: Soc. **59**, 771 (1891). — VAN TER MEULEN, J. H.: R. **58**, 553 (1939); durch C. **110**, **II**, 1932 (1939). — MÖLLER, G.: Ph. Ch. **12**, 555 (1893). — MONDOLFO, G. H.: Ch. Z. **23**, 699 (1899). — MÜLLER, E., u. H. v. FERBER: Fr. **52**, 195 (1913). — MÜLLER, E., u. G. HOLDER: Fr. **84**, 410 (1931). — MÜLLER, E., u. H. SCHELLHAAS: Z. El. Ch. **13**, 257 (1907).

NAMIAS, R.: L'orosi **23**, 218 (1900); durch C. **71**, **II**, 806 (1900). — NAYAK, U. M.: J. Indian chem. Soc. **8**, 535 (1931).

PALME, H.: Z. anorg. Ch. **112**, 97 (1920). — PETERS, CH. A., u. S. E. MOODY: Z. anorg. Ch. **29**, 326 (1902). — POLECK: Ch. Z. **20**, 631 (1896). — PRICE, T. S.: Pr. chem. Soc. **23**, 75 (1907). — PRICE, T. S., u. A. D. DENNING: Ph. Ch. **46**, 89 (1904); durch C. **75**, **I**, 426 (1904).

REICHEL: Diss. München 1912. — RIUS, A.: Trans. Am. electrochem. Soc. **54**, 347 (1928). — RIUS, A., u. J. BELTRAN: An. Fisica Quim. **38** [5], 347 (1942); durch C. **116**, I, 826 (1945).

SKRABAL, A.: AHRENS' Sammlung chem. und chem.-techn. Vorträge **13**, 321 (1908). — SKRABAL, A., u. J. P. VAČEK: Öst. Ch. Z. [2] **13**, 27 (1910).

VOLHARD, J.: A. **198**, 337 (1879). — VOTOČEK, E.: B. **40**, 414 (1907).

WEDEKIND, E.: B. **35**, 2267 (1902); Bl. [3] **27**, 712 (1902). — WOLFFENSTEIN, R., u. V. MAKOW: B. **56**, 1768 (1923).

ZINTL, E., u. H. WATTENBERG: B. **56**, 472 (1923).

Bestimmung des aktiven Sauerstoffs in organischen Peroxyden (Peroxyhydraten und Ozoniden).

Die Bestimmung des aktiven Sauerstoffs in organischen Peroxyden erfolgt prinzipiell nach den gleichen Methoden, die für die Bestimmung des aktiven Sauerstoffs im Wasserstoffperoxyd angewandt werden. So werden hier gleichfalls überwiegend titrimetrische Methoden angewandt, daneben auch noch polarographische und colorimetrische Methoden.

§ 8. Titrimetrische Methoden.

I. Organische Verbindungen.

BAEYER und VILLIGER bestimmen den aktiven Sauerstoff in Dichloratperoxydhydrat $C_4H_4Cl_6O_5$, indem sie dieses mit wenig Bicarbonat verseifen und in Lösung bringen und das so gebildete Wasserstoffperoxyd in schwefelsaurer Lösung mit *Kaliumpermanganat* in üblicher Weise titrieren.

Das Hexamethylenperoxyddiamin $C_6H_{12}O_6N_2$ der Formel

$$N\begin{cases} CH_2-O-O-CH_2 \\ CH_2-O-O-CH_2 \\ CH_2-O-O-CH_2 \end{cases}N$$

ließen sie mit angesäuerter *Kaliumjodidlösung* stehen, bis alles in Lösung gegangen war, und titrierten das ausgeschiedene Jod mit Natriumthiosulfat. Da die Operation 6 Std. dauert, so muß durch einen Blindversuch die Menge des freiwillig ausgeschiedenen Jods bestimmt und von dem erhaltenen Wert abgezogen werden. Die Ergebnisse zeigen die Brauchbarkeit des Vorgehens. Auch andere Peroxyde, z. B. Äthylhydroperoxyd C_2H_5OOH und Diäthylperoxyd, wurden durch 24stündiges Stehen mit angesäuerter Jodkaliumlösung analysiert, wobei natürlich gleichfalls ein Blindversuch nötig ist.

RIECHE und BRAUNSHAGEN verwenden Titan(III)-chlorid als Reduktionsmittel.

Arbeitsvorschrift. Die zu untersuchende Substanz (Dimethylperoxyd) wird in einem Wägeröhrchen abgewogen, das offen in ein gekühltes Reagensglas gestellt und reichlich mit gekühltem Äther, der natürlich peroxydfrei sein muß, übergossen. Nach Überführen der ätherischen Lösung in einen gekühlten Schütteltrichter, der mit Kohlensäure gefüllt ist, und Nachwaschen mit Äther, wird eine gekühlte, eingestellte Titan(III)-chloridlösung hinzugegeben und 2 Std. in der Schüttelmaschine geschüttelt. Die Titanlösung wird nun in einen mit Kohlensäure gefüllten Kolben abgelassen, der Äther nochmals nachgewaschen, das Waschwasser mit der ersten Lösung vereinigt und nunmehr der Überschuß des Titan(III)-chlorids mit einer Eisen(III)-chloridlösung, welche gegen die Titan(III)-chloridlösung eingestellt war, zurücktitriert. Es wurden so 96,6% des theoretischen Wertes an aktivem Sauerstoff gefunden. Ließen sie das Dimethylperoxyd gasförmig mit Kohlensäure in die Titan(III)-chloridlösung eintreten, dann wurden bestenfalls nur 80% erhalten.

Bei *Methyl-* und *Äthylhydroperoxyd* konnte RIECHE mit Jodwasserstoffsäure oder mit Titan(III)-chlorid mehr als 85% des aktiven Sauerstoffs finden, trotzdem die zu untersuchenden Produkte vollständig rein waren, so daß man annehmen muß, daß v. BAEYER und VILLIGER viel reinere Stoffe in Händen hatten, als sie selbst annahmen, da sie wegen des gefundenen Mindergehaltes auf unreine Stoffe schlossen.

Bei den Oxydialkylperoxyden wie bei den Ozoniden fanden RIECHE und Mitarbeiter meistens nur 50% des Sauerstoffs, der sich für eine Peroxydbrücke berechnet. Mochten sie die Bestimmung mit Jodwasserstoffsäure oder Titan(III)-chlorid vornehmen.

Bei den Oxyalkylhydroperoxyden konnten sie beim Kochen mit Titan(III)-chlorid unter Rückfluß nur etwa 75% der Peroxyde zur Reaktion bringen.

Bei *Mesityloxydperoxyd* wurden beim Kochen mit Titan(III)-chlorid fast 1,5 Atome aktiver Sauerstoff für ein Mol $C_6H_{10}O_3$ festgestellt.

Es wurde von ihnen auch versucht, Äthylhydroperoxyd durch Einwirkung von überschüssiger *alkalischer Permanganatlösung* zu analysieren, und zwar ließ man entweder die alkalische Permanganatlösung *kalt* 8 bis 10 Min. auf die Lösung des Peroxyds in etwas Wasser einwirken, worauf mit überschüssiger schwefelsaurer Oxalsäure entfärbt und der Überschuß an Oxalsäure mit Permanganat zurücktitriert, oder es wurde die stark alkalische Permanganatlösung *heiß* (1 Std. im siedenden Wasserbad) zur Einwirkung gebracht, darauf mit Schwefelsäure angesäuert und das überschüssige Permanganat mit Oxalsäure zurücktitriert. Bei der ersten Arbeitsweise bleibt die Oxydation zunächst bei der Ameisensäure stehen, während bei der zweiten das gesamte Peroxyd zu Kohlendioxyd oxydiert wird. Hierbei dürfen natürlich keine anderen oxydablen Stoffe zugegen sein. Es müssen also einheitliche reine Stoffe vorliegen. Es handelt sich also eigentlich nicht um eine Bestimmung des aktiven Sauerstoffs allein, sondern um eine nasse Verbrennung. Es wurden Werte von 90% erhalten, während jodometrisch nur 70% gefunden werden konnten.

v. BAEYER und VILLIGER hatten vorher den umgekehrten Weg eingeschlagen, indem sie Diäthylperoxyd durch Messen des Wasserstoffs, der für die Reduktion zu Äthylalkohol gemäß der Gleichung

$$C_2H_5OOC_2H_5 + 2\,H = 2\,C_2H_5OH$$

gebraucht wird.

Arbeitsvorschrift. Zu abgewogenen Mengen reiner Zinkfeile und abgewogenen Mengen Diäthylperoxyd läßt man in einem Kölbchen, das mit einem mit Wasser gefüllten Meßrohr verbunden ist, Eisessig und darauf verdünnte Salzsäure zufließen und erwärmt so lange, bis alles Zink gelöst ist. Schließlich wird das im Kolben befindliche Gas durch Zufließen von Wasser in das Meßrohr übergetrieben. Der entwickelte Wasserstoff ist dann gleich der Gesamtgasmenge abzüglich Kolbeninhalt. Die Differenz zwischen dem so ermittelten Wasserstoff und dem sich aus der Menge des angewandten Zinks berechneten ist dann gleich dem zur Reduktion zu Äthylalkohol verbrauchten. Gefunden werden 17,3% O_2, während sich 17,78% berechnen. In gleicher Weise wurde auch von v. BAEYER und VILLIGER Äthylhydroperoxyd untersucht.

CLOVER und RICHMOND stellen bei Untersuchungen über die Hydrolyse von organischen Säureperoxyden und Persäuren fest, daß Säureperoxyde durch Wasser in Gegenwart von Säuren völlig und schnell in Säure und Persäure hydrolisiert werden, während die Hydrolyse der Persäuren in Säure und Wasserstoffperoxyd langsamer verläuft, aber um so schneller, je stärker die Säure ist. Am vorteilhaftesten wird Essigsäure verwendet, da diese die Löslichkeit erhöht. Ein Blindversuch ist notwendig.

Beim Stehen von Äther an der Luft bilden sich organische Peroxyde, und zwar nach RIECHE und MEISTER zuerst Dioxyäthylhydroperoxyd $C_2H_5{-}O{-}\underset{\displaystyle OOH}{\underset{|}{CH}}{-}CH_3$, das sich in Alkohol und Äthylidenperoxyd $CH_3{-}CH\langle{}^{O}_{O}|$ einerseits und Wasserstoffperoxyd, Alkohol und Acetaldehyd andererseits umsetzt, wobei das Wasserstoffperoxyd mit Acetaldehyd weiter Oxyäthylhydroperoxyd $CH_3{-}CH\langle{}^{OOH}_{OH}$ gibt.

Die quantitative Bestimmung der beim Stehen von Äther an Luft sich bildenden Perverbindungen wird von ROWE und PHELPS so durchgeführt, daß 15 cm³ einer 5%igen Lösung des Doppelsalzes Cadmiumjodid-Kaliumjodid $CdKJ_3$, das sich durch seine Unempfindlichkeit gegenüber dem Luftsauerstoff auch in saurer Lösung auszeichnet, mit 15 cm³ verdünnter Schwefelsäure, 25 cm³ gereinigtem Alkohol und 10 cm³ des zu prüfenden Äthers gemischt werden. Läßt man 1 Std. in geschlossener Flasche stehen, so wird eine Lösung erhalten. Das ausgeschiedene Jod wird mit 0,1 n, besser mit 0,01 n Natriumthiosulfatlösung titriert. Bei einem Gehalt bis zu 0,0028% H_2O_2 ist der analytische Fehler ziemlich hoch. Bis 0,0056% sind die Ergebnisse noch nicht ganz sicher, wohl aber bei darüber liegenden Werten. Es ist ein Blindversuch ohne Äther durchzuführen.

WINKLE und CHRISTIANSEN geben in eine Glasflasche von 125 cm³, die mit Stickstoff gefüllt ist, 50 cm³ eines Alkoholwassergemischs (1 + 1), aus dem der Sauerstoff durch Evakuieren entfernt ist, 10 cm³ des zu untersuchenden Äthers und dann 5 cm³ Salzsäure (1 + 1) mit 0,25 g Cadmium-Kaliumjodid. Während der Zugabe umströmt man die Flaschenmündung mit Stickstoff, um das Eindringen von Sauerstoff zu verhindern. Die Flasche wird dann geschlossen, sorgfältig geschüttelt und während einer Stunde im Dunkeln stehengelassen. Das ausgeschiedene Jod wird mit 0,1 n Natriumthiosulfatlösung titriert. Nur für äußerst genaue Untersuchungen ist eine Blindprobe erforderlich. Die Berechnung geschieht nach der Formel

$$\frac{\text{cm}^3\ 0{,}01\ \text{n-Thiosulfat mal}\ 0{,}0560}{10} = \text{cm}^3\ \text{Peroxydsauerstoff in 1 cm}^3\ \text{Äther.}$$

Auf Grund von 900 Proben stellen sie fest, daß der qualitative Test nach der U.S. Pharmacopoea erst bei einem Gehalt von über 0,0028 cm³ Peroxydsauerstoff in einem Kubikzentimeter Äther positiv ausfällt. Etwa gelöster Sauerstoff wird nach der Methode von WINKLE zugleich mit dem Peroxydsauerstoff bestimmt und nach Abzug des letzteren berechnet.

GREEN und SCHOETZOW verbesserten die Methode dadurch, daß sie *Essigsäure* zum Ansäuern verwenden.

Arbeitsvorschrift. Zu 100 cm³ Äther in einer Glasstöpselflasche von 250 cm³ geben sie 20 cm³ Alkohol und nach dem Mischen eine Lösung von 1 g Cadmium-Kaliumjodid in 5 cm³ 36%iger Essigsäure. Nach sorgfältigem Mischen lassen sie 1 Std. im Dunkeln stehen. Es wird dann gegen einen weißen Hintergrund mit 0,02 n Natriumthiosulfat titriert ohne Stärkezusatz. Gegen Ende der Titration wird die Flasche verschlossen und kräftig umgeschüttelt, da sich gelegentlich zwei Schichten bilden. Vor dem Wiederöffnen ist es zweckmäßig, unter fließendem Wasser abzukühlen. Die Cadmium-Kaliumjodid-Lösung muß jedesmal frisch bereitet werden. In einer zweiten Flasche wird ein Blindversuch ohne Äther ausgeführt.

Sollte das Jodid z. T. gefällt werden, so wird bis zur Lösung tropfenweise Wasser zugegeben. Der atmosphärische Sauerstoff wirkt nicht ein, weswegen es nicht nötig ist, unter Stickstoff zu arbeiten. Es läßt sich so noch ein Teil Peroxyd als Wasserstoffperoxyd, berechnet auf 1250000 Teile Äther, bestimmen. Beleganalysen zeigen die Zuverlässigkeit der Methode.

Trotz des Zusatzes von Alkohol bei den oben beschriebenen Bestimmungen wird auch bei Verwendung von Essigsäure noch nicht mit Sicherheit eine homogene Lösung erhalten, in welcher die Umsetzungen schneller und vollständiger erfolgen müssen als in einer inhomogenen Mischung.

LINDGREN und VESTERBERG wandeln die Methode von WINKLE und CHRISTIANSEN leicht ab, indem sie mit Vorteil Kohlensäure statt Stickstoff und 10%ige Cadmium-Kaliumjodid-Lösung statt festen Salzes verwenden.

LIEBHAFSKY und SHARKLEY verwenden, um dieses Ziel, eine völlig homogene Mischung zu erreichen, Eisessig in der Weise, daß sie 25 cm³ Eisessig in eine Glasstopfenflasche geben, etwa 1,5 g Natriumhydrogencarbonat einschütten, um die Luft auch aus der Reaktionsmischung auszutreiben, und setzen schließlich 1 cm³ einer Kaliumjodidlösung hinzu, die 40 g in 100 cm³ enthält (= 0,4 g KJ). Etwa sich ausscheidendes Jod wird mit 0,01 n Thiosulfatlösung weggebracht, bis keine Färbung mehr eintritt, wobei auf den später einzustellenden Endpunkt eingestellt wird, d. h. auf die eben noch wahrnehmbare schwache Gelbfärbung. Dann erst wird die zu prüfende Substanz zugesetzt, z. B. 5 cm³ Butyläther. Die verschlossene Flasche läßt man 5 Min. lang im Dunkeln stehen und titriert dann ohne Stärkezusatz mit 0,01 n Thiosulfatlösung das ausgeschiedene Jod. Es wurde so Benzoylperoxyd und die Peroxyde in n-Butyläther und anderen Äthern untersucht. Auch für Wasserstoffperoxyd wurde die Methode verwendet. Zu beachten ist, daß die Thiosulfatlösung langsam zufließt, da sie in Eisessig auf Jod langsam einwirkt.

Die Genauigkeit liegt innerhalb 2 Tropfen einer 0,01 n Thiosulfatlösung. Der Blindwert ist zu vernachlässigen, in weniger als 10 Min. tritt in allen Fällen vollkommene Entbindung von Jod ein.

KOKATNUR und JELLING schlagen an Stelle von Eisessig die Verwendung von 99%igem Isopropylalkohol vor. Auch hier ist ein Blindversuch unnötig, da kein Fehler durch den Luftsauerstoff auftritt. Die Reaktion zwischen Jod und Thiosulfat findet sofort statt. Da Isopropylalkohol ein ausgezeichnetes Lösungsmittel für organische Substanzen ist, lassen sich flüssige oder feste Stoffe direkt analysieren, unabhängig von der Menge des Isopropylalkohols und der zugesetzten Reagenzien. Der Endpunkt ist genau und scharf.

Arbeitsvorschrift. 25 bis 50 cm³ Isopropanol werden zu der Probe gegeben und 1 cm³ gesättigte Kaliumjodidlösung und 1 cm³ Eisessig zugefügt. In den meisten Fällen muß die Mischung bis zum Sieden erhitzt und 2 bis 3 Min. in beginnendem Sieden erhalten werden, wobei gelegentlich umgeschwenkt wird. Es wird nun ohne Abkühlung und ohne Stärkezusatz bis zum Verschwinden der Gelbfärbung titriert. Der Endpunkt ist innerhalb 1 bis 2 Tropfen einer 0,005 n Thiosulfatlösung festzustellen, so daß noch Peroxydkonzentrationen von 10^{-9} titriert werden können. Bei leicht gefärbten Stoffen, wie pflanzlichem Öl, wird titriert, bis keine Farbänderung mehr eintritt. Bei Unsicherheit ist gegebenenfalls ein Vergleich mit der Lösung der Probe ohne Jodausscheidung notwendig. Verwendet man einen Überschuß an Wasser, dann kann Stärke zugesetzt werden, wobei aber die Homogenität verlorengehen kann. Nochmaliges Erhitzen ist eine Probe auf das Ende der Umsetzung. Unter Umständen kann ein längeres Erhitzen als wie oben angegeben für die völlige Zersetzung notwendig sein.

Von anderen Lösungsmitteln ist auch Äthanol für geeignet gefunden worden, doch wird Isopropanol vorgezogen.

An umkristallisiertem Benzoylperoxyd $C_6H_5-CO-O-O-CO-C_6H_5$ wurde je 0,1 g zu 25 cm³ verschiedener Lösungsmittel gegeben und aufgelöst. Die Lösungsmittel enthielten je 1 cm³ gesättigte Kaliumjodidlösung und 1 cm³ Eisessig. Die heiße Lösung wurde 2 bis 3 Min. bei beginnendem Sieden gehalten und mit 0,1 n Thiosulfatlösung titriert. Bei Eisessig wurde entsprechend der Vorschrift von LIEBHAFSKY und SHARKLEY Natriumhydrogencarbonat zum Fernhalten des Sauerstoffs zugesetzt. Es wurden erhalten:

Lösungsmittel	% Reinheit	
Isopropanol (99%)	98,4	98,6
Äthanol (95%)	98,4	98,4
Aceton	67,5	70,5
Eisessig	96,5	97,0

Beim nochmaligen Erhitzen der Lösungen in den Alkoholen und Eisessig trat keine weitere Jodausscheidung ein, wohl aber bei der Acetonlösung. Die Ergebnisse mit den beiden Alkoholen sind gleichwertig und sehr gut. Eisessig gibt etwas niedrigere Werte, während Aceton nicht brauchbar ist.

King verwendet 5 oder 10 cm³ Äther und 50 cm³ n-Schwefelsäure und setzt einige Mangansulfatkristalle hinzu; er titriert langsam unter Schütteln mit 0,1 n Kaliumpermanganatlösung. Der Endpunkt ist erreicht, wenn die durch 2 Tropfen erzeugte Rötung in 10 Sek. nicht völlig verblaßt ist. Schon wegen des unsichern Endpunktes dürfte diese Methode keine Anwendung finden.

Medwedew spricht sich gegen die Verwendung von Titan(III)-chlorid bei der Analyse organischer Peroxyde aus, während er die jodometrischen Bestimmungen für richtig hält. Er untersucht *Tetralinhydroperoxyd.*

Ivanov verwendet für die Bestimmung des aktiven Sauerstoffs in organischen Peroxyden die jodometrische Methode in einer Lösung von Eisessig. Es wird nach 24stündigem Stehen bei Zimmertemperatur titriert.

Gelegentlich der Isolierung eines kristallinen Dekalinperoxyds beschreibt Criegee dessen Reaktionen und Bestimmung. Aus einer Natriumjodid-Eisessig-Lösung wird die berechnete Menge Jod ausgeschieden, Titanschwefelsäure beim Kochen gelb gefärbt, Hydrochinon in Eisessig zu Chinhydron oxydiert. Zur Bestimmung des aktiven Sauerstoffs im Dekalinperoxyd wurden 0,02818 bzw. 0,02678 g in einer unter Kohlensäure hergestellten Natriumjodid-Eisessig-Lösung ½ bzw. 2 Std. stehengelassen, mit Thiosulfat titriert, und der geringe Blindverbrauch der Lösung wurde in Abzug gebracht. Verbraucht wurden 3,53 bzw. 3,26 cm³ 0,1 n Thiosulfatlösung gegenüber 3,41 bzw. 3,14 cm³ nach der Berechnung.

Zur Entfernung von Peroxyden aus organischen Lösungsmitteln beschreiben Dasler und Bauer ein Verfahren durch Adsorption der Peroxyde an aktivierte Tonerde. Bei Bestimmungen der Peroxydgehalte der filtrierten Probe sowie des Adsorptionsmittels auf jodometrischem Wege lagen bei der zum Vergleich herangezogenen Kaliumpermanganattitration die letzteren Werte höher, wahrscheinlich weil andere Substanzen als Peroxyde mittitriert wurden. Die Wirksamkeit der Tonerde für die Adsorption der Peroxyde ist von deren vorliegender Konzentration abhängig, durch die Art des Lösungsmittels beeinflußt und ist bei n-Butyläther größer als bei Äthyläther.

Eine Zusammenstellung über zahlreiche qualitative und quantitative Bestimmungsmethoden von Peroxyden in Äther gibt Claes.

Zur Bestimmung von Benzoylperoxyd vergleiche auch die Methoden von Marks und Morell, von Lea und die entsprechenden Verbesserungen im anschließenden Abschnitt „In Fetten und Ölen".

II. Die Bestimmung von organischen Peroxyden in Kraftstoffen, Fetten und Ölen.

1. In Kraftstoffen.

Naves reduziert die Peroxyde mit Zinn(II)-chlorid, schüttelt die Öle mit Petroläther aus und titriert das überschüssige Zinn(II)-chlorid mit 0,01 n Jodlösung zurück. Es wird in Wasserstoffatmosphäre gearbeitet. Die dabei erhaltenen Ergebnisse sind gut und werden von Hock und Schrader bestätigt. Diese vereinfachen die Methode von Naves durch die Anwendung des Verfahrens von Schluttig, der Zinn(II)-chlorid mit Eisen(III)-chloridlösung und Indigocarmin als Indicator titriert. Die Zinn(II)-chloridlösung wird gegen die Eisen(III)-chloridlösung eingestellt, Indigocarminlösung, mit Zinn(II)-chloridlösung versetzt, wird gelb und schlägt beim Endpunkt nach Blau bzw. Dunkelgrün um. Sie verwenden eine 0,2 n Zinn(II)-chloridlösung in einem Apparat nach Zintl und Rienacker, eine 0,1 n Eisen(III)-chloridlösung, eine ½ %ige Lösung von Indigocarmin siccum pro analysi (Merck) und Salzsäure (D 1,13) und geben folgende

Arbeitsvorschrift. In einen ERLENMEYER-Kolben, aus dem durch Kohlensäure die Luft verdrängt wurde, geben sie 10 cm³ Zinn(II)-chloridlösung und 10 bis 20 cm³ des zu untersuchenden Treibstoffs. Dann wird unter Einleiten von Kohlensäure und Verwendung eines Rückflußkühlers besonders bei niedrig siedenden Treibstoffen und Umschütteln 5 Min. im Wasserbad auf 950° erhitzt. Nach Abkühlen auf Zimmertemperatur werden 20 cm³ Salzsäure (D 1,13) und 10 Tropfen Indigocarminlösung zugegeben. Unter fortgesetztem Einleiten von Kohlensäure wird das überschüssige Zinn(II)-chlorid mit der Eisen(III)-chloridlösung zurücktitriert. Der Indicator schlägt meist nach Dunkelgrün um. Ist die Reduktion der Peroxyde nicht vollständig, so wird der Indicator zerstört, und man erhält keinen Umschlag. Unvollständige Reduktion erkennt man auch daran, daß bei ungefärbten Brennstoffen ein rostbrauner Schimmer beim Eintropfen des Eisen(III)-chlorids an der Eintropfstelle auftritt.

SCHILDWÄCHTER erhält bei Nachprüfung der Methode von HOCK und SCHRADER gute Ergebnisse, stellt aber fest, daß sie vollständig bei Benzoylperoxyd versagt. Die *jodometrische* Bestimmung *versagt* nach ihm vollständig, da das ausgeschiedene Jod in unkontrollierbarer Weise mit verschiedenen Kohlenwasserstoffen reagiert.

YULE und WILSON JR. geben folgende

Arbeitsvorschrift. 50 g Eisen(II)-sulfat, 50 g Ammoniumthiocyanat und 50 g Schwefelsäure werden in 5000 cm³ Wasser gelöst. Hierzu werden 5000 cm³ Aceton und 10 g reines Eisen gegeben, und die Luft wird mit Wasserstoff verdrängt. Nach einigen Tagen ist die Lösung farblos und frei von 3wertigem Eisen. 10 cm³ des Benzins werden mit 50 cm³ der Lösung 5 Min. lang heftig geschüttelt. Ist Peroxyd zugegen, so tritt eine rote Farbe auf; es wird sofort mit 0,01 n Titan(III)-chloridlösung titriert.

2. In Fetten und Ölen.

MARKS und MORELL lösen eine genügende Menge des zu untersuchenden Öles, z. B. Leinöl, in Eisessig auf, geben 1 cm³ 50%ige Schwefelsäure und 2 cm³ einer gesättigten Kaliumjodidlösung (etwa 55%ig) hinzu. Nach einstündigem Stehen wird nach Verdünnung mit 90 cm³ Wasser das ausgeschiedene Jod mit 0,1 n Natriumthiosulfatlösung titriert. Am besten geht die Umsetzung aber ohne Schwefelsäure, deren Menge, will man sie doch verwenden, 0,5 cm³ nicht übersteigen soll.

Arbeitsvorschrift. 0,2 g Substanz werden in 25 cm³ Eisessig gelöst, 2 cm³ kaltgesättigte Kaliumjodidlösung zugegeben, nach einigen Minuten Stehen mit 100 cm³ Wasser verdünnt und mit 0,1 n Thiosulfatlösung titriert. Es werden die theoretischen Werte erhalten. Das Verfahren wurde von ihnen am Benzoylperoxyd und Succinylperoxyd geprüft.

Der störende Einfluß des Luftsauerstoffs, besonders bei geringen Peroxydgehalten, wie sie im ersten Stadium des Ranzigwerdens von Fetten und in ungesättigten Fettsäuren vorkommen, und die analytische Ausschaltung des Fehlers hat Anlaß zur wiederholten Beschäftigung mit den bekannten Methoden und zu verfahrensmäßigen Verbesserungen geführt.

SKELLON und WILLS haben bei einer systematischen Untersuchung der Brauchbarkeit der verschiedenen Methoden zur Bestimmung des aktiven Sauerstoffs in organischen Peroxyden am Musterbeispiel des Benzoylperoxyds eine Abänderung der Methode von MARKS und MORELL vorgenommen, die gleicherweise für Fettsäuren und andere organische Peroxyde geeignet ist und auf der Luftverdrängung über der Titrationsflüssigkeit durch ein Kohlensäurepolster beruht.

Arbeitsvorschrift. 0,2 g Benzoylperoxyd werden in einer Stöpselflasche in 25 cm³ Eisessig gelöst, 2 g Natriumhydrogencarbonat zugesetzt, 10 Min. ins Dunkle gestellt, und die Flasche wird zugestopft, sobald die Kohlensäureentwicklung nachgelassen hat. Dann werden 2 cm³ gesättigte Kaliumjodidlösung hinzugefügt, und es wird weitere 15 Min. im Dunkeln stehengelassen. Nach dieser Zeit wird mit 100 cm³ destilliertem Wasser verdünnt und mit 0,1 n Natriumthiosulfatlösung titriert, bei sehr kleinen Peroxydmengen mit 0,005 n Lösung.

Die Bestimmung kann auch in Gegenwart von Körpern mit Äthylendoppelbindung erfolgen, z. B. Oleinsäure. Aceton als Lösungsmittel ergab zu niedrige Peroxydwerte. Es muß darauf hingewiesen werden, daß sich nicht alle organischen Peroxyde wie das Benzoylperoxyd verhalten werden.

Für die geringeren Peroxydgehalte bei ungesättigten Fettsäuren und ranzigwerdenden Fetten hat LEA eine besondere Methode, die als „kalte Methode" bezeichnet wird, ähnlich der von MARKS und MORELL entwickelt mit der Vorsichtsmaßnahme, daß er die Lösung vom gelösten Sauerstoff befreite und die Luft im Titrationskolben durch Stickstoff verdrängte. Diese ebenfalls auf der Jodometrie beruhende Arbeitsweise unter Verwendung von Essigsäure-Chloroform-Gemisch als Lösungsmittel ist von SKELLON und THURSTON sowohl methodisch als apparativ leicht abgeändert und verbessert worden.

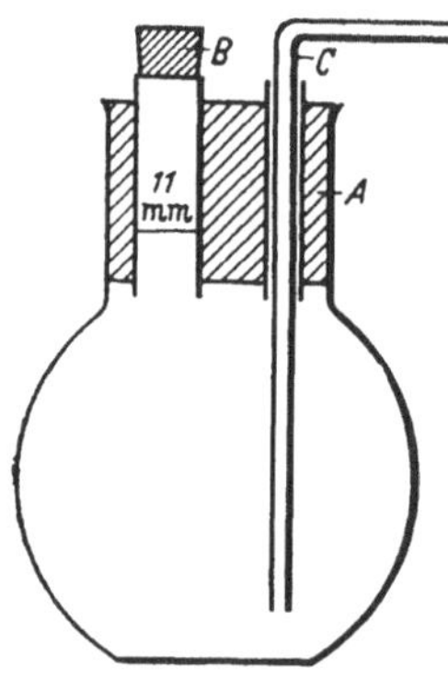

Abb. 39. Von SKELLON u. THURSTON verbesserte Apparatur zur Bestimmung der Peroxyde in Fetten.

A Stopfen, *B* weite Einführungsöffnung für in ein Röhrchen eingefüllte Analysensubstanz, *C* Einleitungsrohr für Stickstoff.

Arbeitsvorschrift. 20 cm³ des Lösungsmittels (Eisessig und Chloroform im Verhältnis 3 : 2) werden in den Kolben der Abb. 39 gegeben, und es wird ein schwacher Strom von reinem Stickstoff durch die Flüssigkeit perlen gelassen bei leicht aufgesetztem Stopfen. Nach Entfernung der Luft, was ungefähr 5 Min. in Anspruch nimmt, werden 1,2 cm³ gesättigte Kaliumjodidlösung zugegeben unter weiterem Einleiten von Stickstoff für 10 Min. Die Analysenprobe wird in einem kleinen Glasröhrchen schnell durch die Öffnung *B* eingefügt und diese zugestopft. Das Einleitungsrohr *C* wird unter Fortbestehen des Gasstromes entfernt und die Öffnung verschlossen. Der Inhalt wird durch Schwenken gemischt und eine Stunde lang im Dunkeln aufbewahrt. Vor der Titration mit Natriumthiosulfatlösung wird mit 50 cm³ Wasser verdünnt. Die Stärke als Indicator wird kurz vor Ende der Titration zugefügt.

Wie von LEA und den Nacharbeitern bestätigt wird, geht der Blindverbrauch an Thiosulfat nahezu auf 0 zurück, wenn die Kaliumjodidlösung erst nach 5 Min dauernder Entlüftung zugesetzt wird.

Die nach dieser Methode gewonnenen Ergebnisse sind zuverlässig und in Übereinstimmung mit denen der von SKELLON und WILLS verbesserten Methode.

Ein Umgehen der Anwendung inerter Gasatmosphäre bei jodometrischen Arbeiten zur Bestimmung organischer Peroxyde schlägt NOZAKI vor, indem an Stelle der sonst gebräuchlichen Lösungsmittel, wie Aceton, Eisessig oder Chloroform, Essigsäureanhydrid verwendet wird. Essigsäureanhydrid ist ein gutes Lösungsmittel für die organischen Peroxyde, es reagiert nicht mit Jod, und die Peroxydreaktionen verlaufen schnell. Blindversuche von Kaliumjodidlösung und Essigsäureanhydrid ergaben nach 20 Min. bei Anwesenheit von Luft einen Verbrauch von 0,01 cm³ einer 0,1 n Natriumthiosulfatlösung. Die Methode wurde an Benzoylperoxyd ausprobiert und ergab, daß Proben von 50 mg bis auf 0,2% genau analysiert werden können. Benzol und Toluol stören die Analyse nicht; Äthylenderivate, Phenol, Kresol und Cyclohexen stören z. T. erheblich. Bei Peroxydanalysen in pflanzlichen Ölen ist erst die Jodaddition der Äthylenbindung zu bestimmen.

FRENCH, OLCOTT und MATTILL finden, daß die von YULE und WILSON JR. mittels Eisen(II)-sulfats in Gegenwart von Thiocyanaten für Kraftstoffe durchgeführte Bestimmung der Peroxyde für F e t t e nicht geeignet ist und geben statt dessen folgende

Arbeitsvorschrift. Eine gewogene Probe von 1 g der Fette wird in 10 cm³ einer Mischung von Eisessig und Chloroform oder Tetrachlorkohlenstoff aufgelöst und etwa 1 g gepulvertes Kaliumjodid zugegeben. Nach Füllung der Flasche mit Stickstoff wird genau 1 Min. im kochenden Wasserbade geschüttelt, mit 50 cm³ Wasser verdünnt und mit 0,002 n Natriumthiosulfatlösung unter Stärkezusatz titriert. Die erhaltenen Werte sind zufriedenstellend.

§ 9. Polarographische Bestimmungen.

DOBRINSKAJA und NEUMANN bestimmten Methylhydroperoxyd, Diäthylperoxyd für sich und Peroxyde in zusammengesetzten organischen Mischungen polarographisch.

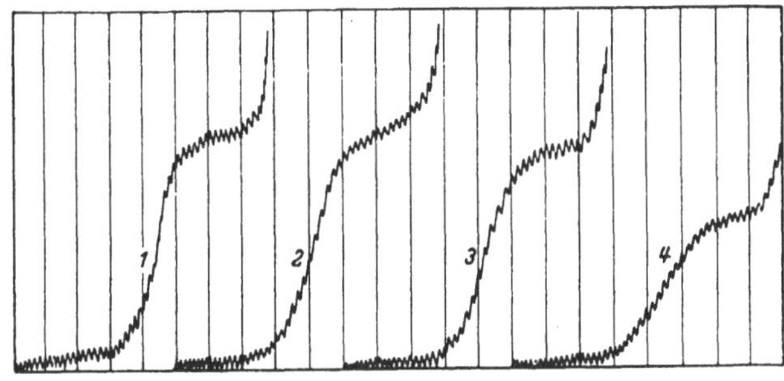

Abb. 40. Polarogramme von Methylhydroperoxydlösung in 0,01 n HCl. (Nach DOBRINSKAJA u. NEUMANN.) *1* 0,019 % CH_3OOH Empfindlichkeit 6, *2* 0,039% CH_3OOH Empfindlichkeit 3, *3* 0,052 % CH_3OOH Empfindlichkeit 1,5, *4* 0,1% CH_3OOH Empfindlichkeit 0,6.

Methylhydroperoxyd, hergestellt nach RIECHE und HITZ, zersetzt sich in neutraler und alkalischer Lösung schnell, besonders in Gegenwart von Quecksilber, während in saurer Lösung die Zersetzung langsamer vor sich geht, so daß die Polarogramme die unterschiedlichen Wellen aufzeichnen. Es wird meistens in 0,01 n Salzsäure gearbeitet. Das Reduktionspotential von Methylhydroperoxyd beträgt $-0{,}6$ V, wie aus der Abb. 40 ersichtlich ist, zugleich mit den Veränderungen, die durch verschiedene Konzentrationen hervorgerufen werden ($s = 1$ bedeutet eine Empfindlichkeit von $25 \cdot 10^{-7}$ A/mm). Aus der Höhe der Welle ergibt sich ein Verhältnis von $h/s = 330\, C_{CH_3OOH}$, was innerhalb der Fehlergrenze mit dem bei Wasserstoffperoxyd gefundenen Wert $h/s = 320\, C_{H_2O_2}$ übereinstimmt. Die Reduktion verläuft also wie beim Wasserstoffperoxyd:

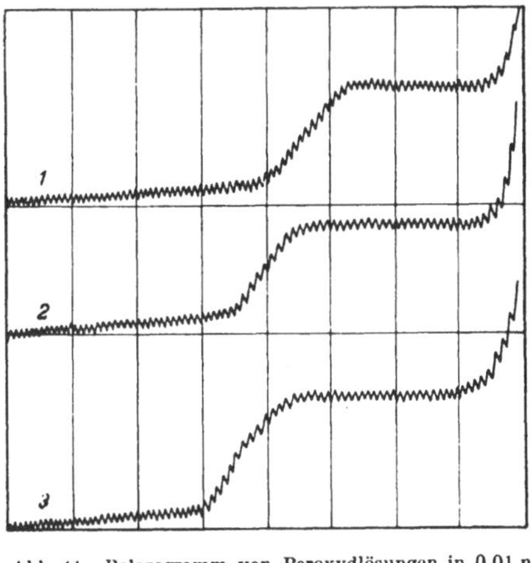

Abb. 41. Polarogramm von Peroxydlösungen in 0,01 n HCl. (Nach DOBRINSKAJA u. NEUMANN.) *1* CH_3OOH, *2* $C_2H_5OOC_2H_5$, *3* H_2O_2.

$$H_2O_2 + 2\,H = 2\,H_2O;$$
$$CH_3OOH + 2\,H = CH_3OH + H_2O.$$

Die geringste Menge, die mit dem Polarographen gefunden werden kann, beträgt 10^{-7} bis 10^{-8} g/cm³.

Für Diäthylperoxyd, das, nach v. BAEYER und VILLIGER dargestellt, nach fraktionierter Destillation (Fraktion 63 bis 64° bei 760 mm) einen Gehalt von 98%, nach der Vorschrift von WIELAND und FRANKE analysiert, aufwies, ergibt ein Reduktionspotential von $-0{,}7$ V in einer Lösung von 0,1 n Salzsäure, während in alkalischer Lösung ein solches von $-1{,}0$ V gefunden wurde. Die Abb. 41 zeigt Polarogramme für Methylhydroperoxyd, Diäthylperoxyd und Wasserstoffperoxyd. Die Reduktionspotentiale sind in jedem Falle verschieden, so daß diese Peroxyde auch in Mischungen bestimmt werden können. Das Reduktionspotential für Wasserstoffperoxyd liegt bei $-0{,}8$ V. Diäthylperoxyd kann gefunden werden, wenn seine Konzentration 10^{-7} g/cm³ übersteigt. Die Kurven gemäß Abb. 42 zeigen Polarogramme in 0,01 n Natronlauge von Acetaldehyd, Formaldehyd, Diäthylperoxyd und einem Kondensationsprodukt, das bei der Kaltflammenoxydation von Acetaldehyd erhalten wurde. Dieses Kondensationsprodukt zeigt deutlich die durch Pfeile angedeuteten Wellen für Diäthylperoxyd, Formaldehyd und Acetaldehyd, so daß hier die polarographische Bestimmung sich bei der Analyse von Gemischen ausgezeichnet bewährt hat.

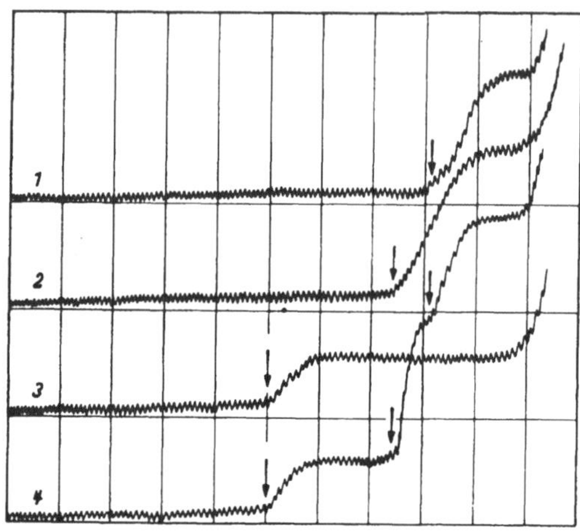

Abb. 42. Polarogramme verschiedener Substanzen in 0,01 n NaOH. (Nach DOBRINSKAJA u. NEUMANN.)
1 CH_3COH, *2* HCOH, *3* $C_2H_5OOC_2H_5$, *4* 2%ige Lösung der bei der Kaltflammenoxydation von Acetaldehyd erhaltenen Kondensationsprodukte.

STERN und POLLAK prüfen gleichfalls die P r o d u k t e d e r u n v o l l k o m m e n e n V e r b r e n n u n g v o n K o h l e n w a s s e r s t o f f e n, die gleichzeitig Aldehyde und Peroxyde enthalten. Als ungeeignet werden als Lösungsmittel Salzsäure (0,01 n), Natriumhydroxyd (0,01 und 0,1 n) und Lithiumhydroxyd (0,01 n) gefunden, da in der Säure die Aldehyde nicht reduziert werden und in Alkali die Peroxyde zu zersetzlich sind, wobei der Zerfall durch die Anwesenheit der Aldehyde noch beschleunigt wird. Als neutrale Lösungen werden die Chloride von Natrium, Ammonium und Lithium in 0,1 n Lösungen geprüft. Die beiden ersten scheiden aus, da ihr Reduktionspotential zu nahe bei denen der untersuchten Stoffe liegt, während es bei Lithiumchlorid (Reduktionspotential $-2{,}3$ V) günstig ist. Das durch den im Elektrolyten gelösten Sauerstoff hervorgerufene Maximum wird in einer 0,001 n Lösung von α-Naphthol oder Pyrogallol unterdrückt, jedoch darf die Konzentration der Peroxyde nicht unter 0,002% bis 0,003% liegen. Für niedrigere Konzentrationen muß der Sauerstoff aus der Lösung entfernt werden durch Sättigen der Lösung mit Wasserstoff oder Stickstoff. Die Reduktionspotentiale haben folgende Werte:

Methyl- und Äthylhydroperoxyd	$-0{,}25$ bis -3 V
Dioxymethylperoxyd	$-0{,}4$ V
Diäthylperoxyd	$-0{,}6$ V
Wasserstoffperoxyd	$-0{,}8$ V
Formaldehyd	$-1{,}5$ V
Acetaldehyd	$-1{,}6$ V
Propionaldehyd	$-1{,}6$ V

Es wurden 18 binäre und ternäre Gemische analysiert. Die Abweichungen im Peroxydgehalt betragen im allgemeinen weniger als 7 bis 8%. In Gemischen, die Formaldehyd enthalten, kann der gefundene Gehalt an Formaldehyd bis zu 40% vom richtigen Werte abweichen.

§ 10. Colorimetrische Bestimmungen.

1. Peroxyde der Äthylenverbrennung.

BONE, HAFFNER und RANCE bestimmten die bei der langsamen *Verbrennung von Äthylen* entstehenden organischen Peroxyde colorimetrisch mittels einer 5%igen Lösung von Titansulfat in 25%iger Schwefelsäure unter Benutzung einer 0,02 n Lösung von Wasserstoffperoxyd als Vergleichslösung und konnten bis zu einem Teil Wasserstoffperoxyd in 500000 Teilen Wasser feststellen (vgl. auch WIELAND und FRANKE).

MEDWEDEW, der sich mit ähnlichen Problemen beschäftigte, hält diese colorimetrische Methode für nicht immer brauchbar, während die jodometrische Methode richtige Werte gibt.

2. Peroxyde in Ölen, Fetten und Kraftstoffen.

Die Methode der Peroxydbestimmung in Ölen, Fetten und Kraftstoffen beruht auf der bekannten Anwendung des Systems Eisen(II)-sulfat/Ammoniumrhodanid (vgl. Titrimetrische Methoden § 8, II, 1, S. 313), indem 1 Mol Peroxyd 2 Mole Eisen(II)-sulfat in saurer Lösung zu Eisen(III)-sulfat oxydiert. Die Schwierigkeiten bei der colorimetrischen Ausführung liegen in der Wahl der verwendeten Lösungsmittel. Während YULE und WILSON mit Aceton/Wasser im Verhältnis 1:1 ausschütteln, wird von YOUNG, VOGT und NIEUWLAND Methanol verwendet. Die Einwände, die gegen die Methode von YULE und WILSON durch HOCK und SCHRADER bzw. SCHILDWÄCHTER erhoben werden, sind nach Untersuchungen von KOCH und POHL hauptsächlich auf Schwankungen der Korrekturfaktoren für die verwendeten Lösungsmittel zurückzuführen. Ein weiterer Fehlerfaktor beruht auf der nicht vollständigen molekularen Lösung der Peroxydverbindungen in den gewählten Lösungsmitteln.

ERDMANN und SEELICH haben aus diesen Gründen die Methode unter Anwendung des ternären Lösungsmittelgemisches Wasser/Methanol/Benzol zu einer Schnellmethode verbessert, die auch bei geringen Substanzmengen eine Bestimmung erlaubt und auf $\pm 1\,\gamma$ reproduzierbare Werte ergibt bei Gesamtgehalten von 0,178%, z. B. bei gealtertem Olivenöl. Der wäßrige Anteil dient zur Einführung des Eisen(II)-sulfat/Ammoniumrhodanid-Systems in das organische Lösungsmittel und macht die Methode auch für wäßrige Lösungen von Wasserstoffperoxyd anwendbar und vergleichbar. Darüber hinaus ist der entstehende Eisen(III)-Rhodanid-Komplex gegenüber Veränderungen durch Dissoziation oder Hydrolyse soweit stabilisiert, daß eine einmal erreichte Farbintensität über mehrere Tage konstant bleibt und die bekannten Störungen der colorimetrischen Rhodanidmethoden vermeidet.

Zur Anwendung gelangen eine eisen(III)-freie Eisen(II)-lösung durch Einwaage von $FeSO_4 \cdot 7\,H_2O$ als Stammlösung, die mit wenig Salzsäure angesäuert (nicht Schwefelsäure!) vor dem Eintragen in das Lösungsmittelgemisch einen Silberreduktor aus schwammigem Silber durchläuft. Die Farbintensitäten werden mit einer Farbskala, aufgebaut aus Kobalt(II)-chloridlösungen in Methanol/Wasser, im Leitz-Photometer colorimetrisch verglichen, die mit bekannten Wasserstoffperoxydgehalten auf Abstufung von $2\,\gamma$ eingestellt werden.

Arbeitsvorschrift. *1. Apparatur zur Herstellung und Aufbewahrung der Reagenslösungen* (Abb. 43 und 44). Zur Aufbewahrung der Stammlösung dient eine braune 2-Liter-Flasche, an deren Schliffverschluß sich ein Eintrittsrohr für CO_2-Gas, ein Steigrohr und ein Quecksilberüberdruckventil befinden. An das Steigrohr schließen sich ein Zwei-Wege-Hahn *A*, Reduktor, Zwei-Wege-Hahn *B*, Aufbewahrungsgefäß für die Reduktorflüssigkeit, Zwei-Wege-Hahn *C*, Bürette (30 cm³) und Einlaufrohr an (Abb. 43).

Zur Aufbewahrung der fertigen Reagenslösung dient eine braune 1-Liter-Flasche, deren Schliffverschluß in gleicher Weise konstruiert ist wie bei dem Gefäß zur Aufbewahrung der Stammlösung. An das Steigrohr schließt ein Zwei-Wege-Hahn mit Meßgefäß für 25 cm³ an (Abb. 44).

2. Herstellung von $FeSO_4 \cdot 7\,H_2O$. Man löst in einem 250 cm³-Rundkolben mit Bunsenventil, den man vor Gebrauch mit CO_2 ausspült, 7 g Eisen (Ferrum met. reduct. DAB 6) in 200 cm³ 10%iger Schwefelsäure. Nach dem Erkalten fällt man mit 500 cm³ Alkohol, saugt das ausgefallene Sulfat ab, wäscht mit Alkohol/Wasser (5:2) nach und trocknet bei 80°.

3. Herstellung der Stammlösung. Man kocht etwas mehr als 3 l destilliertes Wasser aus und läßt im Kohlensäurestrom erkalten. In einem 2-Liter-Meßkolben, der vorher mit Kohlensäure ausgespült wurde, löst man 20 g Eisensulfat entsprechend 4 g Fe unter Zusatz von 20 cm³ konzentrierter Salzsäure (D 1,19) und füllt bis zur Marke auf. Die Stammlösung wird in das beschriebene, vorher mit Kohlensäure ausgespülte

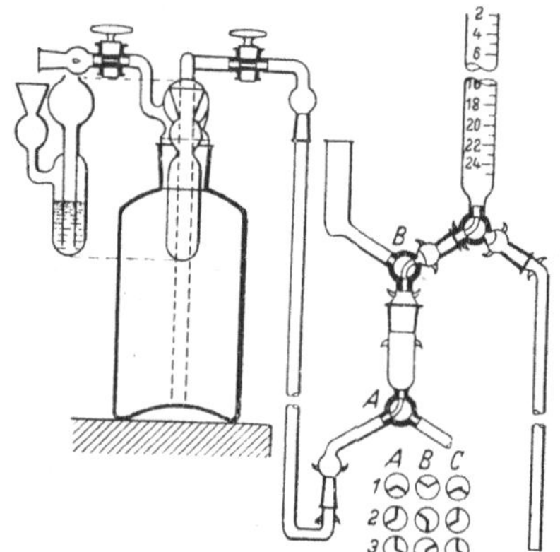

Abb. 43. Vorratsgefäß für Stammlösung. (Nach ERDMANN u. SEELICH.) 2-l-Waschflasche aus braunem Glas, mit Schliffverschluß, CO_2-Zuleitung, Quecksilberüberdruckventil und Steigrohr. Zwischen Hahn *A* und *B* das Gefäß zur Aufnahme des Reduktors, Aufbewahrungsgefäß für Reduktorflüssigkeit, Bürette (30 cm³) und Einlaufrohr.

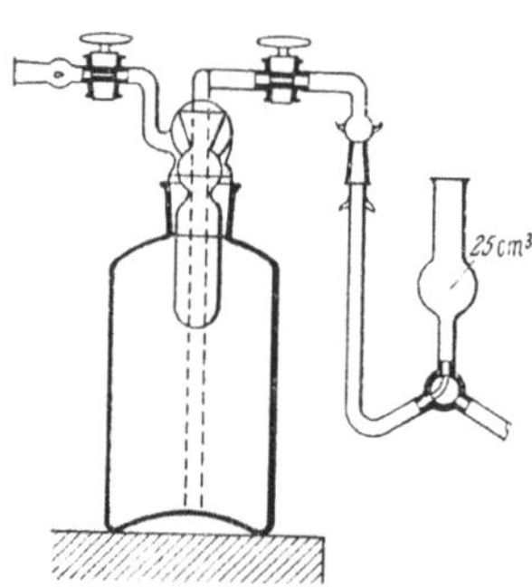

Abb. 44. Vorratsgefäß für Reagenslösung. (Nach ERDMANN u. SEELICH.) l-Flasche aus braunem Glas und Aufsatz wie in Abb. 43, Steigrohr mit Zwei-Wege-Hahn und Meßgefäß 25 cm³.

Aufbewahrungsgefäß eingefüllt und unter Kohlensäure aufbewahrt. In dem dritten Liter nach Kohlensäuresättigung löst man Ammoniumrhodanid zu einer 1%igen Lösung.

4. Herstellung des Reduktors. Aus 29 g Silbernitrat in 400 cm³ Wasser, angesäuert mit wenigen Tropfen Salpetersäure, wird durch Einhängen eines Elektrolytkupferbleches metallisches Silber unter lebhaftem Rühren abgeschieden. Nach Dekantieren mit verdünnter Schwefelsäure wird das aufgeschwemmte Silber im Reduktor mit verdünnter Schwefelsäure durch die Hähne *B* und *A* bis zur Kupferfreiheit gewaschen. Nach jedem Gebrauch wird der Silberreduktor mit einer Lösung von konzentrierter Salzsäure 1:100 sorgfältig gespült und bleibt im unbenutzten Zustand unter der gleichen Lösung. Schwarzes Silberchlorid läßt sich durch Reduktion mit einem Stückchen Zink in verdünnter Schwefelsäure entfernen.

5. Herstellung der Reagenslösung. 975 cm³ einer Mischung von Methanol/Benzol werden in das mit Kohlensäure ausgespülte Aufbewahrungsgefäß gegeben. Bei Stellung *1* des Hahnes *C* werden 20 cm³ der 1%igen Ammonrhodanidlösung in die Bürette pipettiert und mit 1 cm³ Benzol gegen Luft abgeschlossen. Durch Kohlensäuredruck auf die Vorratsflasche der Stammlösung wird der tote Raum bis zum Eintritt des Reduktors bei Stellung *1* des Hahnes *A* gefüllt. Bei Stellung *2* der Hähne *A* und *B* wird langsam die Eisensulfatlösung in den Reduktor eintreten gelassen, wobei die Aufbewahrungsflüssigkeit in das kleine Vorratsgefäß verdrängt wird. In Stellung *3* des Hahnes *B* werden einige Kubikzentimeter bei *C* ablaufen gelassen und in Stellung *2* 5 cm³ der reduzierten Eisensulfatlösung in die Bürette gedrückt. Durch Ansetzen des Einlaufrohres bei *C*, dessen unteres Ende in die Methanol/Benzol-Lösung eintaucht, läßt man die Bürette bei Stellung *3* auslaufen. Man prüft die fertige Lösung durch Auscolorimetrieren der Färbung, die mit 25 cm³ Reagenslösung und 0,1 cm³ einer wäßrigen 0,01%igen Wasserstoffperoxydlösung entsteht, entsprechend 10 γ Wasserstoffperoxyd.

6. Herstellung der Farbskala. In einem 50 cm³-Meßkolben werden 5 cm³ einer 30%igen wäßrigen Kobalt(II)-chloridlösung mit Methanol/Wasser (5:1), das 10 cm³ konzentrierte Salzsäure (D 1,19) auf 100 cm³ Lösung enthält, bis zur Marke aufgefüllt. Die Färbung entspricht etwa 20 γ H_2O_2. Mit Hilfe eines Colorimeters wird die Färbung genau eingestellt und durch Verdünnen eine Farbreihe mit Abstufungen von 2 γ im Bereich von 0 bis 20 γ Wasserstoffperoxyd hergestellt.

Bestimmung. Die Einwaage der Analysensubstanz richtet sich nach ihrer Löslichkeit und ihrem Peroxydgehalt, soll höchstens 0,5 g betragen und wird in Mikrobechergläschen vorgenommen, die gefüllt in 30 cm³ fassende Schliffgefäße eingeworfen werden. Aus dem Vorratsgefäß werden 25 cm³ der Reagenslösung zulaufen gelassen, umgeschüttelt, und es wird etwa 5 Min. bis zur Einstellung des Farbmaximums gewartet. Ist die Färbung stärker, als sie 40 γ Wasserstoffperoxyd entspricht, so muß die Einwaage verkleinert oder die Substanz verdünnt werden. Die Farbintensitäten werden mit einem Leitz-Photometer colorimetrisch mit den abgestimmten Kobalt(II)-chloridlösungen verglichen.

Aus der vergleichenden Bestimmung von Wasserstoffperoxyd, Bernsteinmonopersäure, gealterter Butter und gealtertem Olivenöl nach der Eisensulfat-Rhodanid-Methode und LEA-Test ergeben sich bei der Eisensulfat-Rhodanid-Methode in Gegenwart ungesättigter Verbindungen (nicht bei Wasserstoffperoxyd) teils bedeutend höhere Peroxydwerte als bei der LEA-Methode, die aber reproduzierbar sind und für zutreffend gehalten werden.

§ 11. Nachweisreaktionen.

Die Nachweisreaktionen für organische Peroxyde sind besonders wichtig im Hinblick auf die Autoxydation von Äther und die sich daraus herleitende Gefährlichkeit bei der Destillation des Äthers wie auch bei der Narkose.

Wir müssen uns auch hier auf das am wichtigsten Erscheinende, soweit wenigstens gewisse halbquantitative Angaben vorliegen, beschränken. Im übrigen muß noch vorausgeschickt werden, daß alle Nachweise, die für Wasserstoffperoxyd verwendet werden, sich im allgemeinen auch für die organischen Peroxyde, die sich im Äther bilden, mit entsprechenden Abänderungen gebrauchen lassen. Es empfiehlt sich, neben dem, was im folgenden darüber ausgeführt wird, auch das Kapitel über die Nachweisreaktionen des Wasserstoffperoxyds, insbesondere auch über Nomenklatur, zu Rate zu ziehen.

Das DAB 6 (1926) gibt für Äther pro narcosi an, daß 10 cm³ des Äthers mit 1 cm³ frisch bereiteter *Kaliumjodidlösung* (1 + 9) in einem fast völlig gefüllten weißen Glasstöpselglase unter Lichtabschluß häufig geschüttelt werden soll. Innerhalb 3 Std. darf keine Färbung auftreten (Jodausscheidung!).

WOBBE gibt eine etwas andere

Arbeitsvorschrift. Verwendet wird eine Mischung gleicher Teile einer 50%igen *Kaliumjodidlösung* und einer 1%igen *Phenolphthaleinlösung*. Ist ein Peroxyd zugegen, so färbt sich das Phenolphthalein rot, da sich freies Alkali bildet. (Vgl. HOUZEAU, der diese Reaktion zur quantitativen Bestimmung geringer Wasserstoffperoxydmengen verwendete.)

Das DAB 6 gibt für die Vanadinsäurereaktion folgende

Arbeitsvorschrift. Werden 10 cm³ Narkoseäther mit 2 cm³ *Vanadinschwefelsäure* geschüttelt, so darf sich dieser weder rosarot noch blutrot färben. Die Vanadinschwefelsäure wird hergestellt durch Auflösen von 0,1 g Vanadinsäure (V_2O_5) in 2 cm³ konzentrierter Schwefelsäure und Verdünnen der Lösung mit Wasser auf 50 cm³.

Nach WISCHO und ZECHNER tritt noch bei 0,001% Peroxyd (als H_2O_2 berechnet) in Äther eine orangerote Färbung auf.

Grenzvolumen: 10 cm³.

Grenzmenge: 0,1 mg.

Grenzverdünnung: 1:100000.

Nach FEIST reagiert auch *Titanschwefelsäure*, hergestellt durch Erhitzen einer Spur Titansäure mit einigen Tropfen konzentrierter Schwefelsäure, bis zum Rauchen und Verdünnen mit 5 cm³ Eiswasser in ähnlicher Weise. Einige Tropfen der Titanschwefelsäurelösung werden dem peroxydhaltigen Äther zugefügt.

Das DAB 6 folgt bei seinen Angaben der Vorschrift von JORISSEN.

Für die Erkennung der Peroxyde in Äther gibt LEPPER folgende Methode an: 20 cm³ Äther und 1 cm³ *Titanreagens* [aus $(TiO)SO_4$ und $KHSO_4$ hergestellt] werden 5 Sek. lang kräftig geschüttelt. Nach 10 Min. darf nicht die geringste Gelbfärbung zu erkennen sein. Zur leichteren Durchführung der Prüfung hat er eine „Prüfröhre für Äther" entwickelt. Die Erfassungsgrenze ist 1 γ H_2O_2 in 20 cm³ Äther.

Eine ausgezeichnete Zusammenstellung und Prüfung der bis etwa 1911 erschienenen Arbeiten über den Nachweis von Peroxyden in Äther finden sich bei BASKERVILLE und HAMOR. Sie finden, daß sich mit *Vanadinschwefelsäure* noch 0,003% Wasserstoffperoxyd nachweisen lassen, während WISCHO und ZECHNER diese Grenze bei 0,001% finden.

Probe mit Eisen(II)-sulfat: 1 Tropfen einer frisch bereiteten Eisen(II)-sulfatlösung wird mit 10 cm³ Äther geschüttelt, und es werden einige Tropfen Sodalösung zugegeben. Das entstehende grünlichweiße Oxydul darf nicht in 1 Min. braun werden.

Grenzvolumen: 10 cm³.

Grenzmenge: 1 mg.

Grenzverdünnung: 1:10000.

Nach SCHÖNBEIN, WELTZIEN und BARRALAT ist die Hexacyanoferrat(III)-Eisen(III)-salzprobe bis zu einer Verdünnung von 1:165000 anwendbar. Andere reduzierende Stoffe, auch höhere Aldehyde, stören.

Mit *Kobaltnitratlösung* von 1% nach SCHMATOLLA wird nach Zusatz von Kalilauge eine starke braune Farbe erhalten, wenn 0,003% Wasserstoffperoxyd bei Anwendung von 20 cm³ Äther anwesend sind.

Grenzvolumen: 20 cm³.

Grenzmenge: 0,6 mg.

Grenzverdünnung: 1:33000.

Cerchlorid, mit Ammoniumcarbonat alkalisch gemacht, gibt Reaktion (Umwandlung von Weiß nach Gelb) bei 0,003% Wasserstoffperoxyd im Äther.

Uransalze, deren Lösung mit Pottasche gesättigt ist, sind von ALOY für den Wasserstoffperoxydnachweis vorgeschlagen worden und geben auch in Äther bis 0,003% H_2O_2 noch gelbe, bei größeren Peroxydmengen bis rote Farbe.

RIECHE gibt eine Zusammenstellung der neueren Literatur. Er hält die *Benzidinprobe* für empfindlicher als den Jodidthiosulfat und Chromsäurenachweis. Für die Benzidinprobe werden 5 cm³ einer kalt gesättigten wäßrigen Lösung von reinstem Benzidin (DAB 5) mit 5 cm³ gesättigter Kochsalzlösung gemischt und mit einigen Tropfen einer äußerst verdünnten Lösung von Eisen(II)-sulfat (ein stecknadelkopfgroßes Stück auf 5 cm³ Wasser) versetzt. 1 oder 2 Tropfen schwach peroxydhaltiger Äther hinzugefügt, gibt nach einigen Minuten deutlich erkennbare Blaufärbung.

Stärker peroxydhaltiger Äther gibt sofortige Blaufärbung, beim Stehen ohne peroxydhaltigen Äther keine Blaufärbung, während die Jodidprobe beim Stehen auch ohne Peroxyd stets Jod ausscheidet.

KING hatte schon vorher festgestellt, daß frische Lösungen von 1 Mol Wasserstoffperoxyd und 2 Mol Formaldehyd oder Acetaldehyd die Peroxydreaktion nicht mit *Guajac-Harz*, wohl aber mit *Benzidin* geben, bemerken aber noch, daß auch Önanthol und Benzaldehyd die Benzidinreaktion geben.

WOBBE hat mit der *Quecksilberprobe* noch 0,005 Vol.-% H_2O_2 nachgewiesen (die organischen Peroxyde als H_2O_2 berechnet).

Die *Cerprobe* wird von WOBBE so ausgeführt: 2 g käufliches Ceroxyd werden unter Erhitzen in 5 cm³ konzentrierter Salzsäure (D 1,19) aufgelöst, wobei unter Chlorentwicklung eine Lösung von Cer(III)-chlorid entsteht. Nach Eindampfen zur Trockne und Umkristallisieren aus Wasser werden die erhaltenen Kristalle auf 50 cm³ aufgelöst, und die Lösung wird nach mehrstündigem Stehen abfiltriert. 20 cm³ Äther werden mit 5 cm³ des Reagenses im Schütteltrichter mit 1 Tropfen Ammoniaklösung gemischt. Es tritt dann ein orangebrauner Niederschlag auf, wenn der Äther peroxydhaltig ist; ist er peroxydfrei, dann ist der Niederschlag weiß. 0,0025% H_2O_2 lassen sich noch nachweisen.

Grenzvolumen: 20 cm³.
Grenzmenge: 0,5 mg.
Grenzverdünnung: 1:40000.

Mit *Titanschwefelsäure* lassen sich nach WOBBE noch 0,0001% Wasserstoffperoxyd bei folgendem Verfahren auffinden: 0,3 g Titansäure werden mit 6,0 g Kaliumpyrosulfat im Tiegel zusammengeschmolzen, dann mit 10%iger Schwefelsäure kalt gelöst und mit dieser Säure auf 100 cm³ verdünnt. 5 cm³ vom Reagens mit 20 cm³ Äther geben eine mehr oder minder starke Orangefärbung.

Grenzvolumen: 20 cm³.
Grenzmenge: 20 γ.
Grenzverdünnung: 1:1000000.

Literatur.

ALOY, J.: Bl. [3] **27**, 734 (1902).

v. BAEYER, A., u. V. VILLIGER: B. **34**, 738 (1901); **33**, 3387 (1900). — BARRALAT, E. S.: Chem. N. **79**, 136 (1899). — BASKERVILLE, CH., u. W. A. HAMOR: Ind. eng. Chem. **3**, 386 (1911). — BONE, W. A., A. S. HAFFNER u. H. F. RANCE: Pr. Roy. Soc. London **143**, 16 (1934).

CLAES, J.: Techn. wetensch. Tijdschr. **13**, 28 (1944). — CLOVER, A. M.: Am. Soc. **44**, 1007 (1924). — CLOVER, A. M., u. G. F. RICHMOND: Am. Soc. **29**, 179 (1903). — CRIEGEE, R.: B. **77**, 23 (1944).

DASLER, W., u. C. D. BAUER: Ind. eng. Chem. Anal. Edit. **18**, 52 (1946). — DOBRINSKAJA, A., u. M. NEUMANN: Acta physicochim. URSS. **10**, 297 (1939).

ERDMANN, H., u. F. SEELICH: Fr. **128**, 303 (1948).

FEIST, K.: Apoth.-Z. **51**, 1110 (1936). — FRENCH, R. B., H. S. OLCOTT u. H. A. MATTILL: Ind. eng. Chem. **27**, 724 (1935); durch C. **106**, **II**, 1801 (1935).

GREEN u. SCHOETZOW: J. Am. pharm. Assoc. **22**, 412 (1933).

HOCK, H., u. O. SCHRADER: Brennstoff-Chem. **18**, 6 (1937). — HOUZEAU, A.: A. Ch. [4] **13**, 111 (1868); C. r. **66**, 44 (1886).

IVANOV, K.: Acta physicochim. URSS. **9**, 430 (1938).

JORISSEN, A.: Ann. Chim. anal. **8**, 201 (1903).

KING, H.: Soc. **1929**, 738. — KOCH, H., u. H. POHL: Brennstoff-Chem. **19**, 201 (1938). — KOKATNUR, V. R., u. M. JELLING: Am. Soc. **63**, 1432 (1941).

LEA: J. Soc. chem. Ind. **65**, 286 (1946). — LEPPER, W.: Ch. Z. **66**, 314 (1942). — LIEBHAFSKY, H. A., u. W. H. SHARKLEY: Am. Soc. **62**, 190 (1940). — LINDGREN u. VESTERBERG: Svensk farmac. Tidskr. **47**, 17 (1943).

MARKS, S., u. R. S. MORELL: Analyst **54**, 503 (1929). — MEDWEDEW, S. S.: Acta physicochim. URSS. **9**, 395 (1938); durch C. **110**, **II**, 1031 (1939).

NAVES, Y. R.: Parfums de France **10**, 225 (1932). — NOZAKI, K.: Ind. eng. Chem. Anal. Edit. **18**, 584 (1946).

RIECHE, A.: Z. anorg. Ch. 44, 896 (1931). — RIECHE, A., u. W. BRAUNSHAGEN: B. 61, 955 (1928). — RIECHE, A., u. F. HITZ: B. 62, 2458 (1929). — RIECHE, A., u. R. MEISTER: Angew. Ch. 49, 109 (1936). — RIECHE, A., R. MEISTER u. H. SAUTHOFF: A. 553, 187 (1942). — ROWE, A. W., u. E. P. PHELPS: Am. Soc. 46, 2078 (1924); durch C. 96, I, 554 (1925).

SCHILDWÄCHTER, H.: Brennstoff-Chem. 19, 117 (1938). — SCHLUTTIG, W.: Fr. 70, 55 (1927). — SCHMATOLLA, O.: Pharm. Z. 56, 641 (1905); durch C. 76, II, 705 (1905). — SCHÖNBEIN, CHR. FR.: J. pr. 79, 67 (1860). — SKELLON, I. H., u. M. N. THURSTON: Analyst 73, 97 (1948). — SKELLON, I. H., u. E. D. WILLS: Analyst 73, 78 (1948). — STERN, V., u. S. POLLAK: Acta physicochim. URSS. 11, 797 (1939).

WELTZIEN, C.: A. 138, 129 (1866). — WIELAND, H., u. W. FRANKE: A. 469, 257 (1929). — v. WINKLE, R., u. W. G. CHRISTIANSEN: J. Am. pharm. Assoc. 18, 1247 (1929); durch C. 101, I, 1664 (1930). — WISCHO, F., u. L. ZECHNER: Pharm. Mh. 4, 195 (1923). — WOBBE, W.: Apoth.-Z. 18, 488 (1903).

YOUNG, C. A., R. R. VOGT u. J. A. NIEUWLAND: Ind. eng. Chem. Anal. Edit. 8, 198 (1936). — YULE, J. A. C., u. C. P. WILSON JR.: Ind. eng. Chem. 23, 1254 (1931).

ZINTL, E., u. G. RIENÄCKER: Z. anorg. Ch. 158, 84 (1926).

Halbquantitative Nachweisreaktionen.

Vorbemerkungen.

Es kann natürlich nicht Gegenstand des Handbuchs für analytische Chemie sein, alle Nachweisreaktionen zu bringen. Es schien aber notwendig, über diejenigen Nachweismöglichkeiten zu berichten, bei denen durch Angabe der Grenzwerte wenigstens gewisse quantitative Aussagen gemacht werden können, die es also gestatten, nicht nur den Nachweis bis zu einem Grenzwert zu erbringen, sondern auch bei höheren, über diesem liegenden Gehalt an Wasserstoffperoxyd durch weitere systematische Verdünnungen schließlich diesen Grenzwert zu erreichen und so den darüberliegenden ursprünglichen Gehalt annäherungsweise zu errechnen. Daß diesen Nachweisreaktionen beim Wasserstoffperoxyd besondere Bedeutung zukommt, ergibt sich aus der wichtigen Stellung, die das Wasserstoffperoxyd bei allen Reaktionen, welche die langsame Verbrennung oder auch Hydrierung sowohl in der organischen wie in der anorganischen, in der synthetischen, präparativen wie analytischen, biologischen und physiologischen Chemie zum Gegenstand haben, in weitestem Umfange einnimmt.

Nomenklatur.

Zur Nomenklatur dieser halbquantitativen Nachweise sei folgendes bemerkt: Im allgemeinen werden zwei Werte angegeben: „Die Erfassungsgrenze“ und die „Grenzkonzentration“. Unter „Erfassungsgrenze“ wird die Menge des Stoffes, die vorhanden sein muß, um den Nachweis bei der „Grenzkonzentration“ noch zu ermöglichen, verstanden. Grenzkonzentration bedeutet die Verdünnung des nachzuweisenden Stoffes, die den Nachweis gerade eben noch gestattet, während bei weiterer Verdünnung der Nachweis nicht mehr möglich ist.

Ein Beispiel möge die Bezeichnungen erklären: Die Angabe laute:

Erfassungsgrenze: 2 γ.

Grenzkonzentration: 1:1000000;

das heißt: 2 γ des Stoffes, der im Verhältnis von 1:1000000 verdünnt ist, müssen für den Nachweis vorhanden sein. „Grenzkonzentration 1:1000000“ heißt z. B. 1 g in 1000000 cm^3 oder 1 mg in 1000 cm^3 oder 1 γ in 1 cm^3. Um also 2 γ (die „Erfassungsgrenze“) zu erhalten, muß man 2 cm^3 der 1:1000000 verdünnten Lösung anwenden. Dieser Wert von 2 cm^3, der sich rechnerisch aus den beiden Grenzwerten ergibt, müßte zweckmäßigerweise bei dem Grenzwert mit angegeben werden.

Wir halten die bisher üblichen Bezeichnungen „Erfassungsgrenze“ und „Grenzkonzentration“ nicht für sehr geeignet und schlagen vor, sie durch die unserer Ansicht nach eindeutigeren Bezeichnungen „*Grenzmenge*“ (im obigen Beispiel 2 γ) und „*Grenzverdünnung*“ (im obigen Beispiel 1:1000000) zu ersetzen und durch die

Angabe „Grenzvolumen“ (im obigen Beispiel 2 cm^3) zu ergänzen. Der Ausdruck „Grenzkonzentration“ läßt eher an unter bestimmten der Temperatur, gegebenenfalls auch des Druckes, erreichbare Höchstkonzentration (gesättigte Lösungen) denken.

In dem folgenden Überblick wurden die neuen eindeutigeren Bezeichnungen verwendet. Es muß aber noch hinzugefügt werden, daß besonders der Wert der „Grenzverdünnung“ von den Untersuchungsbedingungen insofern abhängt, als für die Erkennung von Farbreaktionen, um welche es sich in den meisten Fällen handelt, die Länge der Schicht, in welcher die Farbe beobachtet wird, von sehr großem Einfluß ist, da im allgemeinen die Farben entsprechend dem BEERschen Gesetz sich addieren. Bei Tüpfelreaktionen ist meistens nur ein Vergleich mit der Weiße der Tüpfelplatte oder des Papiers oder mit den Farben, die sich verändern sollen, möglich. Die schwachen Färbungen oder Farbänderungen, die bei den Grenzverdünnungen noch auftreten, verlangen in den meisten Fällen, daß Blindproben gemacht werden, um sich vor falschen Schlüssen zu hüten und sich auch nicht nur auf eine Nachweisreaktion, besonders wenn diese nicht spezifisch ist, zu verlassen. Eine systematische Bearbeitung aller dieser Gebiete scheint, soweit die Literatur eingesehen wurde, noch auszustehen.

§ 12. Spezifische Nachweise.

So groß an sich die Zahl der Nachweisreaktionen für Wasserstoffperoxyd und für Wasserstoffperoxyd liefernde Verbindungen ist, so gering ist die Zahl der spezifischen Nachweisreaktionen. Die am meisten für die quantitative Bestimmung des Wasserstoffperoxyds verwendeten Methoden, die Titration mit Permanganat und die jodometrische Methode, sind keine spezifischen Reaktionen, da zahlreiche oxydierende oder reduzierende Stoffe, wie z. B. die freien Halogene, Hypohalogenite, salpetrige Säure, Stickstoffdioxyd und Ozon, die gleichen Umsetzungen mit Jodiden bzw. Jodwasserstoffsäure oder mit Permanganat bzw. Übermangansäure oder mit beiden geben. Es gibt eigentlich nur drei spezifische Nachweise mit Wasserstoffperoxyd:

1. der von BARRESWILL entdeckte, mit Hilfe der Überchromsäure,
2. die von SCHÖNN gefundene Gelbfärbung von Titanverbindungen,
3. die von GRIEBEL gefundene Einwirkung auf salzsaures Vanillin.

1. Nachweis durch Überchromsäure.

In einem „Mémoire sur un nouveau composé oxygéné du Chrome“ hat BARRESWILL die Bildung von Überchromsäure durch Einwirken von Wasserstoffperoxyd auf Chromsäure beschrieben und gezeigt, daß sich die blaue Überchromsäure in Äther mit intensiv blauer Farbe löst. Er stellte weiter fest, daß sie, alkalisch gemacht, sich sofort zersetzt, während sie in Gegenwart von Säure haltbarer ist. SCHÖNBEIN (a) fand weiter, daß bei neutraler Reaktion die Reduktion unter Sauerstoffentwicklung bis zur Chromsäure, in Gegenwart von Säure dagegen bis zum 3wertigen Chrom fortschreitet. Er konnte mit dieser BARRESWILLschen Reaktion Wasserstoffperoxyd noch in einer Grenzverdünnung von 1:10000 durch deutliche azurblaue Färbung des Wassers nachweisen, falls mit Schwefelsäure angesäuert war.

Verwendete er (b) 5 g Wasser, welches 0,2 mg Wasserstoffperoxyd enthielt, und gab er 10 g alkoholfreien Äther und einige Tropfen verdünnter schwefelsaurer Chromsäure hinzu, so war nach Schütteln die blaue Farbe des Äthers noch nachweisbar.

Grenzvolumen: 5 cm^3.
Grenzmenge: 0,2 mg.
Grenzverdünnung: 1:25000.

Bei einer Grenzverdünnung von 1:100000 konnte Wasserstoffperoxyd auch mit Äther nicht mehr nachgewiesen werden.

FAIRLEY gelang unter Verwendung von 1 cm³ und einem Tropfen einer 10%igen Chromsäurelösung noch der Nachweis von 0,1 mg Wasserstoffperoxyd. Eine Grenzverdünnung ist seinen Angaben aber nicht zu entnehmen. Ähnliche Ergebnisse wurden auch von CAMPBELL-STARK und von STORER mitgeteilt.

Eine sehr wesentliche Steigerung der Empfindlichkeit erfuhr dieser Nachweis durch LAPIN, der fand, daß durch in Äther gelöste Überchromsäure eine alkoholische ätherische Lösung von Diphenylcarbohydracid $CO(NH \cdot NHC_6H_5)_2$ rotviolett gefärbt wird bis weit unterhalb der Grenze, an der die blaue Färbung der ätherischen Überchromsäurelösung noch wahrnehmbar ist.

Der Nachweis wird folgendermaßen ausgeführt: Man erwärmt einige Kristalle Diphenylcarbohydracid mit 0,5 cm³ 96 vol.-%igem Alkohol und fügt nach dem Erkalten 5 cm³ absoluten Äther hinzu. Die vollständig farblose Flüssigkeit läßt sich einige Tage aufbewahren. Die zu untersuchende Flüssigkeit wird mit 2 bis 3 Tropfen 20 vol.-%iger Schwefelsäure angesäuert und mit 3 bis 4 cm³ frisch bereitetem absolutem Äther und einigen Tropfen 0,01 n Dichromatlösung versetzt. Falls nur sehr wenig Wasserstoffperoxyd vorhanden ist, dürfen nicht mehr als 2 bis 3 Tropfen der obenerwähnten Dichromatlösung zugesetzt werden. Das Probierglas wird umgeschüttelt, wobei die sich bildende Überchromsäure in die Ätherschicht übergeht. Man läßt den Äther sich abscheiden und gießt vorsichtig 2 Tropfen des Carbohydracidreagenses hinzu. Bei Anwesenheit von Überchromsäure färbt sich die Ätherschicht sofort rosaviolett. Mittels dieser Reaktion lassen sich noch 5 γ Wasserstoffperoxyd in 5 bis 10 cm³ der zu untersuchenden Flüssigkeit nachweisen. Der käufliche Äther ist nicht verwendbar, da die Peroxyde, welche in ihm enthalten sind, auch bei Abwesenheit von Wasserstoffperoxyd eine positive Reaktion geben.

Wenn in der zu untersuchenden Flüssigkeit Wasserstoffperoxyd nicht enthalten ist, so bleibt die Ätherschicht farblos, aber an der Grenze der Äther- und Wasserschicht bildet sich beim Stehen ein rotvioletter Ring infolge der Reaktion des Diphenylcarbohydracids auf die im Wasser befindlichen Chromate. Beim Durchschütteln färbt sich die Wasserschicht intensiv rotviolett, welche Färbung aber nicht in die Ätherschicht übergeht, also die Reaktion nicht stört.

Grenzvolumen: 5 bis 10 cm³.

Grenzmenge: 5 γ.

Grenzverdünnung: 1:1000000 bis 1:2000000.

Die obenerwähnte Rotviolettfärbung des Wassers, die durch Einwirkung von Diphenylcarbohydracid auf Chromsäure entsteht, war von CAZENEUVE gefunden und zum Nachweis von Chromsäure bis zu Verdünnungen von 1:10000000 verwendet worden, wenn ausreichende Flüssigkeitsmengen, 500 cm³, zur Verfügung stehen. Wie oben schon gesagt, wird in saurer Lösung Überchromsäure unter Sauerstoffentwicklung zu Chrom(III)-salz reduziert, welches die von CAZENEUVE gefundene Reaktion nicht gibt. Werden also sehr geringe Mengen des Chromats durch Wasserstoffperoxyd reduziert, unter intermediärer Überchromsäurebildung, so wird diese Farbreaktion, die an sich mit der Chromsäure eintreten müßte, durch Wasserstoffperoxyd verhindert, da es die Chromsäure zu Chrom(III)-salz reduziert hat. Auf diesen beiden Reaktionen, nämlich der Färbung von Chromsäure durch Diphenylcarbohydracid und der Reduktion der Chromsäure durch Wasserstoffperoxyd, begründete LAPIN eine weitere Nachweisreaktion, die an Empfindlichkeit die vorher beschriebenen noch übertrifft.

Praktisch kann der Wasserstoffperoxydnachweis diesem Prinzip nach folgendermaßen ausgeführt werden: Zur angesäuerten Chromatlösung wird die zu untersuchende Flüssigkeit hinzugefügt; man läßt die Mischung einige Minuten stehen und gießt 2 Tropfen der 1%igen alkoholischen Diphenylcarbohydracidlösung hinzu. Tritt die Färbung nicht ein, so bedeutet das die Anwesenheit von Wasserstoffperoxyd. Da aber die Mischung des Kaliumdichromats mit Schwefelsäure unter der Einwirkung von Ionen des 2wertigen Eisens, der Sulfide der Alkohole und anderer Stoffe leicht in 3wertiges Chrom übergeht, muß die Reaktion in Gegenwart von Brom, welches diese Verbindungen vollständig oxydiert, durchgeführt werden. Zu dieser Probe braucht man 1. 1%ige alkoholische Diphenylcarbohydracidlösung; 2. Bromwasser; 3. gesättigte wäßrige Phenollösung; 4. schwache Chromatlösung. Zur Bereitung der letzteren gießt man in einen 100 cm^3-Meßkolben 0,2 cm^3 einer 0,01 n Kaliumdichromatlösung, fügt 25 cm^3 20%ige (dem Vol. nach) Schwefelsäure hinzu und füllt mit Wasser zur Marke auf.

Die zu untersuchende Flüssigkeit wird mit einigen Tropfen verdünnter Schwefelsäure schwach angesäuert und vorsichtig so lange mit Bromwasser versetzt, bis die gelbe Farbe des freien Broms konstant bleibt. 2 bis 3 cm^3 dieser so vorbereiteten Flüssigkeit werden mit 2 cm^3 des Chromats (Reagens 4) und nach 5 bis 6 Min. mit einigen Tropfen Phenol versetzt. Durch Bildung des Tribromphenols wird die Flüssigkeit farblos. Dann werden 2 bis 3 Tropfen Diphenylcarbohydracidlösung (Reagens 1) beigemischt. Sogar bei Anwesenheit von nur 2 γ H_2O_2 tritt die für das CrO_4-Ion charakteristische Färbung nicht ein. Geringere Mengen von Wasserstoffperoxyd können festgestellt werden, wenn man die Färbung der Probe mit einer Blindprobe, welche anstatt der zu untersuchenden Flüssigkeit das gleiche Vol. Wasser enthält, vergleicht. Nach der Intensität der Färbungen kann man bis 0,5 γ Wasserstoffperoxyd erkennen. Die Anwesenheit von Alkohol, Kohlehydraten und Eiweiß stören die Reaktion nicht. Eine Ausnahme macht Formaldehyd, welcher mit Diphenylcarbohydracid ein in Wasser und Alkohol schwer lösliches Kondensationsprodukt bildet.

Grenzvolumen: 5 bis 10 cm^3.

Grenzmenge: 0,5 γ.

Grenzverdünnung: 1:10000000 bis 1:20000000.

Lapin fügt noch hinzu, daß die zuletzt erwähnte Methode zur quantitativen colorimetrischen Analyse ganz geringer Mengen von Wasserstoffperoxyd dienen kann und daß sich hieraus auch eine Tüpfelanalysenmethode zur Bestimmung der Peroxyde ausarbeiten ließe.

Eine kritische Nachricht über diese wichtige Nachweisreaktion liegt leider noch nicht vor.

Reichard wies nach, daß die Chromsäurereaktion durch Vanadinsäure beeinträchtigt wird, daß aber durch Zusatz von Phosphorsäure und Arsensäure, von denen die letztere den Nachteil hat, mit Schwefelwasserstoff Fällungen zu geben, diese Beeinträchtigung aufgehoben wird.

2. Nachweis mit Titanverbindungen.

Schönn fand, daß saure Lösungen von Titansulfat, feste Titansäure und auch reduzierte violettgefärbte Titanlösungen durch verdünntes Wasserstoffperoxyd rotgelb gefärbt werden, und daß diese Reaktion zum Nachweis von Wasserstoffperoxyd verwendet werden kann. Weller nahm an, daß die Färbung auf der Bildung von Pertitansäure beruht (TiO_3) und benutzte sie zur colorimetrischen Bestimmung von Titan. Schwarz wies jedoch nach, daß die orangerote Färbung auf die Bildung einer komplexen Säure $\left[\begin{matrix}O\\|\\O\end{matrix}\!\!>Ti(SO_4)_2\right]H_2$ zurückzuführen ist, während die Pertitansäure rein gelb gefärbt ist. Ilosvay de N. Ilosva konnte mit Lösungen von Pertitansäure eine geringere Verdünnung als 1:90000 nicht mehr feststellen. Er verfährt hierbei so, daß er in ein enges Reagensglas 2 bis 3 cm^3 der Titansäurelösung gibt, über die er 1 bis 5 cm^3 der zu untersuchenden Lösung schichtet. Es wird dann vorsichtig bewegt und die Gelbfärbung beobachtet. Daraus berechnet sich:

Grenzvolumen: 1 bis 5 cm^3.

Grenzmenge: 11 bis 55 γ.

Grenzverdünnung: 1:90000.

SCHÖNE gelang es, durch Verwendung von nur einem Tropfen der Titansäurelösung, den er in einem Reagensglas verteilte, nach Zuschütten der zu untersuchenden Lösung etwa $^1/_{10}$ der obigen Menge nachzuweisen.

Grenzvolumen: 1 bis 5 cm^3.

Grenzmenge: 1 bis 5 γ.

Grenzverdünnung: 1:900000.

RICHARZ und LONNES haben der Titansäurereaktion die folgende bemerkenswerte Form gegeben. Da in Gegenwart von Schwefelsäure die Kaliumjodidprobe (Jodausscheidung) deshalb versagt, weil durch die Schwefelsäure infolge der Oxydation der gebildeten Jodwasserstoffsäure durch Luft stets Bläuung der Stärke eintritt, so wird der Titannachweis auf schwefelsaure Wasserstoffperoxydlösungen angewendet: Es lassen sich noch 20 γ Wasserstoffperoxyd in 100 cm^3 1%iger Schwefelsäure mit Sicherheit nachweisen, sogar 15 γ Wasserstoffperoxyd in 100 cm^3 1%iger Schwefelsäure geben in 15 cm langer Schicht noch eine deutliche Gelbfärbung. 0,1 g Titansäure werden durch Erhitzen mit 10 g 70%iger Schwefelsäure in Lösung gebracht und nach dem Erkalten mit Wasser auf etwa 50 cm^3 verdünnt. Auf 100 cm^3 der Wasserstoffperoxyd enthaltenden Schwefelsäure werden 10 Tropfen Titansäurelösung zugesetzt.

Grenzvolumen: 100 cm^3.

Grenzmenge: 15 γ.

Grenzverdünnung: 1:6700000.

Da man für eine 15 cm lange Schicht bei 1 cm^2 Querschnitt nur etwa $^1/_7$ der obigen Lösung, bei geringerem Querschnitt noch entsprechend weniger braucht, so läßt sich die Empfindlichkeit der Probe ganz wesentlich steigern, wobei man auf Grenzmengen von 1 γ und darunter kommen kann, besonders wenn man die Schichtlänge vergrößert.

STAEDEL berichtet, daß Titanschwefelsäure bei einer Verdünnung 1:18000 dunkelgelb, 1:180000 hellgelb, 1:1800000 in dicken Schichten noch blaßgelb, aber deutlich wahrnehmbar durch Wasserstoffperoxydlösung gefärbt wird.

FEIGL und FRÄNKEL weisen durch Tüpfelreaktion auf Tüpfelpapier, das mit Titansäurelösung getränkt ist, das Wasserstoffperoxyd nach und finden:

Grenzvolumen: 1 Tropfen (0,05 cm^3).

Grenzmenge: 3 γ.

Grenzverdünnung: 1:16000.

3. Nachweis mit Vanillin-Salzsäure.

GRIEBEL hat gefunden, daß bei der Einwirkung von Wasserstoffperoxyd auf Vanillin, das in starker Salzsäure gelöst ist, sich prächtige stahlblaue bis schwarzblaue, z. T. ästig verzweigte Kristallaggregate ausscheiden. Gegebenenfalls muß das Wasserstoffperoxyd verdünnt werden. Die Ausführung erfolgt folgendermaßen: 1 Tropfen der zu prüfenden Flüssigkeit bzw. einige Körnchen der zu prüfenden Substanz werden auf einen mit Hohlschliff versehenen Objektträger gebracht und mit 1 Tropfen einer 1%igen Vanillinlösung in starker Salzsäure versetzt. Die Vanillin-Salzsäure-Lösung wird so hergestellt, daß 0,1 g Vanillin unter Erwärmen in 10 cm^3 Salzsäure von 25% aufgelöst werden. Bei Gegenwart etwas größerer Mengen Wasserstoffperoxyd tritt nach 5 bis 10 Min. eine rötlichbraune Färbung der Flüssigkeit ein. Beim freiwilligen Verdunsten der Mischung scheiden sich schwarzviolette bis schwarzblaue haarfeine Nädelchen aus, die zu schön verzweigten Gebilden vereinigt sind. Man erhält besonders schöne Kristallaggregate, wenn man eine alkoholhaltige Vanillin-Salzsäure herstellt, die man erhält, wenn man 0,1 g Vanillin in 1 cm^3 Alkohol auflöst und 9 cm^3 25%ige Salzsäure hinzugibt. Die Form dieser Kristallausscheidung ist aus der Abb. 45 zu ersehen. Zuweilen bilden sich auch dichtere Kristallaggregate, die dann schwarz erscheinen.

Grenzvolumen: 0,02 cm³ (1 kleiner Tropfen).
Grenzmenge: 25 γ.
Grenzverdünnung: 1:800.

Bei halb so großen Mengen fallen die Ergebnisse bald positiv, bald negativ aus. Die Empfindlichkeit dieses Nachweises ist demnach nicht sehr groß, aber spezifisch. Es scheint die Möglichkeit zu bestehen, die Empfindlichkeit wesentlich zu steigern.

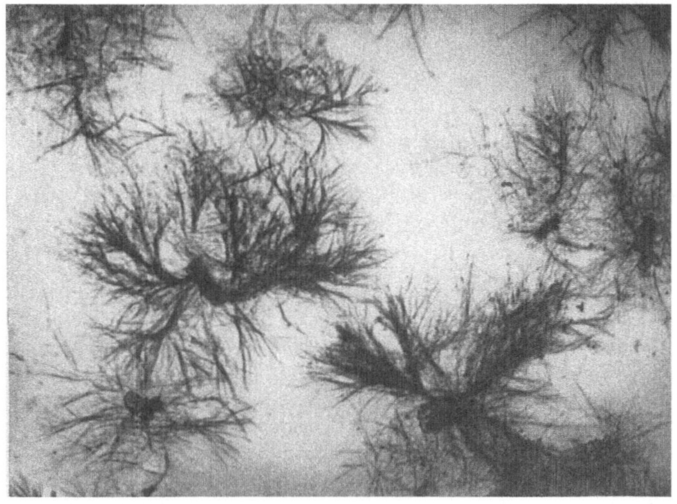

Abb. 45. Mikrobild der zum Nachweis von Wasserstoffperoxyd dienenden Reaktion zwischen Vanillin in Salzsäure und Wasserstoffperoxyd: stahlblaue Nadeln in 500facher Vergrößerung.

Die Reaktion wird auch mit Natriumperborat und Magnesiumperoxyd (also mit allen mit Salzsäure Wasserstoffperoxyd liefernden Verbindungen) erhalten, nicht aber mit Hypochlorit, Perchlorat, Nitrit und Chloramin. Leider ist nicht von GRIEBEL angegeben, wie sich Persulfate verhalten.

§ 13. Nichtspezifische Nachweise.

1. Oxydation von Bleisulfid.

KEMPF benutzt die Oxydation des schwarzen Bleisulfids zu weißem Bleisulfat in folgender Weise für den Nachweis von Wasserstoffperoxyd: Gelatinepapier (photographisches Kopierpapier nach dem Ausfixieren) oder Gelatine-Celluloid-Filme werden mit einer 0,01- bis 0,05%igen Lösung von Bleiacetat getränkt, darauf in gesättigtes Schwefelwasserstoffwasser getaucht, dann ausgewaschen und schließlich getrocknet. Oder man löst in der Bleiacetatlösung eine kleine Menge von Gelatine auf, fällt das Bleisulfid mit Schwefelwasserstoff und trägt die Suspension mit einem Pinsel auf mattes Porzellan auf. Es entstehen so handliche deutlich verfärbte Flächen, die eine äußerst geringe Menge Schwefelblei enthalten. Je ein Tropfen stark verdünnter Wasserstoffperoxydlösung, die in 1 cm³ 0,4 bis 0,004 cm³ Wasserstoffperoxyd enthält, wird aufgetüpfelt, darauf wird beobachtet, bei welcher Mindestkonzentration nach einiger Zeit eine deutliche Aufhellung erfolgt. Es gelang, noch 0,5 γ Wasserstoffperoxyd entsprechend etwa 1 γ Bleisulfid mit Sicherheit nachzuweisen.

Grenzvolumen: 0,04 cm^3 (1 Tropfen).
Grenzmenge: 0,5 γ.
Grenzverdünnung: 1:80000.

Von FEIGL und FRÄNKEL konnte durch Verwendung des Tüpfelpapiers von Schleicher & Schüll, das zuerst mit verdünnter Bleiacetatlösung getränkt wurde, dann in Schwefelwasserstoffgas eingehängt war und schließlich getrocknet wurde, die Grenzmenge auf 0,04 γ erniedrigt werden.

Grenzvolumen: 0,04 cm^3.
Grenzmenge: 0,04 γ.
Grenzverdünnung: 1:1000000.

FREYTAG konnte zeigen, daß bei Verwendung des Filterpapiers Nr. 602h von Schleicher & Schüll eine gleichmäßige Entwicklung und Haftung des PbS-Niederschlages gewährleistet wird und eine Grenzmenge von 0,01 γ H_2O_2 bei einer Grenzverdünnung von 1:5000000 als Tüpfelreaktion erfaßbar ist. Es lassen sich auch an flächigen oder fasrigen Gebilden (Papier, Holz, Haar) adsorbierte Wasserstoffperoxydmengen durch Abdruck nachweisen.

2. Entfärbung höherer Nickeloxyde.

Eine mit Bromwasser versetzte Lösung von Baryt, Bariumhypobromit wird mit Nickelsulfatlösung zusammengebracht. Die Mengenverhältnisse werden so gewählt, daß ein grauer Niederschlag entsteht, der filtriert, ausgewaschen und feucht in einer dicht schließenden Flasche aufbewahrt wird. Die so erhaltene Mischung von Bariumsulfat und Nickel(III)-oxyd ist längere Zeit benutzbar. Von dieser Paste verwenden FEIGL und FRÄNKEL je ein hirsegroßes Stück in zwei benachbarten Vertiefungen einer Tüpfelplatte. Auf das eine Stückchen der Paste wird ein Tropfen der Probelösung, auf das andere ein Tropfen Wasser gegeben. Je nach der Menge des Wasserstoffperoxyds in der Probelösung tritt Entfärbung oder Aufhellung ein.

Grenzvolumen: 0,04 cm^3.
Grenzmenge: 0,01 γ.
Grenzverdünnung: 1:4000000.

3. Oxydation von Vanadinsäure.

Von WERTHER war gefunden worden, daß eine angesäuerte Lösung von Alkalivanadat, mit nach BÖTTGER „ozonisiertem“ Äther (der peroxydhaltig ist) oder mit wäßriger Wasserstoffperoxydlösung behandelt, eine Rotfärbung gibt, die nicht in Äther übergeht. Er stellte fest, daß bei einer Grenzverdünnung 1:40000 noch deutliche und bei einer Grenzverdünnung von 1:80000 noch eine schwache rosarote Färbung auftritt.

SCHÖNN hat offenbar unabhängig von WERTHER diese Wirkung von Wasserstoffperoxyd auf Vanadinsäure nochmals gefunden (vgl. WELLER). MEYER und PAWLETTA haben diese Reaktion untersucht und gefunden, daß sich in Gegenwart eines erheblichen Schwefelsäureüberschusses eine Verbindung: $\left(\equiv V\langle{}^{O}_{O}|\right)_2 (SO_4)_3$ bildet, die rotbraun gefärbt ist. Mit mehr Wasserstoffperoxyd geht diese Verbindung in die gelbe Peroxovanadinsäure $(VO_2)(OH)_3$ über. Unter Berücksichtigung der Bildungsbedingungen der rotbraunen Verbindung haben MEYER und PAWLETTA einen sicheren Nachweis von Wasserstoffperoxyd bis zu einer Grenzverdünnung 1:160000 finden können, ohne daß sie allerdings die genaueren Bedingungen dafür angeben.

FEIGL und FRÄNKEL verwenden diese Reaktion bei einer Tüpfelprobe. Sie tränken Tüpfelpapier mit einer angesäuerten 1%igen Alkalivanadatlösung. Ein Tropfen der Probelösung, auf das getrocknete Tüpfelpapier gebracht, gibt je nach Menge des

Wasserstoffperoxyds einen gelben bis rosaroten Fleck je nach der Verbindung, die sich nach MEYER und PAWLETTA bildet.

Grenzvolumen: 0,04 cm³.
Grenzmenge: 3 γ.
Grenzverdünnung: 1:13000.

4. Reduktion von Goldsalzen.

FEIGL und FRÄNKEL verwenden die Reduktion von neutralen Goldsalzen durch Wasserstoffperoxyd zu Gold in folgender Weise: Ein Tropfen einer 0,01%igen Goldlösung wird im Mikrotiegel mit einem Tropfen der Probelösung erwärmt. Nach kurzer Zeit wird die Lösung durch kolloidales Gold rötlich oder bläulich gefärbt.

Grenzvolumen: 0,05 cm³.
Grenzmenge: 0,07 γ.
Grenzverdünnung: 1:700000.

5. Durch Alkalirhodanid.

Die Tatsache, daß Alkalirhodanide mit Oxydationsmitteln und auch mit Wasserstoffperoxyd gelbrote Niederschläge oder Färbungen geben, benutzen FEIGL und FRÄNKEL in folgender Weise: 1 cm³ einer mit Schwefelsäure angesäuerten 5%igen Kaliumrhodanidlösung versetzen sie mit einem Tropfen der Probelösung. Hierbei bildet sich je nach der Menge des Wasserstoffperoxyds ein gelbroter Niederschlag oder eine ebensolche Färbung.

Grenzvolumen: 0,05 cm³.
Grenzmenge: 0,7 γ.
Grenzverdünnung: 1:70000.

6. Oxydation von Cer(III)-carbonat zu Cer(IV)-carbonat.

LECOQ DE BOISBAUDRAN wie auch JOB hatten die Oxydation von farblosen Cer(III)-salzen zu gelben Cer(IV)-salzen durch Wasserstoffperoxyd für den Nachweis von Cer verwendet. PLANK benutzte diese Umsetzung in folgender Weise für den Nachweis von Wasserstoffperoxyd:

Eine etwa 0,1 m Cer(III)-sulfatlösung wird mit überschüssiger konzentrierter Kaliumcarbonatlösung vermischt, bis sich der anfangs entstehende Niederschlag von Cer(III)-carbonat wieder auflöst. Von dieser farblosen Lösung von Kaliumcer(III)-carbonat verwendet man 1 bis 2 Tropfen, welche in der Vertiefung einer Tüpfelplatte oder in einer kleinen Porzellanschale mit der auf Wasserstoffperoxyd zu prüfenden Lösung vermischt werden. Ist die Wasserstoffperoxydmenge 1 γ oder größer, so tritt sofort eine Farbänderung nach Gelb ein. Bei noch geringeren Mengen ist ein Blindversuch erforderlich, da die Reagenslösung, die im übrigen stets frisch zu bereiten ist, nach einiger Zeit, wie bekannt, durch den Luftsauerstoff gelb gefärbt wird.

Grenzvolumen: 0,016 cm³.
Grenzmenge: 0,1 γ.
Grenzverdünnung: 1:160000.

Schon vorher hatten LENZ und RICHTER Cer(III)-chlorid in der Weise verwendet, daß einige Tropfen einer Lösung von 0,2 g käuflichem Cer(III)-chlorid in Wasser unter Zusatz einiger Tropfen Salzsäure zu 2 Tropfen einer 0,03%igen Lösung von Wasserstoffperoxyd, die mit 2 Tropfen Ammoniak versetzt waren, zugegeben wurden. Es trat eine schwache Gelbfärbung ein.

Grenzvolumen: 0,1 cm³.
Grenzmenge: 30 γ.
Grenzverdünnung: 1:3300.

7. Mit Kaliumjodidstärke in Gegenwart von Katalysatoren.

Bei der Einwirkung von sehr verdünnter Wasserstoffperoxydlösung auf Kaliumjodidstärkekleister ohne Katalysatoren fand SCHÖNE bei Untersuchungen dieser schon lange bekannten Reaktion, daß bei einer Verdünnung des Wasserstoffperoxyds von 1:1000000 erst nach ¼ Std. eine höchst schwache hellviolette Färbung eintrat, die nach 6 Std. tiefdunkelblau wurde. Bei einer Verdünnung von 1:10000000 begann die Lösung sich erst nach 2 Std. höchst schwach zu färben; nach 6 Std. war eine schwache hellviolette Färbung eingetreten, während bei einer Verdünnung von 1:50000000 überhaupt keine Färbung mehr eintrat. Dieser Nachweis ist, abgesehen von der nur sehr langsam eintretenden Färbung, sehr wenig spezifisch, da die Jodausscheidung aus Kaliumjodid und damit die Bläuung durch sehr viele Stoffe herbeigeführt wird. Er wird erst bis zu einem gewissen Grade spezifisch, wenn man in Gegenwart von Katalysatoren arbeitet, von denen Eisen(II)-sulfat (SCHÖNBEIN) in neutraler, Kupfersulfat (TRAUBE) in saurer Lösung und Molybdänsäure (BRODE) vorgeschlagen wurden, da Ozon, salpetrige Säure, Chlor und andere Oxydationsmittel Jod sofort ausscheiden.

HOUZEAU schlägt vor, um diese Stoffe vor der Probe zu beseitigen, die zu untersuchende Flüssigkeit anzusäuern und vor der Zugabe von Kaliumjodid einige Minuten zu kochen, wobei sich, wie er nachwies, die Menge des Wasserstoffperoxyds nicht verändert.

Die Menge des zuzusetzenden Eisen(II)-sulfats darf nur sehr gering sein, da, wie MEISSNER fand, zu große Mengen die Blaufärbung verhindern. SCHÖNBEIN verwendet eine 0,25%ige Lösung von Eisen(II)-sulfat. Vor allem muß die Wasserstoffperoxydlösung neutral sein, da Säure das Eisen(II)-sulfat unwirksam macht, so daß gleichfalls keine Bläuung eintritt, was WELTZIEN bestätigt. BRODE erklärt diese Erscheinung durch Zurückdrängung der Eisen-Ionen, ein Vorgang, der auch durch Zusatz von Natriumsulfat veranlaßt wird. Es kommt übrigens, wie gleichfalls BRODE nachwies, nur auf die Anwesenheit von Eisen-Ionen an, wobei es gleichgültig ist, ob sie 2- oder 3wertig sind. Er gibt weiter an, daß in einer 0,0001 n Peroxydlösung (Verdünnung 1:600000) einige Tropfen einer Eisen(II)-sulfatlösung, die ein Mol Eisen(II)-sulfat auf 100000 Liter enthält, die Bläuung von Kaliumjodidstärke innerhalb weniger Minuten eintritt. Wie oben schon gesagt, wird die Reaktion des Wasserstoffperoxyds auf Kaliumjodidstärkelösung einigermaßen spezifisch, wenn Katalysatoren verwendet werden. Die Erklärung dafür ist, daß, wie gleichfalls oben schon gesagt wurde, andere Oxydationsmittel eine sofortige Bläuung, auch ohne Katalysatoren, geben, während Wasserstoffperoxyd nur sehr langsam einwirkt. Hat man also eine Probelösung, welche keine sofortige Einwirkung zeigt, wohl aber nach Zusatz von Katalysatoren eine Einwirkung auftritt, so ist die Anwesenheit von Wasserstoffperoxyd mit großer Sicherheit nachgewiesen. Tritt ohne Zusatz von Katalysatoren eine sofortige Umsetzung auf, so muß man verfahren, wie HOUZEAU angegeben hat, und nunmehr die Probe, wie vorher beschrieben, durchführen, wobei das Nichteintreten einer sofortigen Einwirkung, bei Abwesenheit von Katalysatoren, die Sicherheit gibt, daß andere störende Oxydationsmittel beseitigt sind.

SCHÖNBEIN fand, womit die Angaben von ILOSVAY DE N. ILOSVA (0,5 mg Wasserstoffperoxyd in 1000 cm^3) übereinstimmen, die Grenzverdünnung bei 1:2000000. SCHÖNE zeigte bei Verwendung je eines Tropfens einer 0,5%igen Eisen(II)-sulfatlösung und einer 5%igen Kaliumjodidlösung und 2 bis 3 cm^3 des Stärkewassers, daß eine 0,0001%ige Lösung von Wasserstoffperoxyd (1:1000000) sich augenblicklich stark blau färbte, eine 0,00001%ige Lösung (1:10000000) sich nach Zugabe von 1 Tropfen Eisen(II)-sulfatlösung nach wenigen Sekunden deutlich schwach blauviolett färbte, und daß eine 0,000002%ige (1:50000000) nach wenigen Sekunden eine sehr schwache hellviolette noch gut wahrnehmbare Färbung gab. Das ist die Grenzverdünnung, da eine 0,000001%ige Lösung (1:100000000) keine Spur einer Färbung mehr zeigte.

Je nach der Konzentration des Wasserstoffperoxyds verschwinden die Färbungen nach 24 Std., nach 1 Std. oder nach ½ Std.:

Grenzverdünnung: 1:50000000.

TRAUBE fand, daß die Reaktion auch in saurer Lösung nichts von ihrer Schärfe einbüßt, wenn Kupfersulfat zugegen ist. Er verfährt so, daß er die Spuren von Wasserstoffperoxyd enthaltender Lösung mit wenig verdünnter Schwefelsäure und Kaliumjodidstärkekleister, darauf mit 1 bis 4 Tropfen einer 2%igen Kupfersulfatlösung und erst dann mit ganz wenig einer 0,5%igen Eisen(II)-sulfatlösung versetzt. Es tritt dann entweder sofort oder nach wenigen Sekunden deutliche Bläuung ein.

BRODE hat gefunden, daß Wolframsäure und insbesondere Molybdänsäure sehr starke Katalysatoren der Reaktion zwischen Kaliumjodid und Wasserstoffperoxyd sind, und zwar auch in Gegenwart von Säure, mit deren Stärke die katalytische Wirkung stieg.

Auch Bleiessig wirkt katalytisch auf die Reaktion, wie SCHÖNBEIN feststellte. Läßt man zu 20 g Wasser, das Wasserstoffperoxyd im Verhältnis 1:1000000 enthält, 1 oder 2 Tropfen einer verdünnten Bleiessiglösung fallen und fügt diesem Gemisch einige Tropfen einer verdünnten Kaliumjodidstärkelösung hinzu, so bläut es sich, wenn nicht sofort, doch bald deutlich, augenblicklich aber und viel stärker beim Vermischen mit verdünnter Essigsäure oder Salpetersäure, welch letztere frei von Spuren von NO_2 sein muß:

Grenzverdünnung: 1:3000000.

8. Durch Guajactinktur und Diastase (Malzauszug).

OSANN hatte SCHÖNBEIN vorgeschlagen, für die Prüfung auf Ozon Guajactinktur zu verwenden. Dieser benutzte den Vorschlag auch für Wasserstoffperoxyd und gab hierfür folgende Vorschriften: Zu einigen Grammen Wasser, das Wasserstoffperoxyd im Verhältnis 1:1000000 enthält, tröpfelt man so viel Guajactinktur, bis milchige Trübung eintritt. Fügt man nun Malzauszug hinzu, so bläut sich das Gemisch ziemlich rasch auf das augenfälligste; sogar Wasser, welches Wasserstoffperoxyd in einer Verdünnung von 1:10000000 enthält, verursacht unter den erwähnten Umständen noch eine sichtliche Bläuung. Nehmen wir für „einige Gramme" eine Menge von 5 g = 5 cm³ an, so erhalten wir:

Grenzvolumen: 5 cm³.

Grenzmenge: 0,5 γ.

Grenzverdünnung: 1:10000000.

Nach SCHÖNE muß für die Durchführung der Reaktion beachtet werden, daß für die 1%ige alkoholische Guajac-Harzlösung Teile aus der Mitte eines größeren Stückes genommen werden, und daß der diastatische Malzextrakt durch Übergießen von 500 g Trockenmalzmehl mit 350 cm³ Wasser und 700 g Glycerin und Abfiltrieren nach 8tägigem Stehen gewonnen wird. Beide Lösungen sind, im Dunkeln aufbewahrt, einige Tage haltbar. Auf die Notwendigkeit von Blind- und Kontrollversuchen muß bei der Empfindlichkeit dieser Nachweisreaktion nochmals besonders hingewiesen werden. SCHÖNE konnte so noch 0,02 bis 0,05 mg Wasserstoffperoxyd im Liter nachweisen:

Grenzverdünnung: 1:50000000.

Da freie salpetrige Säure, Ozon, Chlor usw. auch ohne diastatischen Malzextrakt eine Bläuung mit Guajac-Harzlösung geben, Wasserstoffperoxyd aber erst nach Zusatz von diastatischem Malzextrakt, so ist dieser Nachweis fast als ein spezifischer für Wasserstoffperoxyd anzusehen. Es sei hingewiesen auf die Parallele zwischen diastatischem Malzextrakt und Eisen(II)-sulfat bzw. Kupfersulfat, die im vorhergehenden Abschnitt behandelt worden sind.

Für Milchuntersuchungen ist die Guajacreaktion von EYRARD und JOUFFRET verwendet worden. Mit wasserstoffperoxydhaltiger Milch wird starke Blaufärbung hervorgerufen. In Rohmilch bzw. pasteurisierter Milch sind 0,2 bis 0,4% noch nach 5 bis 70 bzw. 30 Std. nachweisbar.

Grenzvolumen: 5 cm³.

Grenzmenge: 10 mg.

Grenzverdünnung: 1:500.

9. Durch Reduktion von Hexacyanoferrat(III).

Wie schon früher ausgeführt wurde, wird Kaliumhexacyanoferrat(III) durch Wasserstoffperoxyd in neutraler oder alkalischer Lösung zu Kaliumhexacyanoferrat(II) reduziert. Diese Reaktion hat man zum Nachweis in zweifacher Weise ausgenützt.

a) Reduktion von Eisen(III)-hexacyanoferrat(III) zu Berliner Blau. Wasserstoffperoxyd reduziert Eisen(III)-hexacyanoferrat(III) zu Eisen(III)-hexacyanoferrat(II). Zur Ausführung dieses Nachweises geben FEIGL und FRÄNKEL in zwei benachbarte Vertiefungen einer Tüpfelplatte je einen Tropfen einer durch Vermischen von gleichen Mengen einer 0,4%igen Eisen(III)-chloridlösung und einer 0,8%igen Kaliumhexacyanoferrat(III)-lösung erhaltenen Suspension und fügen zu dem einen Tropfen einen Tropfen Wasser und zu dem anderen Tropfen einen Tropfen der zu untersuchenden Lösung. Je nach der Menge des Wasserstoffperoxyds entsteht eine mehr oder weniger intensive Blaufärbung, welche mit der Blindprobe verglichen wird (vgl. SCHÖNBEIN).

Grenzvolumen: 0,04 cm³.

Grenzmenge: 0,08 γ.

Grenzverdünnung: 1:500000.

SCHÖNBEIN ließ auf die zu untersuchende Flüssigkeit, die genau neutralisiert war, einige Tropfen einer verdünnten Eisen(III)-chloridlösung und etwas Kaliumhexacyanoferrat(III) einwirken. Die zuerst grüne Flüssigkeit scheidet nach wenigen Augenblicken durch Reduktion des Hexacyanoferrats(III) zu -ferrat(II) entstehendes Berliner Blau aus:

Grenzverdünnung: 1:50000000.

Auch diese Reaktion ist ziemlich spezifisch, da Ozon, Chlor und andere Oxydationsmittel Hexacyanoferrat(III) natürlich nicht reduzieren und andere Reduktionsmittel auch das Eisen(III)-salz zu Eisen(II)-salz reduzieren, so daß im Grenzfall Eisen(II)-hexacyanoferrat(II) entsteht, das sich aber leicht bläut. Im übrigen können Reduktionsmittel neben Wasserstoffperoxyd im allgemeinen nicht bestehen.

WOBBE stellt sich die Reagenslösung so her, daß er 2 Tropfen der offizinellen Eisen(III)-chloridlösung mit 9,8 bis 10,3% Eisen mit 90 cm³ Wasser verdünnt, tropfenweise eine frisch bereitete Kaliumhexacyanoferrat(III)-lösung zusetzt, bis eine weingelbe Lösung entsteht, worauf er auf 100 cm³ auffüllt.

DENIGÈS fand im Gegensatz zu den obigen Angaben von SCHÖNBEIN, daß die Grenzverdünnung für diese Nachweisreaktion 1:5000000 beträgt (0,2 mg/l).

b) Kaliumhexacyanoferrat(III) und ammoniakalische Silbersalzlösung. DENIGÈS gründete einen mikroskopischen bzw. nephelometrischen Nachweis auf der Unlöslichkeit von Silberhexacyanoferrat(II) $[Ag_4Fe(CN)_6]$ in ammoniakalischer Lösung, während das Silberhexacyanoferrat(III) $[Ag_3Fe(CN)_6]$ in Ammoniak löslich ist. Das Reagens wird so hergestellt, daß 5 bis 6 Tropfen einer 3%igen Silbernitratlösung in 2 cm³ Ammoniaklösung (120 g NH_3/l) gelöst werden und zu dieser Lösung unter Bewegen 2 Tropfen einer 6%igen Lösung von Kaliumhexacyanoferrat(III) zugefügt werden. Diese gelbe Lösung hält sich einige Stunden unverändert. Bei großer Verdünnung des Wasserstoffperoxyds gibt man zu 5 cm³ der Probelösung 3 Tropfen oder bei noch größerer Verdünnung zu 20 cm³ der Probelösung 12 Tropfen der Reagenslösung und prüft nach 10 Min. Stehen in einer Schichtdicke von 10 bis 12 cm. Die Empfindlichkeit ist 0,2 mg bzw. 0,1 mg H_2O_2 im Liter = 0,001 mg in

5 cm³ oder 0,002 mg in 20 cm³ der Probe (un louche très appréciable avec 0,1 mg H_2O_2/l).

Grenzvolumen: 5 cm³ bzw. 20 cm³.

Grenzmenge: 1 γ bzw. 2 γ.

Grenzverdünnung: 1:5000000 bzw. 1:10000000.

Bemerkenswert ist der Vorschlag von DENIGÈS für eine vollquantitative Untersuchung, das nach Abfiltrieren des Niederschlags in Lösung verbliebene Silber zu bestimmen. Voraussetzung ist hierfür, daß genau bekannte Mengen Silbersalz zur Fällung verwendet werden. Leider fehlen für diesen Vorschlag die Zahlenangaben. Unter Abwandlungen der Arbeitsbedingungen kann an Stelle von $AgNO_3$ auch $CdSO_4$ oder $ZnSO_4$ verwendet werden.

10. Oxydation von Phthalinen.

SCHALES verwendet die Oxydation von in alkalischer Lösung farblosem Phenolphthalin (4·4′-dioxytriphenylmethancarbonsäure) und Fluorescin durch Wasserstoffperoxyd zu den in alkalischer Lösung rotgefärbten Verbindungen des Phenolphthaleins (4·4′-Dioxytriphenylcarbinolcarbonsäureanhydrid) und des Fluoresceins für den Nachweis von Wasserstoffperoxyd. Er verfährt folgendermaßen:

a) Phenolphthalin. 1 g Phenolphthalein wird in 20 cm³ Wasser unter Zusatz von 10 g Ätznatron gelöst und nach Zusatz von 5 g Zinkstaub am Rückflußkühler gekocht. Die nach 2 Std. farblose Lösung wird durch ein gehärtetes Filter filtriert und über einigen Zinkkörnern gut verschlossen im Dunkeln aufbewahrt. Zu 1 cm³ der zu prüfenden Lösung wird 1 Tropfen einer 0,01 m Kupfersulfatlösung und 1 Tropfen der Reagenslösung hinzugegeben (1 Tropfen = 0,04 cm³). Bei einer Wasserstoffperoxydverdünnung von 1:2000000 entsteht ein sehr kräftiger Effekt, bei 1:10000000 nach 5 Sek. eine deutliche Rosafärbung, die nach 20 Sek. noch zugenommen hat.

Grenzvolumen: 1 cm³.

Grenzmenge: 0,1 γ.

Grenzverdünnung: 1:10000000.

Für die Tüpfelprobe werden je ein Tropfen der Peroxydlösung, der Kupfersulfatlösung und der Reagenslösung zusammengebracht. Noch bei einer Verdünnung von 1:1000000 zeigt sich eine deutlich stärkere Färbung als beim Blindversuch.

Grenzvolumen: 0,04 cm³.

Grenzmenge: 0,04 γ.

Grenzverdünnung: 1:1000000.

Wird eine verdünntere Reagenslösung verwendet, so steigt die Empfindlichkeit noch bedeutend. 10 cm³ der Reagenslösung werden mit 30 cm³ Wasser verdünnt. Ein Tropfen dieser verdünnten Lösung wird zu 5 cm³ der zu prüfenden Lösung zugefügt, so daß also die Phenolphthalinkonzentration $^1/_{20}$ der unter Verwendung der konzentrierten Lösung angestellten Probe beträgt. Nach Zusatz von einem Tropfen der 0,01 m Kupfersulfatlösung kann man noch bei einer Verdünnung von 1:100000000 nach 30 Sek. einen rosa Schimmer gegen einen reinweißen Hintergrund sicher feststellen, während bei einer Verdünnung von 1:200000000 das nicht mehr der Fall ist.

Grenzvolumen: 5 cm³.

Grenzmenge: 0,05 γ.

Grenzverdünnung: 1:100000000.

Falls gefärbte Lösungen vorliegen, läßt sich das Phthalein durch seine grüne Absorptionsbande, deren Mitte bei 554,7 mμ liegt, nachweisen.

b) Fluorescin. 10 mg Fluorescin werden mit 5 cm³ Alkohol, 7 cm³ Wasser, 1 g Ätznatron sowie einer Spatelspitze Zinkstaub auf dem Wasserbad erwärmt, bis das Fluorescin verschwunden ist. Es wird mit Wasser auf 100 cm³ verdünnt, 100 cm³

Alkohol zugegeben und filtriert. Die erhaltene Lösung ist farblos, bei schwacher Fluorescenz.

1 Tropfen dieser Reagenslösung wird zu 1 cm^3 der zu prüfenden Lösung hinzugegeben und 1 Tropfen der 0,01 m Kupfersulfatlösung zugefügt. Noch bei einer Verdünnung von 1:5000000 tritt deutliche Fluorescenz auf.

Grenzvolumen: 1 cm^3.

Grenzmenge: 0,2 γ.

Grenzverdünnung: 1:5000000.

Auch hier wird durch die Anwendung einer verdünnten Reagenslösung die Empfindlichkeit gesteigert. 5 cm^3 der Fluorescinlösung werden auf 100 cm^3 mit Wasser verdünnt, 5 cm^3 der zu prüfenden Lösung mit 2 Tropfen der verdünnten Reagenslösung und 2 Tropfen der 0,01 m Kupfersulfatlösung versetzt und mit der Analysenquarzlampe geprüft (UV-Licht). Bei einer Grenzverdünnung von 1:10000000 tritt innerhalb von 2 Min. Fluorescenz ein. Die verdünnte Lösung muß stets frisch hergestellt werden.

Grenzvolumen: 5 cm^3.

Grenzmenge: 0,5 γ.

Grenzverdünnung: 1:10000000.

Auf die Notwendigkeit von Blind- und Kontrollversuchen sei bei der Empfindlichkeit dieses Nachweises nochmals hingewiesen.

Inwieweit noch größere Verdünnungen bei Anwendung größerer Mengen der zu prüfenden Lösung durch diesen Nachweis erfaßt werden können, müßte noch durch Versuche festgestellt werden.

11. Nachweis durch Chemiluminescenz.

a) Lophin. Die Chemiluminescenz von Lophin (Triphenylimidazol) wurde von RADZISZEWSKI neben der von Amarin und Hydrobenzamid gefunden. Sie wurde von VILLE und DERRIEN zum Nachweis von Wasserstoffperoxyd unter Zusatz von Hämin, ohne welches keine sichtbare Luminescenz eintritt, benutzt. Sie mischten 5 cm^3 einer Lösung von 0,4 g Lophin in 100 cm^3 Alkohol mit 6 Tropfen einer 10%igen Sodalösung und gaben 10 bis 12 Tropfen einer etwa 3%igen Wasserstoffperoxydlösung hinzu. Nach Zusatz von 8 bis 10 Tropfen einer Hämatinlösung oder einiger Kriställchen Hämin oder auch einer Blutlösung trat eine kräftige Luminescenz auf. Versuche über die Grenzempfindlichkeit dieser Reaktion wurden nicht gemacht.

b) Luminol. Luminol ist 3-Aminophthalsäurehydracid. Seine Chemoluminescenz wurde von LOMMEL, Leverkusen, erkannt. Er teilte seine Beobachtungen an KAUTZKY mit, auf dessen Veranlassung ALBRECHT Untersuchungen darüber anstellte. Nach GLEU und PFANNSTIEL ist das 3-Aminophthalsäurehydracid in der weißen

NH CO

Form NH NH wirksam. ALBRECHT erkannte, daß die durch Wasserstoff-

CO

peroxyd hervorgerufene Luminescenz durch Sauerstoff abgebende Verbindungen wie Kaliumhexacyanoferrat(III), Hypochlorit oder ammoniakalische Kupfersulfatlösung so verstärkt wird, daß beim Auftropfen einer 1%igen Lösung von 3-Aminophthalsäurehydracid (oder des Diacetylderivats), die alkalisch gemacht und mit etwas Wasserstoffperoxyd versetzt war (auf 50 cm^3 der 1%igen Luminollösung in 5%iger Natronlauge kamen 4 bis 5 Tropfen 3%iger Wasserstoffperoxydlösung), aus einer Bürette in eine Schale, die alkalische, konzentrierte Kaliumhexacyanoferrat(III)-lösung oder nicht so konzentrierte Natriumhypochloritlösung enthielt, jedesmal eine glänzende Perle von blendend blauweißer Farbe entstand, die selbst im hellen Sonnenschein noch sichtbar war. Die Verdünnung des Wasserstoffperoxyds war also etwa 1:10000, ohne daß damit die Grenzverdünnung auch nur im entferntesten erreicht war. Auch Blut, Peroxydasen, Mangan(IV)-oxyd und kolloidales Platin verwendete ALBRECHT als Katalysator für das Wasserstoffperoxyd.

In Anlehnung an VILLE und DERRIEN schlagen GLEU und PFANNSTIEL die Verwendung von Hämin (an Stelle von Blut) für die katalytische Zersetzung des Wasserstoffperoxyds vor. LANGENBECK und RUGE verwenden Luminol für den Wasserstoffperoxydnachweis, der zu den empfindlichsten Reaktionen auf Wasserstoffperoxyd gehört. 0,1 g Luminolchlorhydrat und 2 mg Hämin, das nach der Pyridinmethode umkristallisiert war, werden in 100 cm³ einer 1%igen Sodalösung aufgelöst. Mit Hilfe einer Pipette werden einige Tropfen auf eine weiße glasierte Porzellanplatte gebracht und mit je einem Tropfen der stufenweisen verdünnten Wasserstoffperoxydlösung versetzt. Bei Betrachtung in der Dunkelkammer gab die Lösung mit einem Gehalt von $2 \cdot 10^{-5}$% Wasserstoffperoxyd noch gerade merkbare Luminescenz, so daß sich also eine Menge von 0,012 γ noch eben nachweisen ließ.

Grenzvolumen: 0,06 cm³.
Grenzmenge: 0,012 γ.
Grenzverdünnung: 1:5000000.

HARVAY hatte schon beobachtet, daß die Chemiluminescenz bei Stromdurchgang an jeder Anode und an Quecksilberkathoden (Wasserstoffüberspannung) auftritt; er bezeichnete diese Erscheinung als Galvanoluminescenz. Ebenso tritt nach ihm Chemiluminescenz an feuchten alkalisch gemachten Oberflächen von Aluminium, Zink, Cadmium und Zinn auf und ferner, wenn eine Sauerstoffflamme auf die Oberfläche einer alkalischen Lösung gerichtet wird. Sie zeigt sich auch in Berührung mit oxydierendem Phosphor und ist demnach in allen Fällen durch aktiven Sauerstoff veranlaßt.

LANGENBECK und RUGE hatten die Bildung von aktivem Sauerstoff (Wasserstoffperoxyd) bei der Autoxydation von Dioxindol und 3-Aminooxindolchlorhydrat durch Chemiluminescenz gezeigt, so daß also auch in Gegenwart von reduzierenden Stoffen der Nachweis von Wasserstoffperoxyd möglich ist. Schließlich sei noch hingewiesen auf DRUCKREY und RICHTER, welche Luminol zum Nachweis der Wasserstoffperoxydbildung bei den verschiedensten Stoffumsetzungen verwendeten und feststellten, daß durch Abwesenheit von Sauerstoff die Luminescenz verhindert wird, daß also ein Oxydationsvorgang ihre Ursache ist (siehe die Literaturzusammenstellung dieser Arbeit).

STEIGMANN hat in dieser Reaktion das Hämin durch Kupferoxyd-Ammoniakspuren setzen können und wendet die Reaktion auch zum Nachweis von Kupfer an.

Arbeitsvorschrift. Als Reagens dient eine Lösung von Luminol (1 + 1000). Man bringt einen Tropfen der Reagenslösung, verdünnt mit der gleichen Menge Wasser, auf ein Kupferblech und setzt dazu im Dunkeln einen Tropfen der Probelösung. Eine mehrere Sekunden anhaltende Luminescenz zeigt Wasserstoffperoxyd an; Persulfate ohne Kupfer geben nur ein mattes Aufleuchten. Deshalb ist zur Unterscheidung ein Blindversuch auf Glas erforderlich.

Grenzvolumen: 0,05 cm³.
Grenzmenge: 0,05 γ.
Grenzverdünnung: 1:1000000.

12. Sonstige Nachweisreaktionen.

Aus der sehr großen Anzahl anderer Nachweisreaktionen, auf die im einzelnen nicht näher eingegangen werden kann, seien noch kurz die folgenden behandelt:

a) Kaliumpermanganat. SCHÖNBEIN hat bei einer Grenzverdünnung von 1:1000000 die Entfärbung von Kaliumpermanganat bei Verwendung etwas größerer Mengen der zu prüfenden Flüssigkeit gefunden.

b) Eisen(II)-hexacyanoferrat(II). Eisen(II)-hexacyanoferrat(II), aus reinem Eisen(II)-salz und gelbem Blutlaugensalz hergestellt, wird nach SCHÖNBEIN durch Wasserstoffperoxyd in einer Verdünnung von 1:500000 „augenfälligst" blau gefärbt. BARRALET fand, daß 1 cm³ Wasserstoffperoxyd = 6 γ, mit 20 cm³ Eisen(II)-hexacyanoferrat(II)-suspension vermischt, noch deutlich feststellbare Bläuung gibt. Die Suspension ist für jede Probe neu herzustellen oder unter Petroleum aufzubewahren.

c) Metallsalze. Zu 20 cm³ Wasser, das Wasserstoffperoxyd in einer Verdünnung von 1:1000000 = 20 γ enthält, werden, nach Zugabe geringer Mengen *Bleisalze*, gemäß SCHÖNBEIN 1 oder 2 Tropfen verdünnten Kaliumjodidstärkekleisters gegeben. Es tritt, wenn nicht sofort, dann aber augenblicklich beim Vermischen mit verdünnter Essigsäure oder nitritfreier Salpetersäure Bläuung ein:

Grenzverdünnung: 1:3000000.

In ähnlicher Weise wirken nach SCHÖNBEIN auch *Nickel-*, *Kobalt-* und *Wismutsalze* (vgl. auch LEUCHTER).

d) Apomorphin. Apomorphin: $C_{17}H_{17}O_2N$ gibt nach PAVELKA mit Wasserstoffperoxyd in essigsaurer Lösung eine blaugrüne Verbindung, die sich mit Essigester, Chloroform, Schwefelkohlenstoff, Äther, Benzol, Tetrachlorkohlenstoff, Amylacetat und anderen ausschütteln läßt. Die zu untersuchende Lösung wird mit 2 bis 3 Tropfen und 50%iger Essigsäure versetzt und nach Zugabe von 1 bis 2 mg Apomorphin bis nahe zum Sieden erhitzt. Nach dem Erkalten wird mit Essigester ausgeschüttelt.

Grenzvolumen: 5 cm³ oder 1 cm³.

Grenzmenge: 0,33 γ oder 0,2 γ.

Grenzverdünnung: 1:15000000 oder 1:5000000.

e) Mit alkalischer Weinsäure-Eisen(II)-salzmischung. DENIGÈS gibt für den Nachweis mit alkalischer Weinsäure-Eisen(II)-salzmischung folgende Vorschrift: Zu 5 cm³ einer 5%igen Weinsäurelösung gibt man 0,1 cm³ = 2 Tropfen einer 5%igen Eisen(II)-ammoniumsulfatlösung. Nach dem Mischen fügt man 1 bis 2 Tropfen offizineller, etwa 3%iger Wasserstoffperoxydlösung, bei sehr verdünnten Lösungen 2 cm³ der Wasserstoffperoxydlösung hinzu. Nach Zufügen von 6 Tropfen einer 20%igen Ätznatronlösung wird umgeschüttelt; bei Anwesenheit von Wasserstoffperoxyd tritt eine violette Färbung auf, welche nach FENTON der violett gefärbten Eisen(III)-verbindung der Dioxyweinsäure zuzuschreiben ist. Noch bei 0,04 bis 80,05 mg Wasserstoffperoxyd in der Probe tritt eine erkennbare violette Färbung ein.

Grenzvolumen: 2 cm³.

Grenzmenge: 0,04 mg.

Grenzverdünnung: 1:50000.

Literatur.

ALBRECHT, H. O.: Ph. Ch. **136**, 323 (1928).

BACH, A.: C. r. **119**, 1218 (1894). — BARRALET, E. S.: Chem. N. **80**, 136 (1899). — BARRESWILL: Ann. Chim. Phys. **20**, 364 (1847); C. r. **16**, 1085 (1843); J. pr. **41**, 393 (1847). — BOETTGER, R.: Jber. phys. Verein Frankfurt a. M. **1871/72**, 23. — BRODE, J.: Ph. Ch. **37**, 257 (1901).

CAMPBELL-STARK, A.: Pharm. J. Trans. **52**, 757, 1185 (1893). — CAZENEUVE, P.: Bl. [3] **23**, 701 (1900).

DENIGÈS, G.: C. r. **211**, 196 (1940); Bl. Soc. Pharm. Bordeaux **80**, 5 u. 10 (1942). — DRUCKREY, H., u. R. RICHTER: Naturwiss. **29**, 28 (1941).

EYRARD, A., u. R. J. JOUFFRET: Lait **23**, 141 (1943).

FAIRLEY, TH.: Chem. N. **33**, 237 (1876). — FEIGL, F., u. E. FRÄNKEL: Mikrochem. **12**, 303 (1932/33). — FENTON, H. J. H.: Soc. **65**, 899 (1894); Pr. chem. Soc. **194**, 119 (1897/98). — FRESENIUS, R.: Fr. **24**, 410 (1885). — FREYTAG, H.: Fr. **131**, 77 (1950) u. Z. Naturforschg. **5 b**, 123 (1950).

GLEU, K., u. K. PFANNSTIEL: J. pr. N. F. **146**, 137 (1936). — GRIEBEL, C.: Mikrochem. **9**, 313 (1931).

HARVAY, N.: J. physic. Chem. **33**, 1456 (1929). — HEPPE: Die chemischen Reactionen der wichtigsten anorganischen und organischen Stoffe, S. 359. Leipzig: Kollm[illegible] 1875. — HOUZEAU, A.: Ann. Chim. Phys. [4] **13**, 111 (1868); C. r. **66**, 44 (1868).

ILOSVAY DE N. ILOSVA: (a) Bl. [3] **2**, 364 (1889); (b) [3] **2**, 347 (1889).
JOB, A.: C.r. **126**, 246 (1898).
KAUTZKY, H.: Ph. Ch. **136**, 323 (1928). — KEMPF, R.: Fr. **89**, 88 (1932). — KUHLBERG, L., u. L. MATWEJEW: J. angew. Chem. (russ.) **9**, 754 (1936); Betriebslab. (russ.) **7**, 905 (1937).
LANGENBECK, W., u. U. RUGE: B. **70**, 367 (1937). — LAPIN, L. N.: Fr. **102**, 418 (1935). — LECOQ DE BOISBAUDRAN: C. r. **100**, 605 (1855). — LENZ, W., u. E. RICHTER: Fr. **50**, 540 (1911). — LEUCHTER, M.: Ch. Z. **35**, 1111 (1911); durch C. **82**, **II**, 1483 (1911). — LOMMEL, W.: Ph. Ch. **136**, 323 (1928).
MEISSNER, G.: Untersuchungen über den Sauerstoff. Hannover 1863; Jbr. **81** u. **144** (1863). — MEYER, J., u. A. PAWLETTA: Fr. **69**, 15 (1926).
OSANN, G.: Pogg. Ann. **67**, 372 (1846).
PAVELKA, E.: Mikrochem. **8**, 47 (1930). — PLANK, E.: Fr. **99**, 105 (1934).
QUARTAROLI, A.: G. **55**, 264 (1925); Ann. Chim. appl. **15**, 32 (1925); **24**, 70 (1934).
RADZISZEWSKI, B.: B. **10**, 70 (1877); A. **203**, 305 (1880). — REICHARD, C.: Fr. **40**, 517 (1901). — RICHARZ, F., u. C. LONNES: Ph. Ch. **20**, 147 (1896).
SCHALES, O.: B. **71**, 447 (1938). — SCHMIDT, J., u. H. LUMPP: B. **43**, 794 (1910). — SCHÖNBEIN, CHR. FR.: (a) J. pr. **98**, 270 (1866); (b) **79**, 67 (1860); (c) **86**, 130 (1862); (d) **105**, 219 (1868); (e) **93**, 60 (1864). — SCHÖNE, EM.: (a) B. **26**, 3031 (1893); (b) **13**, 627 (1880); (c) Fr. **33**, 137 (1894). — SCHÖNN: Fr. **9**, 41, 330 (1870). — v. SOBBE, O.: Ch. Z. **35**, 898 (1911); durch C. **82**, **II**, 787 (1911). — SCHWARZ, R.: Z. anorg. Ch. **210**, 303 (1933). — STAEDEL, W.: Angew. Ch. **15**, 642 (1902). — STEIGMANN, A.: Photogr. Ind. **35**, 1365 (1937); J. Soc. chem. Ind. **61**, 36, 68 (1942). — STORER, F. H.: Pr. Am. Acad. **4**, 338 (1859).
TRAUBE, M.: B. **17**, 1062, 1064 (1884).
VILLE, J., u. E. DERRIEN: C. r. **156**, 2021 (1913).
WEBER, K., A. REŽEK u. V. VOUK: B. **75**, 114 (1942). — WEBER, K., u. M. KRAJČINOVIĆ: B. **75**, 2051 (1942). — WELLER, A.: B. **15**, 2592 (1882). — WELTZIEN, C.: A. **138**, 129 (1866). — WERTHER, G.: J. pr. **88**, 195 (1861). — WURSTER, C.: B. **19**, 319 (1886); **21**, 921 (1888).

§ 14. Über die Bestimmung von Säuren in Wasserstoffperoxyd.

A. Titration mit Indicatoren.

Da Wasserstoffperoxyd selbst eine wenn auch sehr schwache Säure ist, so ist bei der Auswahl der Indicatoren hierauf Rücksicht zu nehmen, ähnlich wie es ja auch die Anwesenheit freier Kohlensäure verlangt. ENDEMANN verwendet Phenolphthalein als Indicator und behauptet, daß man wegen der Bildung des Natriumhydrogenperoxyds NaOOH, von TAFEL gefunden und Natrylhydroxyd genannt — es ist das Mononatriumsalz des Wasserstoffperoxyds —, nur den halben Wert erhalte, so daß für eine technische Prüfung die Verdoppelung des so erhaltenen Wertes genüge. Das ist unzweifelhaft falsch, wie wir später sehen werden. ENDEMANN schlägt auch Erhitzen und Eindampfen der Wasserstoffperoxydlösung mit überschüssiger 0,2 n NaOH und Zurücktitrieren mit 0,2 n HCl vor. Hierbei werden, falls sich beim Eindampfen kein Carbonat gebildet hat, auch unter Verwendung von Phenolphthalein richtige Werte erhalten, falls alles Wasserstoffperoxyd zerstört ist. LÜNING bezeichnet die Ergebnisse von ENDEMANN mit Recht für falsch, behauptet aber, daß die Titration mit Phenolphthalein in der Kälte richtige Werte gäbe, was aber wegen des Charakters des Wasserstoffperoxyds als schwache Säure auch nicht genau stimmt. WÖHLER und FREY stellen gegenüber ENDEMANN fest, daß sich die Säure in Wasserstoffperoxydlösungen aber auch mit Phenolphthalein als Indicator titrieren läßt. In der Kälte kann Phenolphthalein auch ohne Zerstörung des Wasserstoffperoxyds verwendet werden, wenn die Konzentration des Peroxyds geringer als 2,5 bis 3% ist, ohne daß ein zu großer Fehler entsteht. Bei höheren Konzentrationen macht sich die Säureeigenschaft des Wasserstoffperoxyds bemerkbar, so daß das Wasserstoffperoxyd wie jede andere schwache Säure vor der Titration entfernt werden muß, wenn nicht eine Korrektur angebracht wird. Die nachstehende Tabelle 18 gibt an, wieviel Kubikzentimeter einer 0,1 n Alkalilösung von der bei der Titration von 25 cm^3 einer Wasserstoffperoxydlösung verbrauchten Anzahl Kubikzentimeter abzuziehen sind, um den richtigen Wert zu erhalten. Die abzuziehenden in der Tabelle 18 angegebenen Werte stellen also den Säurewert des Wasserstoffperoxyds bei Verwendung von Phenolphthalein als Indicator dar.

Tabelle 18. Titration gegen Phenolphthalein.

Für	25 cm³	eines	0,17%igen	H_2O_2	sind	abzuziehen	0,19 cm³	0,1 n	Alkali
„	25 „	„	1,0	„	„	„	0,2 „	0,1 n	„
„	25 „	„	1,5	„	„	„	0,25 „	0,1 n	„
„	25 „	„	2,0	„	„	„	0,28 „	0,1 n	„
„	25 „	„	3,0	„	„	„	0,38 „	0,1 n	„
„	25 „	„	4,0	„	„	„	0,48 „	0,1 n	„
„	25 „	„	5,0	„	„	„	0,55 „	0,1 n	„
„	25 „	„	6,0	„	„	„	0,72 „	0,1 n	„

Gegenüber SCHMATOLLA, der empfohlen hatte, nur Kongorot bei Titrationen zu verwenden, verweisen WÖHLER und FREY darauf hin, daß auch mit Methylorange ein genügend scharfer Umschlag erzielt wird. Jedoch dürfte der Vorschlag SCHMATOLLAS bei höheren Wasserstoffperoxydkonzentrationen doch beachtenswert sein, da der Umschlag des Kongorots erst bei einer höheren H^+-Konzentration erfolgt. WÖHLER und FREY stellen schließlich noch fest, daß sich das Alkali im Natrylhydroxyd glatt mit Phenolphthalein und Säuren titrieren läßt (natürlich unter Berücksichtigung der Korrektur in der Tabelle, wobei aber keine Subtraktion, sondern eine Addition der Korrekturwerte zu erfolgen hat).

Die fehlerhaften Werte ENDEMANNS sind nur durch Carbonatbildung beim Eindampfen zu erklären, wodurch ein Verschwinden von Alkali vorgetäuscht wird, so daß man, wie LÜNING fand, richtige Werte erhält, wenn man den beim Eindampfen mit überschüssigem Alkali erhaltenen Rückstand in der Hitze mit Säuren von bestimmtem Gehalt löst und dann die Säure zurücktitriert, ohne daß er dafür aber die richtige Erklärung gibt. Das Deutsche Arzneibuch, 6. Aufl. 1926, S. 354 und 356, verwendet Phenolphthalein als Indicator für die Säurebestimmung sowohl für die 3%ige Wasserstoffperoxydlösung als auch für die auf 3% verdünnte 30%ige Wasserstoffperoxydlösung.

Am sichersten ist aber nach alledem, das Wasserstoffperoxyd vor der Titration katalytisch zu zerstören, was schon mit Rücksicht auf das mögliche Vorhandensein schwächerer Säuren, die zum Zwecke der Haltbarmachung zugefügt sind, zu empfehlen ist. ENELL hatte nämlich auf Unterschiede hingewiesen, die bei der Titration der Säuren bei Verwendung von Phenolphthalein einerseits und Jodeosin in Äther und Dimethylaminoazobenzol andererseits als Indicatoren erhalten werden, weil ersteres auch auf schwache organische Säuren reagiert, die wie z. B. Acetanilid, die Diäthylbarbitursäure (auch Luminal) und Phenacetin oder ähnliche gelegentlich dem Wasserstoffperoxyd zum Zwecke der Haltbarmachung zugesetzt werden. Mit Jodeosin und Dimethylaminoazobenzol läßt sich das Natrium im Natriumsalz der Diäthylbarbitursäure titrieren.

Den besten Einblick gewähren zwei Titrationen, von denen die erste mit Phenolphthalein und die zweite mit Methylorange, Kongorot oder Dimethylaminoazobenzol als Indicatoren ausgeführt wird.

Einen ganz anderen Weg beschreibt MACRI, der eine Säuretitration mit Kaliumpermanganat vorschlägt. Auf Grund der Gleichung (3):

$$2\,KMnO_4 + 5\,H_2O_2 + 3\,H_2SO_4 = K_2SO_4 + 2\,MnSO_4 + 5\,O_2 + 8\,H_2O$$

wird eine Entfärbung einer Kaliumpermanganatlösung durch die Wasserstoffperoxydlösung nur so lange erfolgen, als die für die obige Gleichung erforderliche Menge Säure ausreicht. Ist die Säure verbraucht, dann tritt eine gelbbraune Farbe auf (kolloidales Mangan(IV)-oxydhydrat) infolge der Einwirkung von Kaliumpermanganat auf gebildetes Mangansalz. Die Kaliumpermanganatlösung muß langsam unter guter Verteilung zugesetzt werden, und die Feststellung des Endpunktes bedarf einer gewissen Übung. Dann aber sollen die Ergebnisse befriedigend sein; jedoch werden Vergleichszahlen nicht gegeben. Sind nur sehr geringe Säuremengen vorhanden, dann soll die Gegenwart geringer Mengen Magnesiumsulfat die Reaktion befördern.

B. Bestimmung von Salzsäure und Phosphorsäure.

Für die *Cl'-Bestimmung* werden nach SCHMATOLLA 10 cm³ der Wasserstoffperoxydlösung mit etwas Wasser verdünnt, 25 Tropfen verdünnte Schwefelsäure (1 + 5), etwa 0,5 bis 1 g Eisen(II)-sulfat und schließlich 5 cm³ 0,1 n Silbernitratlösung zugesetzt, und das überschüssige Silbernitrat wird mit einer 0,1 n Ammoniumrhodanidlösung zurücktitriert. *Phosphorsäure* wird nach DALIÉTOS so bestimmt, daß zur Zerstörung des Wasserstoffperoxyds zur Trockne eingedampft, der Rückstand mit einigen Tropfen Salpetersäure gelöst und nach Zugabe von Ammonmolybdatlösung auf 50° erwärmt wird. Es entsteht ein gelber Niederschlag von Ammoniumphosphormolybdat. Die Phosphorsäure kann natürlich auch als Magnesiumpyrophosphat zur Wägung gebracht werden.

C. pH-Bestimmungen in Wasserstoffperoxydlösungen.

REICHERT und HULL beschreiben eine elektrometrische Bestimmung der Säure an Glaselektroden, die mit Vorteil besonders in gefärbten und getrübten Lösungen verwendet werden kann.

REICHERT und HULL haben ausführliche Untersuchungen über die pH-Bestimmung in Wasserstoffperoxydlösungen sowohl colorimetrisch als potentiometrisch vorgenommen. Auf Grund ihrer Ergebnisse läßt sich sowohl in alkalischen wie in sauren Lösungen der pH-Wert genau feststellen, wobei die colorimetrisch und poten-

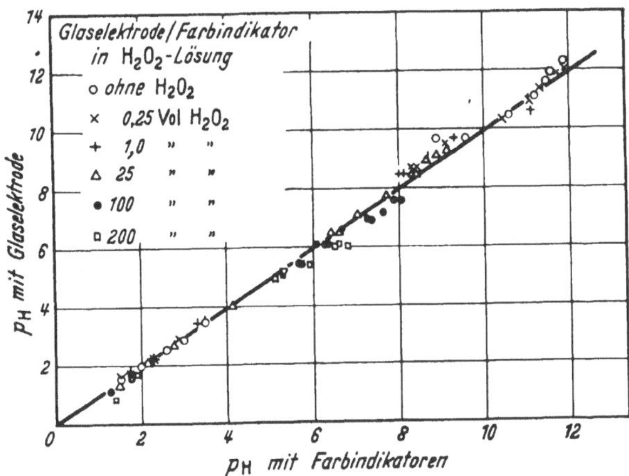

Abb. 46. pH-Bestimmung mit Farbindicatoren und mit Glaselektrode. (Nach REICHERT u. HULL.)

tiometrisch gewonnenen Ergebnisse im allgemeinen übereinstimmen. In gefärbten und trüben Lösungen hat sich besonders die potentiometrische Bestimmungsmethode bewährt, und zwar unter Verwendung einer Glaselektrode, während Wasserstoffelektrode, Chinhydronelektrode und die Metall-Metallion-Elektrode, wie die Antimonelektrode, im oxydierenden Medium schwere Irrtümer veranlassen.

Bei allen chemischen Prozessen, die Natriumperoxyd, Wasserstoffperoxyd oder Natriumperborat verwenden, ist die pH-Kontrolle ebenso wichtig wie die Kontrolle von Temperatur, Zeit und Konzentration, da man die Zersetzung des Wasserstoffperoxyds durch Einhaltung eines günstigen p_H-Bereiches weitgehend beeinflussen kann. Im allgemeinen ist Wasserstoffperoxyd in sauren Lösungen haltbarer, da in sauren Lösungen die metallischen Katalysatoren, die als Verunreinigungen meist zugegen sind, nicht oder weniger wirksam sind als in alkalischen Lösungen. Abgesehen von der Wirkung der Katalysatoren (auch der oft zugesetzten negativen Katalysatoren, Inhibitoren) ist natürlich auch die Wirkung auf die elektrolytische Dissoziation des Wasserstoffperoxyds für die Haltbarkeit von Einfluß, da durch Säuren diese, die an sich sehr gering ist, vollständig zurückgedrängt wird, so daß keine HO_2-Ionen vorhanden sind. Das gleiche trifft aber auch für sehr stark alkalische Lösungen zu, in denen mehr Alkali vorhanden ist, als dem Alkalisalz des Wasserstoffperoxyds entspricht, da auch hier durch das Alkali die Bildung von HO_2-Ionen verhindert wird.

Tabelle 19.

Indicator	p_H Range
m-Cresol purple	1,2— 2,8
La Motte yellow	2,6— 4,2
Bromophenol blue	3,0— 4,6
Bromocresol green	3,8— 5,4
Chlorophenol red	5,2— 6,8
Bromocresol purple	5,2— 6,8
Bromothymol blue	6,0— 7,6
Phenol red	6,8— 8,4
Cresol red	7,2— 8,8
Thymol blue	8,0— 9,6
La Motte oleo red	8,6—10,2
La Motte purple	9,6—11,2
La Motte sulfo orange	11,0—12,6

Aus der Abb. 46 ist die Übereinstimmung zwischen den mit Indicatoren und der Glaselektrode erhaltenen Werten zu ersehen, wobei für die Werte mit der Glaselektrode einer Korrektur entsprechend den Natrium-Ionenkonzentrationen vorgenommen wurde, und zwar betragen diese Korrekturen maximal 0,4 p_H bei einem p_H-Wert von 12,3.

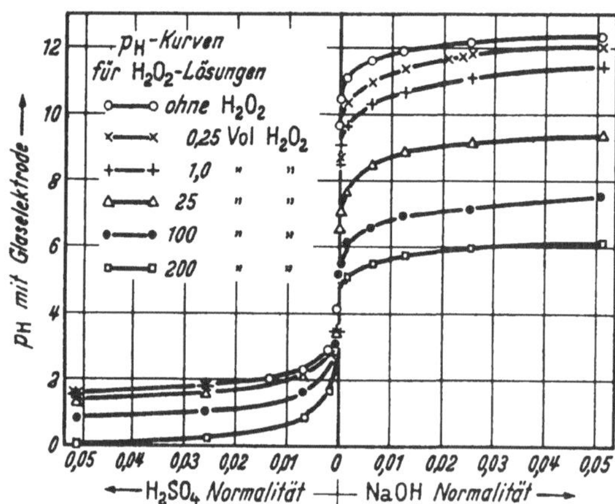

Abb. 47. p_H-Kurven für H_2O_2. (Nach Reichert u. Hull.)

Die verwendeten Indicatoren sind aus der obenstehenden Tabelle 19 zu ersehen, wobei wir die amerikanischen Namen beibehalten.

Die nach den beiden Methoden erhaltenen Werte sind in guter Übereinstimmung, obwohl in einigen Fällen die Abweichung 0,8 p_H beträgt. Vollständige Übereinstimmung wurde auf der sauren Seite mit m-Cresol purple, La Motte yellow, Bromophenol blue und Bromocresol green erhalten. In diesen Indicatoren war die größte Abweichung zwischen den colorimetrischen und potentiometrischen p_H-Werten geringer als 0,2 p_H, bei Wasserstoffperoxydkonzentration bis und einschließlich 100 Vol.-% (= etwa 30 g in 100 cm³).

Über die Beziehungen, die zwischen dem p_H-Wert und der Normalität an Säure bzw. an Alkali bestehen, die durch den Säurecharakter der Wasserstoffperoxyds (vgl. Bredig und Calvert, ferner Calvert) bedingt sind, geben die beiden Tabellen 20 und 21 Auskunft.

In der Abb. 47 sind die Ergebnisse dieser beiden Tabellen graphisch dargestellt. Aus der Tabelle 20 und dieser graphischen Darstellung ist zu ersehen, daß bei einer

Tabelle 21.

H_2O_2-Konzentration in Vol. Sauerstoff	Normalität NaOH	p_H (Glaselektrode)
0,0	0,0001	9,70
0,0	0,0004	10,44
0,0	0,0016	11,07
0,0	0,0064	11,59
0,0	0,0128	11,91
0,0	0,0256	12,16
0,0	0,0512	12,29
0,25	0,0001	8,70
0,25	0,0004	9,60
0,25	0,0016	10,35
0,25	0,0064	10,94
0,25	0,0128	11,35
0,25	0,0210	11,64
0,25	0,0240	11,73
0,25	0,0256	11,82
0,25	0,0512	12,02
1,0	0,0001	8,47
1,0	0,0004	9,08
1,0	0,0016	9,69
1,0	0,0064	10,32
1,0	0,0128	10,62
1,0	0,0256	11,08
1,0	0,0512	11,40
25	0,0001	6,55
25	0,0004	7,08
25	0,0016	7,70
25	0,0064	8,45
25	0,0128	8,93
25	0,0256	9,15
25	0,0512	9,37
100	0,0001	5,13
100	0,0004	5,43
100	0,0016	6,10
100	0,0064	6,55
100	0,0128	6,93
100	0,0256	7,14
100	0,0512	7,52
200	0,0004	4,90
200	0,0016	5,07
200	0,0064	5,40
200	0,0128	5,75
200	0,0256	5,98
200	0,0512	6,10

Tabelle 20.

H_2O_2-Konzentration in Vol. Sauerstoff	H_2SO_4 Normalität	p_H (Glaselektrode)
0,0	0,0001	4,12
0,0	0,0004	3,49
0,0	0,0016	2,90
0,0	0,0064	2,28
0,0	0,0128	2,02
0,0	0,0512	1,55
0,25	0,0001	4,07
0,25	0,0004	3,40
0,25	0,0016	2,82
0,25	0,0064	2,24
0,25	0,0256	1,78
0,25	0,0512	1,55
1,0	0,0001	4,10
1,0	0,0004	3,46
1,0	0,0016	2,88
1,0	0,0064	2,28
1,0	0,0256	1,80
1,0	0,0512	1,55
25	0,0001	4,08
25	0,0004	3,40
25	0,0016	2,75
25	0,0064	2,12
25	0,0256	1,60
25	0,0512	1,35
100	0,0004	3,05
100	0,0064	1,55
100	0,0256	1,00
100	0,0512	0,80
200	0,0004	2,80
200	0,0016	1,63
200	0,0064	0,85
200	0,0256	0,20
200	0,0512	0,00

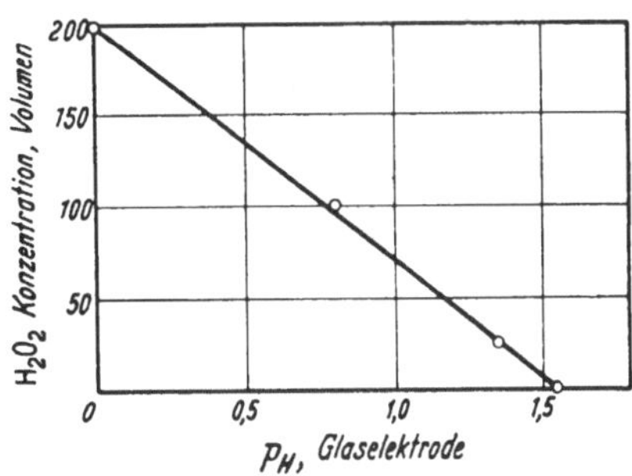

Abb. 48. Abhängigkeit der p_H-Zahl von der Wasserstoffperoxydkonzentration in 0,05 n H_2SO_4. (Nach REICHERT u. HULL.)

Normalität an Schwefelsäure von 0,05 der p_H-Wert auf 0 herabgesunken ist, wenn das Wasserstoffperoxyd 200 Vol. Sauerstoff entwickelt (= etwa 60 g Wasserstoffperoxyd in 100 cm³ Lösung), während die gleiche Normalität ohne Wasserstoffperoxyd einen p_H-Wert von 1,55 aufweist. Die erststufige Dissoziationskonstante von $7 \cdot 10^{-3}$ (Affinitätskonstante $2,4 \cdot 10^{-12}$ bei 25°), wie sie von JOYNER für 25° festgestellt worden war, ist nicht ausreichend, um zu einer solchen Erniedrigung des beobachteten p_H-Wertes zu gelangen. Die Abb. 48 zeigt die Wirkung der Wasserstoffperoxydkonzentration auf den p_H-Wert in einer 0,05n Schwefelsäure. Die Abhängigkeit wird durch die Gleichung: $p_{H_{H_2O_2}} = p_{H_{H_2O}} - K$ (Konzentration des Wasserstoffperoxyds) dargestellt, in der $p_{H_2O_2}$ der p_H-Wert der Schwefelsäure in wäßriger Peroxydlösung, p_{H_2O} der gemessene p_H-Wert in einer wäßrigen Lösung der gleichen Schwefelsäurekonzentration und K eine Konstante ist. Wenn die Stärke der Wasserstoffperoxydlösung in entwickelten Vol. Sauerstoff ausgedrückt ist, so wird ein Wert für K von 0,008 in einer Schwefelsäurekonzentration von 0,015 bis 0,05 n gefunden. Der Wert für K sinkt leicht mit absinkender Säurekonzentration. Er ist 0,0072 bei 0,0064 n Schwefelsäure und 0,0064 für 0,0016 n Schwefelsäure.

Die ausführliche Darstellung dieser Arbeit wird durch ihren großen praktischen und theoretischen Wert gerechtfertigt.

Literatur.

Dalietos, J.: Z. anorg. Ch. **217**, 346 (1934).
Endemann, H.: Angew. Ch. **22**, 672 (1909). — Enell, H.: Fr. **55**, 452 (1916).
Lüning, O.: Angew. Ch. **22**, 1549 (1909).
Macri, V.: Boll. chim. farm. **56**, 417 (1917).
Reichert, I. S., u. H. G. Hull: Ind. eng. Chem. Anal. Edit. **11**, 311 (1939).
Schmatolla, O.: Pharm. Z. **50**, 641 (1905); durch C. **76**, **II**, 705 (1905).
Tafel, J.: B. **27**, 817 2297 (1894).
Wöhler, L., u. W. Frey: Angew. Ch. **23**, 2353 (1910); Z. ges. Textilchemie **38**, 546 (1935).